Marko Kos

Aseismischer Anlagenbau

Grundlagen und Anwendungen

Unter Mitarbeit von F. Mechtold

Mit 247 Abbildungen

Springer-Verlag
Berlin Heidelberg New York Tokyo 1983

Professor Dr.-Ing. Marko Kos
Plevančeva 6
YU-61000 Ljubljana
Jugoslawien

Dr. mont. Fritz Mechtold
Technischer Direktor der Firma
AUMUND-Fördererbau GmbH
4134 Rheinberg
privat: Heinrich-Doergens-Straße 9
4150 Krefeld-Traar

CIP-Kurztitelaufnahme der Deutschen Bibliothek
Kos, Marko:
Aseismischer Anlagenbau: Grundlagen u. Anwendungen/Marko Kos.
Unter Mitarb. von F. Mechtold.
Berlin; Heidelberg; New York; Tokyo: Springer, 1983.

ISBN-13:978-3-642-82162-2   e-ISBN-13:978-3-642-82161-5
DOI: 10.1007/978-3-642-82161-5

Vorwort

Viele Jahre war ich als Chefkonstrukteur und Leiter der Forschung und
Entwicklung eines Industrieunternehmens tätig, das in dieser Zeit eng
mit namhaften Kraftwerksanlagenbauern zusammenarbeitete, wie z.B. We-
stinghouse Co, USA; KWU, BRD und Atomenergo, SU. In dieser Zeit konnte
ich so viele Grundlagen und Erfahrungen sammeln, daß es mir möglich wurde, das vorliegende Buch zu verfassen.

Erfahrungsberichte und Meßergebnisse von Erdbeben legte ich zu Grunde
bei der Erarbeitung von systematisch geordneten Berechnungsmethoden,
gültig für alle Kranbauarten sowie Grundkomponenten des Anlagenbaues.
Bisher suchten Konstrukteure in der Literatur nach diesen Unterlagen
vergebens. Mein Vorgehen war wohl mit großen Approximationen verbunden.
Dafür gelang es aber andererseits, eine methodische Normberechnungswei-
se für die praktische Anwendung in der Konstruktion zu erstellen. So
erstand letztlich eine Systemtheorie des ganzen Bereiches, die eine einfache Darstellung der Grundlagen im wesentlichen weit hinter sich läßt.

Für die finanzielle Unterstützung meiner umfangreichen Arbeiten sei der
Slowenischen Forschungsgemeinschaft, Ljubljana, Jugoslawien, mein Dank
ausgesprochen. Ferner gilt er auch Herrn Dr. mont. Fritz Mechtold, Kre-
feld, Technischer Direktor der AUMUND-Fördererbau GmbH, für seine wert-
volle Mitarbeit bei der Straffung des Manuskriptes und die Hinweise für
eine klarere Formulierung. Meiner Frau gilt meine größte Anerkennung;
denn sie hat als unermüdlicher und unschätzbarer Mitarbeiter die Ver-
wirklichung dieses Buches überhaupt ermöglicht.

Dem Springer-Verlag sei für die gute Zusammenarbeit bei der Entstehung
dieses umfangreichen Werkes gedankt.

Marko Kos

Inhalt

4. Teil
Bemessungskriterien und Vorschriften 460

Einleitung

Es mag in unserem Bewußtsein vielleicht der Eindruck entstehen, daß die
Anzahl der auftretenden Erdbeben und deren Folgen von Jahr zu Jahr anwachsen. Dieses trifft aber nicht zu. Vielmehr wurden die modernen Kom-
munikations- und Informationsmedien vervollkommnet, wodurch wir nicht
nur über Ereignisse im Nahbereich, sondern weltweit unterrichtet werden.

Auf der anderen Seite werden immer mehr Gebiete industrialisiert, die
bisher von der Zivilisation nur wenig berührt, aber von Erdbeben häufig und zum Teil stark heimgesucht wurden. Eine Analyse von neuen Ent-
wicklungsprojekten sollte daher bei der Betrachtung von Risiken und Ge-
fahren für die neue Industrieanlage die Erdbebengefahr als Projektfak-
tor im Maschinenbau unbedingt beachten.

Auf die Frage, warum die Maschinenbauer nicht schon früher die Erdbebengefahr bei der Dimensionierung von Anlagen einbezogen haben, konnte
damit nur teilweise geantwortet werden. Außerdem hat man das Erdbeben
als höhere Gewalt, "vis maior", und die Folgen als unabwendbar angesehen. Man versuchte, das Verbliebene zu reparieren. Im begonnenen Atom-
zeitalter wird man aber zum Umdenken gezwungen, da die Atomverseuchung
der Umwelt in jedem nur erdenklichen Fall zu verhüten ist. Gleich welche Einflüsse von außen auf ein Atomkraftwerk einwirken, der heiße Kern
muß uversehrt und sogar funktionsfähig bleiben; denn nach dem Ereignis
kann es erforderlich sein, den Reaktor stillzulegen, um das ungewollte
Austreten (Entweichen) von Schadstoffen (Gase, Dämpfe, Flüssigkeiten)
zu verhindern. In diesem Moment sind die installierten Hebezeuge die
wichtigsten Hilfsmittel, wie z.B. der Rundlaufkran im Containment über
dem Reaktorbecken. Bei der Bauteilbetrachtung und Auslegung in bezug
auf seismische Sicherheit und Erdbebenwiderstandsfähigkeit rangieren
daher die Krane gleich mit dem Reaktor auf Stufe 1.

Die seismische Forschung wurde zuerst von den Bauleuten betrieben. Es
wurden theoretisch und praktisch die Auswirkungen von Erdbeben auf Bauwerke, die Beanspruchungen und die Maßnahmen zur Erhöhung seismischer
Widerstandsfähigkeit untersucht. Zahlreiche Publikationen sind hier-
über bekannt. Eine internationale Zusammenarbeit zum Meinungsaustausch
und zur Verbreitung der errungenen Erkenntnisse wurde durch die Grün-
dung eines Weltkongresses für Seismische Baukunde (World Congress of
Earthquake Engineering) 1956 in Berkeley, Kalifornien, begünstigt. Die

Kongresse finden alle 3 bis 4 Jahre statt. Zahlreiche Forscher haben
mit ihren wertvollen Beiträgen Licht in das Dunkel der Erdbebenwissen-
schaft gebracht.

Ganz im Gegensatz zur Bautechnik wurden im Maschinenbau diesbezügliche
Forschungen nur sehr wenig betrieben. Auch das Schrifttum ist sehr
spärlich. Erst mit dem Bau von Kernkraftwerken und -anlagen beginnt
man, Erdbebeneinflüsse auf Maschinenausrüstungen zu ergründen. Hier
standen zunächst die Berechnungen der Druckbehälter und Rohrleitungen
im Vordergrund und weniger die aseismische, d.h. erdbebenfeste Gestaltung von Maschinenanlagen.

Das Buch behandelt in seinem ersten Teil die Erdbebenbeanspruchung der
Krane verschiedener Bauarten sowie der Kranbahnen. Der zweite Teil erörtert dann die Erdbebenbeanspruchung der hauptsächlichen Maschineneinrichtungen der Anlagen: Türme, Druckgefässe mit und ohne Füllung
sowie mit und ohne innere Aufbauten, Behälter und Rohrleitungen. Bei
den Behältern wird auch die hydrodynamische Einwirkung durch die Bodenbewegung in Brandung erregter Flüssigkeit dargelegt.

Daß die Forschungsarbeiten den Hebezeugen gewidmet wurden, ist nicht
zufällig. Hebezeuge mit ihren meist großen Eigengewichten werden häufig auf hochgelegenen Fahrbahnen betrieben. Bekanntermaßen sind die
absoluten seismischen Beschleunigungen direkt am Erdboden klein. Diese Werte werden von Projektanten für Bauwerke berücksichtigt. Mit zunehmender Höhe vergrößern sich jedoch die Beschleunigungswerte in Abhängigkeit von der Elastizität der Unterstützungskonstruktion. So können schon bei mittleren seismischen Intensitäten die für die Belastung
des Kranes maßgebenden Beschleunigungen mehr als 4fache Erdbeschleunigung betragen, wodurch die Materialspannungen oft die Fließgrenze erreichen. Für den Konstrukteur ist es nicht einfach, die hierdurch erzeugten Kräfte abzutragen. Es ist glaubhaft, daß die Hebezeuge durch
die seismischen Beanspruchungen im Vergleich zu anderen Maschinen am
stärksten belastet werden. Zudem können Krane, die ja frei ohne besondere Verankerung auf der Kranbahn fahren, bei einem evtl. Absturz Fol-
geschäden an darunter installierten Maschinen oder arbeitenden Perso-
nen hervorrufen. Unter Berücksichtigung der Erdbebengefahr stellen die
Hebezeuge daher die höchste Gefährlichkeitsstufe dar.

Diese Zusammenhänge wurden inzwischen von Planern und Genehmigungsbe-
hörden erkannt. In den technischen Ausschreibungsspezifikationen von

Industrieanlagen sind daher meist auch schon die Sicherheitsanforderungen bezüglich der seismischen Belastungen gleichwertig neben den bisher üblichen Forderungen zu finden.

Auf der anderen Seite muß aber leider festgestellt werden, daß der Konstrukteur in der Literatur vergebens nach theoretischen Grundlagen sowie praktischen Hinweisen oder Anleitungen sucht, auf die er sich bei seinen Entscheidungen, den seismischen Kräften vorzubeugen, stützen könnte. Zwar wurden für Hebezeuge im Vergleich zu allen anderen Maschinen wohl die umfangreichsten Normen und Arbeitssicherheitsmaßnahmen erarbeitet und herausgegeben, da man sich der Bedeutung von Hebezeugen durchaus bewußt war. So sollte auch das vorliegende Buch gerechtfertigt sein und bei allen Beteiligten Widerhall finden.

Es wurde zunächst versucht, die Kenntnisse über seismische Beanspruchungen aus der Baukunde auf die Fördergeräte zu übertragen. Doch ergaben sich bald Schwierigkeiten bei der Anwendung dieser Methode, denn zum einen verhalten sich die Elastizitäts- und Ansprecheigenschaften unterschiedlich, und zum andern sind die Verbindungselemente zwischen den Massen und den Hebezeugbauteilen nur einseitig wirkend, wodurch die Schwingungsverläufe wesentlich beeinflußt werden. Es blieb daher nur der Weg, eine spezielle Erdbebenkunde für Hebezeuge zu entwickeln.

Diese Abhandlung ist aber dennoch nicht nur rein wissenschaftlich, d.h. forschungstheoretisch verfaßt, sondern vielmehr für die Praktiker, wie Betreiber, Konstrukteure und Aufsichtsbehörden, da hier erstmals die Grundzüge einer erdbebensicheren Gestaltung und Berechnung dargestellt sind. Dieses Buch hat sozusagen keine Vergangenheit, denn aus dem Schrifttum, gleich welcher Sprache, ist nur wenig zu schöpfen. Es ersetzt deshalb keine bisherige Auffassung, sondern baut aus der Theorie die Lösungen auf, die die Widerstandsfähigkeit der Anlageneinrichtungen gegen die Erdbebenkräfte ohne allzu großen Aufwand auf ein optimales Maß erhöhen helfen.

Das Buch kann auch als Unterlage zum Studium an Hochschulen und höheren nachakademischen Ausbildungskursen benutzt werden, denn es ist neuen Problemen gewidmet, ist aus Forschungsaufgaben an neuen Gebieten entstanden. Die Ergebnisse können nicht als endgültig angesehen werden und regen schon deshalb zur Forschung und zum Suchen nach neuen Antworten und Lösungen an.

Für das Verständnis der Probleme ist ein Hochschulgrad des mathematischen Wissens erforderlich, besonders der Dynamik und der Schwingungslehre. Die Einführung in die Schwingungstheorie des Erdbebens wird jedoch kurz angegeben, um benutzte Größen zu charakterisieren und den Leser in die Erdbebenkunde einzuführen.

Das Buch läßt keine Frage offen. Jede Erkenntnis wird auf Grund von dimensionslosen Ausdrücken erarbeitet und in leicht zu handhabenden Diagrammen dargestellt. Die Berechnungen bauen grundsätzlich auf einschlägige DIN-Normen auf. Werden neue Begriffe der Sicherheit gegen Umkippen bzw. bei Stabilitätsproblemen eingeführt, so wurden Erweiterungen in Anlehnung an bestehenden Normen gesucht.

Die Vielzahl von aufgezeigten Konstruktionslösungen für Erdbeben-Stabilisierungsvorrichtungen, für die Gestaltung von Fahrwerken usw. sprechen durch die klare, bildliche Darstellung den Techniker direkt an und tragen so viel zum Verständnis der neuartigen Materie bei.

Besondere Eigenarten in der Auswirkung von Erdbeben auf die verschiedenen Kranbauarten werden an Details erörtert. Die Berechnungsansätze sind für jede Krantype angegeben und anhand von Beispielen verständlich und applikabel gemacht.

1. Teil

Grundlagen der seismischen Dynamik und des Erdbebens

1. Ansprechen von technischen Gebilden auf Bodenbewegung

1.1 Systeme mit einem Freiheitsgrad (SEFG)

Die Systeme mit einem Freiheitsgrad (SEFG) (Bild 1.1) haben konstante
Parameter und lassen Verschiebungen nur in einer Richtung zu.

Es bedeuten:

m $\;=\;$ Masse

x $\;=\;$ absolute oder Gesamtverschiebung

y_s $\;=\;$ Bodenverschiebung

u $\;=\; x - y_s \;=\;$ Massenverschiebung, relativ zum Boden

F $\;=\;$ äußere Kraft auf m

F_f $\;=\;$ Federkraft

c $\;=\;$ Steifigkeitsbeiwert

F_d $\;=\;$ Dämpfungskraft

d $\;=\;$ Dämpfungsbeiwert

F_t $\;=\; -m\ddot{x} \;=\;$ Trägheitskraft

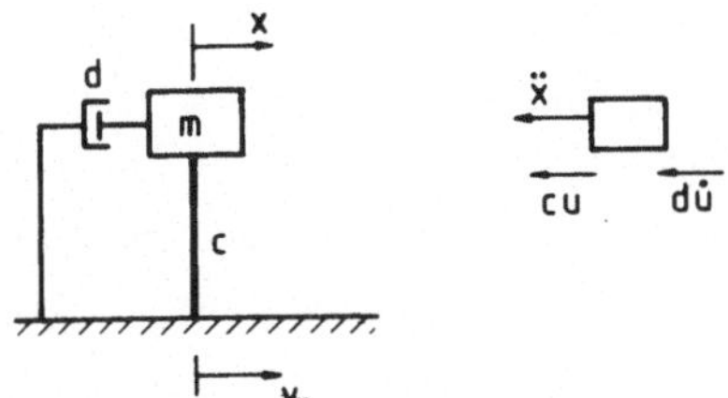

Bild 1.1: Gedämpftes System
mit einem Freiheitsgrad (SEFG)

Nach dem d'Alembertschen Prinzip gilt die Gleichgewichtsgleichung[+]
mit bezeichneten Richtungen als positiv

[+]Anmerkung: Ein Punkt über der Größe bedeutet die Ableitung nach der
Zeit, zwei Punkte die zweite Ableitung nach der Zeit.

$$m\ddot{x} - F_d - F_f = F. \tag{1-1}$$

Wenn die Dämpfungskraft der Verschiebungsgeschwindigkeit und die Federkraft der Verschiebung verhältnisgleich sind, sowie d und c konstant, folgt als lineare Differentialgleichung

$$m\ddot{x} + d\dot{u} + cu = F. \tag{1-2}$$

Deshalb handelt es sich um ein einfaches lineares System mit viskoser oder linearer Dämpfung. Weil $x = u + y_s$, kann dieser Ausdruck umgeformt werden in

$$m\ddot{u} + d\dot{u} + cu = F - m\ddot{y}_s \tag{1-3}$$

bzw. nach dem Dividieren durch m und wenn gilt

$$\beta = d/2m \qquad \omega_1^2 = c/m \qquad u_0 = F/c$$

$$\ddot{u} + 2\beta\dot{u} + \omega_1^2 u = \omega_1^2 u_0 - \ddot{y}_s . \tag{1-4}$$

u_0 steht für die statische Verschiebung relativ zum Boden bzw. für die relative Verschiebung, mit der m bei unendlich langsamer Einwirkung von F bewegt würde. Oder aber das System bestände nur aus der Feder, aber ohne Dämpfung und Masse. Bei ausgewählten Anfangsbedingungen können alle Fälle der freien und erzwungenen Schwingung sowie der Übergangsstörungen einfacher linearer Systeme erörtert werden.

Freie Schwingung tritt ein, wenn der Grundboden bewegungslos ist und äußere Kräfte ausbleiben. Dabei wird $x = u$ und das zweite Glied in Gl. (1-4) wird Null. Die allgemeine Lösung der Gleichung ist bei realem ω_1' die eines gedämpften Systems

$$u(t) = a \cdot e^{-\beta(t-t_1)} \cdot \sin \omega_1'(t - t_1) \tag{1-5}$$

mit a beliebige reale Konstante mit Längendimension, t Zeit und t_1 beliebiger Wert von t und

$$(\omega')^2 = \frac{c}{m} - \left(\frac{d}{2m}\right)^2. \tag{1-6}$$

Bei verlustlosen, konservativen Systemen (d = 0) beschreibt diese Gleichung eine harmonische Schwingung, bei dissipativen, verlustbehafteten

Systemen (d > 0) eine gedämpfte harmonische Bewegung.

Die Dämpfung kann kritisch oder unterkritisch sein. Die Größe d_{kr} =
= $2\sqrt{cm}$ ist als kritische Dämpfung bekannt. Bei Dämpfungsbeiwerten
$d \geqq d_{kr}$ schwingt das System nicht, sondern kriecht zurück in seinen
unverformten Zustand, der nach unendlich langer Zeit erreicht wird.
Für Dämpfungsbeiwerte $d < d_{kr}$ trachtet das System nach einer Schwingung gemäß Gl.(1-5). In der Praxis werden bei den Hebezeugsystemen
$d << d_{kr}$, und zwar erheblich kleiner.

Das Verhältnis d/d_{kr} wird mit β bezeichnet und Dämpfungsbeiwert oder
Dämpfungsverhältnis genannt. Damit kann die Gl.(1-6) geschrieben werden

$$\omega_1' = \omega_1\sqrt{1 - \beta^2} \,. \qquad\qquad (1-7)$$

ω_1 ist die ungedämpfte Eigenkreisfrequenz, (d.h. die Eigenkreisfrequenz eines Systems mit gleicher Masse und Steifigkeit, wie das betrach-
tete System, aber ohne Dämpfer) und ω_1' die gedämpfte Eigenkreisfrequenz. Der Unterschied zwischen diesen beiden Kreisfrequenzen ist bei
praktisch vorkommenden Dämpfungsbeiwerten von unter 10 Prozent kleiner
als 2 %.

Aus der Eigenkreisfrequenz folgt die Eigenfrequenz

$$f_1 = \omega_1/2\pi \quad\text{bzw.}\quad f_1' = \omega_1'/2\pi \qquad\qquad (1-8)$$

und die gedämpfte und ungedämpfte Eigenschwingzeit oder Periode

$$T_1 = 2\pi/\omega_1 \quad\text{bzw.}\quad T_1' = 2\pi/\omega_1' \,. \qquad\qquad (1-9)$$

Die Eigenfrequenz wird in Hertz (Hz) gemessen, ω_1 in rad/s und T_1 in s.

<u>1.1.1. Bodenbewegung im Dauerzustand</u>

Der Dauerzustand der Schwingung wird nur zum Vergleich erwähnt, denn
er tritt erst nach einer unendlichen Zeit der Erregung auf, was bei der
Erdbebenbewegung nicht der Fall ist. Im Dauerschwingungszustand infolge einer harmonischen Bodenbewegung, die mit y_s = a sin ωt beschrieben
ist, ohne Einwirkung äußerer Kräfte wird die Bodenbeschleunigung

$$y_s = - a \, \omega^2 \sin \omega t \qquad\qquad (1\text{-}10)$$

(mit ω als Frequenz der Bodenstörung) und

$$- \frac{m}{c} \ddot{y}_s = a \, (\frac{\omega}{\omega_1})^2 \sin \omega t. \qquad\qquad (1\text{-}11)$$

Bei ruhendem Boden ist $\ddot{y}_s = 0$ und $u_0 = a \sin \omega t$. Die Lösung dieses Falles besteht aus dem allgemeinen Teil in Gl.(1-5) und aus besonderer Lösung

$$u = \psi'_v \, a \sin (\omega t - \phi), \qquad\qquad (1\text{-}12)$$

ψ'_v ist ein dimensionsloser Ansprechbeiwert, der das Verhältnis dynamischer zu statischer Ansprech-Verschiebungsamplitude darstellt, und ϕ eine Winkelphasenverschiebung, wobei gilt

$$\psi'_v = \left[(1 - \frac{\omega^2}{\omega_1^2})^2 + (2\beta \, \frac{\omega}{\omega_1})^2 \right]^{-\frac{1}{2}} \qquad\qquad (1\text{-}13)$$

und

$$\phi = \tan^{-1} \left[\frac{2\beta \, \omega/\omega_1}{1 - \omega^2/\omega_1^2} \right]. \qquad\qquad (1\text{-}14)$$

Der Vergleich der Gln.(1-11) und (1-12) zeigt dieselbe Zusammensetzung bis auf den Faktor $(\omega/\omega_1)^2$. Damit folgt der Ansprechbeiwert der Bodenbewegung

$$\psi_v = \psi'_v \, (\frac{\omega}{\omega_1})^2 = \left[(1 - \frac{\omega_1^2}{\omega^2})^2 + (2\beta \, \frac{\omega_1}{\omega})^2 \right]^{-\frac{1}{2}}. \qquad\qquad (1\text{-}15)$$

Es ist ersichtlich, daß in den Ausdrücken der Gln.(1-13) und (1-15) ω und ω_1 verwechselt sind.

Der erste Teil der Lösung in Gl.(1-5) geht nach genügend langer Zeit auch bei kleinstem Dämpfungsbeiwert gegen Null. Damit bleibt nur der Teil nach Gl.(1-15) für den Dauerzustand.

Die Beiwerte für die Ansprechgeschwindigkeit ψ_g und Ansprechbeschleunigung ψ_a folgen durch Differenzieren aus der Gl.(1-12)

$$\psi_g = (\frac{\omega}{\omega_1}) \, \psi_v, \qquad\qquad (1\text{-}16)$$

$$\psi_a = \left(\frac{\omega}{\omega_1}\right)^2 \psi_v. \qquad\qquad (1\text{-}17)$$

Bei der Erörterung des Ansprechbeiwerts ist die Größe ω/ω_1 ausschlaggebend: geht sie gegen Null, wird $u \rightarrow u_0$ und die dynamische Wirkung wird vernachläßigt. Bei $\omega = \omega_1$ ist die Amplitude $u = a/2\beta$. Wenn ω/ω_1 nach Unendlich geht, nähert sich die Amplitude von u assymptotisch $(\omega_1/\omega)^2 a$. Deshalb ist die Wirkung der Dämpfung am stärksten in der Nähe von $\omega = \omega_1$, was den Resonanzfall darstellt: die Erregungsfunktion ist in der Resonanz mit dem System und der Ansprechbeiwert ist ein Maximum.

Der Phasenwinkel nach Gl.(1-14) nimmt die Werte von 0 über $\pi/2$ bis π an, bei $\omega = \omega_1$ ist der Winkel $\pi/2$. In leicht gedämpften Systemen ist der Ansprechwert in der Phase mit der Erregung im Bereich der Erregungsfrequenz wesentlich kleiner als die Systemeigenfrequenz, und die Schwingung des Systems ist praktisch entgegengesetzt der der Erregung, wenn ω wesentlich ω_1 übersteigt.

Der Ansprechbeiwert hat ein Maximum bei $\omega = \omega_1(1 - 2\beta^2)^{0,5}$ für die Verschiebungen, bei $\omega = \omega_1$ bei Geschwindigkeitsamplituden und bei $\omega = \omega_1(1 - 2\beta^2)^{-0,5}$ bei Beschleunigungsamplituden. Der Resonanzwert des Ansprechbeiwerts von ψ_g ist $(2\beta)^{-1}$ und von ψ_a und ψ_v sind bei beiden $(2\beta)^{-1}.(1 - \beta^2)^{-0,5}$. Für praktisch vorkommende Hebezeugsysteme sind diese Werte fast gleich, wie auch die Resonanzfrequenzen, weil der Dämpfungsbeiwert β sehr klein im Vergleich mit 1 ist.

<u>1.1.2. Bodenbewegung im Übergangszustand</u>

Die Erdbebenbewegung ist eine typische Übergangserscheinung, begrenzt in der Dauer und bestehend aus kurzen einzelnen Geschwindigkeitsimpulsen. In diesem Fall wird die Bodenbeschleunigung mit der Dirac-Delta-Funktion beschrieben

$$\ddot{y}_s = v\delta(t - \tau), \qquad\qquad (1\text{-}18)$$

v ist eine Konstante mit Geschwindigkeitsdimension. Die Störung kann bei einem einzigen Impuls als plötzlicher Wechsel in der Bodengeschwindigkeit mit der Größe v bei der Zeit τ interpretiert werden. Da $\ddot{y}_s = 0$ bei $t \geq \tau$, kann die Lösung nach Gl.(1-5) angewandt werden, wobei die Dämpfung $\beta < 1$ ist. Die Anfangsbedingungen $u(\tau) = 0$, $\dot{u}(\tau+\Delta\tau) = -v$ folgen aus der Tatsache, daß die Masse bei der Zeit $t = \tau + \Delta\tau$ noch nicht die Ansprechbewegung infolge des Wechselns der Bodengeschwindigkeit erlitten hat. Daraus können die Konstanten a und t_1 bestimmt werden: $t_1 = \tau$. Aus Gl.(1-5) folgt

$$\dot{u}(t) = a \cdot c \cdot e^{-\beta(t - \tau)}\left[-\beta \sin \omega_1' (t - \tau) + \omega_1' \cos \omega_1' (t - \tau) \right].$$

$$(1-19)$$

Bei $\dot{u}(\tau + \Delta\tau) = a\,\omega_1'$ und aus zweiter Anfangsbedingung $a = -v/\omega_1'$ wird

$$u(t) = - \frac{v}{\omega_1'} \cdot e^{-\beta(t - \tau)} \cdot \sin\left[\omega_1' (t - \tau) \right].$$

$$(1-20)$$

Die Erdbebenbewegung kann durch eine Reihe solcher Impulse angenähert werden, jeder von der Größe $\ddot{y}_s(\tau)\,\Delta\tau$ mit $\ddot{y}_s$ als mittlere Bodenbeschleunigung im Interval $\Delta\tau$. Die Ansprechamplitude wird aus einer Summe von Ausdrücken nach Gl.(1-20), mit $\ddot{y}_s(\tau) \cdot \Delta\tau$ in jedem Glied. Bei unendlich kleinen Intervallen wird $\dot{y}_s = \ddot{y}_s(\tau) \cdot d\tau$ und die Summe geht in das Integral über. Damit ergeben sich Ausdrücke

$$u(t) = - \frac{1}{\omega} \int_0^t \ddot{y}_s(\tau) \cdot e^{-\beta(t - \tau)} \cdot \sin \omega_1'(t - \tau) \; d\tau = - \frac{\ddot{y}_{so}}{\omega_1'^{2}} \psi a$$

$$(1-21)$$

$$\dot{u}(t) = - \int_0^t \ddot{y}_s(\tau) \cdot e^{-\beta(t - \tau)} \cdot \cos \omega_1' (t - \tau) \; d\tau - \beta u(t)$$

$$(1-22)$$

$$\ddot{x}(t) = -\omega_1^2\, u(t) - 2\beta\, \dot{u}(t).$$

$$(1-23)$$

Diese Ausdrücke sind als Duhamelsche Integrallösungen bekannt. Die Ansprechgrößen können auch mit einer schrittweisen Integration errechnet werden.

In diesen Ausdrücken kann die ungedämpfte anstatt der gedämpften Frequenz gebraucht werden. Die Annäherung ist trivial im Vergleich mit den Unsicherheiten bei der vorausgesetzten Bodenbeschleunigung $\ddot{y}_s(t)$. Das negative Vorzeichen kann hier auch unbeachtet bleiben, denn der Sinn des Ansprechens hat im allgemeinen wenig Bedeutung bei der Erdbebenanalyse.

Die Auswertung der Relativbewegung nach den Gln.(1-21) bis (1-23) ist
das Hauptziel der Erdbeben-Ansprechanalyse. Die Gesamtbewegung kann
zwar mit der Hinzusetzung der Bodenverschiebung bestimmt werden, jedoch
ist das selten von Bedeutung. Die Kurve über der Eigenfrequenz einfacher Gebilde für verschiedene Werte der Dämpfungsbeiwerte β stellt die
Ansprechspektren dar. Das Verschiebungsspektrum ist damit $D(T_1)$ oder
$D(\omega_1) = \max |u(t)|$, wobei D nach Gl.(1-21) berechnet wird.

Die Federkraft eines SEFG-Systems kann bei freier Schwingung aus dem
Ausdruck bestimmt werden

$$F_t + F_f = 0 \qquad\qquad (1-24)$$

mit

$$F_t = - m\,\omega_1^2\,u(t) = m\,\ddot{u}(t). \qquad\qquad (1-25)$$

Mit Gl.(1-21) und Gl.(1-24) folgt die elastische Kraft

$$F_f(t) = m\,\omega_1^2\,u(t) = m\,\omega_1\,U(t), \qquad\qquad (1-26)$$

wenn mit U(t) der Integralausdruck aus Gl.(1-21) bezeichnet wird $U(t)=$
$= \omega_1\,u(t)$. In obiger Gleichung ist $\omega_1^2\,U(t)$ keine Gesamtbeschleunigung
der Masse, weil im System auch die Dämpfungskraft zusätzlich zur Trägheitskraft wirksam ist. Der Ausdruck für die Gesamtbeschleunigung läßt
sich aus Gl.(1-2) entwickeln

$$\ddot{x}(t) = - 2\beta\,\dot{u}(t) - \omega_1^2\,u(t). \qquad\qquad (1-27)$$

Wenn das Dämpfungsglied wegen seiner Kleinheit vernachlässigt wird, da
es wenig zum Gleichgewichtsverhältnis beiträgt, folgt die absolute Beschleunigung näherungsweise zu

$$x(t) \simeq - \omega_1^2\,u(t) = \omega_1\,U(t). \qquad\qquad (1-28)$$

Das zeitveränderliche Erdbebenansprechen des SEFG-Systems ist durch
die Gln.(1-21), (1-26) und (1-28), die alle das Ansprechintegral U(t)
enthalten, ausgedrückt. Die Hauptaufgabe liegt in der numerischen Auswertung dieses Integrals für irgendeinen Erdbebenverlauf, um den kompletten Ansprechablauf einer bestimmten Konstruktion zu erlangen. Andererseits kann das Ansprechmaximum leicht bestimmt werden, wenn das

Ansprechspektrum der Bodenbewegung zur Verfügung steht. Die spektrale Geschwindigkeit ist gleich dem maximalen Wert des Ansprechintegrals

$$V(\beta, T) \equiv U(\beta, T). \tag{1-29}$$

Das maximale Ansprechen der Konstruktion läßt sich unmittelbar aus dem Ansprechspektrum in Abhängigkeit der Schwingzeit und des Dämpfungsbeiwertes ermitteln:

$$u_{max} = \frac{1}{\omega_1} V(\beta, T) = D(\beta, T), \tag{1-30}$$

$$F_{f\ max} = m\ \omega_1\ V(\beta, T) = m\ A(\beta, T), \tag{1-31}$$

$$x_{max} \equiv A(\beta, T). \tag{1-32}$$

Die Geschwindigkeits- und Beschleunigungsspektren beziehen sich auf die Größen

$$V = \omega_1\ D, \tag{1-33}$$

$$A = \omega_1^2\ D. \tag{1.34}$$

Die erste Größe ist bekannt als maximaler numerischer Wert der Pseudogeschwindigkeit relativ zum Boden, der aus dem Austausch von sin für cos in dem Integrand der Gl.(1-22) für die Bestimmung des u(t) hervorgeht; V ist in praktischem Bereich statistisch sehr nahe der tatsächlichen relativen Geschwindigkeit, außer bei sehr langen Eigenschwingzeiten. A ist als größter numerischer Wert der Pseudobeschleunigung benannt und ist sehr nahe dem maximalen absoluten $\ddot{x}$. A stellt jenen Teil absoluter Beschleunigung dar, dessen Produkt mit der Masse die maximale Federkraft ergibt. Jener Teil von $\ddot{x}$, dessen Produkt mit M die Kraft im Dämpfer ergibt, ist vernachlässigt.

Die Größe A ist immer kleiner oder gleich max $|\ddot{x}|$ und der Unterschied ist vielleicht nur für sehr steife Systeme bedeutend.

Die Anwendung von Spektren für die Darstellung vom maximalen Ansprechen einer Gruppe einfacher Systeme wird die fruchtbarste Methode bei der Analyse der Erdbebeneffekte sein.

Es ist von Vorteil, wenn die Spektren von D, V und A in logarithmi-

schen Feldern wiedergegeben werden. In diesen Diagrammen sind die Maß-
stäbe so ausgewählt, daß die Abszissen $\log \omega_1$ oder $\log T_1$ die Ordinaten $\log V$, 45° Linien in einer Richtung $\log A$ und die Linien rechtwinklig dazu $\log D$ darstellen.

Es ist noch die große Bedeutung der angewandten Dynamik und der Kommu-
nikationstheorie von Fourier-Spektren zu erwähnen. Das Fourier-Spektrum
einer Bodenbewegung ist definiert mit

$$F(\omega) = \int_0^s \ddot{y}_s(t)\, e^{-i\omega t}\, dt = \int_0^s \ddot{y}_s(t)\, \cos \omega t \cdot dt -$$

$$- i \int_0^s \ddot{y}_s\, \sin \omega t \cdot dt, \qquad\qquad (1\text{-}35)$$

s gibt die Dauer der Bodenbewegung an. Das Fourier-Amplitudenspektrum
folgt damit zu

$$|F(\omega)| = \left\{ \left[\int_0^s \ddot{y}_s(t)\, \cos \omega t\, dt \right]^2 + \left[\int_0^s \ddot{y}_0(t)\, \sin \omega t\, dt \right]^2 \right\}^{0,5},$$

$$\qquad\qquad (1\text{-}36)$$

$|F(\omega)|$ ist immer kleiner als V (in diesen Vergleichen wird $\omega = \omega_1$ angenommen).

Das Quadrat $|F(\omega)|/s$ ist als Leistungsspektraldichte bekannt und in
der Theorie der Zufallsbewegungen mehrfach angewandt.

Die Fourier-Spektren enthalten alle Informationen über die Bodenbewegung, weil ihre Fouriersche Transformation diese Bewegung wiederher-
stellt. Außerdem wird die Leistungsspektraldichte bei der Voraussage
eines Ermüdungsschadens gebraucht. Jedoch sind in der Konstruktionspraxis gegen Erdbebenfolgen die Ansprechspektren wahrscheinlich bedeu-
tender und werden deshalb bei der Beschreibung der Bodenbewegung bevorzugt, da diese Spektren die Höchstwerte des Ansprechens unmittelbar an-
zeigen.

1.1.3. Numerische Berechnung der Ansprechgrößen

Da analytische Lösungen schwer zu entwickeln sind, bleiben zwei Wege für die Ausführung der Berechnung: beim ersten wird das Duhamelsche Integral in Gl.(1-21) nach verschiedenen Summierungsverfahren berechnet, beim zweiten wird die Differentialgl.(1-4) mit schrittweiser Integration zeitabhängig ermittelt.

Beim Ansprechintegral tritt die Zeit t in den Integranden. Deshalb muß die Berechnung für jedes neues Interval $\Delta\tau$ neu von Anfang an ausgeführt werden. Zur Summierung eignet sich am besten die Simpsonsche Regel. Es ist aber auch eine kummulative Bestimmung des Integrals in aufeinanderfolgenden Zeitabschnitten möglich, wenn die Funktion im Integral entwickelt wird

$$u(t) = -\frac{e^{-\beta t}}{\omega_1} \left[\sin \omega_1 t \int_0^t \ddot{y}_s(\tau)\, e^{\beta\tau} \cdot \cos \omega_1'\tau \cdot d\tau + \right.$$

$$\left. + \cos \omega_1 t \int_0^t \ddot{y}_s(\tau)\, e^{\beta\tau} \cdot \sin \omega_1'\tau \cdot d\tau \right]. \qquad (1\text{-}37)$$

Dieses Verfahren ist auf lineare Systeme begrenzt und die Bewegungsdauer darf nicht zu lang sein. Deshalb werden numerische Methoden, die direkt das Ansprechen ermitteln, bevorzugt. Sie sind auch auf nicht lineare Systeme mit beliebiger Zahl der Freiheitsgrade anwendbar. Es werden zwei Methoden beschrieben. Die Vorgehensweise bei der ersten Methode ist folgende:

1. Die Werte von $\ddot{u}$, $\dot{u}$ und u sind bei $t = t_i$ bekannt, entweder aus vorherigem Interval oder aus Anfangsbedingungen. Bestimme $t_{i+1} = t_i + \Delta t$ mit Δt Zeitintervall und setze voraus nach entsprechender Gleichung $\ddot{u}_{i+1}$.

2. Berechne $\dot{u}_{i+1} \equiv \dot{u}_i + (\ddot{u}_i + \ddot{u}_{i+1})\, \Delta t/2,$ $\qquad\qquad$ (1-38)

3. Berechne $u_{i+1} \equiv u_i + \dot{u}_i\, \Delta t + (\frac{1}{2} - b)\, \ddot{u}_i\, (\Delta t)^2 + b\, \ddot{u}_{i+1}\, (\Delta t)^2.$

$$\qquad\qquad (1\text{-}39)$$

4. Berechne neue Annäherung von $\ddot{u}_{i+1}$ aus der Differentialgleichgewichtsgleichung z.B. Gl.(1-4).

5. Wiederhole mit neuem Wert $\ddot{u}_{i+1}$ Schritte 2 bis 4, bis ein zufrieden-
stellender Konvergenzgrad erreicht wird. Im Schritt 2 ist $\ddot{u}$ auf der Annäherung der geraden Linie, $\dot{u}$ im Schritt 3 bei b = 1/4 auf gerader Linie und bei b = 1/6 auf Parabel aufgebaut. b muß wegen Stabilität und
Genauigkeit zwischen 1/4 und 1/6 liegen. Diese Methode ist dann auch
bei mehreren Freiheitsgraden stabil. Bei $\Delta t = 0,1\ T_1$ und b = 1/6 ist
der Konvergenzgrad nach der dritten Wiederholung der aufeinanderfolgenden Annäherungen für $\ddot{u}_{i+1}$ so hoch, daß der Fehler unter 1 % bleibt, und
bei der Bestimmung der Eigenschwingzeit 2 bis 3 %. Bei kleineren Verhältnissen $\Delta t/T_1$ sind die Genauigkeit und Konvergenz größer.

Die zweite Methode beruht auf linearer Beschleunigungsveränderung während eines Zeitzuwachses bei Konstanthaltung der anderen Eigenschaften
des Systems. Am Ende des Zeitintervals $(\tau \equiv \Delta\tau)$ sind folgende Gleichungen für den Geschwindigkeits- und Verschiebungszuwachs anzuwenden:

$$\Delta\dot{u}(t) = \ddot{u}(t)\ \Delta t + \Delta\ddot{u}(t)\ \frac{\Delta t}{2}\ , \tag{1-40}$$

$$\Delta u(t) = \dot{u}(t)\ \Delta t + \ddot{u}(t)\ \frac{\Delta t^2}{2} + \Delta\ddot{u}(t)\ \frac{\Delta t^2}{6}\ . \tag{1-41}$$

Wenn der Verschiebungszuwachs als die Grundveränderliche dieser Analyse angewandt wird, folgt aus obigen Gleichungen:

$$\Delta\ddot{u}(t) = \frac{6}{\Delta t^2}\ \Delta u(t) - \frac{6}{\Delta t}\ \dot{u}(t) - 3\ \ddot{u}(t), \tag{1-42}$$

$$\Delta\dot{u}(t) = \frac{3}{\Delta t}\ \Delta u(t) - 3\ \dot{u}(t) - \frac{\Delta t}{2}\ \ddot{u}(t). \tag{1-43}$$

Die Zuwachsgleichgewichtsgleichung nach Gl.(1-3) lautet

$$m\ \Delta\ddot{u}(t) + d(t)\ \Delta\dot{u}(t) + c(t)\ \Delta u(t) = -\ m\ \Delta\ddot{y}_s(t) = \Delta p(t), \tag{1-44}$$

wobei auch die Systemeigenschaften m, d und c zeitveränderlich sein
können. Aus zeitlichem Verlauf der Kräfte F_d und F_f werden d und c als
die Neigung der Tangente im untersuchten Punkt bestimmt. Normalerweise
sind allerdings diese Werte bei linearen Systemen konstant. Mit den
Werten nach Gln.(1-42) und (1-43) folgt die Form

$$\tilde{c}(t)\ \Delta u(t) = \Delta\tilde{p}(t) \tag{1-45}$$

mit

$$\tilde{c}(t) = c(t) + \frac{6}{\Delta t^2}\ m + \frac{3}{\Delta t}\ d(t), \tag{1-46}$$

$$\Delta \tilde{p}(t) = \Delta p(t) + m \left[\frac{6}{\Delta t} \dot{u}(t) + 3\, \ddot{u}(t) \right] +$$

$$+\, d(t) \left[3\, \dot{u}(t) + \frac{\Delta t}{2} \ddot{u}(t) \right]. \tag{1-47}$$

Die Gl.(1-45) ist einem statischen Zuwachs-Gleichgewichtsverhältnis gleichwertig, woraus die Zuwachsverschiebung bestimmt wird

$$\Delta u(t) = \frac{\Delta \tilde{p}(t)}{\tilde{c}(t)}. \tag{1-48}$$

Dynamisches Verhalten ist mit der Einfügung der Trägheits- und Dämpfungswirkungen in wirksame Last- und Steifigkeitsglieder gewährleistet. Mit Hilfe der Zuwachsverschiebung wird die Zuwachsgeschwindigkeit berechnet. Die Anfangsbedingungen für den nächsten Zeitschritt folgen aus der Addierung dieser Zuwachswerte zur Geschwindigkeit und Verschiebung auf den Anfang des Zeitschritts. Diese Methode fußt auf zwei Annäherungen: Die Beschleunigung wird linear verändert, Dämpfung und Steifigkeit bleiben bei der Rechnung unverändert. Die Fehler sind klein, wenn der Schritt kurz ist. Um die Akummulierung der Fehler zu verhindern, wird die Bedingung eines totalen Gleichgewichtes bei jedem Schritt geprüft. Das Verfahren wird nachstehend geschildert:

1. Die Anfangsgeschwindigkeit und -verschiebung $\dot{u}(t)$ und $u(t)$ sind aus vorherigem Schritt oder aus den Anfangsbedingungen bekannt.

2. Die Anfangsbeschleunigung folgt aus der Gleichgewichtsgleichung

$$\ddot{u}(t) = \frac{1}{m} \left[p(t) - F_d - F_f \right]. \tag{1-49}$$

3. Der wirksame Lastzuwachs $\Delta \tilde{p}(t)$ und Steifigkeit $\tilde{c}(t)$ werden nach Gln. (1-46) und (1-47) berechnet.

4. Der Verschiebungszuwachs folgt aus Gl. (1-48) und damit der Geschwindigkeitszuwachs aus Gl.(1-43).

5. Letztlich werden Geschwindigkeit und Verschiebung am Schrittende bestimmt:

$$\dot{u}(t + \Delta t) = \dot{u}(t) + \Delta \dot{u}(t), \tag{1-50}$$

$$u(t + \Delta t) = u(t) + \Delta u(t). \tag{1-51}$$

Jetzt kann das Verfahren für den nächsten Schritt wiederholt werden.
Bei linearen Systemen sind dabei die Steifigkeiten und Dämpfungen konstant. Das Verhältnis zwischen Zeitschritt und Eigenschwingzeit soll
kleiner als 1/10 sein. Wenn plötzliche Veränderungen einer elasto-
plastischen Feder auftreten, werden für diesen Bereich weitere unter-
teilte Zeitschritte mit kleinerem Zuwachs eingeführt. Die Technik des
Verfahrens ist einfach, es werden keine Iterationsschleifen benötigt,
bei kleinem Berechnungsaufwand werden jedoch ausgezeichnete Ergebnisse
erreicht.

1.2. Systeme mit mehreren Freiheitsgraden (SMFG)

Vor dem Matrizenaufschrieb sollen dynamische Verhältnisse mit Differentialgleichungen aus den SEFG-Systemen aufgezeigt werden. Die Methode beruht auf dem Aufstellen von unabhängigen, ungekoppelten SEFG-Glei-
chungen für jeden Schwingungston der Konstruktion. Damit wird der Satz
von N simultanen Differentialgleichungen, die mit diagonalen Gliedern
der Masse und der Steifigkeit miteinander gekoppelt sind, in einen Satz
von unabhängigen Gleichungen mit normalen Koordinaten transformiert.
Das dynamische Ansprechen kann deshalb mit geteilter Ermittlung des Ansprechens jeder normalen Tonkoordinate bestimmt werden, um nachher
durch deren Überlagerung den Ansprechwert betreffender Koordinate zu
bekommen. Dieses Verfahren wird als Tonüberlagerungsmethode genannt.

Bei n Schwingungsformen (Tönen) und r Massen ist die Koordinate

$$u_{rn} = A_n \cdot \left(\frac{u_{rn}}{A_n}\right) = A_n \, \phi_{rn} \tag{1-52}$$

mit ϕ_{rn} dimensionslose charakteristische Tonform, konstant für einen
gegebenen Ton, und A_n als beliebige Verschiebung, gewöhnlich als die
Verschiebung einer Masse ausgewählt. Damit folgt die Bewegungsgleichung

$$\ddot{A}_n + \omega_n^2 A_n + 2\,\beta_n\,\dot{A}_n = -\frac{\ddot{y}_{so}\,f_a(t)\sum_{r=1}^{j} m_r\,\phi_{rn}}{\sum_{r=1}^{j} m_r\,\phi_{rn}^2} \tag{1-53}$$

mit

$$\sum_{r=1}^{j} m_r\,\phi_{rn}^2 = M_{rn} \text{ equivalente Masse,} \tag{1-54}$$

$$\sum_{r=1}^{j} m_r \, \phi_{rn} = \bar{L}_{rn} \quad \text{equivalente Last.} \tag{1-55}$$

$\bar{L}_{rn}$ ist der Erdbebenerregungsbeiwert, der das Ausmaß bezeichnet, mit dem in der angenommenen Wellenform ϕ das Ansprechen durch die Erdbebenbewegung erregt wird.

A_n ist dabei relative Verschiebung mit Bezug auf die Unterlage der Konstruktion, sie folgt mit

$$A_n(t) = - \frac{\ddot{y}_{so} \, \bar{L}_{rn}}{\omega_n^2 \, M_{rn}} \, \psi_a = \frac{\ddot{y}_m \, \bar{L}_{rn}}{\omega_n^2 \, M_{rn}}, \tag{1-56}$$

ist die $\ddot{y}_m$ Ansprechbeschleunigung aus dem Ansprechspektrum. Die Tonverschiebung bei der Masse r ist

$$u_{rn}(t) = - \frac{\ddot{y}_{so} \, \bar{L}_{rn}}{\omega_n^2 \, M_{rn}} \, \psi_a \, \phi_{rn} . \tag{1-57}$$

Die maximale Verschiebung folgt aus der Überlagerung einzelner tonaler Verschiebungen

$$u_r(t) = \sum^{n} u_{rn}(t). \tag{1-58}$$

Die Anteile der Schwingungen sind am größten bei niedrigeren Frequenzen und verkleinern sich für höhere Frequenzen. Deshalb ist es nicht notwendig, alle höheren Frequenzen in den Überlagerungsprozeß einzuschließen. Die Reihe kann abgebrochen werden bei jedem gewünschtem Grad der Genauigkeit. Jedoch kann das maximale Gesamtansprechen nicht nur aus der Summierung der maximalen Tonamplituden ermittelt werden, da diese Maxima nicht zur derselben Zeit stattfinden. Deshalb bedeutet die Überlagerung von spektralen Tonwerten offensichtlich eine obere Grenze für das Gesamtansprechen, jedoch wird im allgemeinen dieses Maximum überschätzt um einen bedeutenden Wert. Unter mehreren Gleichungen für eine angemessenere Abschätzung des Höchstansprechens der spektralen Werte ist die einfachste die quadratische Wurzel der Summe der Quadrate der Tonansprechen (QWSQ)

$$u_{max} \simeq \sqrt{(u_1)^2_{max} + (u_2)^2_{max} + \cdots} \, . \tag{1-59}$$

1.2.1. Bewegungsgleichungen in Matrizenschreibweise

Für die Beschreibung der Systemkonfiguration dienen linear unabhängige Größen, die der Anzahl der Freiheitsgrade entsprechen. Diese verallgemeinerten Verschiebungen sind Produkte eines Skalars und eines Vektors und werden als verallgemeinerte Koordinate bezeichnet. Die Verschiebungsskalare werden in eine Spalte eingeordnet, die einen N-dimensionalen Spaltvektor darstellt, verallgemeinerte Konfiguration des Systems benannt.

Jeder Satz innerer und äußerer Kräfte, die auf das System einwirken, wird mit einem einzelnen Spaltenvektor der verallgemeinerten Kraft dargestellt. Jedes Glied im Vektor bedeutet eine Komponente der verallgemeinerten Kraft auf der entsprechenden Koordinate, in derselben Ordnung gereiht, wie die Glieder in verallgemeinerter Konfiguration.

Wenn die r-te verallgemeinerte Verschiebung x_r eine Einheitsgröße einnimmt und alle anderen Verschiebungen Null sind, wird die Federkraft bei s-Koordinate der Steifigkeitseinflußbeiwert c_{rs}, der dem r-ten Freiheitsgrad entspricht. Die Matrix der c_{rs}-Werte, in derselben Weise wie x eingeordnet, ist als Steifigkeitsmatrix genannt, mit $\underline{c}^{+)}$ bezeichnet.

In ähnlicher Weise werden bei einer Einheitsgeschwindigkeit $\dot{x}_r$, während alle Ableitungen anderer Verschiebungen nach der Zeit gleich Null gehalten werden, in Dämpfern verallgemeinerte Kräfte entwickelt, die man Dämpfungseinflußbeiwerte d_{rs} nennt. Die Matrix dieser Einflußwerte, in derselben Ordnung als x und c gereiht, ist als Dämpfungsmatrix $\underline{d}$ benannt.

Wenn die Beschleunigung $\ddot{x}_r$ eine Einheitsgröße einnimmt, während alle anderen zweiten Ableitungen verallgemeinerte Verschiebungen einschließlich der Zeit gleich Null gehalten werden, ergibt sich ein Satz der Trägheitskräfte oder eine verallgemeinerte Trägheitskraft, deren s-te Komponente mit m_{rs} bezeichnet wird. Ihre Matrix $\underline{m}$, in derselben Ordnung gereiht, heißt Trägheitsmatrix.

+)Anmerkung: Unterstrichene Größen bedeuten Matrix oder Vektor. Matrizendarstellung wie $|A|$, Darstellung von Determinanten $\|A\|$, Reihenmatrize $|\underline{1}|$ und Spaltenmatrize $\{\underline{1}\}$.

Danach wird für das System im Bild 1.2 mit zwei Freiheitsgraden, die den Verschiebungen x_1, x_2 entsprechen, die Konfiguration mit dem Vektor dargestellt

$$\underline{x} = \left| \begin{array}{c} x_1 \\ x_2 \end{array} \right| . \tag{1-60}$$

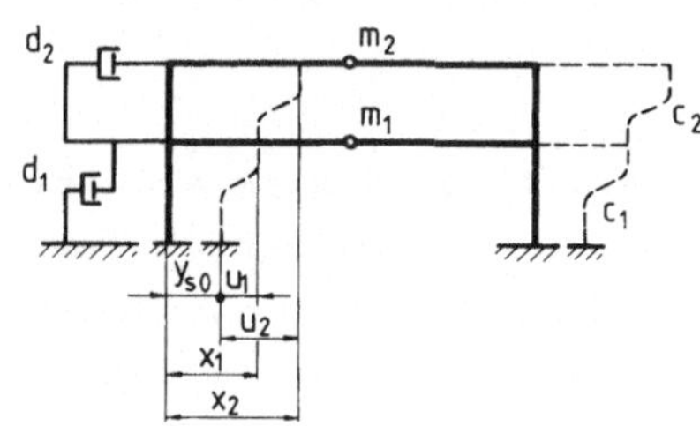

Bild 1.2: System mit zwei Freiheitsgraden

Die Diagonalmatrix der Massen in derselben Ordnung wie x zeigt die Trägheitsmatrix

$$\underline{m} = \left| \begin{array}{cc} m_1 & 0 \\ 0 & m_2 \end{array} \right| . \tag{1-61}$$

Diese Matrix ist diagonal nur im Falle der Koordinaten, die den Verschiebungen der Mittelpunkte der Massen proportional sind. Wenn für die verallgemeinerten Koordinaten die Federdehnungen genommen werden ($x_{01} = x_1$, $x_{12} = x_2 - x_1$), läßt sich aus der Definition die Matrix ermitteln

$$\underline{m} = \left| \begin{array}{cc} m_1 + m_2 & m_2 \\ m_2 & m_2 \end{array} \right| . \tag{1-62}$$

Diese Matrix wird bestimmt, indem man jeder Verschiebung u_i eine Einheitsbeschleunigung zuordnet, während alle anderen gleich Null bleiben. Die Trägheitskraft, die dann längs der i-ten Koordinate auftritt, ergibt mit entgegengesetztem Vorzeichen das j-te Glied in der i-ten Zeile der Matrix. Wenn $\underline{F}_i$ der Spaltenvektor der verallgemeinerten Trägheitskraft ist, wird $\underline{F}_i = - \underline{m}\, \underline{\ddot{x}}$ sein. m_{ij} ist deshalb die der Koordinate i entsprechende Kraft infolge einer Einheitsbeschleunigung der Koordinate j

$$\underline{F}_T = \underline{m}\, \underline{\ddot{u}} . \tag{1-63}$$

Auf dieselbe Weise bestimmt, folgt die Steifigkeitsmatrix

$$\underline{c} = \begin{vmatrix} c_1 + c_2 & -c_2 \\ -c_2 & c_2 \end{vmatrix}, \tag{1-64}$$

c_{ij} ist die der Koordinate i entsprechende Kraft infolge einer Einheitsverschiebung der Koordinate j,

$$\underline{F}_f = \underline{c}\ \underline{u}. \tag{1-65}$$

Auf dieselbe Weise folgt auch die Dämpfungseinflußmatrix mit der Definition der Beiwerte: d_{ij} ist die der Koordinate i entsprechende Kraft infolge einer Einheitsgeschwindigkeit der Koordinate j,

$$\underline{F}_d = \underline{d}\ \underline{\dot{u}}. \tag{1-66}$$

Dem Ansatz der Eigenschaftsmatrizen muß man größte Aufmerksamkeit schenken, denn die Richtigkeit der Ergebnisse ist damit entscheidend beeinflußt. Als Beispiel soll für ein Dreimassensystem (siehe Bild 16.1) die Massenmatrix bestimmt werden

$$\underline{m} = \begin{vmatrix} m_1 & 0 & 0 \\ 0 & m_0 & 0 \\ 0 & 0 & m_2 \end{vmatrix}. \tag{1-67}$$

Die Steifigkeitsmatrix lautet

$$\underline{c} = \begin{vmatrix} c_1 + c_0 & -c_0 & 0 \\ -c_0 & c_0 + c_2 & -c_2 \\ 0 & -c_2 & c_2 \end{vmatrix} \tag{1-68}$$

und die Dämpfungsmatrix ist

$$\underline{d} = \begin{vmatrix} d_1 + d_0 & d_0 & 0 \\ -d_0 & d_0 + d_2 & -d_2 \\ 0 & -d_2 & d_2 \end{vmatrix}. \tag{1-69}$$

Mit diesen Werten folgt die Differentialgleichung eines durch die Bodenbewegung angeregten Systems mit mehreren Freiheitsgraden

$$\underline{m}\,\ddot{\underline{u}} + \underline{d}\,\dot{\underline{u}} + \underline{c}\,\underline{u} = -\,\underline{m}\,\{\underline{1}\}\,\ddot{y}_s(t) \tag{1-70}$$

mit $\{\underline{1}\}$ Einheitsspaltenmatrix. Das gilt nur für die säulenartig ange-
ordneten Massen, die alle in Richtung der Koordinate u angeregt werden. Eine andere Anordnung der Koordinaten wird später in allgemeiner
Form erörtert. Diese Gleichung läßt sich direkt mit numerischer Integration der gekoppelten Gleichungen lösen. Es ist jedoch zweckdienli-
cher, diese Gleichung in ein System von normalen Tonkoordinaten umzu-
wandeln, da die Bodenbewegung am stärksten nur die niedrigsten Frequenzen anregt.

Das Ergebnis ist ein Satz von N ungekoppelten Tongleichungen nach Gln.
(1-53) bis (1-55). Die verallgemeinerte Kraft infolge der Erdbebenerregung ist:

$$\ddot{A}_n + \omega_n^2\,A_n + 2\,\beta_n\,\dot{A}_n = -\,\frac{\ddot{y}_s(t)\,\bar{L}_n}{M_n}\,, \tag{1-71}$$

$$\bar{L}_n \equiv \underline{\phi}_n^T\,\underline{m}\,\{\underline{1}\}, \tag{1-72}$$

$$M_n \equiv \underline{\phi}_n^T\,\underline{m}\,\underline{\phi}_n \tag{1-73}$$

mit $\underline{\phi}_n^T$ transponierter Vektor der Schwingungsform. Das ist Matrixform
der Gl.(1-55). Analog lautet auch der Ausdruck für die Ansprechverschiebung jedes Tones

$$A_n(t) = \frac{\bar{L}_n}{M_n\,\omega_n}\,U(t) \tag{1-74}$$

mit $U(t) = \dfrac{\ddot{y}_{so}}{\omega_1}\,\psi_a$.

Der Vektor der relativen Verschiebung des n-ten Tones ist

$$\underline{u}_n(t) = \underline{\phi}_n\,\frac{\bar{L}_n}{M_n\,\omega_n}\,U_n(t) \tag{1-75}$$

und Vektor von relativen Verschiebungen infolge aller Tonansprechen
folgt nach der Überlagerung mit

$$\underline{u}(x,\,t) = \underline{\phi}\,\underline{A}(t) = \underline{\phi}\,\left\{\frac{\bar{L}_n}{M_n\,\omega_n}\,U_n(t)\right\} \tag{1-76}$$

mit $\underline{\phi}$ Tonformen aller Töne, die durch das Erdbeben bedeutend angeregt
sind, der Ausdruck in Klammern ist der Vektor aller Ausdrücke jedes in
der Analyse berücksichtigten Tones. Dabei ist

$$U_n(t) = \int\limits_0^t \ddot{y}_s(t)\, e^{-\beta(t-\tau)} \cdot \sin\ \omega(t-\tau) \cdot d\tau. \tag{1-77}$$

Elastische Kräfte infolge relativer Verschiebungen sind

$$\underline{F}_f(t) = \underline{c}\ \underline{u}(t) = \underline{c}\ \underline{\phi}\ \underline{A}(t). \tag{1-78}$$

Aus dem Eigenproblemverhältnis nach Gl.(1-121) folgt

$$\underline{c}\ \underline{\phi} = \underline{m}\ \underline{\phi}\ \underline{\Omega}^2 \tag{1-79}$$

mit $\underline{\Omega}^2$ Diagonalmatrix der tonalen Frequenzquadrate ω_n^2. Damit lautet die
Gl.(1-78)

$$\underline{F}_f(t) = \underline{m}\ \underline{\phi}\ \underline{\Omega}^2\ \underline{A}(t) = \underline{m}\ \underline{\phi}\left\{ \frac{\bar{L}_n}{M_n}\ \omega_n\ U_n(t) \right\}. \tag{1-80}$$

Aus diesem Ausdruck ist der Vektor der elastischen Kraft eines Tones
ersichtlich

$$\underline{F}_{fn}(t) = \underline{m}\ \underline{\phi}_n\ \frac{\bar{L}_n}{M_n}\ \omega_n\ U_n(t). \tag{1-81}$$

Es ist erwähnenswert, daß diese Kräfte die Verteilung der elastischen
Kräfte bei einzelnen Massen darstellen und daß die Resultante dieser
Kräfte in einzelnen Federn, proportional ihren Verschiebungen, mit gewöhnlichen statischen Verfahren berechnet werden kann. So wird z.B. die
wirkende Kraft in der Feder c_1 im Dreimassensystem nach Bild 16.2 nach
der Gleichung ermittelt

$$F_1(t) = \sum_{i=1}^3 F_{fi}(t) = F_{f1} + F_{f0} + F_{f2} = |\underline{1}|\ \underline{F}_f(t) \tag{1-82}$$

mit $|\underline{1}|$ als Einheitsreihenvektor. Wenn Gl.(1-72) in diesen Ausdruck
eingeführt wird, folgt

$$F_1(t) = \sum_{i=1}^3 \frac{\bar{L}_n^2}{M_n}\ \ddot{y}_m, \tag{1-83}$$

weil das Verhältnis gilt $|\underline{1}|\ \underline{M}\ \underline{\phi} = |L_1\ L_2\ L_3|$. In obigen Gleichungen
kann der Wert des Duhamelschen Integrals mit spektraler Beschleunigung

24   1. Ansprechen von technischen Gebilden auf Bodenbewegung

ersetzt werden, da gilt

$$\omega_n \, U_n(t) \equiv \ddot{y}_{so} \, \psi_a \equiv \ddot{y}_m \; . \tag{1-84}$$

Ähnlich läßt sich das Kippmoment am Fuß eines Turmkranes aus den elastischen Kräften an einzelnen Massen bestimmen

$$\underline{M}_o(t) = \underline{x} \; \underline{m} \; \underline{\phi} \; \Omega^2 \underline{A}(t) = \underline{x} \; \underline{m} \; \underline{\phi} \left\{ \frac{\bar{L}_n}{M_n} \omega_n \, U_n(t) \right\} \tag{1-85}$$

mit x_i Höhe der Masse i über dem Grund, $\underline{x}$ Reihenvektor dieser Höhen.

Die Größe $\bar{L}_n^2/M_n$ in Gl.(1-83) hat die Dimension der Masse und wird als
wirksame Tonmasse der Konstruktion benannt, da sie als Teil der Gesamtmasse, die das Erdbeben in jedem Ton anspricht, angenommen werden kann.
Jedenfalls gilt diese Darstellung nur für turmähnliche Gebilde, die die
Massen punktweise auf der vertikalen Achse angeordnet haben. Ihre Gesamtmasse folgt deshalb mit

$$m_G = \left| 1 \right| \underline{m} \, \{1\} \tag{1-86}$$

mit $\left| \underline{1} \right|$ Einheitsreihen- und $\{\underline{1}\}$ Einheitsspaltenmatrix.

Anstatt bei der Auswertung der Ansprechamplitude das Ansprechintegral
des Erdbebens bis zur gegebenen Zeit berechnen zu müssen, was mit be-
trächtlichem Aufwand verbunden ist, sollte man die Ansprechspektren erfolgreich benutzen. Damit kann die Amplitude aus der Gl.(1-75) wie folgt
berechnet werden

$$\underline{u}_{n \, max} = \underline{\phi}_n \frac{\bar{L}_n}{M_n} y_m(\beta_n, \, T_n) \tag{1-87}$$

mit $y_m(\beta_n, \, T_n)$ spektrale Ansprechverschiebung entsprechend dem Dämpfungsbeiwert und der Schwingdauer des n-ten Tones der Schwingung. Analog ist der maximale elastische Kraftvektor

$$\underline{F}_{fn \, max} = \underline{m} \, \underline{\phi}_n \frac{\bar{L}_n}{M_n} \ddot{y}_m(\beta_n, \, T_n) \tag{1-88}$$

mit $\ddot{y}_m(\beta_n, \, T_n)$ als maximale spektrale Ansprechbeschleunigung für n-ten
Ton.

Die maximale Verschiebung folgt mittels der Methode der QWSQ mit

$$\underline{u}_{max} \simeq \sqrt{(\underline{u}_1)^2_{max} + (\underline{u}_2)^2_{max} + \ldots} \qquad (1-89)$$

und die elastische Kräfte mit

$$\underline{F}_{s\ max} \simeq \sqrt{(\underline{F}_{s1})^2_{max} + (\underline{F}_{s2})^2_{max} + \ldots} \qquad (1-90)$$

Obige Ausdrücke wurden für den Fall entwickelt, daß sich die Verschiebungen in Richtung der Bodenverschiebung befinden, Beispiel a im Bild
1.3. Im allgemeineren Fall, Beispiel b im Bild 1.3, sind nicht alle relativen Verschiebungen in Richtung der Bodenverschiebung gemessen. Dann
wird die Gesamtverschiebung als die Summe der relativen und pseudo-sta-
tischen Verschiebung u_s, die aus der statischen Unterstützungs-Ver-
schiebung herausgeht, ausgedrückt

$$\underline{x} = \underline{u} + \underline{u}_s . \qquad (1-91)$$

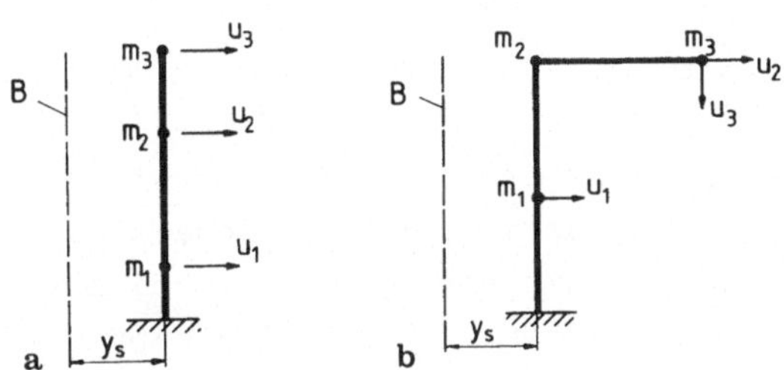

Bild 1.3: MFG-System mit Punktmassen; a) System mit gleichgerich-
teten Verschiebungen, b) allgemeines System mit verschiedenen Verschiebungsrichtungen

Die pseudo-statische Verschiebung wird mit einem Einflußvektor $\underline{r}$ ausgedrückt, der die Verschiebungen infolge einer Einheits-Unterstützungsver-
schiebung darstellt. Somit folgt

$$\underline{u}_s = \underline{r}\, y_s \qquad (1-92)$$

und

$$\underline{x} = \underline{u} + \underline{r}\, y_s . \qquad (1-93)$$

Für das System a im Bild 1.3 ist $\underline{r}$ ein Einheitsvektor $|1 \quad 1 \quad 1|$ und für das System b $\underline{r}^T = |1 \quad 1 \quad 0|$. Diese Verallgemeinerung betrifft nur die rechte Seite der Bewegungsgleichung. Entgegen Gl.(1-72) lautet der Tonerregungsbeiwert

$$\bar{L}_n = \underline{\phi}_n^T \underline{m} \underline{r} . \tag{1-94}$$

Mit allen obigen Ausdrücken für den speziellen Fall können damit die Ansprechamplituden und -kräfte für allgemeine Fälle bestimmt werden.

1.2.2. Bestimmung von Eigenschaftsmatrizen

Die Steifigkeitseinflußbeiwerte können nach der Definition als Kräfte, die anzuwenden sind, um die spezifizierten Verschiebungsbedingungen einzuhalten, nach den Gesetzen der Statik berechnet werden. Dabei ist es nützlich zu wissen, daß nach Betti-Gesetz die Matrizen symetrisch sind

$$\underline{c} = \underline{c}^T \text{ oder } c_{ij} = c_{ji} .$$

In der Praxis gibt das Konzept der Finiten-Elemente ein handliches Mittel für die Berechnung von elastischen Eigenschaften auch komplizierter Gebilde. Das Gebilde wird in ein System von diskreten Elementen unterteilt, die nur in einer endlichen Zahl der Knotenpunkte miteinander verbunden sind. Die Eigenschaften kompletter Gebilde werden aus der Überlagerung von Eigenschaften individueller Finiten Elemente bestimmt. Deshalb läßt sich das Problem auf die Betrachtung einiger typischer Elemente reduzieren. Im Bild 1.4 ist ein nicht gleichförmiges Trägerelement, das beidseitig unterstützt ist, und im Bild 1.5 nur auf einer Seite eingespannt ist, gezeigt. In jedem Knotenpunkt sind zwei Freiheitsgrade, vertikale Verschiebung und Drehung, anzubringen. Jeder der beiden Verschiebungen wird auf der linken Seite ein Einheitswert gegeben, während die anderen unbeweglich sein sollen. Die Biegungsformen werden durch Ausdrücke für den gleichförmigen Träger beschrieben:

$$\psi_1(x) = 1 - 3 \left(\frac{x}{L}\right)^2 + 2 \left(\frac{x}{L}\right)^3, \tag{1-95}$$

$$\psi_3(x) = x \left(1 - \frac{x}{L}\right)^2, \tag{1-96}$$

$$\psi_5(x) = 1 - \frac{3}{2} \frac{x}{L} + \frac{1}{2} \left(\frac{x}{L}\right)^3. \tag{1-97}$$

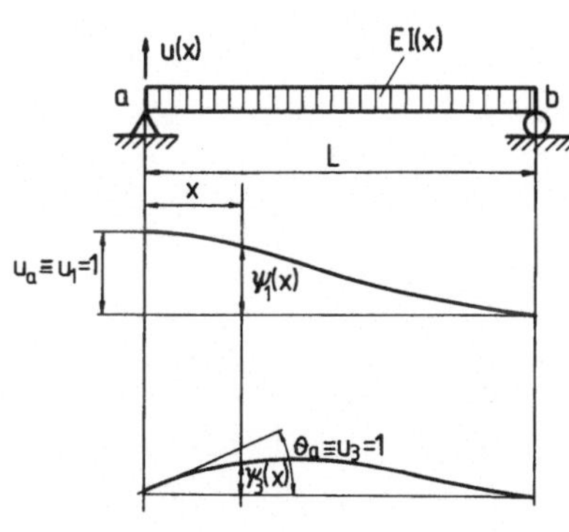

Bild 1.4: Verformungen eines frei unterstützten Trägerelementes; u_a Einheitsverschiebung, θ_a Einheitswinkelverdrehung

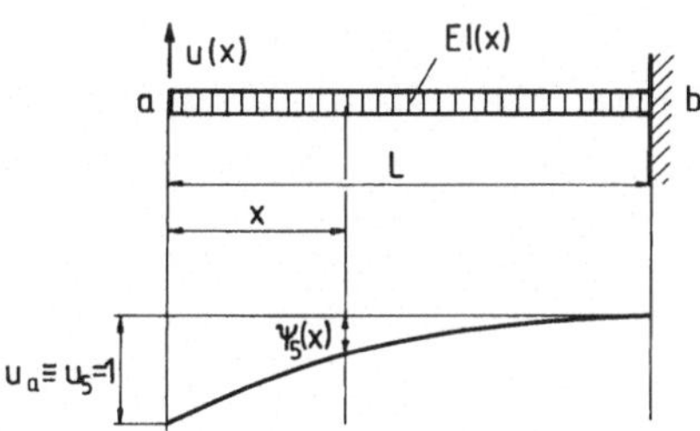

Bild 1.5: Verformung eines einseitig eingespannten Kragarmträgers

Die Formfunktionen sind bei den Verschiebungen auf der rechten Seite des Trägers

$$\psi_2(x) = 3 \left(\frac{x}{L}\right)^2 - 2 \left(\frac{x}{L}\right)^3 \tag{1-98}$$

$$\psi_4(x) = \frac{x^2}{L} \left(\frac{x}{L} - 1\right) \tag{1-99}$$

$$\psi_6(x) = \frac{3}{2} \left(\frac{x}{L}\right)^2 - \frac{1}{2} \left(\frac{x}{L}\right)^3 \tag{1-100}$$

Mit diesen Funktionen kann die Biegungsform des Elements mit Ausdrücken ihrer Knotenverschiebungen beschrieben werden

$$u(x) = \psi_1(x)\, u_1 + \psi_2(x)\, u_2 + \psi_3(x)\, u_3 + \psi_4(x)\, u_4 \tag{1-101}$$

Dabei sind die benummerten Freiheitsgrade in Bildern ersichtlich

$$\begin{vmatrix} u_1 \\ u_2 \\ u_3 \\ u_4 \end{vmatrix} \equiv \begin{vmatrix} u_a \\ u_b \\ \theta_a \\ \theta_b \end{vmatrix}. \qquad (1\text{-}102)$$

Wegen der Bedeutung dieses Konzeptes für die praktische Berechnung soll das Prinzip des Ansatzes näher erläutert werden. Der Steifigkeitsbeiwert c_{13} bedeutet die vertikale Kraft am Trägerende a, die infolge der Verdrehung in diesem Punkt auftritt. Diese Kraftkomponente wird mit der Anbringung einer virtuellen Verschiebung $\delta u_a = \delta u_1$ an diesem Punkt bestimmt und die Arbeit der äußeren Kräfte mit der Arbeit der inneren Kräfte gleichgesetzt. Die äußere Arbeit wird durch eine vertikale Kraftkomponente (und nur durch diese!) in a geleistet, da die virtullen Verschiebungen aller anderen Knotenkomponenten verschwinden ($W_E = \delta u_a \, k_{13}$). Die innere Arbeit wird durch innere Momente an virtueller Krümmung durch $u_3 = 1$, bestimmt mit $\partial^2/\partial x^2 \left[\delta u(x) \right] = \psi_1''(x)$, geleistet. Die inneren Momente selbst infolge $\theta_a = u_3 = 1$ sind

$$M_I(x) = E\, I(x)\, \psi_3''(x) \qquad (1\text{-}103)$$

und die innere Arbeit

$$W_I = \delta u_1 \int_0^L E\, I(x)\, \psi_1''(x)\, \psi_3''(x)\, dx. \qquad (1\text{-}104)$$

Aus der Gleichsetzung beider Arbeiten folgt der Steifigkeitsbeiwert

$$c_{13} = \int_0^L E\, I(x)\, \psi_1''(x)\, \psi_3''(x)\, dx. \qquad (1\text{-}105)$$

Durch Analogie kann deshalb irgendein Steifigkeitsbeiwert bestimmt werden

$$c_{ij} = \int_0^{L_j} E\, I(x)\, \psi_i''(x)\, \psi_j''(x)\, dx. \qquad (1\text{-}106)$$

Bei der praktischen Berechnung ist auf die Auswahl des Trägheitsmomentes und der Länge des richtigen Elementes, die sich immer auf die letz-

te Kennziffer mit dem Moment in Gl.(1-103) beziehen müssen, zu achten.
Wenn die Verschiebung der Kraft vertikal verläuft, ist die Steifigkeit
dieses Elementes gleich Null. In Knotenpunkten, in denen mehrere Elemente zusammenkommen, werden bei der Verdrehung die inneren Momente aller
Elemente berücksichtigt. Die Steifigkeitsmatrizen sind immer quadra-
tisch, wobei $\underline{c} = \underline{c}^T$ (die transponierte Form ist gleich der ursprünglichen).

Mit diesen Werten wird die Steifigkeitsmatrix für den Koordinatenvek-
tor in Gl.(1-102) $u^T = |u_1 \quad u_2 \quad u_3 \quad u_4|$ bestimmt

$$\underline{c} = \frac{2E\,I}{L^3} \left|\begin{array}{cc|cc} 6 & -6 & 3L & 3L \\ -6 & 6 & -3L & -3L \\ \hline 3L & -3L & 2L^2 & L^2 \\ 3L & -3L & L^2 & 2L^2 \end{array}\right| . \qquad (1\text{-}107)$$

Dabei wurden alle I und L gleich angenommen. Diese Steifigkeitsbeiwerte beziehen sich auf gleichförmige Träger ohne Schub. Wenn die Trägerform nicht gleichförmig ist, wird die Anwendung dieser Formfunktionen
in Gl.(1-106) nur eine Annäherung an die wirkliche Steifigkeit sein,
jedoch wird das Endergebnis befriedigend, wenn der Träger in eine genügend große Anzahl von Finiten-Elementen unterteilt wird.

Wenn die Steifigkeitsbeiwerte der einzelnen Elemente bestimmt sind, ergibt deren Summierung die Steifigkeit des kompletten Gebildes. Das ist
die direkte Steifigkeitsmethode. Wenn drei Elemente a, b und c in einem
Knotenpunkt i zusammengefügt sind, folgt die Steifigkeit des Gebildes
für diesen Punkt mit

$$c_{ii} = c'^{(a)}_{ii} + c'^{(b)}_{ii} + c'^{(c)}_{ii} . \qquad (1\text{-}108)$$

Die Elementsteifigkeiten müssen vorher in einem gemeinsamen Koordinatensystem, das sich auf das ganze Gebilde bezieht, ausgedrückt werden.
Das Komma über den Steifigkeitssymbolen zeigt an, daß sie aus ihrer Form
lokaler Koordinaten transformiert wurden.

Bestimmte Steifigkeitsbeiwerte beziehen sich auf Translations- wie auf
Rotations-Verschiebungen. Das fordert jedoch eine besondere Form der
Massenmatrix, denn die einfachere Diagonalform der Massenmatrix nach
Gl.(1-67) wird nur durch den Fortfall von Rotations-Verschiebungen er-
möglicht. Um eine dieser Massenmatrix kompatible Steifigkeitsmatrix zu

finden, müssen aus ihr alle Rotations-Koordinaten durch statische Koordinaten-Kondensationsmethode eliminiert werden. Zu diesem Zweck zerlegt man die Steifigkeitsmatrix in Teile, die lauter Translations-Koordinaten bzw. lauter Rotations-Koordinaten besitzen sowie in Teile, die gemischte Koordinaten enthalten, wie in der Matrix der Gl.(1-107) mit unterbrochenen Linien angedeutet wird. Damit folgen die Submatrizen

$$
\left|\begin{matrix} \underline{c}_{tt} & \underline{c}_{t\theta} \\ \underline{c}_{\theta t} & \underline{c}_{\theta\theta} \end{matrix}\right| \left|\begin{matrix} \underline{u}_t \\ \underline{u}_\theta \end{matrix}\right| = \left|\begin{matrix} \underline{F}_{ft} \\ \underline{F}_{f\theta} \end{matrix}\right| = \left|\begin{matrix} \underline{F}_{ft} \\ \underline{0} \end{matrix}\right| \tag{1-109}
$$

mit $\underline{u}_t$, $\underline{u}_\theta$ Submatrizen der Translations- und Rotations-Koordinaten, $\underline{F}_{ft}$, $\underline{F}_{f\theta}$ Submatrizen von elastischen Translations- und Rotations-Kräften. Wenn im Gebilde kein anderer Kraftvektor Rotations-Komponenten enthält, müssen auch elastische Rotationskräfte verschwinden, d.h. $\underline{F}_{f\theta} = 0$. Damit folgt die zweite Submatrix-Gleichung

$$
\underline{u}_\theta = - \underline{c}_{\theta\theta}^{-1} \, \underline{c}_{\theta t} \, \underline{u}_t . \tag{1-110}
$$

Wenn dieser Ausdruck in die erste Submatrix-Gleichung eingesetzt wird, folgt

$$
(\underline{c}_{tt} - \underline{c}_{t\theta} \, \underline{c}_{\theta\theta}^{-1} \, \underline{c}_{\theta t}) \, \underline{u}_t = \underline{F}_{ft} \tag{1-111}
$$

mit

$$
F_{ft} = \underline{c}_t \, \underline{u}_t . \tag{1-112}
$$

Damit folgt die Translations-Steifigkeitsmatrix

$$
\underline{c}_t = \underline{c}_{tt} - \underline{c}_{t\theta} \, \underline{c}_{\theta\theta}^{-1} \, \underline{c}_{\theta t} . \tag{1-113}
$$

Diese Steifigkeitsmatrix ist mit der entwickelten diagonalen Massenmatrix kompatibel. Für die praktische Berechnungsausführung soll auf die öfteren Fehler hingewiesen werden:

Die Reihenfolge der Multiplikation von Matrizen muß genau eingehalten werden, denn bei den Matrizen ist $\underline{A}\,\underline{B} \neq \underline{B}\,\underline{A}$.

Die inverse Matrix $\underline{c}_{\theta\theta}^{-1}$ wird am leichtesten mit den Kofaktoren und mit dem Determinantenwert ermittelt

$$\underline{c}_{\theta\theta} = e \begin{vmatrix} a & b \\ c & d \end{vmatrix} ,$$

$$\underline{c}_{\theta\theta}^{-1} = \frac{1}{e} \cdot \frac{1}{(ad - bc)} \begin{vmatrix} (-1)^{1+1} \cdot d & (-1)^{2+1} \cdot c \\ (-1)^{2+1} \cdot b & (-1)^{2+2} \cdot a \end{vmatrix} \qquad (1\text{-}114)$$

mit $(-1)^{i+j}$, i Reihe, j Spalte.

1.2.3. Bestimmung von Eigenfrequenzen

Bei Systemen mit N Massen und N Freiheitsgraden sind die Bewegungsgleichungen ohne äußere Kräfte von der Form

$$m_1 \ \ddot{u}_1 + c_{11} \ u_1 + \ldots + c_{1N} \ u_N = 0$$
$$\cdot \quad \cdot \quad \cdot \quad \cdot \quad \cdot \quad \cdot \quad \cdot \quad \cdot \quad \cdot \quad \cdot \qquad (1\text{-}115)$$
$$m_1 \ \ddot{u}_N + c_{N1} \ u_1 + \ldots + c_{NN} \ u_N = 0.$$

Die Schwingung eines solchen Systems ist immer harmonisch mit einer Eigenfrequenz für jeden der N Normaltöne. Alle Massen schwingen zusammen
in der Phase mit derselben Eigenfrequenz. Dabei sind die Verschiebungen
aller Massen ähnlich mit der Amplitude a_N

$$u_1 = a_1 \ f(t), \ \ldots \ u_N = a_N \ f(t). \qquad (1\text{-}116)$$

Damit folgen die Gleichungen

$$(c_{11} - m_1 \ \omega^2) \ a_1 + c_{12} \ a_2 + \ldots + c_{1N} \ a_N = 0$$
$$\cdot \quad \cdot \quad \cdot \quad \cdot \quad \cdot \quad \cdot \quad \cdot \quad \cdot \quad \cdot \quad \cdot \quad \cdot \quad \cdot \qquad (1\text{-}117)$$
$$c_{N1} \ a_1 + c_{N2} \ a_2 + \ldots + (c_{NN} - m_N \ \omega^2) \ a_N = 0.$$

Dieser Satz von Gleichungen kann nach a_N mit Hilfe der Cramerschen Regel gelöst werden, wonach die Determinante der Koeffiziente von a gleich
Null sein muß.

$$\begin{Vmatrix} (c_{11} - m_1\,\omega^2) & c_{12} \cdots & c_{1N} \\ c_{21} & (c_{22} - m_2\,\omega^2) \cdots & c_{2N} \\ \cdot \;\; \cdot \;\; \cdot \;\; \cdot \;\; \cdot \;\; \cdot \;\; \cdot & \cdot \;\; \cdot \;\; \cdot \;\; \cdot \;\; \cdot \;\; \cdot & \cdot \\ c_{N1} & c_{N2} \cdots & (c_{NN} - m_N\,\omega^2) \end{Vmatrix} = 0. \qquad (1\text{-}118)$$

Die Entwicklung der Determinante ergibt eine sogenannte Frequenzgleichung. Für jeden normalen Schwingungston besteht eine reale und positive Wurzel, deshalb ergeben sich N Eigenfrequenzen. Dieses Problem
wird als Problem der charakteristischen Werte und ω^2 als charakteri-
stischer Wert oder Eigenwert genannt.

In Matrizenausdrucksweise wird die Bewegungsgleichung

$$\underline{m}\,\ddot{\underline{u}} + \underline{c}\,\underline{u} = 0 \qquad (1\text{-}119)$$

oder

$$\left[\underline{c} - \omega^2\,\underline{m} \right] \underline{a} = \underline{0} \qquad (1\text{-}120)$$

(mit $\underline{0}$ als Nullvektor) mit Hilfe der Cramerschen Regel gelöst, indem
die Determinante verschwindet

$$\left\Vert \underline{c} - \omega^2\,\underline{m} \right\Vert = 0. \qquad (1\text{-}121)$$

N Wurzeln dieser Gleichung sind die Eigenfrequenzen N Schwingungstöne.
Die Schwingung mit niedrigster Frequenz ist Grundschwingung, die nächst
höhere Frequenz ist die zweite Oberschwingung. Der Vektor aus dem gesamten Satz der Frequenzen ist als Frequenzvektor $\underline{\omega}$ benannt

$$\underline{\omega} = \begin{Vmatrix} \omega_1 \\ \omega_2 \\ \cdot \\ \cdot \\ \cdot \\ \omega_N \end{Vmatrix}. \qquad (1\text{-}122)$$

Für praktische Zwecke soll noch die Matrix der Eigenfrequenzquadrate
für das Beispiel des Dreimassensystems im Abschnitt 1.2.1 angeführt werden

$$\underline{\Omega}^2 = \begin{vmatrix} \omega_1^2 & 0 & 0 \\ 0 & \omega_2^2 & 0 \\ 0 & 0 & \omega_3^2 \end{vmatrix}.$$
$$(1-123)$$

1.2.4. Bestimmung von Schwingungsformen

Charakteristische Amplituden $a_1 \ldots a_N$ werden aus den Gln.(1-104) bestimmt, eine für jede Frequenz. Da die rechten Seiten der Gleichung Null
sind, folgen keine Einzelwerte, vielmehr sind die Verhältnisse von je
zwei Amplituden errechenbar. Wenn ein beliebiger Wert einer Amplitude
gegeben wird, sind damit alle anderen bestimmt. Daß keine Einzelergeb-
nisse errechenbar sind, ist mit der Eigenart der freien Schwingung verbunden. Ihre Ursache ist nicht bestimmt entweder mit Anfangsbedingungen
oder mit Erregungsfunktion. Es ist nur wichtig, daß die Amplituden eines Tones immer in demselben Verhältnis stehen. Diese Amplituden werden
Schwingungsformen genannt. Normalerweise gibt man der Form der Grundschwingung eine Einheitsgröße: $a_{11} = 1$. Damit sind alle anderen bestimmt.

Wenn in Matrizenschreibweise die Gl.(1-120) geschrieben wird, folgt

$$\underset{\sim}{\underline{E}}^{(n)} \, \underline{a}_n = \underline{0}$$
$$(1-124)$$

mit

$$\underset{\sim}{\underline{E}}^{(n)} = \underline{c} - \omega_n^2 \, \underline{m}.$$
$$(1-125)$$

Daraus kann die Schwingungsform bestimmt werden, indem die Gleichung
für alle Verschiebungen in Werten einer Koordinate gelöst wird. Dabei
wird der ersten Verschiebung eine Einheitsamplitude gegeben

$$\begin{vmatrix} a_{1n} \\ a_{2n} \\ \cdot \\ \cdot \\ \cdot \\ \omega_{Nn} \end{vmatrix} \equiv \begin{vmatrix} 1 \\ a_{2n} \\ \cdot \\ \cdot \\ \cdot \\ a_{Nn} \end{vmatrix}.$$
$$(1-126)$$

Gl.(1-124) wird in entwickelter Form geschrieben

$$
\left|
\begin{array}{c|ccc}
e_{11}^{(n)} & e_{12}^{(n)} & e_{13}^{(n)} \cdots & e_{1N}^{(n)} \\
\hline
e_{21}^{(n)} & e_{22}^{(n)} & e_{23}^{(n)} \cdots & e_{2N}^{(n)} \\
e_{31}^{(n)} & e_{32}^{(n)} & e_{33}^{(11)} \cdots & e_{3N}^{(11)} \\
\cdot \ \cdot & \cdot \ \cdot \ \cdot & \cdot \ \cdot \ \cdot \ \cdot & \\
e_{N1}^{(n)} & e_{N2}^{(n)} & e_{N3}^{(n)} \cdots & e_{NN}^{(n)}
\end{array}
\right|
\left|
\begin{array}{c}
1 \\ \hline a_{2N} \\ a_{3N} \\ \cdot \ \cdot \\ a_{Nn}
\end{array}
\right|
=
\left|
\begin{array}{c}
0 \\ \hline 0 \\ 0 \\ \cdot \ \cdot \\ 0
\end{array}
\right|
\qquad (1\text{-}127)
$$

mit angedeuteter Teilung. Diese Gleichung kann symbolisch ausgedrückt werden mit

$$
\left|
\begin{array}{cc}
e_{11}^{(n)} & \tilde{\underline{E}}_{10}^{(n)} \\
\tilde{\underline{E}}_{01}^{(n)} & \tilde{\underline{E}}_{00}^{(n)}
\end{array}
\right|
\left|
\begin{array}{c}
1 \\ \underline{a}_{0n}
\end{array}
\right|
=
\left|
\begin{array}{c}
0 \\ \underline{0}
\end{array}
\right| .
\qquad (1\text{-}128)
$$

Daraus folgt

$$
\tilde{\underline{E}}_{01}^{(n)} + \tilde{\underline{E}}_{00}^{(n)} \, \underline{a}_{0n} = \underline{0}
\qquad (1\text{-}129)
$$

und

$$
e_{11}^{(n)} + \tilde{\underline{E}}_{10}^{(n)} \, \underline{a}_{0n} = 0 .
\qquad (1\text{-}130)
$$

Gl.(1-129) wird für die Verschiebungsamplituden gelöst

$$
\underline{a}_{0n} = - \, (\tilde{\underline{E}}_{00}^{(n)})^{-1} \, \tilde{\underline{E}}_{01}^{(n)} .
\qquad (1\text{-}131)
$$

Der Verschiebungsvektor aus Gl.(1-131) muß auch der Gl.(1-129) genügen, was einer Prüfung der Genauigkeit der Ergebnisse gleichkommt. Die Verschiebungsamplituden aus der Gl.(1-131) zusammen mit der Einheitsamplitude der ersten Komponente stellen den Verschiebungsvektor für die n-te Schwingungsordnung dar. Dieser Vektor kann auch dimensionslos angegeben werden, indem er in allen Komponenten mit einer Bezugskomponente dividiert wird. Der resultierende Vektor ist die Form ϕ_n des n-ten Tones genannt

$$\underline{\phi}_n = \begin{vmatrix} \phi_{1n} \\ \phi_{2n} \\ \cdot \\ \cdot \\ \cdot \\ \phi_{Nn} \end{vmatrix} \equiv \frac{1}{a_{kn}} \begin{vmatrix} 1 \\ a_{2n} \\ a_{3n} \\ \cdot \\ \cdot \\ a_{Nn} \end{vmatrix} \qquad (1-132)$$

mit a_{kn} als Bezugskomponente.

Die Formen jedes der N Schwingungstöne bilden die Quadratmatrix der Schwingungsform

$$\underline{\phi} = \begin{vmatrix} \phi_1 & \phi_2 & \phi_3 & \cdots & \phi_N \end{vmatrix} = \begin{vmatrix} \phi_{11} & \phi_{12} & \cdots & \phi_{1N} \\ \phi_{21} & \phi_{22} & \cdots & \phi_{2N} \\ \phi_{31} & \phi_{32} & \cdots & \phi_{3N} \\ \cdot & \cdot & \cdot & \cdot & \cdot & \cdot \\ \phi_{N1} & \phi_{N2} & \cdots & \phi_{NN} \end{vmatrix} \cdot \qquad (1-133)$$

Diese Gleichung stellt den Eigenvektor dar; die Quadrate der Eigenkreisfrequenz sind Eigenwerte. In der Matrix-Algebra-Theorie wird dieses Problem als Problem der Eigenwerte bezeichnet.

Für die Berechnungspraxis soll noch die Matrix der Schwingungsform für das Beispiel des Dreimassensystems Abschnitt 1.2.1 angeführt werden

$$\underline{\phi} = \begin{vmatrix} \phi_{11} & \phi_{12} & 1 \\ \phi_{21} & 1 & \phi_{23} \\ 1 & \phi_{32} & \phi_{33} \end{vmatrix} \cdot \qquad (1-134)$$

1.2.5. Bestimmung von Elastizitätsmatrizen

Die durchweg mit Biegeträgern zusammengesetzten Gebilde bereiten bei der Bestimmung von Steifigkeitsmatrizen keine rechnerischen Probleme, da sie mit Finite-Elemente-Methode leicht bewältigt werden können. Anders ist es bei unstetig geformten Trägern und insbesondere bei Fachwerken, bei denen unter Umständen Halteseile an die Stelle von Zugelementen treten. Bei diesen Fällen ergibt sich ein sehr großer rechnerischer Aufwand, so daß ein anderer Weg einzuschlagen ist, bei dem die Elastizitäts- oder Nachgiebigkeitsbeiwerte angewandt werden. Der Elastizitätsbeiwert f_{ij} stellt die Durchbiegung an der Koordinate i bei Anwendung einer Einheitskraft an der Koordinate j dar. Dabei gilt das Betti-Gesetz $f_{ij} = f_{ji}$.

Die Matrix ist deshalb symmetrisch und inversionsfähig. Die Nachgiebigkeitsbeiwerte werden nach allgemeinen Regeln der Statik berechnet, indem die Durchbiegungen der Gebilde, die aus Zugelementen und Biegeelementen bestehen, durch die Längenänderungen der Seile infolge Zugkräfte und die Verformung der Biegeträger oder -säulen bestimmt werden. Die Massenverschiebung folgt dann mit

$$\underline{u}(t) = \underline{f}\,\underline{F}_f(t). \tag{1-135}$$

Wenn diese Gleichung mit der Gleichung der elastischen Kraft

$$\underline{F}_f(t) = \underline{u}\,\underline{c} \tag{1-136}$$

verglichen wird, ist ersichtlich, daß die Elastizitätsmatrix der Inversion der Steifigkeitsmatrix gleich ist

$$\underline{f} = \underline{c}^{-1}. \tag{1-137}$$

Auf diese Weise ist bei komplizierten Gebilden zu verfahren: Es werden die Elastizitätsbeiwerte aller Koordinaten in der Form bereitet

$$\underline{f} = \begin{vmatrix} f_{11} & f_{12} & f_{13} \cdots f_{1i} \cdots f_{1N} \\ f_{21} & f_{22} & f_{23} \cdots f_{2i} \cdots f_{2N} \\ \cdot \; \cdot \; \cdot \; \cdot \; \cdot \; \cdot \; \cdot \; \cdot \; \cdot \; \cdot \\ f_{i1} & f_{i2} & f_{i3} \cdots f_{ii} \cdots f_{iN} \\ \cdot \; \cdot \; \cdot \; \cdot \; \cdot \; \cdot \; \cdot \; \cdot \; \cdot \; \cdot \end{vmatrix}. \tag{1-138}$$

Diese Matrix wird dann invertiert, um die Steifigkeitsmatrix zu bekommen, die dann zur Berechnung der seismischen Kräfte benutzt werden kann

$$\underline{c} = \underline{f}^{-1}. \tag{1-139}$$

2. Bodenbewegung und Erdbebenparameter

Zusammen mit dem Entwurf eines Hebezeuges wird auch die dynamische Berechnung erforderlich. Hierzu müssen die Eingangsdaten des Erdbebens bekannt sein. Liegen dem Konstrukteur nur mangelhafte seismische Angaben beim Entwurf eines neuen Hebezeuges vor, so sollte er sich selbst die notwendigen Parameter der Bodenbeschleunigung, Geschwindigkeit und Verschiebung ermitteln und daraus wenigstens einen vorläufigen Umriß des Ansprechzentrums aufzeichnen können.

Zum Ausrechnen dieser Größen sind heute Gleichungen bekannt, die mit großer Wahrscheinlichkeit als zuverlässig angesehen werden können. Sie basieren auf der Magnitude nach modifizierter Mercalli-Skala /2.2/ , die für bestimmte Gegenden auf Grund von Beschreibungen der visuellen Folgen von bereits stattgefundenen Erdbeben bekannt ist. Sie können durchaus als Grundlage für weitere seismische Bearbeitungen dienen.

2.1. Ursachen der Erdbeben

Für Maschinenanlagen sind die Erdbeben tektonischen Ursprungs mit ihren starken Dehnungen in der Erdkruste besonders gefährlich. Als Mechanismus tektonischer Bewegung wird heute das Gleiten längs geologischer Verwerfungen allgemein angesehen /2.4/. Markante Daten dieser Beben sind die gefährlich langen Schwingzeiten, die Größe der betroffenen Fläche und die dabei entwickelte Energie.

Eine absolut obere Grenze für die Intensität der Erdbeben kann man nicht nennen. Auf Grund von Felseneigenschaften und mit verschiedenen Hypothesen hat Newmark (1968) /2.4/ die größte horizontale Bodengeschwindigkeit zwischen 1 und 3 m/s bestimmt. Dieser Wert übersteigt aber die praktisch vorkommenden Erdbebenintensitäten.

Nach dieser Ansicht gibt es keine Konstruktion, die nicht mit endlicher Wahrscheinlichkeit in einer absehbaren Zeit zu Bruch gehen könnte. Diese Folgerung ist aber auch in sogen. nicht seismischen Gegenden gültig. Für Erdbebengebiete sind die Risiken wohl größer entsprechend maximaler wahrscheinlicher Intensität.

Die Intensität eines Erdbebens wird durch eine einzige Zahl entsprechend einer Abstufung benannt. Hierdurch wird die örtliche Zerstörungsfähigkeit des Bebens ausgedrückt. Für den Konstrukteur ist diese Basis aber wohl zu grob. Bessere Informationen enthalten die Akzelerogramme mit ihrem zeitlichen Verlauf von drei orthogonalen Verschiebungskomponenten der Bodenbewegung für einen jeweiligen Ort: Zwei horizontale und eine vertikale Komponente. Nimmt man die Ableitungen der Bodenbeschleunigungen noch hinzu, so ist ein Erdbeben zur Lösung einer Ingenieuraufgabe ausreichend beschrieben.

2.2. Intensitätsstufen

Mit Hypozentrum wird der Punkt in der Erdkruste bezeichnet, von dem das Erdbeben ausgeht. Das Epizentrum ist der Punkt auf der Erdoberfläche, der genau vertikal über dem Hypozentrum liegt. Es ist der Punkt mit dem intensivsten Beben. Die direkte Verbindung vom Epizentrum zu einem bestimmten Punkt wird als epizentrale Entfernung bezeichnet.

Die Magnitude ist die charakteristische Zahl eines Erdbebens und gibt das Maß der entwickelten Energie an. Die Intensität dagegen bezeichnet seine Zerstörungskraft und bezieht sich auf eine ganz bestimmte Stelle, auch Station genannt. Für die Magnitude wird allgemein die Richter'sche Skala (1958) /2.1/ benutzt. Nach seiner Definition ist Magnitude (mit M bezeichnet) gemeiner Logarithmus aufgezeichneter Amplituden in Mikronen eines Standard-Wood-Anderson-Seismographen mit 2800-facher Vergrößerung, Eigenschwingzeit 0,8 s mit 80 % Dämpfungsbeiwert, der 100 km vom Epizentrum entfernt auf festem Boden aufgestellt ist. Obgleich auch andere Skalensysteme eingeführt wurden, hat sich die Richter'sche Skala behauptet.

Obwohl die Magnitude die verbreitetste Art der Erdbebenklassifizierung darstellt, ist sie nicht so gut für die Angabe eines Frequenzspektrums, denn die Magnitude ist im Grunde nur eine Schätzung seismischer Energie bei einer einzigen Frequenz. Allerdings gibt es noch keine Mittel für die Voraussage der Folgen des Magnitudenwechsels auf das gesamte Frequenzspektrum. Für die Voraussage eines Erdbebens werden daher solche Parameter benutzt, die sehr eng mit dem Frequenzspektrum verbunden sind, wie z.B. Verwerfungslänge, -tiefe und -gleiten sowie Dauer des Bebens und die Annahme der Entfernung vom Hypozentrum.

Für die entwickelte Energie wird folgende Gleichung nach Gutenberg
(1956) /2.5/ verwendet

$$\log_{10} W = 11,8 + 1,5\ M \qquad\qquad (2\text{-}1)$$

mit M als Magnitude und W entwickelte Energie in erg.

Alle Intensitätsskalen haben subjektiven Charakter, d.h. sie sind auf
Beobachtung der Folgen eines Erdbebens aufgebaut. Heute wird allgemein
die modifizierte Mercalli-Skala verwendet und mit MM bezeichnet. Sie
wurde zuerst von Mercalli im Jahre 1902 aufgestellt und anschließend
von Wood und Newmann 1931 modifiziert /2.2/. Im Jahre 1958 wurde sie
zusätzlich von Richter noch einmal überarbeitet /2.1/. Die MM hat 12
Stufen. Jeder Effekt wird an der Stufe genannt, an der er zum erstenmal
auftritt. Die sowjetische Skala und die von Cancanni-Sieberg, die in
Westeuropa sehr verbreitet ist, sind mit der MM-Skala sehr verwandt.
Es wird auch noch eine neuere Skale verwendet, die von Medvedev und
Sponheuer 1969 erstellt und mit MSK-64 bezeichnet wurde.

Diese Intensitätsskalen lassen sich an unterschiedlichen Orten verschieden interpretieren, denn die menschlichen Reaktionen hängen von
früheren Erfahrungen mit Erdbeben ab und außerdem sind die Folgen der
Zerstörungen an Bauwerken sehr stark von der lokalen Bauweise abhängig.
Von besonderer Bedeutung aber sind die Skalen in Gegenden, in denen
keine instrummentelle Registrierung aufgenommen wurde. Hiermit lassen
sich auf Grund von Beschreibungen damaliger Erdbeben Schlüsse auf noch
zu erwartende ziehen.

Folgende Gleichung entspricht gut den verifizierten Korrelationen zwischen MM Intensität I und der maximalen Bodengeschwindigkeit v (cm/s)

$$I = \frac{\log 14\ v}{\log 2}\ . \qquad\qquad (2\text{-}2)$$

Es wird angenommen, daß dieses Verhältnis bis I = 10 annehmbar ist,
daß aber für höhere Intensitäten die MM-Skala entsprechend dieser Gleichung modifiziert werden muß. In Bild 2.1 sind die Werte der Intensität
I nach MM bei verschiedenen Bodengeschwindigkeiten v in cm/s ersichtlich.

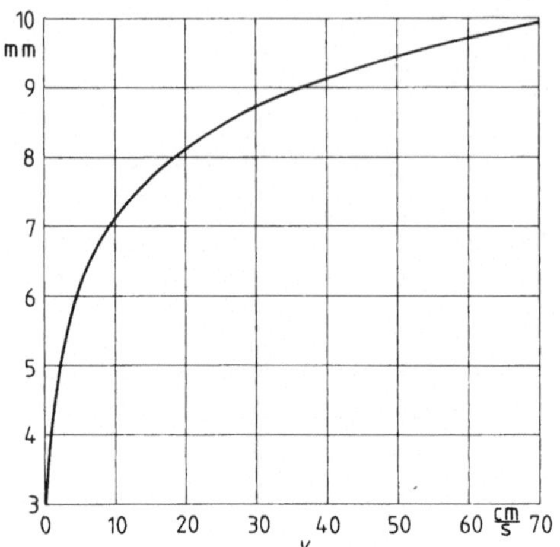

Bild 2.1: Erdbebenintensität I nach modifizier-
        ter Mercalli-Skala in Abhängigkeit von
        der Bodengeschwindigkeit v

2.3. Erdbebenarten

Die Erdbebenbewegungen lassen sich nach gemeinsamen Merkmalen in vier
Klassen einteilen:

1. Das Erdbeben besteht aus nur einem Stoß, bei dem die Beschleunigung,
Geschwindigkeit und Verschiebung ähnlich der Aufzeichnung in Bild 2.2
verlaufen, und zwar in der Nähe des Epizentrums nur am festen Boden
und nur für seichte Erdbeben. Bei anderen Bedingungen werden die Wellen
mehrfach reflektiert, d.h. die Natur der Bewegung wird verändert. Zu
dieser Art Erdbeben mit nur einem einzigen zerstörerischen Stoß zählen die Beben in Agadir, Marokko (1960), Skopje, Jugoslawien (1963)
und San Salvador (1965). Diese Erdbeben hatten mittlere Magnituden (5,5
bis 6,2), seichte Fokusse (weniger als 30 km), in einer Richtung vorherrschende Bewegung und Schwingung mit kurzen Schwingzeiten (um 0,25
und kürzer).

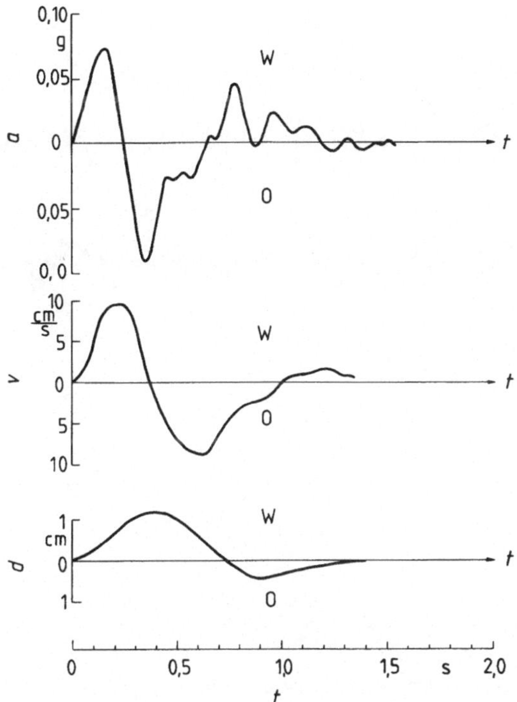

Bild 2.2: Aufzeichnung des Erdbebens in Port Hue-
neme (18. März 1957)

2. Mittlere bis lange außerordentlich unregelmäßige Bodenbewegung, deren Beispiel im Bild 2.3 gezeigt ist. Solche Erdbeben entstehen bei
mittleren Entfernungen vom Fokus und finden nur im festen Boden statt.
Die Energie wird über einem großen Bereich von Schwingzeiten verteilt
(normalerweise zwischen 0,05 s bis o,5 s und 2,5 s bis 6 s). Derartige
Bewegungen können fast mit dem weißen Rauschen verglichen werden. Sie
sind in fast allen Richtungen gleich stark.

3. Lange Bodenbewegung mit dem Auftreten von markanten Schwingzeiten.
Ein Muster solcher Erdbeben ist im Bild 2.4 gezeigt (Mexico City - Erdbeben 1964).

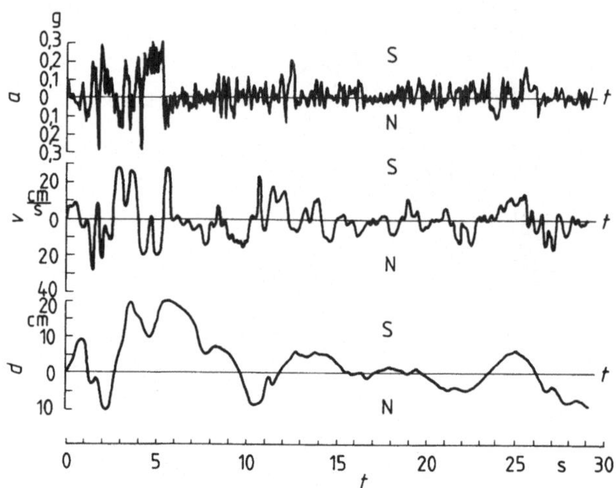

Bild 2.3: El Centro-Erdbeben, Kalifornien (1940)

4. Bodenbewegungen mit dauernden Deformationen des Bodens mit großen
Ausmaßen. Es treten vielfach Abgleitungen auf.

Die meisten Erdbeben sind nicht charakteristisch rein einer der oben
aufgezeigten Bebenarten zuzuordnen, sondern zeigen gemischte Merkmale.
Die Erdbebenart, die dem weißen Rauschen ähnelt, tritt sehr häufig auf.
Von ihr stehen zahlreiche Aufzeichnungen zur Verfügung. Sie ist außerdem
für die Simulation auf Rechnern oder für die analytische Bestimmung des
Ansprechens einfacher Systeme sehr gut geeignet.

Die erste Erdbebenart kann dagegen wegen ihrer Einfachheit determini-
stisch behandelt werden.

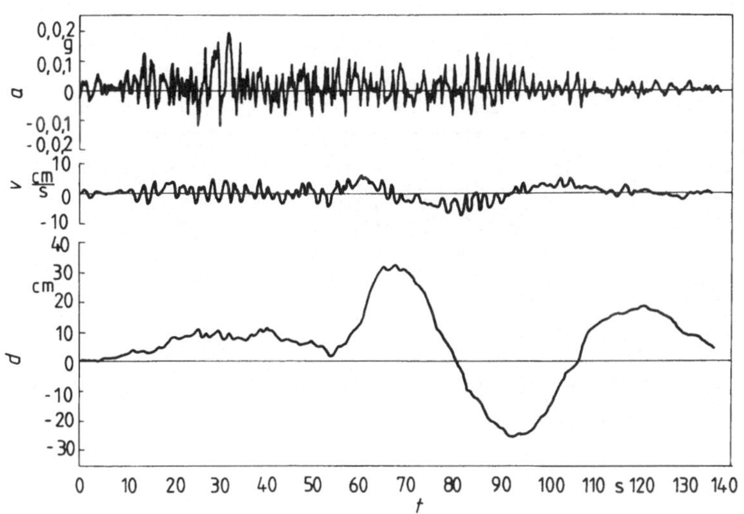

Bild 2.4: Erdbeben in Mexico City (6. Juli 1964)

2.4. Erdbebenparameter

Für die Konstruktionspraxis ist sehr wichtig, daß für verschiedene Erdbeben charakteristische Größen bestimmt werden. Es wäre dann leicht das
Ansprechen der Systeme, die einem solchen Erdbeben ausgesetzt sind -
und zwar für einen Freiheitsgrad - zu bestimmen. Folgende Merkmale des
Erdbebens müßten bekannt sein: maximale Bodenbeschleunigung a, Geschwindigkeit v und Verschiebung d in einer bestimmten Richtung.

Die Hauptkennwerte der Bodenbewegung beim Erdbeben erhält der Konstrukteur vom Bauherrn. Wenn nicht, können sie schätzungsweise nach verschiedenen Annäherungen aus Meßergebnissen berechnet werden. Die heutigen
Kenntnisse der Seismologie stellen den Entstehungsmechanismus des Erdbebens anhand eines Verwerfungsmodells am Hypozentrum nach der Verset-
zungstheorie dar. Nach dieser Theorie folgt die effektive Bodenbewegungsdauer am Hypozentrum aus

$$t_0 = \frac{L}{v} \tag{2-3}$$

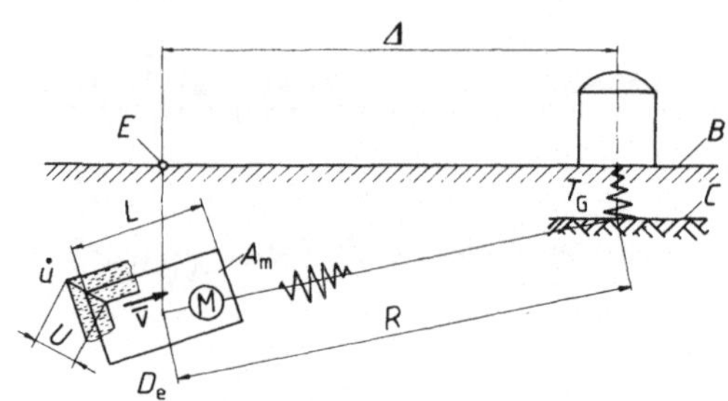

Bild 2.5: Entstehungsmechanismus des Erdbebens nach Versetzungs-
          theorie

A_m - Verwerfungsmodell T_g - Grundbodenschwingzeit
B   - Bodenoberfläche   U   - Versetzung
C   - Felsengrund $\bar{v}$ - Bruchgeschwindigkeit
D_e - Erdbebenhypozentrum $\dot{u}$ - Versetzungsgeschwindigkeit
E   - Epizentrum   M   - Magnitude nach Richter-Skala
L   - Verwerfungslänge   Δ   - epizentrale Entfernung

mit L Verwerfungslänge, $\bar{v}$ Bruchgeschwindigkeit. Die Bodenhauptschwing-
zeit der Erdbebenwellen ist dabei

$$T_{om} = \frac{1}{2}\frac{V}{\dot{u}} \cdot 2 = \frac{V}{\dot{u}} \tag{2-4}$$

mit V Versetzung, $\dot{u}$ Versetzunggeschwindigkeit, wobei die Erdbebenwellen als Sinuswellen angenommen werden. Wenn die Magnitude des Erdbebens mit M bewertet ist, sind im allgemeinen L und V davon abhängig,
die Geschwindigkeit $\bar{v}$ und $\dot{u}$ aber nicht. Alle aber hängen von mechanischen Eigenschaften der Erdkruste ab, da hier die Versetzung stattfindet (siehe Bild 2.5). Dabei gelten folgende Parameter

$$\bar{v} = V_x = 3 \text{ km/s}, \dot{u} = 65 \text{ cm/s} . \tag{2-5}$$

Erdbebendauer und Bodenschwingzeit können auch aus der Magnitude berechnet werden

$$\log t_o = 0,5 \, M - 2,28 \tag{2-6}$$

$$\log T_{o\ m} = 0,5\ M - 3,21. \qquad (2\text{-}7)$$

Die Magnitude des Erdbebens hängt von der epizentralen Entfernung Δ (in km) und der maximalen Bodenverschiebungsamplitude Z_{om} ab

$$M = 1,73\ \log \Delta + \log Z_{om} - 3,17. \qquad (2\text{-}8)$$

Daraus folgt die maximale Bodenbeschleunigung in Abhängigkeit von der Magnitude M und Entfernung vom Epizentrum

$$\log a = (1 - 0,5)\ M - 1,73\ \log \Delta + 3,21 - 1,05 =$$
$$= 0,5\ M - 1,73\ \log \Delta + 2,16. \qquad (2\text{-}9)$$

Z_{om} ist die an der Oberfläche beobachtete Amplitude bei vorherrschender Schwingzeit T_G = 0,3 s, bei anderen Werten der Schwingzeit ist ihr aber Z_{om} proportional.

Für die Ansprechgrößen bei kleiner Dämpfung in einem geglättetem (lokal gemitteltem) Spektrum gelten folgende ungefähre Werte: Maximale Beschleunigung A = 4a, maximale spektrale Pseudogeschwindigkeit V = 3v und maximale spektrale Verschiebung D = 2d. (Blume, Newmark und Corning, 1961) /2.6/. Aus der Natur des Spektrums ist bekannt, daß die Beschleunigung A sich a nähert, wenn sich die Eigenschwingzeit T Null nähert und D auf d zugeht, sowie wenn T ins unendliche übergeht. Daraus läßt sich in einem logarithmischen Koordinatensystem das Ansprechspektrum zusammensetzen.

Eine andere Art für die Ermittlung des Spektrums ist die Betrachtung der a-, v- und d-Linien im log-Koordinatensystem als das geglättete Spektrum bei 25 % Dämpfung. Daraus lassen sich die Spektren für andere Dämpfungen errechnen, indem die Ordinaten ungefähr proportional dem Ausdruck sind

$$(1 + 0,6\ \beta\ \omega\ s)^{-0,45} \qquad (2\text{-}10)$$

oder

$$(1 + 0,5\ \beta\ \omega\ s)^{-0,50} \qquad (2\text{-}11)$$

mit β Prozent der Dämpfung, ω Eigenkreisfrequenz und s Dauer einer "gleichwertigen" Bodenbewegung mit gleichförmiger Intensität in der

Zeiteinheit (ungefähr die halbe Zeit der registrierten Bewegung für
mittlere und starke Erdbeben: 12,5 s im Mittel für starke Erdbeben).
(Rosenblueth und Bustamante, 1962) /2.7/. Die Dauer des Erdbebens errechnet sich nach Gl.(2-20).

Im Bild 2.6 ist ein Vergleich von Spektren nach beiden Kriterien gegeben.

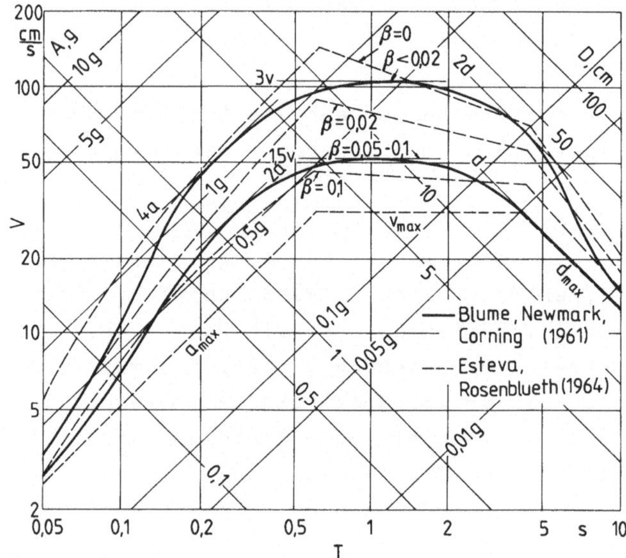

Bild 2.6: Vergleich der Spektren nach zwei Kriterien

Nach diesen Ergebnissen genügt es, die Mittel für die Schätzung von a,
v, d und s als Funktion der Magnitude und der fokalen Entfernung zu geben. Daraus lassen sich ohne weiteres die Ansprechspektren für Bewegung
am festen Boden abschätzen. Ein zusätzlicher Schritt führt uns zur Bodenbewegung an der Oberfläche des weichen Bodens, durch den die Festbo-
denbewegung gefiltert wird.

Für die Bestimmung der fokalen Entfernung muß die Eigenschaft der Iso-
seismalen (Linien gleicher Erdbebenintensität) berücksichtigt werden,
da sie nicht in Kreisbögen verlaufen, sondern den hauptsächlichen geo-

logischen und geographischen Merkmalen folgen. Diese Eigenschaft hängt
nicht vom Erdbeben selbst, sondern von der Durchlässigkeit und Übertrag-
barkeit des Bodens ab.

Die Parameter a, v und d hängen von der fokalen Entfernung R auf verschiedene Weise ab. Sie können als die Summe von zwei Gliedern ausgedrückt werden. Die erste ist proportional Δ^{-1}, die zweite Δ^{-2}, wobei
die innere Dämpfung zu größeren Abweichungen führt. Die empirische
Gleichung für a, v und d muß zwei Bedingungen ausfüllen. Mit Vergrößerung der fokalen Entfernung verwandelt sich die Bodenbewegung vom ursprünglichen absolut unregelmäßigen Charakter mehr und mehr in harmonische Schwingung mit ansteigender Schwingzeit, wobei der Ausdruck gilt

$$\frac{a\,d}{v^2} = 1. \tag{2-12}$$

Deshalb nähert sich dieser Ausdruck für $\Delta \to \infty$ dem Wert 1. Der minimal
mögliche Wert von ad/v^2 ist bei Wellen mit quadratischer Beschleunigung
im Dauerzustand

$$\frac{a\,d}{v^2} = \frac{1}{2}. \tag{2-13}$$

Wenn Δ gegen Null geht und die Bodenbewegung mehr und mehr von der harmonischen Bewegung abweicht, nähert sich die Bodenbewegung dem weißen
Rauschen

$$\frac{a\,d}{v^2} = \infty. \tag{2-14}$$

Folgende Ausdrücke von Esteva (1969) /2.8/ geben die Abhängigkeit der
Bodenbewegungsparameter von der Fokusentfernung und von der Magnitude
an (vergl. auch Bild 2.7)

$$a = 1230\ e^{0,8\,M}(\Delta + 25)^{-2}\quad (cm/s^2), \tag{2-15}$$

$$v = 15\ e^{M}(\Delta + 0,17\ e^{0,59\,M})^{-1,7}\quad (cm/s), \tag{2-16}$$

$$\frac{a\,d}{v^2} = 1 + \frac{400}{\Delta^{0,6}}\quad (d\ in\ cm,\ \Delta\ in\ km). \tag{2-17}$$

Die ersten beiden Ausdrücke wurden mit der Methode der 'kleinsten Quadrate ermittelt, der dritte entspricht den obigen zwei Bedingungen.
Wenn Gl.(2-1) in Gl.(2-16) eingesetzt wird, folgt

$$I = 1{,}44\ M + F(\Delta)\,, \hspace{4cm} (2\text{-}18)$$

wobei F eine abnehmende Funktion von Δ ist. Diese Abhängigkeiten gelten
für mittlere und lange fokale Entfernungen. Schwieriger ist es, die Größen für den Fokus selbst zu bestimmen; allerdings sind diese Größen end-
lich. Es bleibt die Frage nach den maximalen Grenzen der Bodenbeschleunigung. Housner (1965) /2.9/ hat sie mit 0,5 g angenommen, später hat
man aber wenigstens 1,0 g und sogar 1,5 g bei tatsächlichen Erdbeben gemessen.

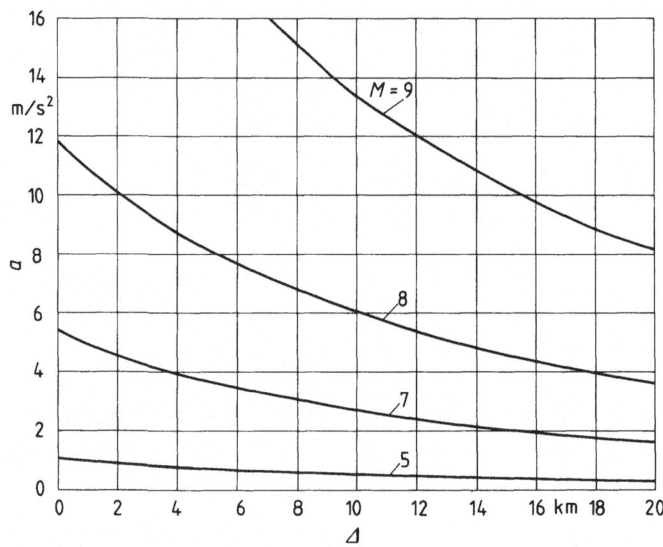

Bild 2.7: Bodenbeschleunigung in Abhängigkeit von der epizen-
          tralen Entfernung Δ in km bei verschiedenen Erdbe-
          benmagnituden M (nach Richter-Skala)

Die maximal mögliche Bodengeschwindigkeit wird bestimmt aus

$$v_s\,\frac{\partial x}{\partial \Delta} = \pm\,\frac{\partial x}{\partial t} \hspace{4cm} (2\text{-}19)$$

mit v_s als Geschwindigkeit der Schubwelle. Da $\partial x/\partial \Delta$ nicht größer sein
kann als die maximale Schubdehnung, die der Werkstoff zu übertragen
vermag, kann $\partial x/\partial t$ nicht größer als das v_s-fache dieses Wertes sein.
Da für die meisten Felsen die Schubbruchdehnung 0,0005 ist, wird bei
seismischer Schubgeschwindigkeit 3 km/s dann v = 1,5 m/s (Ambraseys,

1969) /2.10/.

Die Grenze der Bodengeschwindigkeit gibt eine maximal mögliche MM Intensität I = 11 nach Gl.(2-1) an. Infolge der Korrelation zwischen v
und I wäre eine entsprechende obere Grenze der Intensität von 12 zu erwarten.

Die vorgeschlagene (Esteva und Rosenblueth, 1964 /2.11/) Gleichung für
die zu erwartende Dauer des weißen Rauschens mit konstanter Intensität
in der Einheitszeit, gleichwertig dem Erdbeben mit gegebener Magnitude
und fokaler Entfernung ist

$$s = 0,02 \cdot e^{-0,74 \, M} + 0,3 \, \Delta \tag{2-20}$$

mit s in s, Δ in km.

Alle ausgeführten Erklärungen beziehen sich auf die Größen in horizontaler Richtung. Für Maschinenanlagen sind die Erdbebenparameter in vertikaler Richtung relevant, besonders aber bei Hebezeugen. Leider sind
die Angaben über vertikale Bewegungskomponenten äußerst selten. Aus der
Mechanik der Wellenübertragung im Boden ist soviel bekannt, daß die relative Wichtigkeit der vertikalen Komponente mit der Härte der oberen
Bodenformationen wächst. Diese relative Wichtigkeit wirkt sich aber vermindernd auf das Verhältnis der epizentralen Entfernung Δ zur fokalen
Tiefe H aus. Die Einzelheiten des Erdbebenentstehungsmechanismus spielen dabei eine entscheidende Rolle, besonders in der Nähe des Epizentrums. Angaben darüber gibt es kaum. Unter gewissen Umständen ist höchstwahrscheinlich das Verhältnis der maximalen vertikalen Beschleunigung
a_v zur horizontalen a_h größer als 1. Beim El Centro-Erdbeben (1940) mit
$\Delta/H = 2,0$ war $a_v/a_h = 0,85$, während beim Mexico City-Erdbeben (1962) bei
$\Delta/H = 0,1$ a_v/a_h nur 0,27 erreichte. Für die Maschinenbauer ist es eine
erschwerende Tatsache, daß die meisten Bauvorschriften die vertikale
Erdbebenkomponente ignorieren.

2.5. Charakter der Erdbebenwellen

Bevor man zu den Folgen horizontaler und vertikaler Wellenbeschleunigung auf Einmassensysteme übergeht, wird die Struktur der Erdbebenwellen dargelegt.

Beim Erdbeben werden zwei Wellenarten entwickelt: P = primäre und S = sekundäre Wellen. Im Akzelerogramm beginnen die S-Wellen schon, bevor die P-Wellen vollständig verschwunden sind. Diese Eigenschaft ist bei starken Erdbeben der mehrfachen Brechung und Abstrahlung an unregelmäßigen und diffusen geologischen Punkten zuzuschreiben. Ein typisches Akzelerogramm (Bild 2.8) zeigt drei Wellengruppen oder Phasen: primäre (P), sekundäre (S) und Oberflächenwellen (L), nach Love, Rayleigh usw. benannt. L-Wellen sind normalerweise von den letzten S-Wellen überlagert, weil die Beschleunigungen der L-Wellen sehr klein sind. Aus der unterschiedlichen Ankunftszeit der verschiedenen Wellen an einer bestimmten Stelle werden die epizentralen Entfernungen bestimmt. Durch Integrierung der Wegkurven lassen sich die Wellengeschwindigkeiten als Funktion der Tiefe berechnen. Plötzliche Veränderungen der Geschwindigkeit in bestimmten Tiefen können auf Berührungsflächen zwischen Hauptschichten in der Erde hinweisen. Abstrahlungen von Wellen finden vor allem an der Erdoberfläche statt. Hier können aus einer P-Welle sowohl P- und S-Wellen entstehen, die dann PP- und PS-Wellen genannt werden. Analog werden aus S-Wellen SP- und SS-Wellen gebildet.

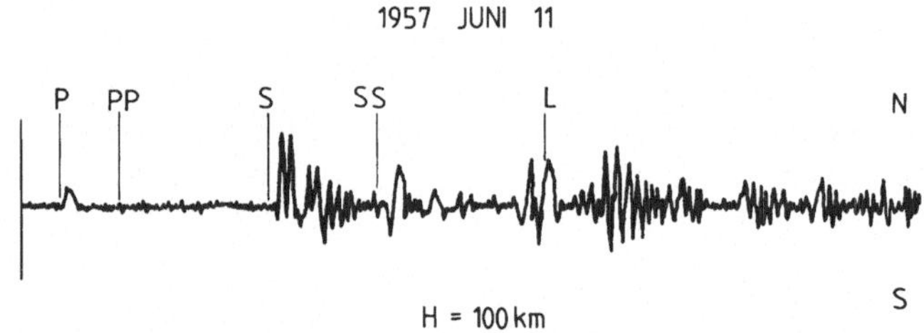

Bild 2.8: Typisches Akzelerogramm mit verschiedenen Wellenarten

Die Folgen der Brechung und Abstrahlung seismischer Wellen bilden eine seichte Deckungszone in Entfernungen von 105^0 bis 142^0. In diesem Bereich sind praktisch keine P- oder S-Wellen registriert worden. Da außerdem niemals beobachtet wurde, daß S-Wellen den Erdkern durchquert haben und weiterhin Flüssigkeiten bekannterweise keine Schubwellen übertragen können, ist zu behaupten, daß die Erde einen flüssigen Kern enthält.

3. Seismizität

Dieser umfangreiche Bereich befaßt sich mit Verfahrenstechniken zur Bestimmung seismischer Eigenschaften mehr oder weniger begrenzter Gebiete.
Dem Maschinenbauer sollen die inneren Zusammenhänge nur kurz vor Augen
geführt werden, um sein Verständnis für seismische Erscheinungen und deren Abhängigkeit von zahlreichen Parametern zu wecken. Dieser Bereich
ist wegen seiner Wahrscheinlichkeitstheorie auch mathematisch anspruchsvoll, so daß der Einblick in die Einzelheiten hier zuviel Raum erfordern
würde.

3.1. Erdbebenvorhersage

Die Bestimmung des möglichen zukünftigen Erdbebens für eine bestimmte
Stelle, das als potentielles Erdbeben bezeichnet wird, ist mit so vielen Ungewißheiten verbunden, daß es nur mit der Wahrscheinlichkeitsbe-
schreibung der Veränderlichen gelöst werden kann /3.1/.

Vor allem ist es nicht möglich, für jeden Ort der Welt gleichermaßen
gute Voraussagen zu treffen, da für manche Gegend, die als "nicht seismisch" bezeichnet wird, keine entsprechenden Beobachtungsunterlagen
früherer Erdbeben vorliegen. Dennoch dürfen große Objekte, z.B. Kernkraftwerke nicht ohne seismische Maßnahmen projektiert werden.

Wenn genügend quantitative Angaben zur Verfügung stehen, können tradi-
tionelle statistische Methoden für die Beschreibung der Wahrscheinlichkeitsverteilung der Eigenschaften zukünftiger Erdbeben Anwendung finden. Bei ungenügenden Angaben wendet man die Bayes-Statistik an, bei
der die frühere bestimmte Wahrscheinlichkeitsverteilung der Veränderlichen, mit statistischen Angaben bereichert, zu einer neuen, verbes-
serten Wahrscheinlichkeitsverteilung führt

$$W\,(H_j/A) \;=\; \frac{W\,(A/H_j)\,(H_j)}{\sum\limits_{i=1}^{n} W(A/H_i)\,W(H_i)} \tag{3-1}$$

mit H_i, i = 1, 2, ..., n; n eingehende gegenseitig ausgeschlossene Hypothese, A Ereignis, $W\,(H_j)$ vorausgehende absolute Wahrscheinlichkeit,
daß die Hypothese H_j wahrhaftig unabhängig vom Auftreten des Ereignisses A ist, $W\,(A/H_j)$ Wahrscheinlichkeit, daß Ereignis A auftritt, wenn

H_j als wahr bekannt, und W (H_j/A) die spätere (bedingte) Wahrscheinlichkeit ist, daß die Hypothese H_j wahr ist, wenn bekannt wird, daß
das Ereignis A aufgetreten ist. Der Nenner der Gl.(3-1) kann auch als
W(A) geschrieben werden.

Die verfügbaren Informationen für das Studium der Seismizität werden
wie folgt gruppiert:

1. Ähnlichkeit mit anderen physischen Ereignissen
2. Geotektonische Eigenschaften
3. Statistische Angaben - über Raum-Zeit Koordinaten seismischer Fo-
   kussen und über die Menge der entwickelten Energien in der gesamten Welt - für den Zeitraum, für den die Informationen verfügbar
   sind.
4. Qualitative Informationen derselben Veränderlichen wie in früherer
   Gruppe, zurückblickend auf geschichtliche und geologische Zeiten aller Teile der Welt.
5. Theorien und Beobachtungen über die Übermittlung von seismischen
   Wellen.
6. Geologische Karten und Angaben über dynamische Eigenschaften von
   Felsen und der Bodenzusammensetzung.
7. Statistische Angabe über Intensitäten und Erdbebenregistrierungen.

Die ersten vier Gruppen ermöglichen das Aufzeichnen von Karten lokaler
Seismizität; das sind Aussagen über die Wahrscheinlichkeit eines Erdbebens gegebener Intensität oder anderer gegebener Charakteristiken in
einer bestimmten Gegend der Erdoberfläche. Wenn mehrere Einzelheiten
aus geologischen Informationen eingefügt werden, sind diese Karten als
Mikroregionalisation benannt.

Aus Versuchen ist bekannt, daß das Auftreten von Erdbeben als genera-
lisierter Poisson'scher Prozeß angesehen werden kann in dem Sinne, daß
die erwartete Anzahl der Erdbeben in einem Bereich von Magnituden in
einer Einheitszeit in einem gegebenen Volumen der Erdkruste nicht mit
der Zeit verändert wird und daß die Wahrscheinlichkeit eines Erdbebens
dieser Magnitude und innerhalb eines gegebenen Zeitintervalls und Vo-
lumens der Kruste auftretend unabhängig von allen früheren Erdbeben in
der ganzen Welt ist. Es kann geschrieben werden

$$W_t(n) = \frac{(\lambda t)^n \cdot e^{-\lambda t}}{n!} \tag{3-2}$$

mit $W_t(n)$ als Wahrscheinlichkeit, daß die Anzahl der Erdbeben mit Magnituden größer als M, im Zeitintervall t und in gegebenem Volumen der
Erde entstehend gleich n wird, und $\lambda = \lambda(M)$ der erwartete Wert von n
in der Einheitszeit ist. Es stimmt, daß die Angaben die stochastische
Stationarität und Raumunabhängigkeit von früheren Ereignissen negieren.
Die lokale Seismizität zeigt auf eine Evolution, und die Erdbeben nei-
gen zu Ballungen in Zeit und Raum. Das trifft sogar zu, wenn in der A-
nalyse die Vor- und Nachschläge vernachlässigt werden. Trotzdem kann
man die vereinfachten Voraussetzungen wenigstens im betrachteten Zeitraum der erwarteten Lebensdauer von erstellten Anlagen aufrechterhal-
ten.

3.2. Seismische Karten

Die Seismizität wird in örtliche und regionale eingeteilt. Es wurden
Wahrscheinlichkeitsmethoden entwickelt /3.2/, mit denen die Zahl der
zu erwartenden Erdbeben in einer Einheitszeit in einem bestimmten Volumen der Erdkruste (wobei die Tiefe bis 800 km angenommen wird) mit
einer bestimmten Magnitude aus früheren Angaben bestimmt werden kann.
Es wird von der Funktion ausgegangen

$$\lambda_0 = e^{-\beta M} \tag{3-3}$$

mit λ_0 die zu erwartende Zahl der Erdbeben in der Einheitszeit mit dem
Einheitsvolumen und dem β Parameter der Poisson'schen Verteilung (1,7
bis 2,9). Die Gleichung hat einige Vereinfachungen, wird aber für die
Bestimmung von Konstruktionskriterien aller praktischen Fälle mit normaler Lebensdauer verwendet. Wenn die Wiederkehrzeitabschnitte größer
sind als 1000 Jahre, was z. B. für alle kritischen Teile eines Kernkraftwerkes gilt, muß die Abschätzung der $\lambda(M)$-Kurve im Bereich sehr
großer Magnituden verfeinert werden. Für diese Fälle kann man Vereinfachungen, die bei 30 bis 50 Jahren des Wiederkehrzeitabschnittes richtig sind, nicht anwenden.

Bei der Wahrscheinlichkeitsberechnung ist entweder mit oder ohne histo-
rische Angaben zu rechnen. Die erstere Methode hat größere Aussagekraft,
erfordert aber viel Aufwand für das Suchen. Für frühere Wahrscheinlichkeit wird anstatt der Poisson'schen- die Gamma-1-Verteilung angewandt.

Mit denselben Methoden können auch die Wahrscheinlichkeitsverteilun-

gen von Überschreitungsgraden einiger gegebener Erdbebencharakteri-
stiken, wie maximale Bodenbeschleunigungen, Geschwindigkeiten, Verschiebungen und Bodenbewegungsdauer bestimmt werden. Aus der Gl.(2-2)
folgt dann

$$I_t - I_b = 1,44 \ln \frac{a_t}{a_b} \tag{3-4}$$

mit I_t, I_b und a_t, a_b als tatsächliche und berechnete Werte der MM Intensität bzw. der Bodenbeschleunigung. Daraus läßt sich ersehen, daß
die mittlere jährliche Anzahl der Erdbeben, deren Intensität I_b - 1
überschreitet, normalerweise 3,2 bis 7,4-mal größer wird als die Anzahl, deren Intensität I_b überschreitet. Man muß aber die Eingangsbei-
werte der regionalen seismischen Charakteristik anpassen. Kleinere Werte von β treffen auf Gegenden zu, in denen das Verhältnis von großen
zu kleinen Intensitäten ausgesprochen klein ist, wie z.B. in Skopje
und Agadir oder Neu Madrid, wo zerstörerische Erdbeben am unerwartet-
sten zugeschlagen haben.

In einem typischen Beispiel hat Esteva /3.3/ für eine Stelle am Pazi-
fischen Gürtel berechnet, daß das Verhältnis von tatsächlicher zur berechneten Beschleunigung 2,4, der Geschwindigkeit 1,9 und für den In-
tensitätsunterschied: $I_t - I_b$ = 1,44 ln 1,9 = 0,92 betrug. Diese Unterschiede scheinen sehr groß, sie sind Folge einer weiten Streuung ange-
wandter Korrelationen.

Normalerweise beziehen sich auf diese Weise aufbereitete regionale Karten der Seismizität auf Untergründe wie Felsen durchschnittlicher Konsistenz - weichen Sandstein oder Schiefer, mittleren Kalkstein oder
harten vulkanischen Tuff. Sie sind zu korrigieren, wenn andere Untergründe über einem großen Bereich vorherrschen. Nach einem einfachen
Kriterium von Gzovski (1962) /3.4/ muß die Intensität für wesentlich
weicheren oder lockereren Felsen als der durchschnittliche Wert um eine Stufe erhöht bzw. eine Stufe verringert werden, wenn der Felsen wesentlich härter als normal ist (siehe auch Richter, 1959 /3.5/).

Berücksichtigt man statistische Angaben von örtlichen Intensitäten so
ist der regionale Einfluß der Geologie teilweise automatisch mit abgedeckt.

Bei der Mikroregionalisierung müssen in der Karte der regionalen Seismizität die Intensitäten entsprechend der Bodenbeschaffenheit angehoben
oder gesenkt werden.

4. Übersicht der Hypothesen über Erdbebensicherheit

In diesem Kapitel wird eine synoptische Übersicht über den gegenwärtigen Entwicklungsstand der Theorie zur seismischen Bemessung von Stahlkonstruktionen in Hochbauten, die auch bei den Maschinenbauanlagen benutzt werden können, gegeben. Es werden die physikalischen Grundlagen beschrieben und die Rechenmethoden für die Bodenbeschleunigung, -geschwindigkeit und -verschiebung sowie die analytische Untersuchung der Ansprecheigenschaften des belasteten Systems dargestellt.

4.1. Erdbebenberechnung mit statischen Ersatzlasten

Bei den ursprünglichen Berechnungsansätzen nach den schweren Erdbeben in Japan (1891) und USA (1925) beruhten die Bemessungsregeln auf einem Horizontalbeschleunigungsbeiwert als statische Ersatzlast anstelle einer dynamischen Berechnung (nach dem Japaner Sano). Nach diesen statischen Berechnungsmethoden wurden die Konstruktionen stärker bemessen und dadurch steifer. Dagegen argumentierten die Forscher, daß als Folge der Gewichtszunahme die das Bauwerk angreifende Erdbebenkraft größer wird, im Gegenteil, man müsse weicher und nachgiebiger bemessen, dann würden die Eigenschwingzeiten länger, und die angreifende Erdbebenkraft verkleinere sich. Die Debatte über diese zwei Konzepte - das Steifigkeitskonzept und das Zähigkeitskonzept dauerte bis 1931.

4.2. Hypothese der Geschwindigkeit-Potentialenergie von Tanabashi

Nach der Hypothese von der Geschwindigkeits-Potentialenergie von Tanabashi (1935) /4.1/ ist das Schädigungspotential proportional zum Quadrat der maximalen Bodenbewegungsgeschwindigkeit $\dot{y}_s$. Die Widerstandsfähigkeit des Systems ist proportional zu der im System aufgespeicherten Energie W

$$W = \frac{1}{2} m \dot{y}_s^2 . \tag{4-1}$$

Die drei Grundideen: Steifigkeitskonzept R, Nachgiebigkeitskonzept F und Geschwindigkeits-Potentialenergie-Hypothese P sind im Bild 4.1 einander gegenübergestellt.

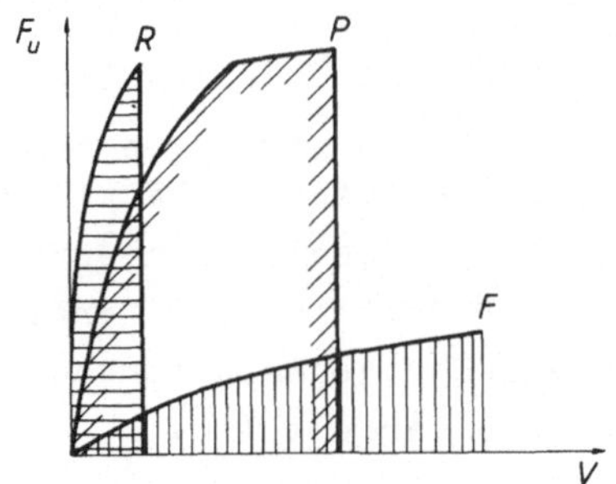

Bild 4.1: Gegenüberstellung des
          Steifigkeitskonzeptes R,
          des Nachgiebigkeitskon-
          zeptes F un der Hypothese
          der Geschwindigkeit-Po-
          tentialenergie P /4.8/

Bild 4.2: Ansprechspektrum der Ge-
          schwindigkeit S_v in Ab-
          hängigkeit von der
          Schwingzeit des Schwin-
          gungssystems T bei ver-
          schiedenen Dämpfungsbei-
          werten β nach Housner
          /4.4/

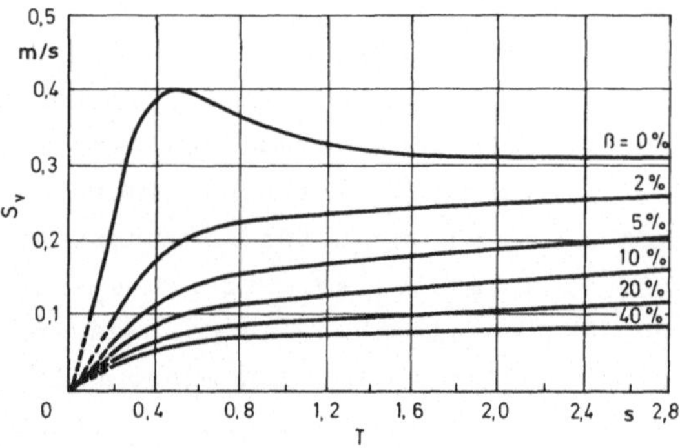

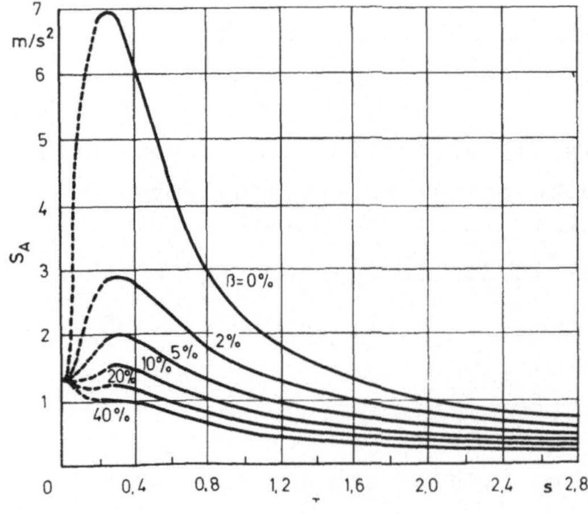

Bild 4.3: Ansprechspektrum der Be-
          schleunigung S_A in Abhän-
          gigkeit von der Schwing-
          zeit des Schwingungssy-
          stems T bei verschiedenen
          Dämpfungsbeiwerten β nach
          Housner /4.4/

Die Forschungen des Erdbebencharakters sind verhältnismäßig jung, erst
1940 ist zum ersten Mal die Messung starker Erdbeben gelungen. Das war
beim El-Centro-Erdbeben in Südkalifornien, das noch heute als ein Normerdbeben benutzt wird. Seine Magnitude war M = 7,1 und die maximale Beschleunigung 326 gal (= cm/s^2). Im Jahre 1941 hat Biot, USA /4.2, 4.3/
das Ansprechspektrum als die Folge der Bodenbeschleunigungen auf die
Schwingungssysteme eingeführt. Er hat ein Normspektrum vorgeschlagen,
das der Bemessung dienen sollte. Diese Bemühungen, eine dynamisch entsprechende Bemessungsgrundlage zu schaffen, wurden später von Housner
/4.4, 4.5/ weitergeführt. Bild 4.2 zeigt die Ansprechspektren für die
Geschwindigkeit und Bild 4.3 für die Beschleunigung mit der Dämpfung β
als Kurvenparameter.

4.3. Resonanz-Ermüdungshypothese von Yamadá und Kawamura

Yamadá und Kawamura hatten die Absicht, den Grenz- oder Bruchzustand
eines Bauwerks noch genauer zu beschreiben. Aufgrund der versuchsmä-
ßigen sowie theoretischen Untersuchungen mit dem Resonanzzustand als
Grenzbedingung haben sie einen neuen physikalischen Begriff, die Reso-
nanz-Kapazität C_R eingeführt /4.6, 4.7/. Zur Abschätzung der Erdbebensicherheit des Systems wird als physikalischer Maßstab vorgeschlagen

$$C_R = 2 \, F_a \, \beta_{\ddot{a}q} = \frac{1}{\pi} \frac{A}{\delta_a} \tag{4-2}$$

mit F_a Kraftamplitude, δ_a Verformungsamplitude, A Fläche der Hystere-
sisschleife, äquivalentes Dämpfungsmaß

$$\beta_{\ddot{a}q} = \frac{1}{4 \, \pi} \frac{A}{\frac{1}{2} F_a \, \delta_a} \cdot \tag{4-3}$$

Damit wird die mittelbare Verbindung zwischen dem Verhalten des Systems
und der Schwingungstheorie ermöglicht. Zuerst wurde die Resonanz-Kapa-
zität, dann die Resonanz-Verschiebungs-, Resonanz-Geschwindigkeits- und
Resonanz-Beschleunigungs-Kapazität und zuletzt die begrenzte Resonanz-
Kapazität vorgeschlagen.

5. Charakteristische Ansprechspektren

Wenn Maschinensätze oder Anlagen für seismische Beanspruchungen dimensioniert werden sollen, müssen seismische Ansprechspektren eines Einmassenschwingers auf derselben Höhe über dem Boden im Gebäude zur Verfügung stehen. Gewöhnlich ist es unmöglich, derartige Spektren zu bekommen, da die baulichen seismischen Berechnungen von anderen Grundlagen ausgehen. Deshalb muß der Konstrukteur ein charakteristisches Spektrum und alle erforderlichen Informationen erhalten, um sich die notwendigen Grundgrößen des Spektrums selbst ermitteln zu können. Wenn eine größere Anzahl von Industriegebäuden mit ihren Maschineneinrichtungen, wie Brücken- und Portalkrane, Aufzüge, Stetigförderer, Skipe usw. auf seismische Eigenschaften analysiert werden, kommt man zu Merkmalen, die für alle gleich oder ähnlich sind und sich in charakteristische Spektren zusammenfassen lassen. Aus diesen Spektren können mit Hilfe von Einflußwerten für die Höhe der Maschine über dem Boden, für die Erdbebenstärke, für die Struktur des Baugrundes und für die Dämpfung des Fördergerätes für jeden speziellen Fall die entsprechenden Etagen-Ansprechspektren ausgerechnet werden.

Damit erhält der Konstrukteur die notwendige Basis für die seismische Berechnung der Maschine. Zugleich lassen sich aber auch Vorschriften und Normen für die seismische Berechnung vorbereiten, wie es bei den Betriebskollektiven schon vor Jahren der Fall war.

In dieser Arbeit wurden ausgewertete Meßergebnisse des Montenegro-Erdbebens (Jugoslawien), vom 15. April 1979, mit einer Intensität von IX MM, (in neuerer Zeit das stärkste in Europa) berücksichtigt. Es wurden die charakteristischen Ansprechspektren für die häufigste Etagenhöhe von 10 m verfaßt und auf alle Maschinensätze, die sich in verschiedenen Gebäudehöhen befinden, erweitert.

5.1. Grundlagen von Boden-Ansprechspektren

Das Boden-Ansprechspektrum gibt die größten Ansprechwerte in Form von Verschiebungen, Beschleunigungen oder Spannungen aller möglichen linearen Systeme mit einem Bewegungsgrad auf die gegebene Erregung der Bodenbewegung in Abhängigkeit von der Eigenfrequenz des Systems an. Die relative Verschiebung folgt aus

$$|u_{max}| = - \frac{\ddot{y}_{s0}}{\omega^2} \cdot \psi_{da\ max} \qquad\qquad (5-1)$$

mit dem absoluten dynamischen Beiwert

$$\psi_{da} = \omega \int_0^t f_a(\tau) \cdot e^{-\beta\,(t\,-\,\tau)} \cdot \sin \omega(t\,-\,\tau)\cdot d\tau \qquad\qquad (5-2)$$

mit ω Eigenfrequenz des erregten Systems, $\ddot{y}_{s0}$ Anfangsbodenbeschleunigung, β Dämpfungsbeiwert, $f_a(\tau)$ Zeitfunktion der Bodenbeschleunigung.

Die Gleichungen zeigen, daß die Ansprechamplitude verschiedener Systeme nur vom Dämpfungsgrad, der Eigenfrequenz und dem zeitlichen Verlauf der Erregung abhängt, nicht aber von ihrer Masse und ihren Federeigenschaften. Deshalb benehmen sich alle elastischen Schwinger bei derselben Eigenfrequenz und Dämpfung gleich. Die absolute Beschleunigung folgt ähnlich

$$|\ddot{y}_{max}| = \ddot{y}_{s0} \cdot \psi_{da\ max} \qquad\qquad (5-3)$$

mit $\ddot{y}_{s0}$ Anfangsbodenbeschleunigung.

Die Dämpfung hat großen Einfluß auf die Ansprechgröße bei einer gegebenen Erregung. Die Krane haben einen mittleren Wert des logarithmischen Dämpfungsdekrements /5.1/ $\delta = 0,14$, daraus folgt der Beiwert der kritischen Dämpfung

$$\beta = \frac{\omega}{2\pi}. \qquad\qquad (5-4)$$

Bei gewöhnlichen Kraneigenfrequenzen f zwischen 2,3 Hz bis 5 Hz ist $\beta = 0,02$ bis $0,10\ \omega$. Bei größerer Eigenfrequenz ist die kritische Dämpfung größer und das Ansprechspektrum deshalb niedriger. Ein typisches Ansprechspektrum ist im Bild 5.1 dargestellt.

Um die Grundeigenschaften des Verhaltens linearer Systeme beim Erdbeben zu erkennen, wird am Beispiel einer sinusähnlichen Bodenbewegung das Ansprechspektrum erfaßt /5.3/. Aus Bild 5.2a und 5.2b ist der Verlauf der Bodenbeschleunigung und der Bodenverschiebung bei der Anfangsgeschwindigkeit $\ddot{y}_{s0}/\Omega$ ersichtlich. Der größte dynamische Beiwert für

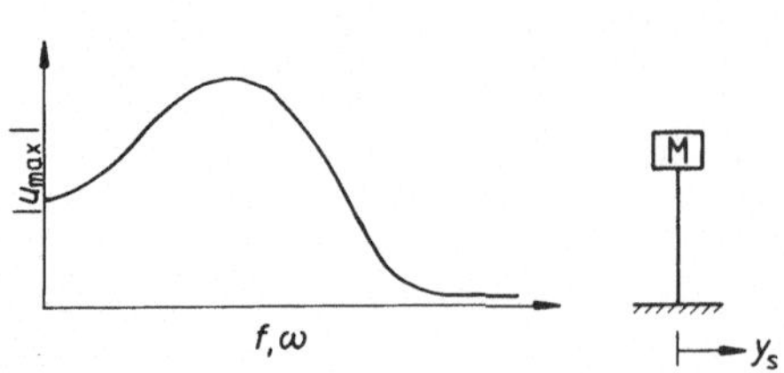

Bild 5.1: Typisches Ansprechspektrum von Verschiebungen des Einmassenschwingers in Abhängigkeit von seiner Eigenfrequenz ω. u_{max} größte relative Verschiebung, y_s Bodenbewegungsamplitude

das gedämpfte Ansprechen eines Dauerzustands (ohne Abhängigkeit von den Anfangsbedingungen) ist gegeben durch die Gleichung

$$\psi_{da\ max} = \frac{1}{\{(1 - \Omega^2/\omega^2)^2 + 4\,(\beta\Omega/\omega^2)^2\}^{1/2}}. \tag{5-5}$$

Die Werte sind im Bild 5.2c für 20 % kritischer Dämpfung gezeigt, d.h. $\beta = 0,2\ \omega$.

Die Ansprechspektren für relative Verschiebung und absolute Massenbeschleunigung sind im Bild 5.2d und 5.2e für die Erregungswerte $\ddot{y}_{s0} = g$ und $\Omega = 2\pi$ rad/s, entsprechend der Frequenz $f = 1$ Hz, angegeben. Der Höchstpunkt ist in der Nähe der Resonanz. Bei kleineren Frequenzen ist die relative Verschiebung gleich der Bodenverschiebung und bei großen Frequenzen wird $u \to 0$, während die Beschleunigung in die Größe der Bodenbeschleunigung übergeht.

In diesem Fall sind die Bewegungen der Masse und des Bodens identisch: Die Masse des Systems "reitet" einfach zusammen mit dem Boden. Im Gebiet von niedrigeren Frequenzen sind relative Verschiebung und Bodenverschiebung gleich.

Tatsächlich befindet sich in der Bodenbewegung nicht nur eine ausgeprägte Frequenz, da diese durch verschiedene Entfernungen und geologische Strukturen bedingt ist. Deshalb tritt ein breites Spektrum von möglichen Erregerfrequenzen auf, die in einer Reihe linearer Systeme größte mögliche Verschiebungen in gewissen Frequenzbereichen verursachen. Bei wirklichem Erdbeben zeigt die Bodenbewegung keine regelmäßige Form, wie oben für die Spektrumberechnung angenommen wurde. Es gibt kein regelmäßiges Muster: Die Beschleunigungsspektren, sowohl positive als auch negative, haben verschiedene Amplituden in verschiedenen Zeitintervallen. Die Bewegungen gehen in alle Richtungen. Zur koordinatenmäßigen Berechnung werden aber nur vertikale und horizontale Verschiebungen ausgewählt.

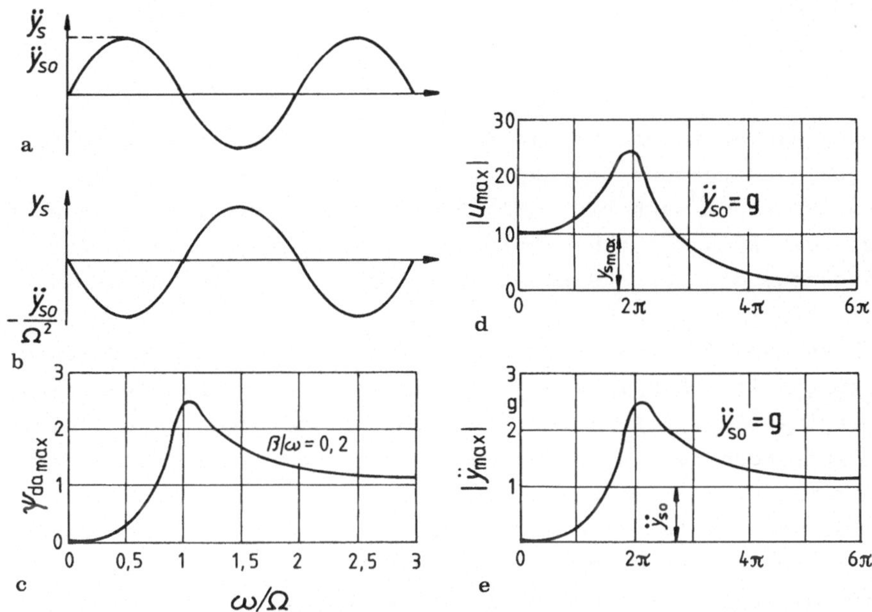

Bild 5.2: Seismisches Ansprechspektrum eines linearen ge-
          dämpften Systems (β = 0,2 ω) für sinusähnliche
          Bodenbewegung
          a) erregende Bodenbeschleunigung $\ddot{y}_s$, b) erregen-
          de Bodenbewegung y_s, c) Verlauf des dynamischen
          Beiwerts $\psi_{da\,max}$, d) Ansprechspektrum der Ver-
          schiebungen y_m, e) Ansprechspektrum der Beschleu-
          nigung $\ddot{y}_m$

Für die Erdbebenvoraussage gibt es nur wenige statistische Grundlagen.
Es wird niemals möglich sein, für ein bestimmtes Gebiet die Erdbebenmerkmale vorauszusehen. Deshalb wird ähnlich wie auf anderen Gebieten
verfahren, wo eine Wahrscheinlichkeitsverteilung der Belastung auftritt.
Für die Berechnung wird ein Standarderdbeben mit bestimmter Beschleunigungsamplitude und Zeitveränderlichkeit festgelegt. Ebenso wie im Kran-
bau die Betriebsfestigkeit mit stochastisch verteilter Belastung in Normen eingeführt wurde, ist auch bei der seismischen Berechnung die Wahrscheinlichkeitsverteilung anzuwenden. Das Erdbeben wird als Überlagerung
von Sinuswellen verschiedener Frequenz angenommen. Für die Amplituden
gilt die Gaußsche Normalverteilung.

5.2. Etagenansprechspektren

Da die Maschinensätze in verschiedenen Höhen im Gebäude angebracht sind, müssen sich die Spektren auf dieselbe Etage beziehen. Ein Bodenspektrum ist für den Konstrukteur ohne Wert, wenn er einen Kran für eine Kranbahn hoch oben unter dem Dach baut. Die Beschleunigungsamplituden des Gebäudes vergrößern sich mit zunehmender Höhe. Dasselbe gilt auch für die Verschiebungen, die der Beschleunigung verhältnisgleich sind.

Für den Kran muß ein Etagenspektrum aus einer Reihe von Ansprechbeschleunigungen in Abhängigkeit von vielen möglichen Kraneigenfrequenzen bestimmt werden. Für dieses Spektrum ist die Bodenbeschleunigung $\ddot{y}_{s0}$ jetzt die Beschleunigung des Gebäudes in derselben Höhe. Es ist sofort ersichtlich, daß die Beschleunigungen für die Förderanlagen in der Höhe in Gebäuden einige Male größer sind als die Ansprechbeschleunigungen der Systeme direkt am Boden. Daraus folgt die große, nicht zu unterschätzende seismische Beanspruchung der Krane, deren normale Betriebsspannungen mehrmals überschritten werden.

Für die Konstruktion des Etagenspektrums steht die Etagenbeschleunigung selten zur Verfügung. Man legt daher die Bodenbeschleunigung $\ddot{y}_{s0}$ zugrunde. Sie wird aus Bild 5.3 (mit a bezeichnet) nach /5.2/ in Abhängigkeit von der Bodenstruktur und der Erdbebenintensität bestimmt. Die Erdbebenintensität wird nach modifizierter Mercalli-Skala (MMI) von Stufe IV bis X ausgedrückt. Die maximale absolute Bodenbeschleunigung des Einmassenschwingers ist

$$\ddot{y}_{mg} = \ddot{y}_{s0} \cdot k. \qquad\qquad\qquad (5\text{-}6)$$

Der Vergrößerungsbeiwert k wird von 2,3 bis 4, im Mittel mit 3 im Bereich von 4 Hz bis 5 Hz angenommen. Diese absolute Beschleunigung gilt am Boden. Befindet sich der Einmassenschwinger auf einer Etage, so wird seine Beschleunigung mit der Höhe vergrößert. Wenn mehrere Einmassenschwinger verschiedener Eigenfrequenzen mit einem seismischen Schwingungsspektrum erregt werden, folgt das Ansprechspektrum der Etage allen möglichen Frequenzen. Alle Ansprechspektren haben den Höchstpunkt im Bereich von 1 Hz bis 5 Hz, bei kleineren Frequenzen fällt die Beschleunigung auf 0 ab, während bei größeren Frequenzen die Etagenbeschleunigung sich der Bodenbeschleunigung anpaßt.

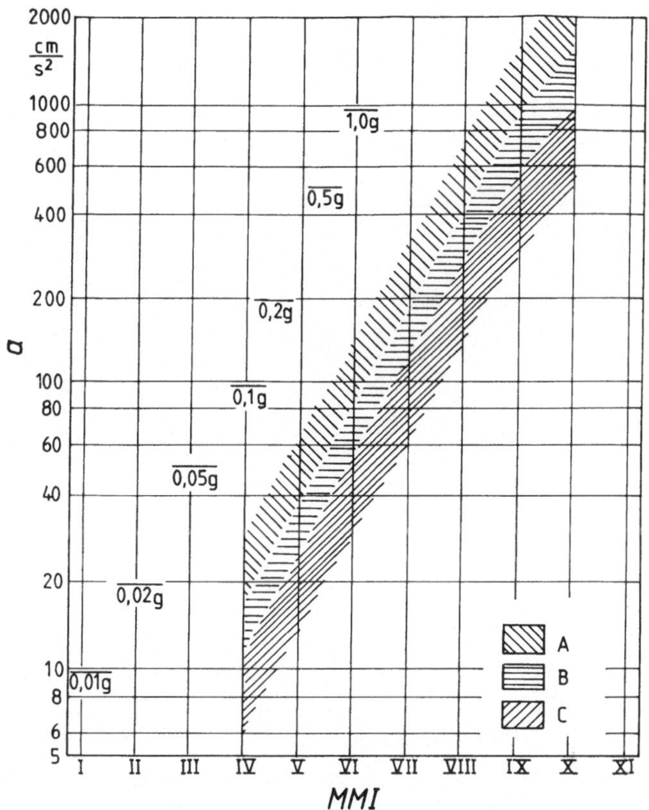

Bild 5.3: Seismische Bodenbeschleunigung in Abhängigkeit von
der Erdbebenintensität nach modifizierter Mercalli-
Skala und Bodenstruktur /5.2/
A unter Durchschnitt, nachträgliche Auffüllung
B durchschnittliche Fundamentbedingungen
C über Durchschnitt, fester Felsgrund

Aufgrund vieler Ansprechspektren wurde ein charakteristisches Ansprechspektrum für ein Industriegebäude auf einer Etage mit der Höhe von 10 m
konstruiert. Im Bild 5.4 ist das Ansprechspektrum für horizontale Richtung und im Bild 5.5 für vertikale Richtung gezeigt. Das Spektrum für
die horizontale Richtung bezieht sich auf die Längsachse des Gebäudes
entlang der Kranbahn, in der ein Kran am höchsten beansprucht wird. In
diesem Fall ist die Federkonstante des Gebäudes am größten und ihr Verhältnis gegenüber der Eigenmasse ist annähernd konstant ohne Rücksicht
auf die Gebäudeart. Die Dämpfung des Schwingers ist im Spektrum mit 2 %
angenommen. Das Etagenspektrum bezieht sich auf ein Gebäude auf festem
Grund für die seismische Intensität VIII MMI bei einer Bodenbeschleuni-

gung $\ddot{y}_{s0}$ = 0,17 g und bei maximaler absoluter Beschleunigung gegenüber dem Bodenniveau $\ddot{y}_{mg}$ = 0,51 g.

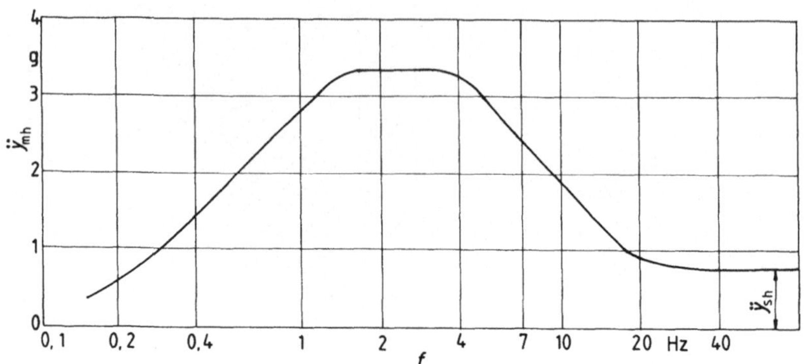

Bild 5.4: Charakteristisches seismisches Etagen-Ansprechspektrum
der absoluten Beschleunigung für horizontale Richtung
in 10 m Höhe über dem Boden eines Industriegebäudes in
Längsachse bei 2 % Dämpfung für seismische Intensität
VIII MMI ($\ddot{y}_{s0}$ = 0,17 g und $\ddot{y}_{mg}$ = 0,51 g) in Abhängigkeit von der Eigenfrequenz f

Um mit dem Rechner die Ansprechbeschleunigung im Berechnungsgang mit seismischen Kraftbeiwerten bestimmen zu können, werden nachstehend die Gleichungen für einzelne Abschnitte angegeben, und zwar für die horizontale Richtung (alle Werte sind in g, f Eigenfrequenz des Kranes)

$$\ddot{y}_h = \begin{cases} 3,333 \, \log \frac{f}{0,3} + 1 & f = 0 \div 1,5 \text{ Hz} \\ 3,33 & f = 1,5 \div 4,0 \text{ Hz} \\ - 3,633 \, \log \frac{f}{20} + 0,79 & f = 4,0 \div 20 \text{ Hz} \\ 0,79 & f > 20 \text{ Hz} \end{cases} \qquad (5\text{-}7)$$

und für die vertikale Richtung

$$\ddot{y}_v = \begin{cases} 4{,}65 \ \log \dfrac{f}{0{,}4} + 1 & f = 0 \ \div 2 \quad \text{Hz} \\[2mm] 4{,}25 & f = 2{,}0 \div 7{,}5 \ \text{Hz} \\[2mm] -\,6{,}502 \ \log \dfrac{f}{25} + 0{,}85 & f = 7{,}5 \div 25 \quad \text{Hz} \\[2mm] 0{,}85 & f > 25 \ \text{Hz} \end{cases} \qquad (5\text{-}8)$$

Für andere Etagenhöhen und andere Erdbebenintensitäten wird das charakteristische Spektrum konform abgebildet, wobei zwei Werte - die
maximale absolute Ansprechbeschleunigung und Etagenbodenbeschleunigung - bestimmt werden müssen.

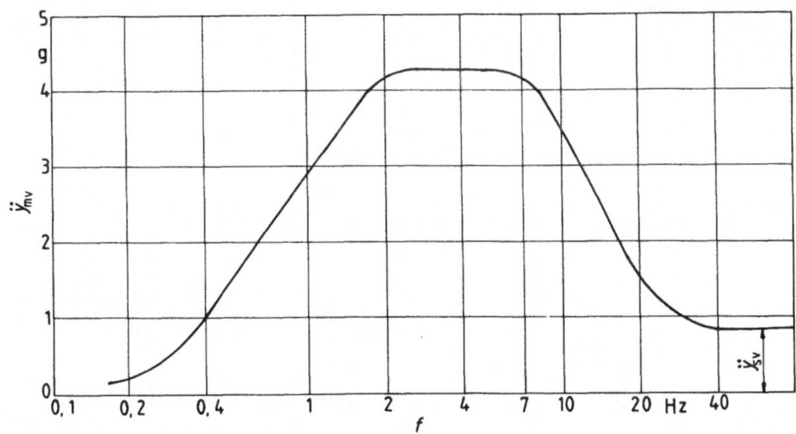

Bild 5.5: Charakteristisches Etagenansprechspektrum für vertikale Richtung (Angaben siehe Bild 5.4)

Die maximale Beschleunigung folgt für horizontale Richtung aus dem Ausdruck

$$\ddot{y}_{mh} = 3 \ \ddot{y}_{mg} + h \ f_I \ (g) \qquad (5\text{-}9)$$

mit $\ddot{y}_{mg}$ absolute Bodenbeschleunigung aus Gl.(5-6) mit k = 3, h Etagenhöhe über dem Boden in m, f_I seismischer Intensitätsbeiwert nach Bild
5.6.

Die relative Etagenbeschleunigung wird mit dem Ausdruck

$$\ddot{y}_{sh} = 3 \ \ddot{y}_{s0} + h \ f_{IS} \ (g) \qquad (5\text{-}10)$$

bestimmt, mit f_{IS} Bodenintensitätsbeiwert auf der Etage, die Werte im Bild 5.6, $\ddot{y}_{s0}$ relative Bodenbeschleunigung aus Bild 5.3.

Das neue Etagenspektrum folgt mit diesen neuen Werten aus dem charakteristischen Spektrum, indem die Beschleunigungsordinaten aus Gl.(5-11) bestimmt werden (für die horizontale Richtung)

$$\ddot{y}_{hN} = \frac{\ddot{y}_{mhN}}{3,33} \cdot \ddot{y}_h \ (g) \tag{5-11}$$

mit $\ddot{y}_h$ Beschleunigungsordinaten aus dem charakteristischen Spektrum nach Gl.(5-7), $\ddot{y}_{mhN}$ maximale neue Beschleunigung aus Gl.(5-9).

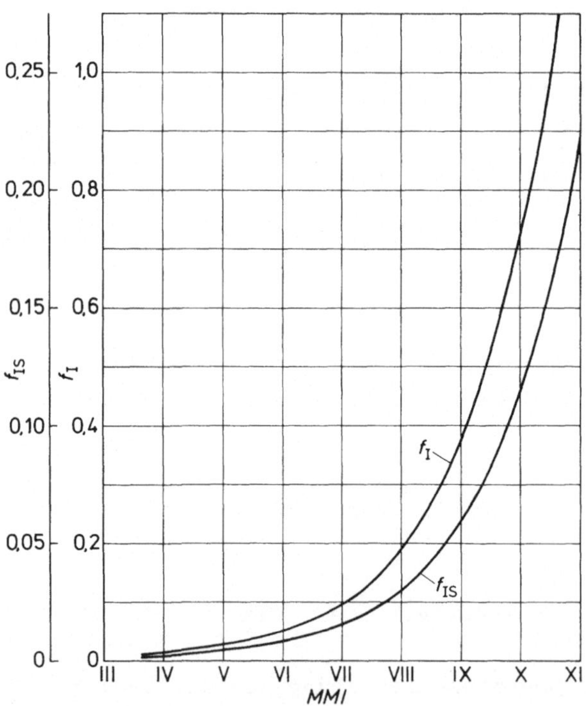

Bild 5.6: Seismischer Intensitätsbeiwert f_I und Bodenintensitätsbeiwert f_{IS} in Abhängigkeit von seismischer Intensität nach modifizierter Mercalli-Skala MMI

Es wird angenommen, daß bei vertikalem Ansprechbeschleunigungsspektrum im gleichen Wert wie die horizontale Bodenbeschleunigung nach Bild 5.3 benutzt wird und daß diese vertikale Beschleunigung für alle Etagen gilt, obwohl sie sich mit der Art der Kranbahnausführungen verändert. Dieses wird aber vernachlässigt. Die Höhe der seismischen Beschleunigung in vertikaler Richtung im Verhältnis zur horizontalen Richtung hängt von örtlichen Verhältnissen ab. Dieses Verhältnis erreicht Werte von 0,30 bis 1,50. Deshalb soll es vom Bauherrn angegeben werden.

Die maximale Ansprechbeschleunigung folgt für die vertikale Richtung aus dem Ausdruck

$$\ddot{y}_{mv} = 25\ \ddot{y}_{s0}\ (g) \tag{5-12}$$

und die relative vertikale Etagenbodenbeschleunigung

$$\ddot{y}_{sv} = 5\ \ddot{y}_{s0}\ (g) \tag{5-13}$$

mit $\ddot{y}_{s0}$ relative Bodenbeschleunigung aus Bild 5.3 oder reduziert wie oben angedeutet.

Die maximale Beschleunigung soll jedoch den 20-fachen Wert der Bodenbeschleunigung nicht überschreiten

$$\ddot{y}_{mv} < 20\ \ddot{y}_{mg}. \tag{5-14}$$

Die Ausgangsbeschleunigungskoordinaten ergeben sich dann ähnlich wie oben mit Gl.(5-11) jedoch mit dem Wert 4,25 anstatt 3,33 im Nenner.

Beispiel: Es soll das Ansprechbeschleunigungsspektrum für eine Etage auf 43 m Höhe über dem Boden für die horizontale und vertikale Richtung für die Erdbebenintensität VII MMI bestimmt werden, wobei das Gebäude auf festem Felsgrund fundiert ist. Aus Gl.(5-9) folgt

$$\ddot{y}_{mh} = 0,08 \cdot 9 + 43 \cdot 0,09 = 4,59\ g \tag{5-15}$$

und aus Gl.(5-10)

$$\ddot{y}_{sh} = 0,08 \cdot 3 + 43 \cdot 0,014 = 0,842\ g. \tag{5-16}$$

Für die vertikale Richtung folgen die Werte dementsprechend

$$\ddot{y}_{mv} = 0,08 \cdot 25 = 2,05 \text{ g,} \qquad\qquad (5\text{-}17)$$

$$\ddot{y}_{sv} = 0,08 \cdot 5 = 0,4 \text{ g.} \qquad\qquad (5\text{-}18)$$

Die Ansprechspektren werden mit diesen Werten aus charakteristischen
Spektren nach Bild 5.4 und 5.5 mittels Gl.(5-11) konform abgebildet.
Die Spektren sind aus Bild 5.7 und 5.8 ersichtlich.

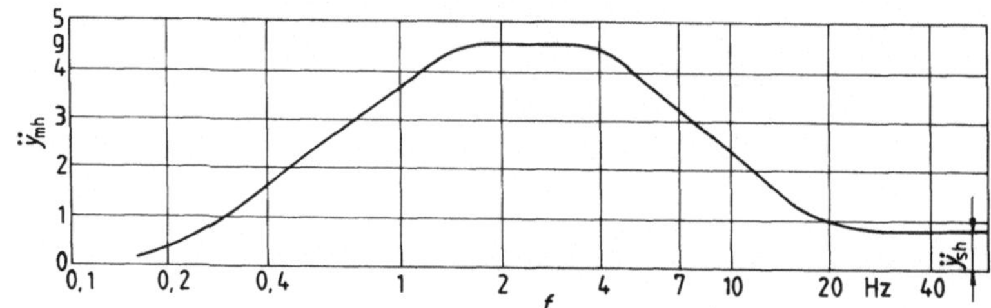

Bild 5.7: Etagenbeschleunigungsspektrum in Abhängigkeit von der
          Eigenfrequenz für eine Etage 43 m über dem Boden für
          die Erdbebenintensität VII MMI in horizontaler Rich-
          tung für ein Gebäude auf festem Grund bei 2 % Dämpfung

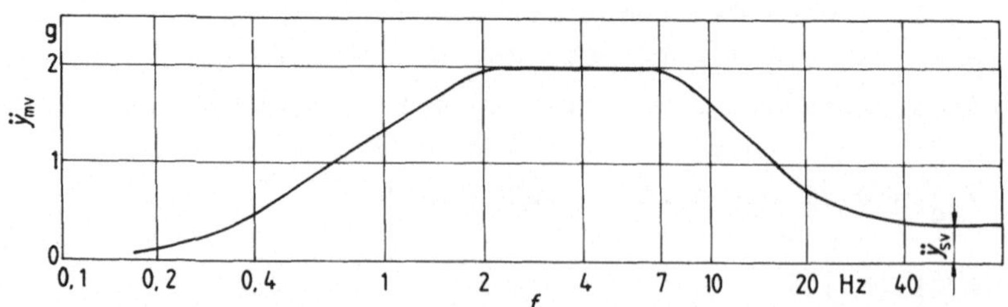

Bild 5.8: Beschleunigungsetagenspektrum in vertikaler Richtung
          (Angaben siehe Bild 5.7)

Für andere Dämpfungswerte als im charakteristischen Spektrum müssen die
Beschleunigungsamplituden transformiert werden

$$\ddot{y}_{m\beta} = \ddot{y}_{mk} \cdot f_\beta / 40 \qquad\qquad (5\text{-}19)$$

mit f_β Dämpfungsbeiwert nach Bild 5.9, 40 Berechnungsfaktor bei $\beta =$
$= 0,02\ \omega$, auf denen das charakteristische Spektrum basiert, $\ddot{y}_{mk}$ absolute charakteristische Beschleunigung, $\ddot{y}_{m\beta}$ absolute Beschleunigung
für den gesuchten Dämpfungswert.

Bild 5.9: Dämpfungsbei-
         wert f_β in Ab-
         hängigkeit vom
         Dämpfungswert β

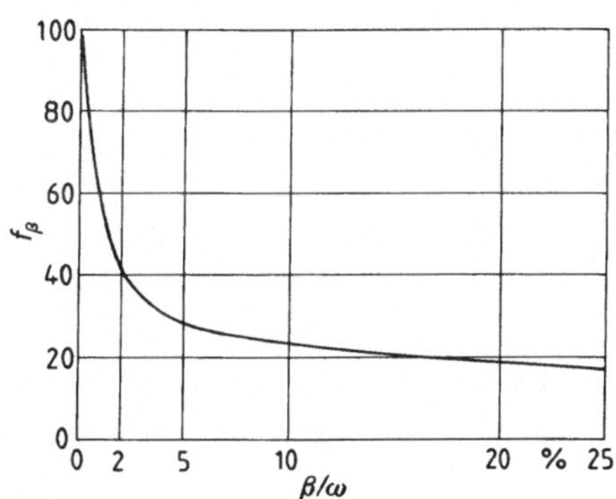

Bei der Auswertung der Akzelerogramme, die anläßlich des Erdbebens in
Montenegro (Jugoslawien), am 15. April 1979 registriert wurden, treten
besonders eigenartig die Ansprechbeschleunigungen im Bereich kleiner
Frequenzen von 0,7 bis 2,5 Hz hervor. Da die Eigenfrequenzen von schweren Portal- und Brückenkranen gerade in diesen Bereich fallen, müssen
die charakteristischen Ansprechspektren mit ihren Maxima in das Gebiet
kleinerer Frequenzen verlagert werden. Auch die Bedeutung vertikaler
Beschleunigungen, denen das Versetzen schwerster Hafen- und Containerkrane zuzuschreiben ist, wurde im Gegensatz zu bisherigen Annahmen um-
gewertet.

6. Prinzip der begrenzten Resonanz

Beim Schwinger mit einem Freiheitsgrad (EFG) würde in stationärem Zustand der Resonanz bei einer mäßigen Dämpfung von 1 bis 5 % (wie üblich
bei Maschinenanlagen) der Vergrößerungsbeiwert der Ansprechkraft nach
Bild 18.2 Kurve (b) die Werte über 10 erreichen. Nach den Erfahrungen
aus den Erdbeben waren so große Werte nicht verzeichnet. Aus den Zu-
fallsmerkmalen der Bodenbewegung geht hervor, daß die Wellen derselben
Frequenz nicht regelmäßig genug lange fortdauern, um den stationären
Resonanzzustand hervorzurufen. Um die stationäre Resonanz z.B. bei einer Dämpfung von 2 % der kritischen zu bilden, sind 28 volle Schwing-
zyklen erforderlich. Bei Zufallsverteilung der Bodenbeschleunigungswel-
len im Akzelerogramm hinsichtlich der Schwingzeit und Gipfelamplitude
ist die Erfüllung solcher Umstände unmöglich zu erwarten. Die Beobachtung der Zeitabwicklung einer Bodenbewegung hat zu der Theorie der begrenzten Resonanz geführt, die mit den Aufzeichnungen der Bodenbewegung
im Einklang steht.

Die physikalische Bedeutung dieses Prinzips wird in folgendem näher erläutert, denn hierauf wird die Theorie der seismischen Kraftbeiwerte
aufgebaut.

6.1. Ansprechamplituden bei begrenzter Resonanz

Das Prinzip der begrenzten Resonanz wird wegen der Einfachheit an einem
EFG-Schwinger dargestellt (Bild 6.1). Die Bodenbewegung ist aus einer
Anzahl der Schwingungsfolgen mit N_W Sinuswellen zusammengesetzt. Jede
Folge schwingt mit ihrer Kreisfrequenz Ω_i mit der Amplitude

$$y_s = y_{s0} \sin (\Omega_i t + \phi_i) \tag{6-1}$$

mit ϕ_i Phasenwinkel, y_{s0} Anfangsbodenamplitude.

Die Erdbebendauer t_0 ist aus t_0/N_W = T-Folgen zusammengesetzt, wenn T
Schwingzeit eines Wellenzyklus ist. Der Schwinger wird durch die Bodenbewegung erregt und zwar wählt er aus dem Wellenspektrum die seiner Eigenfrequenz ω_0 entsprechende Frequenz der Wellenfolge Ω_i und gerät mit
ihr in die Resonanz ($\Omega_i = \omega_0$). Die Ansprechamplitude x_0 wird von Null

an aufgebaut bis die Wellenfolge abgebrochen wird. An diese Folge reiht
sich wiederum eine neue und der Schwinger, der auf die Null-Beschleunigung und Null-Verschiebung zurückgekehrt ist, tritt wieder in die Reso-
naz ein. So wird der Schwinger fortwährend und zyklisch zur Resonanz
angeregt. Die Resonanz hat nicht stationären, sondern Übergangs- oder
finiten Charakter. Man spricht von zyklischer Resonanz mit begrenzter
Vergrößerung. Es versteht sich von selbst, daß die Resonanz innerhalb
der Wellenfolgen so lange wiederholt wird, bis die Erdbebendauer t_0 abgeschlossen ist. Die Dauer einer Wellenfolge t_W und die Wellenzahl N_W
sind begrenzt; sie hängen von der unvollständigen Zufallsart der Erdbebenwellen ab.

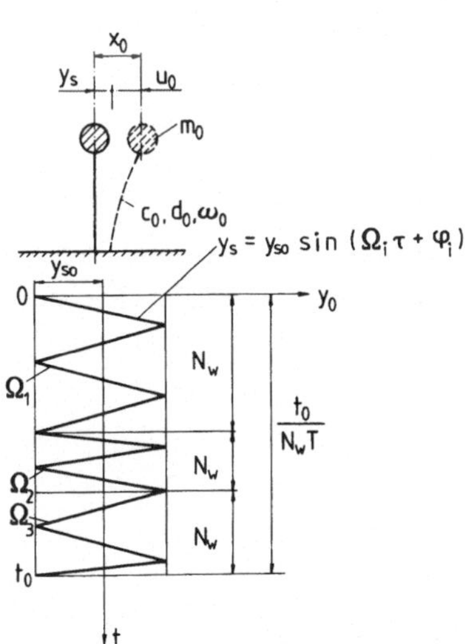

Bild 6.1: Schwinger mit einem Freiheitsgrad erregt durch
Folgen von Sinuswellen;
m_0, c_0, d_0, ω_0 Masse, Federkonstante, Dämpfung
und Eigenkreisfrequenz
des Schwingers, y_s Bodenverschiebung, u_0 relative
Verschiebung des Schwin-
gers, x_0 absolute Ver-
schiebung des Schwingers,
Ω_i Kreisfrequenz der Bo-
denschwingwelle

Housner /6.1/ gibt die durchschnittlichen Ansprechspektren an und Yamadá /6.2/ entwickelte die efektive Zahl der Resonanzwellen N_W in Abhängigkeit vom Dämpfungsbeiwert β

$$N_W = 1,5 \ \{0,5/(1 + 20 \ \beta) + 0,5\} \ . \tag{6-2}$$

Normalerweise wird $N_W \simeq 1,5$ angenommen; genau ist bei $\beta = 0,02$ $N_W = 1,29$
und bei $\beta = 0,04$ $N_W = 1,17$.

Die Hypothese der begrenzten Resonanzdauer bedeutet für die Beanspruchungsart der Maschinenanlagen, daß die Höhe der Belastung von der Bodenbeschleunigung und von ihrem Vergrößerungsmechanismus abhängt. Zugleich muß aber ihre Ermüdungs- und Dauerfestigkeit der zyklischen Wiederholung der Belastung innerhalb der Erdbebendauer standhalten. Man
kann deshalb nicht mehr von zulässigen plastischen Verformungen sprechen, die während des Erdbebens allmählich entstehen, sondern es wird
vielmehr bei elasto-plastischer Verformung die ganze Hysteresisschlei-
fe von einem bis zu anderem Vorzeichenbereich mehrmals durchlaufen, wobei die Dauerfestigkeitseigenschaften des Werkstoffs auf die Probe gestellt werden. Die Beanspruchungsart ist jetzt nicht mehr quasi-sta-
tisch, elastisch oder elasto-plastisch, sondern ist in den Wechsel-
oder Schwellbereich gelangt, mit allen Forderungen der Ermüdungsfestig-
keit. Die Zahl der Belastungszyklen ist nicht groß, dennoch aber maßgebend: z.B. wird bei einer Erdbebendauer t_0 = 25 s und bei der Frequenz
f_0 = 2 Hz die Maschinenanlage 33-mal mit der Belastung beaufschlagt, wobei sich allerdings die Belastungsamplitude gegen das Ende des Erdbebens
hin verkleinert.

Der Vergrößerungsbeiwert ψ_a folgt aus der Bewegungsgleichung mit Erregung durch die Sinuswelle nach Gl.(6-1) wobei die Zeit t mit der Wellenzahl N_W = 1,5 begrenzt wird. Der Vergrößerungsbeiwert /6.2/ läßt sich
durch folgende Gleichung ermitteln

$$\psi_a = \frac{1}{2\,\beta} \left[1 - e^{-3\,\pi\,\beta\,\left(\frac{0,5}{1\,+\,20\,\beta}\,+\,0,5\right)} \right] . \tag{6-3}$$

Dieses Verhältnis wird mit einfacherem Ausdruck ersetzt

$$\psi_a = 0,6\ \pi/(\pi\ \beta\ +\ 0,4)\ . \tag{6-4}$$

Beide Kurven verlaufen eng zusammen.

6.2. Erdbeben- und Ansprechspektren bei begrenzter Resonanz

Die Erdbebenbodenbewegung wird mit einem idealisiertem Bodenspektrum
im Tetra-Koordinatensystem beschrieben /6.5/ (Bild 6.2), das zur Ve-
ranschaulichung der gegenseitigen Abhängigkeit zwischen Schwingzeit T_0
(auf der Abszysse aufgetragen), der Bodenverschiebung y_{s0} (unter $45°$
aus dem Koordinatenausgangspunkt aufgetragen), der Geschwindigkeit $\dot{y}_{s0}$

(auf der Ordinate) und der Bodenbeschleunigung $\ddot{y}_{s0}$ (unter $45°$ zur Abszisse aufgetragen) benutzt wird. Alle Werte sind als einfache Logarithmen eingetragen. Es folgt eine Trapezform des Ansprechspektrums. Als Erdbebenschwingungseigenschaften wurden ausgewählt:

$$0 \leqq T_0 \leqq T_G \; : \; \ddot{y}_{s0} \simeq \text{konstant}, \tag{6-5}$$

$$T_m \leqq T_0 \; : \; y_{s0} \simeq \text{konstant}, \tag{6-6}$$

$$T_G \leqq T_0 \leqq T_m \; : \; \dot{y}_{s0} \simeq \text{konstant}. \tag{6-7}$$

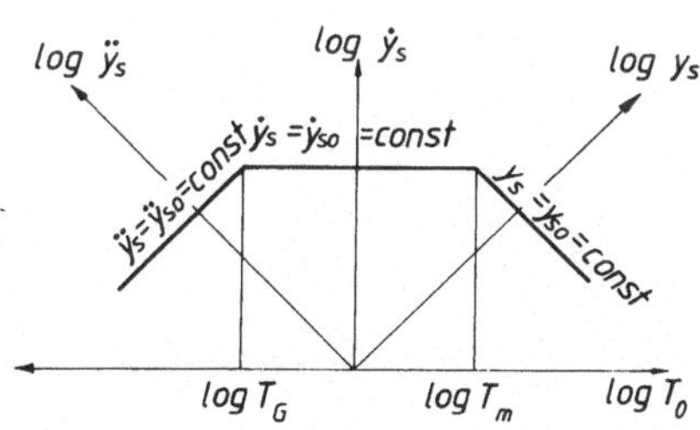

Bild 6.2: Idealisiertes Bodenbewegungsspektrum im Tetra-Koordinatensystem; y_s, $\dot{y}_s$, $\ddot{y}_s$ Bodenverschiebung, -geschwindigkeit, -beschleunigung, T_0 Schwingzeiten des Bodens, T_G vorherrschende Bodenschwingzeit

Für $T_0 = T_m$ ist y_{s0m} der Spitzenwert. T_G und T_m sind Eckschwingzeiten, die andere Amplituden charakterisieren. Natürlich sind $\ddot{y}_{s0}$, $\dot{y}_{s0}$, y_{s0} und T_G und T_m Größen, die in Form der physischen Parameter der hypozentralen Erdbebenmechanik sowie der Bedingungen des Bodens, auf dem das Gebäude bzw. die Maschinenanlage aufgestellt ist, gegeben werden. T_G ist die vorherrschende Schwingzeit der Bodenoberfläche. Da die Erdbebenbodenbewegung stationäre und zufällige Wellen auslöst, die bis zur Erdbebenzeit t_0 andauern, kann man sich das Spektrum in der Achse $z(t)$ senkrecht zum Leser verlängert denken und zwar bis zu einer Höhe t_0. Die konstanten $\ddot{y}_{s0}$ und $\dot{y}_{s0}$ sind unter Annahme der Beziehung zwischen Erdbebenmagnitude M und Epizentralentfernung Δ (in km) zu wählen /6.4/

$$M = 1{,}73 \log \Delta + \log y_{s0m} - 3{,}17. \tag{7-8}$$

Die gemessene mittlere Hauptbodenschwingzeit war $T_G = 0{,}3$ sek (f = 3,33 Hz); y_{s0m} (in cm) ist proportional zu T_G.

Das idealisierte Spektrum kann als eine Darstellung der Amplitudenei-
genschaften der Bodenschwingungen aufgefaßt werden, aus denen sich die
Maschinenanlage eine Schwingzeit nach dem Prinzip der begrenzten Resonanz auswählt, die sich mit ihrer Eigenschwingzeit deckt und so zur Resonanz erregt wird.

Für die Aufzeichnung des Erdbebenbodenspektrums müssen noch einzelne
konstante Werte berechnet werden:

Die maximale Verschiebungsamplitude y_{s0m} des Bodens ergibt sich aus

$$\log y_{s0m} = M - 1{,}73 \log \Delta - 3{,}17 + \log \frac{T_G}{0{,}3} \qquad (6\text{-}9)$$

mit M Erdbebenmagnitude, Δ Epizentralentfernung (in km), T_G Hauptbodenschwingzeit an der Oberfläche beim Gebäude. Aus den Beziehungen

$$T_m \simeq T_{0m}, \quad y_{s0} = \frac{2\pi}{T_m} y_{s0m} \qquad (6\text{-}10)$$

ergibt sich die maximale Geschwindigkeit $\dot{y}_{s0}$

$$\log \dot{y}_{s0} = (1 - k_3) M - 1{,}73 \log \Delta - k_4 + \log T_G - 1{,}85. \qquad (6\text{-}11)$$

Mit $k_3 = 0{,}5$ und $k_4 = - 3{,}21$ nach /6.2/ folgt

$$\log \dot{y}_{s0} = 0{,}5 M - 1{,}73 \log \Delta + \log T_G + 1{,}36. \qquad (6\text{-}12)$$

Mit $\ddot{y}_{s0} = 2\pi/T_G \cdot y_{s0}$ ergibt sich die maximale Bodenbeschleunigung

$$\log \ddot{y}_{s0} = (1 - k_3) M - 1{,}73 \log \Delta - k_4 - 1{,}05 \qquad (6\text{-}13)$$

oder mit obigen Werten für die Konstanten k_3 und k_4

$$\log \ddot{y}_{s0} = 0{,}5 M - 1{,}73 \log \Delta + 2{,}16. \qquad (6\text{-}14)$$

Bei der Errechnung der Spektrumparameter müssen natürlich die Magnitude
M und Epizentralentfernung bekannt sein.

Wenn das idealisierte Bodenspektrum einmal konstruiert ist, kann daraus
das Ansprechspektrum mit den Parameteramplituden des Ansprechens des
Einmassensystems auf die Bodenbewegung dieses bestimmten Erdbebens aufgrund des begrenzten Resonanzvorgangs bestimmt werden. Die Werte des An-

sprechspektrums (Bild 6.3) folgen aus dem Bodenspektrum in Bild 6.2
durch die Multiplikation seiner Amplituden mit dem Vergrößerungsbeiwert
der begrenzten Resonanz nach Gln.(6-3) bzw. (6-4). Damit wird das idealisierte Ansprechspektrum für die Berechnung der seismischen Kräfte an
einem Schwingungssystem (zwar als EFG-System) gegeben.

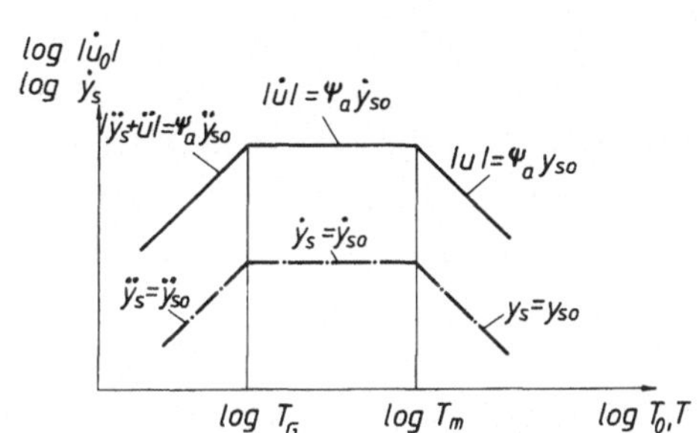

Bild 6.3: Idealisiertes Ansprechspektrum der begrenzten Resonanz; u_0, $\dot{u}_0$, $\ddot{u}_0$ relative Schwingerverschiebung, -geschwindigkeit, -beschleunigung, $\ddot{y}_s$ + $\ddot{u}$ absolute Schwingerbeschleunigung, ψ_a Vergrößerungsbeiwert der begrenzten Resonanz

Die Vergleiche der auf diese Weise analytisch gewonnenen Ansprechspektren
mit den Spektren, die mit umständlicher numerischer Integration gewonnen wurden /6.5/, zeigt in /6.2/, daß sie miteinander in den Amplituden
wie in den Eckschwingzeiten korrelieren. Damit wird das Prinzip der begrenzten Resonanz als den realen Verhältnissen entsprechend bestätigt.

Der Ansatz des stationären Resonanzfalles wird damit als viel zu kon-
servativ bezeichnet. Er würde zu hohen seismischen Kräften, und damit
zu ungerechtfertigt hohen seismischen Sicherheiten mit entsprechend
schweren und teueren Maschinenanlagen führen. Das Prinzip begrenzter
Resonanz gibt den Konstrukteuren die Möglichkeit einer verhältnismäßig einfachen Berechnungsgrundlage für die Bestimmung seismischer Kräfte und absoluter Beschleunigungen.

2. Teil

Seismische Beanspruchungen der Hebezeuge

7. Einfluß des Erdbebens auf Hebezeuge

Erdbeben werden durch nicht harmonische stochastische Bewegungen des Bodens in mehreren Koordinaten in Schwingungswellen mit verschiedenen Schwingzeiten und -amplituden verursacht. Hierbei gleiten Bodenschichten als Folge der plötzlichen Befreiung nach einer langen Zeit akkumulierter Drücke und Spannungen in der Erdstruktur. Werden die Bodenbewegungen mit Hilfe von Schreibgeräten festgehalten, so lassen sich aus den stochastisch verteilten Schwingungen die aufgetretenen Geschwindigkeiten, Beschleunigungen oder Verschiebungen und deren Schwingzeiten bzw. Frequenzen ablesen.

Während des Erdbebens werden die auf der Erdoberfläche errichteten Bauten durch die Erdbewegungen zum Schwingen angeregt. Die in den Gebäuden installierten Anlagen müssen dann automatisch den Bewegungen ihrer Auflagepunkte in den drei Koordinatenachsen folgen. In den Schwerpunkten der Anlagen oder deren Bauteile entstehen dabei Trägheitskräfte, die wegen des Ursprungs seismische oder Erdbebenkräfte genannt werden. Die Reaktion z.B. einer Maschine auf das Erdbeben in Form von Verschiebungen kommt einer mehr oder weniger vervielfachten Bodenbewegung gleich. Der Grad der Vervielfältigung hängt von ihren geometrischen und physikalischen Eigenschaften ab. Je mehr elastische, durchbiegbare Stützkonstruktionen sich z.B. unter einem Hebezeug bis zum festen Erdboden befinden, desto stärker vervielfacht gelangen die seismischen Bodenbewegungen zum Hebezeug, und umso gefährlicher wird für den Kran das Erdbeben. Als Beispiel sei ein auf dem Kai verfahrbarer Hafenkran betrachtet. Er läuft also nicht auf dem festen Erdboden, sondern auf einer Kranbahn, die aus Stahlbetonpfählen mit aufgesetzten Beton- oder Stahlträgern erstellt ist. Für den Kran sind also nicht die Merkmale der Bodenbewegung als solche maßgebend, sondern die Bewegungsgrößen am Kai, die aber schon durch die Kaikonstruktion selbst vervielfältigt werden.

Die Erregungsbewegung ist auch von der augenblicklichen Stellung des Kranes abhängig, d.h. ob er sich direkt über einem Pfahl oder in der

Mitte der Spannweite eines Kaiträgers befindet. Außerdem wächst die
Erdbebenbeanspruchung der Hebezeuge mit ihrer Installationshöhe über
dem festen Boden, da die Ansprechbeschleunigung proportional mit der
Höhe ansteigt. Damit wird z.B. ein in über 50 m Höhe in einem Reaktorgebäude eingebauter Rundlaufkran etwa 9 x größeren Beschleunigungen
ausgesetzt als eine Anlage auf dem Boden. Da Brückenkrane aber meistens
in größerer Höhe installiert werden, um Arbeitsflächen von Montagege-
länden, Schiffswerften oder Werkhallen zu bedienen, müssen sie als am
stärksten der Erdbebenwirkung ausgesetzte Maschinenanlagen betrachtet
werden. Ihre Beanspruchung kann bis zu einem Ordnungsrang stärker sein
als für andere Maschinen in Gebäuden, die auf dem Boden oder sogar in
unterirdischen Räumen aufgestellt sind.

Deshalb können Hebezeuge nicht für sich selbst, vielleicht abhängig von
ihrer Bauweise, in eine bestimmte Stufe der Erdbebenwiderstandsfähigkeit eingestuft werden, sondern sind immer zusammen mit ihrer Umgebung
und der Abstützung bei der Erörterung ihres Erdbebenbenehmens zu behan-
deln. Es sind Fälle bekannt, in denen beim Erdbeben von 8 gleichen Hafenkranen zwei abgehoben und um einen Meter seitlich versetzt wurden,
andere aber unversehrt auf der Kranbahn verblieben sind.

Bei Hebezeugen wird die seismische Beschleunigung über die Unterlage,
auf der sie stehen, in die Anlage induziert. Die Beanspruchung eines
Kranes ist daher grundsätzlich anders als bei sonstigen gewöhnlichen
betriebsbedingten Lasten, wie Eigen-, Nutz-, Schnee- oder Windlasten.
Durch Erdbeben erregte Kräfte greifen direkt in den Massenschwerpunk-
ten an. Es sind Trägheitskräfte, die von der Eigenschaft des Hebezeuges selbst, von seinen physikalischen und geometrischen Gegebenheiten
abhängen. So gesehen, entspringen die Erdbebenkräfte sozusagen aus dem
Inneren der Krananlage.

Die zweite Eigenschaft der seismischen Beanspruchung ist die Seltenheit
ihres Auftretens. Einmal in 40 oder 80 Jahren (return period) wirkt die
Beanspruchung auf die Anlagen ein. Dies könnte uns sehr leicht zur Nach-
sicht verführen, wenn ihre Stärke nicht zur Zerstörung führen würde. Eine Zerstörung kann wegen der eingangs schon geschilderten Umstände aber
nicht mehr stillschweigend hingenommen werden. Trägheitskraft, Stärke
und seltenes Auftreten sind also die Besonderheiten seismischer Beanspruchung. Sie haben zur Folge, daß die Lösung der Entwurfsaufgabe und
der Berechnung einer Anlageneinrichtung insbesondere aber eines Kranes
besonders komplex ist.

Die dritte Besonderheit der Erdbebenbeanspruchung ist vollständige Un-
gewißheit ihrer Stärke und ihres Charakters. Daher hat der Konstrukteur
die Einrichtungen so zu konstruieren, daß sie höchstwahrscheinlich das
Erdbeben überleben, und zwar je nach der Voraussetzung: Mit plastischen, jedoch unwesentlichen Verformungen oder gänzlich intakt und
funktionsbereit. Die Wahrscheinlichkeitstheorie muß angewendet werden.

Die Folgen des Erdbebens auf Maschinenbauausrüstungen waren in jenem
Moment relevant, als die ersten Kernkraftwerke gebaut wurden, besonders aber dann, als diese Kraftwerke von ursprünglich kleinen Einhei-
ten über alle bisher normale Ausmaße gewachsen sind. Die eingebauten
Leistungen sind so angestiegen, daß die Spannweiten der Krane und ihre
Massen alle bisher erreichten Werte überstiegen haben. Gleichzeitig
sind aber auch die Sicherheitsanforderungen an die Maschinenanlagen,
darunter auch die Fördermittel, immer strenger geworden.

Die Maße des ganzen Containments - der Abschirmkuppel des Reaktorrau-
mes - sind außerordentlich gestiegen. 50 m in der lichten Weite und
bis zu 80 m in der Höhe sind heute keine Seltenheit mehr. Damit ist
auch der Rundlaufkran, der über dem Reaktor im Containment aufgestellt
ist und zur gesamten Handhabung der Reaktorfläche, einschließlich dem
Auswechseln der Brennstoffe dient, proportional dazu gewachsen. Im selben Verhältnis sind aber auch die Massen angestiegen: Bei der Reaktorleistung von 1000 MW ist die Kranspannweite 43 m und seine Gewichtsmasse 550 t bei einer Nutzlast von 420 t. Bei so großen Dimensionen können die Kräfte, die bei einem Erdbeben durch seine Beschleunigungen im
Kran entstehen, schon kritisch sein, selbst wenn keine Last am Kran
hängt. Die Folgen eines Absturzes derartig großer Massen auf den Reaktor können als katastrophal angesehen werden, und zwar nicht nur auf
die zukünftige Brauchbarkeit des Reaktors, sondern auch für die weitere Umgebung, d.h. auch auf die Bevölkerung. Die Analyse der Erdbeben-
auswirkungen auf die Anlagen im Kernkraftwerk sind deshalb für seinen
sicheren Betrieb von äußerster Bedeutung.

Aber auch in vielen anderen Industriezweigen sind heute Krane mit großer
Traglast im Einsatz. Auch hier wird im Erdbebenfall gleichermaßen gefordert, daß der Kran auf seiner Bahn verbleibt und nicht auf eine kostbare
Maschinenausrüstung hinabstürzt. Die Schadensbehebung wäre dann weit
größer als die Mehrkosten für einen erdbebensicheren Kran.

Im Buch werden die Theorien beschrieben, die zur erdbebensicheren Kon-

struktion der Hebezeuge führen. Auf diesen Wegen müssen Begriffe entwickelt werden, die zum Standardwerkzeug der seismischen Berechnung
dienen. Es werden die Eigenschaften aller Bauarten der Hebezeuge bei
der Erdbebenwiderstandsfähigkeit analysiert. Damit wird die Optimalisierung geometrischer Merkmale der Hebezeuge und ihrer Bauteile ermöglicht.

8. Eigenfrequenzen der Hebezeuge

Die Eigenfrequenzen der Hebezeuge bestimmen entscheidend ihre Ansprech- oder Widerstandsfähigkeit gegen äußere starke Erregungseinflüsse wie seismische Erscheinungen oder andere dynamische Kräfte /8.1/.

Die Auslegung des Krans als komplexes System bestimmt die Eigenfrequenz und damit den Entwurf des Konstrukteurs. Ihm soll gezeigt werden, wie er die Eigenfrequenz der Krane mit Hilfe der dimensionslosen Analyse anheben kann. Hierbei werden die Verhältnisse zwischen den Schwingungsparametern verglichen und optimiert. Die anschaulichen Vergleichsdiagramme weisen den Konstrukteur an, die Krane mit einfachsten Mitteln widerstandsfähig gegen Schwingungen zu gestalten. Weiter sollen auch die Vereinfachungen bei den Prinzipvorstellungen abgeschätzt werden, um auch mit solchen Annahmen sicher dimensionieren zu können.

8.1. Kraneigenfrequenz in vertikaler Richtung

Bild 8.1 zeigt einen Kran als Zweimassenmodell mit der Kranmasse m_o, der Nutzlastmasse m_2, der Federkonstante des Kranes c_o und die der Lastaufhängung c_2. Die Massen werden in die Angriffspunkte reduziert. Die Dämpfung im Kran und in den Seilen hat auf die Eigenfrequenz einen vernachlässigbaren Einfluß. Aus der Energiegleichung folgt die Eigenfrequenz des Zweimassenkransystems

$$\omega_{1,2}^2 = A \pm \sqrt{A^2 - c_0 c_2 / m_0 m_2} \tag{8-1}$$

mit

$$A = \frac{m_2 (c_0 + c_2) + m_0 c_2}{2 m_0 m_2} . \tag{8-2}$$

Um eine allgemein gültige Aussage zu erreichen, werden folgende Ausdrücke eingeführt

$$\text{Masse } n_0 = \frac{m_2}{m_0} , \tag{8-3}$$

$$\text{Federn } c = \frac{c_0}{c_2} , \tag{8-4}$$

Durchbiegung des Krans unter Kraneigenlast

$$f_0 = \frac{m_0\, g}{c_0} \; .$$
(8-5)

Damit folgt die Kraneigenfrequenz

$$\omega_{1,2}^2 = \frac{g}{2\,f_0}\left\{\frac{1 + c + 1/n_0}{c} \pm \left[\left(\frac{1 + c + 1/n_0}{c}\right)^2 - \frac{4}{n_0\,c}\right]^{\frac{1}{2}}\right\} \; .$$
(8-6)

Die Grundfrequenz ω_1 soll der niedrigste Wert sein.

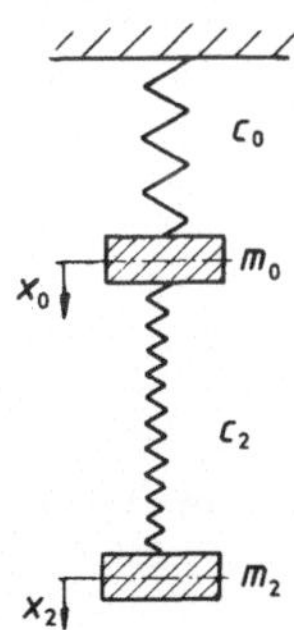

Bild 8.1: Zweimassenmodell des Krans

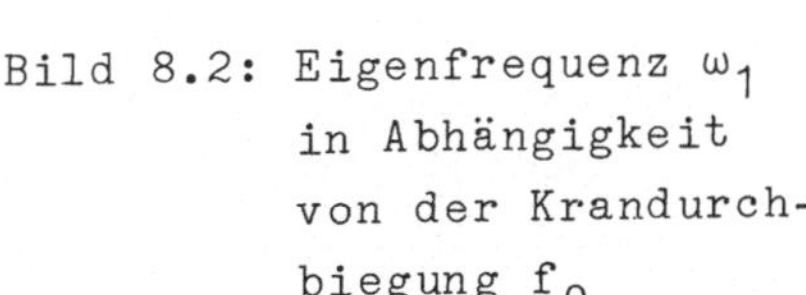

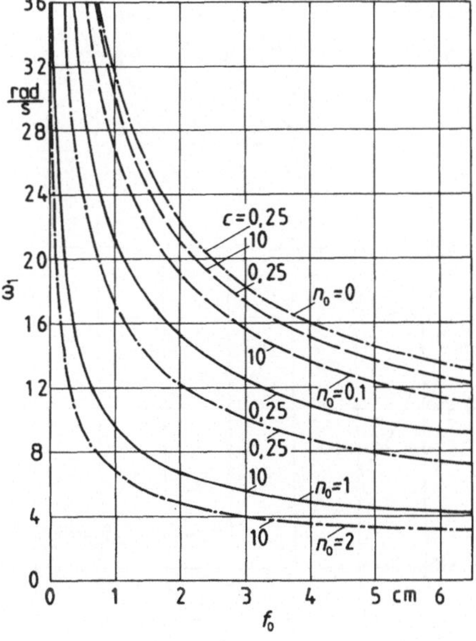

Bild 8.2: Eigenfrequenz ω_1
in Abhängigkeit
von der Krandurch-
biegung f_0

Aus dem Bild 8.2 sind folgende Beziehungen ersichtlich: Hohe Frequenzen
ergeben sich bei einem sehr steifen Kran, das heißt bei einem Kran mit
minimaler Durchbiegung f_0. Diese kann entweder mit kleinerer Eigenmasse
des Krans oder mit größerer Kransteifigkeit c_0 erreicht werden. Je größer die Nutzlast am Lastaufhängungsmittel, desto kleiner ist die Eigenfrequenz; dabei steigt das Massenverhältnis n_0. Die größte Frequenz hat

der Kran im Falle ohne Last n_0 = 0; diese Kurve wird deshalb als Grenz-
kurve des Eigenfrequenzfeldes angesehen, und stellt zugleich eine charakteristische Grenze des Krans dar.

Das Steifigkeitsverhältnis c hat einen großen Einfluß auf die Eigenfrequenz, besonders bei Massenverhältnissen über 1. Hier ist die große
Mehrheit der Krane angesiedelt. Kraneigenfrequenz und Steifigkeitsverhältnis sind umgekehrt verhältnisgleich. Das Steifigkeitsverhältnis kann
man verkleinern durch Vergrößerung der Nutzlastaufhängungssteifigkeit.
Damit sind dem Konstrukteur mehrere Möglichkeiten gegeben zur Erstellung
eines optimalen Entwurfes.

Die verteilten Massen müssen in ihre Angriffspunkte reduziert werden
aufgrund einer gleichen Frequenz in beiden Fällen. Für beidseitig frei
aufliegende Träger ist die in die Mitte reduzierte gleichförmig verteilte Masse der Kranbrücke m_B mit der Katze m_K

$$m_0 = \xi_B \, m_B + m_K. \tag{8-7}$$

Der Beiwert ξ_B für Brückenkrane wird bei größeren Massenverhältnissen
$n = m_K/m_B > 5$ mit 0,4857, bei n = 0 (ohne Katze) mit 0,49277 eingesetzt
(siehe Bild 8.3).

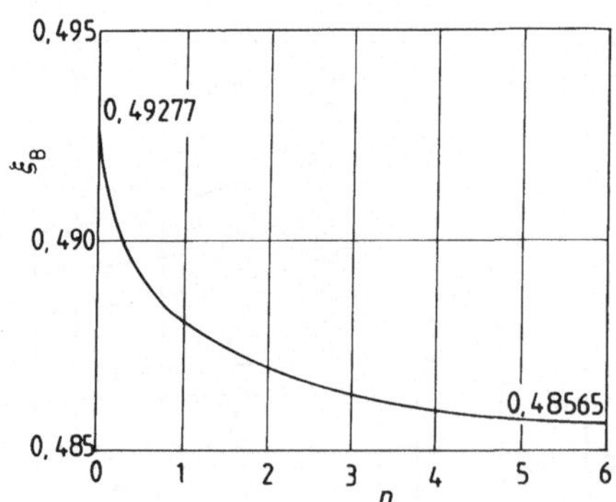

Bild 8.3: Beiwert der Massereduktion von Brückenkranen abhängig vom
Verhältnis der Katzmasse zur Brückenmasse (n = m_K/m_B)

Für Portalkrane mit einer nachgiebigen und einer steifen Stütze mit der
Masse m_S, der Höhe H_S und mit der Portalträgermasse m_T ist dieser Beiwert

$$\xi_{P1} = 0,5 \left(1 + 0,67 \frac{n_p}{1/16 \; g_0^2 + 1} \right) \qquad (8\text{-}8)$$

mit $n_P = \dfrac{m_S}{m_T}$, $g_0 = \dfrac{H_S}{L}$, L Spannweite der Brücke.

Für Portalkrane mit zwei steifen Stützen

$$\xi_{P2} = 0,5 \; (1 + 2 \; n_P \; g_1^2) \qquad (8\text{-}9)$$

mit $g_1 = \dfrac{I_T \; H_S}{I_S \; L}$, I_T Trägheitsmoment des Brückenträgers und I_S der Stütze.

Für Halbportalkrane mit einer Stütze gilt

$$\xi_{P3} = 0,5 \left(1 + \frac{0,33 \; n_p}{1/16 \; g_0^2 + 1} \right). \qquad (8\text{-}10)$$

In Bild 8.4 sind alle drei Beiwerte in Abhängigkeit von n_P und g_0 angegeben. Es ist ersichtlich, daß die reduzierte Masse beim Portalkran
mit zwei festen Stützen rasch mit der Masse der Stütze steigt. Deshalb
ist diese Bauart zu meiden.

Bild 8.4: Beiwert für die Massereduktion der Por-
talkrane in Abhän-
gigkeit vom Verhält-
nis n_p; ξ_{P1} eine
nachgiebige und eine
feste Stütze, ξ_{P3} mit
nur einer Stütze
(Halbportal)

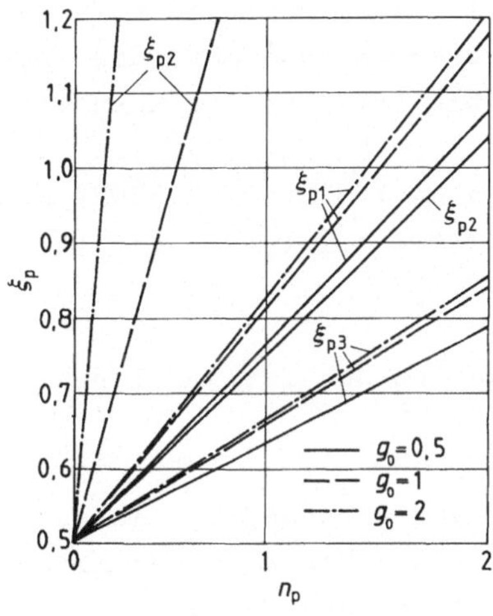

Die Federkonstante des Brückenträgers ist

$$c_0 = \frac{48\ EI_x}{L^3} \tag{8-11}$$

(mit I_x Trägheitsmoment des Brückenträgers und L seine Spannweite).

Die Federkonstante der Seilaufhängung

$$c_2 = \frac{E_S\ A_S\ z}{H} \tag{8-12}$$

mit E_S Seilelastizitätsmodul ($0,7$ bis $1,1 \cdot 10^7$ N/cm^2), A_S Seilmetall-querschnitt, z Anzahl der die Nutzlast tragenden Seilstränge zwischen beiden Aufhängungspunkten.

Die Federkonstante der Nutzlastaufhängung verändert sich mit der Hub-höhe der Last. Der kleinste Wert ergibt sich mit der Nutzlast am Bo-den. Mit Verkleinerung der Höhe nähert sich das System dem Einmassen-system mit der Eigenfrequenz

$$\omega_1^2 = c_0/m_0 \ \text{rad/s}, \tag{8-13}$$

wobei m_0 auch die Last einschließt

$$m_0 = \xi_B\ m_B + m_K + m_2. \tag{8-14}$$

Bei gleichmäßig verteilten Massen des Trägers treten auch Eigenfrequen-zen höherer Ordnung auf, die jedoch selten berücksichtigt werden. Bei beidseitig frei aufliegenden Trägern verhalten sich ihre Größen als 1 : 4 : 9 : 16, ($\xi = 0,493$), bei beidseitig eingespanntem Träger als 1 : 2,78 : 5,44 : 9, ($\xi = 0,3893$) und bei einseitig eingespanntem Konsol-träger als 1 : 9 : 49 : 81, ($\xi = 0,2425$).

8.2. Einfluß der Katzstellung auf die Kraneigenfrequenz

Bei der Verschiebung der Katze von der einen Seite zur anderen vermin-dert sich die Masse in der Kranmitte und damit auch die Eigenfrequenz. Sie steht im Zusammenhang mit dem Quotienten der Ausdrücke für poten-tielle und kinetische Energie

$$\omega_1^2 = \frac{EI_x \, M}{B^2 \, \{1 + n(A/B)^2\} \, m_{Br}} \qquad (8-15)$$

mit

$$M = \frac{1}{L^3} \left[\frac{1}{3v^3} \left(\frac{1}{2n} - \frac{1}{v} + 1\right)^2 + \frac{1}{24} \left(\frac{1}{2n} + \frac{1}{v}\right)^2 + \right. \qquad (8-16)$$

$$\left. + \left(\frac{1}{24} - \frac{1}{3v^3}\right) \left(\frac{1}{2n} - \frac{1}{v}\right)^2 + \left(\frac{1}{4v} - \frac{1}{v^3}\right) \left(\frac{1}{2n} - \frac{1}{v}\right) + \frac{1}{v^2} \left(\frac{1}{2} - \frac{1}{v}\right)\right]$$

$$B = \frac{1}{48n} + \frac{(v - 1)}{6v^3} \left[1 + \frac{(v - 1)}{2} - \frac{v^2}{8(v - 1)}\right] \qquad (8-17)$$

$$A = \frac{1}{16n} \left(\frac{1}{v} - \frac{4}{3v^3}\right) + \left(\frac{1}{v}\right)^4 \frac{(v - 1)^2}{3}, \qquad (8-18)$$

$$n = \frac{m_K}{m_{Br}} = \frac{m_K}{0,4857 \, m_B}, \qquad (8-19)$$

mit $v = \frac{L}{a}$, $v = 2$ (in Spannweitenmitte), $v = 100$ (an den Enden), (mit
L Spannweite des Krans, a Abstand der Katze von der linken Stütze, m_{Br}
reduzierte Brückenmasse).

Ermittlung des Katzlagebeiwertes

$$\varepsilon = \frac{\omega_S}{\omega_M}, \qquad (8-20)$$

ω_S Kraneigenfrequenz bei Katze außerhalb der Mitte, ω_M Kraneigenfrequenz in Kranmitte

$$\omega_M^2 = \frac{48 \, EI_x}{L^3 \, m_{Br}(1 + n)}, \qquad (8-21)$$

$$\varepsilon^2 = \frac{M \, (1 + n)}{48 \, B^2 \, \{1 + (A/B)^2\}}. \qquad (8-22)$$

Werte zeigt Bild 8.5. Es ist ersichtlich, daß bei schweren Katzen im
Verhältnis zur Kraneigenlast, d.h. bei großen Werten von n die Eigenfrequenz bei Katzfahrt von der Mitte nach außen stark anwächst. Das
bedeutet, daß sich der Kran dynamisch "sehr gut benimmt", wenn sich
die Kranarbeiten vor allem an den Seiten d.h. in der Nähe der Kranbahn
abspielen.

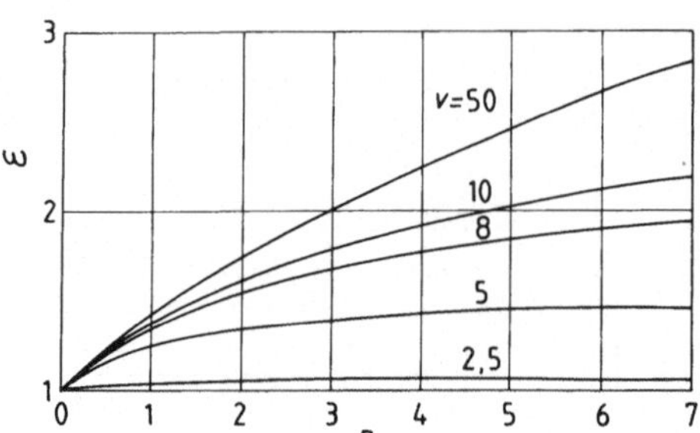

Bild 8.5: Katzlagebeiwert ε in Abhängigkeit vom Massenverhältnis $n = m_K/m_B$ bei verschiedenen
Lagen der Katze auf der Spannweite v = L/a
(L Spannweite, a Abstand der Katze von lin-
ker Stütze)

8.3. Einfluß des Radstandes der Katze auf die Kraneigenfrequenz

Wenn in der Energiegleichung die in der Mitte angenommene Masse der
Katze in zwei Massen im Radabstand a_1 aufgeteilt wird, folgt die Eigenfrequenz

$$\omega_1^2 = \frac{c_0}{m_{Br}\,(1 + nG)} \qquad\qquad (8\text{-}23)$$

mit

$$G = 1 - 3\,u^2 + 2{,}25\,u^4 + 0{,}25\,u^6, \qquad\qquad (8\text{-}24)$$

wenn $u = a_1/L$.

Aus der Eigenfrequenz des Krans mit der Katze als Punktlast nach Gl.
(8-13) errechnet sich die Eigenfrequenz für die im Radmittenabstand a
aufgeteilte Katzmasse mit Hilfe des Beiwerts η

$$\omega^2 = \frac{c_0}{m_{Br}\,(1 + n)} \cdot \eta^2 \qquad\qquad (8\text{-}25)$$

$$\eta^2 = \frac{1 + n}{1 + nG}.\tag{8-26}$$

Im Bild 8.6 sind die Werte des Radabstandbeiwerts η angegeben. Sie zeigen, daß die Eigenfrequenz mit Vergrößerung des Radmittenabstandes der Katze ansteigt.

8.4. Einfluß der Katz- und Kranbahnsteifigkeit

Wenn der Einfluß der Katz- oder Kranbahnsteifigkeit auf die Kraneigenfrequenz analysiert werden soll, muß die Frequenzgleichung des Dreimassensystems mit drei Federn wie folgt umgeformt werden

$$\omega^6 - \omega^4 p^2 \left[\frac{r_2 + r_1}{\mu_1} + \frac{r_2}{\mu_2} + r_1 + 1 \right] + \omega^2 p^4 \left[\frac{r_1 (1 + r_2) + r_2}{\mu_1} + \right.$$

$$\left. + \frac{r_2 \, r_1 \, (\mu_1 + 1)}{\mu_2 \cdot \mu_1} + \frac{r_2}{\mu_2} \right] - p^6 \frac{r_1 \, r_2}{\mu_1 \, \mu_2} = 0 \tag{8-27}$$

mit den Größen

$$p^2 = \frac{c_0}{m_0} = \frac{g}{f_0}, \quad r_2 = \frac{c_2}{c_0}, \quad r_1 = \frac{c_1}{c_0}, \quad \mu_1 = \frac{m_1}{m_0}, \quad \mu_2 = \frac{m_2}{m_0} \tag{8-28}$$

(m_1, c_1 Masse und Federkonstante der Katze).

Bild 8.7 stellt die Eigenfrequenzen der drei Modelle: mit ein, zwei und drei Massen nach den Gln.(8-6) und (8-27) gegenüber. Für Einmassenmodell gilt

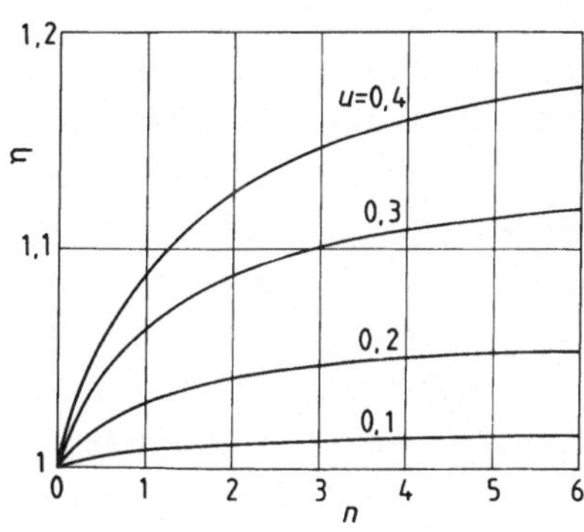

Bild 8.6: Radabstandsbeiwert η in Abhängigkeit vom Verhältnis n bei verschiedenen Werten $u = a_1/L$ (a_1 Radmittenabstand, L Spannweite)

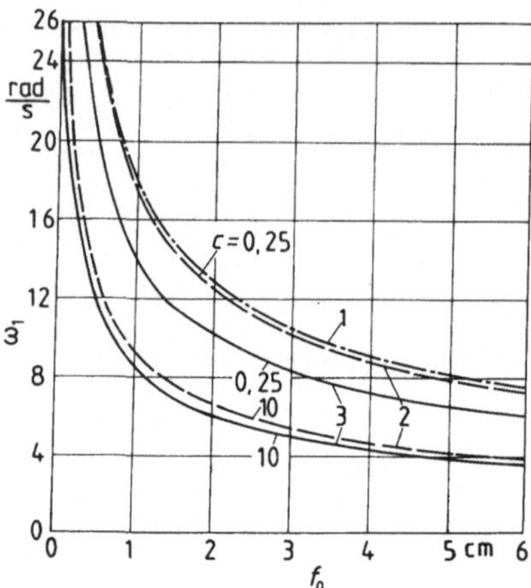

Bild 8.7: Vergleich der Eigenfrequenz des Ein- (Kurve 1),
          Zwei- (Kurven 2) und Dreimassenmodells (Kurven
          3) in Abhängigkeit von der Krandurchbiegung f_0
          bei verschiedenen Steifigkeitsverhältnissen c =
          c_0/c_2 ($m_0 = m_1 = m_2$, $c_1/c_0 = 1$)

$$\omega^2 = \frac{g}{f_0\,(1 + n_0)} \tag{8-29}$$

mit $n_0 = m_2/m_0'$ und $f_0 = \dfrac{m_0'\,g}{c_0}$, $m_0' = m_0 + m_K$.

Dabei müssen die Durchbiegungen und Massenverhältnisse n_0 auf das Dreimassenmodell reduziert werden, da sie im Verhältnis 2 : 2 : 1 bzw. 0,5 :
0,5 : 1 sind (1-: 2-: 3-Massenmodell). Daraus läßt sich folgern, daß die
Einführung einer neuen elastischen Verbindung zwischen den Massen die
Verminderung der Eigenfrequenz zur Folge hat. Dieser Einfluß ist größer,
wenn die bestehenden Verbindungen steifer sind, und kleiner, wenn sie
sehr weich sind. Vom Zwei- zum Einmassenmodell ist bei sehr steifer
Seilaufhängung der Unterschied der Eigenfrequenz sehr klein.

Dieselben Erwägungen beziehen sich auch auf den Einfluß einer weichen
Kranbahn. Die Kranbahn vermindert die Eigenfrequenz des Systems am
stärksten, wenn die Steifheit des Krans und der Seilaufhängung groß
ist.

8.5. Eigenfrequenz in horizontaler Richtung

In horizontaler Richtung wird der Kran als Einmassensystem aufgefaßt.
Der Kranträger kann frei aufliegen oder eingespannt sein. Für den letz-
ten Fall ist die Eigenfrequenz mit der Katze in der Mitte, wobei die
Last nicht berücksichtigt wird

$$\omega_1^2 = \frac{c_{0h}}{m_{0h}} \tag{8-30}$$

mit der Federkonstante der Brücke c_{0h}

$$c_{0h} = \frac{192\ EI_y}{L^3} \tag{8-31}$$

und reduzierter Masse in horizontaler Richtung

$$m_{0r} = 0{,}3714\ m_B + m_K \tag{8-32}$$

Beim Träger mit gleichmäßig verteilter Masse treten auch Eigenfrequenzen höherer Ordnung auf. Für ihre Größen gelten die Aussagen in Abschnitt 8.1.

In horizontaler Richtung kann der Konstrukteur die Eigenfrequenz nur
durch Verminderung der Eigenmassen und deren Verschiebung zu den Seiten hin sowie durch Vergrößerung des horizontalen Trägheitsmoments des
Krans anheben. Jedenfalls sollen die Träger fest eingespannt sein, da
schon dadurch die Eigenfrequenz um 100 % vergrößert wird.

8.6. Anleitungen für den Konstrukteur

Der Konstrukteur hat die Aufgabe, beim Entwurf des Kranes die Eigenfrequenz durch zweckmäßige Gestaltung möglichst hochzutreiben. Dadurch wird
bei allen dynamischen Vorgängen die Amplitude, die verhältnisgleich dem
Quadrat der Kreisfrequenz ist, vermindert. Der Kran wird dynamisch sta-
biler, da die Schwingungserscheinungen in kürzerer Zeit abklingen. Mit
einem derartigen Kran läßt sich schneller und genauer arbeiten. Der Fah-
rer hat ihn besser in der Hand. Um dieses zu erreichen, müssen alle tragenden Teile steifer dimensioniert werden, und das noch mit möglichst

kleinem Einsatz an Masse. Diese Aufgabe wird durch Einsatz von Hohlelementen mit dünnen Wänden und inneren Versteifungen gelöst. Um die wirkende Masse weiter zu reduzieren, sollen möglichst keine weiteren Bauteile, wie Elektroschränke, Widerstände usw. in Brückenmitte angebracht
sein, sondern möglichst zur Seite hin. Das gleiche gilt auch für den
Kranfahrantrieb, so daß der Einzelradantrieb dem Mittenantrieb vorzu-
ziehen ist.

Das wirkungsvollste Mittel, die Eigenfrequenz zu vergrößern, ist die
Versteifung der Seilaufhängung. Die Vergrößerung des Seildurchmessers
über die nach DIN 15020 (1974) geforderten Mindestdurchmesser d_{min} (Abschnitt 4.3) hat bis $d_S = 1,25\ d_{min}$ geringen Einfluß auf die seiltra-
genden Bauteile, wie Seiltrommel und Seilrollen, da sich deren Durch-
messer nach dem theoretisch erforderlichen Seildurchmesser richtet.
Durch Vergrößerung des Seildurchmessers um 25 % steigt die Federkonstante um 56 %. Damit läßt sich also am wirtschaftlichsten auf die
Kraneigenfrequenz einwirken. Der Konstrukteur sollte also immer danach
trachten, weiche Elemente (weiche Katze, weiche Seilaufhängung, weiche
Kranbahn) zu meiden, da hierdurch die Eigenfrequenz des Kranes vermindert wird. Sie aber macht ihn anfälliger gegen lange, nicht abklingen-
de Schwingungen.

Wenn der Konstrukteur konsequent die Folgerungen des Größenvergleichs
in diesem Kapitel beachtet, baut er dynamisch stabile Krane, ohne damit notwendigerweise teuerer zu werden.

9. Einfluß der Lastseilaufhängung auf vertikale seismische Beanspruchungsverhältnisse

Bei einer wirklichkeitsgetreuen dynamischen Analyse der Beanspruchungs-
verhältnisse unter Einwirkung von Erdbebenkräften in vertikaler Richtung
muß die Lastseilaufhängung lediglich in einer Richtung als wirksame Federverbindung zwischen dem Lastaufnahmemittel und dem Kranhubwerk aufgefaßt werden. Der Einfluß verschiedener Konstruktionsparameter des Kranes
auf die dynamischen Vorgänge im Kran läßt sich nur durch Simulation der
Erregung durch sinusähnliche Bodenbewegungen und nicht durch Ansprech-
beschleunigungs- und Verschiebungswerte, die aus quasi statischer Auffassung hervorgehen, untersuchen. Bei ausreichend großen Erregungsbe-
schleunigungen kann die Seilaufhängung so beachtliche Amplituden erreichen, daß im Seil Druckfederkräfte abzufangen sind, was aber nicht möglich ist. Daher gerät die Last in freie, unabhängige Bewegung und wird
plötzlich nach freiem Fall wieder von den Seilen aufgefangen. Hierdurch
wird nicht nur die Seilaufhängung, sondern auch der Kran stark beansprucht. Für die Abschätzung der Erdbebenwiderstandsfähigkeit eines Kranes bei spezifischer Erdbebenintensität ist die Erkennung des Einflusses
dieser Seilbelastungsspitzen von wesentlicher Bedeutung.

Die Analyse wird auf Grund dimensionsloser Ausdrücke ausgeführt, die eine Entwicklung von Beiwerten ermöglichen. Sie dienen wiederum zur Bestimmung der Abhängigkeit der Belastungen von den Konstruktionsgrößen. Es
werden die Erdbebenkräfte im Kran bestimmt sowie die maximalen Beschleunigungen, die auf Bauteile einwirken und sie vom Kran entfernen wollen.
Aus diesen maximalen Beschleunigungen werden die sogen. Desintegrations-
kräfte abgeleitet, die sich in der Katze, im Turm oder im drehbaren Oberteil eines Portalkranes ergeben.

Aus der Abhängigkeit der Einflußgrößen lassen sich die Grenzen bestimmen,
in denen die quasistatische Berechnungsweise mit seismischen Kraftbeiwerten und mit den Ansprechbeschleunigungen aus dem Ansprechspektrum ohne
zu große Abweichungen verwendet werden kann. Diese Berechnungsweise stellt
für praktische Anwendungen bei Konstruktionsentwürfen den übersichtlich-
sten und leichtesten Weg dar. Deshalb ist es für die Bemessungsvorschrif-
ten beim Erdbebensicherheitsnachweis wichtig, die Gültigkeit des Ansatzes
abzuschätzen und die bestehenden Reserven zu kennen.

Die fortschreitende Entwicklung der Transport- und der Industrie-Infra-
struktur fordert in erdbebengefährdeten Gebieten die Beachtung der Vor-

schriften für die erdbebengerechte Konstruktion und den Betrieb von Fördergeräten. Diese Analyse hilft das dynamische Verhalten der Fördergeräte beim Erdbeben besser zu erkennen. Einfache und leicht zu handhabende Berechnungsmethoden werden mit Hilfe von überschaubaren Beiwerten entwickelt.

Diese Ergebnisse werden letztlich auch bei der Analyse aller Maschinengeräte und -Einrichtungen von Nutzen sein, bei denen mit unstetigem und nicht linearem Benehmen bei dynamischen Erregungen gerechnet werden kann.

9.1. Einseitig wirkende Seilfeder in Bewegungsgleichungen

Der einzige Weg, die Ansprechgrößen eines Kranes infolge einer Boden- oder Unterlagenbewegung in vertikaler Richtung zu bestimmen, besteht in der mathematischen Simulierung des Kranansprechens auf die Bodenerregung, die nach bekanntem zeitlichem Gesetz verläuft. Es ist zu erwarten, daß die Seilfeder durch eine Ansprechkraft von Null bis zum Maximum positiv wie auch negativ, beansprucht wird. Daher tritt zeitweise eine vollständige Entlastung der Seilaufhängung auf, wobei die Last einen vom Kran unabhängigen, nur von der Anfangsgeschwindigkeit bestimmten Weg einnehmen wird. Man hat es also mit einem unstetigen dynamischen Vorgang zu tun: die Last wird nach freiem Fall mit dem Schwingungsweg des Kranes zusammentreffen, um die Seilverbindung wieder auf Zug zu beanspruchen. Die seismische Kraft im Seil und im Kran wird durch solche stoßartigen Begegnungen mehr oder weniger beeinflußt, abhängig von den Einflußgrößen des Kranes. Daraus ergibt sich die erste Forderung: Zur Bestimmung des Zeitpunkts einer völligen Entlastung der Seilaufhängung müssen auch die Eigenmassen der Last und des Kranes berücksichtigt werden, was bei stetigen Vorgängen, wie in /9.1/ gezeigt, ohne Belang ist.

Die Erregung wird direkt von der Bodenbewegung abgeleitet und nicht aus dem Ansprechspektrum, das die Dämpfung schon enthält. Damit folgt die zweite Forderung, daß in einem mathematischen Modell auch die Dämpfung sowohl im Kran wie auch in der Seilaufhängung beachtet werden muß.

Bei der Berechnung der Ansprechamplitude wird der Resonanzfall vorausgesetzt, und zwar bei allen Eigenfrequenzen, die bei einem solchem unstetigem Vorgang auftreten. Beim Zusammenschwingen des Kranes mit der Last wird die niedrigere Eigenfrequenz des Zweimassensystems und bei

getrennter Bewegung die höhere Eigenfrequenz des unabhängig schwingenden Kranes der Bewegung zu Grunde liegen. Diese Voraussetzung ist durch
die übliche Lage dieser Frequenzen in Frequenzspektren der Bodenbewegung, die gemessen, statistisch erfaßt und charakterisiert wurden, und
durch die Theorie der begrenzten Resonanz /9.2, 9.4/ gerechtfertigt. Die
Eigenfrequenzen der Krane liegen im Bereich von 0,8 bis 4 Hz, wo auch
die Maxima der Bodenbewegung auftreten. Diese Bodenbewegung wird aus
mehreren Folgen, in denen Sinuswellen verschiedener Frequenz auftreten,
im Rahmen der Hauptschwingzeit des Erdbebens zusammengesetzt (Bild 9.1).
Der Kran wählt aus diesen Folgen die seiner Eigenfrequenz entsprechenden Wellen aus und gerät damit in die Resonanz. Sie wird aber nach ein-
undeinerhalben Welle unterbrochen, da die nächste Folge aus der anfäng-
lichen Null-Verschiebung und Null-Geschwindigkeit beginnt, um den Vorgang der Übergangsresonanz fortzuleiten. Das dauert so lange, bis die
Hauptschwingzeit des Erdbebens abklingt.

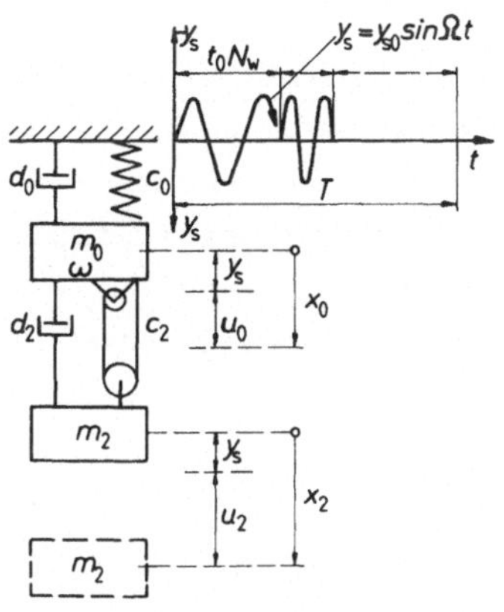

Bild 9.1: Erregungsvorgang im Kran beim
Erdbeben (erste und dritte Pha-
se) (m_0, m_2 Massen, c_0, c_2 Federkonstanten, d_0, d_2 Dämpfungskonstanten, y_s Bodenverschiebung, n_0, n_2 relative Massenverschiebungen, x_0, x_2 absolute Massenverschiebungen, N_w
Wellenzahl einer Folge, T Hauptschwingzeit des Erdbebens, t_0
Schwingzeit einer Wellenfolge,
Ω Frequenz der Bodenwellenfol-
ge, ω Eigenfrequenz des Kranes)

Die Bodenbewegung wird als Sinuswelle dargestellt

$$\ddot{y}_s = \ddot{y}_{s0} \sin (\Omega t + \alpha_0) \tag{9-1}$$

mit $\ddot{y}_{s0}$ Bodenbeschleunigungsamplitude, Ω Bodenfrequenz, α_0 Phasenwinkel,
t von Anfang der Bewegung gerechnete Zeit. Der Nullphasenwinkel wird mit
Null angenommen, um zu Anfang Null-Beschleunigung zu erhalten. Der Kran
wird als Zweimassensystem im Bild 9.1 dargestellt: der Kran mit der Eigenmasse m_0, der Federkonstante c_0 und mit der Dämpfungskonstante d_0
trägt über die Seilaufhängung mit der Federkonstante c_2 und Dämpfungskonstante d_2 die Lastmasse m_2. Im Schwingungsvorgang sind die relativen

Verschiebungen mit u und die absoluten Verschiebungen mit x bezeichnet. Positive Verschiebungsrichtungen sind aus Bild 9.1 ersichtlich. Sie müssen auch mit den Federkräften konsistent sein. Das Bild zeigt die Zugkräfte als positiv und die Druckkräfte als negativ. Im Bild 9.2 werden die Massen mit den angreifenden Kräften und mit der d'Alembert'schen Trägheitskraft in dynamischem Gleichgewicht dargestellt. Die Trägheitskräfte sind positiv, wenn sie entgegengesetzt der positiven Verschiebungsrichtung wirken.

Der dynamische Vorgang wird in drei Phasen unterteilt: in der ersten beginnt der Kran zu schwingen, wobei am Anfang die Bodenbeschleunigung Null ist, da $t = 0$. Wenn die Kraft im Seil gleich Null wird und dazu neigt, negativ zu werden, beginnt die zweite Phase (Bild 9.3), in der der Kran als Einmassensystem weiter schwingt, die Last sich aber mit anfänglicher Geschwindigkeit unter alleiniger Wirkung ihrer Schwerkraft solange weiterbewegt, bis sich ihr Weg mit dem Kranweg kreuzt. In diesem Moment wird die Seilkraft wieder positiv. In der dritten Phase bewegen sich beide Massen als Zweimassensystem mit anfänglicher Beschleunigung, Geschwindigkeit und Verschiebung. Danach wechseln sich fortwährend die zweite und dritte Phase ab. Die Folgeschwingzeit begrenzt den Vorgang, da die Wellenanzahl in einer Folge mit $N_W = 1,5$ bestimmt wird. Die längere Periode des Zweimassensystems nimmt man als die grundlegende Schwingzeit an, da sie bekannterweise kleinere Frequenzen aufweist.

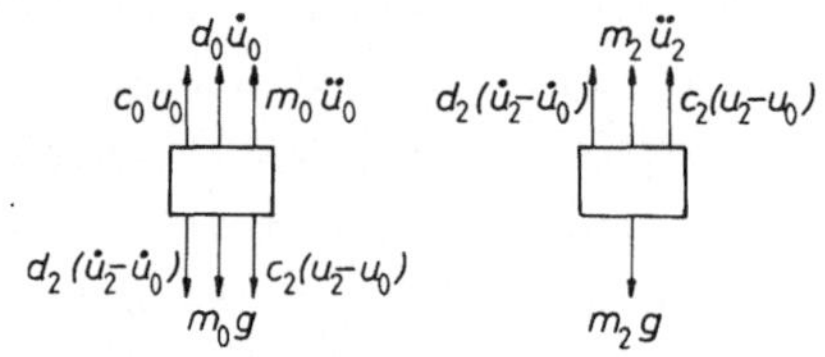

Bild 9.2: Dynamisches Gleichgewicht mit d'Alembert'schen Kräften in der ersten Phase. Bezeichnungen wie Bild 9.1

Bild 9.3: Erregungsvorgang im Kran beim Erdbeben in der zweiten Phase. Bezeichnungen wie Bild 9.1

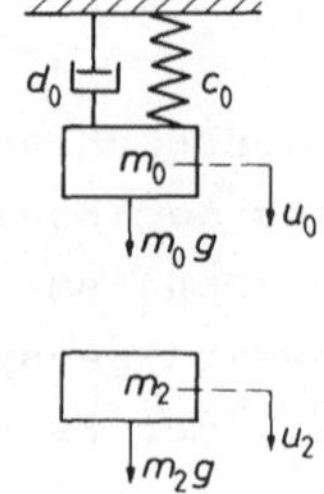

Aus diesen Grundsätzen folgen die Bewegungsgleichungen für die erste Phase:

$$m_0\,\ddot{u}_0 + c_0\,u_0 - c_2\,(u_2 - u_0) + d_0\,\dot{u}_0 - d_2\,(\dot{u}_2 - \dot{u}_0) =$$

$$= -\,m_0\,\ddot{y}_{s0}\,\sin\omega\,t + m_0\,g, \tag{9-2}$$

$$m_2\,\ddot{u}_2 + c_2\,(u_2 - u_0) + d_2\,(\dot{u}_2 - \dot{u}_0) =$$

$$= -\,m_2\,\ddot{y}_{s0}\,\sin\omega\,t + m_2\,g \tag{9-3}$$

mit ω Eigenfrequenz des Systems, c_0, c_2 Federkonstanten, d_0, d_2 Dämpfungskonstanten.

Die Randbedingungen sind zu Anfang der ersten Phase ($t = 0$):

$$u_0(0) = \frac{m_0\,g + m_2\,g}{c_0}\,, \tag{9-4}$$

$$u_2(0) = \frac{m_2\,g}{c_2}\,, \tag{9-5}$$

$$\ddot{u}_0(0) = \ddot{u}_2(0) = 0$$

und am Ende der ersten Phase

$$c_2\,(u_2 - u_0) \rightarrow 0. \tag{9-6}$$

Die Bewegungsgleichungen der zweiten Phase lauten:

$$m_0\,\ddot{u}_0 + c_0\,u_0 = -\,m_0\,\ddot{y}_{s0}\,\sin\omega_0\,t + m_0\,g, \tag{9-7}$$

$$m_2\,\ddot{u}_2 - m_2\,g = 0 \tag{9-8}$$

mit ω_0 Eigenfrequenz des Kranes.

Die Randbedingung ist an beiden Enden

$$c_2\,(u_2 - u_0) < 0. \tag{9-9}$$

In der dritten Phase sind die Bewegungsgleichungen gleich denen der ersten Phase mit der Randbedingung

$$c_2 \, (u_2 - u_0) > 0. \tag{9-10}$$

In der zweiten Phase bewegt die Last sich relativ gegen den Kran mit
der Verschiebung

$$u_2(t_2) = \dot{u}_2^{(0)} \, t_2 + \frac{g \, t_2^2}{2} \tag{9-11}$$

mit $\dot{u}_2^{(0)}$ Anfangsgeschwindigkeit der Last am Ende der ersten bzw. dritten
Phase und t_2 Zeit der zweiten Phase, wobei $t_2^{(0)} = 0$.

Die Kreisfrequenz des Kransystems folgt mit

$$\omega^2 = \frac{m_2 \, (c_0 + c_2) + m_0 \, c_2}{2 \, m_0 \, m_2} - \left[\left(\frac{m_2 \, (c_0 + c_2) + m_0 \, c_2}{2 \, m_0 \, m_2} \right)^2 - \frac{c_0 \, c_2}{m_0 \, m_2} \right]^{0,5}, \tag{9-12}$$

wobei nur die niedrigere Grundfrequenz beachtet wird, da sie sich auch
im Bodenfrequenzspektrum im Maximum befindet.

Die Eigenfrequenz des Kranes folgt mit

$$\omega_0 = \sqrt{c_0/m_0} \; . \tag{9-13}$$

Die analytische Lösung der obigen Ausdrücke für einen bestimmten Fall
ist möglich, jedoch kann eine derartige Lösung keine allgemeingültigen
Folgerungen über den Einfluß aller Kranparameter: (Massen, Feder- und
Dämpfungseigenschaften und der Bodenbeschleunigung auf die auftretenden
Kranbeanspruchungen) aufzeigen. Nur eine verallgemeinerte Form der gezeigten theoretischen Ansätze und deren digitale Auswertung kann Aufschluß geben für die Abschätzung der Kranwiderstandsfähigkeit beim Erdbeben und über den Einfluß einer elastischen Seilaufhängung.

9.2. Umformung der Bewegungsgleichungen in dimensionslose Form

Für die Umformung der Ausdrücke zur Beschreibung des dynamischen Zu-
stands eines Kranes während einer seismischen Erregung müssen dimensionslose Ausdrücke gewählt werden, die aus Verhältnissen der Massen, Verschiebungen und Geschwindigkeiten bestehen. Es werden folgende Verhältniszahlen eingeführt:

Massen $n_0 = \dfrac{m_2}{m_0}$,   (9-14)

Steifigkeiten $c = \dfrac{c_0}{c_2}$,   (9-15)

Zeit $\tau = \omega_0\, t$.   (9-16)

Die Zeit wird in π gezählt.

Verschiebungen $y_0 = \dfrac{c_0\, u_0}{m_0\, g}$,   (9-17)

$$y_2 = \frac{c_0\, u_2}{m_0\, g} .$$ (9-18)

Die Ableitungen sind demnach

$$\dot{y} = \omega_0\, y' , \quad \ddot{y} = \omega_0^2\, y'' ,$$ (9-19)

wobei $\dot{y}$ partielle Ableitung nach der Zeit t und y' nach der Zeit τ bedeutet.

Dämpfungen $\lambda_0 = \dfrac{d_0}{\sqrt{c_0\, m_0}}$,   (9-20)

$$\lambda_2 = \frac{d_0}{\sqrt{c_2\, m_2}} .$$ (9-21)

Seismische Kraftbeiwerte für den seismischen Beanspruchungsteil sind im Kran (mit Gesamtbelastungsbeiwerten im Kran f_K und im Seil f_S)

$$r = \frac{c_0\, u_0 - (m_0\, g + m_2\, g)}{m_0\, g} = y_0 - (1 + n_0) = f_K - (1 + n_0)$$

(9-22)

und in der Seilaufhängung

$$s = \frac{c_2\, (u_2 - u_0) - m_2\, g}{m_2\, g} = \frac{y_2 - y_0}{c\, n_0} - 1 = f_S - 1 .$$ (9-23)

Der Kranbelastungsbeiwert f_K bzw. der Seilbelastungsbeiwert f_S stellen die gesamte Belastung als Folge der Gewichtsmassen und der Erdbebenträgheitskräfte im Kran bzw. in der Seilaufhängung dar.

Die mit dem seismischen Beiwert vervielfachte Eigenmasse ergibt die
durch das Erdbeben verursachte Beanspruchung in elastischem Tragteil.
Dabei sind die Beanspruchungen infolge der Gewichtskräfte ausgeschlossen. Die seismische Gesamtkraft im Kran ist damit

$$K = r \, m_0 \, g \tag{9-24}$$

und in der Seilaufhängung

$$S = s \, m_2 \, g. \tag{9-25}$$

Mit diesen Ausdrücken folgt die Eigenfrequenz des Kransystems aus Gl.
(9-12)

$$\omega = \left[\frac{1}{2} \left(\frac{1}{c} + 1 + \frac{1}{n_0 \, c} \right) - \left\{ \left[\frac{1}{2} \left(\frac{1}{c} + 1 + \frac{1}{n_0 \, c} \right) \right]^2 - \right.$$
$$\left. - \frac{1}{n_0 \, c} \right\}^{0,5} \right]^{0,5} = \frac{1}{N} \tag{9-26}$$

und des Kranes

$$\omega_0 = \sqrt{c_0 / m_0} = 1. \tag{9-27}$$

Daraus folgt

$$\omega = \omega_0 / N. \tag{9-28}$$

Die Bodenbeschleunigung $\ddot{y}_{s0}$ wird mit 1 g angenommen. Durch Kürzung mit
der Erdbeschleunigung wird in die verallgemeinerte Gleichung das Verhältnis $\ddot{y}_{s0}/g$ eingesetzt.

Es bedarf noch einiger Aufklärung über die Dämpfung. Nach /9.3/ ist die
Dämpfungskonstante

$$d = 2 \, \beta \, m \tag{9-29}$$

mit β als Dämpfungsmaß in Prozent der kritischen Dämpfung, das aus dem
logarithmischen Dämpfungsdekrement δ berechnet werden kann

$$\frac{\beta}{\omega} = \frac{\delta}{2 \, \pi} . \tag{9-30}$$

Das Dämpfungsverhältnis ist deshalb

$$\lambda = \frac{d}{\sqrt{c\ m}} = \frac{\beta\ 2\ \omega\ m}{\omega\ \sqrt{c\ m}} = \frac{\beta\ 2\ \sqrt{c\ m}}{\omega\ \sqrt{c\ m}} = 2\ \frac{\beta}{\omega}. \tag{9-31}$$

Bei $\beta = 0,02\ \omega$ ist deshalb $\lambda = 2 \cdot 0,02 = 0,04$.

Als Beispiel für die dimensionslose Transformation soll das dritte Glied der Gl.(9-2) entwickelt werden

$$\frac{d_0\ \dot{u}_0}{m_0\ g} = \frac{d_0}{c_0} \cdot \frac{c_0\ \dot{u}_0}{m_0\ g} = \frac{d_0}{c_0}\ \dot{y}_0\ \frac{\sqrt{m_0/c_0}}{\sqrt{m_0/c_0}} = \frac{d_0\ y'}{\sqrt{c_0\ m_0}} = \lambda_0\ y'. \tag{9-32}$$

Auf ähnliche Weise transformierte Bewegungsgleichungen lauten in der dimensionslosen Form für die erste Phase:

$$y_0'' + y_0 - \frac{1}{c}\ (y_2 - y_0) + \lambda_0\ y_0' - \lambda_2\ (y_2' - y_0')\ \sqrt{n_0/c} =$$

$$= -\frac{\ddot{y}_{s0}}{g}\ \sin \frac{\tau}{N} + 1, \tag{9-33}$$

$$y_2'' + \frac{y_2 - y_0}{n_0\ c} + \frac{\lambda_2\ (y_2' - y_0')}{\sqrt{n_0\ c}} = -\frac{\ddot{y}_{s0}}{g}\ \sin \frac{\tau}{N} + 1 \tag{9-34}$$

mit den Anfangswerten:

$$y_0^{(0)} = 1 + n_0 , \tag{9-35}$$

$$y_2^{(0)} = c\ n_0 + n_0 + 1 \tag{9-36}$$

und für die zweite Phase

$$y_0'' + y_0 + \lambda_0\ y_0' = -\frac{\ddot{y}_{s0}}{g}\ \sin \tau + 1. \tag{9-37}$$

Für die dritte Phase sind die Gleichungen gleich denen der ersten Phase. Die Zeit τ läuft dabei vom Anfang der Folge an ununterbrochen.

Der Weg der Last in der zweiten Phase folgt mit

$$y_2 = \dot{y}_2^{(2)}(\tau - \tau_2^{(a)}) + \frac{(\tau - \tau_2^{(a)})^2}{2} , \tag{9-38}$$

wobei die Zeit $\tau_2^{(a)}$ am Anfang der zweiten Phase genommen wird; der Ausdruck in Klammern stellt deshalb die vom Anfang der zweiten Phase gemessene Zeit dar. Dieser Weg wird der Amplitude $y_2^{(a)}$ am Anfang der zweiten Phase laufend zugezählt, bis die Differenz $(y_2 - y_0)$ gleich Null wird.

Die Schwingzeit T der zweiten Phase, wenn der Kran als Einmassensystem
schwingt, beträgt

$$T_0 = 2\,\pi \qquad\qquad (9\text{-}39)$$

und der ersten bzw. dritten Phase mit Zweimassensystem

$$T_1 = 2\,\pi\,N. \qquad\qquad (9\text{-}40)$$

Damit wird die Länge der Folge bestimmt mit

$$T_W = T_1\,N_W = 2\,\pi\,N\,1{,}5 = 3\,\pi\,N. \qquad\qquad (9\text{-}41)$$

Es muß betont werden, daß die Kräfteverhältnisse verfälscht werden, wenn
man die Gewichtsmassen eliminieren würde.

Für den Vergleich werden auch die Kräfteverhältnisse für den Fall des
Einmassen- und Zweimassensystems berechnet: der Kran selbst aber ohne
Last und der Kran mit der Last an steifer Seilaufhängung. Die Gleichungen können den oben entwickelten Ausdrücken für die zweite Phase nach
Gl.(9-37) und für die dritte Phase nach Gln.(9-33) und (9-34) entnommen
werden. Es entfällt jedoch die Bedingung $(y_2 - y_0) > 0$ und danach folgender selbstständiger Weg der Last nach Gl.(9-38). Bei diesen Annahmen
wird nur die erste Welle für die Kraftgröße berücksichtigt, wie das auch
beim Amplifikationsfaktor praktikabel ist.

Für die Berechnung der Beanspruchung der Stabilisierungsvorrichtungen,
die die Bauteile des Kranes zusammenhalten sollen, sind die absoluten
Beschleunigungen des Kranes maßgebend. Sie folgen aus dem Ausdruck

$$\ddot{x} = \ddot{u}_0 + \ddot{y}_s = \ddot{u} + \ddot{y}_{s0}\,\sin\omega\,t, \qquad\qquad (9\text{-}42)$$

der in dimensionsloser Form lautet

$$\frac{\ddot{x}_0}{g} = y_0'' + \frac{\ddot{y}_{s0}}{g}\,\sin\tau. \qquad\qquad (9\text{-}43)$$

Für die zweite Phase bzw. für die erste und dritte mit Zweimassenschwinger lautet der Ausdruck

$$\frac{\ddot{x}_0}{g} = y_0'' + \frac{\ddot{y}_{s0}}{g}\,\sin\frac{\tau}{N}\,. \qquad\qquad (9\text{-}44)$$

9.3. Erörterung der Ergebnisse

9.3.1. Kräfteverhältnisse

Wenn die den Kran erregende Bodenbeschleunigung $\ddot{y}_S$ nicht so groß ist, daß die Belastung in der Seilaufhängung in Druck übergeht, verläuft die Belastung im Kran und Seil wie bei einem steifen Zweimassenschwinger entsprechend Bild 9.4 für n_0 = 1 und c = 0,5 bei einer Bodenbeschleunigung $\ddot{y}_{s0}$ = 0,5 g dargestellt. Die Periode beträgt T_1 = 9,489 und die Folgezeit T_W = 14,23 (in Radianen gemessen). Erst gegen Ende der Folge ergibt sich für das Seil Druckbelastung. Daher bleibt das Seil vor großen Belastungen geschützt. Die Dämpfung wird bei unserer Analyse mit β = 0,02 ω und die Bodenbeschleunigung mit 1 g angenommen.

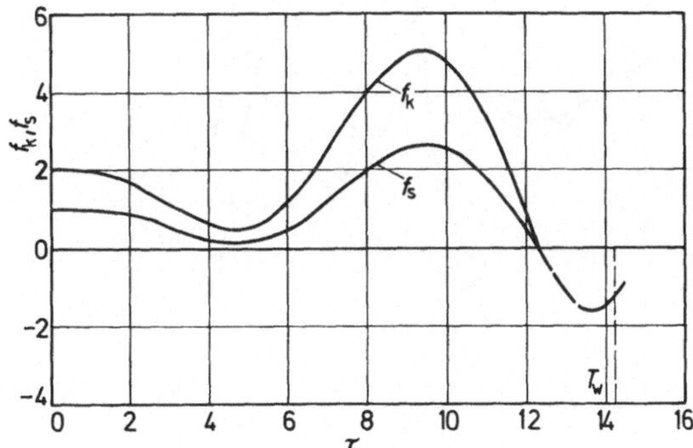

Bild 9.4: Seismische Belastungsbeiwerte im Kran f_K und in der Seilaufhängung f_S bei Bodenbeschleunigung $\ddot{y}_{s0}$ = 0,5 g in einer Wellenfolge T_W = 1,5 T_1 (n_0 = 1, c = 0,5, β = 0,02)

Bei denselben Massen- und Steifigkeitsverhältnissen stellt Bild 9.5 den Verlauf der Belastungsbeiwerte im Kran und im Seil bei der Bodenbeschleunigung $\ddot{y}_{s0}$ = 1 g dar. Zum Vergleich sind auch die Kurven der Belastungsbeiwerte für das Zweimassensystem f_K'', f_S'' und für den Einmassenschwinger f_K' (Last direkt am Kran befestigt) im Bild angegeben. Es ist ersichtlich, da es in der ersten Welle im Seil zur Druckbildung kommt, und sich daher die Last frei schwebend abhebt, um danach bei τ = 7,45 eine starke, kurzzeitige Zugbeanspruchung zu verursachen, die sich bei τ = 10,9 nochmals wiederholt, aber mit kleinerer Amplitude. Infolge der Seilbeanspruchung wird der Kran in seiner Aufwärtsschwingung abgebremst und in die entgegengesetzte Richtung beschleunigt, um danach bei τ = 10,1 sein Maximum zu erreichen. Der Vergleich mit dem Zweimassenschwinger zeigt, daß die Belastung bei Berücksichtigung der Seileigenschaften im Kran um 32 % kleiner und im Seil um 41 % größer ist. Im Vergleich mit dem Einmassenschwinger ist die Beanspruchung im Kran um 10 % größer.

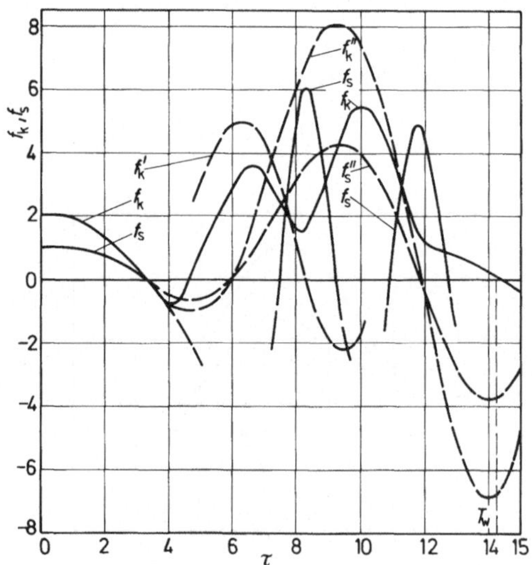

Bild 9.5: Seismische Belastungsbeiwerte im Kran f_K und im Seil f_S in Abhängigkeit von der Zeit bei sinusähnlicher Erregung mit Bodenbeschleunigung $\ddot{y}_{s0}$ = 1 g bei elastischem Seil, als Zweimassenschwinger mit steifem Seil (f_K'', f_S'') und als Einmassenschwinger f_K'. Angaben wie bei Bild 9.4

Der Schwingungsverlauf läßt sich nicht typisieren, sondern verändert sich mit dem Massen- und Steifigkeitsverhältnis. Es sollen nur die charakteristischsten Grenzmodelle dargestellt werden, um eine allgemeine Einsicht zu erlangen.

Vergrößert man die Steifigkeit des Kranes gegenüber dem Seil, so wachsen die Beanspruchungen im Kran. Im Bild 9.6 ist der Verlauf der Belastungsbeiwerte für den Fall mit c = 10 bei n_0 = 1 gezeigt. Die Belastung
im Seil ist gleich wie beim Fall mit steifen Seilen, jedoch schwingt im
Kran die Belastung mit drei Spitzen, die um 31 % höher als beim Zweimas-
sen- und sogar um 54 % höher als beim Einmassenmodell liegen. Wenn die
Steifigkeit des Kranes gegenüber dem Seil weicher ist, vermindert sich
die Belastung im Kran und vergrößert sich im Seil wie aus Bild 9.7 beim
Steifigkeitsverhältnis c = 0,10 und n_0 = 1 ersichtlich ist. Die Belastung im Seil wird um 58 % höher als beim Zweimassen- und um 152 % höher
als beim Einmassenmodell, wobei im Kran die Belastung für 13 % niedriger
ist.

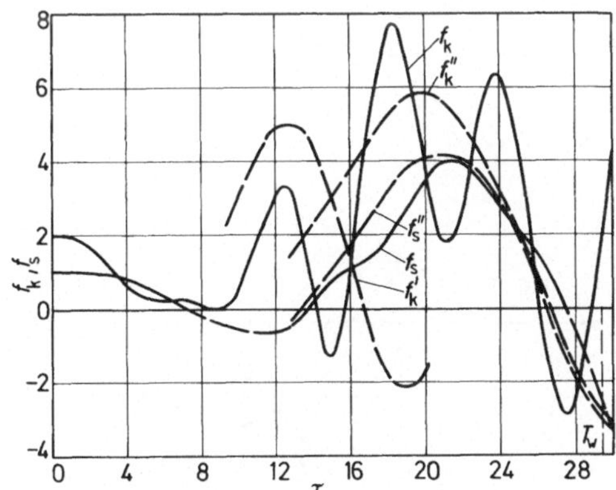

Bild 9.6: Seismische Belastungsbeiwerte im Kran und im Seil bei
          n_0 = 1, c = 10, $\ddot{y}_{s0}$ = 1 g, β = 0,02. Bezeichnungen
          wie Bild 9.5

Im Bild 9.8 ist der Einfluß der Kransteifigkeit bei mittleren Verhält-
niswerten (n_0 = 1, c = 5) dargestellt. Es ist ersichtlich, daß alle Maxima des Zweimassensystems sowohl im Kran wie auch im Seil sogar abge-
baut werden: im Kran um 13 % im Vergleich mit dem Zweimassenmodell und
im Seil um 7 %. Mit anderen Worten: in diesem Bereich, der in der Praxis
der Krane häufig auftritt, kann ein Unterschied zum einfacheren Zweimassenmodell kaum festgestellt werden.

Der Einfluß des Massenverhältnisses wird an zwei extremen Fällen veranschaulicht: im Bild 9.9 wird die Belastung im Seil bei n_0 = 0,2 und c = 1

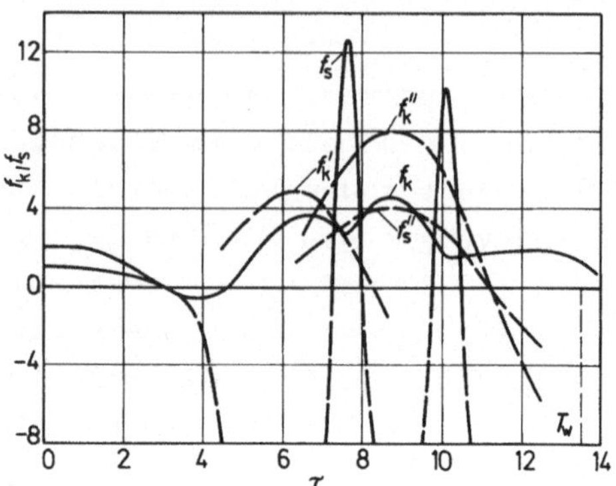

Bild 9.7: Seismische Belastungsbeiwerte im Kran und im Seil bei
$n_0 = 1$ und $c = 0,10$, $\ddot{y}_{s0} = 1$ g, $\beta = 0,02$. Bezeichnungen wie Bild 9.5

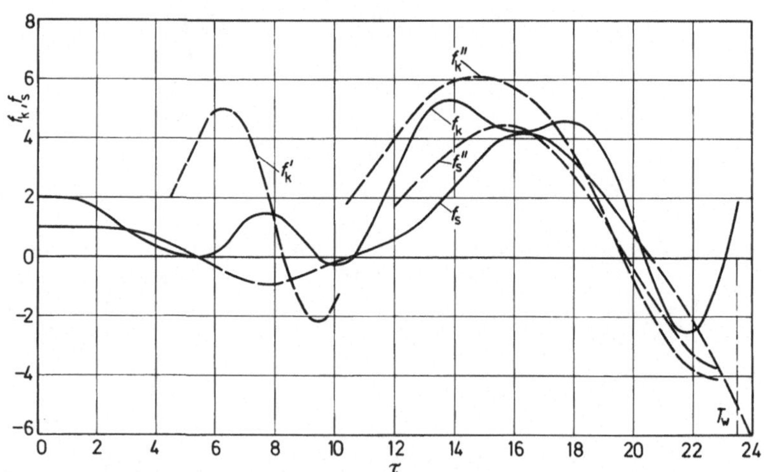

Bild 9.8: Seismische Belastungsbeiwerte im Kran und im Seil bei
$c = 5$, $n_0 = 1$, $\beta = 0,02$, $\ddot{y}_{s0} = 1$ g. Bezeichnungen wie
Bild 9.5

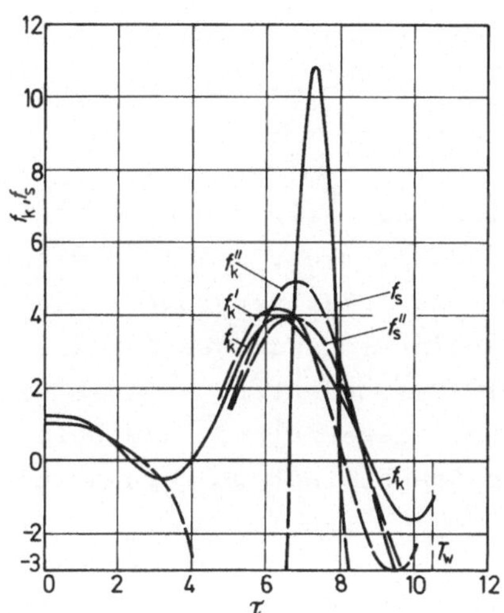

Bild 9.9: Seismische Belastungsbeiwerte im Kran und im
Seil bei c = 1 und n_0 =
0,2, β = 0,02, $\ddot{y}_{s0}$ = 1 g.
Bezeichnungen wie Bild
9.5

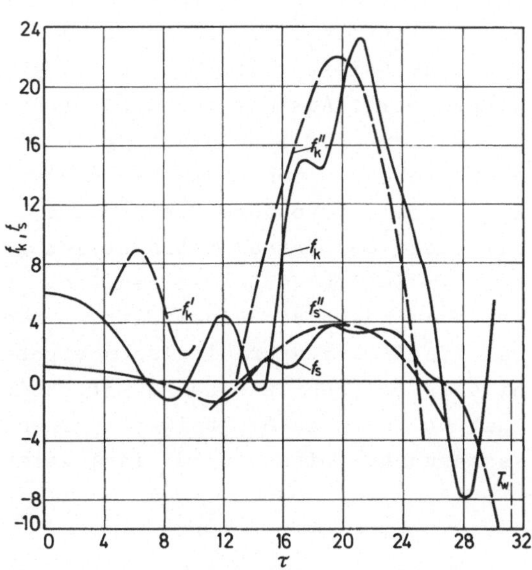

Bild 9.10: Seismische Belastungsbeiwerte im Kran und im Seil
bei c = 1 und n_0 = 5, $\ddot{y}_{s0}$ = 1 g, β = 0,02. Bezeichnungen wie Bild 9.5

in einem einzigen Stoß in der Wellenfolge um 120 % größer als beim Zweimassenmodell, wogegen die Kranbeanspruchung etwas kleiner ist. Im Bild
9.10 bleibt die Belastung bei $n_0 = 5$ und $c = 1$ sowohl im Kran als auch
im Seil fast auf derselben Höhe wie beim Zweimassenmodell.

Wir folgern, daß im Kran die seismischen Belastungen mit größerer Steifigkeit des Kranes und im Seil mit kleinerer Steifigkeit des Kranes anwachsen. Eine größere Kranmasse im Verhältnis zur Last vergrößert die
Belastung im Seil (Bild 9.9), was aber bei größerer Lastmasse für die
Belastung im Kran nicht zutrifft (Bild 9.10). Das bedeutet, daß die Belastungen im Kran durch ein kleineres Steifigkeitsverhältnis die Belastungen im Seil, jedoch mit beiden Einflußgrößen beeinflußt werden können.

Wenn mit Ausleseverfahren der Maxima der zeitlichen Belastungsbeiwerts-
verläufe in einer Folge für verschiedene Kombinationen der Einflußgrößen bei digitaler Auswertung der Differentialgleichungen für das wirklichkeitsgetreue Modell sowie auch für das mathematisch einfachere Zweimassenmodell mit druckfähiger Seilaufhängung die Ergebnisse in ein über-
schaubares Rasterfeld eingezeichnet werden, ergibt sich das Bild 9.11
für den Belastungsbeiwert im Kran f_K und das Bild 9.12 für den Belastungsbeiwert f_S in der Seilaufhängung. Die Ergebnisse sind als Kurven
konstanter Steifigkeitsverhältnisse c von 0,25 bis 5 in Abhängigkeit vom
Massenverhältnis n_0 dargestellt. Aus dem Verlauf der Kurven auf den Bildern kann entnommen werden, daß bei den Belastungsbeiwerten im Kran keine großen Abweichungen bestehen zu den einfacher auszurechnenden Werten
des Zweimassenmodells. Das gilt besonders für größere Steifigkeitsverhältnisse, wo die Steifigkeit des Kranes beträchtlich größer ist als die
der Seilaufhängung. Bei den Seilbeiwerten zeigen sich größere Unterschiede: die Werte verändern sich rasch von einem Extrem in das andere. Bei
mittleren und kleineren Steifigkeitsverhältnissen ergeben sich keine großen Unterschiede, wohl aber bei sehr kleinen Steifigkeitsverhältnissen.
Das Massenverhältnis hat nur auf die Seilbeiwerte einen wesentlichen Einfluß: bei kleineren Massenverhältnissen sind die Abweichungen vom Zweimassenmodell größer.

Um die Abhängigkeit der Belastungsbeiwerte auch bei konstantem Massenverhältnis in Abhängigkeit vom Steifigkeitsverhältnis zu veranschauli-
chen, sind in den Bildern 9.13 und 9.14 die Belastungsbeiwerte im Kran
mit den Kurven $n_0 = 0,5$, 1, 2 und 4 eingezeichnet. Es ist ersichtlich,
daß besonders bei größeren Massenverhältnissen (1 bis 4) die Unterschie-

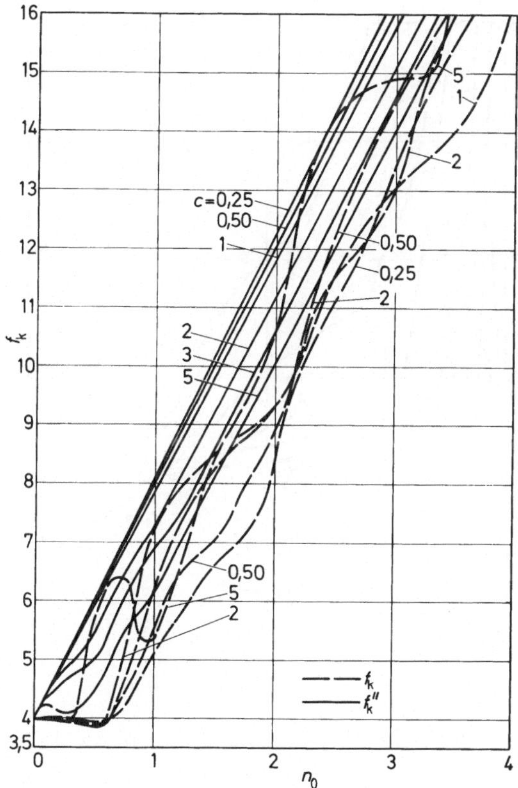

Bild 9.11: Seismische Belastungsbeiwerte im Kran für das wirklichkeitsähnliche Modell f_K und für das Zweimassenmodell f_K'' in Abhängigkeit vom Massenverhältnis n_0
bei konstanten Steifigkeitsverhältnissen c ($\ddot{y}_{s0}$ =
1 g, β = 0,02)

de zu den Werten für das Zweimassenmodell nicht groß sind (20 bis 6 %).
Desgleichen sind in den Bildern 9.15 und 9.16 die Belastungsbeiwerte im
Seil in Abhängigkeit vom Steifigkeitsverhältnis c bei konstanten Massenverhältnissen n_0 = 0,5, 1, 2 und 4 dargestellt. Hier zeigt sich, daß die
Unterschiede zum Zweimassenmodell bei kleineren Steifigkeitsverhältnissen größer sind. Die Beiwerte für das wirklichkeitsähnliche Modell sind
beträchtlich größer. Die Unterschiede verringern sich mit größeren Massenverhältnissen.

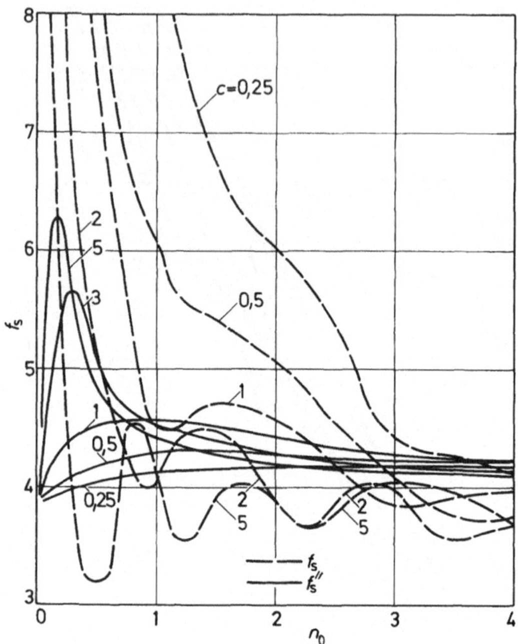

Bild 9.12: Seismische Belastungsbeiwerte im Seil f_S im Vergleich
mit den Beiwerten für das Zweimassenmodell f_S'' in Abhängigkeit vom Massenverhältnis bei konstanten Steifigkeitsverhältnissen c ($\ddot{y}_{s0}$ = 1 g, ß = 0,02)

9.3.2. Beschleunigungsverhältnisse

Beim Zweimassenmodell sollten sich die Belastungsbeiwerte bei anderen
Bodenbeschleunigungen aus den Werten bei der Bodenbeschleunigung $\ddot{y}_{s0}$ =
1 g ergeben laut dem Ausdruck:

$$f_K = \frac{\ddot{y}_{s0}}{g}\, f_{K1}, \tag{9-45}$$

$$f_S = \frac{\ddot{y}_{s0}}{g}\, f_{S1}. \tag{9-46}$$

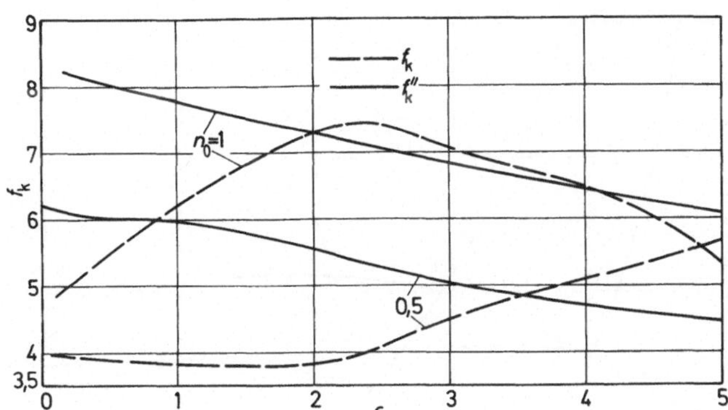

Bild 9.13: Belastungsbeiwerte im Kran für das wirklichkeitsgetreue Modell f_K und für das Zweimassenmodell f_K'' in Abhängigkeit vom Steifigkeitsverhältnis c bei konstanten Massenverhältnissen $n_0 = 0,5$ und 1 ($\beta = 0,02$, $\ddot{y}_{s0} = 1$ g)

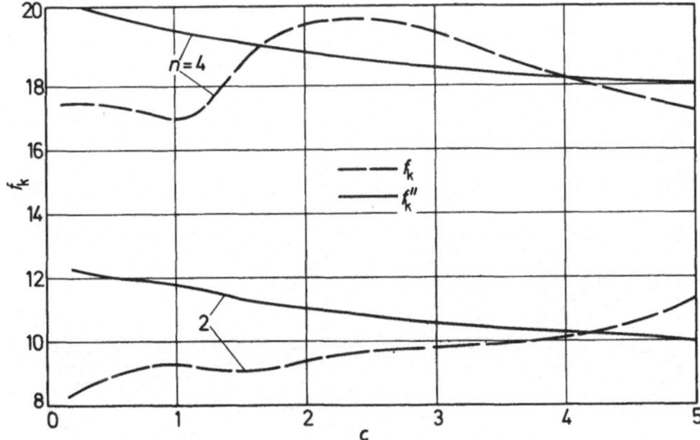

Bild 9.14: Belastungsbeiwerte im Kran bei konstanten Massenverhältnissen $n_0 = 2$ und 4 in Abhängigkeit vom Steifigkeitsverhältnis c. Bezeichnungen wie Bild 9.13

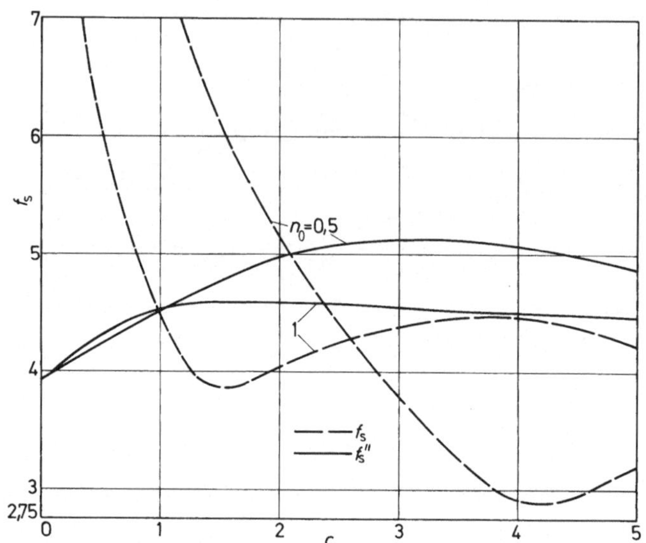

Bild 9.15: Belastungsbeiwerte in der Seilaufhängung bei konstanten Massenverhältnissen n_0 = 0,5 und 1 in Abhängigkeit vom Steifigkeitsverhältnis c. Bezeichnungen wie Bild 9.13

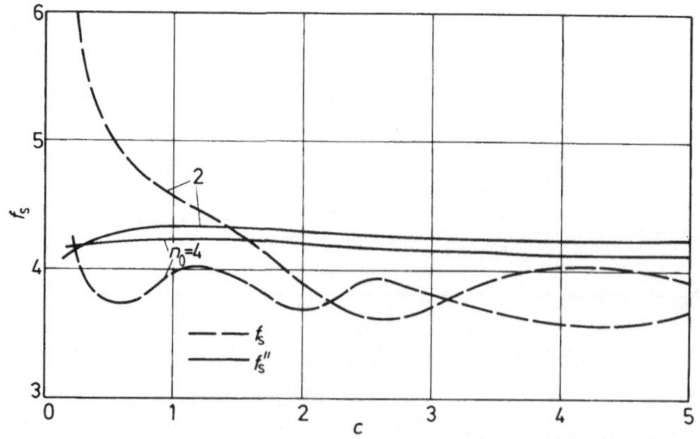

Bild 9.16: Wie Bild 9.15 für n_0 = 2 und 4. Bezeichnungen wie Bild 9.13

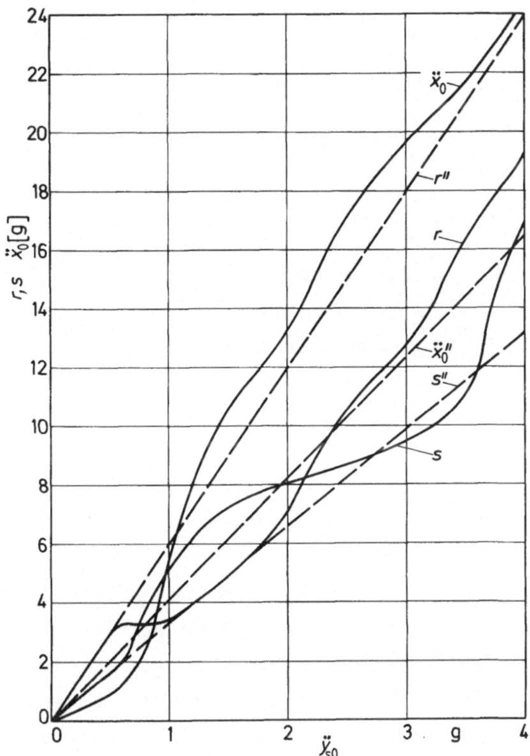

Bild 9.17: Verlauf der seismischen Kraftbeiwerte im Kran r und
im Seil s und der absoluten Beschleunigung $\ddot{x}_0$ in Abhängigkeit von der Bodenbeschleunigung $\ddot{y}_{s0}$ für ein
wirklichkeitsähnliches Modell (r, s, $\ddot{x}_0$) und für das
Zweimassenmodell (r'', s'', $\ddot{x}_0''$) bei $n_0 = 1$, c = 0,5
(β = 0,02)

Um die Gültigkeit dieser Voraussetzung auch beim wirklichkeitsähnlichen
Modell zu prüfen, sind die seismischen Kraftbeiwerte im Kran r und im
Seil s in Abhängigkeit von der Bodenbeschleunigung für den Fall $n_0 = 1$
und c = 0,5 im Bild 9.17 eingetragen. Die Werte decken sich mit dem Zweimassenmodell bis zum $\ddot{y}_{s0} = 0,55$, danach verkleinert sich der Kranbeiwert,
während sich der Seilbeiwert vergrößert. Die Beiwerte verlaufen jedoch
verhältnisgleich mit der Bodenbeschleunigung. Damit ist die Gültigkeit

des Ansatzes in Gln.(9-45) und (9-46) bestätigt. Im Bild sind auch die
Kurven der maximalen absoluten Beschleunigung $\ddot{x}_0$ eingezeichnet. Sie ist
größer als beim Zweimassenmodell, verläuft aber verhältnisgleich der
Bodenbeschleunigung. Es kann deshalb angenommen werden, daß die absolute Beschleunigung bei irgendeiner Bodenbeschleunigung mit dem Ausdruck
berechnet werden kann

$$\ddot{x}_0 = \frac{\ddot{y}_{s0}}{g} \, \ddot{x}_{01}. \tag{9-47}$$

Die auf den Kran und auch auf die mit ihm verbundenen und mit ihm
schwingenden Bauteile (Katze, Oberbauten am Turmdrehkran etc.) wirkenden Abreiß- und Abhebekräfte werden mit der absoluten Beschleunigung
wie folgt berechnet

$$F_D = m_n \, (\ddot{x}_0 - g) \tag{9-48}$$

mit m_n Masse des zu berechnenden Bauteils.

Die absolute Beschleunigung wird diejenige positive Beschleunigung, die
beim Aufwärtsschwingen des Kranes verzögernd wirkt und ihn in positive
Richtung zwingt, dabei aber als Beschleunigung auf die Kranbauteile
wirkt und versucht, sie zu heben und vom Kran zu lösen. Die zugehörige
Kraft wächst von Null bis zu einem Maximum und fällt wieder auf Null
ab. Die Beschleunigung kann beim digitalen Berechnungsverfahren ausgewertet und zusammen mit der Bodenschwingung entsprechend Gl.(9-44) nach
dem Maximumausleseverfahren registriert werden.

Im Bild 9.18 ist der Verlauf der absoluten Beschleunigung für das wirklichkeitsähnliche Modell und für das Zweimassenmodell für den Fall $n_0 =$
1, c = 0,5 (bezüglich des Belastungs- bzw. Verschiebungsverlaufes vgl.
Bild 9.5) dargestellt bei denselben Erregungs- und Dämpfungsverhältnis-
sen. Das Beschleunigungsmaximum tritt an der Stelle der maximalen Zug-
kraft im Seil auf, weil dadurch der Kran in seiner Schwingung plötzlich
verzögert und zum Abwärtshub gezwungen wird, das ist bei τ = 8,25. Das
Maximum der Beschleunigung tritt beim Zweimassenmodell ($\ddot{x}_0''$) und auch
beim Einmassenmodell ($\ddot{x}_0'$) gegen Ende der Wellenfolge auf. Die Beschleunigung beim wirklichkeitsähnlichen Modell ist um 31 % größer als beim
Zweimassen- und um 28 % größer als beim Einmassenmodell.

Bei einem sehr weichen Kran treten hohe Beschleunigungen auf, da ihn die
Last mehr beschleunigt bzw. verzögert als im Bild 9.19 ersichtlich für

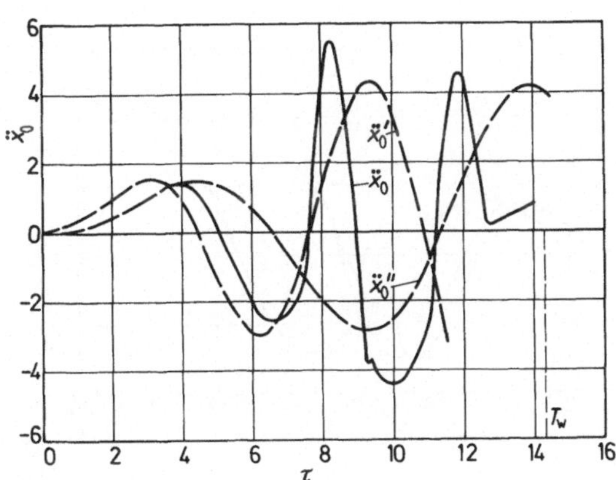

Bild 9.18: Beschleunigung am wirklichen ($\ddot{x}_0$), Zweimassen- ($\ddot{x}_0''$) und Einmassenmodell ($\ddot{x}_0'$). ($n_0 = 1$, $c = 0,5$, $\ddot{y}_{s0} = 1$ g, $\beta = 0,02$)

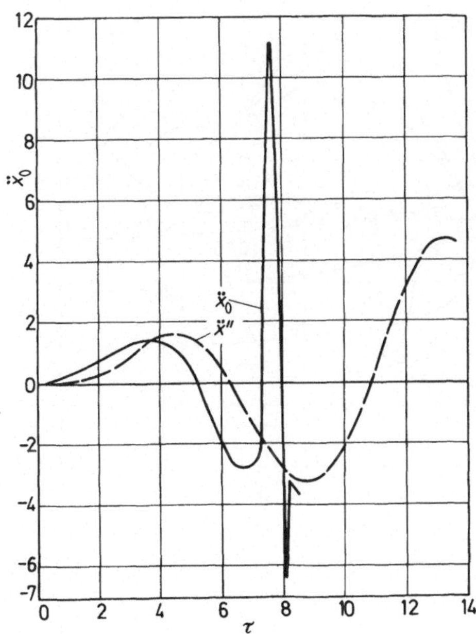

Bild 9.19: Wie Bild oben für $n_0 = 1$, $c = 0,1$

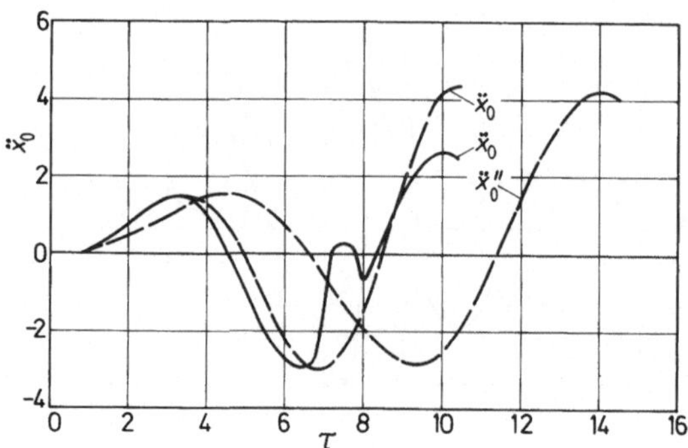

Bild 9.20: Beschleunigung in Abhängigkeit von der Zeit (n_0 = 0,2, c = 1). Bezeichnungen wie Bild 9.18

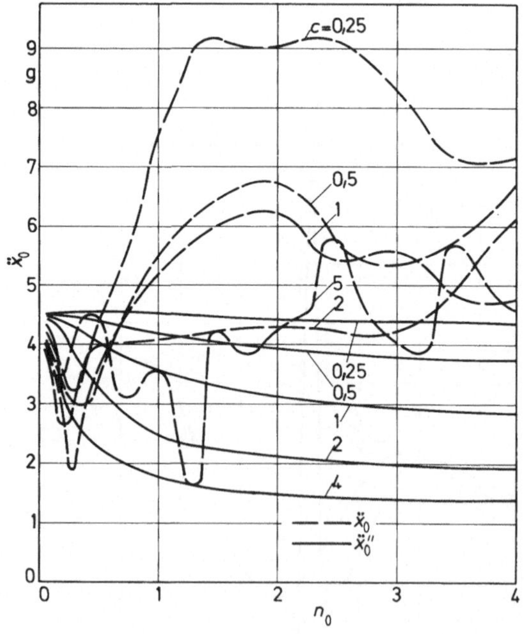

Bild 9.21: Beschleunigung des wirklichen ($\ddot{x}_0$) und Zweimassen-modells ($\ddot{x}_0''$) in Abhängigkeit von n_0 in Kurven konstanter Steifigkeitsverhältnisse c ($\ddot{y}_{s0}$ = 1, β = 0,02)

c = 0,10 bei n_0 = 1,0. Den dazugehörigen Kräfteverlauf zeigt vergleichsweise Bild 9.7. Gegenüber dem Zweimassenmodell ist die absolute Beschleunigung um 142 % vergrößert. Ist die Nutzlast im Vergleich zur Kranmasse sehr klein, so wird sie den Kran nicht wesentlich verzögern können. Ein derartiger Fall ist im Bild 9.20 dargestellt bei n_0 = 0,2 und c = 1.

Die größte Beschleunigung beim Seilzugeinfluß müßte bei τ = 7,3 auftreten. Sie ist aber kleiner als die Beschleunigung, die in der folgenden Amplitude des Kranes auftritt. Dadurch wird die Beschleunigung sogar um 37 % kleiner als beim Zweimassenmodell. Der dazugehörige Kräfteverlauf kann im Bild 9.9 verglichen werden: die Belastung im Kran wird durch die Seilkraft kaum beeinflußt.

Wenn aus verschiedenen Kombinationen der Einflußgrößen n_0 und c (bei konstanter Bodenbeschleunigung $\ddot{y}_{s0}$ = 1 g) durch das Maximumausleseverfahren bei digitaler Auswertung von Differentialgleichungen mit Beschleunigungsausdrücken die Höchstwerte der absoluten Beschleunigung in einer Wellenfolge bei wirklichkeitsnahem Modell sowie auch bei dem einfacheren Zweimassenmodell in Abhängigkeit vom Massenverhältnis n_0 in Kurvenscharen konstanter Steifigkeitsverhältnisse aufgetragen werden, folgt das Bild 9.21. Danach sind bei kleineren Steifigkeitsverhältnissen die Abweichungen vom einfacheren Zweimassenmodell groß, während sie bei größeren Steifigkeitsverhältnissen kleiner sind. Die Werte der absoluten Beschleunigung gehen bei kleinen Massenverhältnisse ($n_0 \rightarrow$ 0) in die Beschleunigung des Einmassensystems über; $\ddot{x}_0$ ist dabei zwischen 4,3 und 4,5 g.

9.4. Folgerungen aus den Ergebnissen

Die vorgestellte Methode leitet die Schwingungsverschiebungen eines Kransystems aus der Sinuswelle der Bodenbewegung als Erregungsquelle ab. Das wurde sowohl für das wirklichkeitsähnliche Kransystem mit dem nur in einer Richtung belastbaren Seil wie auch für das einfachere Zweimassensystem, in dem das Seil als vollwertige Feder wirkt, abgewickelt. Diese Methode unterscheidet sich von der Ansprechbeschleunigungsmethode, die die Ansprechbeschleunigung des Systems aus dem Ansprechspektrum bei der Berechnung, die sich aus der zeitlich veränderlichen in eine quasistatische verwandelt, benutzt. Der rechnerische Aufwand ist damit we-

n_0	c	r'' [1]	r [2]	r''/r	s''	s	s''/s
1,0	1	5,8	1,89	3,07	3,52	1,17	3,01
	3	5,3	1,55	3,42	3,55	1,19	2,98
	5	4,1	1,37	2,99	3,47	1,15	3,02
0,5	1	4,45	1,46	3,05	3,53	1,21	2,92
	3	3,55	1,18	3,01	4,15	1,37	3,01
	5	2,95	0,95	3,11	3,87	1,32	2,93
2,0	1	8,5	2,83	3,0	3,32	1,11	2,99
	3	8,0	2,49	3,21	3,24	1,10	2,95
	5	7,0	2,34	2,99	3,22	1,07	3,01
4,0	1	14,8	4,79	3,09	3,22	1,06	3,04
	3	13,5	4,46	3,03	3,15	1,05	3,0
	5	13,0	4,32	3,01	3,11	1,04	2,99

Arithm. Mittelwert: 3,03

Anmerkung: [1] $\beta = 0,02$; $\ddot{y}_{s0} = 1g$
             [2] $\beta = 0$; $\ddot{y}_m = 1g$

Tabelle 9.1: Vergleich der seismischen Kraftbeiwerte für das Zweimassensystem (r'', s'') und für die Ansprechbeschleunigungsmethode nach Kapitel 14 (r, s)

sentlich reduziert. Die Ergebnisse müßten aber wenigstens im Amplifikationsbeiwert, mit dem die Bodenbeschleunigung in die Ansprechbeschleunigung aus dem Spektrum vergrößert wird, vergleichbar sein. In Tabelle 9.1 sind die seismischen Kraftbeiwerte für das Zweimassensystem aus Bild 9.11 und 9.12 im Kran und im Seil mit den Kraftbeiwerten aus Kapitel 14 bei verschiedenen Masse- und Steifigkeitsverhältnissen verglichen. Die ersten Werte beziehen sich auf die Bodenbeschleunigung $\ddot{y}_{s0}$ = g und Dämpfung β = 0,02, die zweiten auf die maximale absolute Ansprechbeschleunigung $\ddot{y}_m$ = g ohne Dämpfung. Das Verhältnis der Beiwerte scheint fast gleich zu sein: der arithmetische Mittelwert ist 3,03. Eine Analyse der Gleichungen beider Beiwerte zeigt auf, daß das Verhältnis eigentlich das Verhältnis der Ansprech- zur Bodenbeschleunigung ist und damit stellt es den Beschleunigungsvergrößerungsbeiwert dar

$$\psi_a = \frac{\ddot{y}_m}{\ddot{y}_{s0}} \, , \qquad\qquad\qquad (9\text{-}49)$$

der für eine sinusähnliche Erregungswelle lautet

$$\psi_a = \omega \int_0^\tau \sin \omega \tau \cdot e^{-\beta (t - \tau)} \sin \omega (t - \tau) \, d\tau. \qquad (9\text{-}50)$$

Im Bild 9.22 ist der Verlauf dieses Beiwerts nach Simpsons'scher Regel integriert dargestellt. Man erkennt, daß in der ersten Welle $\psi_a = 3$ ist (bei $\beta = 2$ %). Demzufolge korrelieren beide Methoden in den Ergebnissen und Neigungen.

Beachtenswert sind einige Unterschiede, die auf verschiedener Auffassung des Resonanzzustands beruhen. Wie aus den Bildern des Schwingungsverlaufs ersichtlich, wird der maximale Wert der Belastung bzw. der Verschiebung nach $\tau = 2\pi$ d.h. nach einer vollen Welle erreicht als einziger Gipfel in der ganzen Wellenfolge mit der Schwingzeit $T_W = 1,5\, T_1$. Da der Vergrößerungsbeiwert ψ_a auch nach $\tau = 2\pi$ abgenommen wird, decken sich beide Methoden. Daß ist aber bei der absoluten Beschleunigung nicht der Fall, die auch gleich $\ddot{y}_m$ als Ansprechbeschleunigung sein müßte, denn

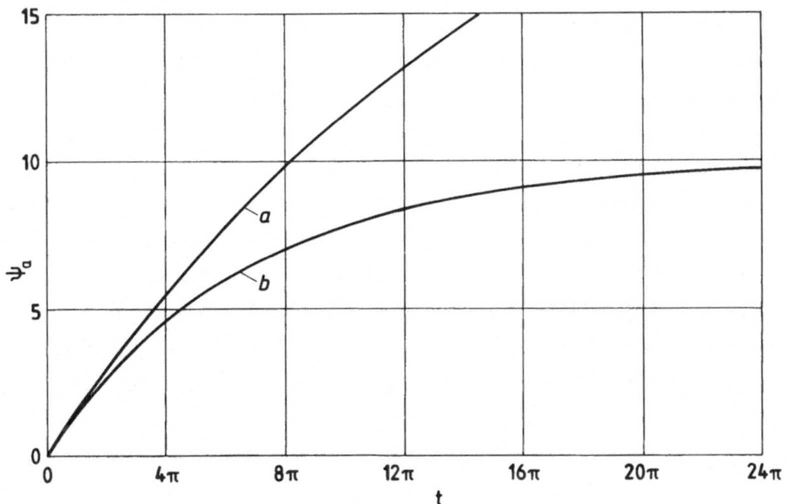

Bild 9.22: Vergrößerungsbeiwert ψ_a im Resonanzzustand der durch sinusähnliche Wellen erregten Schwingung bei Dämpfung $\beta = 2$ % (Kurve a) und 5 % (Kurve b)

die Folge wird mit T_W abgeschlossen d.h. mit $3\,\pi$, und gerade am Ende
der Folge tritt die größte absolute Beschleunigung auf. Deshalb sind
die Beschleunigungen größer als $3\,\ddot{y}_{s0}$ und limitieren zum Wert $1,5\,\cdot$
$3\,\ddot{y}_{s0} = 4,5\,\ddot{y}_{s0}$, wie Bild 9.21 zeigt. Wir ziehen den Schluß, daß die
absoluten Beschleunigungen, denen die Bauteile der Krane unterworfen
sind, größer sind als bei der Berechnung mit den Spektrumwerten und
zwar für den Beiwert 1,5.

Die Belastungsbeiwerte im Kran und in der Seilaufhängung korrelieren
mit denen des Zweimassensystems. Deshalb hat der Verfasser diese Werte
für die Praxis als einfachste Berechnungsweise vorgeschlagen. Um die
Abweichungen zu decken, wurden Vergrößerungsbeiwerte ohne besondere
physikalische Bedeutung in die Berechnung einbezogen. Sie können aber
auch entfallen, denn für den Kran besteht keine Gefahr der Spannungs-
überlastung. In der Seilaufhängung können größere Belastungen auftreten, die aber durch höhere als übliche Sicherheitswerte abgedeckt sind.
Die Sicherheitsbeiwerte sind nämlich im Seil um 280 bis 400 % größer
als in der tragenden Krankonstruktion.

Die absoluten Beschleunigungen, die für die Berechnung der Anhebekräf-
te der Kranbauteile benutzt werden, sind erheblich größer, als bei der
spektralen Methode üblich. Beim Zweimassenmodell wird vorteilhaft die
Berechnungsgleichung angewandt

$$\ddot{x}_0 = f_K - f_S\,n_0. \qquad\qquad (9\text{-}51)$$

Die nach dieser Gleichung errechneten Abweichungen Δ von den tatsächlichen Beschleunigungen sind prozentual in Tabelle 9.2 angegeben. Die
Unterschiede sind besonders bei größeren Massenverhältnissen gering. Um
die Beschleunigungen aus dem Diagramm ablesen zu können, werden im Bild
9.23 die absoluten Beschleunigungen mit Kurven konstanter Steifigkeitsverhältnisse c in Abhängigkeit vom Massenverhältnis n_0 gezeigt. Die
mittleren Werte des Steifigkeitsverhältnisses lassen sich interpolieren.
Benutzt man die Beschleunigungen in der Ansprechbeschleunigungsmethode,
so müssen sie durch 3 dividiert werden.

Die Methode der gebundenen Differentialgleichungen, die die Vorgänge
im Kran während der Erregung in mehreren Phasen beschreiben, läßt sich
für die Analyse verschiedener Einflüße anwenden: die Dämpfung im Kran
und im Seil, die Bodenbeschleunigung, beim Entwerfen spezieller Einrichtungen für die Verminderung der Belastungs- und Verschiebungsspitzen im
Kran oder in der Seilaufhängung.

n_0	c	f_K	f_S	$f_K - f_S\,n_0$	$\ddot{x}_0$	$\Delta\%$
	1	7,8	4,52	3,28	3,6	8,89
1	3	7,3	4,55	2,76	2,2	25,45
	5	6,1	4,47	1,63	1,5	8,67
	1	19,8	4,22	2,92	2,85	2,46
4	3	18,5	4,15	1,90	1,85	2,70
	5	18,0	4,11	1,55	1,35	14,81

Tabelle 9.2: Vergleich der berechneten und tatsächlichen absoluten Beschleunigungen nach Gl.(9-51)

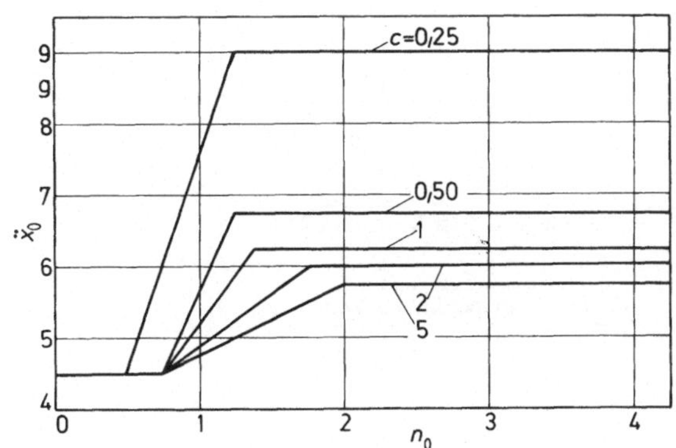

Bild 9.23: Richtwerte der absoluten Beschleunigung mit Kurven
konstanter Steifigkeitsverhältnisse c in Abhängigkeit vom Massenverhältnis n_0 in g für das wirklichkeitsgetreue Modell mit drucklosem Seil in einer
Wellenfolge mit begrenzter Resonanz ($\ddot{y}_{s0}$ = 1 g, β =
0,02). Andere Steifigkeitsverhältnisse werden interpoliert

Bild 9.24 zeigt das Flußdiagramm des Rechnerprogramms für das Maximumausleseverfahren von Beiwerten der seismischen Kräfte im Kran und in
den Seilen sowie der absoluten Beschleunigung im Kran in der Wellenfolge begrenzter Resonanzschwingung nach oben angeführten Gleichungen. Das

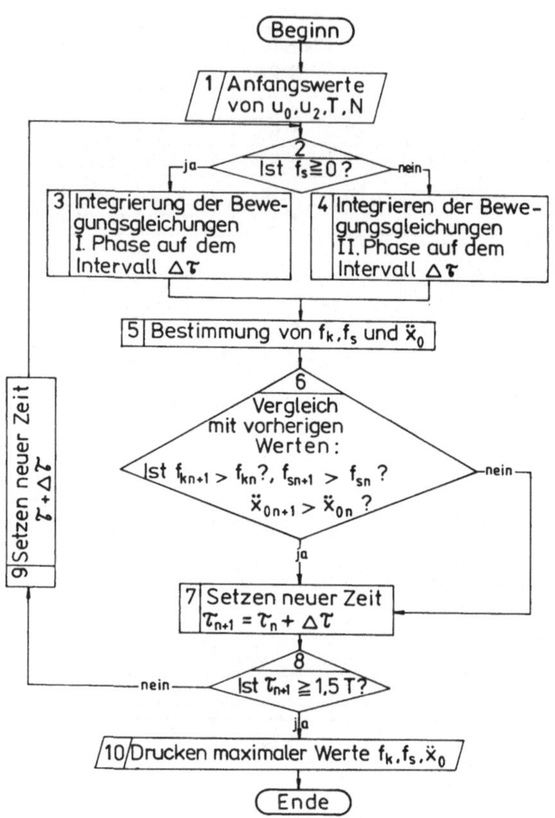

Bild 9.24: Flußdiagramm des Rechnerprogramms für das Maximumausleseverfahren der Beiwerte seismischer Kräfte
und Beschleunigungen

Verfahren gestattet die Bestimmung der maximalen Werte in dimensionsloser Form. Daraus können Übersichtstabellen für Kranfamilien ganzer entwickelter Kranreihen ausgearbeitet werden. Sie erleichtern die tägliche
Konstruktionspraxis bei der Abschätzung der Widerstandsfähigkeit eines
gegebenen Kranes bei vorgegebenen Erdbebenintensitäten.

Es ist ersichtlich, daß im Gegensatz zu den seismischen Kraftbeiwerten
mit der maximalen Ansprechbeschleunigung, die absolute Beschleunigung
beim Zwei- sowie Einmassenmodell in letztem Abschnitt der Folgewelle auf-

tritt. Ihr Wert übersteigt daher die spektrale Ansprechbeschleunigung
mit dem Amplifikationsfaktor nach $\pi/2$ errechnet. Deshalb ist die absolute Beschleunigung bei Anwendung des Prinzips der begrenzten Resonanz
um 50 % größer als die Ansprechbeschleunigung. In diesem Fall müßte die
Gleichung für die Abhebungskraft nach Gl.(9-48) für das Zwei- und Einmassenmodell lauten

$$F_D = m_n \, (1{,}5 \, \ddot{y}_m - g). \qquad\qquad (9\text{-}52)$$

Wenn die rechnerisch einfachere Methode mit den spektralen Ansprechbeschleunigungen nicht ausreichend genau sein sollte, können die entwickelten Gleichungen numerisch ausgewertet werden. Dazu können auch die
allgemeingültig formierten Diagramme für Belastungen und absolute Beschleunigungen nützlich sein.

10. Dämpfung und seismische Widerstandsfähigkeit

Die Auswirkungen eines Erdbebens auf die Hebezeuge hängen nicht nur von
ihrer Massenstruktur und von den Federverbindungen zwischen den Teil-
massen ab, die sie zu einem kompletten Gebilde zusammenfügen, sondern
auch von seinem Dämpfungsvermögen. Dieses offenbart sich in der Fähigkeit, die Verschiebungen und Beschleunigungen der einzelnen Massen zu
mäßigen mit der Folge kleinerer Beanspruchungen. Es ist bekannt, daß in
Resonanzfällen die Amplituden und damit auch die Kräfte nach einer gewissen endlichen Zeit so ansteigen können, daß ein Zusammenbruch die
natürliche Folge wäre. Es gibt normalerweise in technischen Gebilden
jedoch immer so viel zusammengefügte Teile, daß wenigstens mit einer
gewissen Dämpfung zu rechnen ist, so daß sich die Amplituden bei einem
zwar großen, aber endlichen Wert stabilisieren und nicht weiter ansteigen. Die Aufgabe des Konstrukteurs ist, diese natürliche Fähigkeit des
Hebezeuges auszunutzen und sie mit gezielten Maßnahmen noch zu steigern.
Damit lassen sich aus dem zur Verfügung stehenden Werkstoff die optimal-
sten Eigenschaften herausholen, um dem Hebezeug die Fähigkeit zu geben,
selbst in bester Weise die hohen Amplituden abzubauen und die Beanspruchungen und die Spannungen zu vermindern.

Um die Eigenschaften der Dämpfung in Hebezeugen zu bestimmen, werden in
Einmassen-, Zweimassen- und im wirklichkeitsähnlichen Zweimassenmodell
die Verläufe der seismischen Kräfte und absoluten Beschleunigungen in
Abhängigkeit von Massen- und Federverhältnissen untersucht und Dämpfungsbeiwerte bestimmt. Aufgrund der Wirkung der Dämpfung werden Anleitungen für den Konstrukteur gegeben, um die Dämpfungseigenschaften beim
Optimieren maximal auszunutzen.

10.1. Dämpfung in Hebezeugen

Die Dämpfung tritt in Konstruktionen in verschiedenen Formen auf: teilweise herrührend aus der inneren molekulären Reibung des Werkstoffs,
teilweise aus dem Energieverlust infolge der Gleitung in Konstruktions-
verbindungen zwischen den Bauteilen oder der Konstruktion auf der Unterlage. In kleinerem Maße kann Dämpfung auch der Luftwiderstand verursachen. In jedem Fall zeigt sich ihre Wirkung als Kraft, die der Bewegung
entgegenwirkt, um damit die Ansprechamplitude zu vermindern.

Für die Dämpfung ist kennzeichnend, daß sie den Schwingungsvorgang erst nach einer gewissen, jedenfalls endlichen Zeit der Krafteinwirkung beeinflußt. Bei kurzer Kraftwirkungsdauer ist ihr Einfluß vernachlässigbar klein. Deshalb ist ihr Einfluß von entscheidender Bedeutung, wenn ein andauernder Schwingungszustand untersucht wird.

Wir nehmen an, daß die Dämpfung in Tragkonstruktionen der Hebezeuge viskose Eigenschaft hat, d.h. die Dämpfungskraft ist der Geschwindigkeit entgegengesetzt, ihr aber verhältnisgleich. Damit wird die Dämpfungskraft, die auf eine diskrete Masse einwirkt, ausgedrückt mit

$$F_d = - d \, \dot{u} \qquad\qquad (10\text{-}1)$$

mit d Dämpfungskonstante und $\dot{u}$ die Geschwindigkeit der Masse. Das negative Vorzeichen zeigt, daß die Dämpfungskraft der Geschwindigkeitsrichtung immer entgegen wirkt. Die Größe der Dämpfungskonstante d ist schwer zu bestimmen, man führt deshalb in den Ansatz die kritische Dämpfung ein /10.1/. Es ist die Dämpfung, die die Schwingung vollständig beruhigen würde: beim Einmassenschwinger folgt mit

$$d_{kr} = 2 \, \sqrt{c \; m} = 2 \, m \, \omega \qquad\qquad (10\text{-}2)$$

mit c Federkonstante, m Masse. Damit wird die Dämpfung in Prozent der kritischen angegeben, anstatt den schwer zu bestimmenden numerischen Wert dieses Beiwerts zu verwenden.

Anstelle der Dämpfungskonstante wird auch das logarithmische Dämpfungsdekrement verwendet

$$\delta = \ln \frac{a_n}{a_{n-1}} \; . \qquad\qquad (10\text{-}3)$$

Es wird ausgedrückt als natürlicher Logarithmus des Verhältnisses zweier aufeinanderfolgender Amplituden bei abklingendem gedämpftem Schwingungsvorgang. Führt man nach /1o.2/ den Dämpfungsbeiwert β ein, folgt

$$\delta = \ln e^{\beta T_d} = \beta T_d = \frac{\beta \, 2 \, \pi}{\omega} \qquad\qquad (10\text{-}4)$$

mit ω Kreisfrequenz des Schwingers, T_d Schwingzeit der gedämpften Schwingung ($T_d \simeq T$). Dabei ist bei kritischer Dämpfung

$$\beta = \omega = \frac{d_{kr}}{2 \, m} \; . \qquad\qquad (10\text{-}5)$$

Der Dämpfungsbeiwert β deutet an, wieviel Prozent der Dämpfung im kritischen Fall ($\beta = \omega$) stattfindet. Er wird in Anteilen von ω ausgedrückt, z.B. $\beta = 0,2\ \omega$ bedeutet, daß 20 % der kritischen Dämpfung auftritt. Wenn das System 10 % kritische Dämpfung ($\beta = 0,1\ \omega$) hat, ist das logarithmische Dekrement $0,2\ \pi$. Daraus folgt nach der Definition das Verhältnis von abnehmenden aufeinander folgenden Amplituden mit

$$e^{0,2\ \pi} = 1,87. \tag{10-6}$$

Die Dämpfung beeinflußt auch die Eigenfrequenz des Systems

$$\omega_d = \sqrt{\omega^2 - \beta^2} \tag{10-7}$$

mit ω ungedämpfte Frequenz.

Der Unterschied zwischen der gedämpften und ungedämpften Eigenfrequenz ist so klein, daß er in der Praxis vernachlässigt werden darf (bei $\beta = 0,02$ ist er 0,9996 und bei $\beta = 0,05$ 0,9975).

Wird die Bodenbewegung mit sinusähnlichen Wellen simuliert, folgt die Amplitude der Bodenbewegung

$$\ddot{y}_s = \ddot{y}_{s0}\ \sin\ \Omega\ t \tag{10-8}$$

mit $\ddot{y}_{s0}$ Anfangsbodenbeschleunigung, Ω Bodenfrequenz. Beim Einmassenschwinger wird damit die relative Amplitude

$$u = \frac{\ddot{y}_{s0}}{\omega^2} \cdot \frac{\{(1 - \Omega^2/\omega^2)^2 + 4\ (\beta\ \Omega/\omega^2)^2\}^{1/2}\ \sin\ (\Omega\ t + \theta)}{(1 - \Omega^2/\omega^2)^2 + 4\ (\beta\ \Omega/\omega^2)^2} \quad, \tag{10-9}$$

die bei $\sin\ (\Omega\ t + \theta) = 1$ das Maximum erreicht.

Dieser Ausdruck bedeutet aber den Ansprechwert im Dauerzustand. Er entspricht nicht der Resonanz, die in kurzen aufeinander folgenden Wellenfolgen stattfindet. Nach der Regel von L'Hospital /10.3/ können die Werte in kürzeren Zeiten nach Schwingungsbeginn bestimmt werden. Es ist jedoch besser, vom Integralausdruck auszugehen

$$u = -\frac{\ddot{y}_{s0}}{\omega_d} \int_0^t \sin\ \Omega\ \tau \cdot e^{-\beta\ (t - \tau)}\ \sin\ \omega_d\ (t - \tau)\ d\tau =$$

$$= -\frac{\ddot{x}_{s0}}{\omega_d^2}\ \psi_a\ , \tag{10-10}$$

wobei das Integral den Vergrößerungsbeiwert der Schwingung darstellt

$$\psi_a = \omega \int_0^t \sin \Omega \tau \cdot e^{-\beta (t - \tau)} \sin \omega (t - \tau) \, d\tau. \qquad (10\text{-}11)$$

Dieses Integral läßt sich nach der Simpson'scher Regel numerisch aus-
werten, wobei die Werte auf $\tau = 3\,\pi$ begrenzt werden. Das entspricht einer Folge mit 1,5 Wellen bei $T = 2\,\pi$ nach dem Prinzip der begrenzten
Resonanz. Die Werte des Vergrößerungsbeiwerts sind im Bild 10.1 in Abhängigkeit vom Dämpfungsbeiwert gezeigt. Dabei wird in Gl.(10-11) $T =
2\,\pi$ angenommen, im Resonanzzustand ist $\Omega = \omega$. Nach der Simpson'schen
Regel ist

$$\psi_a = \frac{\pi}{36} \, (y_0 + 4\,y_1 + 2\,y_2 + 4\,y_3 + 2\,y_1 + \ldots + 2\,y_{N-2} +$$

$$+ 4\,y_{N-1} + y_N), \qquad (10\text{-}12)$$

wobei N eine gerade Zahl sein muß.

Für die Bewertung des Dämpfungseinflußes wird der Dämpfungsreduktions-
beiwert ϕ_d eingeführt

$$\phi_d = \frac{\psi_{a,d}}{\psi_{a,0}} = \frac{F_{K,d}}{F_{K,0}} \quad \% \qquad (10\text{-}13)$$

als in Prozent ausgedrücktes Verhältnis der Vergrößerungsbeiwerte der
seismischen Kräfte oder Beschleunigungen im gedämpften und ungedämpften Zustand.

Das Verhältnis zwischen Dämpfungsbeiwert β und log. Dekrement δ ist im
Bild 10.2 angegeben.

Die Angaben über die Dämpfungswerte der Hebezeuge sind sehr selten.
Außerdem ist das logarithmische Dämpfungsdekrement von der Anfangsam-
plitude abhängig: Bei großen Amplituden ist es größer als bei kleinen.
Weiter hängt es auch von der Steifigkeit des Kranes ab. Bei Messungen
nach /10.4, 10.5/ hat sich eine Korrelation des logarithmischen Dekre-
ments entsprechend dem Verhältnis der Trägerhöhe H zur Spannweite L
herausgestellt (siehe Bild 10.3). Die Kurve 1 gilt für große und Kurve
2 für kleine Anfangsamplituden. Für das Erdbeben kann die obere Kurve
benutzt werden, da der Kran schon nach einer Schwingperiode auf die maximale Amplitude gebracht wird. Die Messungen von Zemmrich in /10.5/

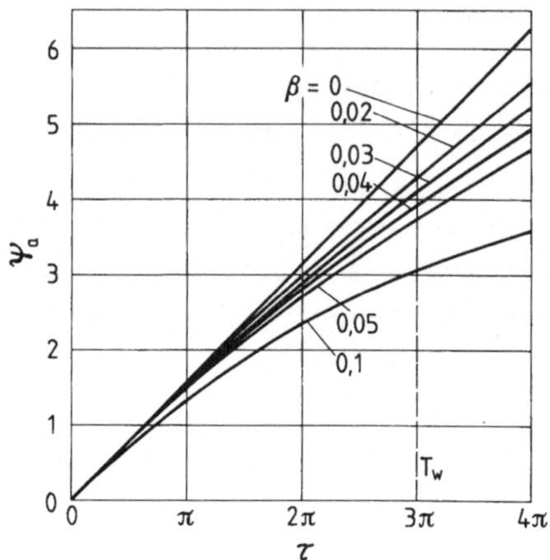

Bild 10.1: Vergrößerungsbeiwert ψ_a des Einmassenschwingers bei
verschiedenen Dämpfungsbeiwerten β in Abhängigkeit
von der Schwingzeit τ bei T = 2 π; T_W Zeit einer
Schwingfolge mit N_W = 1,5 Wellen

Bild 10.2: Verhältnis zwischen loga-
rithmischem Dekrement δ
und Dämpfungsbeiwert β

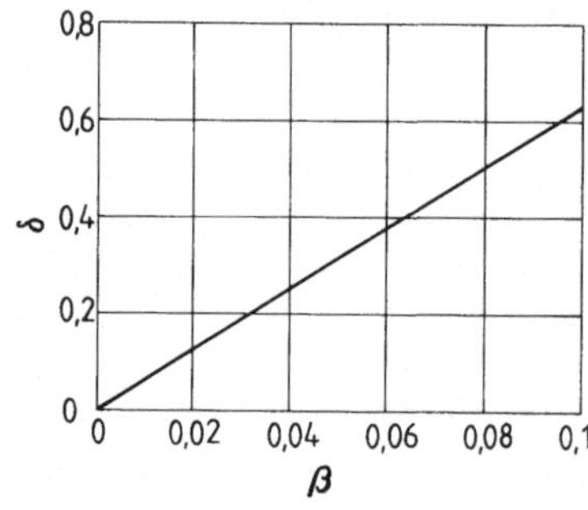

geben das log. Dekrement der Dämpfung im Kran mit 0,14 an. Das deckt
sich mit der oberen Kurve bei H/L = 1/17.

Die Dämpfung in der Seilaufhängung wird, wie auch von Zemmrich, mit 0,1
angenommen, während Volling in /10.7/ den Wert von 1,4 kp s cm^{-1} für den

Dämpfungsbeiwert d_s angibt, woraus sich nach Gl.(10-5) der Beiwert β = 0,0082 und nach Gl.(10-4) δ = 0,0518 berechnen lassen, jedenfalls um 50 % geringer als von den andernfalls angenommenen Werten.

Den Berechnungen liegt für Dämpfungsbeiwerte des Kranes und der Seile ein Mittelwert von: β = 0,02 zugrunde, das sind 2 % der kritischen Dämpfung und entspricht einem logarithmischen Dekrement von 0,126. Ein solcher Wert ist bei Kranbrücken mit dem Verhältnis H/L = 1/18 zu erwarten.

Der Konstrukteur soll sich bei der Formgebung der Kranbrücke das Bild 10.3 stets vor Augen halten und die Höhe der Brücke möglichst groß wählen. Dazu eignen sich besonders die modernen Einträger-Brückenkrane und Portalkrane mit Trapezquerschnitt. Man erhält die wirtschaftlichsten und besten statischen Werte bei minimaler Gewichtsmasse und maximalem Dämpfungsbeiwert. Es gilt aber auch für andere Konstruktionselemente, wie Portalkranstützen, Kopfträger, Ausleger, Kranbahnträger, Stabilisierungsstreben etc..

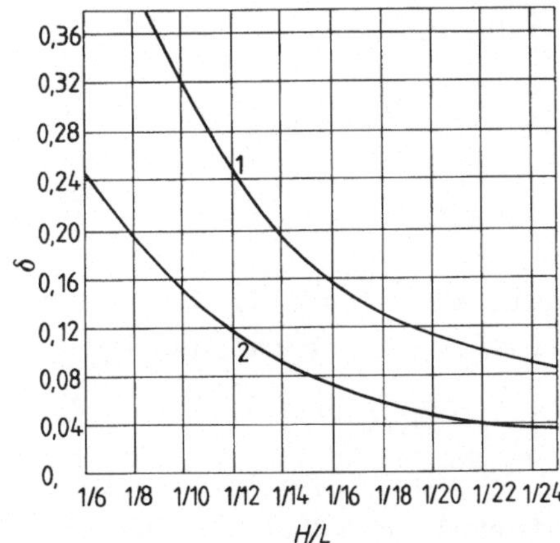

Bild 10.3: Logarithmisches Dämpfungsdekrement δ der Krane in Abhängigkeit vom Verhältnis der Kranträgerhöhe zur Kranspannweite (H/L); 1 - bei großen Anfangsamplituden, 2 - bei kleinen Anfangsamplituden

10.2. Berechnungsansätze für die Untersuchung des Dämpfungseinflußes

Der Einfluß der Dämpfung wird anhand der drei bei den Hebezeugen vorkommenden Berechnungsmodellen (Einmassen-, Zweimassen- und Zweimassenmodell mit einseitig wirkender Seilaufhängung) in Bezug auf die Auswirkung der seismischen Kraft im Kran und in den Seilen sowie auf die absolute Beschleunigung des Kranes in Abhängigkeit von den Massen- und
Steifigkeitsverhältnissen untersucht. Dabei geht man von der linearen
Abhängigkeit von der Erregungsbeschleunigung $\ddot{y}_{s0}$ aus und wendet deshalb
die Einheitsbeschleunigung an $\ddot{y}_{s0}/g = 1$.

Die Bewegungsgleichungen lauten für das Einmassenmodell

$$m_0\,\ddot{u}_0 + c_0\,u_0 = -\,m_0\,\ddot{y}_{s0}\,\sin\omega_0\,t + m_0\,g \qquad (10\text{-}14)$$

und für das Zweimassenmodell

$$m_0\,\ddot{u}_0 + c_0\,u_0 - c_2\,(u_2 - u_0) + d_0\,\dot{u}_0 - d_2\,(\dot{u}_2 - \dot{u}_0) =$$

$$= -\,m_0\,\ddot{y}_{s0}\,\sin\omega\,t + m_0\,g, \qquad (10\text{-}15)$$

$$m_2\,\ddot{u}_2 + c_2\,(u_2 - u_0) + d_2\,(\dot{u}_2 - \dot{u}_0) =$$

$$= -\,m_2\,\ddot{y}_{s0}\,\sin\omega\,t + m_2\,g \qquad (10\text{-}16)$$

und für das Zweimassenmodell mit einseitig wirkender Seilverbindung nach
obigen Gln.(10-15) und (10-16), jedoch mit den Grenzbedingungen

$$c_2\,(u_2 - u_0) > 0, \qquad (10\text{-}17)$$

wobei außer diesem Zeitintervall die Masse m_0 nach Gl.(10-14) bewegt
wird und die Masse m_2 nach

$$m_2\,\ddot{u}_2 - m_2\,g = 0. \qquad (10\text{-}18)$$

In obigen Ausdrücken bedeuten: m_0, m_2 die Masse des Kranes und der Nutzlast, c_0, c_2 Federkonstanten des Kranes und der Nutzlast, d_0, d_2 ihre
Dämpfungskonstanten, u_0, u_2 relative Verschiebungen, $\ddot{y}_{s0}$ Anfangsbodenbeschleunigung. Nach oben gerichtete Verschiebungen sind positiv. Die
Kreisfrequenz ω_0 beim Einmassenmodell ist

$$\omega_0 = \sqrt{c_0/m_0} \tag{10-19}$$

und ω beim Zweimassenmodell

$$\omega^2 = \frac{1}{2} \frac{m_2 (c_0 + c_2) + m_0 c_2}{2 m_0 m_2} \pm \left\{ \left[\frac{m_2 (c_0 + c_2) + m_0 c_2}{2 m_0 m_2} \right]^2 - \right.$$
$$\left. - \frac{c_0 c_2}{m_0 m_2} \right\}^{1/2}. \tag{10-20}$$

Diese auf individuelle Fälle anwendbaren Ausdrücke werden in dimensionslose Form gebracht durch die im vorigen Kapitel angegebenen Größen der
Massen-, Feder- und Dämpfungskonstanten-, Verschiebungs-, Geschwindig-
keits- und Beschleunigungsverhältnisse mit verallgemeinerter Aussagekraft. Daraus lassen sich allgemeine Folgerungen und Konstruktionsan-
leitungen als Grundlage der Optimierung ableiten. Nachstehend die dimensionslose Form der Gleichungen:

Für Einmassenmodell:

$$y_0'' + y_0 + \lambda_0 y_0' = - \frac{\ddot{y}_{s0}}{g} \sin \tau + 1. \tag{10-21}$$

Für Zweimassenmodell:

$$y_0'' + y_0 - \frac{1}{c} (y_2 - y_0) + \lambda_0 y_0' - \lambda_2 (y_2' - y_0') \sqrt{n_0/c} =$$
$$= - \frac{\ddot{y}_{s0}}{g} \sin \frac{\tau}{N} + 1, \tag{10-22}$$

$$y_2'' + \frac{y_2 - y_0}{n_0 c} + \frac{\lambda_2 (y_2' - y_0')}{\sqrt{n_0 c}} = - \frac{\ddot{y}_{s0}}{g} \sin \frac{\tau}{N} + 1. \tag{10-23}$$

Für das Zweimassenmodell mit einseitig wirkender Seilaufhängung wie Gln.
(10-22) und (10-23) mit der Grenzbedingung

$$\frac{(y_2 - y_0)}{n_0 c} > 0, \tag{10-24}$$

wenn die Bewegungsgleichung in Gl.(10-21) übergeht; der Weg der Last
folgt mit

$$y_2 = \dot{y}_2^{(2)} (\tau - \tau_2^{(a)}) + \frac{(\tau - \tau_2^{(a)})^2}{2} , \tag{10-25}$$

wobei Index (a) den Anfang der freien Bewegung der Last bedeutet. In
obigen Ausdrücken bedeuten c Steifigkeitsverhältnis ($= c_0/c_2$), n_0 Mas-

senverhältnis $(= m_2/m_0)$, λ Dämpfungsverhältnis

$$\lambda = \frac{d}{\sqrt{c\ m}} = 2\ \frac{\beta}{\omega}\ . \qquad\qquad (10\text{-}26)$$

Bei $\beta = 0,02\ \omega$ wird damit $\lambda = 2 \cdot 0,02 = 0,04$.

10.3. Einfluß der Dämpfung auf seismische Kräfte und Beschleunigungen

Die Dämpfung beeinflußt nicht nur die Maximumpunkte, sondern glättet
den Verlauf der Kräfte überhaupt. Im Bild 10.4 ist der zeitliche Verlauf des seismischen Beiwerts für das Zweimassenmodell im Kran f_K und
im Seil f_s gezeigt, für das Beispiel mit dem Massenverhältnis $n_0 = 1$
und Steifigkeitsverhältnis $c = 0,50$ bei Bodenbeschleunigung $\ddot{y}_{s0} = 1$ g
in einer Wellenfolge $N_W = 1,5$ T für drei Dämpfungsfälle: ohne Dämpfung
$\beta_0 = \beta_2 = 0$, mit Dämpfung nur im Kran $\beta_0 = 5$ %, $\beta_2 = 0$ und mit Dämpfung
nur in den Seilen $\beta_0 = 0$, $\beta_2 = 5$ %. Das Bild zeigt, daß die Dämpfung in
den Seilen die seismischen Kräfte vermindert und die Dämpfung im Kran
die Kräfte nur gering beeinflußt. Im Bild 10.5 ist der zeitliche Verlauf
der seismischen Kräfte im Kran und in den Seilen bei dengleichen Verhältnissen für das Zweimassenmodell mit wirklichkeitsähnlicher Seilwir-
kung bei drei Dämpfungsfällen gezeigt. Es ist ersichtlich, daß die Dämpfung nicht nur die Maxima verringert, sondern sie ebnet auch alle harten
Übergänge. Das äußert sich besonders bei der absoluten Beschleunigung
$\ddot{x}_0$, die im Bild 10.6 für obige Verhältnisse für beide Schwingungsmodelle
und drei Dämpfungswerte gezeigt ist. Die Beschleunigungen werden besonders durch die Dämpfung im Kran beeinflußt.

Um die Abhängigkeit der konstruktiven Größen auf die seismischen Kräfte
und Beschleunigungen vom Dämpfungsmaß anschaulicher darzulegen, werden
durch das digitale Maximumausleseverfahren mit Hilfe dimensionsloser
Ausdrücke der Differentialgleichungen die maximalen Werte der seismischen Kraftbeiwerte im Kran f_k und in der Seilaufhängung f_s sowie die
absolute Beschleunigung $\ddot{x}_0$ ausgesondert und daraus die Werte des Dämpfungseinflußes wie folgt berechnet

$$\phi_d = \frac{f_{k1}}{f_{k0}}\ \text{bzw.}\ \frac{f_{s1}}{f_{s0}}\ \text{bzw.}\ \frac{\ddot{x}_{01}}{\ddot{x}_{00}} \qquad\qquad (10\text{-}27)$$

mit f_{k0}, f_{s0}, $\ddot{x}_{00}$ seismische Werte bei Dämpfung $\beta_0 = \beta_2 = 0$, f_{k1}, f_{s1},
x_{01} bei gegebener Dämpfung. Es werden folgende Dämpfungsfälle vergli-
chen:

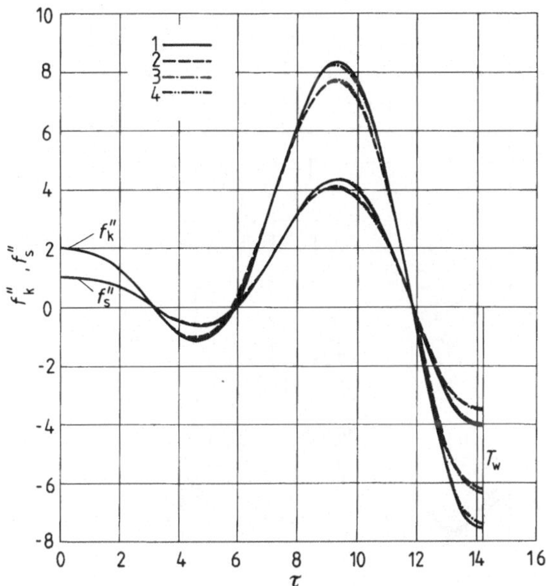

Bild 10.4: Seismischer Kraftbeiwert im Kran f_k und in den Seilen f_s für Zweimassenmodell in Abhängigkeit von der
Schwingzeit τ in einer Schwingfolge T_W für verschiedene Dämpfungen ($\ddot{y}_{s0}$ = 1 g, n_0 = 1, c = 0,5, T_0 =
9,489); 1) β_0 = β_2 = 0, 2) β_0 = β_2 = 0,05, 3) β_0 =
0, β_2 = 0,05, 4) β_0 = 0,05, β_2 = 0

1 : β_0 = β_2 = 2 %,
2 : β_0 = β_2 = 4 %,
3 : β_0 = β_2 = 5 %,
4 : β_0 = 0, β_2 = 5 %,
5 : β_0 = 5 %, β_2 = 0.

Die Verhältnisse n_0 = 1, c = 0,50 wurden deshalb ausgewählt, weil sie
bei den Hebezeugen meistens zu finden sind. Im Bild 10.7 sind die Dämpfungseinflußbeiwerte θ_d der seismischen Kraft im Kran f_k für fünf Dämpfungsfälle bei konstantem Massenverhältnis n_0 = 1 in Abhängigkeit vom
Steifigkeitsverhältnis c für das Zweimassenmodell und im Bild 10.8 für
das wirklichkeitsgetreue Zweimassenmodell angegeben. Daraus ist ersicht-

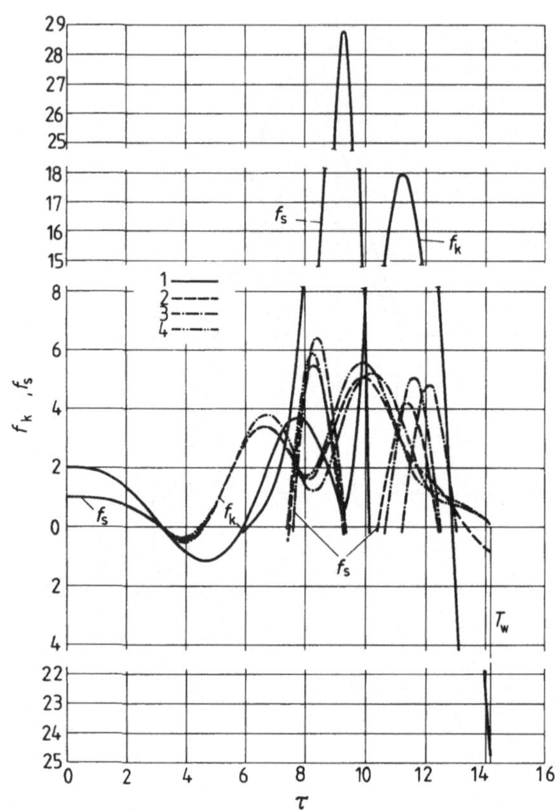

Bild 10.5: Seismischer Kraftbeiwert im Kran f_k und in den Seilen f_s für Zweimassenmodell mit einseitig wirkender
Seilaufhängung in Abhängigkeit von der Schwingzeit
τ für verschiedene Dämpfungen. Bezeichnungen und Verhältnisse im Bild 10.4

lich, daß die Dämpfung beim wirklichkeitsähnlichen Modell die Kräfte
stärker vermindert als beim Zweimassenmodell, daß beim ersten Modell
der Einfluß bei c = 1 am stärksten, beim letzten aber im Gegenteil an
derselben Stelle am schwächsten ist und daß bei Kurve 4 (β_0 = 0, β_2 =
5%) und 5 (β_0 = 5 %, β_2 = 0) im Bereich unter c = 2 beim ersten Modell
die Dämpfung des Kranes, danach aber die Dämpfung der Seile vorherrscht,
während es beim letzten Modell umgekehrt ist. Im Bild 10.9 ist bei den
gleichen Verhältnissen die Abhängigkeit bei konstanten Steifigkeitsver-

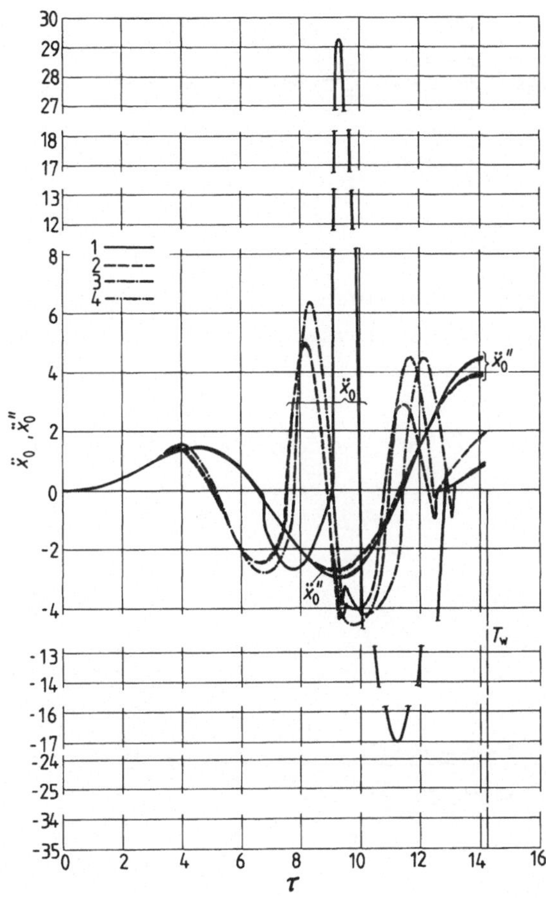

Bild 10.6: Zeitlicher Verlauf der absoluten Beschleunigung $\ddot{x}_0$ in
einer Schwingfolge T_W beim Zweimassenmodell ($\ddot{x}_0''$) und
beim Modell mit einseitig wirkender Seilaufhängung
($\ddot{x}_0$) bei verschiedenen Dämpfungen. Bezeichnungen im
Bild 10.4

hältnis c = 0,50 vom Massenverhältnis n_0 für das zweite Modell angegeben. Ein großer Einfluß der Dämpfung zeigt sich im mittleren Bereich
um n_0 = 1. Der Einfluß der Dämpfung des Kranes steigt mit der Masse des
Kranes und mit seiner Steifigkeit. Die Steifigkeit hat dabei größeren
Einfluß als die Massenverhältnisse.

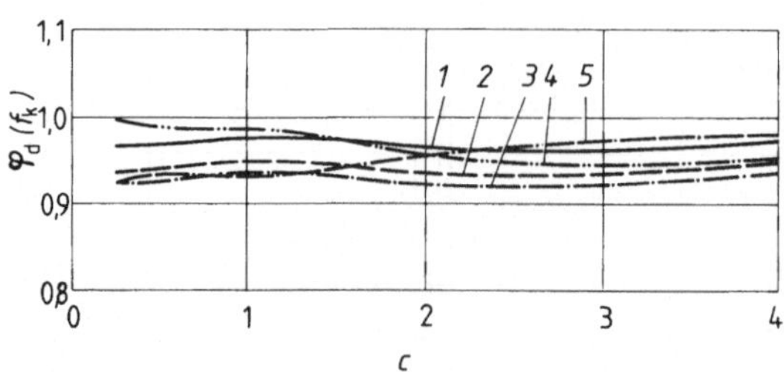

Bild 10.7: Dämpfungseinflußbeiwert ϕ_d (f_k) der seismischen Kraft
im Kran f_k für Zweimassenmodell in Abhängigkeit vom
Steifigkeitsverhältnis c bei konstantem Massenver-
hältnis n_0 = 1 ($\ddot{y}_{s0}$ = 1 g); 1) β_0 = β_2 = 0,02, 2) β_0 =
β_2 = 0,04, 3) β_0 = β_2 = 0,05, 4) β_0 = 0, β_2 = 0,05,
5) β_0 = 0,05, β_2 = 0

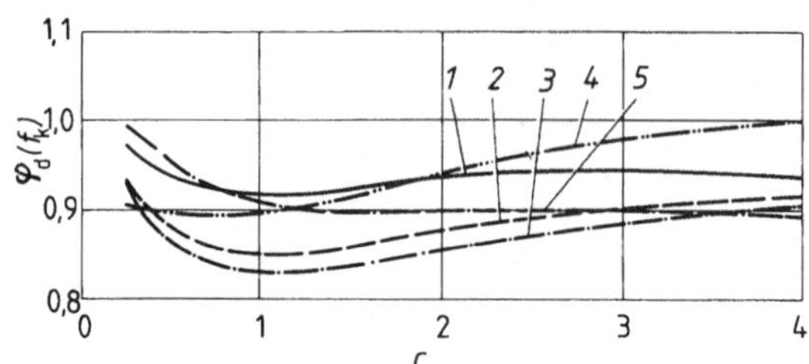

Bild 10.8: Wie Bild 10.7 jedoch für Zweimassenmodell mit einseitig wirkendem Seil. Bezeichnungen im Bild 10.7

Im Bild 10.10 ist bei dengleichen Verhältnissen der Einfluß der Dämpfung
auf die seismische Kraft in den Seilen f_s beim Zweimassenmodell und im
Bild 10.11 beim wirklichkeitsgetreuen Modell gezeigt. Beim ersten Modell
sind die Einflüße ähnlich wie bei der Krankraft (Bild 10.7), während
sich beim zweiten ein weit größerer Einfluß der Dämpfung als bei der
Krankraft (Bild 10.8) zeigt. Dabei ist die Dämpfung im Kran von ausschlaggebender Bedeutung. In ganzem Bereich der Steifigkeitsverhältnisse ist der Dämpfungseinfluß des Kranes vorwiegend. Der Dämpfungseinfluß

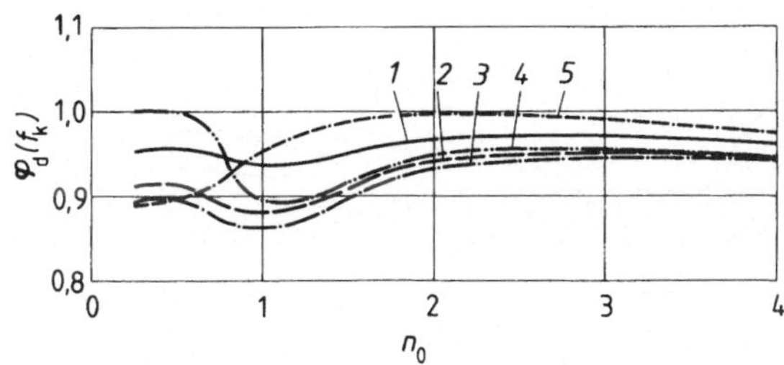

Bild 10.9: Wie Bild 10.7. Abhängigkeit vom Massenverhältnis
           n_0 bei c = 0,5

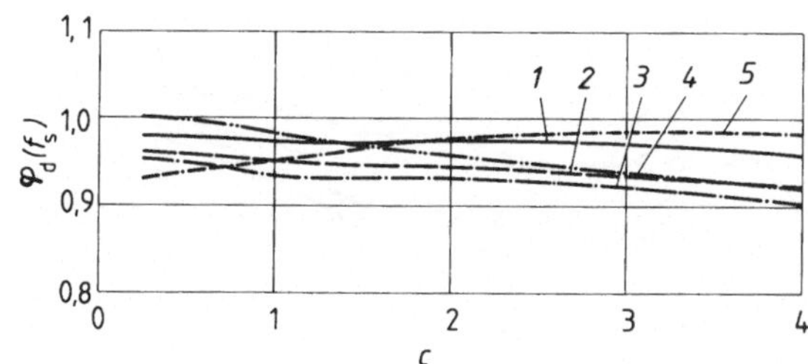

Bild 10.10: Dämpfungseinflußbeiwert ϕ_d (f_s) der seismischen
            Kraft im Seil f_s für Zweimassenmodell in Abhän-
            gigkeit vom Steifigkeitsverhältnis c bei n_0 = 1.
            Bezeichnungen im Bild 10.7

ϕ_d (f_s) bei konstantem Steifigkeitsverhältnis c in Abhängigkeit vom Massenverhältnis n_0 ist im Bild 10.12 für das zweite Modell ersichtlich.
Man erkennt den größten Einfluß der Dämpfung bei kleineren Lasten und
größeren Kranmassen.

Im Bild 10.13 ist der Einfluß der Dämpfung auf die absolute Beschleunigung $\ddot{x}_0$ des Kranes bei dengleichen Verhältnissen in Abhängigkeit vom
Steifigkeitsverhältnis c für das Zweimassen- und im Bild 10.14 für das
wirklichkeitsgetreue Modell gezeigt. Im Bild 10.15 ist seine Abhängigkeit beim wirklichkeitsähnlichen Modell vom Massenverhältnis n_0 bei kon-

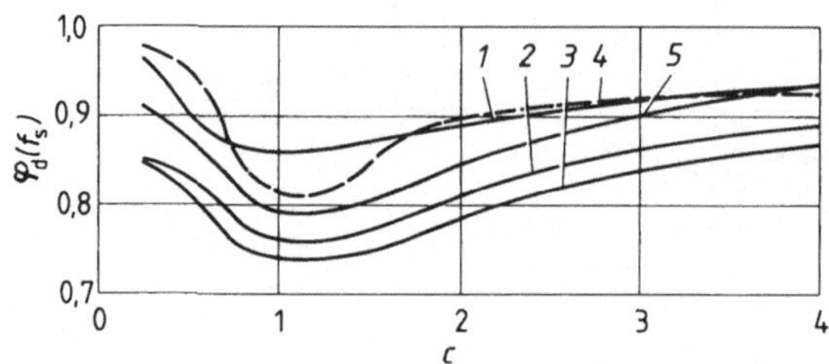

Bild 10.11: Wie Bild 10.10 jedoch für Zweimassenmodell mit ein-
           seitig wirkendem Seil. Bezeichnungen im Bild 10.7

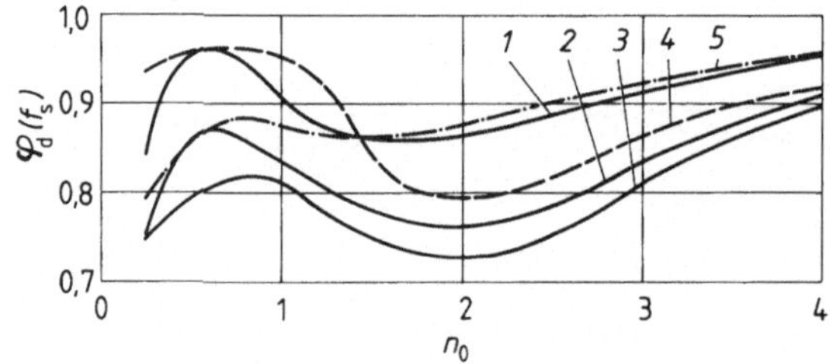

Bild 10.12: Wie Bild 10.10 jedoch in Abhängigkeit vom Massenver-
           hältnis n_0 bei c = 0,5. Bezeichnungen im Bild 10.7

stantem Steifigkeitsverhältnis c ersichtlich. Beim Zweimassenmodell sind
die Abhängigkeiten ähnlich wie beim Einfluß der Dämpfung auf die Kran-
kräfte, jedoch ist die Beschleunigung dem Dämpfungseinfluß stärker ausgesetzt. Noch deutlicher kommt das beim wirklichkeitsgetreuen Zweimassenmodell (Bild 10.14) zum Ausdruck. Dabei ist der Einfluß der Dämpfung
in der Krankonstruktion (Kurve 5) besonders ausgeprägt. Schon bei einer
leicht erreichbaren Dämpfung von 2 % werden bei größeren Steifigkeiten
des Kranes die Beschleunigungen um 20 % vermindert. Bei 4 % Dämpfung ist
die Verringerung 30 %. Die Abhängigkeit vom Massenverhältnis n_0 im Bild
10.15 zeigt, daß bei kleineren Massen der Last und schwereren Kranen der
Dämpfungseinfluß wächst. Dabei ist die Dämpfung der Krankonstruktion
ausschlaggebend. Die zusätzliche Dämpfung in den Seilen bringt wenig

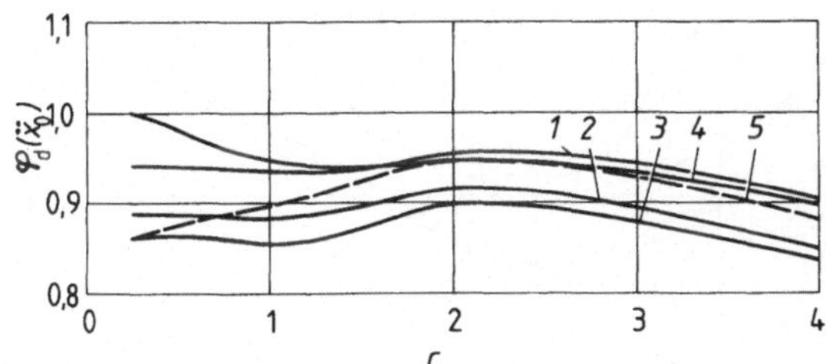

Bild 10.13: Dämpfungseinflußbeiwert ϕ_d $(\ddot{x}_0)$ der absoluten Beschleunigung im Kran $\ddot{x}_0$ für Zweimassenmodell in
Abhängigkeit vom Steifigkeitsverhältnis c bei n_0 =
1. Bezeichnungen im Bild 10.7

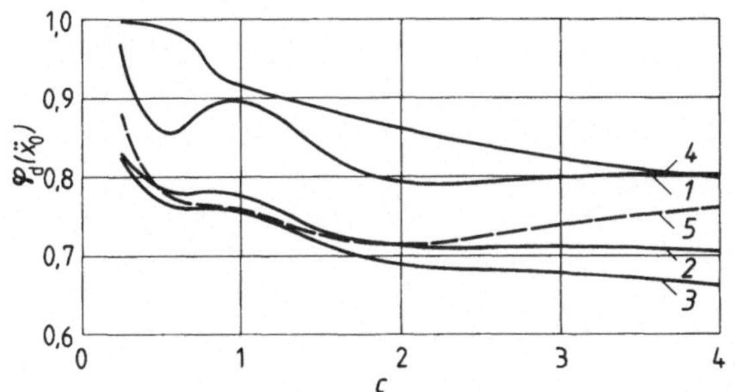

Bild 10.14: Wie Bild 10.13 jedoch für Zweimassenmodell mit einseitig wirkendem Seil. Bezeichnungen im Bild 10.7

Verringerung, wie der Unterschied zwischen Kurve 5 und 3 zeigt. Der Einfluß der Dämpfung läßt sich nicht mit ihrer Größe steigern. Aus allen
Bildern ist ersichtlich, daß die Verkleinerung des Dämpfungseinflußbei-
werts bei größeren Dämpfungswerten schwächer wird. Jedoch ist die Steigerung der Dämpfung mit entsprechenden konstruktiven Maßnahmen bis β =
4 % dem Nutzen verhältnisgleich.

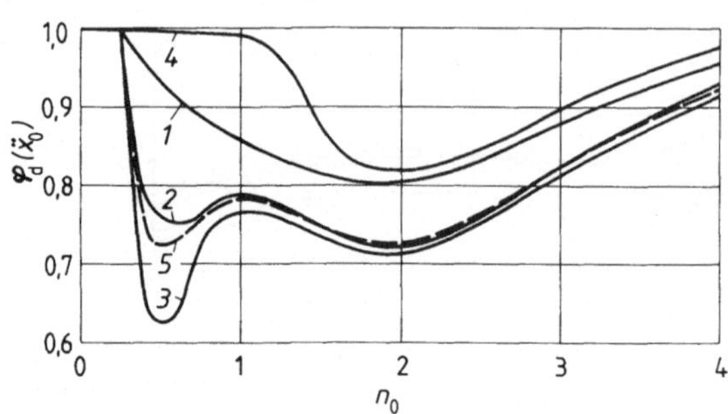

Bild 10.15: Wie Bild 10.13 jedoch in Abhängigkeit vom Massenver-
            hältnis n_0 bei c = 0,5. Bezeichnungen im Bild 10.7

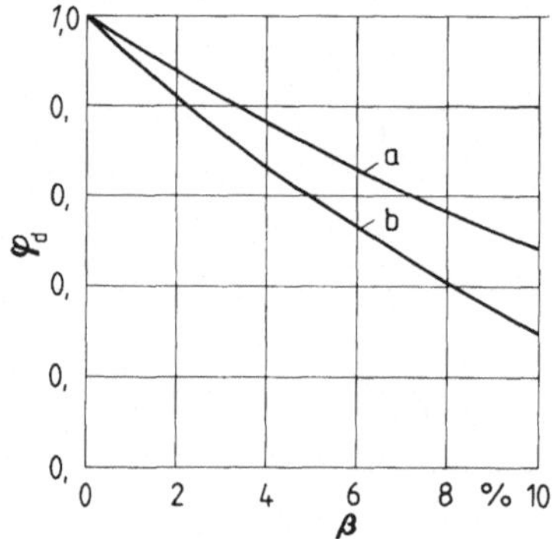

Bild 10.16: Dämpfungseinfluß ϕ_d beim
            Einmassenmodell in Ab-
            hängigkeit vom Dämp-
            fungsbeiwert β.
            a - Schwingungsamplitu-
            de bei τ = 2 π,
            b - Schwingungsamplitu-
            de bei τ = 3 π

Bei größerer Dämpfung werden die seismischen Kräfte in der Krankonstruktion und in der Seilaufhängung besonders ausgeprägt, die absoluten Beschleunigungen auf dem Kran aber verringert.

Für das Einmassenmodell sind die Dämpfungseinflußwerte im Bild 10.16 angegeben. Sie beziehen sich auf die Schwingungsamplituden bei 2 π (Kurve
a) und bei 3 π (Kurve b). In der Schwingungsfolge treten bei 1,5-facher
Welle die Maxima der Kräfte bei τ = 2 π und der Beschleunigungen bei
τ = 3 π auf. Es ist deshalb auch verständlich, daß der Einfluß der Dämpfung auf die Beschleunigungsverringerung stärker ist.

10.4. Anleitungen für den Konstrukteur

Der Konstrukteur kann durch die Gestaltung des Kranes seine seismische
Widerstandskraft beeinflussen. Der Kran wird bei stärkerem Dämpfungsvermögen kleinere seismische Kräfte erleiden und es werden geringere
absolute Beschleunigungen auf ihn einwirken.

Die Kranbrücke muß nach Bild 10.3 mit größtmöglicher Dämpfung ausgeführt werden. Der Trapezquerschnitt ist bei Einträgerkranen die opti-
malste Lösung, denn damit ergibt sich das größte Verhältnis zwischen
Spannweite und Trägerhöhe.

Das Massenverhältnis n_0 kann man nicht viel beeinflussen. Das Steifigkeitsverhältnis c soll zwischen 1 und 1,5 liegen. Da es normalerweise
unter 1 liegt, soll der Konstrukteur eine weiche Aufhängung wählen. In
besonders anspruchsvollen Fällen kann eine weiche pneumatisch wirkende
Einrichtung auf dem unteren Seilrollenkopf des Lastaufnahmemittels angebracht werden (Bild 10.17). Zwischen Lasthaken 4 und den Seilrollen 5
werden zwei oder mehrere Luftzylinder 1 mit Kolben 3 eingebaut. Im Zylinder befindet sich ständig komprimierte Luft, die jedoch bei Nennlast
erst am Anfang der Kompression ist. Steigt die Belastung bei seismischer
Beanspruchung über die Nennlast an, so wird die Luft komprimiert und zur
Dehnung der Seilaufhängung addiert sich die Verschiebung des Kolbens. Die
Bewegung des Kolbens wird durch die Anschläge 2 begrenzt. Die Abdichtung
des Zylinders erfolgt gemäß Bild 10.18. Zusätzlich zu den Dichtungen 5
wird der untere Teil mit Öl gefüllt. Kammerringe 4 verhindern das Abfließen des Öls bei Neigung der Unterflasche. Erfahrungsgemäß ist nur einmal
jährlich Luftdruck nachzufüllen. Manometer an den Zylindern dienen zur
Kontrolle des Luftdrucks. Durch die Größe der Luftkammer lassen sich die
Federmerkmale beeinflussen. Nach der isothermischen Zustandsgleichung
kann die Verschiebung des Kolbens beim Anstieg der Belastung bestimmt
werden

$$l_2 = \frac{F_1}{F_2}\, l_1 \; . \tag{10-28}$$

Die Weichheit der Anordnung wächst mit der Länge des Zylinders. In Hebezeugen beeinflußt die Dämpfung im Verhältnis zu ihrer Größe die Ausschläge der Kran- und Lastschwingungen. Das läßt sich zur Verringerung
der seismischen Kraft und der absoluten Beschleunigungen ausnutzen. Die
Dämpfung der Krantragkonstruktion ist von ausschlaggebender Bedeutung,

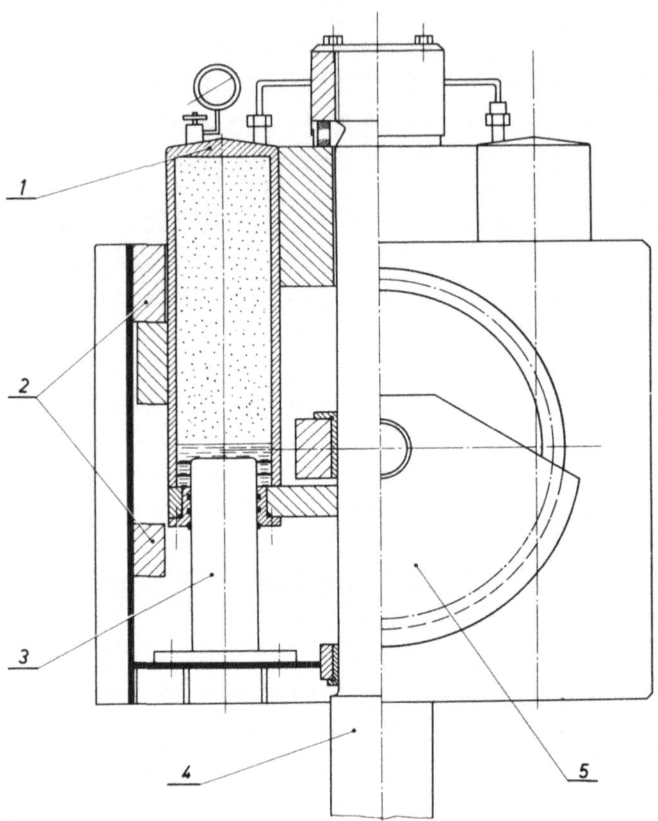

Bild 10.17: Weiche Aufhängung des Lastaufnahmemittels durch
            pneumatischen Zylinder; 1 - Luftzylinder, 2 - Be-
            grenzungsanschläge, 3 - Kolben, 4 - Lastaufhän-
            gung, 5 - Seilrollen

weniger Einfluß hat die Dämpfung der Seilaufhängung. Deshalb muß bei
der Konstruktion der Kranbrücke der maximal möglichen Dämpfung größte Aufmerksamkeit gewidmet werden. Das Steifigkeitsverhältnis des Kranes und der Seilaufhängung soll im Bereich um 1 liegen.

Eine zu große Steifigkeit der Seilaufhängung kann durch zusätzlich ein-
gebaute pneumatische Zylinder abgemindert werden. Damit läßt sich dann

die auf den Kran wirkende seismische Kraft im Bereich günstiger Werte
halten.

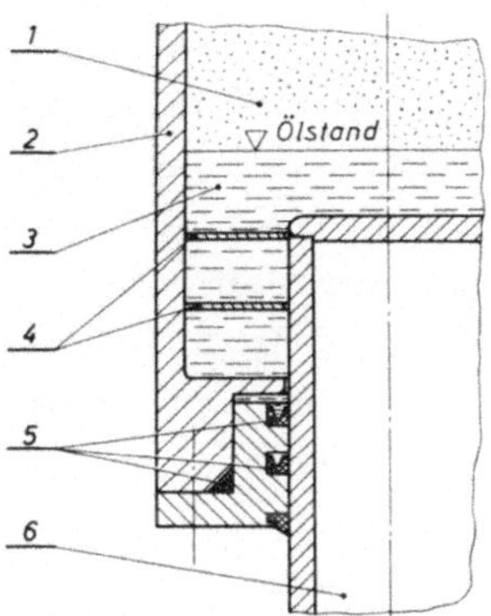

Bild 10.18: Dichtungsanordnung beim pneumatischen Zylinder für
            weiche Aufhängung; 1 - Luftfüllung, 2 - Zylinder,
            3 - Öl, 4 - Kammerringe, 5 - Dichtungen, 6 - Kolben

11. Kraftschlußverbindung als Grenze horizontaler seismischer Beschleunigung

Die Begrenzung der horizontalen Belastung der Hebezeuge, die mit ihrer
Aufstandsfläche lediglich kraftschlüssig, d.h. durch Reibung verbunden
sind, stellt ein nützliches Mittel für eine wirtschaftlichere Konstruktion dar. Dieses Mittel kann auch bei horizontaler seismischer Belastung, die sich von der Unterlage auf das Hebezeug über den Kraftschluß
auf die Laufräder überträgt, angewandt werden. Diese Absicherung gegen
zu große horizontale Belastung wird auf Kosten einer Relativbewegung
zwischen dem Hebezeuglaufrad und seiner Unterlage erreicht. Als Gegen-
maßnahme werden einige Hebezeuge für den Erdbebenfall auf der Unterlage befestigt, um ihr Abheben bei extrem großen Erdbebenstößen zu verhindern. In diesen Fällen sollte man mit besonderen Maßnahmen die Längsbewegung durch Gleiten der Räder ermöglichen. Deshalb ist eine quantitative Schätzung des relativen Gleitens bei einem bestimmten Grad der
Sicherung auszuführen. Diese Schätzung ergibt sich als ein endlicher
Ausschnitt aus einem stationären Zufallsprozeß.

Im Bild 11.1a ist ein Laufrad in Richtung x gezeigt. Die relative Beschleunigung des Rades wird durch die Reibungszahl μ begrenzt. Die Reibungszahl dient gewissermaßen als Überdruckventil, das nur soviel Beschleunigung über den Kraftschluß zuläßt, wie es die Reibung gestattet.
Das Laufrad verschiebt sich bei jeder Schwingung in entgegengesetzte
Richtung und wird am Ende des Vorgangs mit einer zufälligen Amplitude
und zufälliger Zahl der Wellen eine Gesamtverschiebung x_1 in die eine
oder die andere Richtung erfahren.

Bei Beanspruchungen durch die Bodenbewegung in y-Richtung (Bild 11.1b)
wird das Rad nach dem Rutschen über die freie Strecke a_R mit den Spurkränzen an der Schienenflanke anstoßen. Danach wird sich die volle Bodenbeschleunigung $\ddot{y}_{sy}$ über den Formschluß auf das Laufrad übertragen.

<u>11.1. Mittelwert der Gleitverschiebung - Analytische Lösung</u>

Ein mathematisches Modell mit der Masse m auf einer sich bewegenden
Unterlage veranschaulicht Bild 11.2. Ihre Verschiebung $y_s(t)$ ist ein
Zufallsprozeß gleichbedeutend einer Erdbebenbewegung. Die übertragbare

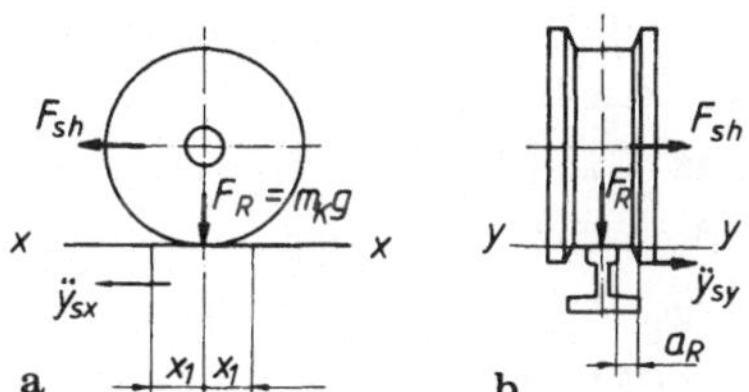

Bild 11.1: Reibungsverhältnisse am Laufrad; a) in Wälzebene,
b) vertikal zur Wälzebene; F_R Radlast, $\ddot{y}_{sh}$ Bodenbeschleunigung in x-Richtung, $\ddot{y}_{sy}$ Bodenbeschleunigung in y-Richtung, x_1 Restgleitverschiebung, a_R
verfügbarer Verschiebungsweg

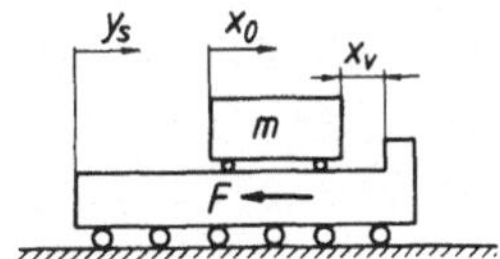

Bild 11.2: Hebezeugmasse auf sich bewegen-
der Unterlage; m Hebezeugmasse,
F übertragbare Reibungskraft,
y_s, x_0 absolute Wegkoordinaten
der Bodenunterlage und des Hebezeuges, x_v verfügbarer Verschiebungsweg

Bild 11.3: Reibungskraft F in Abhängigkeit
von der relativen Gleitgeschwindigkeit

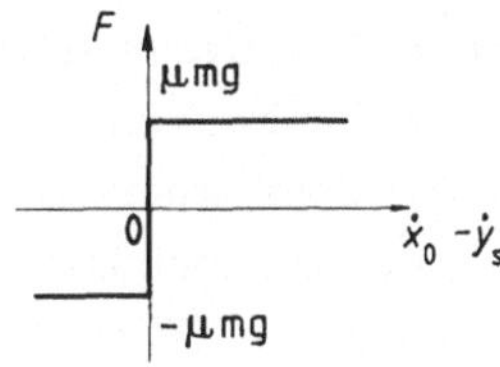

Kraft F zwischen der Unterlage und der Masse hat Merkmale der Coulomb'-
schen Reibung wie im Bild 11.3 gezeigt, mit µ Reibungszahl, g Erdbeschleunigung und $(\dot{x}_0 - \dot{y}_s)$ relative Geschwindigkeit der Masse mit Bezug auf die Unterlage. Die Bewegungsgleichung der Masse in Form der relativen Verschiebung bzw. Gleitverschiebung $x = x_0 - y_s$ bei jedem Gleiten der Masse ist

$$\frac{dx}{dt} + \mu \, g \, \mathrm{sgn} \, \dot{x} = - \ddot{y}_s. \tag{11-1}$$

Kommt die Masse zur Ruhe, verharrt sie so lange, wie die Größe der Unterlagenbeschleunigung $\ddot{y}_s(t)$ kleiner ist als μ g. Wird $\ddot{y}_s(t)$ größer als μ g, beginnt das Gleiten laut Gl.(11-1). Für den Berechnungsansatz geht man vom Anfangszustand $x = 0$ und $\dot{x} = 0$ bei $t = 0$ aus, wenn auf einmal die Unterlagebeschleunigung $\ddot{y}_s(t)$ mit einer Funktion des stationären Zufallsprozeßes mit dem Null-Mittelwert eingeschaltet wird. Unter diesen Umständen sind die Gleitgeschwindigkeit $\dot{x}(t)$ und die Gleitverschiebung $x(t)$ nicht-stationäre Zufallsprozeße mit Null-Mittelwert von Null bei $t = 0$ beginnend.

Die nicht-lineare Gl.(11-1) mit der Erregung durch ein ideales weißes Rauschen (Gauss-Laplace'sche Verteilung des Inhalts von Frequenzen und Amplituden mit dem Ausweichen der Signalwiederholung) wurde durch Caughey und Dienes /11.1/ gelöst. Als Ergebnis waren explizite Übergangswahrscheinlichkeitsdichte und Spektraldichte für die stationäre Ansprechverschiebung $x(t)$ bestimmt, wobei das gleichwertige Linearisationsverfahren für die Annäherung des stationären Ansprechspektrums angewendet wurde. Das gleichwertige Linearisationsverfahren für die Bestimmung der angenährten nichtstationären Statistik für $\dot{x}(t)$ und $x(t)$ wurde durch Crandall ausgeführt /11.2/.

Im Grunde handelt es sich um folgendes Problem: Bei den Beschleunigungen $\ddot{y}_s(t)$, die die Reibungsgrenze μ g übertragen, kommt es zum relativen Gleiten zwischen der Unterlage und dem Körper m. Damit sind die Beschleunigungen, die auf den Körper wirken, begrenzt. Jedoch kommt es dabei zu einem gewissen Slip. Setzt man voraus, daß die Bodenbewegung einen Zufallscharakter hat, wird es nach gewisser Zeit zu einem kumulativen Gleiten kommen, wobei die Größe des Gleitens von der Beschleunigungsverteilung über die Zeit abhängt. Unsere Aufgabe besteht in der Bestimmung dieses kumulativen Gleitens. Wenn die Möglichkeit der freien Verschiebung x_v (Bild 11.2) zu klein wäre, würde es zum Anliegen des Körpers an der Unterlage kommen und die Beschleunigungen würden sich in vollem auf den Körper übertragen.

Da die Bodenbewegung ein stochastisches Prozeß ist, wird die Berechnung aufgrund der Wahrscheinlichkeitstheorie ausgeführt.

Das nicht-lineare System im Bild 11.3 muß durch ein lineares ersetzt werden, was mit Hilfe eines linearen viskosen Dämpfers, der zwischen Masse m und der Unterlage eingeschaltet wird, zu erreichen ist. Damit wird die Bewegungsgl.(11-1) zu

$$\frac{d\dot{x}}{df} + \lambda\ x = -\ \ddot{y}_s + \phi \tag{11-2}$$

mit f Frequenz und

$$\phi = \lambda\ \dot{x} - \mu\ g\ \text{sgn}\ \dot{x}, \tag{11-3}$$

wobei mit ϕ die Gl.(11-1) angenähert wird. ϕ muß minimal sein, was mit dem Anpassen von λ zu erreichen ist. Das Kriterium dieser Minimalisierung ist, daß die Erwartung $E\,|\,\phi^2|$ für ein stationäres $\dot{x}$ zum Minimum wird

$$\frac{1}{2}\ \frac{\partial}{\partial\lambda}\ E\ |\,\phi^2\,| = \lambda\ E\ |\,\dot{x}^2| - \mu\ g\ E\ |\,\dot{x}\ \text{sgn}\ \dot{x}\,| = 0, \tag{11-4}$$

woraus folgt

$$\lambda = \mu\ g\ \frac{E\ |\,\dot{x}\ \text{sgn}\ \dot{x}\,|}{E\ |\,\dot{x}^2|} = \mu\ g\ \frac{2\displaystyle\int_0^\infty \dot{x}\ p(\dot{x})\ d\dot{x}}{\displaystyle\int_{-\infty}^\infty \dot{x}^2\ p(\dot{x})\ d\dot{x}} \tag{11-5}$$

mit $p(\dot{x})$ stationäre Funktion der Wahrscheinlichkeitsdichte für $\dot{x}$. Wenn der Prozeß der Unterlagenbeschleunigung gleichmäßige Spektraldichte W_0 hat, ist das Ergebnis für $p(\dot{x})$

$$p(\dot{x}) = \frac{2\ \mu\ g}{W_0}\ e^{\{-\ 4\ \mu\ g/W_0\ \cdot\ |\,\dot{x}\,|\}}. \tag{11-6}$$

Damit folgt aus Gl.(11-5)

$$\lambda = \frac{2\ \mu^2\ g^2}{W_0} \tag{11-7}$$

für den optimalen Wert des gleichwertigen Dämpferparameters. Die formale Lösung der Gl.(11-2) von $\dot{x} = 0$ bei $t = 0$ beginnend ist

$$\dot{x}(t) = -\int_0^t h(\theta)\ \ddot{y}_s\ (t - \theta)\ d\theta \tag{11-8}$$

mit $h(\theta)$ Ansprechimpulsfunktion.

Mit Hilfe der Korrelationsfunktion wird die Gleitverschiebung berechnet.
Ihr Mittelwert (durch quadratische Wurzel der Mittelwertquadrate - QWMQ)
ist

$$\sigma_x(t) = \frac{W_0^{1/2}}{2\,\lambda^{3/2}}\{2\,\lambda\,t - (1 - e^{-\lambda\,t})(3 - e^{-\lambda\,t})\}^{1/2} \qquad (11\text{-}9)$$

mit λ im Optimalwert Gl.(11-7).

Eine genaue Lösung $\sigma_x(t)$ ist nur mit großer Schwierigkeit möglich, jedoch sind die Grenzwerte relativ einfach zu bestimmen, wenn $t \to 0$ und
$t \to \infty$. Bei $t = 0$ steht die Masse still mit $\dot{x}_0 = 0$ und $x_0 = 0$. Für $t > 0$
wird die Unterlagebeschleunigung $\ddot{y}_s$ die Musterfunktion des weißen Rauschens.

Wenn $t \to 0$, ist der Mittelwert (QWMQ) der kumulativen Verschiebung

$$\sigma_x(t) = \sqrt{W_0/6} \cdot t^{3/2} \qquad (11\text{-}10)$$

und wenn $t \to \infty$

$$\sigma_x(t) = \left(\frac{5}{32}\,\frac{W_0^3\,t}{\mu^4\,g^4}\right)^{1/2}. \qquad (11\text{-}11)$$

11.2. Gleitverschiebung durch Simulation

Als Äquivalent zu obigem Verfahren nach Coughey kann die Simulierung der
nicht linearen Verschiebung für verschiedene Muster der Bodenbewegung
ausgeführt werden, wobei jede Lösung schrittweise mit dem Zeitsprung Δt
vorgenommen wird. Dabei modelliert man die Bodenbeschleunigung $\ddot{y}_s(t)$ so,
daß bei jedem Schritt das unabhängige Muster mit der Gauss'schen Zufallsveränderlichen mit Nullmittelwert und mit der Varianz σ_a^2 und zwar
in ganzem Interval Δt und nachher auf ein neues unabhängiges Muster uber-
gehen wird. Die Spektraldichte der sich ergebenden Zufallsschrittfunktion ist

$$W_{\ddot{y}s}(f) = 2\,\sigma_a^2\,\Delta t\left(\frac{\sin\,\pi\,f\,\Delta t}{\pi\,f\,\Delta t}\right)^2 \qquad (11\text{-}12)$$

mit σ_a^2 Verteilungsvarianz, f Frequenz.

Bei kleinen Frequenzen wird das weiße Rauschen mit der Spektraldichte
angenähert

$$W_0 = 2\ \sigma_a^2\ \Delta t. \tag{11-13}$$

Die Grenzfrequenz obigen Spektrums ist

$$f_0 = \frac{1}{2\ \Delta t}. \tag{11-14}$$

Ein solches Spektrum, auf ein bestimmtes Band begrenzt, ergibt eine re-
alistischere Aufzeichnung eines wirklichen Erdbebens als ein ideales
weißes Rauschen. Eine wichtige Folge solcher Spektren ist, daß auch Intervalle ohne Gleiten auftreten, während bei idealer Erregung durch weißes Rauschen das Gleiten immer auftritt. Ein Maßstab dafür, wie oft das
bei der Zufallsschrittfunktion nach Gl.(11-12) auftreten kann, wird
durch das Verhältnis des Mittelwerts (QWMQ) der Beschleunigung zur
Grenzbeschleunigung des Gleitens gegeben

$$\frac{\sigma_a}{\mu g} = \frac{(W_0\ f_0)^{1/2}}{\mu\ g} = \left(\frac{W_0}{2\ \mu^2\ g^2\ \Delta t}\right)^{1/2}. \tag{11-15}$$

Desto kleiner dieses Verhältnis, umso wahrscheinlicher sind die gleitlo-
sen Intervalle. Dieses Verhältnis wird unendlich beim idealen weißen
Spektrum. Die Berechnungsbeispiele zeigen Ergebnisse, die sehr nahe der
Kurve der Linearisationsannäherung liegen, und zwar ist die Annäherung
umso besser, je kleiner die Zeitintervalle Δt sind.

11.3. Größe der Gleitverschiebung während der Bodenbewegung

Die Ergebnisse zeigen, daß die relative Gleitverschiebung $x(t)$ zufällig
mit der Zeit t ansteigt, wenn die Unterlage durch die Beschleunigung des
weißen Rauschens erregt wird. Bei sehr kleinen Zeiten wächst die Gleitverschiebung schnell mit $t^{3/2}$, während sie bei größeren Zeiten nur langsamer mit $t^{1/2}$ ansteigt. Diese Verhältnisse weichen nicht wesentlich von
der Erregung durch ein begrenztes Band ab.

Das Schrifttum zeigt auf, daß der Prozeß einer einzelnen gleichmäßigen
Beschleunigung des weißen Rauschens zu einfach ist, um die tatsächliche
Erdbebenbewegung simulieren zu können. In Wirklichkeit tritt die Bewe-

gung in allen Richtungen auf, mit anfänglichem Ansteigen und Abklingen
am Ende. Trotzdem ist die Gleichwertigkeit der Beschleunigung des weißen Rauschens in einem begrenzten Band mit der Beschleunigung des wirklichen Erdbebens in nur einer Achse zufriedenstellend, wie Bycroft
/11.4/ unter der Bedingung bewiesen hat, daß die Dauer des weißen Rauschens 25 s beträgt und seine Spektraldichte so eingestellt ist, daß
es dem Wert des Standardgeschwindigkeitsspektrums für Eigenschwingzeit
3 s und Dämpfungsverhältnis 0,20 angenähert wird. Auf diese Weise konnte die gleichwertige Spektraldichte W_0 für zwei Erdbeben bestimmt werden: bei Taft (1952) war $W_0 = 0,024 \ (m/s^2)^2/Hz$ und bei El Centro (1940)
$W_0 = 0,070 \ (m/s^2)^2/Hz$.

Im Bild 11.4 sind die Werte der kumulativen Restgleitverschiebung für
beide Werte der Bodenbewegung, deren Spektraldichte sich von 0,024 bis
0,070 verändert (gleichbedeutend einem Sprungbeiwert $\phi = 2,92 \approx 3$), in
Abhängigkeit von der Reibungszahl eingetragen. Auf diese Weise ist die
Masse, die auf Laufrädern beweglich oder nur auf Gleitkissen auf der Unterlage ruht, vor den Beschleunigungen, größer als der abgelesene Wert
von μ g, jedoch auf Kosten einer Restgleitverschiebung, abgesichert.

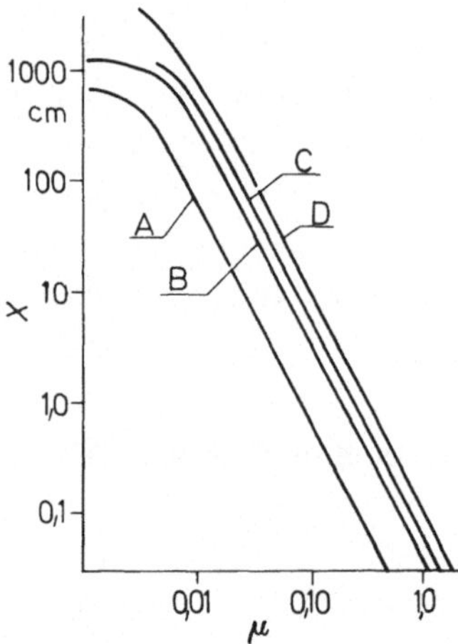

Bild 11.4: Restgleitverschiebung der Hebezeuge in Abhängigkeit
           von der Erdbebenspektraldichte; A Mittelwert QWMQ
           vom Taft Erdbeben mit $W_0 = 0,070 \ (m/s^2)^2/Hz$, B Mit-
           telwert QWMQ vom El Centro Erdbeben mit $W_0 = 0,024$
           $(m/s^2)^2/Hz$, C Extremwerte mit 90 % Wahrscheinlich-
           keit während des El Centro Erdbebens, D Extremwer-
           te mit 99 % Wahrscheinlichkeit während des El Cen-
           tro Erdbebens. Anmerkung: QWMQ Quadratwurzel der
           Mittelwertquadrate

Die Kurve A zeigt die QWMQ-Werte der Restgleitverschiebung in cm am Ende von 25 s einschließlich der gleichwertigen Linearisationsannäherung
mit W_0 = 0,024 $(m/s^2)^2$/Hz, und die Kurve B mit W_0 = 0,070 $(m/s^2)^2$/Hz.
Die Kurve C folgt aus der Verteilung von Extremwerten der Verschiebungen, die während des Erdbebens mit 90 % Wahrscheinlichkeit für W_0 =
0,070 $(m/s^2)^2$/Hz nicht überschritten werden. Die Punkte auf Kurve D sind
ähnlich, jedoch mit einer 99 % Wahrscheinlichkeit des Nichtüberschrei-
tens bei derselben Erregung.

Je größer die Wahrscheinlichkeit $W(x_m)$, daß die Restgleitverschiebung
nicht überschritten wird, desto größer sind ihre Werte. Diese Werte können mit dem Richtwert verglichen werden, daß 3 σ_x eine Schätzung des Zu-
fallswertes der Zufallsveränderlichen mit Null-Mittelwert ist (σ_x =
QWMQ-Mittelwert).Die Wahrscheinlichkeit, daß der größte Wert der Gleitverschiebung bei normal verteilter Zufallsveränderlichen kleiner als
3 σ_x ist, beträgt einschließlich der Extremwertverteilung über 0,997.

11.4. Reibungsverhältnisse auf Hebezeugen

Durch die Aufstellung des Hebezeuges auf Schienen ist die auf das Hebezeug übertragbare horizontale Bodenbeschleunigung durch den Wert μ g
begrenzt. Deshalb wollen wir die Reibungsverhältnisse zwischen dem Laufrad und der Schiene untersuchen, denn sie bestimmen die auf das Hebezeug
wirkende seismische Kraft. Da die Reibung von der Bewegungsrichtung in
Bezug auf die Laufradachse abhängt, muß zwischen der Bewegung rechtwinklig, parallel und schräg zum Rad unterschieden werden. Außerdem kann
das Rad frei drehend oder gebremst sein.

11.4.1. Reibung bei gebremstem Laufrad

Die Reibung des gebremsten Laufrads ist in allen Richtungen gleich. Die
Reibungszahl ist bei Haftreibung von Stahl auf Stahl schwankend, und
zwar abhängig von der Oberflächenrauhigkeit.

Aus dem Schrifttum sind die Messungen von Frederich /11.6/ an Laufrädern
auf der Schiene bei kleinen und großen Geschwindigkeiten bekannt. Bei
den Verschiebungen der Laufräder infolge einer Erdbebenbewegung kommen

nur sehr kleine Geschwindigkeiten in Betracht. Die Werte der Reibungszahl verlaufen linear von 0,1 bei $v = 10^{-2}$ cm/s bis 0,2 bei $v = 4 \cdot 10^{-2}$
cm/s bei einer Flächenpressung von 65 kN/cm^2, was bei den Laufrädern an
Schwerkranen üblich ist. Das gilt für relative Bewegung bzw. für die
Reibung, die aus der Ruhe in die Bewegung übergeht. Für die bei Erdbeben auftretende Gegenbewegung ist mit der Haftreibung zu rechnen. Sie
erreicht nach den Angaben von Frederich Werte von $\mu = 0,4$ bis 0,65. Für
die Berechnung der Restgleitverschiebung soll deshalb der größere Wert
$\mu = 0,65$ angenommen werden.

11.4.2. Reibung des freien Laufrads

Bei einem freien, ungebremsten Laufrad ist die Reibung in Richtung
rechtwinklig zur Achse abhängig vom Gesamtwälzwiderstand. Üblicherweise wird beim Laufrad mit Wälzlagern die Reibung mit 100 N/t und bei
Gleitlagern mit 150 N/t angenommen, d.h. $\mu_W = 0,01$ bzw. $\mu_{gl} = 0,015$.

In schräger Richtung zur Achse setzt sich die Reibung beim Laufrad aus
Gleit- oder Wälzreibung zusammen. Beide hängen vom Schlupf ab. Der Schlupf
s ist das Verhältnis der Gleit- zur Nenngeschwindigkeit. Er ist in Richtung der Laufebene und des Schlupfes bei nicht angetriebenem Laufrad

$$s_x = 0. \tag{11-16}$$

In Richtung der Radachse ist der Schlupf dem Schrägwinkel α verhältnisgleich

$$\sigma_y = tg\ \alpha. \tag{11-17}$$

Nach den Messungen von Frederich steigt die Kraftschlußzahl f_y mit dem
Schrägwinkel α bei kleinen Winkeln bis 1,50, dann bleibt sie konstant.
Dieser Wert beträgt beim Längsschlupf $\sigma_x = 0$ $f_y = 0,4$. Diese Zahl fällt
mit dem Schrägwinkel erst bei sehr kleinen Winkeln ($\sigma = 1°$) ab, was bei
den Hebezeugen selten auftritt.

Die Reibungskraft in Richtung der Hebezeugbewegung schräg zur Schienenrichtung ist

$$T = T_y \sin\ \alpha = F\ f_y \sin\ \alpha \tag{11-18}$$

mit F Laufradlast, f_y Kraftschlußzahl, α Schrägwinkel.

Die Komponente des Fahrwiderstands in Bewegungsrichtung ist

$$W = \mu_w \, F \cos \alpha. \tag{11-19}$$

11.4.3. Gesamtreibungszahl des Hebezeuges in Richtung der Bodenbewegung

Ein Hebezeug sei auf Kranbahnseite von mehreren Laufrädern getragen, von denen ein Teil (n_b) gebremst und ein Teil (n_f) ungebremst ist. Bei gleicher Radlast F_K ist die Gesamtreibungszahl des Hebezeuges in Schienenrichtung

$$\mu_g = \frac{n_b \, F_K \, 0{,}65 + n_f \, F_K \, 0{,}01}{(n_b + n_f) \, F_K} = \frac{0{,}65 \, n_b + 0{,}01 \, n_f}{n_b + n_f} \, . \tag{11-20}$$

Die Gesamtreibungszahl ist in Tabelle 11.1 angegeben.

n	n_b	n_f	μ_g
2	1	1	0,33
4	1	3	0,17
8	2	6	0,17
8	1	7	0,09
2	0	2	0,01

Tabelle 11.1: Gesamtreibungszahl des Hebezeuges in Schienenrichtung; n Anzahl der Laufräder im Kopfträger einer Schienenseite, n_b Anzahl der gebremsten Laufräder, n_f Anzahl der freien Laufräder

11.4.4. Reibungsgrenze bei anderen Fahrwerken

Die Hebezeuge können auch auf luftbereiften Fahrwerken bzw. auf Raupen- oder Schrittfahrwerken beweglich sein. Bei allen diesen Bauarten wird beim Erdbeben das Fahrwerk als gebremst betrachtet. Die Reibungszahl

berücksichtigt die Haftreibung zwischen dem Fahrwerk und seiner Fahr-
sohle und Bodenoberfläche. Es wird mit verschiedenen Rauheitswerten gerechnet, wobei die Reibungszahl zwischen 0,4 und 0,85 zu wählen ist
/11.7/.

11.5. Konstruktionshinweise zur Verminderung seismischer Kräfte

Bei den Hebezeugen, die sich auf Laufrädern bewegen, besteht durch die
Regulierung der Anzahl gebremster und freier Laufräder laut Gl.(11-20)
die Möglichkeit, die Grenze herabzusetzen, die die auf das Hebezeug
übertragbare Bodenbeschleunigung vermindert. Bei acht Laufrädern kann
nach Tabelle 11.2 die Reibungszahl und damit die horizontale seismische
Kraft um 47 % vermindert werden, wenn anstatt zwei nur ein Laufrad gebremst wird. Diese Erkenntnis ist vor allem für in der Halle betriebene
und damit dem Wind nicht ausgesetzte Hebezeuge von Bedeutung. Bei Außerbetriebsetzung sind durch Bremsung von möglichst wenig Laufrädern die
horizontalen Beschleunigungen und über sie auch die seismischen Kräfte
auf ein Mindestmaß zu reduzieren.

μ_g	$\pm x_v$ [cm]	Anmerkung
0,01	1000,0	ungebremst
0,015	300,0	teilweise gebremst
0,09	5,0	–''– –''–
0,17	2,5	–''– –''–
0,33	0,45	–''– –''–
0,65	0,11	vollständig gebremst

Tabelle 11.2: Voraussichtliche Restgleitverschiebung (QWMQ-Werte) des Hebezeuges beim Erdbeben mit Spektraldichte W_0 = 0,07 (m/s^2)^2/Hz (El Centro-Muster) in
Abhängigkeit von der Gesamtreibungszahl des Fahrwerks

Vergleicht man einen Krankopfträger mit 8 Laufrädern, von denen 2 gebremst sind (μ_g = 0,17) mit einem ohne gebremste Räder (μ_g = 0,01), so
ergeben sich 17 mal kleinere seismische Kräfte. Die Reduzierung beträgt

sogar 33-fach bei 2 Rädern in einem Kopfträger, wenn davon eines gebremst wird im Vergleich zu der Ausführung mit ausschließlich frei laufenden Rädern.

Konstruktiv läßt sich das durch Einsatz von **hydraulischen Bremsen** erreichen, die vom Kranführer über ein Fußpedal betätigt werden, jedoch außer
Betrieb immer gelüftet sind.

Bei Kranen im Freien ist das nicht möglich, denn sie müssen laut Vorschrift gegen Abtreiben durch Wind gebremst bzw. verankert werden. Es
ist aber möglich, eine Verankerung zu konstruieren, die erst nach einem Weg wirksam wird, der der maximalen wahrscheinlichen Restgleitverschiebung entspricht. In Tabelle 11.2 sind die Werte der Restgleitverschiebung bei verschiedenen Reibungszahlen angegeben.

Je größer die Reibungszahl, desto kleiner sind die Verschiebungen. Die
Verschiebungen können von der Ruhelage aus nach beiden Seiten auftreten. Deshalb soll man den Kran bei Außerbetriebsetzung so abstellen, daß
er beidseitig Bewegungsfreiheit hat.

Man erkennt, daß dem Konstrukteur durch den starken Einfluß der Gesamtreibungszahl auf die auf den Kran einwirkenden **seismischen Bodenbeschleunigungen** und damit Kräfte erhebliche Möglichkeiten geboten werden,
das Hebezeug zu schonen.

11.6. Berechnungsbeispiel

Beim Rundlaufkran im Kernkraftwerk kommt es bei der Längsbewegung zum
Schlupf zwischen der Kreisbahn und den Laufrädern, die gegen die Richtung der Längsbewegung unter verschiedenen Schrägungswinkeln geneigt
sind (Bild 11.5). Die Schrägungswinkel gegen die Richtung der Längsbe-
wegung betragen: $\alpha_1 = 23{,}293^0$, $\alpha_2 = 19{,}293^0$, $\alpha_3 = 13{,}293^0$, $\alpha_4 = 9{,}293^0$.

Die Gesamtreibungszahl folgt nach Gl.(11-20) mit

$$\mu_g = \frac{2 \cdot 0{,}01 \cos \alpha_4 + 2 \cdot 0{,}4 \sin \alpha_4 + 2 \cdot 0{,}01 \cos \alpha_3}{8} +$$

$$+ \frac{2 \cdot 0{,}4 \sin \alpha_3 + 0{,}01 \cos \alpha_2 + 0{,}4 \sin \alpha_2}{8} +$$

$$+ \frac{0{,}01 \cos \alpha_1 + 0{,}4 \sin \alpha_1 + 2 \cdot 0{,}65}{8} = 0{,}2452.$$

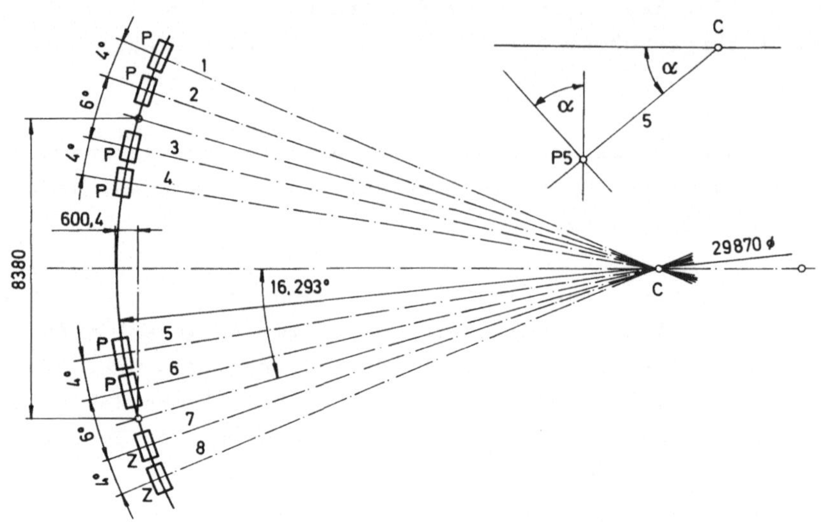

Bild 11.5: Die Anordnung der Laufräder am Rundlaufkran 320 t
in einem 630 MW-Kernkraftwerk

Bei dieser Reibungszahl ist die mittlere relative Verschiebung (mit 99 %
Wahrscheinlichkeit) nach Gl.(11-11) mit der Spektraldichte $W_0 = 0,04$

$$\sigma_x = \left(\frac{5}{32} \cdot \frac{0,04^3 \cdot 25}{0,2452^4 \cdot 9,81^4} \right)^{1/2} = 0,0027 \text{ m}.$$

Die größte wahrscheinliche Verschiebung (W = 0,997) ist

$$\sigma_{max} = 3 \, \sigma_x = 3 \cdot 0,27 = 0,8 \text{ cm}.$$

Wir haben erkannt, daß durch Lüftung der Bremsen die Gesamtreibungszahl
und damit die auf den Kran wirkende horizontale Beschleunigung günstig
beeinflußt werden kann. Sind also alle Bremsen gelüftet, so ergibt sich
nach Gl.(11-20)

$$\mu_g = \frac{2 \cdot 0,01 \cos \alpha_4 + 2 \cdot 0,4 \sin \alpha_4 + 2 \cdot 0,01 \cos \alpha_2}{8} +$$

$$+ \frac{2 \cdot 0,4 \sin \alpha_3 + 2 \cdot 0,01 \cos \alpha_2 + 2 \cdot 0,4 \sin \alpha_2}{8} +$$

$$+ \frac{2 \cdot 0,01 \cos \alpha_1 + 2 \cdot 0,4 \sin \alpha_1}{8} = 0,1213.$$

Durch das Öffnen der Bremsen wird also die Reibung um 51 % verkleinert. Infolge der kleinen Reibungszahl wird die Restgleitverschiebung vergrößert auf

$$\sigma_{max} = 3{,}35 \text{ cm.}$$

Die Restgleitverschiebung vergrößert sich demzufolge um 319 %. Bei der Kranverschiebung ist zu prüfen, ob die Konstruktion solche Verschiebungen zuläßt. Bei einer geraden Kranbahn treten keine Probleme auf, wenn der Kran nur weit genug von den Endbegrenzern abgestellt wird.

Bei einer kreisförmigen Kranbahn wird es bei einer Längsverschiebung zur Anlage der Spurkränze an den Schienenkopf kommen, und zwar zuerst bei den außen liegenden Rädern mit der größten Schrägstellung. Beträgt das Spiel zwischen Spurkranz und Schienenkopf k_1 und die Laufradneigung zur Verschiebungsrichtung α, so wird

$$s = \frac{k_1}{\sin \alpha} \, . \tag{11-21}$$

Mit der Schienenbreite 106 mm, Lauffläche des Rades 160 mm und Möglichkeit der Querverschiebung des Laufrads 27 mm, ist die Verschiebung in Richtung Winkel $\alpha_1 = 23{,}2930$

$$s = \frac{27}{\sin 23{,}293^0} = 68{,}27 \text{ mm.}$$

Das bedeutet, daß sich die maximale relative Verschiebung noch im freien Spielraum befindet, sofern die Bremsen gelüftet sind. Wenn aus dem freien Spielraum die Spektraldichte, die eine solche relative Verschiebung des Kranes verursachen würde, für $\sigma_{max} = 0{,}0683$ m und aus $\sigma_m = 3 \, \sigma_x$ berechnet würde, folgt

$$W_{0 \, max} = 0{,}0643 \, (m/s^2)^2 \text{ Hz.}$$

Diese Spektraldichte ist nahe der des Erdbebens der El Centro-Type (0,070).

In der Praxis ist aber damit zu rechnen, daß einige Räder bereits vor dem Erdbeben mit den Spurkränzen am Schienenkopf anliegen. Hier ist die Möglichkeit der Verminderung der Bodenbeschleunigung durch Ausnutzung des Laufradschlupfes bereits genommen. Man muß also die starre Formschlußverbindung zwischen Laufrad und Unterlage berücksichtigen.

12. Einfluß des Lastpendelns auf horizontale seismische Beanspruchungen

Die horizontale Bodenbeschleunigung regt alle Massen der Hebezeuge zu
Schwingungen an, wobei die Größe des Amplitudenausschlags vor allem von
der Steifigkeit ihrer gegenseitigen Verbindung abhängt. Für jede Masse
können Differentialgleichungen angesetzt werden. Dabei entfallen die Gewichtsmassen, die vertikal zur Richtung der Erregungskraft liegen. Es
lassen sich auch Matrizen von Massen und Steifigkeiten ermitteln, aus
denen die Verschiebungen bzw. die an den Massen angreifenden seismischen
Kräfte zu bestimmen sind. Der Unterschied zwischen beiden Verfahren besteht darin, daß beim ersten der zeitliche Verlauf der Kräfte als Ergebnis vorliegt, während beim zweiten die Ansprechbeschleunigung aus dem
Ansprechspektrum des Einmassensystems, aufgrund des Duhamelschen Integrals dimensionslos bestimmt, zur dynamischen Ausgangsgröße gebraucht
wird.

Bei Hebezeugen verursacht die an den Seilen hängende Last bei Erregung
in Querrichtung nur geringe horizontale Kräfte. Wird die Last durch ein
Führungsgerüst gestützt, wie z.B. bei den Stripper-, Tiefofen-, Pratzen-
oder Großblechkranen, so läßt sich die Steifigkeit dises Gerüstes in horizontaler Richtung bestimmen und in die Rechnung einsetzen. Deshalb
soll der Einfluß der Lastseilaufhängung in horizontaler Richtung auf die
seismischen Kranbelastungen für den Erdbebenfall untersucht werden.

12.1. Lastseilaufhängung als Pendel

Bild 12.1 zeigt das Zweimassensystem des Hebezeuges und der Last an den
Seilen bei Erregung durch eine horizontale Bodenbeschleunigung $\ddot{y}_s$. Die
Verschiebung des Bodens y_s verursacht das Ansprechen des Schwingungssy-
stems in gleicher Richtung. Die Kranmasse m_0 erfährt eine relative Ver-
schiebung u_0, wobei die angreifende seismische Kraft der Steifigkeit des
Kranes c_0 und der relativen Verschiebung proportional ist

$$F_{0h} = u_0 \, c_0 \, \ddot{y}_{mh} \qquad\qquad (12-1)$$

mit $\ddot{y}_{mh}$ die Ansprechbeschleunigung der Bodenbewegung in horizontaler
Richtung. Für die Untersuchung wird $\ddot{y}_{mh} = 1$ g angenommen.

Die Last verschiebt sich um die relative Verschiebung u_2, vorausgesetzt, die Kraft ist der Steifigkeit der Seilaufhängung und der relativen Verschiebung proportional

$$F_{2h} = (u_2 - u_0) \, c_0 \, \ddot{y}_{mh}. \tag{12-2}$$

Die Steifigkeit des frei hängenden Seiles kann nicht bestimmt werden. Als punktförmig angenommen hängt die Last am Seil, dessen Masse gegenüber der Lastmasse praktisch Null ist. Wenn diese Aufhängung als Pendel betrachtet wird, muß die Last als eine ausdehnungsmäßig unendlich kleine punktförmig konzentrierte Pendelmasse an einem gewichtslosen Faden d.h. als ein sog. mathematisches Pendel behandelt werden (Bild 12.2).

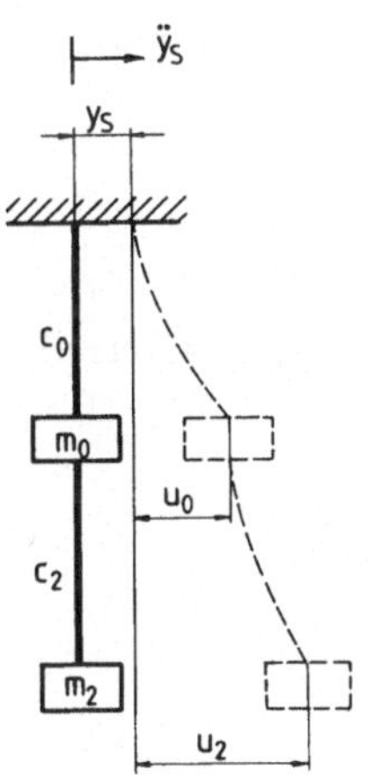

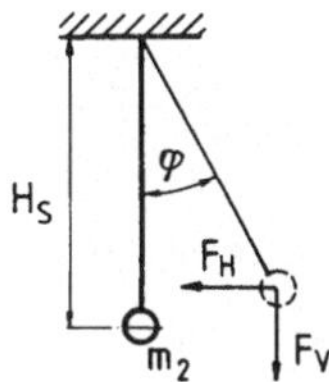

Bild 12.1: Zweimassensystem bei horizontaler Bodenbeschleunigung

Bild 12.2: Mathematisches Pendel

Die an diesem Pendel angreifenden Kräfte sind:

$$F_H = m_2 \, H_S \, (\dot{\omega} \cos \phi + H_S \, \omega^2 \cos \phi), \tag{12-3}$$

$$F_V = m_2 \, (H_S \, \dot{\omega} \sin \phi + H_S \, \omega^2 \cos \phi + g) \tag{12-4}$$

mit $\dot{\omega}$ Winkelbeschleunigung, ω Winkelgeschwindigkeit ($\omega = \dot{\phi}$), H_S freie Seillänge. Da das Pendel, um die Bewegung einzuleiten, einen Anfangsausschlag ϕ_0 und Anfangsgeschwindigkeit $\dot{\phi}_0$ haben muß, folgt

$$\ddot{\phi} = \dot{\omega} = \frac{g}{H_S} \sin \phi \qquad (12\text{-}5)$$

und

$$\omega^2 = \omega_0^2 + \frac{2}{H_S}\frac{g}{} (\cos \phi - \cos \phi_0). \qquad (12\text{-}6)$$

Diese Ausdrücke in Gl.(12-3) eingesetzt (die vertikale Kraft interessiert uns nicht), folgt

$$F_H = m_2 H_S \left\{ \frac{g}{H_S} \sin \phi \cos \phi - \left[\omega_0^2 + \frac{2}{H_S}\frac{g}{} (\cos \phi - \cos \phi_0) \right] \sin \phi \right\}$$
$$(12\text{-}7)$$

Da am Anfang des Erdbebens $\omega_0 = 0$ und $\phi_0 = 0$, folgt die horizontale Kraft mit

$$F_H = m_2 g \sin \phi \cos \phi. \qquad (12\text{-}8)$$

Nach der Definition ist der Steifigkeitsbeiwert gleich der Kraft bei der Verschiebung der Masse m_2 gleich 1. Damit ist

$$\tan \phi = 1/H_S. \qquad (12\text{-}9)$$

Setzt man diesen Ausdruck in Gl.(12-8) ein, wobei wegen der kleineren Ausschläge $\phi(t)$ der Sinus des - im Bogenmaß gemessenen - Winkels durch den Winkel selbst ersetzt wird, folgt

$$c_2 = F_{H1} = \frac{m_2\ g}{H_S}. \qquad (12\text{-}10)$$

Daraus kann die Eigenfrequenz des Pendels bestimmt werden

$$\omega^2 = \frac{c_2}{m_2} = \frac{m_2\ g}{H_S\ m_2} = \frac{g}{H_S} \qquad (12\text{-}11)$$

mit g Erdbeschleunigung in m/s^2, H_S freie Seillänge in m.

Die Differentialgleichung lautet

$$\ddot{\phi}(t) + \omega^2\ \phi(t) = 0. \qquad (12\text{-}12)$$

12.2. Erörterung des Seileinflusses

Die Last kommt praktisch niemals näher als 2 m an die Seiltrommel her-
an, während die Länge des freien Seiles unbegrenzt ist. Bei den Brü-
cken- und Portalkranen beträgt die Seilhöhe H_S zwischen 25 und 10 m.
Dabei sind die Eigenfrequenzen der Last nach Gl.(12-11) in Tabelle 12.1
ersichtlich.

H_S [m]	2	4	6	10	16	32
ω [s^{-1}]	2,21	1,57	1,28	0,99	0,78	0,55
f [Hz]	0,35	0,25	0,20	0,16	0,12	0,09

Tabelle 12.1: Eigenfrequenzen der Lastseilaufhängung in
horizontaler Richtung

Die größte, praktisch vorkommende Eigenfrequenz ist 0,35 Hz. Die
Schwingzeiten der Seilaufhängung sind groß, die kürzeste ist 2,86 s.

Wenn die Steifigkeit der Lastseilaufhängung in die Gleichung der Kreis-
eigenfrequenz des Zweimassensystems (die Ableitung siehe im Kapitel 14)
eingesetzt wird, folgt

$$\omega_{1,2}^2 = \frac{1}{2}\left[\frac{g}{H_S}\left(1 + \frac{m_2}{m_0}\right) + \frac{c_0}{m_0} \pm \left[\left\{\frac{1}{2}\left[\frac{g}{H_S}\left(1 + \frac{m_2}{m_0}\right) + \frac{c_0}{m_0}\right]\right\}^2 - \frac{c_0\,g}{m_0\,H_S}\right]^{1/2}\right].$$

$$(12\text{-}13)$$

Das Glied c_0/m_0 nimmt bei Brückenkranen Werte zwischen 60 und 140 an,
während m_2/m_0 etwa 1 bis 3 und $g/H_S \approx 1$ ist. Die Analyse zeigt, daß die
Eigenfrequenz der Grundschwingung noch kleiner als die oben angeführten
Werte ist, während die Oberschwingung größer wird als beim Einmassensystem des Kranes ohne Last ($\omega_2^2 = c_0/m_0$).

Aus diesen Werten ist ersichtlich, daß die horizontale, an der Last angreifende Kraft, sehr klein ist. Zudem muß auch der Anteil der Ansprechbeschleunigung, der die Kraft beeinflußt, aus dem Ansprechspektrum in
Abhängigkeit von der Eigenfrequenz abgeschätzt werden. Das charakteri-

stische Spektrum der horizontalen Bodenbeschleunigung im Bild 5.4 zeigt, daß unter 0,3 Hz der Anteil der Bodenbeschleunigung verschwindet. Das heißt, daß die Last wegen ihrer sehr langen Schwingzeiten auf den Erdbebenwellen reitet und überhaupt nicht auf die Erregung anspricht.

Das führt zu dem Schluß, daß die an den Seilen frei hängende Last aus der seismischen Analyse in horizontaler Richtung ausgeschlossen werden kann.

Diese Feststellung ist nur für frei pendelnde Aufhängungen gültig. Wenn die Last an den Seilen im Raum so aufgehängt wird, daß sie nicht pendeln und sogar horizontale Kräfte übertragen kann, wird sie mit entsprechender Steifigkeit in die Rechnung einbezogen und die auf sie wirkenden Kräfte werden nach der Schwingungsanalyse auf dieselbe Weise wie für die vertikale Richtung bestimmt.

13. Erörterung der Berechnung durch zeitliche Verläufe

Bei der Berechnung mit Differentialgleichungen der Bodenbewegung mit
simulierten Sinuswellen wird die Aussagefähigkeit des Vergleichs von
mehreren Konstruktionsveränderlichen durch die Annahme beeinträchtigt,
daß die Eingangsamplitude der Bodenbeschleunigung in allen Fällen konstant ist. Das trifft aber nicht zu, da sich im Erdbebenspektrum die
Beschleunigungen in Abhängigkeit von der Frequenz ähnlich einer Gauß'-
schen Verteilung verändern und das Maximum in einem engen Band bei charakteristischen Frequenzen bzw. Schwingzeiten erreicht wird. Es kann
deshalb nicht vorausgesetzt werden, daß die Bodenbeschleunigung $\ddot{y}_{s0}$ bei
extremen geometrischen Vergleichsbeispielen, die ja erwartungsgemäß
auch extrem verschiedene Eigenfrequenzen haben, konstante Größe annehmen wird. Das ist deshalb bei allen Erörterungen stets zu berücksichtigen. Es wäre daher notwendig, in die allgemeine dimensionslose Form der
Bewegungsgleichung eine standardisierte Form des Beschleunigungsspekt-
rums einzubauen. Eine solche Analyse würde nur für die Vertiefung der
Optimierungsverhältnisse nützlich sein, hätte aber sonst keinen brauch-
baren Nutzen, denn das Bodenspektrum ist von der Frequenz abhängig, und
sie wiederum von vielen Parametern, wie im Kapitel 8 über Eigenfrequenzen der Hebezeuge erläutert ist. Eine derartige Berechnungsweise wird
für die Konstruktionspraxis zu kompliziert und ist schlecht überschau-
bar. Zu diesem Zweck wird die spektrale Methode, die mit den Ansprechbeschleunigungen des Schwingers mit einem Freiheitsgrad in Form von ge-
normten Ansprechspektren zur Berechnung der Systeme mit mehreren Freiheitsgraden benutzt wird, für die Konstruktionsberechnungen viel prak-
tischer. Sie erlaubt auch die Ausführung von Optimierungsvergleichen.
Ihre Ergebnisse müßen jedoch mit denen der wirklichkeitsähnlichen Methode mit der simulierten Bodenbewegung geprüft und angepaßt werden.
Dabei geht ntürlich eine physikalische Berechtigung der Ansätze verloren, sie läßt sich eher als empirisch ansehen und mit Erfahrungswerten
vergleichen. Es wird aber mit ihr ein hoher Grad der Zuverlässigkeit
erreicht.

Bei der Betrachtung der Hebezeuge zeigt sich ihre Besonderheit gegenüber anderen Maschinenanlagen, indem ein Teil der Arbeitsmasse an einem Zugelement hängt. Es kann aus Seilen, Ketten oder anderen Glieder-
elementen bestehen. Jedoch ist allen diesen Elementen gemeinsam, daß
sie nur Zug übertragen. Es sind auch starre turmartige Verbindungen
zwischen der Nutzlast und der Tragkonstruktion bekannt, die schwingungs-

technisch keine Schwierigkeiten bereiten. Daher muß die Rolle dieser Verbindung bei verschiedenen Erdbebenbeschleunigungen analysiert werden. Am besten wählt man ein starres Modell, das einfach zu berechnen ist.

Für das Hebezeug kennzeichnende Merkmale sind: das Verhältnis der Massen, das Verhältnis ihrer Steifigkeiten und die charakteristische Durchbiegung, mit der das System in einem Belastungspunkt einwandfrei identifiziert ist. Seismische Kräfte, die bei einem Normerdbeben auf das Hebezeug mit der spektralen Ansprechbeschleunigung von 1 g einwirken, müssen als Funktion dieser Veränderlichen in der ganzen Vielfältigkeit ihrer Kombinationen beschrieben werden.

Paßt man eine einfachere Berechnungsart an alle Besonderheiten der wirklichen Umstände an, so kann ein genauer Einklang nicht gefordert werden. Es genügt, wenn bei der Korrelation die Grundtendenzen übereinstimmen, die Werte sich aber bis zu 30 % unterscheiden können. Beim Erdbebenvorgang sind noch viel größere Abweichungen zu erwarten. Die Unterschiede bis zu einer Größenordnung sind noch befriedigend.

Es ist zweckmäßig, eine Methode mit dimensionslosen Beiwerten zu erfinden, die mit den Massen vervielfältigt, die Erdbebenkräfte ergeben. Diese Beiwerte müssen bei mehreren Kombinationen der Massen und Steifigkeiten unverkennbar und charakteristisch sein, das heißt, sie müssen in einem Diagramm, in dem alle Parameter auftreten, stetige Kurven darstellen.

Die Methode mit den Beiwerten ist die einzige Berechnungsweise, die in die Vorschriften, Normen oder Bemessungsregeln aufgenommen werden kann.

14. Berechnung mit seismischen Kraftbeiwerten aufgrund des Ansprechspektrums

Für die Berechnungspraxis bei der Konstruktion sind einfache und überschaubare Methoden beliebt. Die Methode mit der numerischen Auswertung von Differentialgleichungen ist sehr aufwendig. Wir wollen daher eine andere Methode für die Konstruktionspraxis entwickeln.

Bei den Berechnungen des Beanspruchungszustands und ihres Genauigkeitsgrades muß der Zufälligkeitscharakter der Eingangsgrößen berücksichtigt werden: Alle diese Angaben sind wahrscheinlichkeitsbehaftet und weisen keine genauen Grenzen aus, sondern bezeichnen nur die Bereiche, in denen sich die Erdbebenintensität und ihre Parameter: Geschwindigkeit, Verschiebung und Beschleunigung ungefähr befinden. Auch der Vergrößerungsbeiwert hängt, wie gezeigt, vom Resonanzzustand ab. Er wird von der Dämpfung beeinflußt, über die nur sehr wenige analytische wie experimentelle Angaben von Hebezeugen vorliegen, nicht nur bezüglich der Amplitude, sondern auch der Länge der Wellenfolge, die aber wiederum die größte Amplitude besonders der Beschleunigung bestimmt. Deshalb soll bei der Suche nach einfachen, nicht zeitraubenden Methoden vom Ansprechbeschleunigungsspektrum des Einmassensystems ausgegangen werden.

Nachstehend wird versucht, ein allgemeingültiges Berechnungsmodell mit Konstruktionsparametern für alle Arten von Hebezeugen zu entwerfen und eine Übersicht über ihren Einfluß auf die Größe der seismischen Spannungen zu bieten.

Bei der Berechnung seismischer Beanspruchungen kommen folgende acht Parameter vor:

m_0 auf den Aufhängepunkt der Last reduzierte Hebezeugmasse,
m_2 Nutzlastmasse mit dem Traglastmittel (Hakenflasche oder Greifer),
c_0 Federkonstante des Hebezeuges in vertikaler Richtung,
c_2 Federkonstante der Tragseile,
I_x, I_y axiale Flächenträgheitsmomente des Kranes,
S seismische Kraft in den Seilen,
F_s seismische Kraft am Kran.

Mit Hilfe dimensionsloser Größen wird die Anzahl auf fünf reduziert. Beim Ansatz der Verhältnisse geht man von folgenden Vereinfachungen aus:

Das tragende Teil des Kranes hat konstanten Querschnitt. Das Beschleunigungsspektrum hat eine lineare Charakteristik. Die Dämpfung im Kran
und in den Seilen wird vernachlässigt. Jedoch berücksichtigt das seismische Spektrum die Dämpfung.

14.1. Allgemeingültige Energiegleichung für die senkrechte Richtung

Bild 14.1 zeigt ein Zweimassen-Schwingungssystem. Die eine Masse ist
die des Kranes, reduziert auf den Lastaufhängepunkt, die zweite ist die
Masse der Last mit dem Lastaufnahmemittel. Die Eigenfrequenz und die Amplituden werden mit Hilfe der Lagrangeschen Gleichung bestimmt

$$m_0 \ddot{u}_0 + c_0 u_0 - c_2 (u_2 - u_0) = F(t)$$
$$m_2 \ddot{u}_0 + c_2 (u_2 - u_0) = F(t)$$

$$(14-1)$$

mit u_0, u_2 relative Verschiebungen ($u_0 = x_0 - y_s$), $F(t)$ zeitlicher Verlauf der erregenden Kraft.

Wenn die Relativverschiebungen u mit a_n (sin ω_n t) und $\ddot{u} = - a_n \omega_n^2 \cdot$
$\cdot$ sin ω_n t ersetzt werden, folgt für die Bestimmung der Eigenfrequenz

$$- m_0 a_0 \omega_n^2 + a_0 c_0 - c_2 a_2 + c_2 a_0 = 0,$$
$$- m_2 a_2 \omega_n^2 + c_2 a_2 - c_2 a_2 = 0.$$

$$(14-2)$$

Nach dem Gleichstellen der Determinante mit Null

$$\begin{vmatrix} (- m_0 \omega_n^2 + c_0 + c_2) & - c_2 \\ - c_2 & (- m_2 \omega_n^2 + c_2) \end{vmatrix}$$

$$(14-3)$$

folgt der Ausdruck

$$\omega_n^4 m_0 m_2 - \omega_n^2 \left[c_0 m_2 + c_2 (m_0 + m_2) \right] + c_0 c_2 = 0$$

$$(14-4)$$

und daraus die Eigenfrequenz des Systems

$$\omega_n^2 = B \pm \left(B^2 - \frac{c_0 c_2}{m_0 m_2} \right)^{1/2}$$

$$(14-5)$$

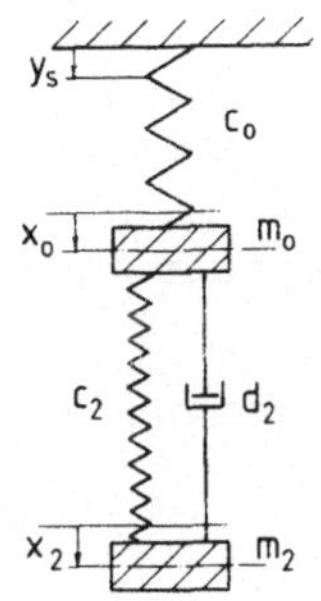

Bild 14.1: Seismisches Ersatzsystem des Kranes mit einer Last (x_0, x_2 Wegkoordinaten der Massen m_0, m_2; d_a Dämpfung)

mit

$$B = \frac{m_2 \, (c_0 + c_2) + m_0 \, c_2}{2 \, m_0 \, m_2} \, . \qquad (14-6)$$

Wenn dieser Ausdruck in Gl.(14-2) eingesetzt wird, folgt

$$a_2 = - a_0 \, \frac{m_0 \, \omega_n^2 - c_0 - c_2}{c_2} \, . \qquad (14-7)$$

Mit diesem Ausdruck ergeben sich die Amplituden: $u_0 = A_1$ und

$$u_2 = - A_1 \, \frac{\omega_n^2 \, m_0 - c_0 - c_2}{c_2} = - A_1 \, D \, . \qquad (14-8)$$

Diese Ausdrücke führen zur kinetischen und potentiellen Energie

$$K = \frac{1}{2} \, m_0 \, \dot{A}_1^2 + \frac{1}{2} \, m_2 \, \dot{A}_1^2 \, D^2 \, , \qquad (14-9)$$

$$U = \frac{1}{2} \, c_0 \, A_1^2 + \frac{1}{2} \, c_2 \, (- A_1 \, D - A_1)^2 \, . \qquad (14-10)$$

Die Arbeit der äusseren Kräfte ist

$$W_e = m_0 \, A_1 - m_2 \, A_1 \, D \, . \qquad (14-11)$$

Mit diesen Ausdrücken lautet die Lagrangesche Gleichung

$$\ddot{A}_1 + A_1 \, \frac{c_0 + c_2 \, (1 + D)^2}{m_0 + m_2 \, D^2} = - \frac{m_0 - m_2 \, D}{m_0 + m_2 \, D^2} \, \ddot{y}_{s0} \, f(t) \, . \qquad (14-12)$$

Daraus folgt die statische Wellenamplitude

$$A_{1\,ST} = - \frac{m_0 - m_2\, D}{c_0 + c_2\,(1 + D)^2}\,\ddot{y}_m \tag{14-13}$$

mit $\ddot{y}_m$ absolute Ansprechbeschleunigung aus dem Ansprechspektrum.

Um die verallgemeinerte Form der Ausdrücke zu bekommen, werden folgende dimensionslose Größen eingeführt:

Masse $n_0 = m_2/m_0$, Federkonstante $c = c_0/c_2$, Verschiebung $\phi_0 = f_0/l = m_0/(c_0 l)$ (f_0 Verschiebung der Feder c_0 unter der Eigenlast, l Spannweite des Kranes, g Fallbeschleunigung), Kraft in den Seilen

$$s = c_2\, u_2/(m_2\, g), \tag{14-14}$$

Kraft im Kran $r = c_0\, u_0/(m_0\, g)$, (u_0, u_2 Amplituden der Massen m_0, m_2), Beschleunigung $\ddot{Y}_m = \ddot{y}_m/g$, $\ddot{Y}_{s0} = \ddot{y}_{s0}/g$ ($\ddot{Y}_m$ absolute Beschleunigungszahl, $\ddot{y}_m$ absolute seismische Ansprechbeschleunigung in vertikaler Richtung, $\ddot{Y}_{s0}$ relative Bodenbeschleunigungszahl, $\ddot{y}_{s0}$ relative seismische Anfangsbodenbeschleunigung), Amplitude $Y_0 = u_0/l$, $Y_2 = u_2/l$ (Y_0, Y_2 Amplitudenzahl der Massen m_0, m_2).

Aus obigen Größen können folgende Verhältnisse abgeleitet werden:

$$\frac{c_0}{m_0} = \frac{g}{f_0}, \quad \frac{c_2}{m_0} = \frac{g}{f_0\,c}, \quad \frac{c_2}{m_2} = \frac{g}{f_1}, \quad \frac{c_0}{m_2} = \frac{c\,g}{f_1}, \quad f_1 = c\,n_0\,f_0.$$

Mit Hilfe dieser dimensionslosen Größen folgen die statische Verschiebung

$$A_{1\,ST} = - \frac{f_1}{g} \cdot \frac{(1/n_0 - D)}{c + (1 + D)^2}\,\ddot{y}_m\,, \tag{14-15}$$

wobei

$$D = c\,(F - 1) - 1 \tag{14-16}$$

und

$$F = \frac{1}{2}\left\{ \frac{1 + c + 1/n_0}{c} \pm \left[\left(\frac{1 + c + 1/n_0}{c}\right)^2 - \frac{4}{n_0\,c} \right]^{1/2} \right\} \tag{14-17}$$

(ω_1 Eigenfrequenz) sowie die Amplituden

$$u_2 = - A_1 \; {}_{ST} \; D \; \ddot{Y}_m \; g \qquad\qquad (14\text{-}18)$$

und

$$u_0 = A_1 \; {}_{ST} \; \ddot{Y}_m \; g. \qquad\qquad (14\text{-}19)$$

14.2. Seismische Kraftbeiwerte

Aus den Amplituden können die dimensionslose Kraft im Kran (in der Feder c_0)

$$r = - \frac{c \; n_0 \; (1/n_0 - D)}{c + (1 + D)^2} \; \ddot{y}_m / g \qquad\qquad (14\text{-}20)$$

und die dimensionslose Kraft in den Seilen

$$s = \frac{(1/n_0 - D)\;(1 + D)}{c + (1 + D)^2} \; \ddot{y}_m / g \qquad\qquad (14\text{-}21)$$

berechnet werden. Dabei wird nur die Grundschwingung berücksichtigt, da die zweite Welle besonders bei den Brückenkranen vernachlässigbar klein ist.

Die seismische Kraft in vertikaler Richtung im Kran ergibt damit

$$K_v = r \; m_0 \; g \qquad\qquad (14\text{-}22)$$

und in der Seilaufhängung

$$S = s \; m_2 \; g. \qquad\qquad (14\text{-}23)$$

Auf diese Weise kann ein allgemeiner Verlauf der seismischen Kräfte und Spannungen in Abhängigkeit von den drei Parametern n_0, c und ϕ_0 bestimmt werden. Amplituden, Kräfte und Spannungen sind der absoluten Beschleunigung proportional. Zu bemerken ist, daß sich die absolute Ansprechbeschleunigung noch immer auf ein Einmassen-System bezieht. Damit ist zunächst ein Überblick über den Verlauf der Kraftbeiwerte möglich.

Für die vertikale Richtung beträgt die seismische Biegespannung im Kran

$$\sigma_{sv} = \frac{r \; m_0 \; g \; l}{4 \; W_x} = r \; \sigma_{0v} \qquad\qquad (14\text{-}24)$$

mit σ_{0v} Spannung unter der Kraneigenlast m_0 in vertikaler Richtung, W_x
Widerstandsmoment in vertikaler Richtung. Die dimensionslosen Kraftbeiwerte r und s hängen von der Durchbiegung nicht ab, während die Werte
der Amplituden proportional sind. Bild 14.2 zeigt die Abhängigkeit der
Beiwerte r und s vom Massenverhältnis n_0 bei verschiedenen Steifigkeits-
verhältnissen c. Je größer die Last, desto größer wird die seismische
Kraft im Kran. Sie nimmt ab mit wachsender Steifigkeit des Kranes im
Verhältnis zur Steifigkeit der Seilaufhängung. Bei unbelastetem Kran
($n_0 \to 0$) nähert sich der Kraftbeiwert im Kran und im Seil dem Wert 1.
In diesem Punkt geht das System in eine Masse über.

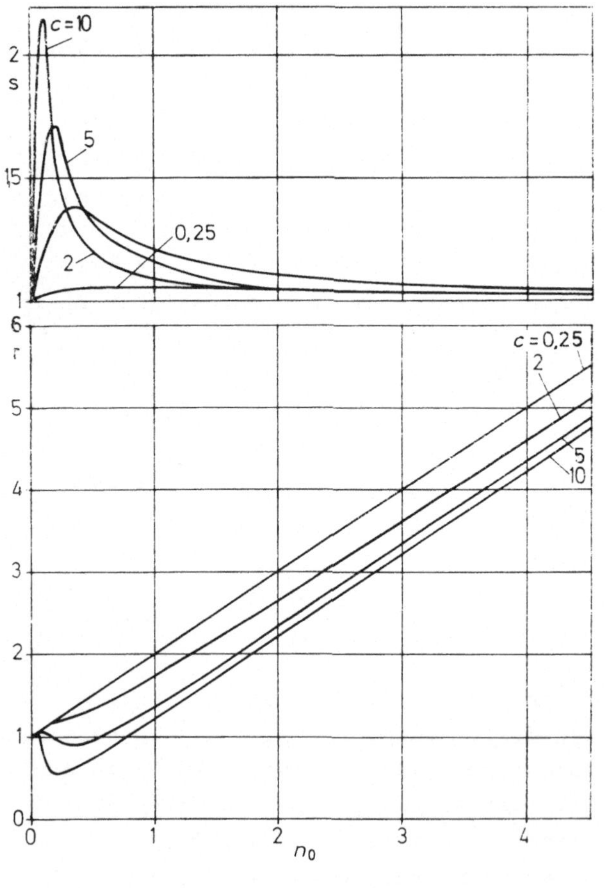

Bild 14.2: Seismische Kraftbeiwerte im Kran
(r) und in den
Seilen (s) in Ab-
hängigkeit vom
Massenverhältnis
n_0 bei verschiede-
nen Steifigkeits-
verhältnissen c
für vertikale Rich-
tung bei $\ddot{y}_m/g = 1$

$$\omega_1^2 = c_0/m_0, \qquad\qquad\qquad\qquad (14\text{-}25)$$

$$u_0 = -\frac{\ddot{y}_m}{\omega_1^2} = -\frac{\ddot{y}_m\, m_0}{c_0} = -\left|\frac{m_0\, g}{c_0}\right|_{(\ddot{y}_m\, =\, g)}, \qquad (14\text{-}26)$$

$$r = \frac{u_0 \, c_0}{m_0 \, g} = \frac{m_0 \, g \, c_0}{c_0 \, m_0 \, g} = \left. 1 \right|_{\ddot{y}_m = g} \cdot \qquad (14\text{-}27)$$

Der Kraftbeiwert s in den Seilen vergrößert sich mit steigendem Verhältnis n_0, wobei ein Maximum im Bereich $0{,}07 < n_0 < 0{,}6$ erreicht wird. Der
Beiwert steigt mit wachsendem Verhältnis von Kran- zu Seilsteifigkeit.
Die Werte beziehen sich auf die absolute Beschleunigung $\ddot{y}_m/g = 1$. Für
andere Beschleunigungen ändern sich die Kraftbeiwerte proportional. Für
Verhältnisse mit sehr kleinen Massen, die in der Praxis häufig vorkommen (bei Lastaufhängemitteln ohne Last), gibt Bild 14.3 einen Überblick.

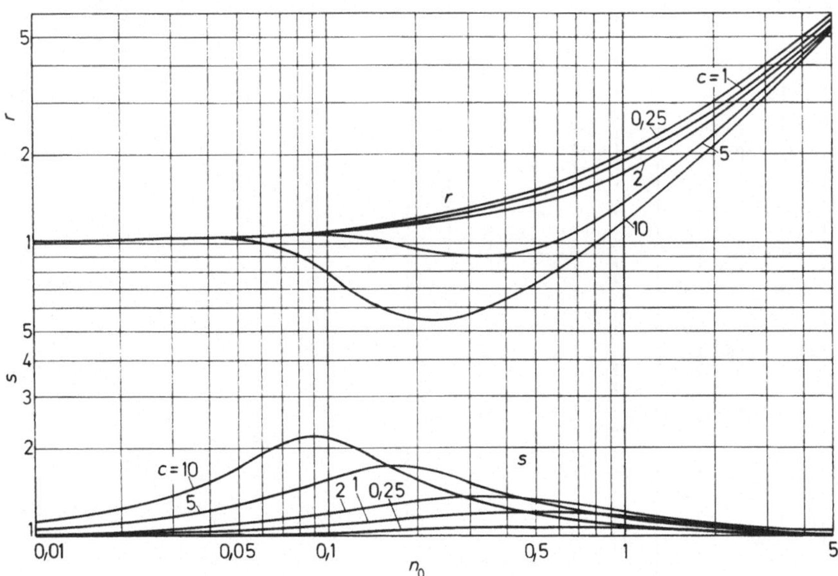

Bild 14.3: Seismische Kraftbeiwerte im Kran (r) und in den Sei-
          len (s) für vertikale Richtung bei sehr kleinen Mas-
          senverhältnissen n_0

Bild 14.4 zeigt den Verlauf der Kraftbeiwerte r und s, der Amplituden
des Kranes $(y_0 = u_0)$ und der Seilaufhängung $(y_2 = u_2 - u_0)$ sowie der
Eigenfrequenz f_1 des Kranes in Abhängigkeit vom Steifigkeitsverhältnis
c bei der Beschleunigung $\ddot{y}_m/g = 1$. Die Amplitude im Seil vergrößert sich
fast linear mit fallender Federkonstante der Seilaufhängung, während die

Amplitude des Kranes beinahe konstant bleibt. Der Kraftbeiwert im Kran
nimmt mit der Steifigkeit ab, im Seil bleiben seine Werte nahezu gleich
groß, wobei ein Maximum bei c = 2 erreicht wird. Die Kraft im Kran verringert sich ebenso wie die Eigenfrequenz. Die Werte beziehen sich auf
das Massenverhältnis n_0 = 1 bei der Durchbiegung 1/4000.

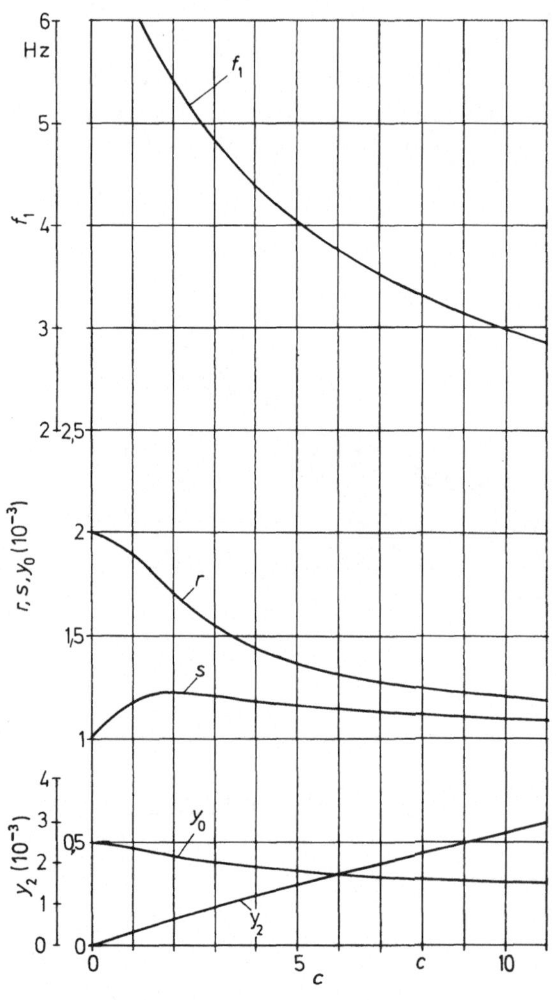

Bild 14.4: Kraftbeiwerte im Kran (r) und in den Seilen (s), Amplitude im Kran (y_0 = u_0) und in den Seilen (y_s = u_2 - u_0) sowie Kraneigenfrequenz f_1 in Abhängigkeit vom Steifigkeitsverhältnis c; f_0/l = 1/4000, n_0 = m_2/m_0 = 1,0, $\ddot{y}_m/g$ = 1,0

Bild 14.5 zeigt den Verlauf der Kraftbeiwerte im Kran r und in den Seilen s in Abhängigkeit vom Steifigkeitsverhältnis c für kleine Massenverhältnisse n_0 = 0,1 (wichtig für die Fälle ohne Last am Lastaufnahmemittel). Die Werte beziehen sich auf die Beschleunigung $\ddot{y}_m/g$ = 1. Ersichtlich ist, daß der Kraftbeiwert im Kran den Wert 1,1 erreicht und danach
mit steigendem Steifigkeitsverhältnis abnimmt, während der Kraftbeiwert
im Seil zunimmt bis zum Steifigkeitsverhältnis c = 11, wo sein Höchst-

wert mit 2,15 erreicht wird, um danach wieder abzufallen. Bei sehr steifen Kranen und weichen Seilaufhängungen können deshalb die Sicherheits-
verhältnisse in den Seilen bei größeren seismischen Beschleunigungen
kritisch werden. Diese Fälle treten auf bei Hebezeugen mit großen Eigenmassen im Verhältnis zu Nutzlastmassen, d.h. bei großen Spannweiten.

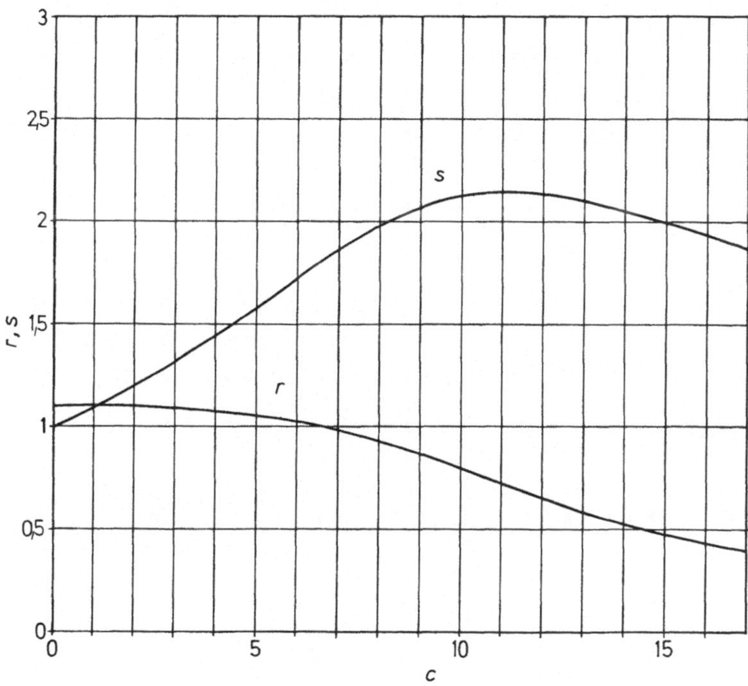

Bild 14.5: Verlauf der Kraftbeiwerte im Kran (r) und in den Sei-
           len (s) in Abhängigkeit vom Steifigkeitsverhältnis c
           beim Massenverhältnis $n_0 = 0,1$, $\ddot{y}_m/g = 1,0$

Der Vergleich der seismischen Kraftbeiwerte im Kran mit den Werten für
einseitige Seilfederwirkung im Kapitel 9 zeigt, daß dort die Tendenz entgegengesetzt ist: bei kleineren Steifigkeitsverhältnissen sinken die
Kraftbeiwerte ab. Die Unterschiede sind aber nur gering, denn die Seil-
wirkung verringert generell die seismischen Kräfte im Kran.

Beim Kraftbeiwert im Seil sind die Unterschiede größer, und zwar begrenzt auf den Bereich kleinerer Massenverhältnisse. Hierunter versteht man Teillasten, bei denen aber größere Steifigkeitsverhältnisse vorherrschen, wodurch die Unterschiede wiederum verschwinden.

Aus diesen Gründen können seismische Kraftbeiwerte, die von den Ansprechspektren ausgehen, als zuverlässig genug angenommen werden. Die Spannungen im Kran ergeben sich, indem man die Spannungen infolge der Kraneigenlasten m_0 mit dem Kraftbeiwert r und die Spannungen infolge der Nutzlast m_2 im Seil mit dem Kraftbeiwert s multipliziert. Auf dieselbe Weise können auch seismische Biegemomente und Querkräfte bestimmt werden.

14.3. Seismische Kräfte und Spannungen in horizontaler Richtung

Vorausgesetzt wird, daß die an Seilen hängende Nutzlast in horizontaler Richtung nicht den seismischen Kräften ausgesetzt ist. Deshalb existiert in horizontaler Richtung ein Einmassensystem mit der Eigenfrequenz

$$\omega_{1h} = \sqrt{c_0'/m_0} \tag{14-28}$$

(c_0' Federkonstante des Kranes in horizontaler Richtung) und der Amplitude

$$u_{0h} = \ddot{y}_{mh}/\omega_{1h}^2 = \ddot{y}_{mh}\, m_0/c_0' \tag{14-29}$$

mit $\ddot{y}_{mh}$ absolute seismische Ansprechbeschleunigung aus dem Ansprechspektrum in horizontaler Richtung infolge der Masse m_0 (ohne Nutzlast), ω_{1h} Eigenfrequenz in horizontaler Richtung. Die seismische Kraft im Kran in horizontaler Richtung ist

$$K_h = h\, m_0\, g \tag{14-30}$$

mit m_0 auf diskreten Punkt reduzierte Kranmasse, $h = \ddot{y}_{mh}/g$ dimensionsloser horizontaler seismischer Kraftbeiwert.

Die seismische Biegespannung in horizontaler Richtung ist

$$\sigma_{sh} = h\, q\, \sigma_{0v} \tag{14-31}$$

mit $q = W_x/W_y$ (Verhältnis der Widerstandsmomente in vertikaler und horizontaler Richtung) und σ_{0v} vertikale Biegespannung infolge der Kranmasse m_0.

Die gesamte seismische Spannung folgt aus der Summe der Spannungen in beiden Richtungen

$$\sigma_{sg} = \sigma_{0v} \ (r + h \ q). \qquad\qquad (14-32)$$

Es ist ersichtlich, daß die Gesamtspannung vom Kraftbeiwert im Kran in vertikaler Richtung abhängt und vom Verhältnis der Widerstandsmomente des Krantragelements in vertikaler und horizontaler Richtung.

Dabei wurden einige Vereinfachungen vorgenommen. Die absolute Beschleunigung in horizontaler und vertikaler Richtung ist nämlich nicht immer identisch, da die Eigenfrequenzen in beiden Richtungen verschieden sind. Das bezieht sich natürlich nur auf Beschleunigungsansprechspektren in Form einer Potenzkurve und nicht für Fälle linearer konstanter Beschleunigung.

Außerdem gilt bei horizontalen Kräften die Beschleunigung $\ddot{y}_{mh}$ nur bei Kranen, die fest mit der Unterlage verbunden sind. Wenn die Laufräder gleiten können oder der Kran nicht gebremst ist (in Innenräumen), wird die relative Bodenbeschleunigung mit dem Wert $\mu \ g$ begrenzt (μ Reibungszahl des Kranes auf der Kranbahn). Die größte absolute Beschleunigung wird in diesem Fall $\ddot{y}_{mh} < \mu \ g \ \alpha$ (α Beschleunigungsvergrößerung infolge seismischer Schwingung). Da die absolute Beschleunigung bei großen Frequenzen in die relative seismische Beschleunigung $\ddot{y}_{s0}$ übergeht ($\alpha = 1$), wird die reduzierte absolute Beschleunigung mit dem Verhältnis zwischen $\ddot{y}_{s0}$ und $\mu \ g$ bestimmt.

Fallanalysen zeigen, daß seismische Spannungen hohe Werte erreichen können. Im Fall $\ddot{y}_m = 3,5 \ g$, $r = 1,1$ (ohne Nutzlast), $q = 3$ erreicht die seismische Gesamtspannung den Wert der 12,43 fachen Spannung infolge der Eigenlast. Wenn die Gesamtspannungen unter 90 % der Fließspannung in Höhe von 23 kN/cm^2 bleiben sollen, muß die Spannung infolge der Eigenlast kleiner sein als

$$\sigma_{0v} = \frac{0,90 \cdot 23}{12,43 + 1} = 1,54 \ kN/cm^2.$$

Da die Eigenlastspannungen üblicherweise Werte zwischen 2,5 und 5 kN/cm^2 erreichen, wird deutlich, wie gefährlich seismische Spannungen sein können. Wenn das Widerstandsmoment in horizontaler Richtung vergrößert wird, so daß q = 1,5, können die Eigenspannungen größer sein, nämlich σ_{0v} = 2,53 kN/cm^2.

Die Spannungen in horizontaler Richtung beziehen sich auf den frei aufliegenden Träger, was meistens zutrifft. Liegt eine starke Endeinspannung vor, kann man die horizontale Spannung reduzieren, näherungsweise mit dem Faktor 1 - 0,5 (I_e/I), wobei I_e das Trägheitsmoment der Endeinspannung ist.

14.4. Destabilisierungskräfte

Schwingt ein Kran aufgrund von Bodenbewegungen, so entstehen in den Massen seismische Kräfte, die wechselweise auf- und abwärts wirken. Werden diese Kräfte größer als die Eigengewichtsmassen, so kann es zu einer Entgleisung des Kranes bzw. der Katze oder sogar zum Umkippen führen. Ausreichend dimensionierte Stabilisierungsvorrichtungen am Kran können diese Destabilisierungskräfte abfangen.

Der Vergleich der Gl.(14-12) für das System mit zwei Freiheitsgraden mit der Gleichung für das System mit einem Freiheitsgrad

$$\ddot{u}_0^0 + \omega^2\, u_0^0 = -\,\ddot{y}_{s0}\, f_a(t) \tag{14-33}$$

zeigt eine Korrelation zwischen den Verschiebungen des einen und des anderen Systems, wenn der Massenfaktor auf der rechten Seite der Gleichung mit P_m bezeichnet wird (n für Tonzahl, r für die Masse)

$$A_{nt} = P_{mn}\, u_0^0(t), \tag{14-34}$$

wobei von früher als Ergebnis der Gl.(14-33)

$$u_0^0(t) = -\,\frac{\ddot{y}_{s0}}{\omega_0^2}\, \psi_a = -\,\frac{\ddot{y}_m}{\omega_0^2}\,. \tag{14-35}$$

Wenn die Verschiebungszahl A_{nt} mit der charakteristischen Formzahl D_{rn} multipliziert wird, ergeben sich die Amplituden der Massen r

$$u_{rn}(t) = P_{mn}\, u_0^0\, D_{rn} \tag{14-36}$$

und daraus die absolute Beschleunigung des Kranes

$$\ddot{x}_0 = P_{mn} \, \ddot{y}_m \, D_{0n}. \qquad\qquad (14\text{-}37)$$

Wegen $D_0 = 1$ und P_m nach Gl.(14-12) folgt

$$\ddot{x}_0 = P_m \, \ddot{y}_m \qquad\qquad (14\text{-}38)$$

mit

$$P_m = \frac{m_0 - m_2 \, D_2}{m_0 + m_2 \, D_2^2} = \frac{1 - n_0 \, D_2}{1 + n_0 \, D_2^2} \qquad\qquad (14\text{-}39)$$

mit D_2 nach Gl.(14-16).

Die Destabilisierungskraft, die auf den Kran, die Katze oder auf andere
mit ihm verbundene Bauteile mit der Masse m_n wirkt, ist (aufwärts wirkend, wenn positiv)

$$F_D = m_n \, (\ddot{x}_0 - g). \qquad\qquad (14\text{-}40)$$

Dasselbe Ergebnis folgt auch mit Hilfe von Kraftbeiwerten

$$\ddot{x}_0 = (r - s \, n_0) \, \ddot{y}_m. \qquad\qquad (14\text{-}41)$$

Bild 14.6 zeigt die absolute Beschleunigung in Abhängigkeit vom Massenverhältnis n_0 bei verschiedenen Steifigkeitsverhältnissen für $\ddot{y}_m = 1$ g.

Bei diesem Modell wird jedoch das Seil als beidseitig wirkende Feder vorausgesetzt. In Wirklichkeit kann die Seilaufhängung aber keine aufwärts
wirkenden Druckkräfte auf den Kran übertragen. Damit werden aber auch
die Werte der absoluten Kranbeschleunigung grundsätzlich verändert.

Im Kapitel 9 wurde das Verhältnis der auf den Kran wirkenden absoluten
Beschleunigung beim Modell mit einseitig wirkender Seilfederverbindung
zum Zweimassenmodell mit stetiger Verbindung analysiert. Es wurde gezeigt, daß im Gegensatz zu seismischen Kraftbeiwerten die absolute Beschleunigung beim Zwei- sowie Einmassenmodell im letzten Abschnitt der
Folgewelle auftritt. Ihr Wert übersteigt deshalb die mit dem Vergrößerungsbeiwert nach $\pi/2$ errechnete spektrale Ansprechbeschleunigung. Ver-
kürzt man die Zeit einer Wellenfolge, so wird die absolute Beschleunigung sofort reduziert, ihr Wert fällt auf die Höhe der maximalen An-

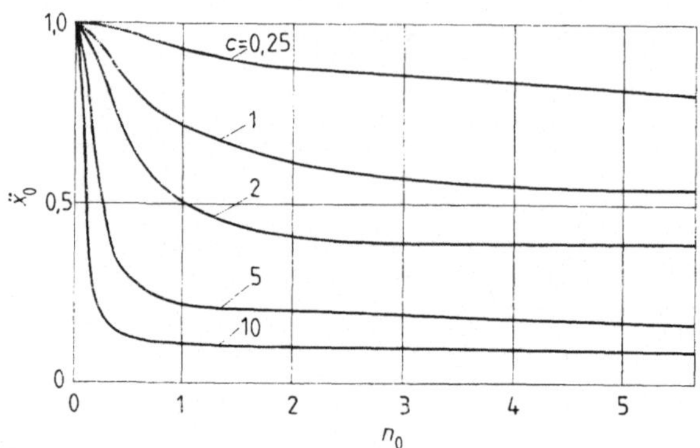

Bild 14.6: Absolute Kranbeschleunigung $\ddot{x}_0$ in Abhängigkeit vom
Massenverhältnis n_0 bei verschiedenen Steifigkeitsverhältnissen c ($\ddot{y}_m$ = 1 g)

sprechbeschleunigung. Deshalb ist die absolute Beschleunigung beim Anwenden des Prinzips der begrenzten Resonanz um 50 % größer als die Ansprechbeschleunigung. In diesem Fall folgt die größte absolute Beschleunigung am Kran

$$\ddot{x}_0 = a \, \ddot{y}_m \qquad\qquad (14\text{-}42)$$

mit a seismischer Beschleunigungsbeiwert.

Dieser Beschleunigungsbeiwert ist im Bild 14.7 (nach Bild 9.23 errechnet) angegeben.

Es ist ersichtlich, daß im Bereich der üblichen Werte für das Massenverhältnis n_0 = 0,5 bis 1 und Steifigkeitsverhältnis c = 1 bis 2 den
Wert 1,5 bis a annimmt.

Mit dieser Beschleunigung werden die Abreiß- oder Abhebekräfte im Kran
und in den Bauteilen, die mit dem Kran verbunden sind und mit ihm gemeinsam schwingen (z.B. Katze, Oberbauten an Turmkranen, Teile des An-
triebs, Elektroschränke usw.) und auf den Kran selbst wie folgt errechnet

$$F_D = m_n \, (a \, \ddot{y}_m - g) \tag{14-43}$$

(mit m_n Masse des zu berechnenden Bauteils).

Näherungsweise dient die Gleichung

$$F_D = m_n \, (1,5 \, \ddot{y}_m - g). \tag{14-44}$$

Daraus resultiert, daß Stabilisierungsvorrichtungen den Kran sowie die Katze auf dem Kran sichern müssen, wenn die absolute Beschleunigung größer als 0,67 g wird. Die Größe der Destabilisierungskräfte läßt sich mittels Bild 14.7 ermitteln.

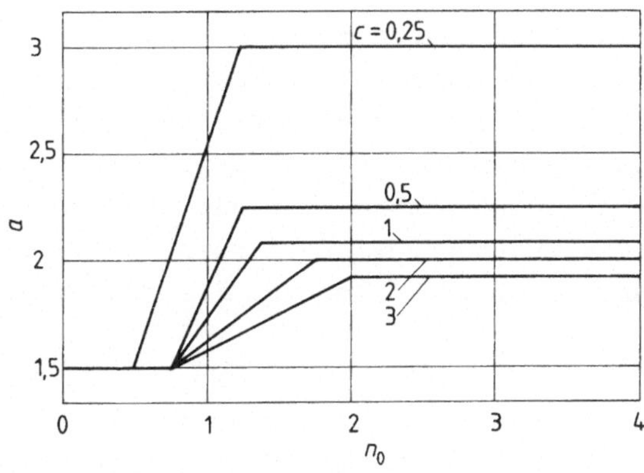

Bild 14.7: Beschleunigungsbeiwert a in Abhängigkeit vom Massenverhältnis n_0 bei verschiedenen Steifigkeitsverhältnissen

14.5. Folgerungen aus den Ergebnissen

Die Analyse seismischer Spannungen und Kräfte hat folgende Ergebnisse:

- Zu unterscheiden ist zwischen Kraftbeiwerten im Kran und in den Trag-
seilen. Die Größe des Kraftbeiwerts ist in den meisten Fällen im Kran
beachtlicher als in den Seilen. Eine Ausnahme bilden die Fälle mit

größeren Steifigkeitsverhältnissen bei Massenverhältnissen zwischen
0,07 und 0,2. Bei geringeren wirksamen Seillängen wird das Steifigkeitsverhältnis kleiner, was zu einer Verminderung der seismischen
Kräfte im Kran führt.

- Die Konstruktionsparameter des Kranes haben auf die Größe der seismischen Spannung einen entscheidenden Einfluß. Bei Kranen, die bei Außerbetriebsetzung eine vereinbarte Parkposition anfahren und sich damit höchstwahrscheinlich auch während eines Erdbebens dort befinden,
können die Spannungen durch Erhöhung der Eigenfrequenz beeinflußt werden. Das Verhältnis zwischen den horizontalen und vertikalen Wider-
standsmomenten soll möglichst groß sein. Die Höhenlage der Nutzlast
mindert die Spannungen im Kran mit zunehmender wirksamer Länge der
Seilaufhängung.

- Die Größe der Kranmasse beeinflußt vorrangig die seismischen Kräfte,
so daß eine Verringerung des Krangewichts meist die seismische Sicherheit erhöht.

- Horizontale seismische Kräfte lassen sich am besten über das Gleiten
der Laufräder längs der Laufbahn beeinflussen. Trotz größerer Beschleunigungen können entsprechend niedrigere Reibungszahlen die horizontalen Kräfte reduzieren. Diese Möglichkeit bietet sich bei allen
Kranen in geschlossenen Räumen an, da hier die Gefahr des Abtreibens
durch Wind entfällt. Den größten Gewinn bringen im Stillstand nichtge-
bremste Krane. Ihre Betriebsbremse wird vom Kranführer über ein Fußpedal betätigt.

Diese Untersuchung gibt dem Konstrukteur ein anschauliches Bild über die
quantitativen Einflüsse der Konstruktionsgrößen auf seismische Kräfte.
Damit kann er bei der Wahl der Einflußgrößen ein Optimum anstreben. Auch
sollte man den Vorrichtungen besondere Aufmerksamkeit widmen, die eine
Destabilisierung verhindern können. Diese Vorrichtungen müssen den Laufrädern einen gewissen Gleitweg ermöglichen, damit sich die horizontale
seismische Beschleunigung abbauen kann.

Für die Anwendung dieser allgemeingültigen Theorie auf konkrete Kransy-
steme müssen die Federkonstanten, Verschiebungen und reduzierten Massen
entsprechend berechnet werden.

Die theoretischen Untersuchungen seismischer Einwirkungen auf Krane ermöglichen es, ein allgemeingültiges Berechnungsmodell zu entwerfen, das
die Konstruktionsparameter verschiedener Kranarten berücksichtigt, und
seismische Kräfte und Spannungen in Form dimensionsloser Beiwerte auszu-

drücken vermag. Damit wird eine Übersicht über die Einflüsse verschiedener Parameter auf seismische Spannungen gewonnen und eine optimale
Konstruktionslösung möglich.

14.6. Gleichungen für Kraftbeiwerte mit Matrizen

Die Gleichungen für die Kraftbeiwerte können nach Kapitel 1.2.1 auch mit
Matrizen gelöst werden. Um die Programmierung mit dem Rechner zu ermöglichen, werden die Gleichungen auch für diesen Fall gegeben.

Die Massenmatrix lautet nach Gl.(1-7)

$$\underline{m} = m_0 \begin{vmatrix} 1 & 0 \\ 0 & n_0 \end{vmatrix} \qquad (14\text{-}45)$$

und die Steifigkeitsmatrix nach Gl.(1-68)

$$\underline{c} = c_2 \begin{vmatrix} 1 + c & -1 \\ -1 & 1 \end{vmatrix} . \qquad (14\text{-}46)$$

Die Schwingungsformmatrix folgt aus Gl.(1-119)

$$\underline{\phi} = \begin{vmatrix} \phi_{11} & 1 \\ 1 & \phi_{22} \end{vmatrix} \qquad (14\text{-}47)$$

mit

$$\phi_{11} = \frac{1}{c + 1 - c\,A_1/2} , \qquad (14\text{-}48)$$

$$\phi_{22} = c + 1 - c\,A_2/2 , \qquad (14\text{-}49)$$

$$A_{1,2} = 1 + \frac{1}{c} + \frac{1}{n_0\,c} \pm \left[1 + \frac{1}{c} + \frac{1}{n_0\,c} {}^2 - \frac{4}{c\,n_0} \right]^{1/2}. \qquad (14\text{-}50)$$

Die Frequenzmatrix lautet nach Gl.(1-123)

$$\underline{\Omega}^2 = \frac{c^2}{2\,m_0} \begin{vmatrix} A_1 & 0 \\ 0 & A_2 \end{vmatrix} \cdot \qquad (14\text{-}51)$$

Der Massenbeiwert ist laut Gl.(1-72)

$$\frac{\overline{L}_1}{M_1} = \frac{\phi_{11} + n_0}{\phi_{11}^2 + n_0} \;,\; \frac{\overline{L}_2}{M_2} = \frac{1 + \phi_{22}\, n_0}{1 + \phi_{22}^2\, n_0} \cdot \qquad (14\text{-}52)$$

Der seismische Kraftbeiwert im Kran folgt mit obigen Ausdrücken für die Grundschwingung mit

$$r_1 = (\phi_{11} + n_0)\,\frac{\overline{L}_1}{M_1} \cdot \frac{\ddot{y}_m}{g} \qquad (14\text{-}53)$$

und für die Last

$$s_1 = \frac{\overline{L}_1}{M_1} \cdot \frac{\ddot{y}_m}{g} \cdot \qquad (14\text{-}54)$$

Die Werte dieser Berechnungsweise stimmen mit der oben dargestellten Methode überein, bis auf die Vorzeichen, die für die Kräfte ohne Bedeutung sind.

Berechnet man außer Brückenkrane andere Kranarten, so kann auch die zweite Oberwelle berücksichtigt werden, indem die Gleichungen für die Kraftbeiwerte lauten

$$r = \left[(\phi_{11} + n_0)\,\frac{\overline{L}_1}{M_1} + (\phi_{22}\, n_0 + 1)\,\frac{\overline{L}_2}{M_2} \right] \frac{\ddot{y}_m}{g} \qquad (14\text{-}55)$$

und

$$s = \left(\frac{\overline{L}_1}{M_1} + \phi_{22}\,\frac{\overline{L}_2}{M_2}\right) \frac{\ddot{y}_m}{g} \cdot \qquad (14\text{-}56)$$

Erfahrungsgemäß hat die zweite Oberwelle auf das Ergebnis wenig Einfluß. Die seismische Beanspruchung wird im Kran dadurch vergrößert (um 3 bis 6 %) und in der Seilaufhängung vermindert (um 5 bis 18 %).

Die absolute Beschleunigung der Kranmasse ergibt sich aus Gln.(14-53) und (14-54) mit

$$\ddot{x}_0 = \phi_{11}\,\frac{\overline{L}_1}{M_1}\,\ddot{y}_m \cdot \qquad (14\text{-}57)$$

15. Konstruktions-Optimierungsmethoden

Bei der Auswahl verschiedener Theorien und Festigkeits-Hypothesen muß
das Ziel der praktischen Anwendung bei der Konstruktion neuer Hebezeug-
anlagen im Auge behalten werden. Eine nicht durch zuverlässige Angaben
gestützte Hypothese ist wenig wert.

Die Konstruktions-Anwendung stellt an die Festigkeitstheorien vor allem
die Forderung, die Optimierung der Hebezeuge zu ermöglichen. Die Optimierung bedeutet die Übersicht über gegenseitige Verhältnisse der hauptsächlichen Konstruktionsparameter und ihrer Einflüsse auf den Verlauf
der Beanspruchungen (Momente, Spannungen, Stabilitätseinflüsse) und die
damit bedingte Bestimmung der Maximum- bzw. Minimumpunkte. Bei der Auswahl der konstruktionsanwendbaren Berechnungstheorie soll nicht das Gewicht auf die genaue Analyse der Beanspruchungen bei einem bestimmten,
zur Prüfung hinzugezogenen Fall gelegt werden, sondern auf die einfach
zu handhabende Methode, um aus der Fülle möglicher Varianten von Parametern den anzudeuten, der dem Konstruktionsentwurf als Ausgangslösung
am besten dienen wird.

Aus diesem Grunde sind die Berechnungsmethoden mit finiten Elementen
nicht dazu geeignet. Mit ihrer Hilfe kann ein sehr genauer Einblick in
die Spannungen an allen Stellen gewonnen werden, wobei die Berechnung
aber von genau bestimmten Maßen, Gewichtsmassen, Querschnitten und Übergängen ausgehen muß. Die Finite-Elemente-Methode eignet sich bestens
für die Bestimmung der Spannungsflüsse in komplizierten Bauteilen mit
problematischen Übergängen. Das Hebezeug ist nicht ein derartiges Bauteil. Das Hebezeug muß optimiert werden.

Die Methode, mit seismischen Kraftbeiwerten zu arbeiten, läßt sich für
die Bestimmung einer leichtesten und zugleich tragfähigsten Variante
auf dem Rechner programmieren. Dabei werden die Forderungen des mini-
malsten Gewichtes und der Anpassung an die zulässige Spannung mit einer Abweichung von ± 2 % gestellt. Das Flußdiagramm des Rechnungsgangs
(Bild 15.1) besteht in der Iteration möglicher Kombinationen, indem bei
jedem Ergebnis für einen vorgewählten Sprung die Veränderlichen vermindert oder vergrößert werden. Damit ergeben sich für den Konstrukteur
einige Varianten der optimalen Punkte zur konstruktiven Ausarbeitung.
Mit der Variantenwertanalyse wird dann die billigste ausgesondert.

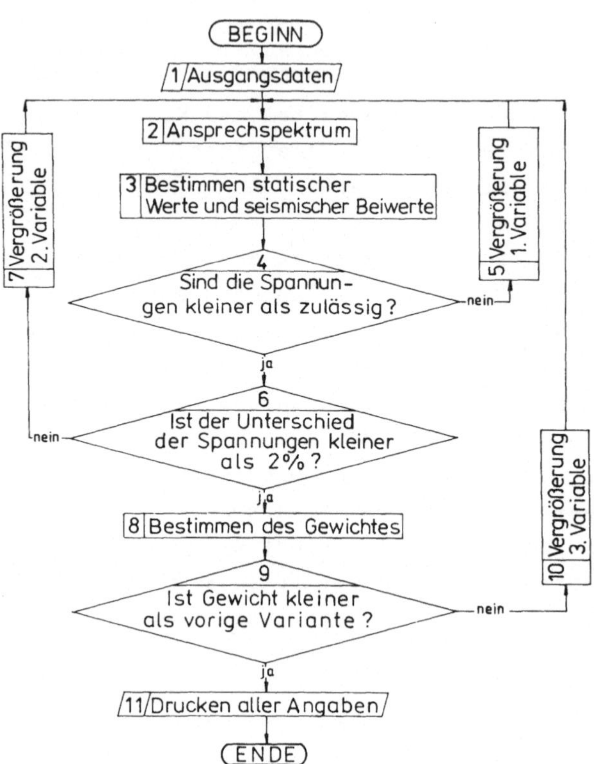

Bild 15.1: Flußdiagramm des Rechnungsablaufs der Optimierung seismisch beanspruchter Hebezeuge

16. Einfluß der Kranbahnsteifigkeit auf seismische Einwirkungen auf Krane

In den bisherigen Untersuchungen der Auswirkungen seismischer Bewegungen wurde das Krangebilde als Zweimassensystem betrachtet, wobei die Unterlage als vollständig starr vorausgesetzt wurde. Das entspricht selten der Wirklichkeit, da sich der Kran während der seismischen Erregung auf irgendeinem, auch nicht unterstütztem Abschnitt der Kranbahn befinden kann. Die Wahrscheinlichkeit eines seismischen Erregnisses in einer vorbestimmten Parkposition des Krans ist nur bei jenen Kranen zutreffend, die sehr selten mit einer maximalen Last arbeiten, wie z.B. in Atomanlagen. Um den Einfluß der Kranbahn auf seismische Kräfte in Kranen zu erörtern, wird der Kran mit der Kranbahn als ein Dreimassenschwingungssystem aufgefaßt. Daraus werden verallgemeinerte Ausdrücke in dimensionsloser Form entwickelt. Seismische Kraftbeiwerte in der Kranbahn, im Kran und in der Nutzlastseilaufhängung geben Aufschluß über den Einfluß verschiedener Konstruktionsparameter auf die entstandenen Kräfte und Spannungen bei unterschiedlich gestalteter Kranbahn. Dem Konstrukteur werden damit allgemeingültige Diagramme zur Verfügung gestellt, um die günstigste Auswahl sicher treffen zu können. Es wird die Abweichung abgeschätzt, die mit der Einführung der Kranbahn im praktisch vorkommenden Bereichen gegenüber einfacherem Zweimassenmodell entsteht.

16.1. Entwicklung der dimensionslosen seismischen Kraftbeiwerte

Der Kran auf der Kranbahn wird als Dreimassensystem dargestellt (Bild 16.1) mit der Masse und der Steifigkeit der Kranbahn m_1, c_1, des Kranes m_0, c_0 und der Last m_2, c_2. Die angreifenden Kräfte sind in dynamischem Gleichgewicht dargestellt. Daraus folgen die dynamischen Bewegungsgleichungen für die Bestimmung der Eigenfrequenz des Systems ohne Bodenbewegung, wobei u_n sowohl als absolute Verschiebungen wie auch relativ zum Boden betrachtet werden

$$m_1 \ddot{u}_1 + c_1 u_1 - c_0 (u_0 - u_1) = 0$$

$$m_0 \ddot{u}_0 + c_0 (u_0 - u_1) - c_2 (u_2 - u_0) = 0 \tag{16-1}$$

$$m_2 \ddot{u}_2 + c_2 (u_2 - u_0) = 0.$$

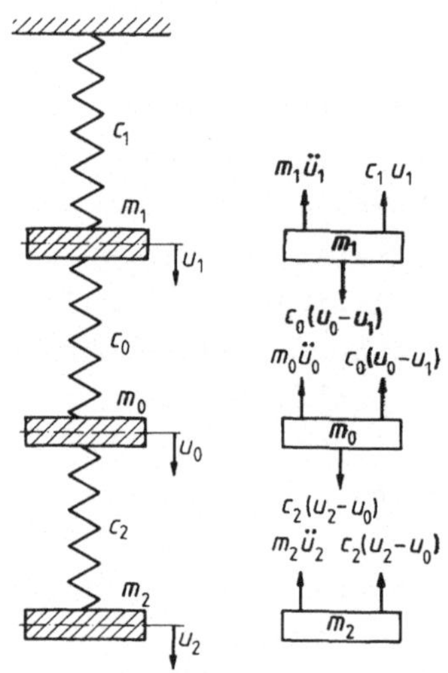

Bild 16.1: Dreimassenmodell des Kranes und der Kranbahn (m_1, m_0, m_2 Masse der Kranbahn, des Kranes und der Last, c_1, c_0, c_2 Federkonstanten der Federverbindung, u_1, u_0, u_2 Massenverschiebungen) mit dynamischer Gleichgewichtsdarstellung

Die Frequenzgleichung lautet

$$\omega_n^6 - \omega_n^4 \left(\frac{c_0}{m_0} + \frac{c_2}{m_0} + \frac{c_2}{m_2} + \frac{c_0}{m_1} + \frac{c_1}{m_1}\right) + \omega_n^2 \left(\frac{c_0\,c_2}{m_0\,m_2} + \frac{c_0\,c_2}{m_1\,m_0} + \right.$$

$$\left. + \frac{c_0\,c_2}{m_1\,m_2} + \frac{c_0\,c_1}{m_1\,m_0} + \frac{c_2\,c_1}{m_1\,m_0} + \frac{c_1\,c_2}{m_1\,m_2}\right) - \frac{c_1\,c_0\,c_2}{m_1\,m_2\,m_0} = 0. \qquad (16\text{-}2)$$

Um die dimensionslose Form zu entwickeln, werden folgende Größen bzw. Verhältnisse eingeführt:

$$\text{Massen } n_0 = \frac{m_2}{m_0}, \; n_1 = \frac{m_1}{m_0}, \qquad\qquad (16\text{-}3)$$

$$\text{Federkonstanten } c = \frac{c_0}{c_2}, \; c_3 = \frac{c_1}{c_0}, \qquad\qquad (16\text{-}4)$$

$$\text{Relative Verschiebungen } Y_1 = \frac{u_1}{l}, \; Y_0 = \frac{u_0}{l}, \; Y_2 = \frac{u_2}{l}, \qquad (16\text{-}5)$$

$$\text{Durchbiegungen } \psi_0 = \frac{m_0\,g}{c_0\,l} = \frac{f_0}{l}, \; \psi_1 = \frac{m_2\,g}{c_2\,l} = \frac{f_1}{l}, \qquad (16\text{-}6)$$

$$\psi_2 = \frac{m_1\,g}{c_1\,l} = \frac{f_2}{l}, \; f_1 = c \cdot n_0 \cdot f_0, \qquad (16\text{-}7)$$

Beschleunigungen $\ddot{Y}_m = \dfrac{\ddot{y}_m}{g}$, $\ddot{Y}_{s0} = \dfrac{\ddot{y}_{s0}}{g}$,

($\ddot{Y}_m$ absolute Beschleunigung, $\ddot{Y}_{s0}$ relative Beschleunigung),

Frequenzen $F = \omega_1^2 \cdot 1$.

Mit diesen Ausdrücken lautet die Frequenzgleichung

$$\omega_1^6 - \omega_1^4 \frac{g}{f_0} \left(1 + \frac{1}{c} + \frac{1}{c\,n_0} + \frac{1}{n_1} + \frac{c_3}{n_1}\right) + \omega_1^2 \left(\frac{g}{f_0}\right)^2 \left(\frac{1}{c\,n_0} + \frac{1}{c\,n_1} + \right.$$

$$\left. + \frac{1}{c\,n_1\,n_0} + \frac{c_3}{n_1} + \frac{c_3}{c\,n_1} + \frac{c_3}{c\,n_1\,n_0}\right) - \left(\frac{g}{f_0}\right)^3 \frac{c_3}{c\,n_1\,n_0} = 0. \qquad (16\text{-}8)$$

Aus dieser Gleichung können nach dem Horner-Schema die drei Eigenfrequenzen bestimmt werden.

Bei folgenden Überlegungen wird nur die Grundfrequenz betrachtet, bei der nach dem Ansprechbeschleunigungsspektrum auch die größte absolute seismische Beschleunigung auftritt. Mit dieser Eigenfrequenz in Gl. (16-1) folgen die charakteristischen Tonformen

$$Y_0 = A_{1\ St},$$
$$Y_2 = - A_{1\ ST} \cdot D_2,$$
$$Y_1 = - A_{1\ St} \cdot D_1, \qquad (16\text{-}9)$$

wobei D_1, D_2 und die statische Verschiebung $A_{1\ ST}$, die als relativ in Bezug auf die Unterlage betrachtet wird, aus den Energiegleichungen bestimmt werden. Hierin sind die äußeren Kräfte F_r mit den Massenträgheitskräften $M_r \cdot \ddot{y}_m$ ausgedrückt, wobei $\ddot{y}_m/g = 1$ gesetzt wird.

$$A_{1\,ST} = - \frac{m_0 - m_2 D_2 - m_1 D_1}{c_0 (1 + D_1)^2 + c_2 (1 + D_2)^2 + c_1 D_1^2} =$$

$$= - \frac{m_0 (1 - n_0 D_2 - n_1 D_1)}{c_0 \{c_3 D_1^2 + \frac{1}{c} (1 + D_2)^2 + (1 + D_1)^2\}} \qquad (16\text{-}10)$$

mit

$$D_2 = \frac{c_2}{m_2 \omega_n^2 - c_2} = \frac{1}{\left(\dfrac{c\,n_0\,\psi_0 F}{g} - 1\right)}, \qquad (16\text{-}11)$$

$$D_1 = \frac{c_0}{m_1 \omega_n^2 - c_0 - c_1} = \frac{1}{\dfrac{\psi_0 \, n_1 \, F}{g} - 1 - c_3} .$$
(16-12)

Relative seismische Verschiebungen sind damit

$$u_0 = Y_0 \cdot \ddot{Y}_m \cdot g,$$
$$u_2 = Y_2 \cdot \ddot{Y}_m \cdot g,$$
$$u_1 = Y_1 \cdot \ddot{Y}_m \cdot g.$$
(16-13)

Die Kraftbeiwerte der seismischen Beanspruchung werden durch folgende
Ausdrücke bestimmt (mit $\ddot{Y}_m = 1$)

$$r = \frac{c_0 \, (u_0 - u_1)}{m_0 \, g} = \frac{(1 - n_0 D_2 - n_1 D_1)(1 + D_1)}{c_3 D_1^2 + \frac{1}{c}(1 + D_2)^2 + (1 + D_1)^2},$$
(16-14)

in der Seilaufhängung

$$s = \frac{c_2 \, (u_2 - u_0)}{m_2 \, g} =$$

$$= - \frac{(1 - n_0 D_2 - n_1 D_1)(1 + D_2)}{c \, n_0 \, \{ c_3 D_1^2 + \frac{1}{c}(1 + D_2)^2 + (1 + D_1)^2 \}},$$
(16-15)

in der Kranbahn

$$p = \frac{c_1 \, u_1}{m_0 \, g} = - \frac{c_3 \, (1 - n_0 D_2 - n_1 D_1) \, D_1}{c \, \{ c_3 D_1^2 + \frac{1}{c}(1 + D_2)^2 (1 + D_1)^2 \}} .$$
(16-16)

Bei gegebener absoluter seismischer Beschleunigung folgen die tatsächlichen Kraftbeiwerte

$$r_t = r \cdot \ddot{Y}_m ,$$
$$s_t = s \cdot \ddot{Y}_m ,$$
$$p_t = p \cdot \ddot{Y}_m .$$
(16-17)

Die höheren Schwingungswellen wurden dabei vernachlässigt, da bei höheren Frequenzen die Ansprechbeschleunigung einigemale kleiner ist als
die maximale Beschleunigung, die im Bereich von 1 bis 10 Hz liegt, wo
sich auch die Grundfrequenz des Kranes normalerweise befindet. Da auch
die Amplituden der zweiten und dritten Oberwelle viel kleiner sind,
ist ihr Anteil sehr gering. Manchmal wird auch die quadratische Wurzel
der Summe der Amplitudenquadrate angewandt. Da der Unterschied zur

Grundwelle in diesem Fall bei 0,04 bis 2,7 % liegt, wird nur mit der
Grundwelle gerechnet.

16.2. Diskussion der Ergebnisse

Vor der Auswertung der Verhältnisse soll auf die Zusammenhänge zwischen
den dimensionslosen Kenngrößen hingewiesen werden. Das Verhältnis n_0
der Nutzlast m_2 zur Eigenlast m_0 ändert sich mit der Nutzlast und der
Spannweite. Wertet man eine Normreihe der Brückenkrane der mittleren
Betriebsgruppe aus, ergibt sich die im Bild 16.2 dargestellte Abhängigkeit. Man sieht daraus, daß die Werte von n_0 zwischen 0,2 und 2, bei
Portal- und Turmdrehkranen jedoch niedriger liegen.

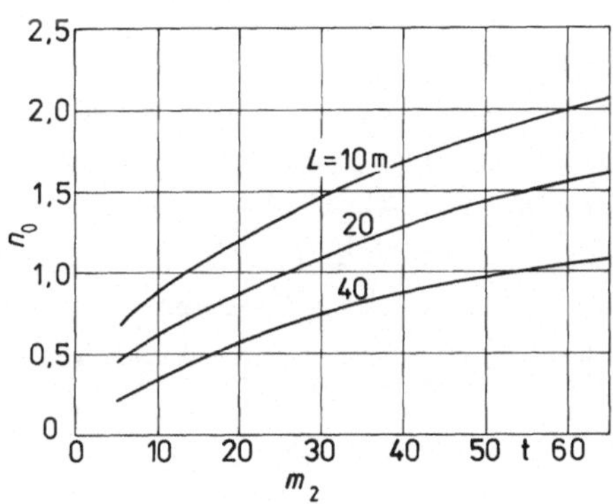

Bild 16.2: Massenverhältnis n_0
in Abhängigkeit von
der Nutzlastmasse m_2
bei verschiedenen
Spannweiten L für Brük-
kenkrane

Bild 16.3: Steifigkeitsverhältnis
c in Abhängigkeit von
der Spannweite L bei
verschiedenen freien
Seillängen H_S für Brük-
kenkrane

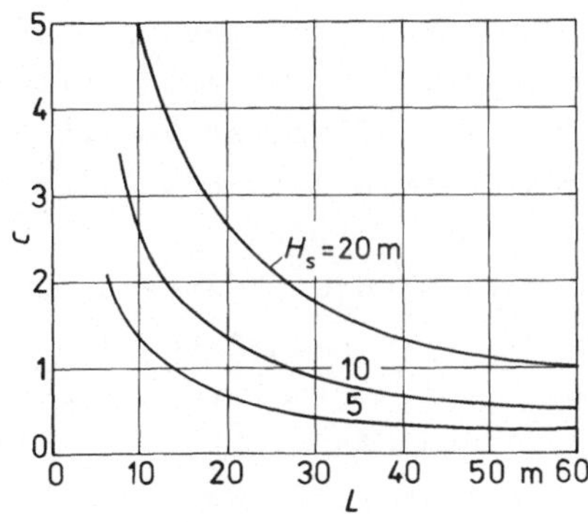

Das Steifigkeitsverhältnis c ändert sich mit der Durchbiegung f_0, der
Hubhöhe H und der Spannweite L. Im Bild 16.3 sind die Werte von c abhängig von der Spannweite L und Hubhöhe H für die Durchbiegung f_2 =
L/1000 und eine Sicherheit im Seil S = 6 bei einer Seildrahtfestigkeit
von 1600 N/mm^2 dargestellt. Die Krantraglast ist dabei fast ohne Einfluß. Man erkennt daraus den Wert von c zwischen 0,25 und 5, laut der
Gleichung

$$c = \frac{c_0}{c_2} = \frac{m_2}{2\ L\ \psi} \cdot \frac{2\ \sigma_S\ H}{1.10^7\ S\ m_2} \qquad\qquad (16\text{-}18)$$

(mit ψ als Verhältnis zwischen Durchbiegung und Spannweite, z.B. 10^{-3},
σ_S Bruchfestigkeit der Seildrähte in N/cm^2, z.B. 1,6 . 10^5). Für bei-
spielsweise angegebene Werte H = 1000 cm und S = 6 ist c = 2632/L (L
in cm). Das gilt für den Zweiträgerkran.

Bei der Bewertung des Steifigkeitsverhältnisses c_3 der Kranbahn zum
Kran $c_3 = c_1/c_0$ muß bemerkt werden, daß die komplette Kranbahn beider
Seiten berücksichtigt werden muß mit der Summierung der Steifigkeiten
beider Seiten wegen der Parallelität der Federn. Wenn die Federkonstanten mit den Durchbiegungen ausgedrückt werden (für den Kran L/1000 und
für die Kranbahn L/600, wobei die Kranbahn als mittig beanspruchter
beidseitig eingespannter Träger betrachtet wird) folgt der Ausdruck

$$\frac{c_3}{2} = \frac{c_1}{c_0} = 0,6\ \left(1 + \frac{1}{2\ n_0}\right) \frac{l_0}{l_1} \qquad\qquad (16\text{-}19)$$

(mit l_0, l_1 Spannweite des Kranes und des Kranbahnträgers). Mit l_0/l_1
$\simeq$ 3, folgt bei n_0 = 1 mit $c_3 \simeq$ 5,4.

Bei der Kranbahndurchbiegung L/800 wird $c_3 \simeq$ 7,2. Deshalb werden für
den Vergleich die mittleren Werte ausgewählt: Das Massenverhältnis
n_0 = 1 für eine Traglast von 25 t und eine Spannweite von 20 m und
Steifigkeitsverhältnis c = 1 für eine Hubhöhe von 8 m.

Im Bild 16.4 sind die Werte seismischer Kraftbeiwerte im Kran r und
in der Seilaufhängung s und im Bild 16.5 in der Kranbahn p in der Abhängigkeit vom Massenverhältnis n_0 bei konstantem Massenverhältniss
(n_1 = 1,0) und Steifigkeitsverhältnis der Kranbahn (c_3 = 1,0) bei verschiedenen Kransteifigkeitsverhältnissen c = 10, 2, 1 und 0,5 bei $\ddot{y}_m/g$ =
1 dargestellt. Mit der Kurve a sind nach Kapitel 14 die Größen der
Kraftbeiwerte im Kran r und in der Seilaufhängung s beim Zweimassen-

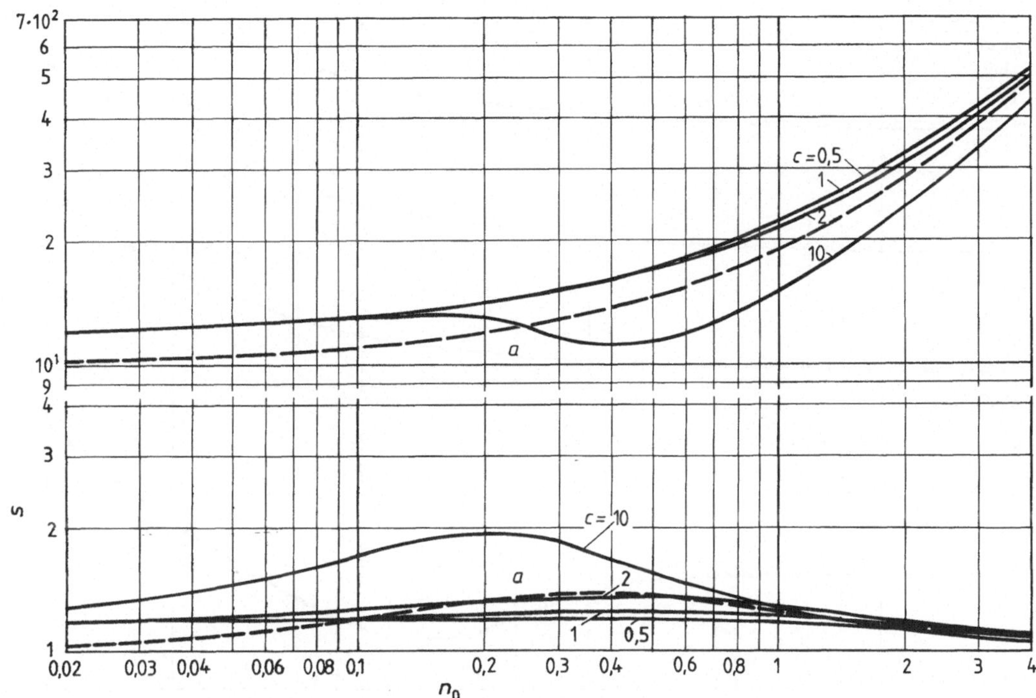

Bild 16.4: Seismische Kraftbeiwerte im Kran r und in der Seil-
          aufhängung s in Abhängigkeit vom Massenverhältnis n_0
          bei verschiedenen Kransteifigkeitsverhältnissen c
          ($\ddot{y}_m/g$ = 1, n_1 = 1,0, c_3 = 1,0). a Kraftbeiwerte beim
          Zweimassenmodell ohne Einfluß der Kranbahn für c = 2

modell für c = 2 ohne Einfluß der Kranbahn für den Vergleich angegeben.
In ihrer Grundform verlaufen die Kurven von r und s in beiden Modellen
gleich, nur die Maxima und Minima der Kurven im mittleren Bereich von
n_0 sind etwa um den Faktor 2 gegen höhere Massenverhältnisse n_0 verschoben. Die Werte von r und s sind vom Steifigkeitsverhältnis des Kranes
zur Seilaufhängung c beeinflußt, was aber beim Kraftbeiwert p in der
Kranbahn weit mehr zum Ausdruck kommt.

Aus der Vergleichskurve a läßt sich folgern, daß die Nachgiebigkeit der
Kranbahn die Beanspruchungen im Kran vergrößert (bei n_0 = 1,0 für 12 %)
und in der Seilaufhängung verkleinert.

Der Einfluß des Steifigkeitsverhältnisses im Kran und den Seilen c auf
die Kraftbeiwerte r, s und p bei konstanten Verhältnissen n_1 = 1 und

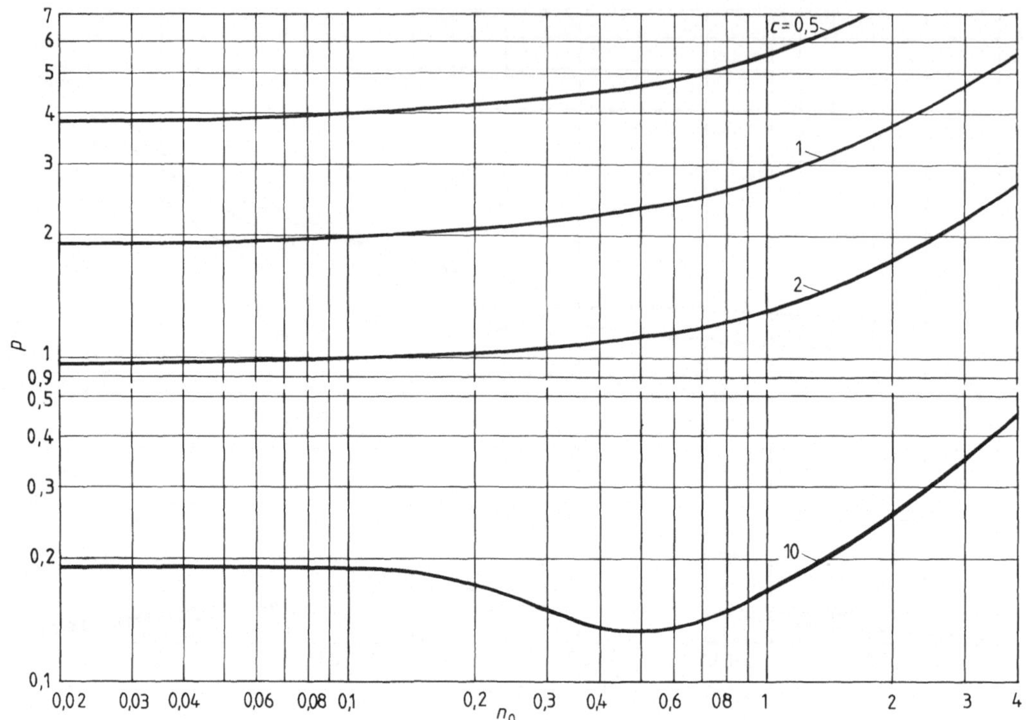

Bild 16.5: Seismischer Kraftbeiwert in der Kranbahn p in Abhängigkeit vom Kranmassenverhältnis n_0. Verhältnisse wie
im Bild 16.4

c_3 = 1 wird anhand des Bildes 16.6 veranschaulicht - und zwar bei zwei
Massenverhältnissen n_0 = 1 und 0,5. Das Bild zeigt eine wesentliche Abhängigkeit des Kraftbeiwertes in der Kranbahn vom Kransteifigkeitsverhältnis c. Mit sehr steifer Seilaufhängung wird die Kranbahn stärker
beansprucht. Die Größe der Nutzlast, durch das Massenverhältnis n_0 ausgedrückt, hat dabei keinen großen Einfluß.

Im Bild 16.7 ist die Abhängigkeit der Kraftbeiwerte r, s und p vom Steifigkeitsverhältnis der Kranbahn c_3 im Bereich von 0 bis 6 bei konstanten
Massenverhältnissen n_0 = 1 und n_1 = 0,5 für zwei Werte des Steifigkeitsverhältnisses des Kranes c = 1 und 0,5 dargestellt. Aus dem Bild ist ersichtlich, daß die Beanspruchung der Kranbahn und des Kranes mit stei-
gender Steifigkeit der Kranbahn abnimmt, während sie in den Seilen unverändert bleibt.

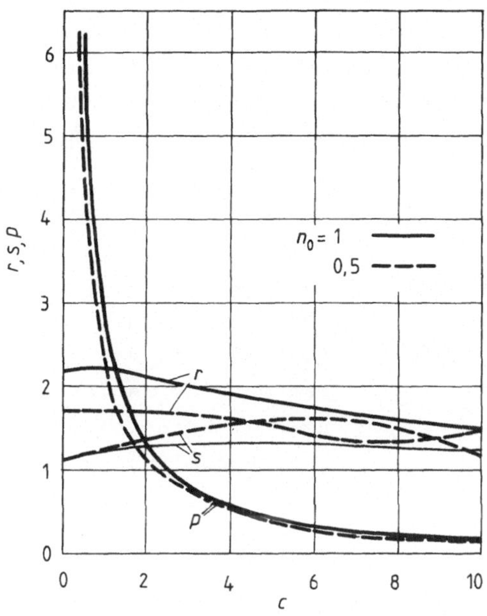

Bild 16.7: Seismische Kraftbeiwerte r, s und p in
Abhängigkeit vom
Kranbahnsteifigkeits-
verhältnis c_3 beim
Kransteifigkeitsver-
hältnis c = 1 und
0,5 ($\ddot{y}_m/g = 1$, $n_0 =$
1, $n_1 = 0,5$)

Bild 16.6: Seismische Kraftbeiwerte r, s und p in Abhän-
gigkeit vom Kransteifig-
keitsverhältnis c beim
Kranmassenverhältnis $n_0 =$
1 und 0,5 ($\ddot{y}_m/g = 1$, $n_1 =$
1, $c_3 = 1$)

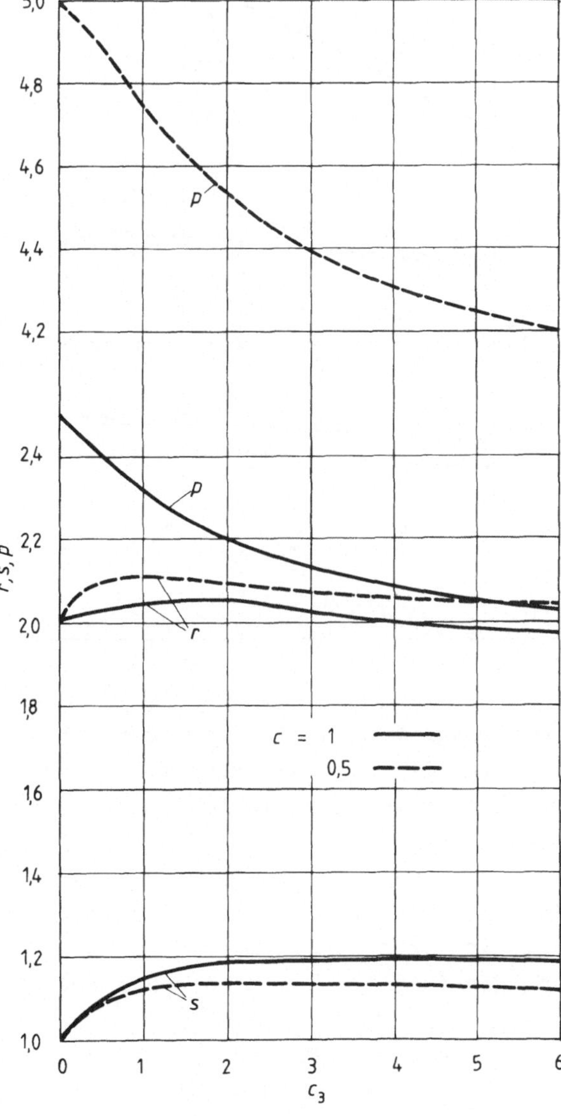

Bild 16.8 veranschaulicht die Abhängigkeit der Kraftbeiwerte r, s und p vom Massenverhältnis der Kranbahn n_1 im Bereich von 0 bis 1 bei konstantem Steifigkeitsverhältnis der Kranbahn $c_3 = 6$ und Massenverhältnis des Kranes $n_0 = 1$ für zwei Werte des Kransteifigkeitsverhältnisses c = 0,5 und 1. Die Kraftbeiwerte steigen mit größerem Massenverhältnis der Kranbahn an, am deutlichsten bei kleiner Kransteifigkeit c.

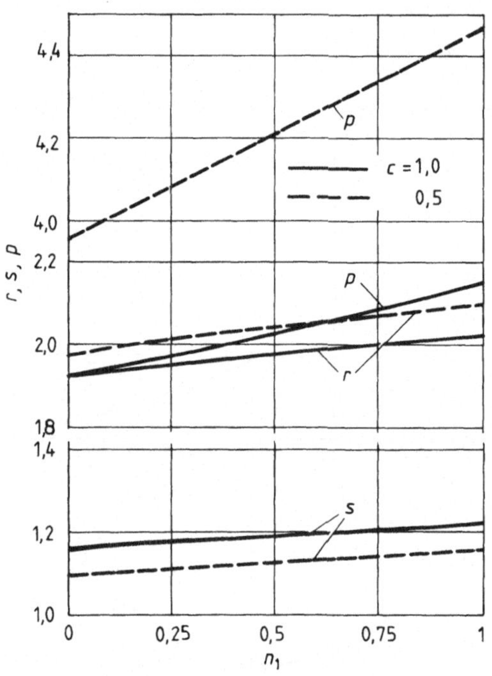

Bild 16.8: Seismische Kraftbeiwerte r, s und p in Abhängigkeit vom Kranbahnmassenverhältnis n_1 beim Kransteifigkeitsverhältnis c = 1 und 0,5 ($\ddot{y}_m/g = 1$, $c_3 = 6$, $n_0 = 1$)

16.3. Folgerungen für den Konstrukteur

Wenn obige Verhältnisse aus der Sicht des Konstrukteurs betrachtet werden, um mit kleinstem Werkstoffaufwand die seismisch widerstandsfähigste Konstruktion auswählen zu können, sind folgende Gesichtspunkte zu berücksichtigen:

1. Als einfachste Maßnahme gilt es, die Steifigkeit der Kranbahn im Verhältnis zum Kran zu vergrößern. Dadurch vermindern sich die Beanspruchungen in allen Teilen des Systems Kran - Kranbahn.

2. Die Masse des Kranes m_0 soll möglichst klein sein, denn das Verhältnis n_0 wird kleiner und damit auch alle seismischen Beiwerte.

3. Das Steifigkeitsverhältnis des Kranes c soll möglichst groß sein,
was mit steiferem Kran und weicherer Seilaufhängung zu erreichen ist.

Die Weichheit der Seile vergrößert sich mit längerer Entfernung zwischen der Last und oberem Seilaufhängungspunkt. Die Last soll deshalb
in der Nähe des Bodens gehalten werden.

Wenn die Lage des Kranes in Betriebspausen im voraus bestimmt werden
kann und der Kran selten und für kurze Zeit im Betrieb ist, so daß mit
großer Warscheinlichkeit mit einem seismischen Ereignis in solcher Parklage gerechnet werden kann, soll die Parkstellung auf dem Abschnitt der
Kranbahn mit größter Steifigkeit oder direkt über der Kranbahnstütze
sein. Die seismischen Kraftbeiwerte sind dann die kleinsten. Der Kran
ist demnach in diesem Modell das bestimmende Element. Er ist aus dünnwandigen Hohlelementen mit Rechteck- oder Trapezquerschnitt zu bauen,
damit höchste Steifigkeit in allen Richtungen wie auch in der Verdrehung erreicht wird. Die Seilaufhängung läßt sich nicht optimal gestalten, da die Steifigkeit von der Hubhöhe abhängt, die von der Betriebsweise beeinflußt und deshalb nicht vorausbestimmbar ist.

Der Vergleich der Kraftbeiwerte im Zweimassen- und Dreimassenmodell mit
der Einführung der nachgiebigen Kranbahn in Tabelle 16.1 zeigt, daß die
Unterschiede mit kleinerem Kransteifigkeitsverhältnis c geringer werden.
Mit größerem Kranbahnsteifigkeitsverhältnis c_3 vermindern sich die Unterschiede. Die Unterschiede der Kraftbeiwerte in der Seilaufhängung
sind kleiner als im Kran. Bei $c_3 = 1$ sind die Unterschiede im Seil im
Bereich von c zwischen 0,5 und 1 um 12 bis 16 % größer, im Kran um 22
bis 27 %. Bei größerem Kranbahnsteifigkeitsverhältnis $c_3 = 6$ fallen die
Unterschiede im Seil auf 13 % und im Kran auf 16 %. Es läßt sich folgern, daß eine elastische Kranbahn die seismischen Kräfte im Kran und
in Seilen merklich vergrößert.

Die Methode, mit den seismischen Kraftbeiwerten zu arbeiten, bietet eine Gesamtübersicht über alle möglichen Kombinationen. Sie ist deshalb
angebracht, um die Grundlage für die entsprechenden Vorschriften bzw.
Normen für die seismischen Berechnungen zu erarbeiten.

Kraft-beiwert	Zwei-massen-modell	Drei-massen-modell	Unter-schied (%)
$c=0{,}5$; $n_0=0{,}5$			
r	1,37	1,7	+ 24
s	1,02	1,19	+ 16
$c=0{,}5$; $n_0=1{,}0$			
r	1,81	2,213	+ 22
s	1,02	1,167	+ 14
$c=1{,}0$; $n_0=0{,}5$			
r	1,34	1,699	+27
s	1,11	1,244	+12
$c=1{,}0$; $n_0=1{,}0$			
r	1,74	2,199	+26
s	1,08	1,22	+13
$c=2{,}0$; $n_0=0{,}5$			
r	1,23	1,682	+37
s	1,23	1,351	+10
$c=2{,}0$; $n_0=1{,}0$			
r	1,57	2,134	+36
s	1,11	1,296	+17

Tabelle 16.1: Abweichungen zwischen Kraftbeiwerten im Zwei-
und Dreimassenmodell (bei $n_1 = 1$, $c_3 = 1$)

16.4. Destabilisierungskräfte

Bekanntlich trachten die Destabilisierungskräfte den Kran und die Katze entgegen den Eigengewichtsmassen von ihrer Unterlage abzuheben, was
zusammen mit horizontalen seismischen Kräften zu einer Entgleisung des
Kranes bzw. der Katze oder sogar zum Umkippen führen kann. Die Kranbahn
ist auf ihrer Unterlage befestigt und deshalb von den Destabilisierungskräften nicht bedroht.

Analog dem Ansatz im Kapitel 14 wird die absolute Beschleunigung an
verschiedenen Massen mit Hilfe des Massenbeiwerts P_{mn} und der charakteristischen Formzahl D_{rn} bestimmt

$$\ddot{x}_{rn} = P_{mn}\, D_{rn}\, \ddot{y}_m \qquad\qquad (16\text{-}20)$$

mit r Masse und n Tonwelle. Dabei ist

$$P_{mn} = \frac{m_0 - m_2\, D_2 - m_1\, D_1}{m_0 + m_2\, D_2^2 + m_1\, D_1^2} = \frac{1 - n_0\, D_2 - n_1\, D_1}{1 + n_0\, D_2^2 - n_1\, D_1^2} \qquad (16\text{-}21)$$

mit D_1, D_2 nach Gln.(16-12) und (16-11).

Die absolute Beschleunigung für den Grundton folgt damit für die Kranbahn

$$\ddot{x}_1 = P_m\, D_1\, \ddot{y}_m \qquad (16\text{-}22)$$

und den Kran

$$\ddot{x}_0 = P_m\, \ddot{y}_m \;. \qquad (16\text{-}23)$$

Die Destabilisierungskräfte für die Kranbahn sind damit

$$F_{D1} = m_1\, (\ddot{x}_1 - g) \qquad (16\text{-}24)$$

und für den Kran

$$F_{D0} = m_0\, (\ddot{x}_0 - g) \;. \qquad (16\text{-}25)$$

Auf dieselbe Weise lassen sich auch die Destabilisierungskräfte in den
Bauteilen, die auf der Kranbahn oder auf den Kran aufgestellt sind, bestimmen, wobei in die Gleichung ihre Masse eingesetzt wird.

Die Analyse zeigt, daß die Beschleunigungen an der Kranbahn gering sind,
am Kran aber größer als bei dem Modell ohne Kranbahn. Bei diesem Modell
wurde jedoch die einseitige Wirkung der Seilaufhängung vernachlässigt.
Deshalb werden die Destabilisierungskräfte für den Kran nach Gl.(14-43)
berechnet, für die Kranbahn aber nach der Gleichung

$$F_{D1} = m_1\, (\ddot{y}_m - g) \;. \qquad (16\text{-}26)$$

16.5. Kran und Kranbahn ohne Nutzlast

Bei Fortfall der Nutzlast verwandelt sich das System in ein Zweimassensystem, das analog dem System Kran - Last im Kapitel 14 behandelt wird,

jedoch mit dem Unterschied, daß die Feder zwischen Kran und Kranbahn zweiseitig wirkend ist und daß deshalb die Verhältnisse ohne Begrenzung gelten. Die entstehenden Kräfte werden aus den Diagrammen im Bild 14.2 und 14.3 abgelesen, wobei $r \to p'$ und $s \to r'$ zu nehmen sind. Für die Massenverhältnisse ist anstatt $n_0 \to 1/n_1'$ zu nehmen und anstatt $c_0 \to c_3'$, wenn neue Größen mit einem Index versehen werden. Die Größenbereiche sind: $c_3' = 4$ bis 8, $1/n_1' = 3$ bis 10. Aus den Bildern ist leicht zu erkennen, daß in diesem Fall die Kranbahn stärker als der Kran beansprucht wird.

Die Destabilisierungskräfte werden in diesem Fall nach Kapitel 14 berechnet, wobei der Kran die Rolle der Nutzlast und die Kranbahn die des Kranes übernimmt. Die absolute Beschleunigung der Kranbahn wird aus dem Bild 14.6 abgelesen. Die Beschleunigung ist in diesem Fall am Kran viel größer als an der Kranbahn, denn sie wird noch mit dem Beiwert D_0 vervielfältigt

$$\ddot{x}_0 = P_m \, \ddot{y}_m \, D_0 \qquad\qquad\qquad (16\text{-}27)$$

mit

$$D_0 = c_3 \, (F - 1) - 1 \qquad\qquad\qquad (16\text{-}28)$$

und

$$P_m = \frac{1 - D_0/n_1}{1 + D_0^2/n_1} \; . \qquad\qquad\qquad (16\text{-}29)$$

Der Vergleich zwischen Dreimassen- und Zweimassensystem ($m_2 = 0$) ist für ein Beispiel bei $c = 0{,}5$, $n_0 = 1$, $c_3 = 4$, $n_1 = 0{,}5$ in der Tabelle 16.2 gezeigt (wobei p auf Kranmasse m_0 und p' auf Kranbahnmasse m_1 bezogen ist).

System	Brücke		Seil	Kranbahn		
	r	$\ddot{x}_0$	s	p	$\ddot{x}_1$	p'
3-Massen	2,055	0,927	1,128	4,30	0,192	8,6
2-Massen	1,08	0,21	–	1,47	0,79	2,94

Tabelle 16.2: Vergleich zwischen Zwei- und Dreimassensystem

Es ist ersichtlich, daß die Beschleunigungen am Kran um 53 % niedriger
und an der Kranbahn um 411 % größer sind, in beiden Fällen sind aber
niedriger als die Ansprechbeschleunigung 1 g. Die Ansprechbeschleunigung aus dem Ansprechspektrum wird um 50 % erhöht in die Rechnung eingesetzt, weil die Resonanz in letztem Teil der Wellenfolge, wie im Kapitel 14 beschrieben, auftritt, und ist deshalb größer als bei $t = 2\,\pi$.

Die Untersuchungen mit Hilfe dimensionsloser seismischer Kraftbeiwerte
für die Beanspruchung im Kran, in der Seilaufhängung und in der Kranbahn für die absolute Beschleunigung $\ddot{y}_m/g = 1$ zeigen, daß durch die Hin-
zunahme der elastischen Kranbahn in das gesamte Schwingungsmodell die
Kräfte, in den Bauteilen infolge seismischer Bewegung erregt, vergrößert werden im Vergleich mit dem Zweimassenmodell des Kranes und der
Last ohne Einfluß der Kranbahn d.h. auf vollständig starrer Unterlage.
Um seismische Kräfte und Destabilisierungskräfte klein zu halten, soll
die Kranbahn möglichst steif, desgleichen auch der Kran und die Nutzlastseilaufhängung möglichst weich gestaltet werden.

17. Einfluß der Katzabfederung auf seismische Widerstandsfähigkeit der Krane

Bei der Analyse der Beanspruchungen der Krane durch Erdbebenkräfte wurde das Krangebilde als Zweimassensystem modelliert: Der Kran selbst als die erste Masse und zugleich die erste Federverbindung, dann die Nutzlast als die zweite Masse mit der Seilaufhängung als zweiter Feder mit dem Kran verbunden. Dabei wurde die Katze mit der Kranbrücke als starre Einheit betrachtet. Ein derartiges Modell entspricht der Wirklichkeit, insofern die Katzaufstandseinrichtungen: Die Laufräder oder die Radschwingen nicht elastisch oder sogar als Federn ausgebildet sind. An einigen Kranarten sind die Laufräder mit einer weichen Aufhängung versehen, die erhebliche Verschiebungen zuläßt und damit unzulässig hohe Überlastungen des Kranes verhindert (Schmiedekrane und desgleichen). In diesem Fall ist die Aufhängung als dritte Feder zu berücksichtigen, wobei die Katzmasse als dritte Masse auftritt. Damit wird der Kran als ein Dreimassensystem mit drei Federverbindungen behandelt.

Es werden die Einflüsse dieser weichen Aufhängung auf das seismische dynamische Verhalten der Krane erörtert, wobei wir die auftretenden Kräfte mit Hilfe von dimensionslosen seismischen Kraftbeiwerten ausdrücken wollen. Die Massen- und Steifigkeitsverhältnisse verschiedener Kranbauteile beeinflussen die seismischen Beiwerte auf verschiedene Art. Mit Vergleichsdiagrammen wird dem Konstrukteur der Einblick in die Möglichkeiten der Optimierung von seismischen Ansprecheigenschaften des Kranes gegeben.

17.1. Seismische Kraftbeiwerte bei gefederter Katze

Das rechnerische Modell des Dreimassensystems: Kranbrücke, Katze und die Nutzlast mit drei Federverbindungen ist im Bild 17.1 ersichtlich. Dabei sind die Massen der Kranbrücke mit m_0, der Katze m_K und der Nutzlast mit m_2 bezeichnet, die Federn des Kranes mit c_0, der Katze mit c_K und der Seilaufhängung mit c_2. Im Bild sind auch die angreifenden Kräfte im Gleichgewichtszustand mit aufgenommen. Mit diesen Bezeichnungen ergeben sich die dynamischen Bewegungsgleichungen in vertikaler Richtung für die Ermittlung der Eigenfrequenzen des Schwingungssystems ohne Bodenbewegung, wobei u_n als absolute und gleichzeitig auch als relativ zum Boden gerechnete Verschiebungen betrachtet werden

$$m_0\,\ddot{u}_0 + c_0\,u_0 - c_K\,(u_K - u_0) = 0,$$

$$m_K\,\ddot{u}_K + c_K\,(u_K - u_0) - c_2\,(u_2 - u_K) = 0, \qquad\qquad (17\text{-}1)$$

$$m_2\,\ddot{u}_2 + c_2\,(u_2 - u_K) = 0.$$

Daraus ergibt sich die Frequenzgleichung

$$\omega_n^6 - \omega_n^4\left(\frac{c_K}{m_K} + \frac{c_2}{m_K} + \frac{c_2}{m_2} + \frac{c_K}{m_0} + \frac{c_0}{m_0}\right) + \omega_n^2\left(\frac{c_K\,c_2}{m_K\,m_2} + \frac{c_K\,c_2}{m_0\,m_K} + \frac{c_K\,c_2}{m_0\,m_2} + \right.$$

$$\left. + \frac{c_K\,c_0}{m_0\,m_K} + \frac{c_2\,c_0}{m_0\,m_K} + \frac{c_0\,c_2}{m_0\,m_2}\right) - \frac{c_0\,c_K\,c_2}{m_0\,m_K\,m_2} = 0. \qquad\qquad (17\text{-}2)$$

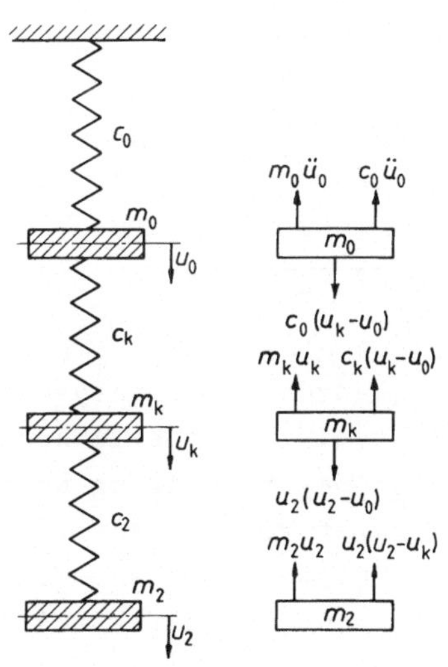

Bild 17.1: Dreimassenmodell des Kranes mit weich abgefederter Katze (m_0, m_K, m_2, c_0, c_K, c_2 Massen und Steifigkeiten der Brücke, der Katze und der Nutzlast, u_0, u_K, u_2 relative Massenverschiebungen)

Für die Umformung in dimensionslose Form sollen folgende Größen bzw. Verhältnisse eingeführt werden:

$$\text{Massen } n_0 = \frac{m_2}{m_K}, \quad n_1 = \frac{m_0}{m_K}, \qquad\qquad (17\text{-}3)$$

$$\text{Fderkonstanten } c = \frac{c_K}{c_2}, \quad c_3 = \frac{c_0}{c_K}, \qquad\qquad (17\text{-}4)$$

Relative Verschiebungen $Y_0 = \dfrac{u_0}{l}$, $Y_K = \dfrac{u_K}{l}$, $Y_2 = \dfrac{u_2}{l}$, $\qquad$ (17-5)

Durchbiegungen $\psi_K = \dfrac{m_K\, g}{c_K\, l} = \dfrac{f_K}{l}$, $\psi_2 = \dfrac{m_2\, g}{c_2\, l} = \dfrac{f_2}{l}$, $\qquad$ (17-6)

$$\psi_0 = \frac{m_0\, g}{c_0\, l} = \frac{f_0}{l}, \quad f_2 = c\, n_0\, f_K, \qquad (17\text{-}7)$$

Beschleunigungen $\overset{\ast}{Y}_m = \dfrac{\ddot{y}_m}{g}$, $\overset{\ast}{Y}_{s0} = \dfrac{\ddot{y}_{s0}}{g}$

(mit $\overset{\ast}{Y}_m$ absolute Beschleunigung, $\overset{\ast}{Y}_{s0}$ relative Beschleunigung)

Frequenzen: $F = \omega_n^2 \cdot L$ (mit L Kranspannweite).

Mit diesen Ausdrücken lautet die Frequenzgleichung

$$\omega_1^6 - \omega_1^4\,\frac{g}{f_K}\left(1 + \frac{1}{c} + \frac{1}{cn_0} + \frac{1}{n_1} + \frac{c_3}{n_1}\right) + \omega_1^2\left(\frac{g}{f_K}\right)^2\left(\frac{1}{cn_0} + \frac{1}{cn_1} + \right.$$

$$\left. + \frac{1}{cn_1\,n_0} + \frac{c_3}{n_1} + \frac{c_3}{cn_1} + \frac{c_3}{cn_1\,n_0}\right) - \left(\frac{g}{f_K}\right)^3 \cdot \frac{c_3}{cn_1\,n_0} = 0. \qquad (17\text{-}8)$$

Aus dieser Gleichung folgen die drei Eigenfrequenzen des Kransystems.
Im weiteren wird nur die Grundfrequenz betrachtet, wenn sie im Ansprechbeschleunigungsspektrum in der Nähe der größten Beschleunigung auftritt.
Ist das nicht der Fall und die Grundfrequenz fällt vor das Ansprechspek-
trummaximum, so muß auch die zweite Frequenz ermittelt werden. Wenn die
Eigenfrequenz in Gl.(17-1) eingeführt wird, folgen die charakteristischen Tonformen

$$Y_K = A_{1\,ST} ,$$
$$Y_2 = - A_{1\,ST} \cdot D_2 , \qquad (17\text{-}9)$$
$$Y_0 = - A_{1\,ST} \cdot D_0 ,$$

wobei D_0, D_2 und die statische Verschiebung $A_{1\,ST}$, die als relativ in
Bezug auf den Etagenboden betrachtet wird, aus den Energiegleichungen
abgeleitet werden, in denen die äußeren Kräfte F_r mit den Massenträgheitskräften $- M_r\,\ddot{y}_m$ ausgedrückt werden, wobei $\ddot{y}_m/g = 1$ gesetzt wird

$$A_{1\,ST} = - \frac{m_K - m_2\,D_2 - m_0\,D_0}{c_K\,(1 + D_0)^2 + c_2\,(1 + D_2)^2 + c_0\,D_0^2} =$$

$$= - \frac{m_K}{c_K} \frac{(1 - n_0 D_2 - n_1 D_0)}{c_3 D_0^2 + \frac{1}{c}(1 + D_2)^2 + (1 + D_0)^2} \, , \qquad (17\text{-}10)$$

mit

$$D_2 = \frac{c_2}{m_2 \omega_n^2 - c_2} = \frac{1}{(\dfrac{c\, n_0\, \psi_0\, F}{g} - 1)} \, , \qquad (17\text{-}11)$$

$$D_0 = \frac{c_K}{m_0 \omega_n^2 - c_K - c_0} = \frac{1}{\dfrac{\psi_0\, n_1\, F}{g} - 1 - c_3} \, . \qquad (17\text{-}12)$$

Damit folgen die relativen seismischen Verschiebungen

$$u_K = Y_K \cdot \ddot{Y}_m \cdot g \, ,$$
$$u_2 = Y_2 \cdot \ddot{Y}_m \cdot g \, , \qquad (17\text{-}13)$$
$$u_0 = Y_0 \cdot \ddot{Y}_m \cdot g \, .$$

Die Kraftbeiwerte der seismischen Beanspruchung werden durch folgende
Ausdrücke bestimmt (mit $\ddot{Y}_m = 1$):

In der Kranbrücke

$$b = \frac{c_0 \, u_0}{m_K \, g} = \frac{c_3 (1 - n_0 D_2 - n_1 D_0)\, D_0}{c \,\{c_3 D_0^2 + \frac{1}{c}(1 + D_0^2) + (1 + D_0^2)\}} \, , \qquad (17\text{-}14)$$

in der Katzabfederung

$$k = \frac{c_K (u_K - u_0)}{m_K \, g} = \frac{(1 - n_0 D_2 - n_1 D_0)(1 + D_0)}{c_3 D_0^2 + \frac{1}{c}(1 + D_2)^2 + (1 + D_0)^2} \qquad (17\text{-}15)$$

und in der Seilaufhängung

$$s = \frac{c_2 (u_2 - u_K)}{m_2 \, g} =$$

$$= - \frac{(1 - n_0 D_2 - n_1 D_0)(1 + D_2)}{c n_0 \{c_3 D_0^2 + \frac{1}{c}(1 + D_2)^2 + (1 + D_0)^2\}} \, . \qquad (17\text{-}16)$$

Bei bekannter absoluter seismischer Beschleunigung ergeben sich die tatsächlich wirkenden Kraftbeiwerte

$$b_t = b \cdot \ddot{Y}_m \, ,$$

$$k_t = k \cdot \ddot{Y}_m \, ,$$

$$s_t = s \cdot \ddot{Y}_m \, ,$$

$$(17\text{-}17)$$

wobei sich die absoluten Beschleunigungen aus dem charakteristischen Spektrum ermitteln lassen; sie sind bei verschiedenen Oberwellen unterschiedlich groß ($\ddot{Y}_{m1} \neq \ddot{Y}_{m2} \neq \ddot{Y}_{m3}$).

17.2. Höhere Tonamplituden

Bei der Bestimmung der zweiten und dritten Tonamplitude kann man von der Summe der Kraftbeiwerte ausgehen

$$b = \frac{n_0 + 1 + n_1}{c} \, ,$$

$$k = n_0 + 1 \, ,$$

$$s = 1,0 \, .$$

$$(17\text{-}18)$$

Die Kraftbeiwerte dürfen jedoch nicht zusammenaddiert werden, da bei verschiedenen Frequenzen auch die hinzugehörenden absoluten Beschleunigungen aus dem Ansprechspektrum nicht gleich groß sind. Die Kraftbeiwerte sind deshalb nicht gleichwertig.

Dabei gilt als Kriterium, ob sich die erste Frequenz innerhalb des maximalen Bereichs des Ansprechspektrums befindet oder größer ist. In diesem Fall genügt es, nur den ersten Ton zu berücksichtigen, weil die Beiwerte der zweiten und dritten Oberwelle viel kleiner sind und durch eine kleine Beschleunigung bei der Berechnung der tatsächlichen Kraftbeiwerte noch verkleinert werden.

Es ist zu bemerken, daß die Hinzuziehung eines zusätzlichen Federelements (der Katzabfederung) in das Zweimassensystem des Kranes seine Eigenfrequenz vermindert. Dadurch besteht die Möglichkeit, daß sich die erste Eigenfrequenz unterhalb des maximalen Bereiches der absoluten Beschleunigung im charakteristischen Ansprechspektrum in vertikaler Richtung, von 2 bis 10 Hz befindet, und daß die zweite Frequenz gerade in den maximalen Bereich fällt. In diesem Fall muß jedenfalls die zweite Oberwelle berücksichtigt werden.

Bei mehreren Amplituden verschiedener Eigenfrequenz besteht wenig Wahrscheinlichkeit einer gleichzeitigen Erregung. Man muß beim Frequenzspektrum des Erdbebens mit Phasenverschiebungen zwischen entfernteren
Frequenzen rechnen. Bei Frequenzen, die mehr als 10 % voneinander entfernt sind, ist wahrscheinlich mit einer Phasenverschiebung zu rechnen.
Nach dem Fehlerfortpflanzungsgesetz kann mit der pythagoreischen Summe
der resultierende Kraftbeiwert berechnet werden

$$k_t = \sqrt{k_{t1}^2 + k_{t2}^2 + k_{t3}^2} \ . \qquad\qquad (17\text{-}19)$$

Wenn der Unterschied zwischen zwei benachbarten Frequenzen kleiner als
10 % ist, ist mit der algebraischen Summe zu rechnen.

Nach obigem Ausdruck üben kleine Oberwellenbeiwerte nur einen vernachlässigbar kleinen Einfluß auf den Gesamtbeiwert aus.

17.3. Erörterung der Ergebnisse

Vor der Auswertung der Verhältnisse gemäß den entwickelten Gleichungen
sind die Zusammenhänge zwischen den dimensionslosen Kenngrößen zu klären. Das Verhältnis n_0 zwischen der Nutzlast m_2 zur Katzmasse m_K ändert
sich mit der Nenntraglast und ist im Bild 17.2 aufgrund der Auswertung
einer Normreihe von Laufkatzen der mittleren Betriebsgruppe ersichtlich,
wobei m_2 als Nennlast anzusehen ist. Natürlich kann n_0 bei Teillasten
alle möglichen Werte zwischen 0 und dem Nennwert annehmen. Im Mittel ist
dieser Wert $n_0 = 5$.

Das Verhältnis n_1 zwischen der Brückenmasse m_0 zur Katzmasse m_K hängt
von der Nenntraglast und von der Spannweite ab. Für Zweiträgerbrücke
(mit Kastenträgern) der mittleren Betriebsklasse sind die Werte für drei
Normspannweiten L = 10, 20 und 32 m im Bild 17.3 in Abhängigkeit von der
Nenntraglast angegeben. Bei 20 t Traglast und 20 m Spannweite ist $n_1 = 4$.

Bei der Analyse der Abhängigkeit von verschiedenen Einflußgrößen wollen
wir auf die gegenseitige Abhängigkeit aufmerksam machen. Wenn das Verhältnis zwischen der Nutzlast und der Brückenmasse mit n' bezeichnet
wird

$$n' = \frac{m_2}{m_0} = \frac{n_0}{n_1} \qquad\qquad (17\text{-}20)$$

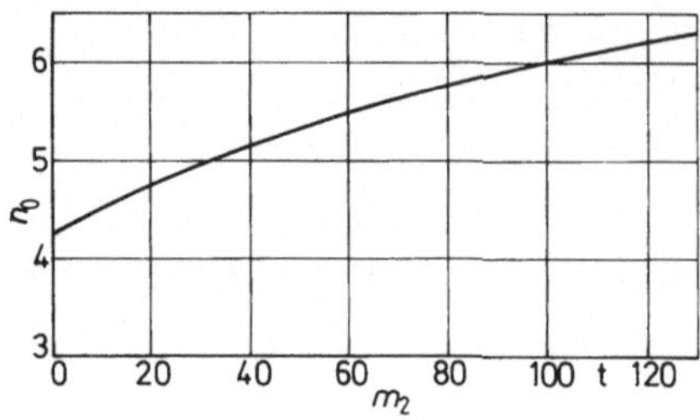

Bild 17.2: Abhängigkeit des Massenverhältnisses n_0 =
= m_2/m_K (m_2 Nutzlast,
m_K Katzmasse) von der
Nenntraglast des Kra-
nes für eine Normreihe
mittlerer Hubbetriebs-
klasse

Bild 17.3: Abhängigkeit des Massenverhältnisses n_1 =
= m_0/m_K (m_0 Brückenmasse, m_K Katzmasse)
von der Nenntraglast
und der Spannweite
für eine Zweiträger-
kastenbrücke der mitt-
leren Betriebsklasse

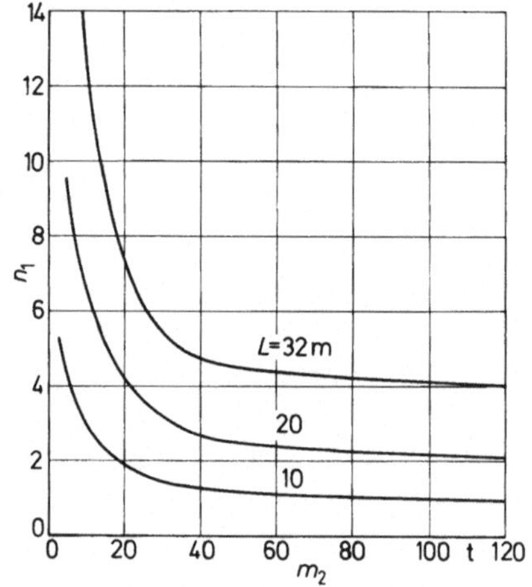

und das Verhältnis zwischen Brücken- und Seilaufhängungssteifigkeit

$$c' = \frac{c_0}{c_2} , \qquad (17\text{-}21)$$

folgt die Abhängigkeit der Federkonstanten

$$c' = c\ c_3 . \qquad (17.22)$$

Wenn der Brückenkraftbeiwert b bezogen auf die Brückenmasse ausgedrückt
werden soll, muß durch n_1 dividiert werden

$$b' = b/n_1 . \qquad (17.23)$$

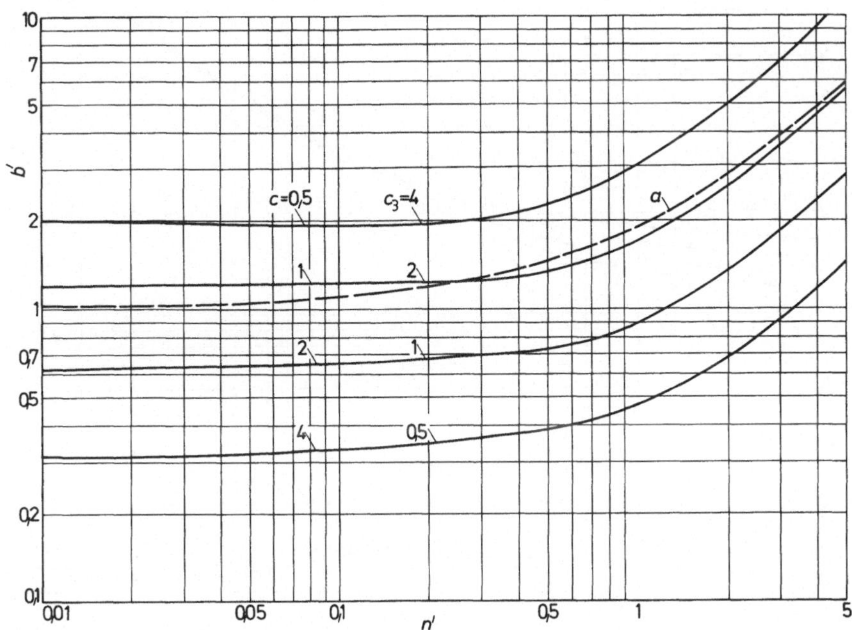

Bild 17.4: Seismischer Kraftbeiwert der Kranbrücke b' in Abhängig-
           keit vom Massenverhältnis n' und Steifigkeitsverhältnis
           c bei c' = 2 und n_1 = 4 (b' = b/n_1, n' = m_2/m_0).
           a Kraftbeiwert für Zweimassenmodell bei c' = 2

Im Bild 17.4 sind die Werte des Brückenbeiwerts b' (bezogen auf die
Kranbrückenmasse m_0) in Abhängigkeit vom Massenverhältnis n' bei c' = 2
und n_1 = 4 für verschiedene Steifigkeitsverhältnisse c und c_3 aufgetragen, wobei die Abhängigkeit (17-22) beachtet werden muß. Im Bild 17.5
sind die Katz- und Seilkraftbeiwerte k bzw. s für dieselben Verhältnisse aufgezeigt. Mit der Kurve a sind die Werte der Kraftbeiwerte des
Zweimassenmodells bei dem Steifigkeitsverhältnis c' = 2 für den Vergleich eingetragen. Aus den Bildern ist der große Einfluß der weichen
Katzabfederung auf die Brückenkraftbeiwerte ersichtlich, wogegen sich
in der Katze und in der Seilaufhängung keine großen Unterschiede zeigen.

Der Einfluß des Katzmassenverhältnisses n_1 = m_0/m_K auf die Kraftbeiwerte k, s und b ist im Bild 17.6 in Abhängigkeit vom Kranmassenverhältnis

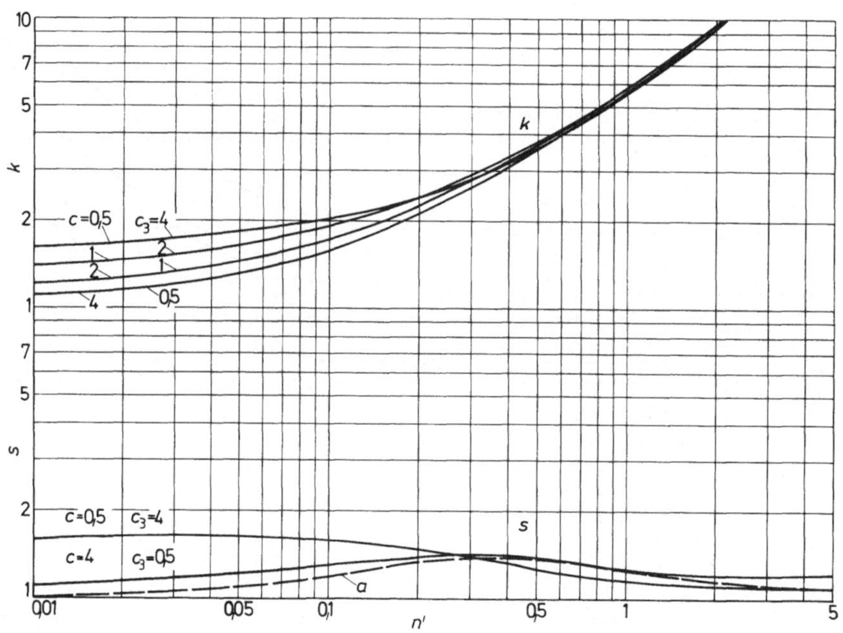

Bild 17.5: Seismische Kraftbeiwerte k und s in Abhängigkeit von
           n' (Einflußwerte Bild 17.4)

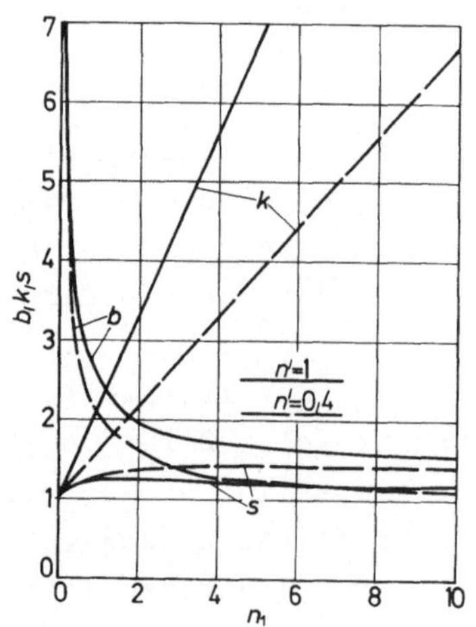

Bild 17.6: Einfluß des Massenver-
           hältnisses n_1 auf die
           seismischen Kraftbeiwer-
           te k, s und b in Abhän-
           gigkeit vom Kranmassen-
           verhältnis n' (c' = 2,
           c_3 = 2, c = 1)

$n' = 1$ und $0,4$ bei $c' = 2$, $c_3 = 2$ und $c = 1$ gezeigt. Daraus ist ersichtlich, daß mit Verringerung der Katzmasse der Katzkraftbeiwert im selben Verhältnis wächst, wogegen der Kraftbeiwert in der Brücke absinkt und in der Seilaufhängung fast konstant bleibt. Mit kleinerer Nutzlast vermindern sich die Kraftbeiwerte in der Brücke und in der Katze, in Seilen aber werden sie vergrößert.

Im Bild 17.7 sind die seismischen Kraftbeiwerte in Abhängigkeit vom Steifigkeitsverhältnis c_3 bei $n_1 = 4$ und $c' = 2$ für zwei Werte des Kranmassenverhältnisses $n' = 1$ und $0,4$ angegeben. Daraus ist ersichtlich, daß bei der Seilaufhängung die Kraftbeiwerte geringfügig von c_3 und n' abhängen, bei der Katzabfederung nur von n', wogegen in der Brücke der Kraftbeiwert mit der Weichheit der Katzabfederung stark vergrößert wird, desgleichen auch mit größerer Nutzlast im Vergleich zur Brückenmasse.

Die Abhängigkeit der Kraftbeiwerte vom Steifigkeitsverhältnis c bei $n_1 = 4$ und $c' = 2$ für zwei Werte des Kranmassenverhältnisses n' wird im Bild 17.8 veranschaulicht. Daraus kann geschlossen werden, daß mit größerem Steifigkeitsverhältnis c, d.h. bei sehr steifer Katzabfederung sich der Kraftbeiwert in der Katzabfederung nicht verändert. Er sinkt aber wohl mit kleinerer Nutzlast bei kleinerem Kranmassenverhältnis n' ab. In der Seilaufhängung bleibt der Kraftbeiwert konstant. Mit wachsender Nutzlast wird er geringfügig vergrößert; der Kraftbeiwert in der Brücke wird mit steiferer Katzaufhängung stark vermindert, wobei eine kleinere Nutzlast das Absinken nur wenig beeinflußt. Im Bild sind auch mit den Kurven a die Verhältnisse bei geringerem Kransteifigkeitsverhältnis c' angegeben. Eine weichere Brücke gegenüber der Seilaufhängung vermindert bei größeren Werten des Steifigkeitsverhältnisses c (bei steiferer Katzabfederung) die Kraftbeiwerte erheblich, wogegen dieser Einfluß bei der Seilaufhängung und besonders bei der Brücke nicht so hervortritt.

Um diese Abhängigkeit der Kraftbeiwerte vom Kransteifigkeitsverhältnis c' zu vergegenwärtigen, sind im Bild 17.9 die Verhältnisse für die Brücke, die Katze und die Seilaufhängung bei $c_3 = 4$, $n_1 = 4$ und $n' = 1$ angegeben. Die Seilaufhängungsbeiwerte hängen nicht von c' ab, die Katzkraftbeiwerte sinken mit weicherer Brücke ab und die Brückenkraftbeiwerte werden mit zunehmendem Kransteifigkeitsverhältnis wesentlich vermindert.

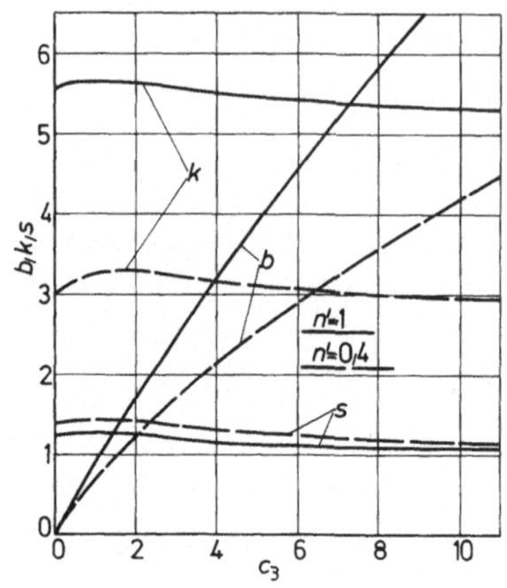

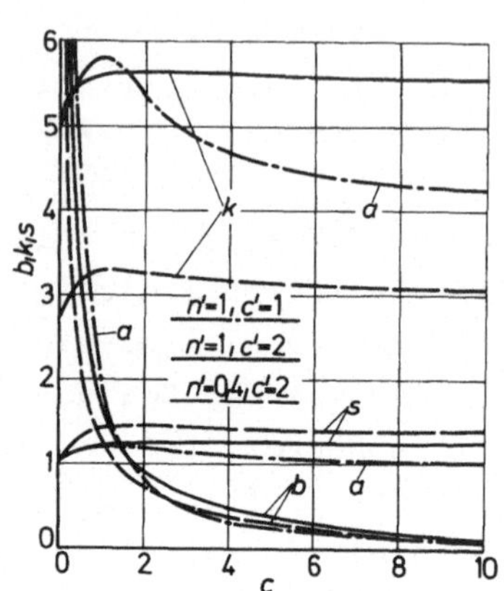

Bild 17.7: Abhängigkeit seismischer Kraftbeiwerte k, s und b vom Steifigkeitsverhältnis $c_3 = c_0/c_K$ und vom Kranmassenverhältnis n' (n_1 = 4, c' = 2, n' = 1)

Bild 17.8: Abhängigkeit seismischer Kraftbeiwerte k, s und b vom Steifigkeitsverhältnis $c = c_K/c_2$ und vom Kranmassenverhältnis n' (n_1 = 4, c' = 2, Kurve a: c' = 1)

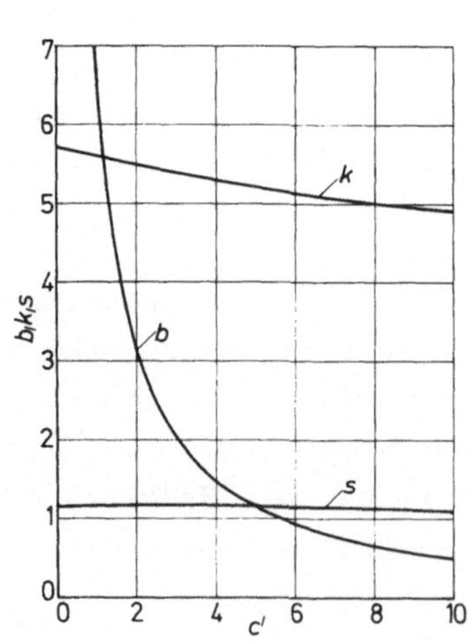

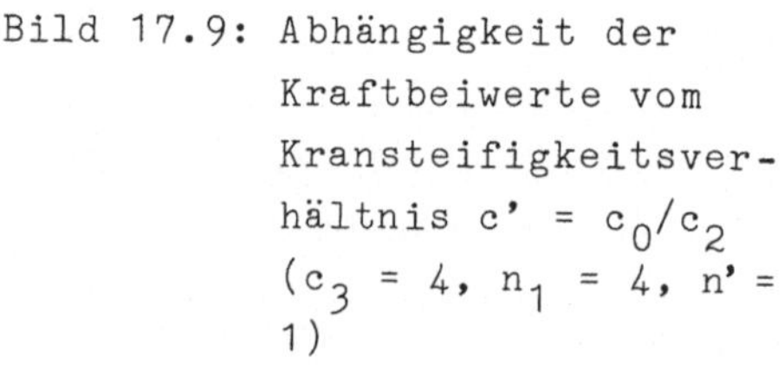

Bild 17.9: Abhängigkeit der Kraftbeiwerte vom Kransteifigkeitsverhältnis c' = c_0/c_2 (c_3 = 4, n_1 = 4, n' = 1)

Wenn aus funktionellen Gründen eine abgefederte Katze mit kleiner Steifigkeit verwendet werden muß, das heißt mit großer Verschiebung bei
verhältnismäßig kleinem Kraftanstieg, wie z.B. bei Schmiedekranen, so
ist mit größeren seismischen Beanspruchungen als bei einer vollständig
starren Katze zu rechnen. Eine weiche Katzabfederung hat folgende Folgen:

- In der Seilaufhängung wird keine wesentliche Veränderung durch die
  weiche Katze festzustellen sein;
- in der Katze werden erheblich größere Kraftbeiwerte verursacht;
- in der Brücke werden besonders große seismische Kraftbeiwerte erzeugt.

Um die seismischen Beanspruchungen trotz weicher Katzaufhängung zu vermindern, stehen dem Konstrukteur folgende Maßnahmen zur Verfügung:

1. Das Kransteifigkeitsverhältnis c' soll so hoch wie möglich gestaltet
   werden, wobei die Brückensteifigkeit zu vergrößern, die Seilaufhängungssteifigkeit zu vermindern ist.

2. Das Katzsteifigkeitsverhältnis c soll möglichst groß sein.

3. Das Kranmassenverhältnis n' soll möglichst klein sein, wobei die
   Kranmasse verkleinert oder die Nutzlast vergrößert wird.

4. Das Katzenmassenverhältnis n_1 soll möglichst groß sein, wobei die
   Katzmasse vermindert werden soll.

Dem Konstrukteur bleibt auch die Möglichkeit offen, die weiche Verbindung in die Seilaufhängung zu legen. Durch die starre Verbindung zwischen der Katze und der Brücke wird ein Zweimassensystem erzeugt und
durch die weiche Seilaufhängung das Kransteifigkeitsverhältnis c' größer, wodurch sich kleinere Kraftbeiwerte in der Brücke erreichen lassen.

17.4. Destabilisierungskräfte

Bei der Einwirkung von seismischen Kräften auf den Kran können seine
Bauteile unter gegebenen Umständen vom Kran abgehoben und umgekippt werden. Die auf sie wirkenden Kräfte kann man als Destabilisierungskräfte
bezeichnen. Besonders bei großen seismischen Beschleunigungen ist eine

Standsicherheitsüberprüfung der Kranbauteile wichtig. Bei auftretenden positiven Destabilisierungskräften sind an den bewegten Teilen (Katze, Hubwagen o.d.) Stabilisierungsvorrichtungen anzubringen, die in aktiver Lage die Desintegrierung des Krans konstant verhindern. Diese Vorrichtungen müssen die größte Destabilisierungskraft sicher übernehmen.

Die Destabilisierungskräfte werden ähnlich wie im Kapitel 16 beim Dreimassensystem des Kranes mit der Last auf der Kranbahn bestimmt. Die Destabilisierungskräfte in der Kranbrücke sind

$$F_{DO} = m_0 \, (\ddot{x}_0 - g) \qquad\qquad (17\text{-}24)$$

und in der Katze

$$F_{DK} = m_K \, (\ddot{x}_K - g). \qquad\qquad (17\text{-}25)$$

Die absolute Beschleunigung in der Kranbrücke ist

$$\ddot{x}_0 = P_m \cdot D_0 \cdot \ddot{y}_m \qquad\qquad (17\text{-}26)$$

und in der Katze

$$\ddot{x}_K = P_m \, \ddot{y}_m, \qquad\qquad (17.27)$$

wobei D_0 nach Gl.(17-12) und Massenbeiwert P_m

$$P_m = \frac{1 - n_0 \, D_2 - n_1 \, D_0}{1 + n_0 \, D_2^2 + n_1 \, D_0^2} \, . \qquad\qquad (17.28)$$

Für die Ansprechbeschleunigung wird in die Rechnung ein um 50 % vergrößerter Wert aus dem Ansprechspektrum eingesetzt - aus Gründen, die im Kapitel 9, 14 und 16 beschrieben wurden.

Bei der Analyse der Destabilisierungskräfte kann der Konstrukteur als einzige Maßnahme, die Kraftbeiwerte b und k verkleinern: das Steifigkeitsverhältnis c_3 soll klein sein (die Katze nicht zu weich abgefedert) und ebenso das Massenverhältnis n', wohingegen das Steifigkeitsverhältnis c und das Kransteifigkeitsverhältnis c' groß sein sollen, aber das Massenverhältnis n_1 wieder klein.

17.5. Seismische Kräfte in horizontaler Richtung

In horizontaler Richtung wird angenommen, daß die Last bei seismischen
Erregungen der Kranbahn auf die Kranspannungen nicht einwirkt. Die Katze wird normalerweise bei vertikalen Federdurchbiegungen starr geführt,
so daß es zu keinen horizontalen relativen Verschiebungen in Bezug auf
die Kranbrücke kommen kann. Der Kran wird deshalb als Einmassensystem
behandelt, abhängig von der Einspannungsart der Kranträgerenden an beiden Seiten der Kranbahn. Die seismischen Kräfte und Spannungen werden
anhand der Kraneigenfrequenz in horizontaler Richtung und des Ansprech-
beschleunigungsspekters auf bekannte Weise bestimmt.

17.6. Folgerungen für den Konstrukteur

Eine weiche Abfederung der Katze verändert die aseismischen Eigenschaften des Kranes im Vergleich mit einer starren Katze ganz wesentlich.
Auf jeden Fall werden größere Überlastungen des Kranes bei großen Kraft-
schlußverschiebungen des Lastaufnahmemittels verhindert. Die seismische
Kräfte (durch dimensionslose Kraftbeiwerte dargestellt) werden durch
eine weiche Anordnung der Laufkatze in der Brücke vergrößert, während
sie in der Seilaufhängung bei mittleren Massenverhältnissen fast unverändert bleiben. In der Katze treten verhältnismäßig große seismische
Kräfte auf, die sich mit der Weichheit der Abfederung noch vergrößern.
Dem Konstrukteur bleibt die Aufgabe, diese seismisch negative Tendenz
auszugleichen, indem er durch entsprechende Angleichungen der Masse-
und Steifigkeitsverhältnisse die optimalen Verhältnisse heraussucht.

Die Destabilisierungskräfte gefährden eine stabile Lage des Kranes auf
der Kranbahn und der Katze auf dem Kran. Sie lassen sich durch eine weiche Anordnung der Katze im Vergleich mit einer starren Katze verkleinern. Dieser positive Effekt wirkt sich besonders stark bei der Kranbrücke, weniger aber bei der Katze aus.

Es werden die Abhängigkeiten der seismischen Kraftbeiwerte von verschiedenen Masse- und Steifigkeitsverhältnissen angegeben. Wenn die örtlichen
Vorschriften neben normalen Standsicherheits- und Spannungsnachweisen
auch einen seismischen Sicherheitsnachweis in erdbebengefährdeten Gebieten fordern, kann der Konstrukteur eine entsprechende Optimierung des
Kranes vornehmen.

18. Standsicherheit der Hebezeuge beim Erdbeben

Die Standsicherheit von Kranen gegen Umkippen wird unter der Wirkung
von horizontalen Massen- und Windkräften gefährdet, vor allem bei
schlanken, hochbauenden Geräten, bei denen das Eigengewicht die notwendige Standsicherheit nicht immer garantiert. Aus diesem Grunde ist nach
DIN 15 019 Blatt 1 ein Standsicherheitsnachweis zu führen. Je nach Kran-
art sind prozentuale Zuschläge der Massen auf das Lastaufnahmemittel
und den Kran wirkend anzusetzen, wobei die sich dadurch ergebenden Kippmomente die positiven Standmomente nicht erreichen dürfen.

Beim Erdbeben werden im Kran seismische Massenkräfte erregt, die sich
während des Bodenbewegungszeitabschnitts als Schwingungen fortleiten.
Durch diese Kräfte wird genau wie beim klassischen Betriebsfall die
Standsicherheit gefährdet. Im Gegensatz zum Betriebsfall besteht jedoch
ein grundsätzlicher Unterschied, weil der Kran durch die Bodenwellen
auch in vertikaler Richtung erregt wird. Beim Überschreiten der Erdbebenbeschleunigung hebt der Kran vom Boden ab, wobei die superponierten
horizontalen Schwingungen sein "Fliegen", d.h. ein horizontales Versetzen verursachen. Damit wird die Standsicherheitsgefährdung beim Erdbeben zu einem dynamischen Fall. In diesem Kapitel werden die Unterlagen
für den Standsicherheitsnachweis der Krane in Abhängigkeit von der Erd-
bebenintensitätsklasse nach modifizierter Mercalli-Skala erstellt.

Es werden die Diagramme der Massenkräfte für die Konstrukteure dargelegt zur standsicheren Gestaltung der Krane bei Erdbebengefahr. Es werden die Gleichungen für die Kräfte beim Abheben und Versatz, die bei
der Landung der Krane in den Aufstandsbaugruppen entstehen, angegeben.

Durch die entwickelten Ausdrücke und Beiwerte ist der Grundstock für
eine Standsicherheits-Berechnungsvorschrift bei verschiedenen seismischen Erdbebenintensitätsgebieten gegeben.

18.1. Erdbebenkräfte am Kran

Der Kran wird als Einmassensystem aufgefaßt, was bei Turmkranen im allgemeinen zutrifft. Es wird am Kran für den Fall eines Erdbebens keine
Last berücksichtigt. Die am Kran angreifende Bodenbewegung

$$y_{sh} = y_{s0h} \, f(t) \qquad\qquad\qquad (18\text{-}1)$$

wirkt in horinzotaler (Index h) und vertikaler (Index v) Richtung (Bild
18.1) und wird mit der Bewegungsgleichung ausgedrückt

$$m_0 \, (\ddot{y}_0 - \ddot{y}_s) + c_0 \, (y_0 - y_s) = - \, m_0 \, \ddot{y}_{s0} \, f(t) \qquad\qquad (18\text{-}2)$$

mit m_0, c_0 Kranmasse und Federkonstante, $\ddot{y}_{s0}$ Bodenbeschleunigung.

Die Bodenbewegung wird wirklichkeitsgetreu am besten mit einer sinus-
förmigen Schwingung angenähert

$$y_{sh} = y_{s0h} \, \sin \Omega \, t. \qquad\qquad\qquad (18\text{-}3)$$

Bei der Ermittlung des Kranansprechens wird der Resonanzfall mit gleicher Kraneigenfrequenz ω und Bodenbewegungsfrequenz Ω vorausgesetzt.

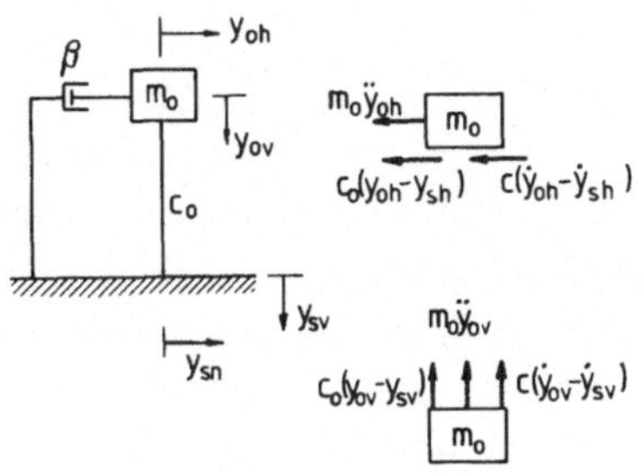

Bild 18.1: Schema des Einmassen-
Schwingungssystems mit
dynamischem Gleichge-
wicht in horizontaler
und vertikaler Richtung

Nach der Theorie der begrenzten Resonanz von Yamadá und Kawamura (Kapitel 6) bildet sich eine Folge von Sinuswellen der Bodenschwingung mit
verschiedenen Perioden (Frequenzen) für je eine begrenzte Wellenzahl
(N_w = 1,5), die sich innerhalb der Erdbebenhauptschwingzeit T ununterbrochen und unabhängig eine an die andere reiht. Der Kran wählt sich
aus jeder Folge die seiner Eigenfrequenz entsprechenden Wellen aus.
Dadurch gerät der Kran in jeder Folge in Resonanz, die aber nur für die
jeweilige Folge gilt. In der nächsten Folge beginnt ein neuer Resonanzzustand mit Null-Verschiebung und Null-Geschwindigkeit. Der Kran setzt
so innerhalb der Hauptschwingzeit seinen Resonanzzustand für eine begrenzte Wellenzahl mit Unterbrechungen fort. Damit lassen sich die Beo-

bachtungen bei Erdbeben erklären, wonach es trotz verhältnismäßig lan-
gem Andauern maximaler Ausschläge (5 bis 6 Wellen) nicht zu resonanz-
mäßigen, dieser Wellenzahl verhältnisgleichen Ansprechbeschleunigungen
und damit Folgen kommt. Bei den Kranen war mit Resonanz zu rechnen, da
ihre Eigenfrequenzen zwischen 0,6 bis 4 Hz liegen, wo auch das Ansprechbeschleunigungsspektrum bei konstanten maximalen Werten verläuft. Die
relative Verschiebung des Krans folgt mit

$$u(t) = y_0 - y_s = - \frac{\ddot{y}_{s0}}{\omega^2} \psi_a = - \frac{\ddot{y}_m}{\omega^2} \qquad (18\text{-}4)$$

mit dynamischem Vergrößerungsbeiwert

$$\psi_a = \omega \int_0^t \sin \omega t \cdot e^{-\beta (t - \tau)} \sin \omega (t - \tau) \cdot d\tau \qquad (18\text{-}5)$$

mit β Dämpfungsbeiwert, $\ddot{y}_m$ maximale absolute Ansprechbeschleunigung.

Der Vergrößerungsbeiwert erreicht im Resonanzfall in den ersten Schwin-
gungsperioden auch bei Fortfall der Dämpfung durchaus endliche Werte.
Sie steigen allmählich an und erreichen erst nach 10 bis 20 Perioden den
konstanten Wert. Das Integral wird nach der Simpsonschen Regel /18.1/
mit der für Krane üblichen Dämpfung von $\beta = 2$ % und 5 % numerisch ausgewertet (Bild 18.2). Die größten Bodenbeschleunigungen treten bei
stärksten Erdbeben nur mit höchstens 1-2 Perioden auf (Mittelwert 1,5
angenommen). Es erhebt sich auch die Frage, ob die Voraussetzung gleicher Bodenschwingungs- und Kraneigenfrequenzen zutrifft. Man kann mit
großer Wahrscheinlichkeit den Unterschied zwischen den Frequenzen mit
höchstens 2 bis 5 % annehmen. Die Vergrößerungsbeiwerte werden damit
ermäßigt auf $\psi_a = 3$ für $\beta = 2$ %. Zu demselben Wert führt auch die numerische Auswertung der Bewegungsdifferentialgleichung nach ein bis zwei
Perioden. Somit folgt

$$u_{max} = - \frac{3 \ddot{y}_{s0}}{\omega^2} = - \frac{\ddot{y}_m}{\omega^2} \cdot \qquad (18\text{-}6)$$

Seismische Kräfte im Gewichtsschwerpunkt des Kranes werden bestimmt mit
(Index v vertikal, h horizontal)

$$F_{s\,v,h} = c_{0\,v,h}\, u_{m\,v,h} = \frac{c_{0\,v,h}\, \ddot{y}_{m\,v,h}}{\omega^2_{v,h}} = m_0\, \ddot{y}_{m\,v,h} \cdot \qquad (18\text{-}7)$$

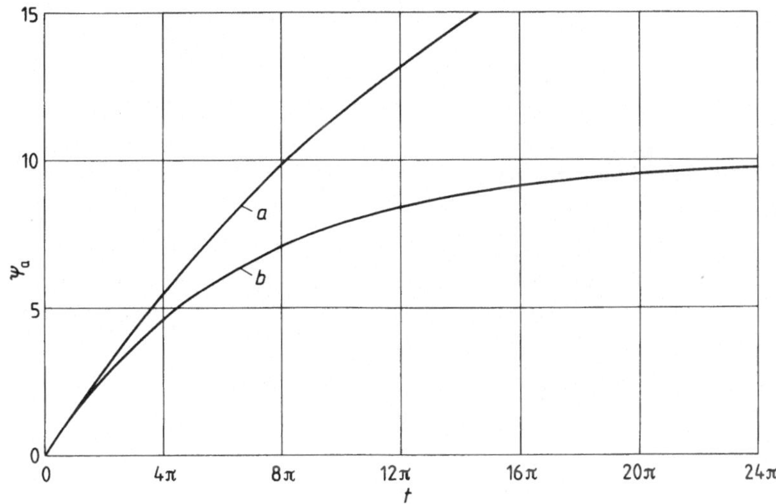

Bild 18.2: Verlauf des Vergrößerungsbeiwerts ψ_a bei $T = 2\pi$
im Falle der Resonanz ($\omega = \Omega$) bei 2 % Dämpfung (a)
und 5 % Dämpfung (b) für sinusoidalen Bodenschwin-
gungsverlauf

Nur die Brückenkrane lassen sich auf den stabilen Kranbahnen zuverlässig gegen Abheben sichern. Für Turmkrane wäre eine derartige Lösung
auch wünschenswert, um so gleichzeitig die Kippgefahr zu beseitigen.
Leider stehen hier aber nur die Schienen zum Anschlagen zur Verfügung.
Sie sind aber häufig nur auf Schwellen im Schotterbett verlegt oder auf
leichten Betonstreifenfundamenten verankert, so daß vertikale Kräfte der
Kranansprechbewegung nicht aufgenommen werden können. In Fällen, in denen mit großen seismischen Kräften zu rechnen ist, bleiben deshalb diese Krane auf der Kranbahn ohne besondere Sicherung. Es gilt für auf seismischen Karten entsprechend eingestufte Orte oder auf Grund der Bodenstruktur, die bei weicher Unterlage im Gegensatz zu Felsengrund das Bo-
denbeschleunigungsspektrum bis zu 100 % vergrößert. Bei der Festigkeitsberechnung und -gestaltung von Turmkranen ist in derartigen Gebieten also mit dem Abheben und Umkippen zu rechnen. Man unterscheidet dadurch
bei der Standsicherheitsermittlung zwei Fälle:

1. Der Kran wird auf der Unterlage befestigt und verankert. Dabei wird
   die Verankerung unter Berücksichtigung der Kippmomente einerseits
   und der Standmomente aus der Eigenmasse andererseits berechnet.

2. Der Kran wird nicht auf der Unterlage befestigt. Wenn die Ansprechbeschleunigung $\ddot{y}_m$ die Erdbeschleunigung übersteigt, wird der Kran
   mit der Geschwindigkeit, mit der er sich in diesem Augenblick bewegt, abgehoben.

Bei der Berechnung der Erdbebenstandsicherheit bleibt die Last an der
Seilaufhängung unberücksichtigt, im Gegensatz zum statischen Standsicherheitsnachweis, bei dem nur mit den Massenkräften der Last gerechnet wird. In Wirklichkeit kann bei der Seilaufhängung nicht mit einem
Zweimassenmodell gerechnet werden, denn die Seilfeder ist nur in einer
Richtung wirksam. Wie die Analyse zeigt, wird die Seilfeder nur jede
zweite Periode durch einen sehr kurzen Stoß beaufschlagt, während zwischenzeitlich nur der Kran selbst als Einmassensystem schwingt. Die
Last wird nach dem Fallen von den Seilen abgefangen und wieder nach
oben geschleudert. Die Belastung der Seile wird dadurch größer als beim
starren Zweimassenmodell, ohne dadurch die Kräfte im Kran wesentlich zu
beeinflussen. Dabei ist das Massenverhältnis zwischen Last- und Kranmasse $n_0 = m_2/m_0$ zu berücksichtigen. Bei Turmkranen ist dieses Verhältnis
<< 1, d.h. die Last beeinflußt die Kranbelastung nur wenig. Dazu kann man
mit großer Wahrscheinlichkeit mit kleiner oder gar keiner Last auf dem
Kran während des Erdbebens rechnen.

18.2. Standsicherheit bei auf der Unterlage verankerten Kranen

Es wird vorausgesetzt, daß die maximalen Ansprechbeschleunigungen in
vertikaler und horizontaler Richtung gleichzeitig auftreten, obwohl wegen der verschiedenen Eigenfrequenzen von zwei Wellen mit Phasenverschiebung gerechnet werden müßte. Im Schwerpunkt des Krans werden zwei
Ansprechkräfte nach Gl.(18-7) angesetzt (Bild 18.3). Die aufwärts wirkende vertikale Erdbebenkraft mit der Beschleunigung $\ddot{y}_{mv}$ hebt den Kran
an, wenn $\ddot{y}_{mv} > g$. Für $\ddot{y}_{mv} < g$ wird seine wirksame Eigenmasse, die für
das Standsicherheitsmoment übrigbleibt, auf den Wert verkleinert

$$G_w = m_0 \, (g - \ddot{y}_{mv}). \tag{18-8}$$

Mit den im Bild 18.3 bezeichneten Kraftrichtungen als positiv, folgen
die Verankerungskräfte mit

$$F_{A,B} = \frac{F_{sv} - m_0\, g}{2} \pm F_{sh}\, \frac{h_1}{a_1}\ . \qquad (18\text{-}9)$$

Da in den charakteristischen Ansprechspektren die beiden Ansprechbeschleunigungen $\ddot{y}_{mv} = \ddot{y}_{mh}$, d.h. gleich groß angenommen werden, folgt

$$F_{A,B} = F_{sv}\ \left(\frac{1 - g/\ddot{y}_{mv}}{2} \pm k_1\right) \qquad (18\text{-}10)$$

mit $k_1 = h_1/a_1$.

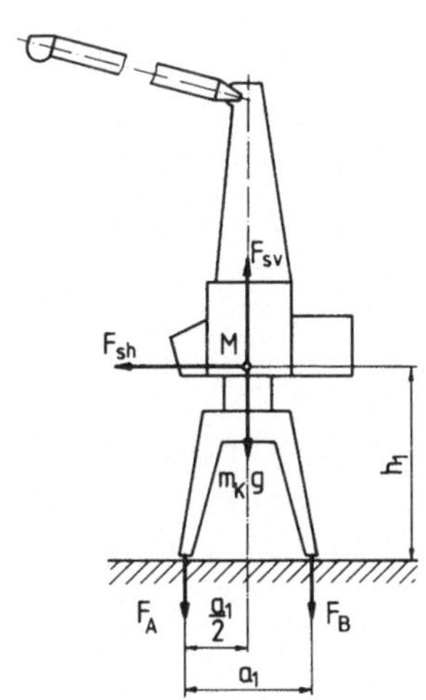

Bild 18.3: Schema eines Portaldreh-
krans mit wirksamen vertikalen und horizontalen Erd-
beben- und Aufstandskräften
für die Ermittlung der
Standsicherheit. (M Ge-
wichtsschwerpunkt, F_{sh}, F_{sv}
horizontale und vertikale
seismische Kräfte, $m_0\, g$
Masse des Kranes, F_A, F_B
Aufstandsreaktionskräfte.)

Es ist ersichtlich, daß die erforderlichen Verankerungskräfte bei den
auf dem Boden verlegten Kranschienen technisch unverwirklichbare Werte
erreichen. Zum Beispiel steigt bei $k_1 = 5$ und bei $\ddot{y}_{mv} = \ddot{y}_{mh} = g$ die Ve-
rankerungskraft an jeder Kranbahn auf das 5-fache Gewicht. Beim 5 t-Ha-
fenkran erreicht die Eigenmasse 80 bis 120 t, d.h. pro Laufradschemel
20 bis 30 t. Wenn die Verankerung nur an einer Kranbahnseite versagt,
kippt der Kran um und wird zweifellos total zerstört.

Zur Gültigkeit dieser Folgerungen ist zu erwähnen, daß die Ansprechbeschleunigungen von sehr kurzer Dauer sind. Wie aus Bild 18.4 ersicht-

lich, wird die Dauer der Beschleunigungswelle über r = 2 ungefähr τ =
= 3, wobei $\tau = \sqrt{c_0/m_0} \cdot t$. Bei einer Kranfrequenz von 2 Hz führt das
zu einer Stoßdauer von 0,23 s. Die Anschwellzeit von 0 bis zum Maximum
beträgt 0,125 s. Es ist kaum zu erwarten, daß die Beschleunigungsmaxi-
ma in beiden Richtungen in die gleiche Phase fallen.

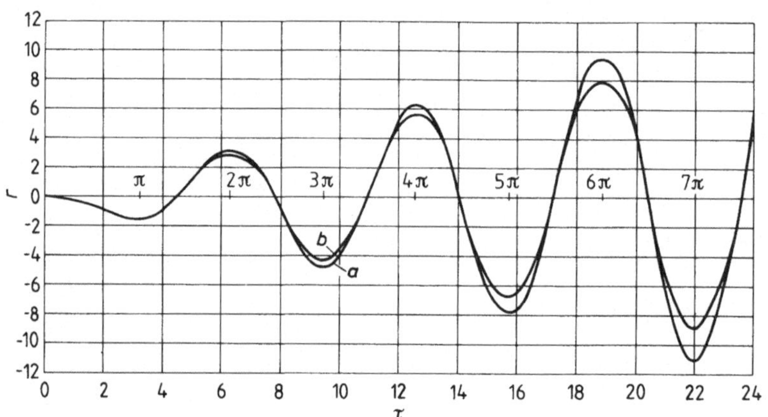

Bild 18.4: Verlauf der Erdbebenkraft r im Kran für ein Einmas-
           sensystem in dimensionsloser Form unter sinusoidaler
           Erregungsschwingung im Resonanzfall ($\omega = \Omega$) mit T =
           = 2 π bei $\tau = \sqrt{c_0/m_0}$ t ohne Dämpfung (a) und mit 2 %
           Dämpfung (b) ($\ddot{y}_{s0}$ = 1 g)

18.3. Standsicherheit nicht verankerter Krane

Bei nicht verankerten Kranen muß man ein Abheben und Versetzen einkal-
kulieren und sie dementsprechend dimensionieren.

Der Kran wird in dem Augenblick angehoben, wenn die Ansprechbeschleunigung $\ddot{y}_{mv}$ > g ist und dann mit der momentanen Absolutgeschwindigkeit bewegt. Die Beschleunigung verläuft nach dem Gesetz

$$\ddot{y}_v = \ddot{y}_{mv} \sin \omega t \qquad\qquad (18\text{-}11)$$

mit

$$\omega = \sqrt{c_0/m_0} \, . \tag{18-12}$$

Die Zeit, bei der die Erdbeschleunigung erreicht wird, bestimmt die momentane absolute Geschwindigkeit

$$t_a = \frac{\arcsin \, (g/\ddot{y}_m)}{\omega_v} \, . \tag{18-13}$$

Die Geschwindigkeit folgt aus der Integration der Gl.(18-11)

$$\dot{y}_{va} = - \frac{\ddot{y}_{mv}}{\omega_v} \cos (\omega \, t_a) = - \ddot{y}_{mv} \frac{\cos \arcsin \, (g/\ddot{y}_{mv})}{\omega_v} \, . \tag{18-14}$$

Index a steht für Anfang.

Für jede Intensitätsstufe der Mercalli-Skala kann die entsprechende Abhebegeschwindigkeit bestimmt werden. Die Geschwindigkeit ist der Eigenfrequenz entgegengesetzt verhältnisgleich.

Wenn der Kran angehoben wird, bewegt er sich nach der Gleichung

$$y = \dot{y}_{va} \, t_0 - \frac{g \, t_a^2}{2} \tag{18-15}$$

mit $\dot{y}_{va}$ Abhebegeschwindigkeit nach Gl.(18-14), t_0 Abhebezeit beginnend mit dem Abhebezeitpunkt. Wenn Gl.(18-15) mit Null ausgeglichen wird, folgt die Abhebezeit

$$t_0 = \frac{2 \, \dot{y}_{va}}{g} \tag{18-16}$$

und die erreichte Abhebehöhe

$$h = \dot{y} \, t_0 \, . \tag{18-17}$$

Um zu dimensionslosen Ausdrücken zu kommen, werden folgende Verhältnisse eingeführt

$$\tau = \sqrt{c_0/m_0} \cdot t, \quad Y = \frac{c_0 \, u}{m_0 \, g} = - \frac{\ddot{y}_{mv}}{g} \, , \tag{18-18}$$

$$\dot{Y} = \sqrt{c_0/m_0} \cdot y' , \quad \ddot{Y} = \frac{c_0}{m_0} \cdot y'' . \qquad (18\text{-}19)$$

Damit lauten die dimensionslosen Formen der Gl.(18-13)

$$\tau_a = \text{arc sin } (g/\ddot{y}_{mv}) \qquad (18\text{-}20)$$

und der Gl.(18-16)

$$\tau_0 = -2 \frac{\ddot{y}_{mv}}{g} \cos \tau_a = -2 \frac{\ddot{y}_{mv}}{g} \cos \text{arc sin } (g/\ddot{y}_{mv}). \qquad (18\text{-}21)$$

Die Abhebehöhe folgt aus Gl.(18-17) mit dem Abhebebeiwert ζ

$$h = \frac{\zeta}{\omega_v^2} \qquad (18\text{-}22)$$

mit

$$\zeta = 2 \frac{\ddot{y}_{mv}^2}{g} \cos^2 \text{arc sin } (g/\ddot{y}_{mv}). \qquad (18\text{-}23)$$

Während der Abhebezeit führt der Kran unter der Wirkung einer horizontalen Boden- und Schwerpunktsansprechgeschwindigkeit seine horizontale
Versetzung aus. Nimmt man die horizontale Bodenbewegung in gleicher Phase und konform der vertikalen Bodenbewegung an, (das nur wahrscheinlich
ist), so wird die horizontale Verschiebungsgeschwindigkeit des Kran-
schwerpunktes in derselben Weise wie bei Gl.(18-14) bestimmt

$$\dot{y}_{ha} = - \frac{\ddot{y}_{mh}}{\omega_h} \cos \text{arc sin } (g/\ddot{y}_{mv}) \qquad (18\text{-}24)$$

oder mit dem maximalen Wert der Geschwindigkeit der horizontalen An-
sprechschwingung bei $\cos \omega t = 1$

$$\dot{y}_{ha \text{ max}} = - \frac{\ddot{y}_{mh}}{\omega_h} \qquad (18\text{-}25)$$

mit Eigenfrequenz ω und der maximalen Ansprechbeschleunigung in horizontaler Richtung.

Die vom Kran bei diesen beiden alternativen Geschwindigkeiten während
der Abhebezeit ausgeführte Verschiebung ergibt sich für die mittlere Geschwindigkeit nach Gl.(18-24) zu

$$L_1 = \frac{2\ k_{\ddot{y}}\ \ddot{y}_{mv}^2}{g\ k_\omega\ \omega_v^2}\ \cos^2 \text{arc sin}\ \frac{g}{\ddot{y}_{mv}} \qquad (18\text{-}26)$$

und für die maximale Geschwindigkeit nach Gl.(18-25)

$$L_{max} = \frac{2\ k_{\ddot{y}}\ \ddot{y}_{mv}^2}{g\ k_\omega\ \omega_v^2}\ \cos \text{arc sin}\ \frac{g}{\ddot{y}_{mv}} \qquad (18\text{-}27)$$

mit

$$k_\omega = \frac{\omega_h}{\omega_v} \qquad (18\text{-}28)$$

und

$$k_{\ddot{y}} = \frac{\ddot{y}_{mh}}{\ddot{y}_{mv}}\ . \qquad (18\text{-}29)$$

Die dimensionslose Form wird mit dem Verschiebungsbeiwert $\xi_{1,max}$ erlangt

$$L_{1,max} = \frac{\xi_{1,max}}{\omega_v^2} \qquad (18\text{-}30)$$

mit

$$\xi_1 = \frac{2\ k_{\ddot{y}}\ \ddot{y}_{mv}^2}{k_\omega\ g}\ \cos^2 \text{arc sin}\ \frac{g}{\ddot{y}_{mv}} \qquad (18\text{-}31)$$

beziehungsweise

$$\xi_{max} = \frac{2\ k_{\ddot{y}}\ \ddot{y}_{mv}^2}{k_\omega\ g}\ \cos \text{arc sin}\ \frac{g}{\ddot{y}_{mv}}\ . \qquad (18\text{-}32)$$

Die Verschiebungsbeiwerte, die die Verschiebungsweite des Kranes beim
Abheben bestimmen, variieren um 30 bis 60 %, je nach der Höhe der vertikalen Ansprechbeschleunigung $\ddot{y}_{mv}$.

Die Geschwindigkeit, mit der ein Kran nach der Verschiebung auf der Unterlage landet, wird mit der Differentiation der Gl.(18-15) und Einsetzen der Zeit nach Gl.(18-16) bestimmt

$$\dot{y}_{ve} = -\ \dot{y}_{va} \qquad (18\text{-}33)$$

Index e steht für Ende.

Das gleiche gilt auch für die horizontale Richtung.

18.4. Beanspruchungszustand des Kranes beim Aufsetzen

Um die im Kran bei der Landung entstandene Auftreffkraft zu bestimmen, wird der Kran als Säule mit Masse m und Federkonstante c_0 dargestellt (Bild 18-5). Da bei der Säule ein Knicken nicht stattfinden kann, wird die statische Durchsenkung infolge einer im Punkt B angreifenden Axialkraft F

$$w_0 = - \frac{F}{c_0} \tag{18-34}$$

mit der axialen Verschiebung in der Säule

$$w(x) = \frac{F}{c_0} \frac{x}{h} \cdot \tag{18-35}$$

Die Verteilungsfunktion f(x) /18.2/, die die Durchsenkung des Kranes infolge der Einheitsverschiebung $w_0 = 1$ angibt, lautet

$$f(x) = \frac{w(x)}{w_0} = \frac{x}{h} = \xi. \tag{18-36}$$

Wenn mit $\overline{m}\,\dot{y}$ derjenige Impuls, den die Unterlage durch das Kranaufsetzen erleidet, bezeichnet wird, folgt mit

$$\overline{m} = \kappa' m, \tag{18-37}$$

$$\kappa' = \frac{1}{h} \int_0^h f(x)\ dx = \frac{1}{2} \tag{18-38}$$

die gemeinsame Geschwindigkeit $\dot{y}$ am Ende der Kompressionsperiode[+]

$$\dot{y} = \frac{m_0\,\dot{y}_0}{m_0 + \kappa' m} \cdot \tag{18-39}$$

[+] Anmerkung: Es wird vorausgesetzt, daß ein Ablösen des Kranes von der Kranbahn nicht stattfindet, so daß der Stoßvorgang nach der Kompressionsperiode abgeschlossen wird.

Bild 18.5: Schema des Kranauftreffens nach
der Abhebeperiode (m_0, m Masse
des Kranes und der Kranbahn, $\dot{y}_0$,
$\dot{y}$ Geschwindigkeiten)

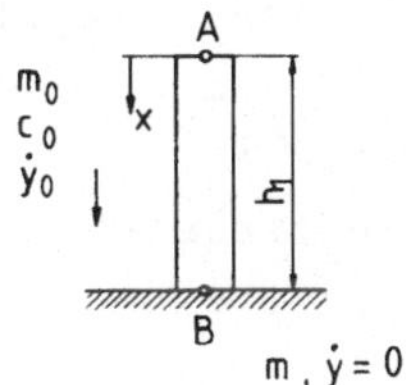

Der Energiesatz liefert die Gleichung

$$w_{0\,max}^2 - 2\,\frac{m_0\,g + \kappa'\,m\,g}{c_0}\,w_{0\,max} + 2\,\frac{\kappa'\,m_0\,g\,m\,g}{c_0^2} +$$

$$+ \frac{(\kappa'\,m_0\,g)^2}{c_0^2} - \frac{\dot{y}^2\,(m_0 + \kappa''\,m)}{c_0} = 0 \qquad (18\text{-}40)$$

mit

$$\kappa'' = \frac{1}{h}\int_0^h f^2(x)\,dx = \frac{1}{2}\int_0^h \left(\frac{x}{h}\right)^2 dx = \frac{1}{3}\;. \qquad (18\text{-}41)$$

Aus dieser Gleichung folgt die maximale Verschiebung des Auftreffpunktes mit Verwendung der Gl.(18-39) und mit der statischen Durchsenkung des Kranes und der Unterlage

$$w_{0\,St} = \frac{m_0\,g + \kappa'\,m\,g}{c_0} \qquad (18\text{-}42)$$

$$w_{0\,max} = w_{0\,St}\left[1 + \frac{m_0\,g}{m_0\,g + \frac{1}{2}\,m\,g}\left(1 + \right.\right.$$

$$\left.\left. + \frac{c_0\,\dot{y}_0^2}{g}\,\frac{m_0\,g + \frac{1}{3}\,m\,g}{(m_0\,g + \frac{1}{2}\,m\,g)^2}\right)^{0,5}\right]\;. \qquad (18\text{-}43)$$

Aus dieser Durchsenkung folgt die Auftreffkraft F

$$F = c_0\,w_{0\,max}\;. \qquad (18\text{-}44)$$

Die Gl.(18-43) für die Durchsenkung läßt sich für verschiedene Unterlageverhältnisse anwenden. Ist die Kranbahn auf den Trägern verlegt, so wird die Gesamtdurchsenkung aus der Trägerdurchbiegung und seiner Gewichtsmasse m g ermittelt. Liegen die Kranschienen auf Beton, so wird die Gewichtsmasse der Unterlage m g = 0, der Ausdruck für die Auftreffkraft lautet dann

$$F = m_0 \, g \left\{ 1 + \left(1 + \frac{c_0 \, \dot{y}_0^2}{m_0 \, g^2} \right)^{0,5} \right\} \tag{18-45}$$

und bei der Kranbahn mit der Masse m g mit eingespannten Trägern mit $\kappa' = 5/8$ und $\kappa'' = 17/35$

$$F = m_0 \, g + 0,625 \, m \, g \left\{ 1 + \frac{m_0 \, g}{m_0 \, g + 5/8 \, m \, g} \left(1 + \right. \right.$$
$$\left. \left. + \frac{c_0 \, \dot{y}_0^2}{g} \, \frac{m_0 \, g + \frac{17}{35} \, m \, g}{(m_0 \, g + \frac{5}{8} \, m \, g)^2} \right)^{0,5} \right\} . \tag{18-46}$$

Die Gl.(18-45) läßt sich in folgender Form ausdrücken

$$z = \frac{F}{m_0 \, g} = 1 + \left\{ 1 + \left(\frac{\ddot{y}_{mv}}{g} \cos \arcsin \frac{g}{\ddot{y}_{mv}} \right)^2 \right\}^{0,5} . \tag{18-47}$$

Nähert sich die Landegeschwindigkeit dem Wert Null, wird die Auftreffkraft gleich der doppelten Gewichtsmasse, d.h. alle tragenden Teile werden mit doppelter Belastung beansprucht. Die Beschleunigung beim Auftreffen beträgt

$$\ddot{y}_v = g \left\{ 1 + \left[1 + \left(\frac{\ddot{y}_{mv}}{g} \cos \arcsin \frac{g}{\ddot{y}_{mv}} \right)^2 \right]^{0,5} \right\} . \tag{18-48}$$

Die horizontale Bewegung wird durch die Reibung des Kranes auf der Unterlage gebremst. Dabei ist die Beschleunigung

$$\ddot{y}_{h \, max} \leq \mu \, g, \tag{18-49}$$

wobei die Reibungszahl bei rauher Oberfläche der Betonplatten mit 0,8 einzusetzen ist.

18.5. Erörterung der Ergebnisse

Stößt der Kran aber auf ein Hindernis, das keine Verschiebung unter Reibwirkung zuläßt, kommt es zu einem stoßähnlichen Vorgang, wobei die oben entwickelten Gleichungen anzuwenden sind.

Es ist jedoch anzunehmen, daß sich die Geschwindigkeit durch die Reibung verringert. Die Beschleunigung wird dann nach Gl.(18-45)

$$\ddot{y}_h = 2\,\ddot{y}_{mh}\,. \qquad (18\text{-}50)$$

Der Kran droht im Augenblick des Auftreffens auf die Unterlage umzukippen. Mit obigen Ausdrücken wird seine Standsicherheit nach Bild 18.3 wie folgt geprüft

$$m_0\,\ddot{y}_v\,\frac{a_1}{2} > m_0\,\ddot{y}_h\,h_1\,. \qquad (18\text{-}51)$$

Das bedeutet die Forderung

$$s_1 = \frac{\ddot{y}_v}{\ddot{y}_h} > \frac{2h_1}{a_1} \qquad (18\text{-}52)$$

was besagt, daß die Schwerpunkthöhe des Kranes höchstens die s_1-fache halbe Portalspannweite betragen darf.

18.5. Erörterung der Ergebnisse

Für die Höhe des Abhebens und für die Zeit der Abhebeperiode ist die Anfangsgeschwindigkeit nach Gl.(18-14) ausschlaggebend. Wenn die Gleichung wie folgt umgeformt wird

$$v'_v = -\,\ddot{y}_{mv}\,\cos\,\text{arc}\,\sin\,\frac{g}{\ddot{y}_{mv}} \qquad (18\text{-}53)$$

und

$$\dot{y}_{va} = \frac{v'_v}{\omega_v}\,, \qquad (18\text{-}54)$$

ist der erste Ausdruck nur von der Ansprechbeschleunigung aus dem Ansprechspektrum in Abhängigkeit von der Erdbebenintensität nach der modifizierten Mercalli-Skala abhängig. Da die Zusammenhänge der Bodenbe-

schleunigung $\ddot{y}_{s0}$ bei verschiedenen Erdbebenintensitäten mit der Bodenstruktur bekannt sind (Kapitel 5, Bild 5.3), kann die Anfangsabhebe-
geschwindigkeit mit den Werten im Bild 18.6 bei verschiedenen Erdbebenintensitäten und verschiedenen Bodenstrukturen von weichem Grund
(A) bis zum Felsgrund (C) bestimmt werden. Um die Abhebegeschwindigkeit
möglichst klein zu halten, soll die Kranmasse klein und seine vertikale
Federkonstante möglichst groß sein.

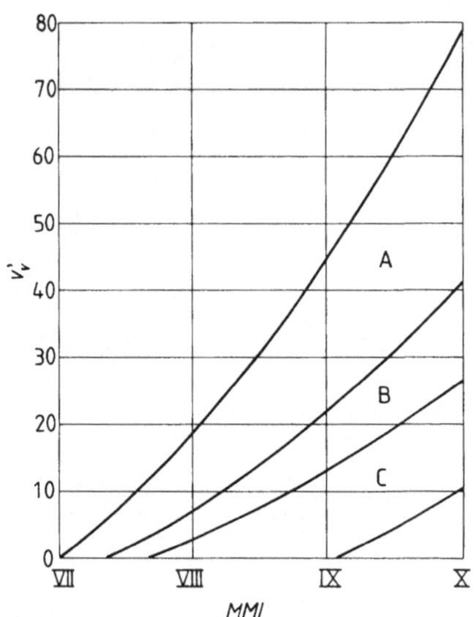

Bild 18.6: Bezogene Abhebegeschwindigkeit v_v' in
Abhängigkeit von der
Erdbebenintensität nach
modifizierter Mercalli-
Skala und der Boden-
struktur. A unter
Durchschnitt, späte-
re Auffüllung, B durch-
schnittliche Verhält-
nisse der Fundamente,
C über Durchschnitt,
Felsenwand

Bei weicher Bodenstruktur, d.h. bei nachträglich aufgefülltem Boden oder
bei weichen Depositen ist die Abhebegeschwindigkeit groß.

Im selben Verhältnis mit den Ausgangswerten steht auch die Abhebezeit
t_0 nach Gl.(18-16). Die Abhebehöhe h wird mit dem Abhebebeiwert ζ bestimmt. Größenwerte hierfür gibt Bild 18.7 an. Sie wurden aus der Bodenbeschleunigung in Abhängigkeit der Erdbebenintensität und der Bodenstruktur berechnet. Die Abhebehöhe folgt mit

$$h = \frac{\zeta}{\omega_v^2} \, . \qquad\qquad (18\text{-}55)$$

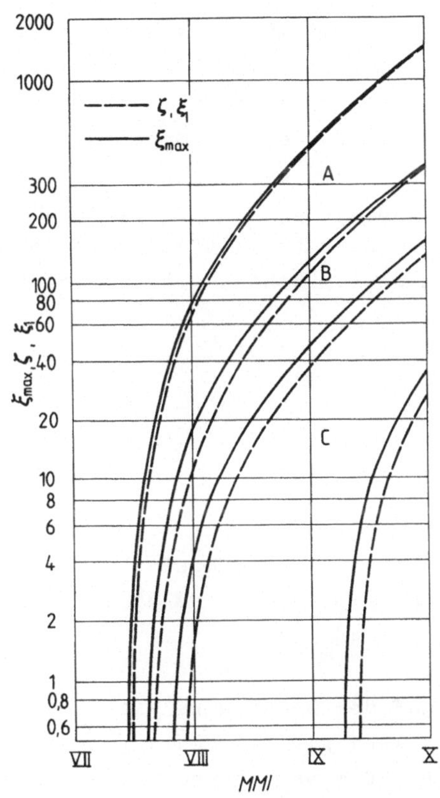

Bild 18.7: Beiwert der Abhebehöhe ζ, der durchschnittlichen Versatzlänge ξ_1 und der maximalen Versatzlänge ξ_{max} in Abhängigkeit von der Erdbebenintensität nach modifizierter Mercalli-Skala und der Bodenstruktur ($k_\omega = 1$, $k_{\ddot{y}} = 1$). Bezeichnungen siehe bei Bild 18.6.

Die Höhe ist deshalb noch stärker als die Geschwindigkeit von der Kranmasse und seiner Steifigkeit abhängig.

Die Weite des horizontalen Versetzens wird mit dem Beiwert ξ_1 für die konforme Form horizontaler Schwingungswellen und mit dem Beiwert ξ_{max} für die maximale Geschwindigkeit der horizontalen Schwingung bestimmt. Die Größen der Beiwerte sind im Bild 18.7 für verschiedene Erdbebenintensitäten angegeben. Die Weite des Versatzes folgt mit

$$L_{1,\,max} = \frac{\xi_{1,\,max}}{\omega_v^2} \; . \tag{18-56}$$

Die Weite wächst mit der Masse des Kranes und verringert sich mit seiner Steifigkeit. Die Werte ξ_1 bzg. ξ_{max} sind noch mit den Verhältniszahlen für die Eigenfrequenzen k_ω und für die Ansprechbeschleunigungen $k_{\ddot{y}}$ zu multiplizieren bzw. zu dividieren. Man nimmt meistens $k_{\ddot{y}} = 1$ an, allerdings abhängig von lokalen Verhältnissen. Die Eigenfrequenz ist normalerweise in vertikaler Richtung größer als in horizontaler, je nach der Konstruktion des Kranes. Um einen Begriff über die Größe der Höhe und Weite des Versetzens zu bekommen, seien die Werte für einen Hafenkran mit der Masse 125 t und Eigenfrequenzen 4 Hz in vertikaler und 1,5 Hz in horizontaler Richtung bei einer Erdbebenintensität IX MM auf mittlerer Bodenstruktur aus Bildern (am oberen Rand des Bereichs B) ermittelt (es wird $\ddot{y}_{mv} = \ddot{y}_{mh}$ angesetzt):

Abhebegeschwindigkeit	6,57 m/s
Abhebehöhe	0,22 m
Versatzweite mittel	0,59 m
maximal	0,63 m

Solche Werte wurden beim Montenegro-Erdbeben (1979) (Kapitel 20) tatsächlich festgestellt. Die Abhebehöhe ist groß genug, so daß die Radspurkränze über die Schiene hinwegspringen können.

Die Auftreffkraft im Kran beim Landen auf dem Boden wird mit dem Kraftbeiwert z bestimmt, der im Bild 18.8 in Abhängigkeit von der Erdbebenintensität und Bodenstruktur angegeben ist. Die Spannungen in den tragenden Teilen müssen deshalb z-mal niedriger als die Fließgrenze des verwendeten Werkstoffs liegen.

In unserem Beispiel beträgt dieser Beiwert z = 9,42, das heißt die Laufräder und die Kranbahn werden mit 9,42-facher Kraneigenlast belastet, oder die Beschleunigung aller Massen ist 9,42 g.

In horizontaler Richtung wird die Beschleunigung mit 0,8 g angesetzt, wenn der Kran auf ebenen Boden landet. Andernfalls ist nach obigen Ansätzen wie in vertikaler Richtung zu rechnen.

Die Standsicherheit des Kranes wird gewährleistet, wenn das Verhältnis zwischen der vertikalen und horizontalen Beschleunigung kleiner ist als das Verhältnis der Kranschwerpunkthöhe zum Abstand seiner Lotrechten von der nächsten Kranbahnschiene. Das Verhältnis s_1 ist für verschiedene Erdbebenintensitäten und Bodenstrukturen im Bild 18.9 angegeben. Die Kurven (a) sind mit der Reibung auf ebenem Boden d.h. mit $\mu = 0,8$ und die Kurven (b) mit dem Auftreffen gegen ein Hindernis mit $\ddot{y}_v = 2\,\ddot{y}_{mh}$

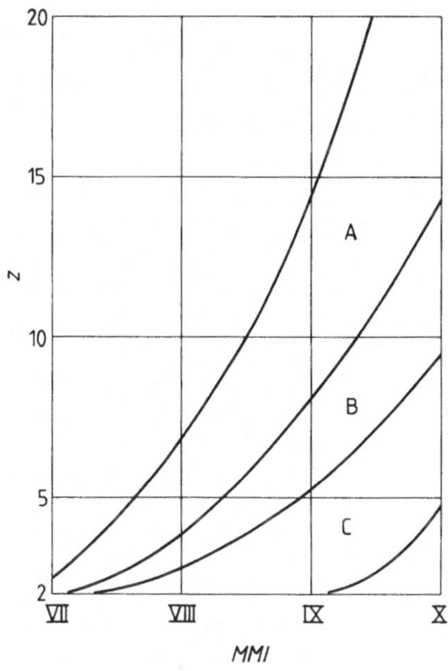

Bild 18.8: Beiwert der Auftreffkraft z in Ab-
hängigkeit von der
Erdbebenintensität
und Bodenstruktur.
Bezeichnungen siehe
bei Bild 18.6.

Bild 18.9: Verhältniszahl s_1
in Abhängigkeit
von der Erdbeben-
intensität und
der Bodenstruktur.
a) Reibungsgrenze
$\ddot{y}_h \leqq 0,8$ g, b)
Auftreffen auf das
Hindernis $\ddot{y}_h$ =
= 2 $\ddot{y}_{mh}$ ($\ddot{y}_{mv}$ =
= $\ddot{y}_{mh}$). Bezeichnungen siehe bei
Bild 18.6.

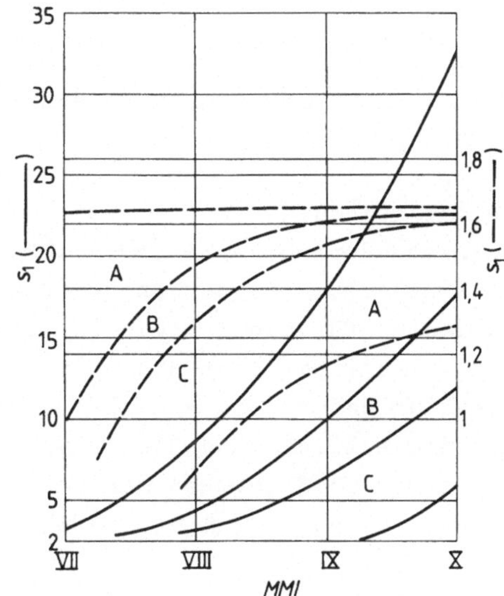

berechnet. In diesem Fall sind die Verhältnisse s_1 fast konstant und zwar sehr niedrig, was auch zu erwarten ist.

In unserem Beispiel ist dieser Beiwert s_1 = 11,77. Bei einer Spannweite von 6,5 m dürfte der Kranschwerpunkt höchstens 38,25 m über dem Boden liegen. Da diese Höhe niedriger war, kippte der Kran nicht um. Trifft er auf ein Hindernis auf, ist s_1 = 1,6, so daß die Höhe des Gewichtsschwerpunktes nur 5,20 m über dem Boden liegen darf.

18.6. Vergleich mit statischen Standsicherheitsvorschriften

Für statische Standsicherheitsnachweise wird DIN 15 019 Blatt 1 benutzt. Nach dieser Vorschrift werden die Massenkräfte der Kraneigenmassen nicht berücksichtigt, sondern nur die der Last. Auch wird der Wind im Betrieb und außer Betrieb berücksichtigt. Es ist deshalb unmöglich, beide Berechnungsweisen zu vergleichen, denn beim Erdbeben betrachtet man den Kran unbelastet. DIN 15 019 läßt sich nicht durch zusätliche Kraftbeiwerte für Erdbebenfälle erweitern, vielmehr muß eine besondere Vorschrift dafür zusammengestellt werden. Durch die Erfüllung der Standsicherheitsbedingungen nach DIN 15 019 ist daher keineswegs auch eine Standfestigkeit im Erdbebenfalle garantiert.

18.7. Richtlinien für den Konstrukteur

Die Gleichungen wurden so verfaßt, daß sie berechnungsfreundlich sind. Die Diagramme der Beiwerte ermöglichen ein einfaches Ablesen der Werte und damit eine leicht überschaubare Abhängigkeit verschiedener Konstruktionsvarianten für die Optimierung der endgültigen Lösung. Der Konstrukteur muß vom Auftraggeber die notwendigen Ausgangsangaben erhalten: die Bodenstruktur und die zu erwartende Erdbebenintensität. Daraus kann er sich mit den entwickelten Gleichungen einen Einblick in die Belastungen des Kranes verschaffen. Bei der Gestaltung des Kranes muß der Konstrukteur folgende Richtlinien verfolgen:

1. Die Kranbahn ist so zu gestalten, daß die Betonfläche auf beiden Seiten eben ist und keine Hindernisse aufweist.

2. Die Masse des Kranes soll möglichst klein sein, hochwertige Stähle sind dazu bestens geeignet.

3. Die Federkonstante des Kranes in vertikaler Richtung soll möglichst groß sein. Die Steifigkeit wird durch die Verwendung steifer, dünnwandiger Hohlelemente anstelle von geraden, biegungsfreudigen Trägerelementen erreicht. Bogenförmige Portale mit gespreizten Portalstützen sind empfehlenswert. Bei der Federkonstante ist auch die Durchbiegung der Kranbahn mit zu berücksichtigen. Sie soll steif sein. Bei einer Verlegung auf Betonpfählen sollen diese dicht zusammenliegen.

4. Die Eigenfrequenz des Kranes soll in horizontaler Richtung größer als in vertikaler Richtung sein. Das ist schwer zu erreichen, ist aber anzustreben. Deshalb soll der Kran auch in horizontaler Richtung steif sein, mit kastenförmigen Elementen mit kleinen Durchbiegungen.

5. Der Gewichtsschwerpunkt des Kranes soll möglichst niedrig liegen, die Kranspannweite soll im Vergleich dazu breiter sein und womöglich zwei Eisenbahnspuren überbrücken. Da sich auch die Auftreffkraft auf den Boden mit den tragenden Massen vergrößert, sollen höher-liegende Teile leicht gebaut werden, um die darunterliegenden zu entlasten.

6. Die Schienenzangen nützen beim Erdbeben nichts. Sie sollen so befestigt werden, daß sie nach dem Kranversetzen schnell wieder hergestellt sein können.

7. Die Spannungen infolge der Auftreffkraft dürfen 10 % über der Fließgrenze liegen. Die Eigenlastspannungen ohne Last und ohne Massenkräfte aus der Fahrt sowie ohne Windkräfte müssen für den Beiwert z-mal unter der um 10 % angehobenen Fließgrenze bleiben.

8. Die Laufradschemel, die Laufräder und die Stützen sind sehr stabil zu dimensionieren, um die Auftreffkraft sicher zu übernehmen.

9. Die Grundkonzeption des Kranes muß stabil sein, um beim Abheben seine Gestalt nicht zu verändern und damit sicher auf die Aufstandspunkte zurückzufallen. Gelenkig angeordnete Stützen oder Radschwingen sind deshalb nicht erlaubt, denn der Kran würde evtl. gespreizt und könnte seine ursprüngliche Gestalt verlieren - damit aber auch seine Standfestigkeit.

10. Der Kran darf keine "offenen" Verbindungen haben, auf denen gelenkige Teile befestigt werden, ohne die Gegenkräfte übernehmen zu können. Es sollen nur geschlossene, in beiden Richtungen aktive Verbindungen vorhanden sein.

Die Standsicherheit bei erdbebengefährdeten Kranen basiert auf anderen
Grundlagen als bei betriebsmäßig belasteten Kranen, bei denen die Massenkräfte der Last und der Wind die Standunsicherheit beeinflussen. Es
wird zwischen Kranen unterschieden, die auf ihrer Kranbahn befestigt
werden können, um so zusammen mit der Kranbahn alle Abhebekräfte zu
übernehmen, und den Kranen, bei denen eine derartige Absicherung wegen
der zu großen Erdbebenbeschleunigungen und zu schwacher Kranschiene
nicht möglich ist. Bei diesen Kranen wird mit dem Abheben von der Kranbahn unter Ansprechbeschleunigungen, die größer als die Erdbeschleunigung sind, und anschließend mit einem Versetzen unter der Wirkung der
horizontalen Erdbeschleunigung gerechnet. Es wurden die Beiwerte in Abhängigkeit von der Erdbebenintensität und der Bodenstruktur, auf der
die Kranbahn aufgestellt ist, entwickelt, die damit eine einfache Berechnung der Abhebehöhe, Versatzweite, der auftretenden Auftreffkräfte
und -beschleunigungen sowie der Standfestigkeit unter kombinierter Wirkung horizontaler und vertikaler Erdbebenkräfte ermöglichen. Die beobachteten Fälle des Versetzens von Kranen bei neueren Erdbeben decken
sich mit den entwickelten Ansätzen.

Auf Grund der Verhältnisse verschiedener Kenngrößen von Kranen und deren Einfluß auf die Kräfteverhältnisse bei der Standsicherheitsgefährdung werden Richtlinien für den Konstrukteur verfaßt, mit denen eine
standsichere, werkstoffgerechte und beanspruchungsvermindernde Konstruktion der Krane angestrebt wird.

Die Berechnungsformeln sind in leicht zu handhabenden Diagrammen in dimensionsloser Form zusammengefaßt. Damit sind die Grundlagen für den
Entwurf einer Vorschrift für den Standsicherheitsnachweis von erdbebengefährdeten Kranen gegeben.

19. Stabilisierungsvorrichtungen der Hebezeuge gegen Erdbebenkräfte

Durch seismische Bodenbewegungen werden Krane in allen drei Koordinatenrichtungen beansprucht. In der einen mehr, in der anderen weniger, und zwar je nach den Ansprechspektren der betreffenden Richtung. Während die Spannungszustände im Kran selbst hervorgerufen werden, reagiert er auf seine Umgebung, z.B. auf seine Unterstützung mit Reaktionskräften.Diese können bei entsprechend großer Bodenbeschleunigung so enorm werden, daß der Kran seine Lage im Raum und im Verhältnis zu den angrenzenden Gegenständen zu verändern trachtet. Er will seine Lage destabilisieren. Dabei zeigt der Kran die Tendenz, von der Kranbahn abzuheben und sich auch seitlich zu versetzen, wobei er die Laufschienen verläßt. In gleicher Weise reagieren aber auch die Bauteile eines Kranes, wie die Katze, das drehbare Oberteil eines Hafenkrans oder die Ausleger einer Verladebrücke. Bei genügend großen seismischen Kräften besteht die Gefahr der Desintegrierung des Kranes.

In erdbebengefährdeten Gebieten muß deshalb der Kran Stabilisierungsvorrichtungen erhalten, die ihn als ganze Einheit auf der Kranbahn sichern. In gleicher Weise ist mit den einzelnen Kranbauteilen untereinander zu verfahren. Auf Grund der unterschiedlichen Eigenarten wird zwischen Kranen unterschieden, die direkt auf dem Boden laufen und solchen, die auf hochliegenden Kranbahnen betrieben werden.

Dieses Kapitel stellt verschiedene Konstruktionsmöglichkeiten der Stabilisierungsvorrichtungen vor mit besonderer Berücksichtigung auch anderer Sicherheitsanforderungen der Krane. Es werden die grundsätzlichen Angaben für die Berechnung von Destabilisierungskräften und für die Dimensionierung der Stabilisierungsvorrichtungen aufgezeigt.

Bei der Untersuchung der Stabilisierungsmaßnahmen ist die Betriebsart der Krane zu berücksichtigen. Es ist zu unterscheiden, ob ein Kran im Dauerbetrieb arbeitet, oder ob er nur gelegentlich zum Einsatz kommt.

19.1. Destabilisierungskräfte

Die Analyse der Erdbebenschäden an Kranen hat gezeigt, daß nicht die Spannungsverformungen oder -brüche, sondern die Auswirkungen der Destabilisierungskräfte die weit bedeutendere Ursache für Kranschäden

sind. Wenn sich der Kran während der ersten Erdbebenschwingungen, die
erfahrungsgemäß die gefährlichsten sind, von der Kranbahn abhebt und
50 bis 80 cm hochgeworfen wird, hängt es nur noch von der Form der Umgebung ab, ob der Kran aufrecht stehen bleibt oder abstürzt. Im letzteren Fall ist wohl eine totale Zerstörung zu erwarten, ganz abgesehen
von den evtl. verheerenden Sekundärfolgen durch die Wucht des Aufpralls
auf die darunterliegenden Maschinen und Anlagenteile (z.B. der Reaktor
im Kernkraftwerk).

Krane und deren Bauteile kann man sogar unter Einwirkung der Nennlast
für große seismische Kräfte dimensionieren, so daß die Schwingungen in
ertragbaren Grenzen überstanden werden. Die Voraussetzung ist aber das
Verbleiben des Kranes auf der Bahn bzw. der Katze auf dem Kran. Andernfalls wird jede Anstrengung zunichte gemacht und der Kran bedeutet eine
Gefahr für die Umgebung sowie die dort arbeitenden Menschen. Damit liegt
zugleich auch die Hauptaufgabe einer seismischen Dimensionierung in der
Stabilisierung des Kranes oder der Bauteile auf der Unterlage.

Die Unterlage wirkt auf den Kran mit der Bodenbeschleunigung, die in
ihm als einem Schwingungssystem verstärkt wird. Die Amplifikation hängt
von der gegenseitigen Lage der Kraneigenfrequenz zur prevalenten Eigenfrequenz der Bodenbewegung ab und vom Grad der Krandämpfungsfähigkeit.
Die Dämpfung des Kranes läßt sich bestimmen /19.1/, wird aber einfach
schätzungsweise mit $\beta = 0,02\ \omega$, d.h. 2 % kritischer Dämpfung angenommen. Die Bodenbeschleunigung steht im engen Zusammenhang mit der geologischen Bodenstruktur. In Kapitel 20 wird aufgezeigt, daß bei zwei sich
im Abstand von 100 m befindlichen Kranen die Bodenbeschleunigung 30 bis
40 % voneinander abwich, nur weil die eine Kranbahn auf hartem Felsgrund und die andere auf weichen Depositstrukturen fundiert war. Weicherer Boden hat kleinere, härterer höhere Eigenfrequenzen mit niedrigeren
Amplifikationen der Bodenschwingung. Das dem Konstrukteur des Kranes
zur Verfügung gestellte Ansprechspektrum muß sich immer auf tatsächlich
vorhandene Bodenstrukturen für die Kranbahnfundamentierung beziehen.
Bei Schüttgestein und bei mit Wasser durchsetzten Schichten (z.B. in
Häfen) ist die Bodenbeschleunigung bis 40 % höher anzunehmen als bei
geologisch älteren und trockenen Depositschichten. Aus der maximalen
Bodenbeschleunigung $\ddot{y}_{sm}$ folgt die maximale Ansprechbeschleunigung eines
Einmassenschwingers nach Gl.(5-6).

Damit ist die höchste Amplitude im charakteristischen Ansprechbeschleunigungsspektrum gegeben. Diese Amplitude ist im Bereich der Schwinger-

eigenfrequenz von 2,00 bis 10 Hz konstant und fällt bei größeren und
kleineren Frequenzen ab. Aus diesem Spektrum läßt sich in Abhängigkeit
von der Kraneigenfrequenz die Ansprechbeschleunigung des betreffenden
Kranes ablesen. Die Eigenfrequenz der Krane muß besonders im Bereich
von 1 bis 2 Hz genau berechnet werden, da in diesem Bereich die Ansprechbeschleunigung stark absinkt. Die Eigenfrequenz der Brückenkrane
wird in Kapitel 8 behandelt. Aus der Kranmasse und der Ansprechbeschleunigung ergibt sich die Abhebekraft, die dem Kraneigengewicht entgegenwirkt.

Ist eine Nutzlast vorhanden muß sie auch berücksichtigt werden. Bei
Brückenkranen folgt die Destabilisierungskraft aus

$$F_D = m_0 \; g \; (\frac{\ddot{y}_{mv}}{g} - 1) \qquad\qquad (19\text{-}1)$$

mit m_0 reduzierte Masse der Kranbrücke und Katze.

Für die Destabilisierungskraft an der Katze wird dieselbe Beschleunigung
eingesetzt

$$F_{DK} = m_K \; g \; (\frac{\ddot{y}_{mv}}{g} - 1). \qquad\qquad (19\text{-}2)$$

In allgemeinen folgt die Destabilisierungskraft der Kranbauteile aus
dem Ausdruck

$$F_D = m_n \; (\ddot{y}_{mv} - g) \qquad\qquad (19\text{-}3)$$

mit m_n Masse der Kranbauteile.

Daraus läßt sich für direkt auf dem Boden laufende Krane die Notwendig-
keit von Stabilisierungsvorrichtungen für nachstehende Grenzen ermitteln:

- für weichen Grund bei Erdbeben ab VII - VIII MMI,
- für mittelweichen Grund ab VIII - IX MMI,
- für Felsgrund ab IX - X MMI.

Für die auf hochliegenden Bahnen betriebenen Krane vergrößern sich die
Beschleunigungen abhängig von der Höhe über dem Boden. Deshalb sind Stabilisierungsvorrichtungen schon bei niedrigeren seismischen Intensitäten
notwendig. Die Grenze ist für jeden einzelnen Fall gesondert zu bestim-

men. Im allgemeinen sind die Krane auf den Etagen der Gebäude für die Desintegrierung viel mehr und früher gefährdet als auf dem Boden laufende Anlagen.

19.2. Krane auf dem Boden

Die Krane auf dem Boden in Form von Portal- und Auslegerdrehkranen sowie Verladebrücken sind dadurch gekennzeichnet, daß ihre Kranbahn, bestehend aus der Schiene und deren Unterbau mit den Befestigungsteilen, entweder auf dem ebenen Boden liegt, in einen Graben eingelassen oder aber bis zum Schienenkopf einbetoniert ist. Für die Sicherung gegen Abheben des Kranes kommt also nur eine Verbindung mit der Schiene in Frage. Hier bietet sich entsprechend (Bild 19.1) als einzige Möglichkeit das Untergreifen von Klauen 1 unter den Schienenkopf 2. Der Abstand c muß um 5 mm größer sein als die Grenzlage des Laufrades, das mit dem Spurkranz gegen die Schienenkopfflanke anläuft. Der Abstand d sollte nur 2 bis 3 mm betragen, um das Abheben und damit die Aufschlagkraft des Kranes beim Herabfallen zu begrenzen.

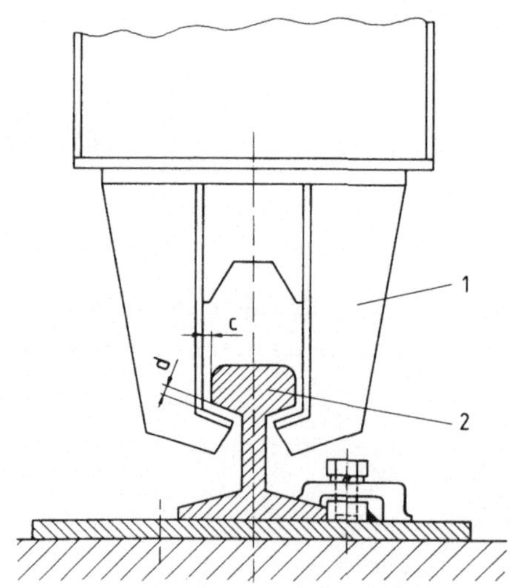

Bild 19.1: Abhebesicherung mit Klauen 1 unter dem Schienenkopf 2 mit den Spieltoleranzen c und d, die freie Schrägfahrt zulassen

Die Abhebekräfte sind abhängig von der Masse des Kranes, die sich in
Größenordnung von 100 bis 600 t bewegt (Containerkrane oder Verlade-
brücken). Die erforderlichen Stabilisierungsvorrichtungen kann man den
Abhebekräften angepaßt dimensionieren, doch ist fraglich, ob die Schie-
nenbefestigungen im Boden den hohen Beanspruchungen gewachsen sind.
Schon bei einem Erdbeben mit Intensität IX MM würde die Schiene mit den
Befestigungsschrauben höchstwahrscheinlich aus dem Boden herausgerissen
werden.

Sind große Erdbeben zu erwarten, so ist es besser, auf Verankerungen
des Kranes zu verzichten und ein Abheben und seitliches Versetzen in
Kauf zu nehmen. Soll der Kran diese Sonderbeanspruchung unbeschädigt
überstehen, müssen folgende Maßnahmen getroffen werden:

- die Weite der seitlichen Versetzung wird mit 80 cm beim Erdbeben IX
  MM und 120 cm bei X MM angenommen;
- in diesem Bereich wird die Umgebung auf beiden Seiten jeder Kranschiene eben und ohne Hindernisse gestaltet, so daß dem Kran für freie Bewegung genug Platz zur Verfügung steht;
- alle Bauteile werden für die Aufschlagskraft dimensioniert, d.h. für
  die 2- bis 6-fache Gewichtsmasse, die auf dem jeweiligen Bauteil ruht.
  Dabei ist besonders den Laufradlagerungen und der Hauptdrehverbindung
  zwischen dem Unter- und Oberbau des Kranes große Aufmerksamkeit bei
  der Dimensionierung zu schenken;
- die Laufräder sollen breite und nicht zu hohe Spurkränze besitzen, um
  den großen Querkräften beim Aufsetzen des Kranes gewachsen zu sein;
- alle Bauteile des Kranes müssen stabil miteinander verbunden werden,
  wobei besonderer Wert auf die erforderlichen Gelenkpunkte zu legen
  ist; sie sind nützlich, um das Krangebilde statisch bestimmt zu gestalten und die Massen gleichmäßig auf die nicht immer ganz ebene und
  evtl. elastische Kranbahn zu übertragen und zu verteilen. Im Erdbebenfall sind freie Gelenke jedoch gefährlich; denn der Kran kann beim
  Verlieren eines Stützpunktes umkippen und damit zerstört werden. Aus
  diesem Grunde sind Portalkrane mit einer frei beweglichen Stütze nicht
  zugelassen. Eine stabile Begrenzung der Seitenbeweglichkeit ist in jedem Fall notwendig, wenn nicht beide Stützen fest angeschlossen werden
  können. Allzu elastische Stützen sind ebensowenig standsicher wie
  Dreibeinportale. Vierbeinportale mit großer Spurweite und großem Radstand sind immer empfehlenswert;
- Sattelaufhängungen stellen Schwachstellen dar, Bolzenverbindungen sind
  besser;

- bei den Kugeldrehverbindungen sowie den Ring- und Rollenverbindungen
  mit Königszapfen muß der drehbar gelagerte Oberbau mit dem Führer-
  und Maschinenhaus, dem Ausleger und der Gegengewichtssäule immer gegen Abheben gesichert werden;
- die Seile müssen in den Seilrollen gegen Schlappseilbildung durch
  Seilrillenabdeckung gesichert sein.

Auf bestehenden Kranen, die in erdbebengefährdeten Gebieten eingesetzt
sind, können die meisten der oben genannten Anleitungen auch noch nachträglich ausgeführt werden. Bei ungesicherten Sattelverbindungen können
vertikal wirkende Absicherungen nach Bild 19.2 nützlich sein. Wenn am
Kranportal oder an der Portalbrücke die Stützen 1 gelenkig angeschlossen
sind, muß man ihre Beweglichkeit durch Begrenzungsanschläge 2 nach Bild
19.3 auf ein Mindestmaß vermindern. Bei den Drehverbindungen, z.B. Königszapfen bzw. Laufräder auf einem Schienenring oder Führungssäule muß
eine Begrenzung der Verschiebemöglichkeit in vertikaler Richtung erfolgen, um den nach oben gerichteten Beschleunigungen entgegenzuwirken.

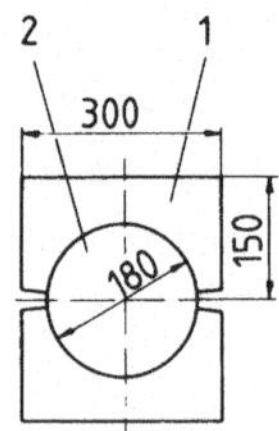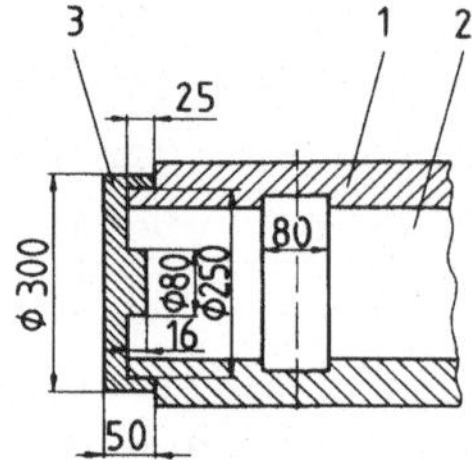

Bild 19.2: Absicherung einer
           gelenkigen Sattel-
           verbindung gegen Ab-
           heben; 1 Sattel an
           gelenkig angeschlos-
           senen Teilen, 2 Sat-
           telbolzen, 3 Siche-
           rung gegen Abheben

Bild 19.3: Begrenzung der Beweglichkeit an
           Gelenken von Portalkranen;
           1 Kranstütze, 2 Begrenzungsan-
           schlag, allseitig angeschweißt

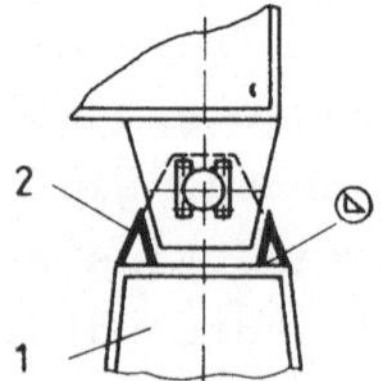

Mit größerem Aufwand läßt sich auch das Abspringen der Laufräder von
der Schiene durch federnde Abstützung des Laufradschemels oder der Stütze verhindern. Um große Federwege zu erreichen, eignet sich dafür am
besten eine pneumatische Abstützung mit Hilfe eines Druckluftzylinders
nach Bild 19.4. Unter der Wirkung vertikaler Beschleunigung wird die
Kranstütze 1 angehoben, der Laufradschemel 2 aber gegen die Schiene gedrückt, ohne die Berührung zu verlieren. Beim anschließenden Fallen des
Kranes baut sich auf dem Luftkissen im Zylinder allmählich die Stütz-
kraft auf, die über die Nennbelastung hinaus zu einer geringen Last-
spitze gelangt, ohne jedoch einen Stoß zu verzeichnen. Allerdings muß
die zwischenzeitlich auftretende horizontale Kraft durch die Laufradspurkränze aufgenommen werden. Deshalb ist die Führung 3 des abgefeder-
ten Laufradschemels 2 stark genug auszuführen und die Schienenbefesti-
gung in horizontaler Richtung entsprechend zu dimensionieren. Bei dieser Ausführung lassen sich die Schienenklauen 4 nach Bild 19.1 vorteilhaft anwenden, um so bei starken Beschleunigungen die Verbindung zwischen Laufradschemel und Schiene zu sichern. Zusätzliche Aufprallkissen
5 auf den Laufradschemeln können sich positiv auswirken. Um bei größeren Aufwärtsbewegungen den Hub zu begrenzen, werden an den Führungen
Endanschläge 6 und 7 angebracht. Der Luftzylinder befindet sich im Innern der Stütze und läßt sich durch ein Ventil 8 nachfüllen, obwohl das
nur einmal jährlich notwendig ist. Ein Manometer gestattet die Druck-
überwachung. Zusätzlich erfolgt bei Druckabfall eine Warnung durch ein
Signal. Eine besondere Wartung ist nicht erforderlich. Der Kolben 9 befindet sich normalerweise im Innern des Zylinders, so daß seine Oberfläche gegen Umwelteinflüsse geschützt ist. Er ist aus einem dickwandi-
gen Stahlrohr gefertigt und geschliffen. Die Dichtung ist ein genormtes
Erzeugnis. Als zusätzliche Dichtung wird etwas Öl 10 eingefüllt, das
durch Ringe 11 bei Schwingungen am Abfließen gehindert wird. Der Kolben
wird nicht starr befestigt, sondern kann sich in den Befestigungsschrauben hin- und herbewegen. Die Führungsarme 3 lassen sich auch mit einem
die Stütze umfassenden Rahmen verstärken. Bei normaler Fahrt werden nämlich die Fahrwiderstands- und Seitenkräfte durch die Führungen übertragen.

Bild 19.5 zeigt die gleiche Lösung bei einem Einzelradfahrwerk eines Ha-
fenkrans. Das Laufradgehäuse 2 mit dem Elektromotor, Getriebe und Zahn-
radvorgelege wird durch kräftige Führungsleisten 3 in Führungen 12 im
Innern des unteren Stützenrahmens gegen Kippen und Verdrehen geführt.
Der Druckluftzylinder 7 ist an der oberen Flanschverbindung 10 und der
Kolben 9 am Laufradgehäuse befestigt. Beim Abheben der Stütze verlängert

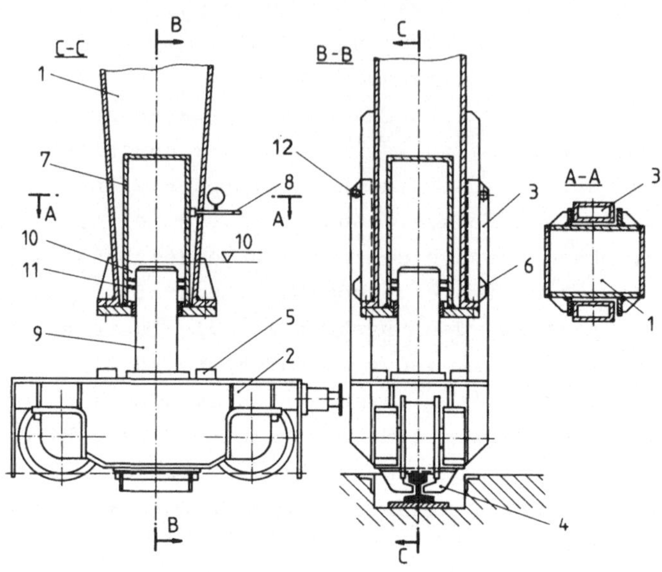

Bild 19.4: Mit Druckluftzylinder abgefederte Kranstütze; 1 Kran-
           stütze, 2 Laufradschemel, 3 Führungen, 4 Schienen-
           kopfklauen als Abhebesicherung, 5 Anschlag, 6 Hubbe-
           grenzung, 7 Druckluftzylinder, 8 Druckluftleitung
           mit Überwachungsmanometer, 9 Luftkolben, 10 Ölfül-
           lungsniveau, 11 Labyrinthdichtung, 12 Begrenzungsbol-
           zen

sie sich, geführt an den senkrechten Leisten und unter Reduzierung des
Luftdrucks, ohne daß das Laufrad den Schienenkontakt verliert. Im Betrieb stützt sich der Kran über die untere Kontaktfläche 11 am Laufradgehäuse ab.

Bild 19.6 zeigt die Laufradfederung an der Katze. Das Laufradgehäuse 2
wird in diesem Fall in Form einer Radschwinge im Punkt 4 des Kopfträgers 1 drehbar gelagert. Der mögliche Hubweg hängt vom Dreharm m ab und
wird durch den Anschlag 12 begrenzt. Um ein Verklemmen zu vermeiden,
wird der Zylinder 7 im Punkt 11 und der Kolben 9 im Kugeldrehgelenk 6
gelagert.

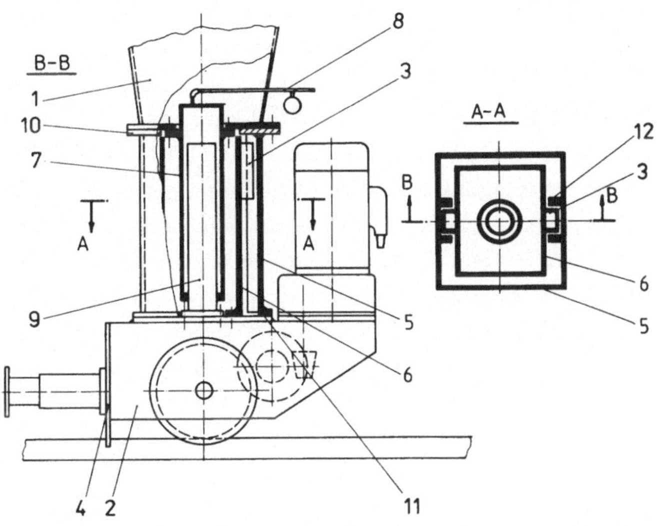

Bild 19.5: Luftgefedertes Einzelradfahrwerk eines Hafenkrans;
5 Stützenrahmen, 6 Führungssäule des Laufrades,
10 Flanschverbindung, 11 Auflagefläche der Stütze,
12 Führungen im Innern des Stützenrahmens. (Andere Bezeichnungen siehe Bild 19.4.)

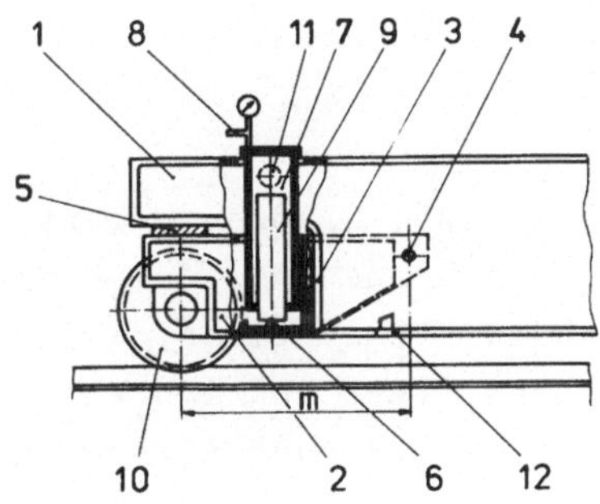

Bild 19.6: Gefederte Laufradschwin-
ge einer Katze; 1 Katz-
rahmen, 4 drehbare Bol-
zenverbindung des Lauf-
radgehäuses, 6 Gelenk-
punkt des Kolbens, 10
Laufrad, 11 Zylinderdreh-
punkt. (Andere Bezeich-
nungen siehe Bild 19.4.)

19.2.1. Einfluß der Betriebsart

Bei sehr seltenem Einsatz eines Kranes ist im Erdbebenfall die Wahrscheinlichkeit sehr groß, daß der Kran außer Betrieb und damit unbelastet ist. In einem solchen Fall wird für den Kran eine besondere sichere Parklage vorgesehen. Darunter versteht man den Kranbahnabschnitt entweder direkt am Grundfelsen oder über den Tragsäulen oder Tragpfählen. Damit wird die erregende Bodenbeschleunigung im voraus vermindert. Bei der seismischen Berechnung wird der Kran ohne Last betrachtet. Es hängt aber von zu erwartenden Ansprechbeschleunigungen ab, ob der Kran an der Kranbahn gegen Abheben verankert wird. Bei auf dem Boden laufenden Kranen ist es bei normalen Kranbahnen besser, den Kran unverriegelt zu lassen. Soll der Kran aber in jedem Fall gegen Abheben gesichert werden, ist ein besonders stabil konstruierter Kranbahnabschnitt zu bauen. Der Kran wird dann in der gleichen Weise stabilisiert, wie es bei Kranen auf hochliegenden Bahnen üblich ist.

19.3. Krane auf hochliegenden Bahnen

Krane, die auf hochliegenden Kranbahnen laufen, sind größeren vertikalen und horizontalen Beschleunigungen ausgesetzt als am Boden. Die vertikale Beschleunigung ist dabei für alle Etagen die gleiche, sie hängt in erster Linie von der Nachgiebigkeit der Unterlage ab. Jedenfalls besteht bei diesen Kranen schon bei der Erdbebenintensität VIII MM die Gefahr des Abhebens. Das ist besonders gefährlich, weil der Kran von der Kranbahn herunterstürzen und dabei Menschen und Ausrüstung im Gebäude gefährden kann. Diese Folgeerscheinung muß aber auf jeden Fall verhindert werden.

Die Stabilisierungsvorrichtungen lassen sich in zwei Klassen unterteilen: erstens solche, die nur das Herabfallen des Kranes von der Kranbahn, aber nicht das Abheben verhindern - und zweitens solche, die zusätzlich auch das Abheben von der Schiene ausschließen und ihn starr mit der Kranbahn verbinden. Jedes Abheben bedeutet beim Zurückfallen eine große Beanspruchung der Kranbahn wie auch des Kranes. Deshalb wird die zweite Klasse von Stabilisierungsvorrichtungen dort angewandt, wo die Beanspruchungen im Kran in elastischen oder sogar in sicheren vorausbestimmten Grenzen bleiben sollen und dort, wo seismische Beanspruchun-

gen schon an sich allein eine Grenzbelastung darstellen. Da seismische
Beanspruchungen linear mit der Masse anwachsen, wird bei Kranen mit gro-
ßen Traglasten und deshalb großen Eigenmassen die zweite aufwendigere
Stabilisierungsart gefordert.

19.3.1. Krane im Betrieb während des Erdbebens

Die Krane, bei denen mit großer Wahrscheinlichkeit das Erdbeben während
ihres Einsatzes eintreten wird, können nach Bild 19.1 Klauen erhalten,
die den Schienenkopf umfassen. Die Schiene muß aber zur Aufnahme der
großen Kräfte mit Schrauben in engem Abstand am Kranbahnträger befestigt
werden, was aber auch nur bis zu einer gewissen Grenze möglich ist. Die
Stabilisierungsvorrichtung im Bild 19.7 schützt den Kran nur gegen horizontale Kräfte, während das Abheben der Laufräder in Kauf genommen wird.
Die Aufprallplatte stößt bei seismischen horizontalen Kräften gegen den
Kranbahnflansch und gleitet beim Abheben an ihm auf und ab. Natürlich
muß die Gleitflächenlänge h_0 größer sein als die erwartete Abhebehöhe.
Auch muß der Abstand der Prallkonsole c größer sein als das Spiel zwischen Schienenkopf und dem Laufradspurkranz. Ebenso ist die Fertigungs-
abweichung der Flanschecke e von der Schienenmitte auch beim Spalt c zu
berücksichtigen. Bei der Fahrt darf es nicht zum Gleiten der Prallplatte an der Kranbahn kommen. Jedenfalls besteht dadurch nach dem Abheben
die Möglichkeit, daß die Laufradspurkränze beim Herabfallen des Kranes
auf den Schienenkopf treffen. Der Kran muß dann nach dem Erdbeben wieder in die Spur verschoben werden. Wird der Kran nicht abgehoben, sondern erfährt nur eine horizontale Verschiebung, so kommt es zuerst zum
Anliegen der Spurkränze gegen die Schienenflanke. Die Spurkränze können
dabei abbrechen oder das Laufrad springt auf Grund der schrägen Spur-
kranzflanke auf die Schiene. Ähnliches wird auch bei der Ausführung mit
dem spurkranzlosen Laufrad mit seitlicher Führungsrolle geschehen: die
Rolle wird abbrechen oder zumindest deren Achse stark verbiegen.

Eine bessere Lösung wird durch den Einbau eines Druckluftzylinders ähn-
lich dem Bild 19.6 erreicht, wobei das Laufrad die Berührung mit der
Schiene niemals verliert. Es bleibt aber die Gefahr des Abbrechens der
Laufradspurkränze, die die volle horizontale Kraft übernehmen müssen.
Auf dieselbe Weise läßt sich auch das Problem der Führungsrollen lösen.

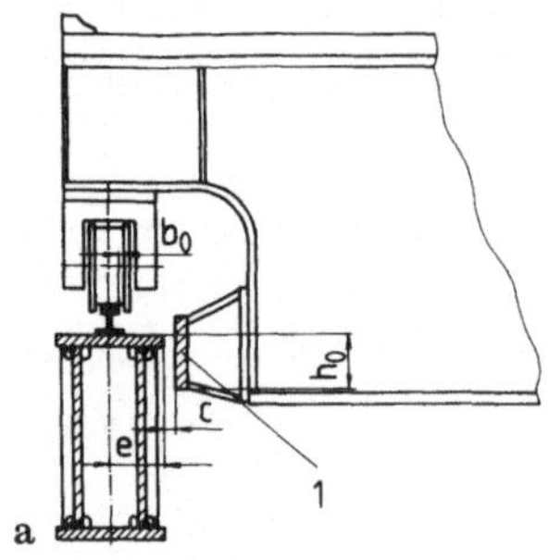
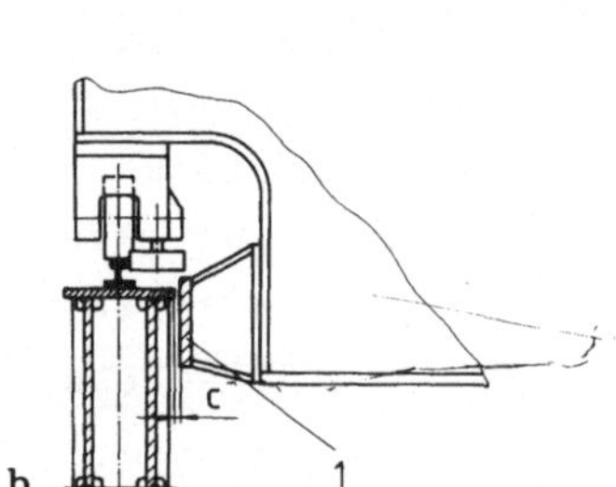

Bild 19.7: Stabilisierungsvorrichtung mit Aufprallplatte 1
an Kranen, die ständig im
Betrieb sind, für das
Übertragen von horizonta-
len Kräften bei mäßigen
Erdbebenintensitäten;
a Kran mit Spurkranzlauf-
rädern, b Kran mit Füh-
rungsrollen

Durch diese Lösungen wird die vollständige Funktionsfähigkeit des Kranes
sofort nach dem Erdbeben nicht gewährleistet. Der Kran erleidet jedoch
keine schweren Schäden und kann schnell wieder einsatzbereit sein.

Wenn ein Kran bei großen Erdbebenintensitäten oder wegen Sicherheitsanforderungen auf gar keinen Fall anheben darf, sollte man die Lösung nach
Bild 19.8 anwenden. Die Konsole 1 ragt unter den Flansch der Kranbahn.
Für das Spiel c gilt das oben Gesagte, während der Spalt d klein gehalten werden kann in Abhängigkeit von der zu erwartenden kleinen Toleranz
des Abstandes e zwischen Schienenoberkante und Trägerflanschunterkante,
wobei nur die Walztoleranzen mit 1 bis 3 mm zu berücksichtigen sind.

Demnach kann der Spalt d = 5 mm sein. Diese Ausführung ist aber nur anwendbar, wenn der Trägerflansch entlang der Kranbahn seitlich frei und
stark genug ist. Falls Versteifungen oder Stoßlaschen stören, muß die
Konsole bis unter den Kranbahnträger nach Bild 19.9 verlängert werden.
Für das Freimaß d ist hier allerdings die Bautoleranz des Kranbahnträgers zu beachten und für die Haltetiefe f der unter dem Träger zur Verfügung stehende freie Raum.

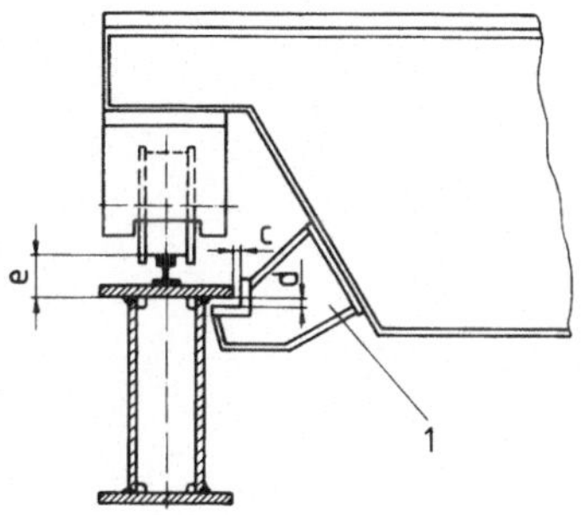

Bild 19.8: Stabilisierungsvorrichtungen am Kranbahnträger-
flansch an Kranen im Be-
trieb für vertikale und
horizontale Kräfte bei
starken vertikalen seis-
mischen Beschleunigungen;
1 Auffangkonsole

Bild 19.9: Stabilisierungsvorrichtung am unteren Rand des
Kranbahnträgers an Kra-
nen im Betrieb für ver-
tikale und horizontale
Kräfte

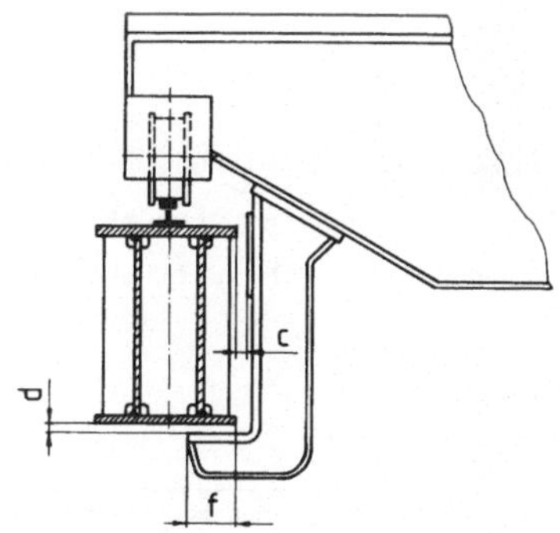

Auch für die Katze ist die Abhebesicherung anzubringen. Beim Kastenträger eines Brückenkrans bietet sich die Lösung nach Bild 19.10 an. Bei
außermittiger Schiene wird mit der Torsionette 1 die Stützfläche für
die Anprallplatten 2 geschaffen. Der Spalt d kann 5 mm sein und der
Spalt c kleiner als bei der Kranbrücke, weil das Spiel der Katzlaufräder auf der Schiene meist kleiner ist. Jedoch kommt es bis zum Anschlag
der Platte schon zum Abbrechen der Laufradspurkränze.

Sowohl bei der Katze als auch bei der Kranbrücke ist in diesem Fall die
absolut verläßliche Ausführung nach Bild 19.9 bzw. 10.10, jedoch mit den
Führungsrollen nach Bild 19,7, die aber für die horizontalen seismischen
Kräfte entsprechend dimensioniert sind. Wenn die Schiene solchen Kräften

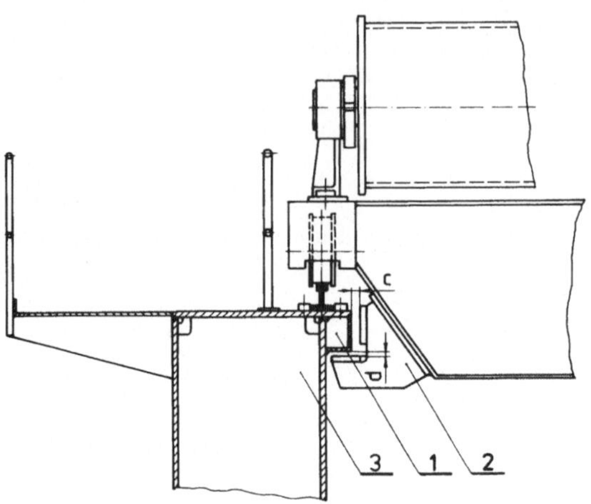

Bild 19.10: Stabilisierungsvorrichtung an der Katze mit
             Auffangkonsole 2 an der Torsionette 1 des
             Kranbrückenträgers 3

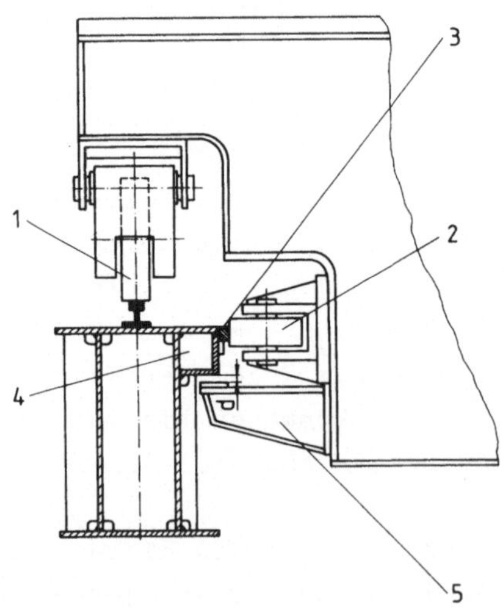

Bild 19.11: Stabilisierungsvor-
             richtung für große
             seismische Kräfte an
             Kranen mit spurkranz-
             losen Laufrädern 1
             mit Aufprallkonsole 5
             und starker Führungs-
             rolle 2 an besonderer
             Schiene 3 für hori-
             zontale Kräfte;
             4 Torsionette an der
             Kranbahn

nicht standhalten kann, werden die Führungsrollen 2 auf einer besonderen Schiene 3 geführt (siehe Bild 19.11), die direkt am Rand der Trägerflansche mit der Torsionette 4 angebracht ist. Die Abhebekonsole 5 ragt unter die Torsionette und verhütet das Abheben. Der Spalt d wird minimal.

Bild 19.12 zeigt eine Abhebesicherung an Einträgerkranen, wobei das Gegenrad 2 in der Führungsschiene gegen Umkippen schon bei der ursprünglichen Lösung gegen das Abheben gesichert ist. Das Stützlaufrad 1 wird über die Anprallkonsole 3 und die Torsionette 4 gegen das Abheben gesichert.

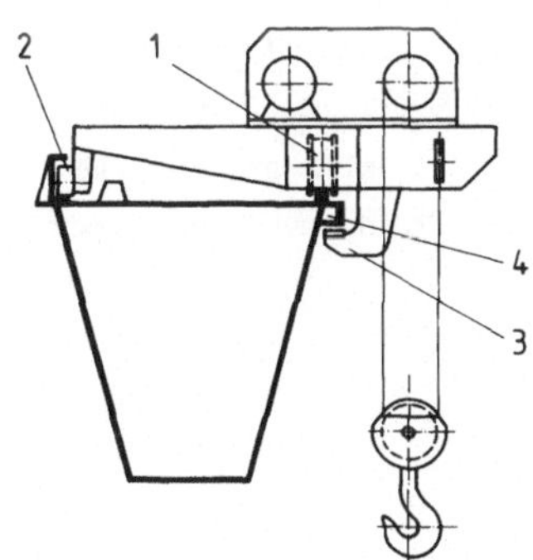

Bild 19.12: Stabilisierungsvorrichtung am Einträgerkran mit Konsole 3 auf der Katze und Torsionette 4 längs des Kranbrückenträgers

Bild 19.13: Stabilisierungsvorrichtung am Einträgerkran mit Winkelkatze, die beim Hauptlaufrad 1 durch Konsole 7 unter der Torsionette 6 und beim unteren Stützlaufrad 3 durch Konsole 5 an der Torsionette 4 gegen Abheben gesichert wird

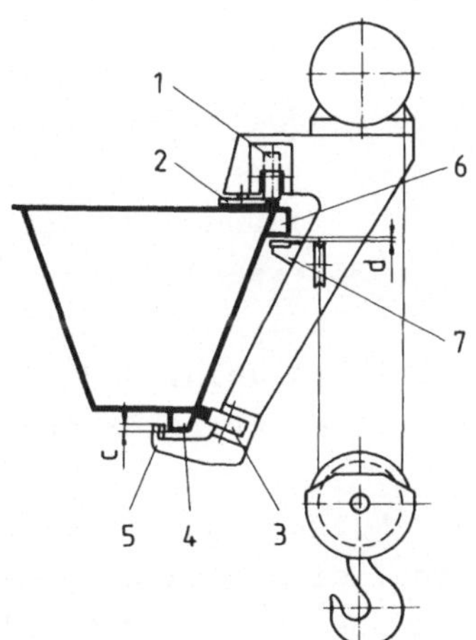

Bild 19.13 zeigt die Ausführung der Abhebesicherung an einem Einträgerkran mit Winkelkatze, die an der Seite des Hauptträgers verfahren wird,
abgestützt am oberen Stützrad 1 und unterem Stützrad 3. Die horizontale Kraftkomponente nimmt ein Laufrad 2 an der Seitenflanke der Hauptschiene auf. Die Katzen dieser Bauart sind bei Erdbeben außerordentlich
gefährdet, denn schon beim Abheben um einige Zentimeter wird die Katze
von der Brücke abgestreift. Die Abhebesicherung muß daher vor allem ein
Heben der Katze verhindern. Die Anprallkonsole 7 greift unter eine Torsionette 6 unterhalb der Hauptschiene längs der Brücke. Das Spiel d muß
überall kleiner sein als die Anliegefläche des horizontalen Stützrades 2
an der Schienenflanke. Dieses Spiel kann auf 5 mm begrenzt werden, da
der Abstand von Torsionettenunterseite bis Schienenoberkante genau einzuhalten ist.

Am unteren Rand des Trägers stützt sich die Katze mit einer Konsole 5
gegen die Torsionette 4. Auch diese Ecke der Katze muß hier gehalten
werden, denn die Katze könnte trotz oberer Sicherung von der Brücke in
einem Bogen abgeworfen werden. Die Führungsbreite c muß gegen die Verdrehung breit genug sein, um sich sicher auf die Torsionette abzustützen.

19.3.2. Krane außer Betrieb während des Erdbebens

Bei den Kranen, die bei einem Erdbeben höchstwahrscheinlich außer Betrieb sein werden, können alle schon angeführten Stabilisierungsvorrichtungen ausgeführt werden. Die Luftspalte, die im Betrieb wegen der
Schrägfahrt und wegen der Fertigungsabweichungen notwendig sind, können
in der vorbestimmten Parklage des Kranes auf verschiedene Konstruktionsweisen vermindert oder überhaupt weggelassen werden.

In dem Spalt c und d der Bilder 19.8, 19.9 und 19.10 kann eine Leiste
derselben Stärke eingeschraubt oder eingehängt werden. Damit ist der
Kran vollständig starr mit den Kranbahnträgern verbunden. Es muß nur
sichergestellt sein, daß entlang der Kranbahn keine Hindernisse für die
Durchfahrt der Abprallkonsole vorhanden sind.

Wenn die Neigung zum Abheben gering, dafür aber die Horizontalkräfte
groß sind, eignet sich die Ausführung nach Bild 19.14. In den Spalt c
wird ein Sperrkeil 1 mit Hilfe der Handwinde 2 vom Laufsteg aus bis zum

Aufsetzen abgelassen. Der Sperrkeil muß so weit nach unten reichen, daß
eine genügend freie Höhe h für den Abhebehub entsteht.

Diese Anordnung läßt sich auch automatisieren. Mit einem Druckluftzylinder 6 (siehe Bild 19.14 b), der an einem Kompressor angeschlossen
ist, wird sofort nach dem Einschalten des Hauptschützes der Sperrkeil 1
aus dem Eingriff herausgezogen und der Kran kann sich frei bewegen.

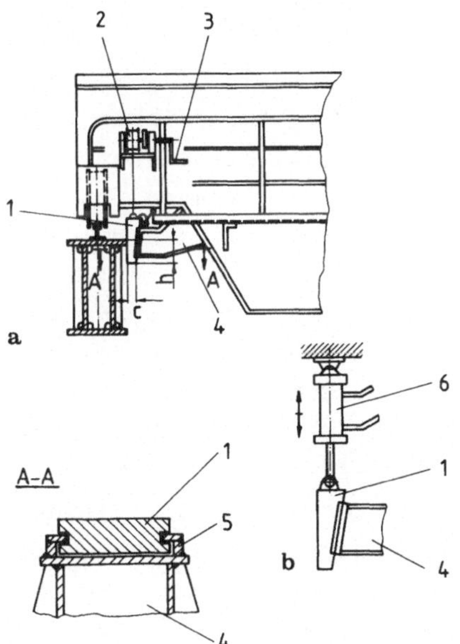

Bild 19.14: Stabilisierungsvorrichtung an selten im
Betrieb befindlichen
Kranen in der Parkla-
ge mit beweglichem
Sperrkeil 1 an der
Führungskonsole 4;
2 Winde mit Handkur-
bel 3, 5 Führungslei-
sten des Sperrkeils 1,
6 Druckluftservozy-
linder; a Vorrichtung
mit Handantrieb, b mit
Druckluftzylinder
fernbetätigt

In diese Klasse fallen auch die Rundlaufkrane in Kernkraftwerken, die
über dem Reaktorbecken auf einer kreisförmigen Kranbahn unter dem Containment laufen. Da diese Krane nur während der Brennstoff-Beschickungs-
periode des Reaktors im Betrieb sind, wird der Kran nach der Wahrschein-
lichkeitsanalyse während eines Erdbebens für sichere Stillegung des Reaktors (SSE) an einer vorbestimmten Stelle geparkt. Die Verhältnisse
sind bei diesem Kran besonders schwer, weil er in beachtlicher Höhe
läuft (40 m bei einem 630 MW und 56 m bei einem 1 000 MW Reaktor). Infolgedessen wird die Etagenansprechbeschleunigung auch sehr hoch. Neben
diesem Umstand treten bei einem SSE-Fall noch zwei Besonderheiten auf:

- während eines SSE muß mit einem Temperaturanstieg auf 135° C gerechnet werden, wobei es zu thermischen Dehnungen der Kranbrücke kommen wird,
- es muß mit einer Erweiterung der Containment-Konstruktion infolge des Druckanstiegs im Containment gerechnet werden.

Unter diesen zwei Bedingungen muß der Kran auf der Kranbahn in einer gewissen Parklage so abgestellt werden, daß die auf ihn wirkenden seismischen Kräfte minimiert sind. Mit der Lage des Kranes wird die Eigenfrequenz und damit die Ansprechbeschleunigung aus dem Ansprechspektrum beeinflußt. Infolge der thermischen Ausdehnung der Brücke darf man nur eine Seite mit den Führungsrollen fest führen (Bild 19.15), während die andere Seite bei Betriebsruhe mit einem hydraulischen Zylinder 2 gehoben wird, damit eine gelenkige Verbindung entsteht. Zur sicheren Aufnahme vertikaler Kräfte wird der Kran mit den Befestigungsarmen 3 an die Kranbahn gepreßt. Die Arme werden mit dem exzentrischen Bolzen 4 um den Betrag d (3 - 4 mm) gehoben. Ein Gegengewichtshebel erleichtert die manuelle Handhebung. Auf der anderen Kranseite wird der Arm durch den Hebebock 2 an die Kranbahn gepreßt. Zur Aufnahme horizontaler Kräfte kann manuell eine Prallplatte 6 auf vorhandene Bolzen gehängt werden. Der Spalt c muß aber in jedem Fall übrig bleiben zur Aufnahme einer evtl. thermischen Ausdehnung des Kranes oder einer Erweiterung des Containments. Treten nun einmal enorme horizontale Kräfte auf, die den Kran über den Spalt c verschieben, so werden die starken seitlichen Führungsrollen die Schiene auf ihrer Unterlage auch verrücken, was aber ohne große Bedeutung ist. Der Kran ist jedoch nach dem Erdbeben für die Stillegung des Reaktors sofort unbeschädigt einsatzbereit.

Ruht die Kranbahn auf breiten Stützen, so ist eine starre Befestigung des Abhebesicherungsarmes 3 am Kran nicht möglich. Einen Ausweg veranschaulicht Bild 19.16. Danach wird der Arm über einen pneumatischen Zylinder 1 beim Kranbetrieb zurückgezogen und fällt beim Abschalten des Hauptschützes sofort wieder in die Arbeitsstellung. Das Anheben des Armes über den Exzenterbolzen bleibt durch diese Zusatzeinrichtung unberührt.

Alle aufgezeigten Verriegelungseinrichtungen sind einfach konstruiert und mit minimalem Materialaufwand zu bauen.

Natürlich können alle bisher geschilderten manuellen Handhabungen zur Sicherung eines Kranes auch automatisiert werden. Dabei ist eine Fernbetätigung über das Kranhauptschütz oder durch besondere Schalter von

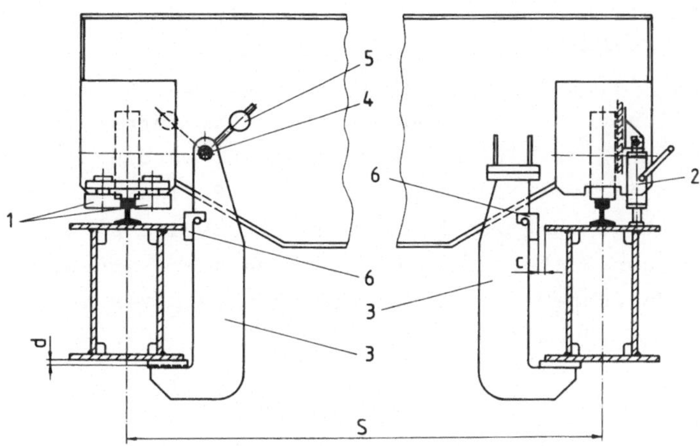

Bild 19.15: Stabilisierungsvorrichtung an einem Rundlaufkran im
            Kernkraftwerk, einseitig durch Führungsrollen 1 ge-
            führt, mit gelenkig angeschlossenem Hebebock 2 für
            die thermische Ausdehnung des Kranes und für die Aus-
            weitung des Containmentgebäudes infolge Überdrucks -
            handbetriebene Ausführung; 3 Stabilisierungsarme, 4
            Exzenterbolzen für das Anziehen des Arms, 5 Hebel
            mit Gegengewicht, 6 Aufprallplatten an Aufhängebol-
            zen

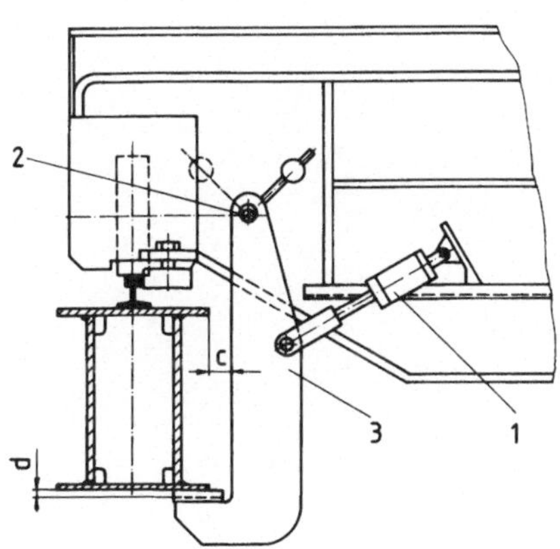

Bild 19.16: Abhebesicherung ge-
            mäß Bild 19.15, je-
            doch als fernbetätig-
            te Ausführung mit ei-
            nem penumatischen
            Schwenkzylinder 1 für
            Kernkraftwerkskrane

Flur oder vom Leitstand aus möglich. Zusätzliche Getriebemotoren und
einige Endschalter sind dazu erforderlich. Es ist sogar eine Quittie-
rung der erforderlichen Verriegelung über Meldelampen zu erreichen. Es
ist alles nur eine Kostenfrage. Außerdem bleibt die Frage nach der Er-
fordernis dieses Aufwandes zu klären. In sowjetischen Kernkraftwerken,
die in der Regel nur von außen bedient und über Fernsehen kontrolliert
werden, ist dieser Zusatzaufwand erforderlich. Werden die Krane aber
von einer Kabine am Kran oder von seitlichen Bedienungsbühnen im Gebäude gesteuert, ist der Weg zum Kran nicht mehr weit, so daß eine manuelle Betätigung der Sicherheitseinrichtungen auch sinnvoll ist, vor allem, wenn der Kranführer nach einem Erdbeben gehalten ist, den Kran kurz
auf seine Funktionstüchtigkeit zu prüfen.

Die Stabilisierungsvorrichtungen auf diesen Kranen sind viel komplexer
als bei Kranen für normale Einsatzzwecke. Damit ist aber jede Verschiebung des Kranes verhindert und seismische Kräfte werden auf ein Mindestmaß reduziert. Voraussetzung ist jedoch, daß die Kranbahn alle auftretenden Kräfte sicher übernimmt und auf das Gebäude ableitet.

20. Auswirkungen von Erdbeben auf Hebezeuge

Um in Zukunft eine sichere Gestaltung der Krane und ihrer Einrichtungen sowie der Kranbahnen zu ermöglichen, werden die durch Erdbeben an
Kranen verursachten Beschädigungen analysiert. Die Krane werden in verschiedene Gefahrenklassen eingeteilt, um die Ursachen der Beschädigung
zu klassifizieren. Die Beschädigungsarten lassen sich dann mit theoretisch gewonnenen Gefahrenbereichen und -stellen vergleichen, um die Aussagefähigkeit der theoretischen Ansätze zu prüfen.

Die Arten der Beschädigungen zeigen den großen Unterschied auf zwischen
Kranen, die auf hochliegenden Bahnen in Gebäuden laufen und solchen,
die auf dem Boden betrieben werden. Für die Schadensanalyse diente das
Erdbeben in Montenegro, Jugoslawien, am 15. April 1979, das eine der
größten beobachteten seismischen Intensitäten entwickelte. Das Erdbeben
erreichte mit einer Magnitude M = 7 die Intensität IX nach der modifizierten Mercalli-Skala (MM). Beim Vergleich mit den Erdbeben in Buka-
rest (1977), VIII MM, und in Skopje (1963) VIII bis IX MM tritt die große seismische Kraft dieses Erdbebens besonders hervor. In diesem Gebiet
liegen der Hafen Bar und mehrere Schiffswerften mit einer größeren Anzahl von Kranen unterschiedlicher Traglasten. Die Standsicherheit großer Hafen- und Werftkrane und die Interaktion zwischen dem Untergrund,
der Kranbahn und dem Kran sollten näher betrachtet werden.

Es ist eine Seltenheit, daß von dem Erdbeben so viele Akzelerogramme
zur Verfügung stehen. Aus ihnen werden die Werte der maximalen absoluten Beschleunigung unter Berücksichtigung der Dämpfungswerte der Krane
und der geologischen Strukturen des Untergrundes der Kranbahnen bestimmt. Aus dem Versatz der Krane wird auf die Grenzwerte der Beschleunigung geschlossen.

Die Analysen der Schäden geben Hinweise für Konstrukteure über die Gestaltung der Krane, damit diese ein Erdbeben überstehen.

20.1. Einteilung der Krane in Gefahrenklassen

Es ist bekannt, daß die Beschleunigung einer Kranbahn auf Bodenniveau
am kleinsten ist, während sie in verschiedenen Gebäudeetagen mit der
Höhe über dem Grund oder über dem Bezugsboden zunimmt. Steht nun ein

Einmassensystemkörper auf diesem Boden, so regen die Anfangsboden-
schwingungen ihn auch zum Schwingen an. Ihre Ansprechbeschleunigung
vergrößert sich in Abhängigkeit sowohl vom Verhältnis zwischen Boden-
schwingungsfrequenz und Körpereigenfrequenz, d.h. durch die Resonanz-
nähe, als auch von der Dämpfung des schwingenden Körpers. Die so erregten absoluten Ansprechbeschleunigungen, die nunmehr für die Ampli-
tuden- und Spannungshöhe im Kran maßgebend sind, werden deshalb am Boden am kleinsten und an der höchsten Kranbahn in Gebäuden am größten.

Bild 20.1 gibt die absolute Etagenansprechbeschleunigung in horizontaler Richtung in Abhängigkeit von der Etagenhöhe h über dem Boden bei
drei verschiedenen Erdbebenintensitäten nach modifizierter Mercalli-
Skala VII, VIII und IX an. Die Krane werden in Gefahrenklassen eingeteilt: Stufe I umfaßt die Krane auf der Höhe von 0 m bis 3 m, Stufe II
von 3 m bis 10 m, Stufe III von 10 m bis 30 m und Stufe IV alle Höhen
über 30 m. Zur Stufe I gehören alle Turm- und Portalkrane, deren Kranbahnen direkt auf dem Boden oder auf niedrigen Kranbahnträgern angeordnet sind. In höhere Stufen werden Brückenkrane, Konsolkrane und zum
Teil Portalkrane eingereiht, die auf hochliegenden Kranbahnen im Gebäude laufen. Bekanntlich sind die Rundlaufkrane im Containment von Kernkraftwerken am höchsten, in Höhen von 40 bis 55 m installiert.

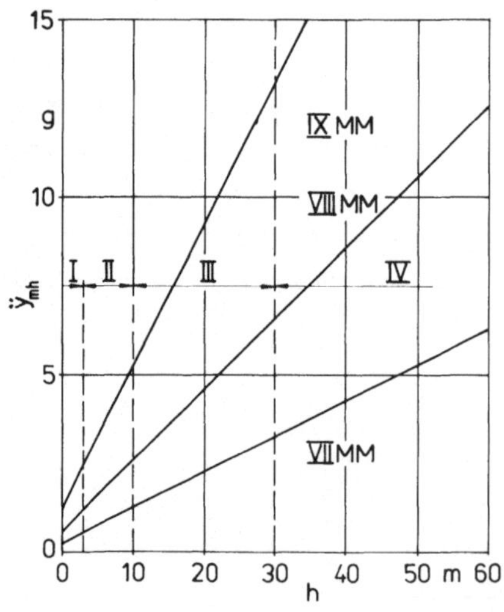

Bild 20.1: Absolute seismische
Etagenansprechbeschleu-
nigung in Abhängigkeit
von der Kranbahnhöhe
über dem Boden für drei
Erdbebenintensitäten
nach modifizierter Mer-
calli-Skala (MMI) mit
Einstufung der Krane
in vier Gefahrenklas-
sen I bis IV

Die Krane der Stufe I sind der kombinierten Wirkung horizontaler und vertikaler Kräfte ausgesetzt. Krane auf höheren Kranbahnen dagegen sind vor allem großen horizontalen Kräften unterworfen, besonders wenn sie gegen Verschiebungen blockiert sind.

20.2. Analyse der Beschädigungen

Es wurden alle Krane im Erdbebengebiet auf Beschädigungen und Verlagerungen untersucht, soweit das nach der Rekonstruktion überhaupt möglich war. Die Krane wurden nämlich so schnell wie möglich mit einem 300 t Schwimmkran auf noch unversehrte Kranbahnabschnitte gesetzt, um anlaufende Schiffe mit den Hilfssendungen sofort löschen zu können. Die Analyse erfolgt getrennt für Krane am Boden und Krane auf höheren Kranbahnen.

20.2.1. Krane am Boden

Am Boden waren Hafenkrane in der Form als Auslegerdreh- und Portalkrane eingesetzt. Weil sich das Erdbeben am Sonntag früh ereignete, waren die Krane außer Betrieb, die Ausleger hochgezogen und vom Meer abgewandt. Die Krane waren auf mehrere Kais verteilt.

Nach dem Erdbeben standen alle Krane noch aufrecht, wenn auch sehr geneigt, denn die Kranbahnen waren schwer beschädigt und deformiert, Bilder 20.2 und 20.3.

Die Auslegerdrehkrane waren verschiedener Herkunft und Konstruktion. Sie unterschieden sich vor allem in der Art der Drehverbindung zwischen dem Kranoberbau und dem Portal. Neben Säulendrehkranen mit Rollenführung gab es auch Krane mit einer doppelreihigen Kugeldrehverbindung. Eine Gruppe von Kranen besaß eine Spannweite von 6,5 m und war ausgelegt für eine Traglast von 3 t bzw. 6 t. Bei den vierbeinigen Portalen war unter jeder Stütze ein Fahrwerk angeordnet in Form von Radschwingen mit zwei bzw. drei Doppelspurkranzlaufrädern. Beim Erdbeben wurden die Krane von der Schiene abgehoben und um 15 cm bis 50 cm seitlich versetzt. Die kaiseitigen Kranschienen waren um 1,4 m bis 2 m abgesenkt, da das Gelände durch Gleiten in Richtung Meer hinter der Kaimauer eingesunken war.

Bild 20.3: Deformierte Kranbahn
           auf nachgesetztem Kai

Bild 20.2: Zerstörte Kranbahn nach
           dem Erdbeben mit versetz-
           ten und stark geneigten
           Hafenkranen mit 3 t Trag-
           last und 6,5 m Spannweite

Die Standsicherheit der Krane war auch für diesen extremen Fall ausreichend. Vielleicht lag es daran, daß bei der Montage in die Stützen nicht nur Beton, sondern auch Schrotteisen gefüllt wurde, was wohl zur größeren Standsicherheit beigetragen hat.

Die Krane waren aber auch tagszuvor vorschriftsmäßig mit hochgestelltem Ausleger abgestellt worden. Die Windsicherungen haben keinen Kran am Herausspringen gehindert, sie wurden senkrecht nach oben abgerissen. Andere Kranbeschädigungen waren nicht zu sehen, auch keine Ausbeulungen an den Stützen. Die Spurkränze der Laufräder waren unbeschädigt, weder gerissen noch abgebogen. Allem Anschein nach wurde der ganze Kran mit der Masse zwischen 120 t und 140 t von den Schienen abgehoben, zugleich horizontal verschoben und auf die Betonfläche nebenan gestellt.

Die Kugeldrehverbindungen waren wohl großen Kräften ausgesetzt, da sie einen sehr großen Teil der Massenkraft und alle Kippmomente übertragen mußten. Irgendwelche bleibende Verformungen am Haltering und an den Befestigungsschrauben waren bei der ersten Inspektion nicht zu sehen. Nach einigen Monaten traten jedoch Stahlspäne aus dem Lager aus, wohl ein Zeichen für örtliche Überbeanspruchung der Kugellaufbahnen.

Die Radschwingen waren durch Bolzen und Abschalter einwandfrei an den Stützen angeschlossen. Hätten sie nur auf den Bolzensätteln aufgesessen, wäre der Kontakt verloren gegangen und die Krane wären zusammengebrochen.

Auf dem zweiten Kai standen vier Greiferkrane mit 6 t Traglast und 35 m Ausleger. Die Kranbahn hatte eine Spurweite von 10,5 m. Das Portal dieser Krane besaß drei Stützen, davon zwei Feststützen auf der Wasserseite (Bild 20.4). Die dritte Stütze war durch ein Bolzengelenk mit dem Portalrahmen verbunden. Zum Glück forderte die Hafenleitung vom Hersteller, die freie Beweglichkeit des Gelenks durch Anschläge zu begrenzen. Die Begrenzungsklötze 2 (Detail A in Bild 20.4) wurden auf der Stützenoberseite allseitig angeschweißt. Diese Versteifung der Pendelstütze hat zur Erhaltung des Kranes beigetragen. Durch die Erdbebenkräfte wurden alle Krane angehoben und um 50 cm landeinwärts in Richtung NO versetzt. Die Windsicherungen waren wirkungslos. Auch bei diesen Kranen waren die Kugeldrehverbindungen beschädigt.

Die Fahrschienen dieser Krane waren in einem Graben verlegt, um Fahrzeugen, wie Gabelstapler und Schlepper die Überfahrt zu erleichtern.

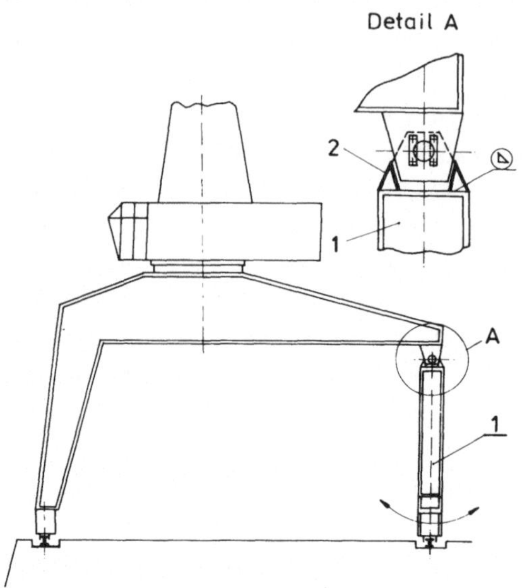

Bild 20.4: Schematische Darstellung des Hafenkrans mit Drei-
beinportal. Im Detail A die Begrenzung der Beweglichkeit der Pendelstütze

Hierdurch wurde das Abspringen der Krane erleichtert, denn sie hatten
damit seitlich neben den Schienen eine ebene Aufstandsfläche für das
Versetzen zur Verfügung.

Bei den Portalkranen traten beim Erdbeben dieselben Erscheinungen auf
wie bei den Auslegerdrehkranen. Ein Containerkran mit 40 t Traglast,
15,24 m Spannweite und einem Kragarm von 25 m wurde trotz seiner Eigenmasse von über 500 t von der Kranschiene abgehoben. Aber nur die wasser-
seitige Stütze wurde um 55 cm landeinwärts in Richtung NO versetzt, während die anderen Stützen auf der Schiene blieben. Diese Stützen mit
Kastenquerschnitt wurden mit großem Radius verbogen. Als der Kopfträger
aber mit hydraulischen Hebezeugen angehoben wurde, federte das Stützen-
paar in die ursprüngliche Lage zurück, ohne bleibende Verformung zu behalten. Die Katze, die Kranbrücke mit Kragarm, der Spreader und die
Fahrerkabine sind unversehrt geblieben. Auch die Kabelstromzuführung
hat sich als stabil erwiesen. Nur die Sturmzangen wurden beschädigt.

Drei auf einem anderen Kai laufende Portalkrane mit 28 m Spannweite und 32 m wasserseitigem Kragarm mit verfahrbarer Laufkatze für 12 t Greiferbetrieb sind auf der Kranbahnschiene geblieben und waren unversehrt. Diese Krane waren als einzige auf einem Kai, der mit Pfählen bis zum Felsgrund fundiert wurde.

Zusammenfassend läßt sich sagen, daß an 80 % der Krane mit Eigenmassen zwischen 120 t bis 550 t dieselben Folgen des Erdbebens aufgetreten sind. Mit großer Wahrscheinlichkeit muß man bei Erdbeben dieser Intensität mit dem Abheben der Krane von der Kranbahn und ihrem Versetzen rechnen, wobei aber die Fundierung der Kranbahn einen entscheidenden Einfluß hat.

20.2.2. Krane auf höheren Kranbahnen

Auf höheren Kranbahnen betriebene Brückenkrane waren an zwei Stellen eingesetzt. Sie hatten kleinere Traglasten und kleinere Spannweiten, so daß aus ihrem Verhalten beim Erdbeben nicht auf Brückenkrane allgemein geschlossen werden kann. Die Höhen der Kranbahnen, auf die direkt seismische Kräfte einwirkten, betrugen nur bis zu 8 m, waren also gering. Die Krane blieben unbeschädigt, wenn auch in zwei Fällen die Lauf-räder neben der Schiene standen. Alle Krane waren außer Betrieb und auch nicht belastet.

20.2.3. Kranbahnen

Alle betrachteten Kranbahnen befanden sich auf Kaien in den Häfen und in Schiffswerften. Sie waren meist auf Bodenniveau aufgelegt. Die Mehrzahl der Kais wurde schwer beschädigt und unbrauchbar, denn die Unterlage, auf der die Kranschienen aufgelegt waren, wurde verformt und versetzt. Der Grad ihrer Verformung steht in direktem Zusammenhang mit der Fundierung der Kaiplatte.

Im Bild 20.5 ist der Kaiquerschnitt für Schüttgutumschlag dargestellt. Die Stahlbetonplatte, in der die Kranschienen befestigt sind, war mit Betonstahlrohrpfählen bis zum Felsgrund durch die kleinkörnigen Sand-schichten hindurch fundiert. Die Platte wurde mittels Stahlzuganker auch horizontal in dem felsigen Untergrund befestigt. Diese Kranbahn erlitt keine Schäden und die Krane waren nicht versetzt.

Den Kai für Containerbetrieb zeigt Bild 20.6. Die Stahlbetonplatte mit eingebauten Kranschienen wurde durch Stahlrohrpfähle im Schotter aus aufgeschütteten Steinmassen fundiert. Die Beschädigungen waren gering, meistens wurden sie durch die Verformung der Stahlzugverankerung infolge der Versetzung des Terrains (bis ungefähr 45 cm) verursacht. Die 5 bis 10 cm breiten Risse in der Asphaltoberfläche hinter der Plattform deuten auf eine Verschiebung der Plattform bis 10 cm zur Wasserseite hin.

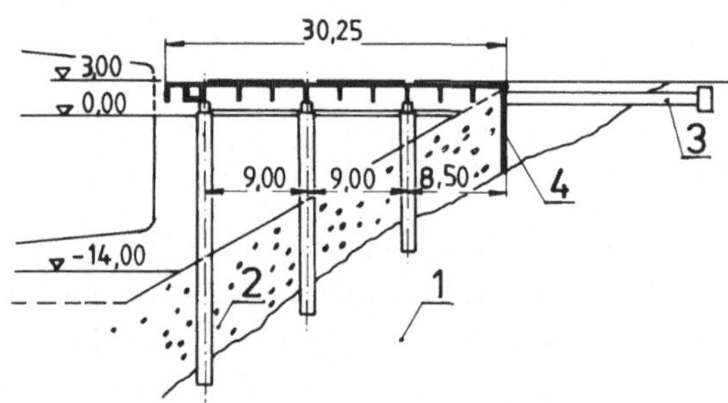

Bild 20.5: Querschnitt des Kaiplateaus für Schüttgutumschlag

Bild 20.6: Querschnitt des Kaiplateaus für Containerbetrieb

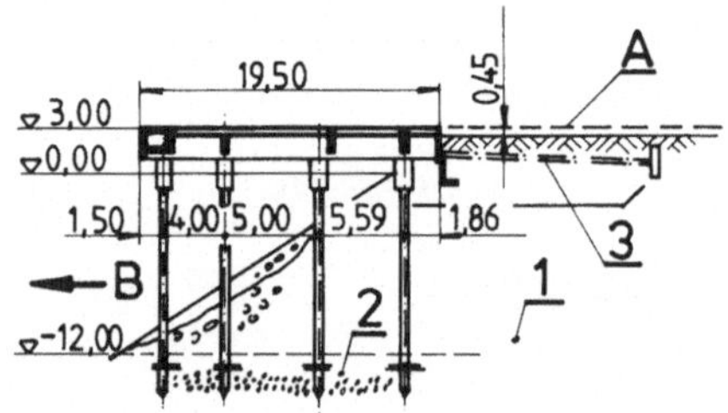

Die meisten Kaie waren in klassischer Bauweise aus Betonblöcken mit Massen von 60 t bis 80 t auf aufgeschütteten Schotter- und Lehmschichten erstellt, mit Schüttgestein hinter der Kaimauer als Unterlage für das Betriebsplateau (Bild 20.7). Beim Erdbeben sind die Betonblöcke in Richtung Wasser gerutscht (Bild 20.8) und haben sich konsolartig um 2 m in Wasserrichtung über die unteren Blöcke gestellt. Die Schüttung hinter der Mauer ist nachgesackt. Deshalb sind alle Eisenbahngleise und auch die Kranbahn landeinwärts um 1,6 m bis 2 m gesunken (Bild 20.9). Die

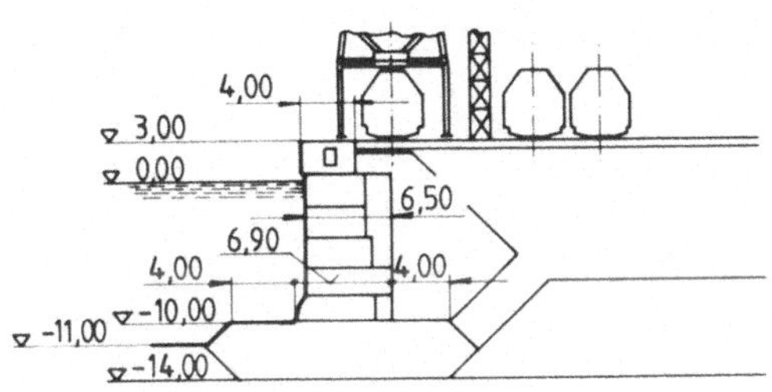

Bild 20.7: Querschnitt der
Kaie aus Beton-
blöcken vor dem
Erdbeben

Bild 20.8: Querschnitt eines Kais
entsprechend Bild 20.7
nach dem Erdbeben

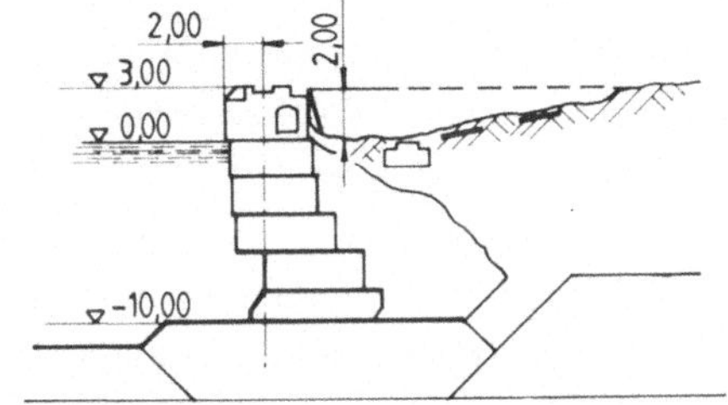

Bild 20.9: Absacken der Kranbahn und Eisenbahngleise um
1,4 m bis 2 m infolge der Verschiebung der Kaimauer in Richtung Meer

Kranschienen verbogen sich oder brachen. Die Kranbahnen und die Kaie
wurden unbrauchbar. Anderfalls hätten sie umstürzen und die Krane mit-
reißen können.

20.2.4. Behebung der Schäden

Die Krane waren schon eine Woche nach dem Erdbeben behelfsmäßig repariert und wieder betriebsbereit. Mit einem Schwimmkran wurden die Krane auf die Kranbahnabschnitte umgesetzt, die einigermaßen wiederherge-
stellt werden konnten. Obwohl teilweise noch große Abweichungen bei der
Spurweite zu verzeichnen waren, konnte die Schiffsabfertigung ohne Be-
hinderung abgewickelt werden. Die Kranbahnen sind zusammen mit den Kaien
zu restaurieren. Es ist ein langwieriger und kostspieliger Prozeß, denn
die Betonblöcke müssen abgerissen und ein neues Plateau auf Stahlrohrpfählen gebaut werden. Die Gegend wird nämlich in die Erdbebenintensität IX nach MM eingestuft und nur das System auf Stahlpfählen bis in
die Felsschicht widersteht den zu erwartenden Kräften.

20.3. Parameter der Erdbebenkräfte

Die Hauptwelle des Erdbebens erfolgte am 15. April 1979 um 7 h 22 min
mit einer Magnitude M = 7 in einer Tiefe von 30 km über eine Dauer von
30 s mit einer Intensität IX nach modifizierter Mercalli-Skala /20.1/.
Um die Kraft des Erdbebens zu charakterisieren, wird die maximale Bodenbeschleunigung benutzt, die zusammen mit der Dauer der Erregung am besten die Bodenschwingung beschreibt. Dieser Wert geht nicht direkt in
die Berechnung ein, sondern wird als Eingangswert für die Bestimmung im
idealisierten Ansprechspektrum benutzt, in Form der absoluten Ansprechbeschleunigung, die in einem Einmassensystem als Folge der Erregung mit
seismischen Wellen entsteht.

Im Gemeindegebäude, etwa 1,0 km vom Hafen entfernt, war ein Akzelerograph installiert, der die Bewegungen des Bodens in vertikaler Richtung
und in den Richtungen W - O und N - S registrierte (Bild 20.10). Aus
diesen Angaben wurde das Ansprechbeschleunigungsspektrum für die Anlagen am Boden ausgerechnet (Bild 20.11).

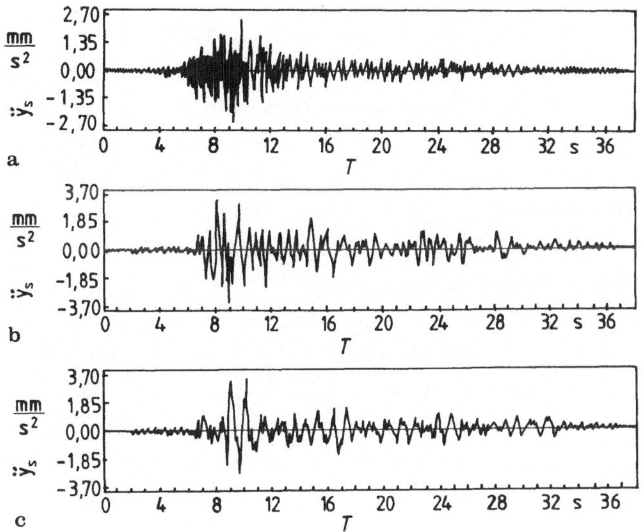

Bild 20.10: Akzelerogramme des Erdbebens vom 15. April 1979
             in Montenegro, registriert mit dem Instrument
             SMA-1 in Bar auf weichem Depositboden; a in ver-
             tikaler Richtung, b W-O-Richtung, c N-S-Rich-
             tung

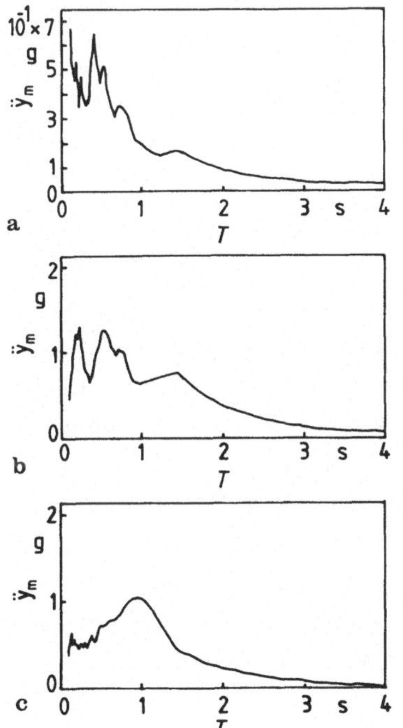

Bild 20.11: Ansprechspektren absoluter Be-
             schleunigung aus Akzelerogram-
             men in Bild 10 für weichen De-
             positboden bei 5 % Dämpfung in
             Abhängigkeit von der Periode T;
             a vertikale Richtung, b W-E-
             Richtung, c N-S-Richtung

Dieses Ansprechspektrum ist aber nur für die geologische Struktur des
Bodens gültig, auf dem der Akzelerograph aufgestellt wurde. Jede Lage
hat nämlich sein eigenes Ansprechspektrum, da die maximale Beschleunigung von verschiedenen Eigenfrequenzen des Bodens abhängt. Sie kann sogar mehrere Spektren haben, abhängig von der Stelle und Intensität verschiedener Erregungsherde, die die Form der Bodenschwingung auf einer
bestimmten Lage beeinflussen. Weicher Boden hat eine niedrigere, härterer Boden eine höhere Eigenfrequenz. Auf einer weicheren Bodenstruktur
sind die Ansprechbeschleunigungsamplituden größer als auf einer Fels-
struktur. Akzelerogramme von Grundfelsen, die für die Projektierung von
Industriegebäuden (auf dem Grundfels fundiert) benutzt werden können,
sind selten. Deshalb werden die Spektren vom weichen Boden auf den Felsgrund umgerechnet (Dekonvolution genannt). Analytisch ermittelte Beschleunigungen für den Felsgrund im Vergleich zu gemessenen Werten zeigen, daß auf dem Felsgrund die Beschleunigungen kleiner sind, Tabelle
20.1.

Richtungs-komponente	Gemessene Beschleunigung für Depositboden [g]	Ermittelte Beschleunigung für die Felsober- fläche [g]	Verhält- nis (2÷3)
1	2	3	4
N-S	0,375	0,303	1,237
W-0	0,371	0,309	1,199
vertikal	0,268	0,149	1,793

Tabelle 20.1: Beschleunigungen am Deposit- und am Felsboden

Diese Spektren beziehen sich auf eine Dämpfung des Schwingungssystems
$\beta = 0,05\,\omega$, das heißt, 5 % kritischer Dämpfung. Wenn diese Werte für
2 % Dämpfung - für die Krane üblich - umgerechnet werden, vergrößern
sich die Beschleunigungen (Bild 10.12) im Mittel um 24 % bis 34 %. Es
ist ersichtlich, daß die Spektren für weichen und felsigen Untergrund
im Bereich niedriger Frequenzen übereinstimmen. Bei hohen Frequenzen
ist der Unterschied größer. Die größte Differenz zeigt sich bei Frequenzen zwischen 3,5 bis 5 Hz. Die Länge der Sequenz des Akzelerogramms
mit Beschleunigungen größer als eine Hälfte der maximalen Beschleunigung dauerte 12 s bis 14 s.

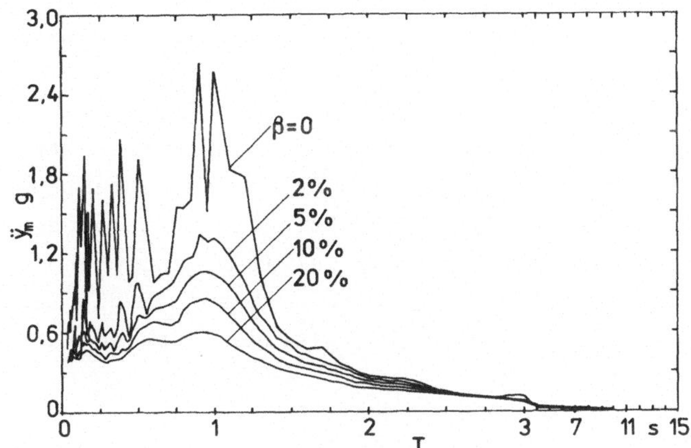

Bild 20.12: Ansprechspektrum absoluter Beschleunigung in g
            in Abhängigkeit von der Periode T bei 0 %, 2 %,
            5 %, 10 % und 20 % kritischer Dämpfung

Die Besonderheit dieses Erdbebens, in dem es sich von den amerikanischen Erdbeben (Kalifornien) unterscheidet, ist die relativ große Beschleunigung in vertikaler Richtung gegenüber der horizontalen (in der
Stadt Bar 71 % der horizontalen Richtung; in der Nähe des Zentrums gemessene vertikale Werte sind sogar um 65 % größer als die in horizontaler Richtung). Ein breiter predominanter Bereich von 0,5 s bis 1,5 s
(0,66 Hz bis 2 Hz), das heißt das Maximum, befindet sich im Bereich sehr
kleiner Frequenzen.

Diese Eigenschaften sind bei der Erörtung der Folgen für die Krane mit
sehr niedrigen Eigenfrequenzen von besonderer Wichtigkeit. Die bisherige Annahme, daß die vertikale Beschleunigung 45 % bis 50 % der horizontalen Beschleunigung beträgt, war damit hinfällig. In dem Akzelerogramm
im Bild 10.10 ist die hohe Intensität vertikaler Bodenschwingung deutlich zu erkennen.

Aus der Versetzung der Krane um 15 bis 55 cm, ohne daß die Laufradspurkränze beschädigt wurden und ohne daß die Schienenzangen diese Verschiebung verhindert hätten, kann gefolgert werden, daß die Krane ohne Rücksicht auf ihre Masse mindestens um 5 cm (Höhe des Schienenkopfes, d.h.

der Unterschied zwischen der Unterkante der Schienenzange und Schienen-
kopfoberkante) abgehoben und zugleich durch die horizontale Komponente
versetzt wurden. Aus den Spuren auf dem Boden war zu sehen, daß der
Hauptversatz in einem Sprung erfolgte. Die vertikale, absolute maximale Ansprechbeschleunigung mußte deshalb über 1 g liegen.

Über die vertikale Eigenfrequenz der Krane kann nichts Genaues ausgesagt werden. Die vertikale Federkonstante muß die Durchbiegung der Stützen und der Kranbahn mit dem Kai berücksichtigen. Wegen der großen Federkonstanten liegt die Eigenfrequenz der Krane zwischen 1,5 und 10 Hz.
Dieser Bereich, Bild 20.11, stellt aber das Maximum des Beschleunigungs-
spektrums dar. Die Spitzen treten in folgenden Punkten auf (bei 5 %
Dämpfung):

Frequenz	/Hz/	10,0	2,38	1,81
Ansprechbeschleunigung	/g/	0,67	0,66	0,53

Von 1,8 Hz bis 10 Hz liegt in vertikaler Richtung der Bereich des Maxi-
mums. In horizontaler Richtung treten die Spitzen an folgenden Punkten
auf:

Frequenz	/Hz/	4,0	1,8	1,33
Ansprechbeschleunigung	/g/	1,3	1,25	1,05

In horizontaler Richtung tritt das Maximum im Bereich von 1,3 Hz bis
4 Hz auf. Bei 2 % Dämpfung sind die entsprechenden Werte vertikal:

Frequenz	/Hz/	10,0	2,38	1,81
Ansprechbeschleunigung	/g/	0,84	0,83	0,66

und horizontal:

Frequenz	/Hz/	4,0	1,8	1,33
Ansprechbeschleunigung	/g/	1,63	1,56	1,31

Da die vertikale Beschleunigung vom Felsengrund zur Depositschicht um
79 % vergrößert wird, kann bei einer weicheren und verhältnismäßig jün-
geren Aufschüttung am Meeresufer leicht erwartet werden, daß sich die
Beschleunigungen noch um 30 % bis 40 % vergrößern und damit der Wert
von 1,18 g erreicht wird. Diese Erwägungen sind durch die Messungen in
Ulcinj in einer Entfernung von nur 20,4 km bestätigt; dort betrug die

vertikale maximale Beschleunigung bei 10 Hz 1,4 g bei 5 % Dämpfung, was
1,75 g bei 2 % Dämpfung entspricht.

Diese Messungen an Akzelerographen, die in dieser Gegend einige Zeit
vor dem Erdbeben aufgestellt wurden, weisen deutlich darauf hin, daß
jeder Boden, abhängig von seiner geologischen Struktur und Stratigra-
phie, seine charakteristische (prevalente) Eigenfrequenz hat, die die
Schwingung des Erdbebens an einem bestimmten Ort wesentlich beeinflußt.
Bedeutend ist auch die Depositdicke, besonders an den Stellen mit großem Unterschied in der Konsistenz oder in der Verbreitungsgeschwindig-
keit von seismischen Wellen. Hier kann es zu Resonanzerscheinungen oder
zu Amplifikationen im Boden kommen, was zur Vergrößerung der Hauptpara-
meterwerte der seismischen Schwingung wie Beschleunigung und Schwin-
gungsamplitude führt. Wesentliche Vergrößerungen seismischer Beanspruchungen sind die Folge.

Aus den Messungen kann geschlossen werden, daß die vertikale Ansprechbeschleunigung auf Kranbahnen, die auf weicheren, mit Lehm vermischten
und mit Wasser durchsickerten Schichten fundiert waren, über 1 g lag,
während auf den bis zum Felsengrund fundierten Kranbahnen die Beschleunigung 1 g nicht erreichte. Tatsächlich sind auch die Krane auf dem Kai,
der mit Stahlrohrpfählen bis zum Felsengrund fundiert wurde, unversehrt
auf der Kranbahn geblieben.

Es ist interessant, daß der Versatz aller Krane in einer Richtung erfolgte. Die Schwingungen des Bodens waren offensichtlich im ganzen Hafen gleichgerichtet. Wenn die Schwingung ähnlich dem weißen Rauschen
wäre, würde kein Versatz erfolgen. Diese Hypothese ist nicht bestätigt
worden. Man muß beim Erdbeben mit einem Versatz rechnen!

Es ist kennzeichnend, daß die Krane auf dem Kai aus Betonblöcken einen
viel kleineren Versatz hatten als die Krane auf Kaien aus Betonplatte
auf Stahlrohren. Bei letzterer Ausführung waren die Federkonstanten und
damit auch die Eigenfrequenzen größer. Damit könnten größere vertikale
Ansprechbeschleunigungen auf diesen Kaien erklärt werden.

Die Versätze erfolgten in Richtung SW - NO rechtwinklig zur Kranbahn-
achse. Die Akzelerogramme zeigen die größten horizontalen Beschleunigungen in W-O-Richtung. Vermutlich sind die Krane auch in Richtung der
Kranschienen gerutscht, um welchen Betrag ist aber aus den Spuren nicht
abzulesen.

20.4. Hinweise für die Konstrukteure

Wenn die Krane von den Kranschienen nicht abgesprungen wären, gäbe es keinen Beweis dafür, daß die Krane beim Erdbeben trotz ihrer großen Massen von den Schienen abgehoben haben. Bei den Brückenkranen, die mit den Hauptträgerenden (bei geeigneter Konstruktion) eine seitliche Verschiebung nicht erlauben, ist ein solcher Versatz aus der Schiene leicht zu verhindern. Bei den Bodenkranen wie Hafen- und Werftportalkranen ist ein solches Abheben allerdings nicht zu verhindern.

Infolge der Kranmasse von 100 t bis 600 t müßte beim Erdbeben mit einer vertikalen Ansprechbeschleunigung von 1,4 g eine Kraft von 400 kN bis 2400 kN abgefangen werden. Wenn der Kran auf dem Schienenkopf befestigt wäre, würde die ganze Kranschiene aus dem Fundament gerissen. Erst beim Anblick der Verheerung nach dem Erdbeben, an Ort und Stelle, wo Schienen wie Glas in Stücke zerrissen sind, kann man die Größe der auftretenden Kräfte begreifen. Bei der Konstruktion der Krane am Boden muß der Konstrukteur daher mit dem Abheben rechnen. Diese Tatsache muß in den Entwurf einprojektiert werden. Beim Abheben muß der Kran lediglich zusammenhalten und beim Herabfallen unbeschädigt bleiben.

Daraus ergeben sich für den Konstrukteur von Portalkranen folgende Hinweise:

1. Kein Bauteil darf unter die Ebene reichen, die aus den Aufstandsflächen der Laufräder gebildet wird.

2. Die Spurkränze der Laufräder sollen wenigstens 50 % breiter als bisher üblich sein.

3. Die Radschwingen, die Stützen oder das Portal dürfen nicht vollständig gelenkig angeschlossen sein (Bild 20.4). Die Stützen dürfen nicht nur auf die Gelenkbolzen aufgelegt sein, sondern müssen in beiden vertikalen Richtungen Kräfte übertragen können.

4. Die Portale sollen biegesteif und nicht gelenkig konstruiert werden. Es darf keine Gefahr bestehen, daß das Krangebilde zusammenklappt.

5. Die Verbindung zwischen Kranoberbau und dem Portal soll kräftig dimensioniert werden, wenigstens aber mit einem Sicherheitsfaktor von 2,4.

6. Der Gesamtentwurf soll große Standsicherheit aufweisen. Dreibeinaus-
führungen sind wegen der kleineren Standsicherheit in Diagonalrichtung
zu meiden. Die Standsicherheit muß mit einem minimalen Beiwert von 1,8
an allen Massen in horizontaler Richtung gewährleistet sein. Bei diesen Nachweisen darf der Ausleger ohne Nutzlast nur mit dem Lastaufnahmemittel (Unterflasche, Containerspreader) und in hochgezogener Lage angenommen werden.

7. Die Stromzuführung soll mit Kabeltrommel ausgeführt werden.

8. Kastenquerschnitte oder andere Hohlelemente haben sich bei Einwirkung großer Kräfte am besten bewährt. Sie können weit überlastet werden,
und die Redistribution der Spannungen hilft, kurze außerordentliche Stö-
ße ohne bleibende Verformung zu überstehen.

9. Laufflächen der Laufräder sollen wesentlich breiter sein als der
Schienenkopf. Dadurch ergibt sich ein weicherer Lauf, und nach dem Erdbeben können größere Abweichungen der Spurweite vom Sollmaß leichter
überwunden werden.

10. Das Arbeitsplateau neben der Kranbahn soll eben betoniert sein, und
die Schiene soll in einer Rinne so weit eingelassen werden, daß der
Schienenkopf ebenerdig liegt. Die Platte ist für die Aufschlagskraft
des Kranes zu dimensionieren (nach Theorie des Stoßes).

11. Die Kranbahn ist bis auf den Felsgrund zu gründen, denn dadurch werden die Beschleunigungsamplituden entscheidend reduziert. Mit keiner anderen Konstruktionsmaßnahme läßt sich eine so gute Wirkung erziehen.

Bei den Brückenkranen wird beim Erdbeben ebenfalls die ganze Masse des
Kranes von der Kranbahn abgehoben und versetzt, wobei infolge der Amplifikation der Schwingungen durch die Gebäudekonstruktion größere Ansprechbeschleunigungen als auf dem Bodenniveau auftreten. Dieselbe Gefahr
besteht auch für die Katze. Dabei ist das Abheben viel gefährlicher als
bei den Kranen am Boden, da der Kran von der Kranbahn abstürzen kann.
Deshalb muß das Abheben und Versetzen des Kranes auf der Kranbahn oder
der Katze auf der Kranbrücke verhindert werden. Die Befestigung durch
Umklammern des Schienenkopfes hat wenig Aussicht für das Überleben, da
bei hohen Kräften die Schraubverbindung der Kranschiene mit der Unterlage nicht standhalten wird. Statt dessen ist die Absicherung des Kra-

nes durch eine Umfassung des Kranbahnträgers oder der Katze am Brückenträger viel sicherer. Der Kran oder die Katze können dann überhaupt
nicht angehoben und versetzt werden. Der Kran selbst muß besonders bei
großen Spannweiten die entstehenden Schwingungskräfte noch in elastischem Bereich aufnehmen.

21. Seismische Berechnung von Brückenkranen

Die seismische Berechnung von Brückenkranen hat an Bedeutung zugenommen - nicht zuletzt infolge immer größerer Sicherheitsforderungen in Atomanlagen, die im Falle eines Erdbebens eine große Gefahr für die Umwelt bedeuten können. Gerade der Brückenkran spielt bei ihrer Stillegung unmittelbar nach dem Erdbeben die entscheidende Rolle. Deshalb muß der Rundlaufkran über dem Reaktor auch in schwerstem Erdbebenfall unbeschädigt bleiben. Die entwickelte Berechnungsmethode hat einen praktikablen Ablauf der Berechnung der seismischen Kräfte und Spannungen ermöglicht. Den Konstrukteuren sollen hier die notwendigen Ausgangswerte und Diagramme mit verschiedenen Einflußparametern zur Verfügung gestellt werden. Es wird gezeigt, wie Abweichungen bei den vereinfachten Berechnungsannahmen abzuschätzen sind.

21.1. Bestimmung des Beschleunigungsspektrums der Kranbahn

Wenn dem Konstrukteur keine seismischen Angaben des Gebäudes für die Höhe, in der der Kran installiert ist, zur Verfügung stehen, lassen sich aus den Angaben im Kapitel 5 die notwendigen seismischen Beschleunigungswerte ermitteln.

Die seismische Beschleunigung der Bodenbewegung folgt aus Bild 5.3 in Abhängigkeit von der geologischen Bodenstruktur, auf der das Gebäude steht, und der Erdbebenintensität nach der modifizierten Mercalli-Skala (MMI). Aus dieser Bodenbeschleunigung $\ddot{y}_{s0}$ folgt die absolute Ansprechbeschleunigung eines Einmassensystems auf dem Boden abhängig von der Frequenz des Brückenkrans, mit einem Höchstwert zwischen 4 und 5 Hz. Bei größeren Frequenzen geht die absolute Beschleunigung in die Bodenbeschleunigung $\ddot{y}_{s0}$ über, da bei $f > 20$ Hz der Wert $\psi_{da\ max}$ in Gl.(5-3) gegen 1 geht.

Ausgewertete Beschleunigungsspektren verschiedener Höhen in Industriegebäuden zeigen vergleichbare Merkmale. Deshalb kann man sie in Form eines charakteristischen Etagen-Spektrums bei einer Höhe von 10 m zusammenfassen. Die Dämpfung der Spektren ist dabei 2 %. Das Etagen-Spektrum bezieht sich auf ein Gebäude auf festem Boden für eine Erdbebenintensität VIII MMI mit einer Bodenbeschleunigung $\ddot{y}_{s0} = 0,17$ g und einer

maximalen absoluten Beschleunigung auf Bodenniveau $\ddot{y}_{mg}$ = 0,51 g bei
β = 2 %.

Für andere Höhen im Gebäude wird das Beschleunigungsspektrum aus der
neuen absoluten Beschleunigung auf einer Höhe h nach den Gleichungen
im Kapitel 5 berechnet.

Das entsprechende Etagen-Spektrum wird aus dem charakteristischen Spektrum abgeleitet, indem der Spektrumverlauf mit dem entsprechenden höheren oder niedrigeren Wert der neuen maximalen Beschleunigung konform
abgebildet wird. Das Spektrum für die vertikale Richtung ist für alle
Etagen gleich. Für andere Dämpfungswerte werden die Beschleunigungen
umgerechnet.

Auf diese Weise hat man alle Werte, die für die Berechnung der seismischen Beanspruchung eines Brückenkrans notwendig sind, zur Verfügung.

21.2. Seismische Kraftbeiwerte im Kran und in den Seilen

Seismische Kraftbeiwerte im Kran r und in den Seilen s können nach Kapitel 14 berechnet oder aus Bild 14.2 und 14.3 interpoliert werden in
Abhängigkeit von folgenden Parametern, wobei der Index 0 auf den Kran
und der Index 2 auf die Nutzlast zu beziehen ist (siehe Bild 21.1)

$$n_0 = \frac{m_2}{m_0} \, , \tag{21-1}$$

$$c = \frac{c_0}{c_2} \, . \tag{21-2}$$

Die Federkonstante der Kranbrücke ist

$$c_0 = \frac{48 \, E \, I_x}{L^3} \tag{21-3}$$

mit I_x Flächenträgheitsmoment des Kranbrückenträgers in vertikaler Richtung, L Spannweite des Kranes.

Die Federkonstante der Seilaufhängung ist

$$c_2 = \frac{E_S \, A_S \, z}{l_S} \qquad\qquad (21\text{-}4)$$

mit E_S Elastizitätsmodul der Seile ($7 \cdot 10^6$ bis $10 \cdot 10^6$ N/cm^2 für Litzendrahtseile), A_S Seil-Metallquerschnitt (cm^2), l_S aktive Seillänge zwischen Aufhängung an der Katze und der Last, z Zahl der Seilstränge in der Lastaufhängung.

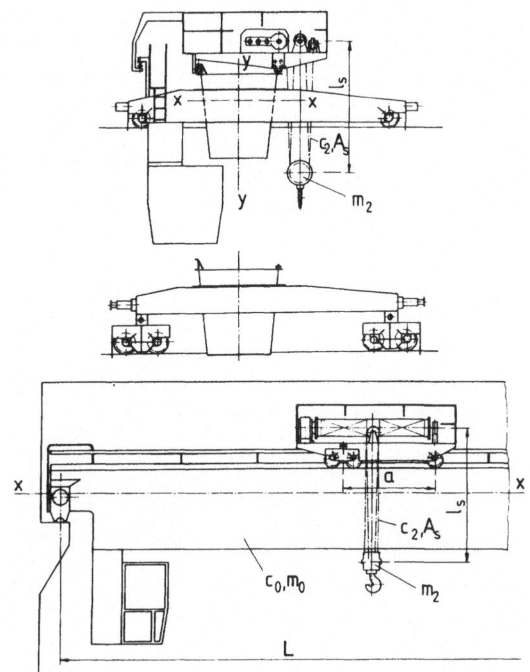

Bild 21.1: Schnitt und Seitenansicht eines Einträger-Brücken-
krans; Bezeichnungen sind im Text erläutert

Für die Bestimmung der Beschleunigung braucht man die Eigenfrequenz

$$\omega_1^2 = \frac{c_0 + c_2}{2\,m_0} + \frac{c_2}{2\,m_2} - \left\{ \left(\frac{c_0 + c_2}{2\,m_0} + \frac{c_2}{2\,m_2} \right)^2 - \frac{c_0\,c_2}{m_0\,m_2} \right\}^{0,5} \qquad (21\text{-}5)$$

mit m_0 reduzierte Masse der Brücke.

In diesem Ausdruck ist der Einfluß des Radstandes a der Katze vernachlässigt. Dieser Einfluß wird nach der folgenden Gleichung berücksichtigt

$$\omega_1^2 = \frac{c_0}{m_B \, a_2} \qquad\qquad (21\text{-}6)$$

mit a_2 Abstandsbeiwert des Katz-Radstandes a nach Bild 21.2, m_B Masse des Brückenträgers.

Die Eigenfrequenz nach Gl.(21-5) die für den Radstand 0 gilt, lautet bei Radstand a

$$\omega_{1a}^2 = \frac{\omega_1^2}{a_2} \cdot \qquad\qquad (21\text{-}7)$$

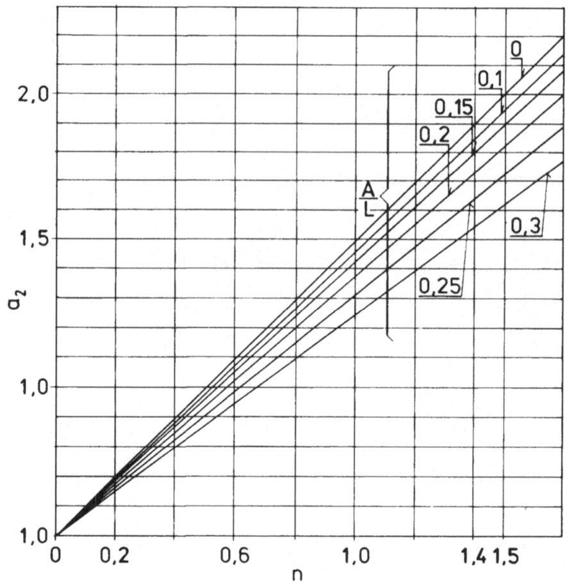

Bild 21.2: Radstandsbeiwert a_2 für verschiedene Eigenfrequenzen in Abhängigkeit vom Verhältnis n der Katzmasse zur Brückenmasse und vom Verhältnis des Katzradstandes zur Kranspannweite, a Radstand der Katze, L Kranspannweite, m_K Katzmasse, m_B Brückenmasse

Die reduzierte Masse des Kranes folgt aus dem Ausdruck (mit m_K = Masse der Katze, siehe Gl.(8-7))

$$m_0 = \xi_B \, m_B + m_K \; . \tag{21-8}$$

Die Werte des Massenreduktionsbeiwertes ξ_B sind in Abhängigkeit vom Verhältnis $n = m_K/m_B$ aus Bild 8.3 zu entnehmen. Bei konstantem Querschnitt ohne diskrete Last ist sein Wert 0,493. (Diese Größe wird von verschiedenen Verfassern normalerweise benutzt.) Beim Verhältnis $n = 1$ ist sein Wert 0,4877, während sich bei einem größeren Verhältnis sein Wert 0,4857 nähert. In Anlehnung an Gl.(8-24) wird der Radstandsbeiwert zu

$$a_2 = \xi_B + n \left[1 - 3 \left(\frac{a}{l}\right)^2 + 2,25 \left(\frac{a}{l}\right)^4 + 0,25 \left(\frac{a}{l}\right)^6 \right] . \tag{21-9}$$

Entnimmt man die Kraftbeiwerte r und s dem Bild 14.2, so müssen sie noch mit der tatsächlichen Beschleunigung $\ddot{y}_m/g$ multipliziert werden, weil die Werte von r und s für $\ddot{y}_m/g = 1$ angegeben sind

$$\begin{aligned} r &= r_{DIAGR.} \cdot \frac{\ddot{y}_m}{g} \, , \\[2mm] s &= s_{DIAGR.} \cdot \frac{\ddot{y}_m}{g} \, . \end{aligned} \tag{21-10}$$

Die Ansprechbeschleunigungen $\ddot{y}_m$ werden nach Kapitel 5, Gln.(5-7) und (5-11) aus dem charakteristischen Ansprechetagenspektrum bestimmt.

Die seismische Kraft am Kran ist deshalb

$$K_v = r \, m_0 \, g \tag{21-11}$$

und in den Seilen

$$S = s \, m_2 \, g \; . \tag{21-12}$$

Mit Hilfe dieser Kraft lassen sich die seismischen Biegemomente und Querkräfte bestimmen.

21.3. Seismische Spannungen im Kran

Die seismische Gesamtbiegespannung im Kran folgt aus dem Ausdruck

$$\sigma_{sg} = \sigma_{sv} + \sigma_{sh} \; . \tag{21-13}$$

Dabei ist die Biegespannung in senkrechter Richtung

$$\sigma_{sv} = r \ \sigma_{0v} \qquad\qquad (21\text{-}14)$$

und in waagerechter Richtung

$$\sigma_{sh} = a_h \ q \ \sigma_{0v} \ . \qquad\qquad (21\text{-}15)$$

In diesen Gleichungen bedeuten

$$a_h = \frac{\ddot{y}_{mh}}{g} \ , \qquad\qquad (21\text{-}16)$$

$$q = \frac{W_x}{W_y} \ . \qquad\qquad (21\text{-}17)$$

Die Indizes v beziehen sich auf die senkrechte und h auf die waagerechte Richtung, W_x und W_y sind Widerstandsmomente des Kranträgers in den
beiden Richtungen (vgl. Bild 21.1) /21.1/, $\ddot{y}_{mh}$ absolute seismische Beschleunigung in waagerechter Richtung nach Gln.(5-8) und (5-11), σ_{0v}
senkrechte Biegespannung infolge der Kranmasse m_0.

Die gesamte seismische Biegespannung folgt aus dem Ausdruck

$$\sigma_{sg} = \sigma_{0v} \ (r + a_h \ q) \qquad\qquad (21\text{-}18)$$

und die Gesamtbiegespannung im Kran mit den zusätzlichen Spannungen aus
der Eigenmasse m_0 und der Nutzlast σ_{Lv}

$$\sigma_g = \sigma_{0v} \ (1 + r + a_h \ q) + \sigma_{Lv} =$$
$$= \sigma_{0v} \ (1 + r + a_h \ q + n_0). \qquad\qquad (21\text{-}19)$$

21.4. Seismische Spannung in der Seilaufhängung

Die seismische Spannung in der Seilaufhängung ergibt sich mit dem seismischen Kraftbeiwert im Seil s aus dem Ausdruck

$$\sigma_{sS} = s \ \sigma_{s2} \qquad\qquad (21\text{-}20)$$

mit σ_{s2} Spannung im Seil unter der Last. Die Gesamtspannung im Seil ist somit

$$\sigma_{gS} = \sigma_{s2} \, (1 + s) \tag{21-21}$$

21.5. Verminderung der waagerechten absoluten Beschleunigung infolge Gleitens der Laufräder

Wenn bei entsprechend großer relativer Beschleunigung der Kranunterlage die Möglichkeit des Gleitens (Slip) der Laufräder auf der Schiene gegeben ist und wenn dieses Gleiten nicht durch Zangen oder ähnliche Geräte verhindert wird, kann nach Kapitel 11 die waagerechte relative Etagenbodenbeschleunigung auf die Reibungshöhe reduziert werden. Wenn die Bedingung erfüllt ist

$$\ddot{y}_{sh} > \mu_g \, g \tag{21-22}$$

wird die maximale absolute Beschleunigung des Einmassen-Erstazsystems reduziert auf

$$\ddot{y}_{mr} = \ddot{y}_m \, \frac{\mu_g \, g}{\ddot{y}_{s0}} \ , \tag{21-23}$$

wobei die Beschleunigung $\ddot{y}_{s0}$ gleich $\ddot{y}_m$ bei höheren Frequenzen ($f_1 >$ 40 Hz) ist.

Die Reibungsgrenze wird aus dem Gesamtwiderstand des Kranes bei gebremsten und frei drehenden Laufrädern nach Bild 21.3 bestimmt abhängig vom Verhältnis

$$p_B = \frac{n_B}{n_g} \cdot 100 \ (\%) \tag{21-24}$$

mit n_B Anzahl der gebremsten und n_g Gesamtanzahl der Laufräder im Kranfahrwerk.

21.6. Destabilisierungskräfte

Seismische Kräfte, die im Kran und in seinen Teilen nach oben gerichtet wirken und den Kran zu zerlegen trachten, müssen von entsprechenden Vor-

richtungen abgefangen werden. Auf den Kran wirkt eine Destabilisierungskraft, wenn folgender Ausdruck positiv ist

$$F_D' = m_0 \, (a \, \ddot{y}_m - g) \, . \qquad (21\text{-}25)$$

Der Kran wird somit instabil, wenn

$$a \, \ddot{y}_m > g \, . \qquad (21\text{-}26)$$

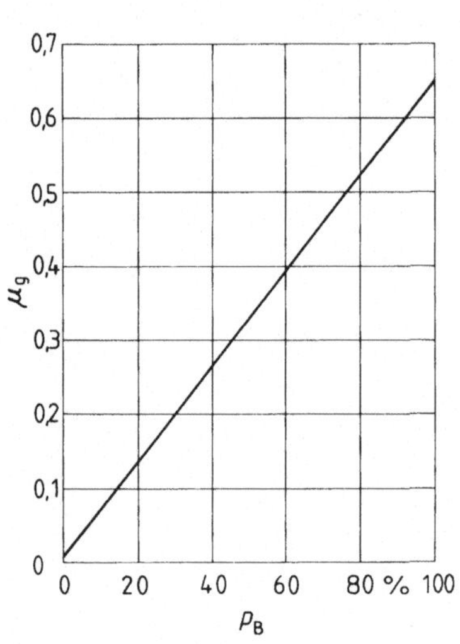

Bild 21.3: Gesamtreibungszahl μ_g der Fahrtbewegung eines Hebezeuges in Abhängigkeit vom Radanteilbeiwert p_B

Im Bild 14.7 sind die Werte des Ausdrucks a für $\ddot{y}_m/g = 1$ abhängig vom
Massenverhältnis n_0 und vom Steifigkeitsverhältnis c angegeben. Dabei
ist die Last an elastisch wirkenden Seilen aufgehängt. Bei starr geführ-
ter Last ist a = 1 zu nehmen (nach Bild 14.6).

Auf die Katze wirkt folgende aufwärts gerichtete Destabilisierungskraft
(wenn der Ausdruck positiv ist)

$$F_D'' = m_K \, (a \, \ddot{y}_m - g). \qquad (21\text{-}27)$$

Wenn im Erdbebenfall keine Last an den Seilen vorgesehen ist, ist $a = \ddot{y}_m$
zu nehmen.

Die Stabilisierungsvorrichtungen müssen die entsprechenden Kräfte sicher abfangen.

21.7. Folgerungen für den Konstrukteur

In diesem Kapitel wird eine praktikable seismische Berechnung der Brückenkrane angerissen. Anhand allgemein gültiger Zusammenhänge werden die Einflüsse verschiedener Parameter ersichtlich und die Folgen der Abweichungen infolge vereinfachter Annahmen abgeschätzt. Im Grunde müssen alle Konstruktionsmaßnahmen nach einer möglichst hohen Eigenfrequenz trachten. Werden Werte über 10 Hz erreicht, lassen sich die Folgen auch höchster Erdbebenstufen leichter abmildern.

Nach diesen Überlegungen sind tunlichst alle Kranteile in Hohlschalenbauweise zu gestalten, wobei die Trägerabmessungen (Höhe und Breite) möglichst groß, die Blechstärken dagegen dünn sein sollen.

Gegen lokale Instabilität setzt man zusätzlich Schotte und Beulsteifen ein, denn nur so läßt sich die Forderung nach Leichtbau erfüllen. Diese Bauart ist natürlich etwas teuerer, aber auf jeden Fall leichter, und damit gewinnt man den vorteilhaften Einfluß auf die Frequenz. Mit kleinerer Masse erreicht man nämlich kleinere Amplituden des Einmassensystems, die wiederum kleine Momente, Querkräfte und Spannungen nach sich ziehen. Nicht zuletzt bekommt man damit auch die Destabilisierungskräfte besser in den Griff. Insgesamt gesehen alles Vorteile, die eine normale Kranbauart mit dicken Flanschen und Stegen vermissen läßt.

22. Seismische Berechnung von Hängekranen

Unter den Hängekranen werden Krangebilde verstanden, die unter einer
Kranbahn hängend als Brückenkran oder als Laufkatze verfahrbar angebracht sind. Kennzeichnend für Hängekrane im Vergleich zu den normalen
Brückenkranen ist ihre geringe seitliche Widerstandsfähigkeit sowohl
bei der Brücke wie auch bei der Katze. Die niedrigere Seitenstandsicher-
heit ist durch die geringe Aufstandsfläche der Laufräder bedingt. Dadurch werden nicht nur Achsialkräfte, sondern auch Kipp- und Verdreh-
momente in die Kranbahn- und Brückenträger eingeleitet. Bei den Ansätzen für die seismische Beanspruchung wird die Berechnungsmethode der
seismischen Kraftbeiwerte in dimensionsloser Form angewandt, die allgemein für Hebezeuge im Kapitel 14 entwickelt wurde.

Die Verhältnisse im Kranbahnträger und in der Kranbrücke werden erörtert, um die Bestimmung der seismischen Gesamtspannung zu ermöglichen.
Die Destabilisierungskräfte, die den Hängekran zu desintegrieren trachten, werden bestimmt und zweckmäßige Stabilisierungseinrichtungen beschrieben. Weiter gehen wir auf die Suche nach Lösungen zur Reduzierung
der großen seitlichen Horizontalkräfte, die durch die üblichen Abstüt-
zungen der Kranbahn nicht zu beherrschen sind.

Aufgrund einer Analyse der Gesamtbeanspruchungen sind die Maßnahmen zur
optimalen Gestaltung der Hängekrane, Hängekatzen und Hängebahnen zusammengestellt.

22.1. Seismische Beanspruchungen

Die Hängekrane bestehen aus der unter den Kranbahnträgern laufenden
Kranbrücke und der darauf betriebenen Hängekatze (Bild 22.1). Die Hängekatze kann auch ohne verfahrbare Brücke direkt unter dem Laufbahnträger
angebracht und verfahrbar sein. Die seismischen Beschleunigungen wirken
auf den Hängekran in allen Richtungen. Die größte Summe der Spannungen
in zwei Richtungen muß in sicherem Abstand unter der Streckgrenze bleiben.

22.1.1. Vertikale Richtung

In vertikaler Richtung wird der Hängekran mit der Brücke als Zweimassensystem behandelt, mit der Brückenmasse m_0 und Nutzlastmasse m_2. Die Brückenmasse wird auf den Mittelpunkt des Kranes reduziert und beinhaltet die gleichförmig verteilte Masse der Brücke m_B und die Katzmasse m_K

$$m_0 = 0,4857\ m_B + m_K.\qquad\qquad (22-1)$$

Aus dem Massenverhältnis

$$n_0 = \frac{m_2}{m_0}\qquad\qquad (22-2)$$

und dem Steifigkeitsverhältnis zwischen Brücken- c_0 und Seilaufhängungssteifigkeit c_2

$$c = \frac{c_0}{c_2}\qquad\qquad (22-3)$$

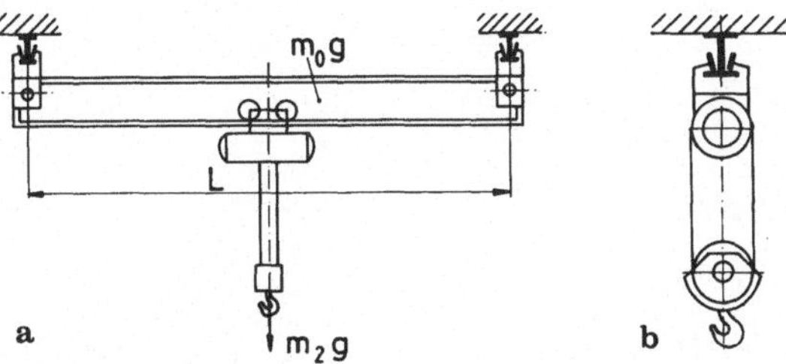

Bild 22.1: Schematische Darstellung des Hängekranes (a)
und der Hängekatze auf einer einfachen Hängebahn (b)

werden nach Bild 14.2 die seismischen Kraftbeiwerte in der Kranbrücke r und in der Seilaufhängung s für die absolute Beschleunigung $\ddot{y}_{mv} = g$ bestimmt. Es reicht nur die erste Grundschwingung zu berücksichtigen, da bei der zweiten Oberwelle die Wellenform der Brücke in der Spannweitenmitte nahe Null ist. Die Eigenfrequenz des Systems folgt aus dem Ausdruck

$$\omega_1^2 = \frac{c_0 + c_2}{2\,m_0} + \frac{c_2}{2\,m_2} - \left[\left(\frac{c_0 + c_2}{2\,m_0} + \frac{c_2}{2\,m_2}\right)^2 - \frac{c_0\,c_2}{m_0\,m_2} \right]^{0,5} . \qquad (22\text{-}4)$$

Die Radabstände der Katze sind normalerweise im Verhältnis zur Spannweite so klein, daß die Annahme einer punktförmig wirkenden Last zulässig ist. Wenn die Katzen bei größeren Traglasten und Hubhöhen zwei Laufwerke besitzen, wird die Frequenz des Systems mit dem Abstandsbeiwert a_2 nach Gl.(21-9) und Bild 21.2 reduziert.

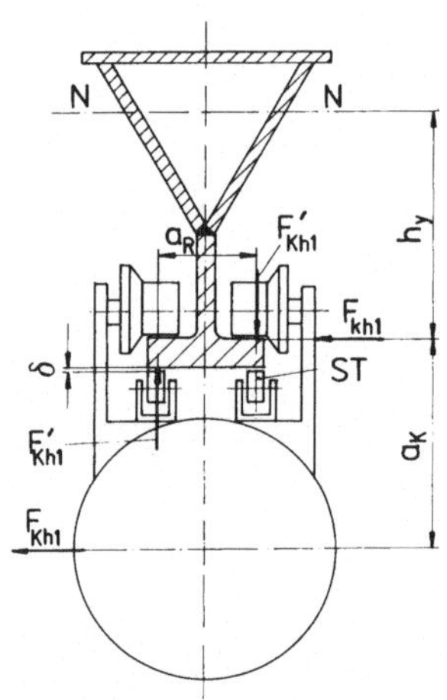

Bild 22.2: Schematische Darstellung der seismischen Horizontalkraft auf die Hängekatze quer zur Fahrbahn

F_{Kh1} seismische Horizontalkraft, σ Abstand der Stabilisierungsvorrichtung, ST Stabilisierungsvorrichtung, N-N Schwerpunktachse

Die Steifigkeit der Brücke ergibt sich aus dem Ausdruck

$$c_0 = \frac{48\,E\,I_x}{L^3} \qquad\qquad (22\text{-}5)$$

mit I_x Trägheitsmoment des Brückenträgers in vertikaler Richtung, L Spannweite des Kranes. Steifigkeit der Seilaufhängung folgt aus der Gl.(21-4).

Vertikale seismische Kräfte in der Mitte der Brücke folgen aus dem Ausdruck

$$F_{Bv} = r\,\ddot{y}_{mv}\,m_0 \qquad\qquad (22\text{-}6)$$

und in den Seilen

$$F_{Sv} = s\,\ddot{y}_{mv}\,m_2. \tag{22-7}$$

Je größer die Nutzlast, umso größer ist auch die auf den Kran wirkende seismische Kraft. Andererseits läßt sie sich durch Steigerung des Steifigkeitsverhältnisses von Brücke zu Seilaufhängung verringern. Gleichzeitig vergrößert sich durch diese Manipulation der seismische Kraftbeiwert. Bei unbelastetem Kran ($n_0 \to 0$) nähert sich der seismische Kraftbeiwert im Kran und in den Seilen dem Wert 1. In diesem Punkt geht das System in das Einmassensystem über. Die seismischen Kraftbeiwerte hängen nicht von der Durchbiegung ab, während sie den Eigenfrequenzen verhältnisgleich sind. Der Kraftbeiwert in den Seilen vergrößert sich mit Zunahme des Massenverhältnisses n_0, wobei das Maximum im Bereich $0,07 < n_0 < 0,6$ auftritt.

Der Verlauf der Kraftbeiwertskurven zeigt, daß durch große absolute seismische Beschleunigungen bei sehr steifen Kranen, aber weichen Seilaufhängungen die Sicherheit in den Seilen gefährdet sein kann. Mitunter sind die Sicherheitswerte der Seilaufhängungen (über 2,9 bei der leichtesten Hubklasse) mehrfach größer als die Sicherheiten, die der Berechnung der Brückenkonstruktion zugrundeliegen. Nach DIN 15018 (April 1974) betragen für den Fall H (nur Hauptkräfte) die zulässigen Druckspannungen nach Tabelle 9 für St 37 zul $\sigma_d = 140$ N/mm^2, was gegenüber der Streckgrenze $\sigma_S = 240$ N/mm^2 einen Sicherheitsbeiwert von 1,7 und gegenüber der Bruchgrenze $\sigma_B = 370$ N/mm^2 einen Sicherheitsbeiwert von 2,64 ausmacht. Demnach kann die Stahlkonstruktion weit mehr durch die seismischen Kräfte gefährdet sein als die Seilaufhängung.

Die Hängekrane sind normalerweise in leichtere Betriebsklassen eingeordnet, was zu kleineren Massenkräften und -beiwerten führt. Da die dynamischen Kräfte beim seismischen Sicherheitsnachweis nicht berücksichtigt werden, bleiben kleine Reserven für seismische Spannungen über den Eigenlastspannungen übrig. Das bedeutet, daß die Hängekrane gegenüber anderen Kranarten bei Erdbebengefährdung besonders sorgfältig dimensioniert werden müssen, zumal die horizontalen seismischen Kräfte infolge der Eigenart der Hängekran- und Hängekatzaufhängung eine zusätzliche Gefährdung darstellen.

Die Biegespannung im Kranbrückenträger wird damit

$$\sigma_b = \frac{F_{Bv}\,L}{4\,W_x} = \frac{r\,\ddot{y}_{mv}\,m_0\,L}{4\,W_x} \tag{22-8}$$

mit L Spannweite der Kranbrücke.

22.1.2. Horizontale Richtung längs der Kranbahn

In horizontaler Richtung wird die Steifigkeit der Seilaufhängung (wie beim Pendel) so klein, daß das System einem Einmassensystem gleichkommt. Die Eigenfrequenz folgt aus dem Ausdruck

$$\omega_{1h} = \sqrt{c_0'/m_0} \tag{22-9}$$

mit c_0' Federkonstante der Kranbrücke in horizontaler Richtung, m_0 Kranmasse.

Die Amplitude der seismischen Schwingung ist

$$u_{oh} = \frac{\ddot{y}_{mh}}{\omega_{1h}^2} = \ddot{y}_{mh}\,\frac{m_0}{c_0'} \tag{22-10}$$

mit $\ddot{y}_{mh}$ absolute seismische Beschleunigung in horizontaler Richtung bei Eigenfrequenz ω_{1h}, sie wird aus dem Ansprechbeschleunigungsspektrum bei ω_{1h} abgelesen.

Somit folgt die seismische horizontale Kraft

$$F_{Bh1} = \ddot{y}_{mh}\,m_0. \tag{22-11}$$

Auch für die Katze folgt analog die seismische Kraft

$$F_{Kh1} = \ddot{y}_{mh}\,m_K. \tag{22-12}$$

Diese seismische Kraft wird über die Spurkränze der Katzlaufräder nach Bild 22.2 auf den Brückenträger (oder Kranbahnträger bei Hängekatzen) übertragen, der dadurch mit dem Moment

$$M_{Kh} = F_{Kh1}\,h_y \tag{22-13}$$

auf Verdrehung beansprucht wird. Zusätzlich erfahren die Spurkränze der

Laufräder durch die Aufstandskraft

$$F'_{Kh1} = F_{Kh1}\ \frac{a_K}{a_R}\qquad\qquad\qquad (22\text{-}14)$$

eine Beanspruchung, wenn sich die Laufräder abheben und die Stabilisierungsvorrichtung ST zu tragen kommt.

Der Kranträger wird somit auf Biegung beansprucht, wobei die maximale Biegespannung mit dem Ausdruck bestimmt wird

$$\sigma_b = \frac{F_{Bh1}\ L}{4\ W_y} = \frac{\ddot{y}_{mh}\ m_0\ L}{4\ W_y}\ .\qquad\qquad (22\text{-}15)$$

Der Brückenträger wird als beidseitig frei unterstützt betrachtet, was wohl der Praxis entspricht.

Die Hängekatze auf der Hängebahn wird sinngemäß nach obigen Gleichungen berechnet, wobei der Träger beidseitig eingespannt ist.

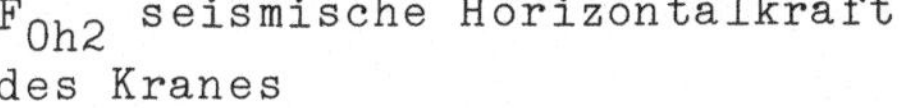

Bild 22.3: Seismische Kraft am Kopfträger des Hängekranes

F_{0h2} seismische Horizontalkraft des Kranes

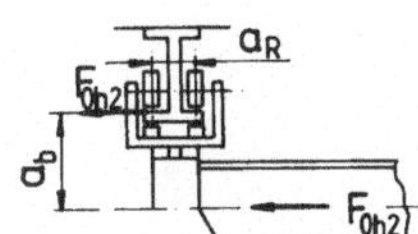

22.1.3. Horizontale Richtung quer zur Kranbahn

Die seismische horizontale Kraft, die über den Kran auf die Kranbahn wirkt, folgt aus der Gleichung (siehe Bild 22.3)

$$F_{0h2} = \ddot{y}'_{mh}\ (m_K + m_B).\qquad\qquad\qquad (22\text{-}16)$$

Um die Eigenfrequenz ω'_{1h} zu bestimmen, wird die Federkonstante mit der Verschiebung des Kopfträgers und der Laufwerke durch die Einheitskraft 1 N errechnet. Die absolute seismische Ansprechbeschleunigung $\ddot{y}'_{mh}$ (die mit Index ' bezeichnet wird, um sie von der Beschleunigung $\ddot{y}_{mh}$ in der anderen Richtung zu unterscheiden) kann man aus dem Ansprechbeschleunigungsspektrum bei ω'_{1h} ablesen. Diese seismische Kraft wirkt in der neutralen Trägerachse auf die Kopfträger und wird über die Fahrwerke auf den Kranbahnträger übertragen. Das Verdrehmoment im Träger

$$M_t = F_{Oh2}\, a_b \qquad\qquad (22\text{-}17)$$

wird über die Laufräder in zusätzliche Laufraddrücke umgewandelt

$$F_{Bh2} = F_{Oh2}\, \frac{a_b}{a_r}\; . \qquad\qquad (22\text{-}18)$$

Die Kranbahn wird somit auf Biegung zwischen den Aufhängungspunkten beansprucht, wobei die Biegespannung auftritt

$$\sigma_b = \frac{F_{Oh2}\, l_K}{8\, W_{Ky}} \qquad\qquad (22\text{-}19)$$

mit l_K Abstand zwischen den Aufhängungspunkten, W_{Ky} Widerstandsmoment des Kranbahnträgers in Querrichtung.

Bei der Berechnung der Kranbahnkräfte wird angenommen, daß nur ein Kopfträger die volle Last übernimmt, da nur auf einer Seite eine starre Fahrwerksführung vorliegt.

22.2. Begrenzung der horizontalen seismischen Kräfte durch den Slip der Laufräder

Bei der Schwingung des Kranes entlang der Fahrbahn wird eine feste und unnachgiebige Befestigung der Fahrwerke auf der Unterlage vorausgesetzt. Das entspricht aber nicht der Praxis, da die Laufräder bei zu großer Beschleunigung rutschen. Dadurch wird die relative Beschleunigung $\ddot{y}_{sh}$ auf der Höhe, in der die Fahrwerke des Hängekranes verfahren werden, mit dem Wert $\mu\, g$ (mit μ Reibungsbeiwert der Laufräder auf der Kranbahn) begrenzt

$$\ddot{y}_{sh} \leq \mu\, g. \qquad\qquad (22\text{-}20)$$

Für die Kraftberechnungen benötigt man die relative seismische Etagenbeschleunigung und ihr Verhältnis zur absoluten Beschleunigung. Sie wird aus dem Etagenansprechbeschleunigungsspektrum bei großen Frequenzen

$(f_1 > 40$ Hz$)$ abgelesen. Die absolute Beschleunigung geht nämlich in
diesem Bereich asymptotisch in die relative Beschleunigung über. Deshalb bestimmt man die neue reduzierte absolute Beschleunigung mit dem
Verhältnis zwischen $\ddot{y}_{sh}$ und μ g

$$\ddot{y}_{mr} = \ddot{y}_{mh} \frac{\mu\ g}{\ddot{y}_{sh}} \ . \qquad\qquad (22\text{-}21)$$

Bei großen Brückenkranen werden die seismischen Beschleunigungen im
Stillstand bekanntlich durch ungebremste Laufräder wesentlich vermindert. Das ist natürlich nur in geschloßenen Räumen möglich. Dadurch
wird der Reibungswert auf den Laufwiderstand reduziert. Hängekrane werden in der Regel durch Flanschmotoren mit Anbaubremsen angetrieben, die
im Stillstand abgebremst sind. In diesem Fall wird die Gesamtreibungszahl bei gebremsten Laufrädern mit der Gleitreibungszahl $\mu = 0{,}65$ und
bei ungebremsten mit dem Laufwiderstand $\mu = 0{,}01$ aus der Gleichung berechnet

$$\mu_g = \frac{n_B\ 0{,}65 + n_L\ 0{,}01}{n_B + n_L} \qquad\qquad (22\text{-}22)$$

mit n_B Anzahl der gebremsten und n_L Anzahl der ungebremsten Laufräder.
Bei einer Hälfte der gebremsten Laufräder ist $\mu_g = 0{,}33$, bei einem Vier-
tel $\mu_g = 0{,}17$, bei einem Achtel $\mu_g = 0{,}09$, bei ungebremstem Kran $\mu_g =$
$0{,}01$ (siehe Kapitel 11).

Mit dieser Annahme werden erfahrungsgemäß die seismischen Beanspruchungen der Hängekrane in horizontaler Richtung wesentlich vermindert, besonders bei den Erdbeben mit großer seismischer Intensität über VII MMI
nach modifizierter Mercalli-Skala.

Aus dem charakteristischen Ansprechspektrum in horizontaler Richtung
lassen sich die Etagenansprechspektren in verschiedenen Gebäudehöhen
berechnen. Danach beträgt die relative Beschleunigung $\ddot{y}_{sh} = 0{,}79$ g. Sind
bei einem Hängekran die Hälfte aller Laufräder gebremst (Reibungszahl
$\mu_g = 0{,}33$), werden alle horizontalen absoluten Beschleunigungen laut Gl.
(22-21) auf $\mu\ g/\ddot{y}_{sh} = 0{,}33/0{,}79 = 0{,}42$ reduziert. Dieses Spektrum gilt
für die Etagenhöhe von 10 m bei einer Dämpfung 2 % bei dem Erdbeben von
VIII MMI mit einer Bodenbeschleunigung $\ddot{y}_{s0} = 0{,}17$ g und bei absoluter
Bodenbeschleunigung $\ddot{y}_{mg} = 0{,}51$ g.

Entsprechend diesem Beispiel ist das Gleiten der Laufräder ein effekti-
ves Mittel für die Verminderung starker horizontaler seismischer Kräfte.

Deshalb darf man mit einer unzweckmäßigen Konstruktion der Fahrwerke
das Gleiten der Laufräder nicht verhindern. Im Bild 22.2 gezeigte Lauf-
radabstützung zum Abfangen des Kippmomentes muß als Rolle und darf nicht
als Stützkonsole ausgeführt werden, denn sonst würde sich die Reibungsgrenze in obigem Beispiel um 100 % erhöhen. Mit anderen Worten: Die Begrenzung würde in obigem Beispiel überhaupt nicht in Kraft treten.

22.3. Seismische Gesamtspannung

Die seismische Gesamtspannung im Hängekran wird aus der Summe der Spannungen in zwei Richtungen gebildet. Für die Brücke kommt die Spannung
in vertikaler Richtung nach Gl.(22-8) und in horizontaler Richtung entlang der Kranbahn nach Gl.(22-15) in Betracht. Außerdem muß noch die
tangentiale Spannung infolge des Verdrehmomentes nach Gl.(22-13) hinzu-
gerechnet werden. Die gesamte seismische Biegespannung im Träger folgt
mit dem Ausdruck

$$\sigma_{sg} = \frac{r\,\ddot{y}_{mv}\,m_0 L}{4\,W_x} + \frac{\ddot{y}_{mh}\,m_0 L}{4\,W_y} = \sigma_{0v}\left(\frac{r\,\ddot{y}_{mv}}{g} + \frac{q\,\ddot{y}_{mh}}{g}\right), \qquad (22\text{-}23)$$

wenn σ_{0v} die Biegespannung im Träger unter der Eigenlast ist

$$\sigma_{0v} = \frac{m_0\,g\,L}{4\,W_x} \qquad\qquad (22\text{-}24)$$

mit $q = \dfrac{W_x}{W_y}$, L Spannweite des Hängekranes, W_x, W_y Widerstandsmomente
des Trägers in vertikaler und in horizontaler Richtung. Beide Spannungs-
komponenten müssen sich auf dieselbe, d.h. am meisten beanspruchte Ecke
beziehen.

Zusätzlich entstehen auch Verdrehspannungen als Folge des Verdrehmoments
nach Gl.(22-13)

$$\sigma_t = \frac{M_{kh}}{W_p} \qquad\qquad (22\text{-}25)$$

mit W_p polares Widerstandsmoment des Brückenträgers.

Die zusammengesetzte Vergleichsspannung folgt aus

$$\sigma_v = \sqrt{\sigma_{sg}^2 + 3\tau_t^2} < \text{zul } \sigma_z. \qquad\qquad (22\text{-}26)$$

Diese Vergleichsspannung wird als Normalspannung mit der zulässigen
Zuggrenze verglichen.

Zu den seismischen Spannungen sind noch die Spannungen aus Eigenlasten
zu addieren, wobei die Spannung unter Eigenlast der Brücke mit der Kat-
ze als σ_{0v} und unter Nutzlast mit σ_{Lv} bezeichnet wird. Die gesamte Biegespannung im Kranträger ist

$$\sigma_g = \sigma_{sg} + \sigma_{0v} + \sigma_{Lv} = \sigma_{0v} \,(r\, a_v + q\, a_h + n_0 + 1) \qquad (22\text{-}27)$$

mit $a_v = \ddot{y}_{mv}/g$ und $a_h = \ddot{y}_{mh}/g$.

Diese Spannung darf die zulässige Grenze von 90 % der Streckgrenze nicht
überschreiten. Für St 37 mit der Streckgrenze von 240 N/mm^2 ist zul $\sigma =$
$0,90 \cdot 240 = 216$ N/mm^2.

Neben dieser Spannung dürfen die als Folge der vertikalen Reaktion nach
Gl.(22-14) im Laufflansch der Fahrbahn in zwei Richtungen entstehenden
lokalen Spannungen unter den Laufrädern nicht vernachläßigt werden.

22.4. Destabilisierungskräfte

Infolge der großen absoluten Beschleunigungen in vertikaler Richtung
werden die Katze und die Brücke, wenn sie frei aufgelegt sind, von ihrer Unterstützung abgehoben. Deshalb müssen diesen Kräften entsprechende Stabilisierungsvorrichtungen entgegenwirken.

Die Last am Seil kann nicht als zweite Masse im Zweimassenmodell berücksichtigt werden, denn die Seilfedern sind nur in einer Richtung
wirksam - und das gerade beim Destabilisierungsvorgang.

Die dynamische Analyse der Vorgänge beim Erregen des Kranes zeigt, daß
die Seilfeder nur je einmal während mehrerer Perioden durch einen sehr
kurzen Zugstoß beansprucht wird, inzwischen aber schwingt der Kran
selbst als Einmassensystem mit seiner eigener Masse m_0 auf seiner Feder c_0.

Die fallende Last wird von den Seilen aufgefangen und wieder hochge-
schleudert. Die Belastung der Seile wächst dadurch stärker an als beim
starren Zweimassenmodell. Die Kräfte im Kran werden aber dadurch nicht
wesentlich beeinflußt.

Deshalb wirkt auf Kran und Katze die absolute maximale Ansprechbeschleunigung, die im Kapitel 9 abgeleitet wurde.

Aus diesem Grunde wirkt auf die Hängekranbrücke die Destabilisierungskraft

$$F'_D = m_0 \; (a \; \ddot{y}_{mv} - g) \qquad\qquad (22\text{-}28)$$

für den Fall, daß dieser Ausdruck positiv wird, mit a nach Bild 14.7.
Wenn die Last starr geführt ist, folgt a nach Bild 14.6.

Auf die Katze mit der Masse m_K wirkt die Destabilisierungskraft, wenn
positiv

$$F''_D = m_K \; (a \; \ddot{y}_{mv} - g). \qquad\qquad (22\text{-}29)$$

In der Masse m_0 ist auch die Katzmasse enthalten, Gl.(8-7).

Die Konstruktion der Stabilisierungsvorrichtung muß ein Rollen der
Laufräder gewährleisten, um die Reibung mit hoher Reibungszahl zu verhindern. Im Bild 22.4 sind beide Lösungen gezeigt. Bei der Variante a
verursacht die Abstützung a nach dem Abheben des Fahrwerkes Gleitrei-
bung an der Trägerunterseite. Bei Variante b stützen sich die Laufräder gegen die Oberführung b ab, so daß horizontale seismische Verschiebungen durch rollende Reibung abgetragen werden. Auf diese Weise lassen
sich normalerweise große horizontale Kräfte durch die niedrigere Reibungszahl ermäßigen. Die Stabilisierungsvorrichtungen dürfen die horizontalen Verlagerungen des Kranes (oder Katze) nicht unterbinden.

22.5. Hängebahnen

Die Hängebahnen mit darunter laufenden Katzen werden seismisch in vertikaler und in horizontaler Richtung beansprucht. Die Spannungen kann
man aus obigen Ansätzen berechnen. Bei horizontalen Kräften quer zur
Fahrbahn läßt sich das Gleiten der Laufräder zur Ermäßigung der Span-

nungen nicht ausnutzen. Deshalb sind die horizontalen Spannungen die
kritischsten. Besonders die in der Höhe unter den Dachbindern befestigten Kranbahnen sind großen absoluten Etagenbeschleunigungen, die mit
der Höhe fast linear anwachsen, ausgesetzt. Es ist bei der Auslegung
zu entscheiden, ob die Kranbahn mit seitlichen Streben starr gehalten
wird, wobei die Streben die vollen seismischen Kräfte übernehmen, oder
ob die Kranbahn gelenkig aufgehängt wird, um ein seitliches Pendeln zu
ermöglichen. In letzterem Fall bleiben die Stützen frei von Kräften. Es
wird lediglich die Kraftkomponente aus dem Cosinus des Pendelwinkels
übertragen, die aber vernachlässigbar klein ist.

Bild 22.4: Anordnung der Stabilisierungs-
           vorrichtungen an der Laufschie-
           ne des Hängekranes
           a Stützkissen mit Gleitreibung,
           b Stützschiene mit Rollreibung,
           δ Abstand der Stützschiene

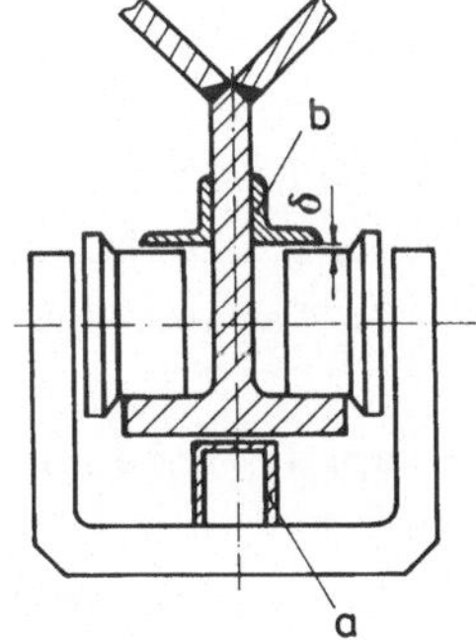

22.6. Erörterung der Ergebnisse

Die seismischen Spannungen auf den Hängekranen lassen sich auf Grund
der Gl.(22-23) bewerten. Hängekrane decken normalerweise den Bereich
kleiner Traglasten bis 10 t bei mittleren Spannweiten von 10 bis 20 m
ab. In diesem Bereich nehmen die Massenverhältnisse n_0 die Werte von
0,4 bis 1 und die Steifigkeitsverhältnisse c die Werte von 1 bis 2,5
an. Das Verhältnis der Widerstandsmomente W_x und W_y liegt, abhängig von
der Spannweite, bei Werten von 4 bis 10. Die Verhältnisse seismischer
Beanspruchung sind durch die Konstruktion der Bremsen auf den Hängekranen, die im Stillstand eingefallen sind, erschwert. Eine andere Lösung
wäre sehr kostspielig, da die Bremsen konstruktionsbedingt im Elektro-

motor eingebaut und in seinen Stromkreis eingeschaltet sind.

Das Verhältnis der absoluten Beschleunigungen in vertikaler und horizontaler Richtung liegt deshalb im Bereich von 1 : 2 bis 1 : 3. Mit diesen Werten folgt aus Gl.(22-23) beim Massenverhältnis n_0 = 1 und dem Steifigkeitsverhältnis c = 1 das Verhältnis zwischen horizontaler und vertikaler Spannung im Bereich von 4 bis 10. Die seismische Gesamtspannung erreicht schon bei der absoluten Beschleunigung $\ddot{y}_{mv}$ = g die Größe der 6 bis 12-fachen Spannung aus der Brückeneigenlast. Das bedeutet, daß die Spannungen bei standardisierten Hängekranen unter Vollast schon bei verhältnismäßig kleinen Erdbebenintensitäten die Streckgrenze überschreiten können.

Die Hängekrane sind überwiegend in leichtere Betriebsklassen eingestuft. Die Einsatzzeit ist klein mit kurzen Spielzeiten. Infolge des zufälligen Auftretens von Erdbeben kann man voraussetzen, daß der Hängekran im Erdbebenfall außer Betrieb ist. In der Berechnung auf seismische Beanspruchung bleibt deshalb die Wirkung der Nutzlast unberücksichtigt: m_2 g = 0. Daraus folgt, daß r und s gleich 1 bei $\ddot{y}_{mv}$ = g sind.

Jedoch spielt die Nutzlast in horizontaler Richtung keine Rolle. Die Spannung ist nur von der Eigenmasse abhängig. Diese Masse des Kranes wirkt mit der seismischen Beschleunigung auf den Kran und auf die Hängekranbahn. Diese Kräfte können nur durch Verminderung der Kranmasse reduziert werden. Der Einsatz dünnwandiger Hohltragelemente mit großer Widerstandsfähigkeit und kleiner Masse ist daher allgemein zweckmäßig.

Außerdem sind vorzugsweise Stähle mit hoher Festigkeit (St 52-3) zu verwenden.

Seismische Kräfte lassen sich auch weitgehend durch schwimmende Ausführung der Hängebahnen reduzieren. Bei dieser Konstruktion hat die Hängebahn die Möglichkeit, auf jeder Seite um einen gewissen Betrag auszuweichen. Bild 22.5 veranschaulicht ein Beispiel mit Walzen.

In der Berechnung wird die Beschleunigung, die der Reibungszahl der Walzenanordnung entspricht, eingesetzt. Die höchste Verschiebung der Walzen wird aus dem Ausdruck berechnet

$$\sigma_x = \left(\frac{5}{32} \cdot \frac{W_0^3\, t}{u_g^4\, g^4} \right)^{0,5} \qquad\qquad (22\text{-}30)$$

mit W_0 Spektraldichte des Erdbebens $(m/s^2)^2/Hz$ - normalerweise zwischen 0,024 nach Taft-Erdbeben (1952) bis 0,070 nach dem El Centro-Erdbeben (1940), μ_g gesamte Reibungszahl, t Erregungszeit - wird mit 25 s angesetzt. Dieser Wert hat eine Wahrscheinlichkeit von 90 %. Bei einer Wahrscheinlichkeit von 99,7 % ist der größte Wert der Verschiebung bei einer normal verteilten stochastischen Veränderlichen

$$\sigma_{max} = 3\,\sigma_x. \qquad (22\text{-}31)$$

Bild 22.5: Wälzgelagerte Kranbahnaufhängung zur Verminderung der seismischen Horizontalkraft

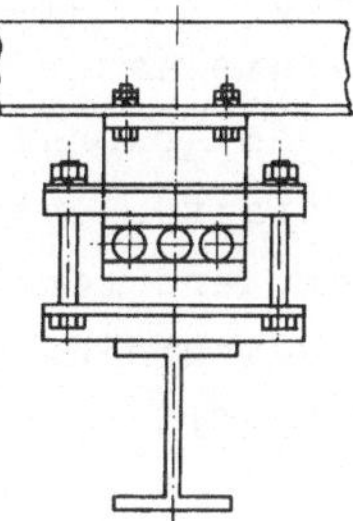

Beim unteren Wert der Spektraldichte und bei der Reibungszahl 0,05 wird die Verschiebung σ_{max} = 9,16 cm. Bei der Reibungszahl soll mit dem kleinstmöglichem Wert gerechnet werden, da sich die Verschiebungen mit kleineren Werten vergrößern.

Mit solchen Vorrichtungen soll man die Hängekranbahn in Fällen großer Erdbebenintensitäten, bei großen Etagenhöhen, bei leichten Konstruktionen und bei großer geforderter Sicherheitsstufe konstruieren.

Auch auf dem Hängekran kann diese Konstruktionsweise Anwendung finden: Auf einer Seite dann sind die Fahrwerke starr und auf der anderen verschiebbar anzuordnen. Dadurch wird nur eine Kranbahn horizontal beansprucht, während die andere nur vertikale Beanspruchungen aufzunehmen hat.

23. Erdbebensichere Konstruktion der Portalkrane

Portalkrane sind im Vergleich zu allen anderen Kranarten infolge ihrer
funktionsbedingten hoch aufragenden Bauform am stärksten durch Erdbeben
gefährdet. Insbesondere gilt dies für Portalkrane, die auf hochliegenden Kranbahnen in Gebäuden oder auf frei liegenden Hochbahnen verkehren,
denn für diese Anlagen werden die seismischen Beschleunigungen des sogen. Etagenansprechspektrums mehrfach größer als für Krane mit ihrer
Fahrbahn auf dem festen Boden. Als Ergebnis davon wachsen im gleichen
Verhältnis natürlich auch die im Kran erregten Kräfte und Spannungen.
In diesem Abschnitt werden die Ausdrücke für reduzierte Massen und Federkonstanten entwickelt und die Einflüsse, die Kranparameter auf sie
ausüben, erörtert. Auf Grund der im Kapitel 14 entwickelten dimensionslosen seismischen Kraftbeiwerte wird die Berechnungsmethode der seismischen Einflüsse auf die Portalkrane vorgetragen. Aus dem Verlauf der
Beiwerte lassen sich unter dem Einfluß der Parameter für die Konstrukteure Hinweise für das optimale aseismische Entwerfen zusammenstellen.
Alle Berechnungsausdrücke werden in dimensionsloser Form entwickelt, um
dadurch ein allgemein gültiges Aussagevermögen zu gewährleisten. Da die
Portalkrane in mehreren statisch verschiedenen Grundformen auftreten
können, werden in folgenden Erörterungen drei Formen berücksichtigt:

a) die am häufigsten ausgeführte Form mit einer Fest- und einer Pendel-
   bzw. elastischen Stütze,
b) mit zwei Feststützen,
c) mit nur einer Stütze, d.h. ein Halbportalkran.

Infolge der größeren Bauhöhe und der damit verbundenen Standsicherheitsgefährdung werden die Destabilisierungskräfte erörtert und die Grenzen,
in denen Stabilisierungsvorrichtungen erforderlich sind, bestimmt.

23.1. Seismische Beanspruchungen der Portalkrane

Die Portalkrane werden durch die Bodenbewegung seismisch in allen drei
Koordinatenrichtungen beansprucht, und zwar in der vertikalen und in
zwei horizontalen Richtungen. Bei der Bemessung der Krantragelemente
müssen immer, je zwei zusammengefaßt, die ungünstigste Beanspruchungs-
weise ergeben. Es ist nicht von vornherein zu sehen, in welcher Rich-

tung die maximalen Kräfte auftreten, denn die möglichen Kombinationen
zwischen den Stützenhöhen und den Spannweiten, die diese Verhältnisse
am meisten beeinflussen, sind sehr verschieden. Es ist zu erwarten, daß
die Spannungen besonders bei hohen Stützen und großer Spannweite in der
Längsrichtung am gefährlichsten sind.

Stehen die Portalkrane auf Schienen direkt am Boden, so bleiben die
Kräfte durch verhältnismäßig kleine Ansprechbeschleunigungsspektren in
Grenzen. In diesen Fällen werden erfahrungsgemäß die Portalkrane selten
gefährdet. Bei den Portalkranen auf hochliegenden Kranbahnen werden die
absoluten Beschleunigungen durch das Etagenansprechspektrum bestimmt,
jedoch mit dem Höhenunterschied über dem Boden fast linear vergrößert.
Die Portalkrane sind in diesen Fällen besonders sorgfältig zu analysieren.

Die Portalkrane werden grundsätzlich in drei verschiedenen Formen, die
die statischen Parameter beeinflussen, gebaut. Die erste Form (Bild
23.1a) hat eine fest und eine den Portalträger gelenkig unterstützende
oder elastisch gestaltete Portalstütze. Sogenannte Halbportale (Bild
23.1b) haben nur eine feste Stütze. Die dritte Gruppe wird besonders
von amerikanischen Consulting-Firmen bevorzugt und hat zwei feste Stützen (Bild 23.1c). Für diese drei Grundformen werden analog die Ausdrük-
ke und deren Erörterung aufgezeigt, wobei sich die Indizes der Parameter auf die vorgestellten Formen 1, 2 und 3 beziehen.

Mit Hilfe von dimensionslosen seismischen Kraftbeiwerten lassen sich
seismische Kräfte und resultierende Spannungen bestimmen. Im Vergleich
mit der Praxis der seismischen Brückenkranberechnung im Kapitel 21 kommen bei Portalkranen andere Standpunkte in den Vordergrund. Es werden
zuerst die maßgebenden Parameter der reduzierten Massen und Federkonstanten erörtert, die die seismischen Kraftbeiwerte entscheidend beeinflußen.

23.2. Erörterung der reduzierten Masse

In den Schwingungsausdrücken werden diskrete Massen verwendet. Um die
reduzierte Masse der verteilten Masse des Kranträgers und der Kranportal-
stütze zu bestimmen, müssen deren kinetische Energien gleich sein /23.1/
(Bild 23.2)

$$m_0 = \frac{1}{y_0^2} \int_0^1 m(x)\, y^2\, dx = k\, \Sigma\, m \qquad\qquad (23\text{-}1)$$

mit $m(x)$ verteilte Masse längs des Tragelements, y die Durchbiegung un-
ter der Massenkraft längs der Deformationslinie, y_0 Durchbiegung an der
Stelle der gedachten reduzierten Masse, k Massenreduktionsbeiwert, $\Sigma\, m$
Summe aller Kranmassen.

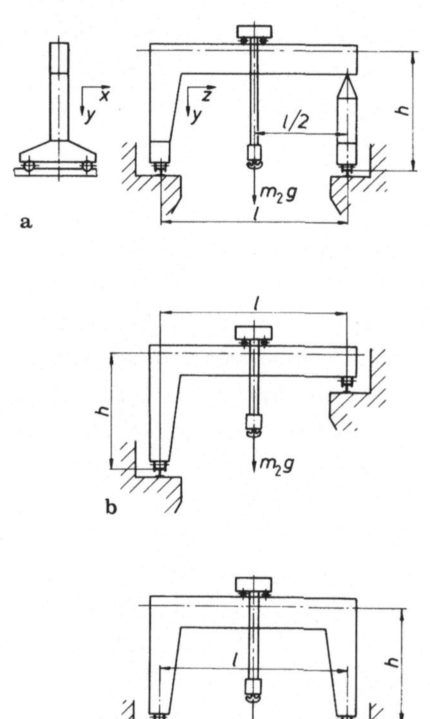

Bild 23.1: Prinzipielle Bauarten der
Portalkrane

Bild 23.2: Bezeichnungen für die Bestimmung
der reduzierten Masse

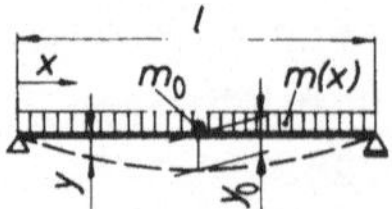

Die reduzierten Massen sind wegen der unterschiedlichen Verschiebungs-
formen für alle drei Koordinatenrichtungen verschieden. Die Koordina-
tenbezeichnungen sind im Bild 23.1a, die Größenbezeichnungen im Bild
23.3 ersichtlich. Um die dimensionslose Form zu bekommen, werden folgende Größen eingeführt:

$$\text{Massen } m = \frac{m_3}{m_1} \, ,$$

$$\text{Längen } n = \frac{h}{l} \, , \qquad\qquad (23\text{-}2)$$

$$\text{Trägheitsmomente } i = \frac{I_2}{I_1} \, .$$

Dabei beziehen sich diese Größen auf die jeweilige Richtung. Die Massenreduktionsbeiwerte k für die drei Portalkranformen 1, 2 und 3 für die
Koordinatenachsen x, y und z folgen aus den Ausdrücken:

Vertikale Richtung y:

$$1: \quad k_{y1} = \frac{0,5 + 8\,n^2 + 5,33\,m\,n^3}{(1 + 2\,m\,n)(1 + 16\,n^2)} \, , \qquad\qquad (23\text{-}3)$$

$$2: \quad k_{y2} = \frac{0,5 + 8\,n^2 + 2,67\,m\,n^3}{(1 + m\,n)\,(1 + 16\,n^2)} \, , \qquad\qquad (23\text{-}4)$$

$$3: \quad k_{y3} = \frac{0,5\,(1 + m\,n^3)}{1 + 2\,m\,n} \, , \qquad\qquad (23\text{-}5)$$

Horizontale Richtung z:

$$1: \quad k_{z1} = \frac{1 + \frac{2}{3}\,m\,n}{1 + 2\,m\,n} \, , \qquad\qquad (23\text{-}6)$$

$$2: \quad k_{z2} = \frac{1 + \frac{1}{3}\,m\,n}{1 + m\,n} \, , \qquad\qquad (23\text{-}7)$$

3: Nach Gl.(23-6) für Form 1.

Horizontale Richtung x:

$$1: \quad k_{x1} = \frac{0,5 + 84\,\frac{m^2 n^5}{i} + 251\,\frac{m\,n^4}{i} + 163,8\,\frac{n^3}{i}}{(1 + 2\,m\,n)\,(1 + 9,6\,\frac{m\,n^4}{i} + 12,8\,\frac{n^3}{i})^2} \, , \qquad (23\text{-}8)$$

$$2:\ k_{x2} = \frac{0{,}5 + 42\,\dfrac{m^2 n^5}{i} + 126\,\dfrac{m\,n^4}{i} + 82\,\dfrac{n^3}{i}}{(1 + m\,n)\,\left(1 + 4{,}8\,\dfrac{m\,n^4}{i} + 6{,}4\,\dfrac{n^3}{i}\right)^2}\ ,\qquad (23\text{-}9)$$

3: Nach Gl.(23-8) für Form 1.

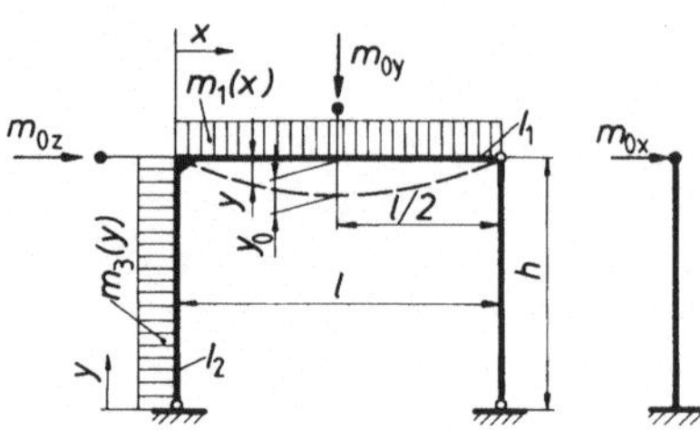

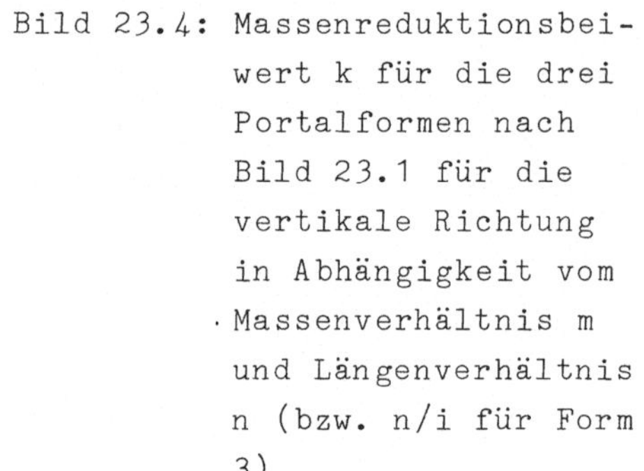

Bild 23.3: Bezeichnungen der Einflußgrößen des Portalkrans

Bild 23.4: Massenreduktionsbeiwert k für die drei Portalformen nach Bild 23.1 für die vertikale Richtung in Abhängigkeit vom Massenverhältnis m und Längenverhältnis n (bzw. n/i für Form 3)

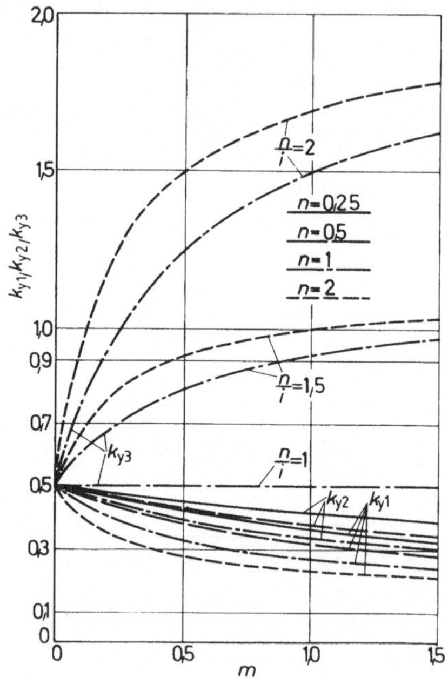

Dabei sollen die Massen gleichförmig verteilt sein, so daß beide Stützen gleiche Massen haben und daß die Massen m_1 und m_2 in kg/m gültig sind.

Im Bild 23.4 sind die Massenreduktionsbeiwerte k_{y1}, k_{y2} und k_{y3} in Abhängigkeit vom Massenverhältnis m bei verschiedenen Längenverhältnissen n bzw. n/i für Form 1, 2 und 3 angegeben. Für einen frei unterstützten Kranträger ist k = 0,5. Es ist ersichtlich, daß mit größerer Portalhöhe bzw. kleinerer Kranspannweite der Massenreduktionsbeiwert kleiner wird, während er bei der Portalform 3 mit größerem Verhältnis n/i, das heißt bei größerer Höhe und schwächerem Portalstützenquerschnitt k ansteigt. Die Portalform 3 mit zwei festen Stützen hat wesentlich größere Massenreduktionsbeiwerte als der Portalkran 1 mit einer elastischen Stütze.

Im Bild 23.5 ist der Massenreduktionsbeiwert für die horizontale Richtung z rechtwinklig zur Kranbahn in Abhängigkeit vom Massenverhältnis m für verschiedene Längenverhältnisse n angegeben. Der Massenreduktionsbeiwert wird mit größerer Portalhöhe und mit kleinerer Trägermasse vermindert. Die Portalkranformen 1 und 3 haben dieselben Massenreduktionsbeiwerte.

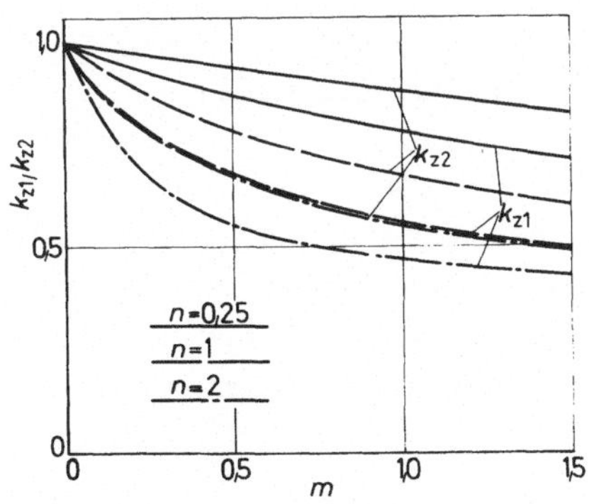

Bild 23.5: Massenreduktionsbeiwert k für die drei Portalformen nach Bild 23.1 für die horizontale Richtung z in Abhängigkeit vom Längenverhältnis n

Das Bild 23.6 gibt den Verlauf des Massenreduktionsbeiwerts an in der horizontalen Richtung x rechtwinklig zum Krahnhauptträger in Abhängigkeit vom Massenverhältnis m bei verschiedenen Längenverhältnissen n und Trägheitsmomentverhältnissen. Der Massenreduktionsbeiwert wird kleiner

mit abnehmender Masse des Kranhauptträgers und mit größerer Portalhöhe.
Die Portalkrane mit einer elastischen oder mit beiden festen Stützen
haben dieselben Massenreduktionsbeiwerte.

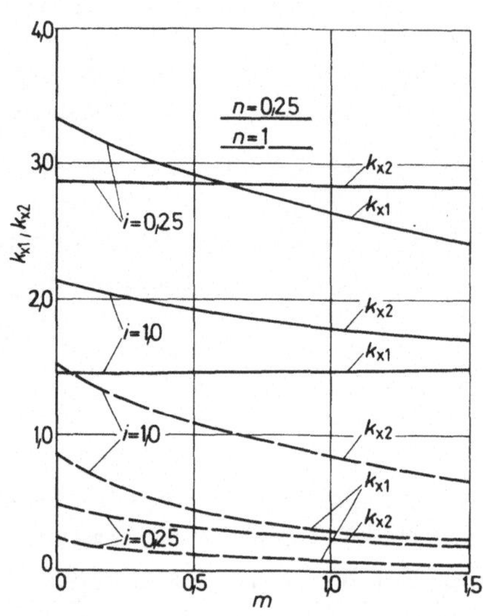

Bild 23.6: Massenreduktionsbeiwert k für die drei Portaltypen nach Bild 23.1 für die horizontale Richtung x in Abhängigkeit vom Massenverhältnis m, Längenverhältnis n und Trägheitsmomentverhältnis i

23.3. Erörterung der Federkonstanten der Portalkranbrücke

Die Federkonstanten der Portalkranbrücke als eine Einheit werden mit
Hilfe des 1. Castigliano-Satzes /23.2/ berechnet, wobei die diskrete
Kraft in Punkten der reduzierten Masse angreift. Die Federkonstanten
für die drei Portalformen werden mit folgenden Ausdrücken bestimmt:

Vertikale Richtung y:

$$1:\ c_{y1} = \frac{48\ E\ I_1}{l^3}\ ,$$
(23-10)

2: Nach Gl.(23-10) für Form 1,

$$3:\ c_{y3} = \frac{48\ E\ I_1}{l^3} \left(\frac{1}{1 - \frac{9}{4}\frac{1}{2\ n/i + 3}} \right) .$$
(23-11)

Horizontale Richtung x:

$$1:\ c_{x1} = \frac{48\ E\ I_1}{l^3}\ \left(\frac{1}{1 + 8\ n^3/i}\right)\ , \qquad\qquad (23\text{-}12)$$

$$2:\ c_{x2} = \frac{48\ E\ I_1}{l^3}\ \left(\frac{1}{1 + 4\ n^3/i}\right)\ , \qquad\qquad (23\text{-}13)$$

3: Nach Gl.(23-12) für Form 1.

Horizontale Richtung z:

$$1:\ c_{z1} = \frac{6\ E\ I_2}{h^3}\ \left(\frac{1}{1 + i/n}\right)\ , \qquad\qquad (23\text{-}14)$$

2: Nach Gl.(23-14) für Form 1,

$$3:\ c_{z3} = \frac{6\ E\ I_2}{h^3}\ \left(\frac{1}{1 + i/4n}\right)\ . \qquad\qquad (23\text{-}15)$$

Dabei sind die Trägheitsmomente in der betreffenden Richtung anzuwenden.

Wie aus den Gleichungen ersichtlich, ist bei allen Federkonstanten derselben Gattung das erste Glied gleich. Deshalb wird der Klammerausdruck als der Steifheitsbeiwert c' bezeichnet. Mit Hilfe dieser Beiwerte kann der Vergleich der Federkonstanten erfolgen.

Im Bild 23.7 sind die Steifheitswerte c'_{y3} für die vertikale und c'_{z1} und c'_{z3} für die horizontale Richtung in Abhängigkeit vom Verhältnis n/i, daß heißt vom Verhältnis der Längen und Trägheitsmomente angegeben. In vertikaler Richtung ist die Federkonstante des Portalkrans 3 mit zwei festen Stützen wesentlich größer als bei der Form 1 mit einer elastischen Stütze. In horizontaler Richtung rechtwinklig zur Kranbahn ist die Federkonstante bei der Form 3 mit zwei festen Stützen größer als bei der Form 1 und 2.

Im Bild 23.8 sind die Steifheitsbeiwerte c'_{x1} und c'_{x2} für die horizontale Richtung längs der Kranbahn in Abhängigkeit vom Längenverhältnis n und Trägheitsmomentverhältnis i angegeben. Die Federkonstante steigt mit kleinerer Portalhöhe und mit größerem Trägheitsmomentverhältnis an. Die Federkonstanten der Form 1 und 3 sind gleich groß.

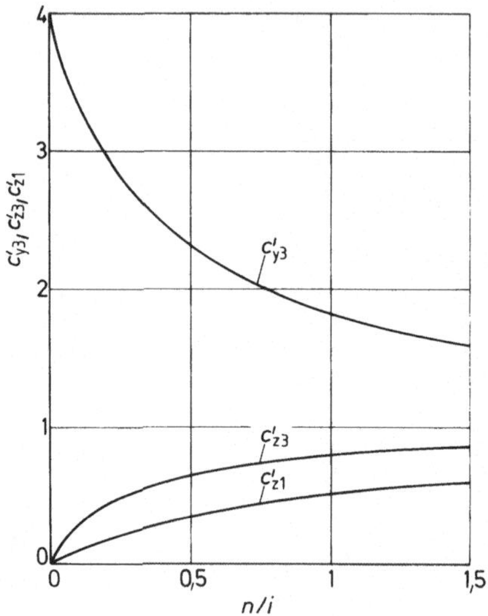

Bild 23.7: Steifheitsbeiwert der Portalkranbrücke fur die verti-
          kale und horizontale Richtung in Abhängigkeit vom Ver-
          hältnis n/i. c'_{y3} Steifheitsbeiwert für die vertikale
          Richtung der Form 3; c'_{z1}, c'_{z3} Steifheitsbeiwert für
          die horizontale Richtung rechtwinklig zur Kranbahn
          (Form 2 ist gleich der Form 1).

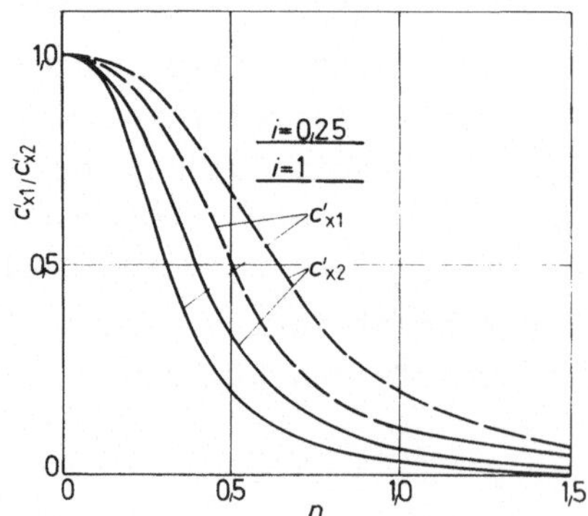

Bild 23.8: Steifheitsbeiwert der
          Portalkranbrücke für
          die horizontale Rich-
          tung längs der Kran-
          bahn in Abhängigkeit
          vom Längen- n und Träg-
          heitsmomentverhältnis i.
          c'_{x1}, c'_{x2} Steifheits-
          beiwerte für die hori-
          zontale Richtung für
          die Portalkranform 1
          und 2 (Form 3 ist
          gleich der Form 1).

23.4. Seismische Beanspruchungen

Die seismische Beanspruchung in vertikaler Richtung wird mit Hilfe der
seismischen Kraftbeiwerte in der Seilaufhängung und im Kran bestimmt.
Das Kransystem wird in vertikaler Richtung als Zweimassenmodell und in
horizontaler Richtung als Einmassenmodell behandelt, wobei c_2 und $m_2 g$
die Federkonstante und Nutzlast an der Seilaufhängung und c_0 und m_0
die Federkonstante und Masse des Kranes bedeuten. Die Katze ist als Ein-
zellast der reduzierten Kranmasse zugeschlagen, was in folgenden Erläuterungen immer berücksichtigt werden muß. Bei der Berechnung der seismischen Spannungen für Portalkrane bestehen gegenüber den im Kapitel 21
für Brückenkrane gemachten Ausführungen wesentliche Unterschiede, besonders in der Berechnung der seismischen Beanspruchung im Portalträger und
in den Portalstützen, wie auch in der Ermittlung der Kräfte in den beiden horizontalen Richtungen, da bei hohen Portalkranen auch rechtwinklig
zur Kranbahn hohe Beanspruchungen der Portalkonstruktion auftreten können. Dieses ist bei den Brückenkranen nicht der Fall. Da Portalkrane
normalerweise im Freien laufen, besitzen sie außer Betrieb nicht nur gebremste Laufräder, sondern sind gegen Windabtreiben auch noch mit Zangen
an den Schienen festgeklemmt. Deshalb kann man an den Laufrädern nicht
mit dem Slip rechnen, vielmehr müssen die Größtwerte für die horizontale seismische Beschleunigung hingenommen werden. Bei Portalkranen im Frei-
en kommt also die volle Beschleunigung aus dem Etagenansprechspektrum
zur Wirkung.

23.5. Seismische Beanspruchungen in vertikaler Richtung

In vertikaler Richtung wird die seismische Kraft in der Seilaufhängung
wie in der Portalkonstruktion mit seismischen Kraftbeiwerten s bzw. r
bei der absoluten seismischen Beschleunigung $\ddot{y}_m = g$ bestimmt. Für die
Grundschwingung sind die Kraftbeiwerte vom Bild 14.3 in Abhängigkeit
vom Massenverhältnis $n_0 = m_2/m_0$ und Steifigkeitsverhältnis $c = c_0/c_2$
abzulesen

$$s = \frac{c_2 (u_2 - u_0)}{m_2 g} = \frac{(1/n_0 - D)(1 + D)}{c + (1 + D)^2} \, , \tag{23-16}$$

$$r = \frac{c_0 u_0}{m_0 g} = - \frac{c \, n_0 (1/n_0 - D)}{c + (1 + D)^2} \tag{23-17}$$

wobei

$$D = c \, (F - 1) - 1 \tag{23-18}$$

und

$$F = \frac{1 + c + 1/n_0}{c} - \left\{ \left(\frac{1 + c + 1/n_0}{c} \right)^2 - \frac{4}{n_0 \, c} \right\}^{0,5} \tag{23-19}$$

mit $n_0 = m_2/m_0$, $c = c_0/c_2$, $\psi_0 = f_0/l = m_0 \, g/c_0 \, l$, l Spannweite des Kranes, f_0 Verschiebung des Kranes unter Eigenlast $m_0 \, g$, g Erdbeschleunigung. In diesen Gleichungen sind bezogene Federkonstanten c_0 und reduzierte Eigenlasten m_0 den oben entwickelten Ausdrücken zu entnehmen.

Der Kraftbeiwert im Kran hängt von der Verschiebung des Kranes ab, die sich nicht nur auf den Träger bezieht, sondern auch auf die Portalstützen. Deshalb muß der Kraftbeiwert r mit Rücksicht auf die Einflußgröße dieser Teile überprüft werden.

Form 1 und 2:

Die Beanspruchung wird nur vom Hauptträger übertragen. Die seismische Kraft läßt sich aus dem Nennbeiwert berechnen. Die Stützen werden mit den Auflagerkräften des Trägers achsial beansprucht.

Die seismische Biegespannung in vertikaler Richtung für Form 1 im Kranträger folgt aus der seismischen Kraft

$$F_{ST} = r \, m_0 \, \ddot{y}_{mv} = r \, m_1 \, l \, (1 + 2 \, m \, n) \, \ddot{y}_{mv} \, k_{y1} \, , \tag{23-20}$$

oder mit der Biegespannung σ_{0v} unter Eigenlast des Trägers $m_1 \, l$

$$\sigma_{sv} = r \, \sigma_{0v} \, (1 + 2 \, m \, n) \, k_{y1} \, \frac{\ddot{y}_{mv}}{g} \tag{23-21}$$

mit $\ddot{y}_{mv}$ absolute vertikale Beschleunigung aus dem Etagenansprechspektrum bei gegebener seismischer Erdbebenintensität in Abhängigkeit von der Kraneigenfrequenz ω_1

$$\omega_1^2 = \frac{c_0 + c_2}{2 \, m_0} + \frac{c_2}{2 m_2} - \left\{ \left(\frac{c_0 + c_2}{2 \, m_0} + \frac{c_2}{2 \, m_2} \right)^2 - \frac{c_0 \, c_2}{m_0 \, m_2} \right\}^{0,5} . \tag{23-22}$$

Form 3:

Auf die Hauptträger wirkt der volle Kraftbeiwert. Die fest angeschlossenen Portalstützen werden durch die Durchbiegung des Trägers auch auf Biegung beansprucht, und zwar maximal an der oberen Einspannstelle. Das maximale Biegemoment des Hauptträgers in der Mitte der Spannweite ist

$$M_T = \frac{r\, m_0\, \ddot{y}_{mv}\, l}{4} \left(1 - \frac{3}{2} \cdot \frac{1}{2\, n/i + 3}\right) \cdot \qquad (23\text{-}23)$$

Das maximale Biegemoment in der Stütze

$$M_S = r\, m_0\, \ddot{y}_{mv} \cdot \frac{3}{8} \cdot \frac{1}{2\, n/i + 3} \cdot \qquad (23\text{-}24)$$

Die maximale Biegespannung im Träger folgt aus dem Ausdruck

$$\sigma_{sv} = r\, \sigma_{0v}\, \frac{\ddot{y}_{mv}}{g} \left(1 - \frac{3}{2} \cdot \frac{1}{2\, n/i + 3}\right) (1 + 2\, m\, n)\, k_{y1} \qquad (23\text{-}25)$$

und die Biegespannung in der Stütze

$$\sigma_S = \frac{r\, m_0\, g\, \ddot{y}_{mv}}{W_S} \cdot \frac{3}{8} \cdot \frac{1}{(2\, n/i + 3)} \qquad (23\text{-}26)$$

mit W_S Widerstandsmoment der Stütze in Bezug auf die Längsachse x (Bild 23.1c). Auch die Trägheitsmomente in der Größe i beziehen sich auf dieselbe Achse.

23.6. Seismische Beanspruchungen in horizontaler Richtung längs der Kranbahn

Bei üblichen Dimensionen von Portalkranen sind die seismischen Beanspruchungen in Richtung parallel zur Kranbahn am gefährlichsten, weil in dieser Richtung die absolute größte Beschleunigung auftritt. Hinzu kommt, daß an den Laufrädern durch das Festlegen der Krane über Schienenzangen kein Gleiten auftritt und damit die Beschleunigung auch nicht auf den Wert der Reibungszahl begrenzt wird.

Die Nutzlast wird in dieser Richtung nicht berücksichtigt, da die Federkonstante bei kleinen Ausschlägen nach der Gleichung des Pendels

$$c_{2h} = \frac{m_2\, g}{h_s} \tag{23-27}$$

mit h_s Höhe der Lastaufhängung, im Vergleich mit der Kranfederkonstante so klein wird, daß die Gl.(23-25) zum Ausdruck

$$\omega_{1h}^2 = \frac{c_{0h}}{m_0} \tag{23-28}$$

limitiert, wobei sich alle Größen auf die horizontale Richtung beziehen.

Aus Bild 23.9 ist ersichtlich, daß sich die Verschiebung unter der horizontalen seismischen Kraft F_h auf den Träger mit u_1 und Stützen mit u_2 verteilt, weil die bezogene Federkonstante c_{0h} die komplette Verschiebung beinhaltet.

Bild 23.9: Schematische Darstellung der Verschiebungen der Portalbrücke bei Beanspruchung durch die horizontale seismische Kraft F_h in Längsrichtung (Form 1). u_1, u_2 Verschiebungen der Stütze und des Kranträgers, u_0 seismische Verschiebung

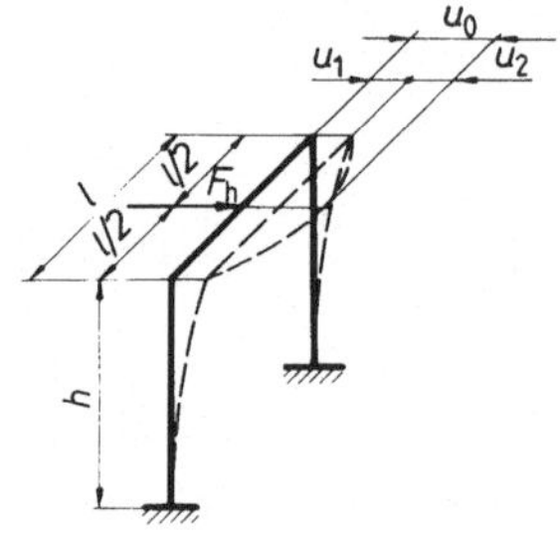

Die seismische Kraft folgt beim Einmassensystem aus dem Ausdruck

$$F_h = c_{0h}\, u_0 = \frac{c_{0h}\, y_{mh}}{\omega_{1h}^2} = \ddot{y}_{mh}\, m_0' \tag{23-29}$$

mit m_0' reduzierte Masse in horizontaler Richtung x. Bei allen Formen folgt die seismische Biegespannung im Träger mit

$$\sigma_{sh} = \frac{F_h\, l}{4\, W_{Ty}} \tag{23-30}$$

und in der Stütze an der Kopfträgerbefestigungsstelle

$$\sigma_{sh} = \frac{F_h \, h}{W_s} \tag{23-31}$$

mit W_T und W_s Widerstandsmomente des Trägers in der Mitte und in der Stütze am unteren Rand.

23.7. Seismische Beanspruchungen in horizontaler Richtung quer zur Kranbahn

Die quer zur Kranbahn entstehende seismische Kraft beansprucht das Portal nach Bild 23.10 in der Höhe des Portalträgers so, daß im Träger die Biegespannung bei der Verschiebung u_T hervorgerufen wird. Nach Gl.(23-14) wird bei der Form 1 am Stützenoberrand die Verschiebung u_0 durch die seismische Kraft F_h nach Gl.(23-29) verursacht

$$u_0 = \frac{F_h \, h^3}{6 \, E \, I_2} \left(1 + \frac{i}{n}\right) . \tag{23-32}$$

In der Mitte des Trägers bildet sich das Biegemoment aus

$$M_T = \frac{F_h \, h}{2} , \tag{23-33}$$

das im Träger die Biegespannung hervorruft

$$\sigma_{sh} = \frac{F_h \, h}{2 \, W_T} . \tag{23-34}$$

Die Stütze wird an der Einspannung im Träger mit dem Moment beansprucht

$$M_s = F_h \, h . \tag{23-35}$$

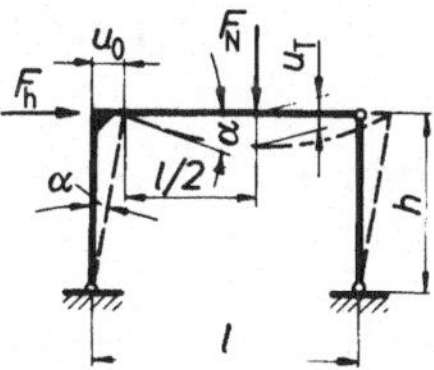

Bild 23.10: Schematische Darstellung der Verschiebungen der Portalbrücke durch die horizontale seismische Kraft F_h in Querrichtung (Form 1). u_0 seismische Verschiebung, u_T entsprechende Verschiebung des Portalträgers

Bei der Form 3 wird wegen der Verteilung dieser Last auf die Stützen
auch die Biegespannung im Träger vermindert und zusätzlich eine Beanspruchung der Stützen hervorgerufen. In der Mitte der Spannweite tritt
zusätzlich kein Biegemoment auf.

Es muß bemerkt werden, daß bei der Berechnung der seismischen Kraft
nach Gl.(23-29) die absoluten Beschleunigungen aus dem Ansprechspektrum
nicht notwendigerweise übereinstimmen, denn sie werden nach der jeweiligen Eigenfrequenz berechnet, die mit der Federkonstante in der betreffenden Richtung bestimmt wird.

23.8. Seismische Gesamtspannungen

Die seismische Gesamtspannung im Träger und in den Stützen wird aus der
Summe der beiden größten Spannungen in den Richtungen x, y und z bestimmt.

Form 1:

Im Träger folgt bei der vertikalen und Längsbeanspruchung die seismische Gesamtspannung

$$\sigma'_{sg} = \sigma_{sv} + \sigma_{sh} = r \, \sigma_{0v} \, \frac{\ddot{y}_{mv}}{g} \, (1 + 2 \, m \, n) \, k_{y1} + \frac{m_0 \, \ddot{y}_{mh}}{4 \, W_{Ty}} \, 1 =$$

$$= \sigma_{0v} \, (1 + 2 \, m \, n) \, k_{y1} \, (\frac{r \, \ddot{y}_{mv}}{g} + \frac{\ddot{y}_{mh}}{g} \, q \, k') \qquad (23\text{-}36)$$

und bei der vertikalen und Querbeanspruchung

$$\sigma''_{sg} = r \, \sigma_{ov} \, \frac{\ddot{y}_{mv}}{g} \, (1 + 2 \, m \, n) \, k_{y1} + m''_0 \, \ddot{y}_{mh} \, \frac{h}{2 \, W_{tx}} =$$

$$= \sigma_{0v} \, (1 + 2 \, m \, n) \, k_{y1} \, (\frac{r \, \ddot{y}_{mv}}{g} + 2 \, \frac{\ddot{y}_{mh}}{g} \, n \, k''). \qquad (23\text{-}37)$$

Die Summe der horizontalen Spannungen in x- und z-Richtung

$$\sigma^{(3)}_{sg} = \sigma_{0v} \, (1 + 2 \, m \, n) \, k_{y1} \, (\frac{\ddot{y}_{mh}}{g} \, q \, k' + 2 \, \frac{\ddot{y}_{mh}}{g} \, n \, k'') \qquad (23\text{-}38)$$

mit der Bezugsbiegespannung unter der Trägereigenlast

$$\sigma_{0v} = \frac{m_1 \, g \, 1^2}{4 \, W_{Tx}} \, . \tag{23-39}$$

Form 2:

Im Träger treten folgende Gesamtspannungen auf:

$$\sigma'_{sg} = \sigma_{0v} \, (1 + m \, n) \, k_{y2} \, (\frac{r \, \ddot{y}_{mv}}{g} + \frac{\ddot{y}_{mh}}{g} \, q \, k') , \tag{23-40}$$

$$\sigma''_{sg} = \sigma_{0v} \, (1 + m \, n) \, k_{y2} \, (\frac{r \, \ddot{y}_{mv}}{g} + 2 \, \frac{\ddot{y}_{mh}}{g} \, n \, k'') , \tag{23-41}$$

$$\sigma^{(3)}_{sg} = \sigma_{0v} \, (1 + m \, n) \, k_{y2} \, (\frac{\ddot{y}_{mh}}{g} \, q \, k' + 2 \, \frac{\ddot{y}_{mh}}{g} \, n \, k'') \tag{23-42}$$

mit $q = W_x/W_y$ (Widerstandsmomente des Trägers),

$$k' = \frac{m'_0}{m_0} = \frac{k_x}{k_y} \, , \quad k'' = \frac{m''_0}{m_0} = \frac{k_z}{k_y} \, .$$

Form 3:

Seismische Gesamtbiegespannung im Träger bei horizontalen Kräften in x-Richtung:

$$\sigma'_{sg} = \frac{r \, m_0 \, \ddot{y}_{mv}}{W_x} \left[\frac{1}{4} - \frac{3}{8} \frac{1}{2 \, n/i \, + \, 3} \right] + \frac{m'_0 \, \ddot{y}_{mh} \, 1}{4 \, W_{Ty}} =$$

$$= \sigma_{0v} \, (1 + 2 \, m \, n) \, k_{y3} \left[r \, \frac{\ddot{y}_m}{g} \, (1 - \frac{3}{2} \frac{1}{2 \, n/i \, + \, 3}) + \frac{\ddot{y}_{mh}}{g} \, q \, k' \right]$$

$$\tag{23-43}$$

und bei horizontalen Kräften in z-Richtung, wobei ihr Biegemoment in der Mitte Null ist

$$\sigma''_{sg} = \sigma_{0v} \, (1 + 2 \, m \, n) \, k_{y3} \, r \, \frac{\ddot{y}_m}{g} \, (1 - \frac{3}{2} \frac{1}{2 \, n/i \, + \, 3}) . \tag{23-44}$$

Bei Summierung von zwei Horizontalspannungen in x- und y-Richtung

$$\sigma^{(3)}_{sg} = \sigma_{0v} \, \frac{\ddot{y}_{mh}}{g} \, q \, k' \, (1 + 2 \, m \, n) \, k_{y3} \, . \tag{23-45}$$

In der Stütze werden die Biegespannungen sinngemäß überlagert, wobei
der Ort der Höchstspannung exakt zu beachten ist. Bei der Form 1 wird
in vertikaler Richtung keine Spannung verursacht, während in Längsrichtung die maximale Spannung an der Befestigungsstelle der Stütze im
Kopfträger auftritt und in Querrichtung an der Befestigungsstelle im
Träger mit dem Biegemoment

$$M_{s\ max} = \frac{m_0'' \ddot{y}_{mh}}{g} \cdot \qquad (23\text{-}46)$$

Bei der Form 3 stimmen die Spannungen in Längsrichtung mit der Form 1
überein, während in Querrichtung die größten Spannungen an der Stützen-
einspannstelle auftreten mit dem Biegemoment

$$M_{s\ max} = \frac{m_0'' \ddot{y}_{mh}\ h}{2g} \cdot \qquad (23\text{-}47)$$

Zu den auf diese Weise ermittelten seismischen Spannungen sind noch die
Spannungen aus Eigenlast und Nutzlast zu addieren. Die Gesamtspannung
im Träger für Form 1 ist deshalb

$$\sigma_g = \sigma_{0v}\ (r\ a_v + a_h\ q\ k' + 1 + n_0) \qquad (23\text{-}48)$$

mit $a_v = \ddot{y}_{mv}/g$ und $a_h = \ddot{y}_{mh}/g.$

23.9. Erörterung der Ergebnisse

Um brauchbare Schlüsse ziehen zu können, müssen die Werte der seismischen Spannungen im Portalträger im Vergleich zu den äquivalenten Größen der Brückenkrane und die Einflüsse der verschiedenen Konstruktionsparameter auf die Spannungen abgeschätzt werden. In den Gleichungen sind
die seismischen Kraftbeiwerte von größter Bedeutung. Sie hängen vom Massenverhältnis und vom Steifigkeitsverhältnis ab.

Bei der Form 1 bleibt das Steifigkeitsverhältnis c in vertikaler Richtung gleich groß wie beim Brückenkran, bei der Form 3 wird es um 50 bis
70 % größer. Das Massenverhältnis $n_0 = m_2/m_0$ wird bei der Form 1 kleiner
als bei der Form 3 und am kleinsten bei der Form 2: beim Portalkranmas-
senverhältnis $m = 1$ und $n = 1$ ist $k_y = 0{,}27$ bei der Form 1 gegenüber
1,5 für Form 3. Insgesamt sind die reduzierten Massen größer als beim
Brückenkran und deshalb ist das Verhältnis $n_0 = m_2/m_0$ kleiner.   Der

Kraftbeiwert r wird infolgedessen bei größerem Steifigkeitsverhältnis
$c = c_0/c_2$ und kleinerem Massenverhältnis n_0 kleiner als beim Brückenkran. Dieses ist zu erwarten, weil der Portalkran weicher ist als der
entsprechende Brückenkran. Der Kraftbeiwert in den Seilen ist etwas höher. Daraus kann man aber nicht auf die gesamte seismische Kraft schlie-
ßen, die wiederum von der gesamten Masse des Portalkrans abhängt. Da
diese Masse größer ist als beim Brückenkran, treten auch größere seismische Kräfte auf.

Die Eigenfrequenz des Portalkransystems wird beträchtlich kleiner als
beim Brückenkran, bei der Form 1 etwas größer als bei der Form 2, in
Abhängigkeit vom Verhältnis der Trägheitsmomente i. Deshalb verschiebt
sich im Ansprechbeschleunigungsspektrum die absolute Beschleunigung mehr
auf das Maximum des Spektrums zu oder auch davon weg, was größere oder
kleinere seismische Kräfte bedeutet.

In horizontaler Richtung längs der Kranbahn, d.h. rechtwinklig zum Portalträger, werden im Vergleich zum Brückenkran, abhängig von der Höhe
des Portals, sehr kleine Federkonstanten festgestellt. Sie sind bei der
Form 1 und 3 gleich groß und erreichen in mittlerem Bereich beim Längenverhältnis n = 1 und Trägheitsmomentverhältnis i = 1 nur 22 % des
entsprechenden Brückenkrans. Die reduzierten Massen sind bei der Form 1
und 3 auf derselben Höhe, während sie im mittleren Bereich ungefähr
gleich sind wie beim Brückenkran. Daher sind die Eigenfrequenzen nach
Gl.(23-28) kleiner als beim Brückenkran, die absoluten Beschleunigungen
im Ansprechspektrum werden je nach der Lage größer oder kleiner. Mit
der Höhe des Portals wachsen die seismischen Kräfte. Bei größerem Stüt-
zenträgheitsmoment ist mit größeren Beanspruchungen zu rechnen.

In horizontaler Richtung quer zur Kranbahn sind die Eigenfrequenzen bei
der Form 3 größer als bei der Form 1 und wachsen mit dem Verhältnis n/i.
Die reduzierten Massen verkleinern sich mit der Höhe des Portals. Ähnlich verringern sich auch die Federkonstanten in der x-Richtung, während sie sich in der z-Richtung vergrößern.

Im Bild 23.11 sind die Vergleichsspannungen für die Form 1 nach Gln.
(23-36), (23-37) und (23-38) in Abhängigkeit vom Längenverhältnis n für
i = 0,25, m = 1 und q = 2 in Werten von σ_{0v} angegeben. Dabei ist r = 2,
$\ddot{y}_{mv}$ = 1 g und $\ddot{y}_{mh}$ = 2 g angenommen. Weil die absoluten Beschleunigungen
im Ansprechspektrum nicht konstant sind, sondern in Abhängigkeit von
der Eigenfrequenz variieren und auch der Kraftbeiwert r sich verändert,

kann das Diagramm nur für Vergleichszwecke dienen.

Aus dem Bild ist ersichtlich, daß in unterem Bereich der Portalhöhe die
Spannungen in vertikaler und horizontaler Richtung längs der Kranbahn
maßgebend sind, in höherem Bereich sind mitunter die Spannungen in beiden horizontalen Richtungen von Bedeutung.

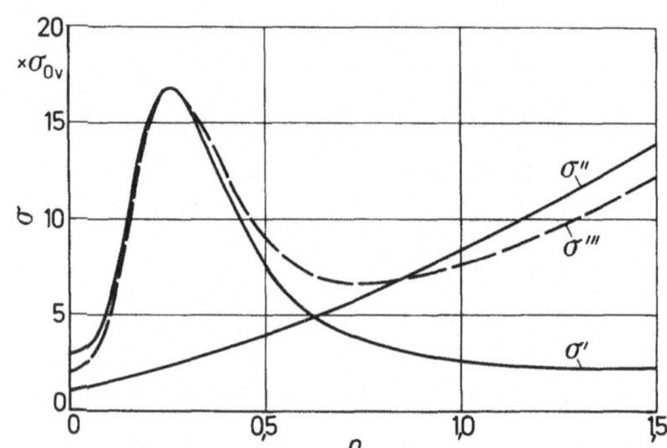

Bild 23.11: Verlauf der bezogenen seismischen Spannung in
            Werten der Spannung unter Eigenlast des Trä-
            gers σ_{0v} in Abhängigkeit vom Längenverhältnis
            n für r = 2, $\ddot{y}_{mv}$ = g, $\ddot{y}_{mh}$ = 2 g, i = 0,25,
            m = 1 und q = 2. σ' Vergleichspannung in y-
            und x-Richtung, σ'' Vergleichspannung in y-
            und z-Richtung, $\sigma^{(3)}$ Vergleichspannung in z-
            und x-Richtung

Mit höherem Trägheitsmomentverhältnis i, daß heißt bei stärkeren Stützen gegenüber dem Träger, vergrößern sich die Spannungen im Träger mit
zunehmender Portalhöhe. Bei größerem Verhältnis q, daß heißt bei schwächerem Widerstandsmoment in horizontaler Richtung, steigen die Spannungen an.

Daraus kann man folgern, den Träger kräftig zu bauen mit hohem Widerstandsmoment in horizontaler Richtung.

Der Vergleich mit der Form 3 mit zwei festen Stützen zeigt, daß die
Spannungen bei allen Verhältnissen größer sind als bei der Form 1 mit

einer elastischen Stütze. Bei Form 3 ist die Tendenz bei stärkeren Stützen anders als bei der Form 1: die Spannungen im Träger werden damit reduziert.

Bei der Form 2 sind die Spannungen fast auf derselben Höhe wie bei der
Form 1, sie sind nur um einige Prozent kleiner. Mit stärkeren Stützen
werden bei dieser Form die Spannungen im Träger vergrößert ebenso wie
bei einem in horizontaler Richtung schlankeren Portalträger.

23.10. Anleitungen für den Konstrukteur

Bei einem im erdbebengefährdeten Gebiet eingesetzten Portalkran kann
seine seismische Widerstandsfähigkeit durch konstruktive Gestaltung bei
gleichem Werkstoffeinsatz verbessert werden. Der Konstrukteur muß bei
seinem Entwurf folgende Anleitungen beachten:

- die Form 3 des Portalkrans mit zwei festen Stützen soll man vermeiden,
  weil die Spannungen bei der Form 1 mit einer festen und einer elastischen Stütze die kleinsten sind;

- bei Ausführung der Form 1 muß das Widerstandsmoment des Portalträgers
  in horizontaler gegenüber vertikaler Richtung möglichts groß sein;

- die Massen des Kranes sollen möglichst klein, die Federkonstante groß
  sein, was zu dünnwandigen Hohlelementen des Trägers und der Stützen
  führt;

- die Stützen sollen mit möglichst kleinem Trägheitsmoment gegenüber
  dem des Trägers ausgeführt werden.

23.11. Destabilisierungskräfte

Die Destabilisierungskräfte, die den Kran in seine Bauteile zerlegen
sowie von seiner Unterlage abheben wollen, werden auf die ähnliche Weise wie beim Brückenkran bestimmt. Auf den Kran wirkt nicht die seismische Kraft der Nutzlast in Aufwärtsrichtung, da die Seilaufhängung keine
Druckkräfte übertragt.

Im Destabilisierungsfall müssen diese Kräfte positiv sein. Weil die Massen des Portalkrans schwerer sind als beim Brückenkran und deshalb das Massenverhältnis n_0 kleiner ist, treten bei Portalkranen größere Destabilisierungskräfte auf als bei den Brückenkranen. Portalkrane verlangen deshalb sicher konstruierte Stabilisierungsvorrichtungen. Wenn $a\,\ddot{y}_{mv} > g$, ist die Stabilisierungsvorrichtung am Portalkran notwendig.

Die Standsicherheit des Portalkrans wird gefährdet, wenn die Stabilisierungsvorrichtung nur an einer Laufradecke vorhanden ist. Deshalb müssen alle Ecken der Kopfträger mit dem Laufradsystem mit der Unterlage verbunden werden.

Es ist anzuraten, die Standsicherheit für den Fall zu prüfen, daß die Ebene der Schienenoberfläche in allen Richtungen längs der Kranbahn und quer dazu geneigt wird. Die Neigung kann bis zu 5 cm auf 1 m Länge betragen, wie die Erfahrungen gezeigt haben.

24. Seismische Beanspruchungen der Auslegerkrane

Seismische Festigkeitsnachweise können für drehbare und nicht drehbare
Auslegerkrane nicht nach denselben Prinzipen wie bei Brücken- und Portalkranen ausgeführt werden. Bei den Auslegerkranen erfährt nämlich nach
Bild 24.1 bei vertikaler Verschiebung der Last $m_2 g$ der Turm eine horizontale Ortsveränderung u_T in Richtung der x-Achse neben der Hauptver-
schiebung u_A der Last in Richtung der y-Achse am Ende des Auslegers.
Diese Erscheinung tritt bei den meisten Auslegerkranen auf, außer bei
Kranen, bei denen die Ausleger-Halteseile parallel zum Turm geführt
sind.

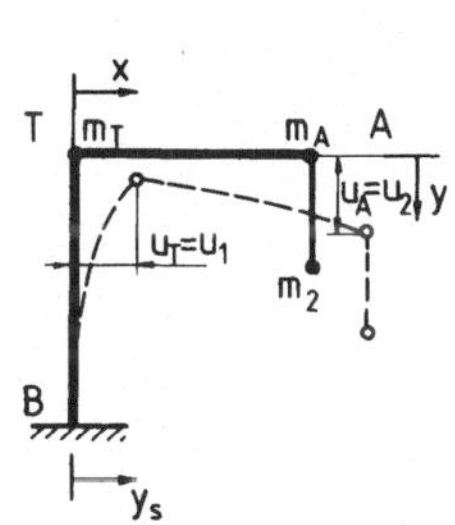

Bild 24.1: Auslegerkran; Bezeichnungen (m_T
Turmmasse, m_A Auslegermasse, m_2
Lastmasse, y_s Bodenverschiebung,
x, y Koordinatenachsen, u_T, u_A
relative Turm- und Auslegerver-
schiebung)

Desgleichen erfährt bei einer horizontalen Verschiebung des Turms in
Richtung der Achse x die Auslegerspitze mit der Masse m_A eine vertikale Verschiebung. Bei der Bestimmung der seismischen Kräfte müssen deshalb diese kombinierten Schwingungsausschläge in Bewegungsgleichungen
berücksichtigt werden.

Da beim Erdbeben immer mit der Bodenbewegung in allen drei orthogonalen
Koordinatenrichtungen mit stochastisch verteilten Impulshöhen zu rech-
nen ist, werden die Ansprechverschiebungen an allen Hauptpunkten des
Turmkrans überlagert. Deshalb sind die Maxima von Spannungen mit der
Kombination verschieden gerichteter Bewegungen zu ermitteln. Damit un-
terscheidet sich dieser Kran von allen anderen Kranarten, bei denen die
Spannungen nur räumlich kombiniert werden, jedoch nicht in derselben
Richtung.

Es wird der Einfluß aller geometrischen Parameter der Auslegerkrane erörtert, um damit den Einblick in die mögliche Optimalisierung zu gewäh-

ren und den Konstrukteuren die Anleitungen für eine erdbebengerechte
Formgebung der Auslegerkrane zu geben.

24.1. Entwicklung der Berechnungsgrundlagen

Die Berechnung der Verschiebungen und die damit verbundenen elastischen
Kräfte wird infolge der vielen Bewegungsrichtungen der Massen am günstigsten mit Hilfe der Matrizen ausgeführt. Der Einfluß der Lastseilaufhängung auf seismische Beanspruchungen wurde schon im Kapitel 9
erörtert. Außerdem ist bei Auslegerkranen die Last üblicherweise klein
im Verhältnis zu der Kranmasse. Da die Auslegerkrane einsatzbedingt
durchschnittlich kleinere Lasten befördern, wird im Erdbebenfall der
Kran unbelastet angenommen. Für die Untersuchungsfälle wird die Last
an die Auslegerspitze gehängt. Sie soll nur in vertikaler Richtung wirken, da sie wegen des sehr kleinen Pendelwinkels auf horizontale Verschiebungen vernachlässigbar wenig Einfluß hat.

Es wird nicht die Abwicklung des Zeitverlaufs der Kräfte ermittelt,
sondern die spektrale Ansprechbeschleunigung $\ddot{y}_m = \ddot{y}_{s0}\,\psi_a$ im Kraftausdruck angewandt, wobei $\ddot{y}_{s0}$ die anfängliche Bodenbeschleunigung, ψ_a der
Vergrößerungsbeiwert und $\ddot{y}_m$ die Ansprechbeschleunigung des Einmassensystems ist, die von der Eigenfrequenz des Schwingungssystems und seiner Dämpfung abhängt. Es sind die Ausdrücke zu ermitteln, die diese Beschleunigung des Einmassensystems auf das gegebene Mehrmassensystem
anwenden. Der Turm bzw. die Drehsäule und das Auslegersystem werden als
zwei rechtwinklig zueinander stehende, biegeelastische Glieder mit
gleichförmig verteilter Masse und Steifigkeit behandelt.

Die Massen des Turms bzw. der Drehsäule und des Auslegers werden in die
äußersten Punkte, wie aus Bild 24.1 ersichtlich, reduziert. Für die Untersuchung werden alle Massen in zwei Punkte konzentriert, was für die
praktische Berechnung genügt. Für den Ausleger- und Turmquerschnitt ist
ein mittleres Trägheitsmoment zu bestimmen, das an den Enden dieselben
Verschiebungen ergibt wie die wirkliche Form. Wenn der Querschnitt und
damit die Masse größere Übergänge aufweisen, werden mehrere Massenpunkte gewählt, zwischen denen dann die entsprechende Steifigkeit bestimmt
wird. Normalerweise sind bei einem Auslegerkran folgende Massenpunkte
zu vergleichen: die obere Verbindungsebene des Portalgestells, die Fah-
rerkanzel mit dem Maschinenraum und der obere Turmkopf. Die Ausleger

sind normalerweise stetig gestaltet.

Die Auslegermasse wird in den Punkt A reduziert

$$m_A = 0{,}243\ G_A/g\ . \qquad\qquad (24\text{-}1)$$

Die restliche Masse des Auslegers entfällt auf den Turm. Seine reduzierte Masse folgt mit

$$m_T = 0{,}243\ G_T/g + (1 - 0{,}243)\ G_A/g\ . \qquad\qquad (24\text{-}2)$$

Bei der Bestimmung der Massenverhältnisse ist deshalb darauf zu achten, daß sich die Massen auf reduzierte Werte beziehen.

Alle Ausdrücke werden dimensionslos gestaltet, um eine allgemeingültige Aussagefähigkeit der Folgerungen zu erlangen. Zu diesem Zweck führt man folgende Verhältniszahlen ein (Bild 24.2):

$$\text{Massenbeiwert} \qquad n_1 = \frac{m_A}{m_T}\ , \qquad\qquad (24\text{-}3)$$

$$\text{Längenbeiwert} \qquad \lambda = \frac{L_A}{L_T}\ , \qquad\qquad (24\text{-}4)$$

$$\text{Steifigkeitsbeiwert} \quad Z = \frac{I_A}{L_A^3} \Big/ \frac{I_T}{L_T^3}\ . \qquad\qquad (24\text{-}5)$$

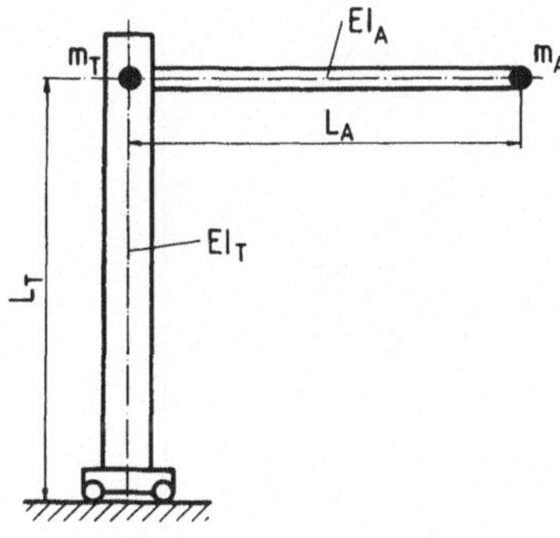

Bild 24.2: Geometrische Parameter des Auslegerkrans

Da die Koordinaten relative Verschiebungen darstellen, folgt die Massenmatrix mit[+)]

$$\underline{m} = \begin{vmatrix} m_T + m_A & 0 \\ 0 & m_A \end{vmatrix} = m_T \begin{vmatrix} 1 + n_1 & 0 \\ 0 & n_1 \end{vmatrix} . \qquad (24\text{-}6)$$

Die Steifigkeitsmatrix wird nach Bild 24.3 bestimmt, wobei jeder Punkt
zwei Freiheitsgrade hat. Damit wird die Matrix von 4 x 4 Ordnung. Sie
ist symmetrisch, weil $c_{ij} = c_{ji}$. Die Steifigkeitsbeiwerte folgen aus
der zweiten Ableitung der Verformungskurve z.B. c_{13}

$$\psi_1(x) = 1 - 3 \left(\tfrac{x}{L}\right)^2 + 2 \left(\tfrac{x}{L}\right)^3, \quad \psi_1''(x) = \tfrac{6}{L^2} \left(\tfrac{2x}{L} - 1\right), \qquad (24\text{-}7)$$

$$\psi_3(x) = x \left(1 - \tfrac{x}{L}\right)^2, \quad \psi_3''(x) = \tfrac{2}{L} \left(\tfrac{3x}{L} - 2\right) \qquad (24\text{-}8)$$

und damit

$$c_{13} = E\,I \int_0^L \tfrac{6}{L^2} \left(\tfrac{2x}{L} - 1\right) \tfrac{2}{L} \left(\tfrac{3x}{L} - 2\right) dx = \tfrac{E\,I}{L^3} 6\,L. \qquad (24\text{-}9)$$

Damit folgt die Steifigkeitsmatrix

$$\underline{c} = \begin{vmatrix} \dfrac{E\,I_T}{L_T^3} 12 & 0 & \dfrac{E\,I_T}{L_T^3} 6L_T & 0 \\[2ex] 0 & \dfrac{E\,I_A}{L_A^3} 12 & \dfrac{E\,I_A}{L_A^3} 6L_A & \dfrac{E\,I_A}{L_A^3} 6L_A \\[2ex] \dfrac{E\,I_T}{L_T^3} 6L_T & \dfrac{E\,I_A}{L_A^3} 6L_A & c_{33} & \dfrac{E\,I_A}{L_A^3} 2L_A^2 \\[2ex] 0 & \dfrac{E\,I_A}{L_A^3} 6L_A & \dfrac{E\,I_A}{L_A^3} 2L_A^2 & \dfrac{E\,I_A}{L_A^3} 4L_A^2 \end{vmatrix} \qquad (24\text{-}10)$$

[+)] Anmerkung: Die unterstrichenen Größen bedeuten die Matrix oder den
             Vektor.

mit $c_{33} = \dfrac{E\,I_A}{L_A^3}\,4\,L_A^2 + \dfrac{E\,I_T}{L_T^3}\,4\,L_T^2$.

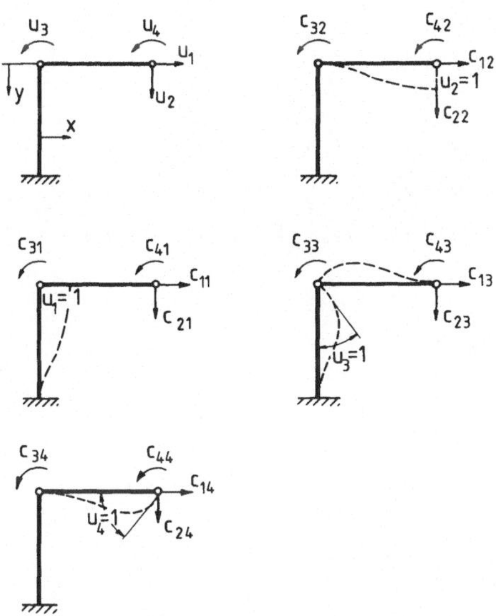

Bild 24.3: Steifigkeiten des Auslegerkrans infolge Einheitsverschiebung (u_i Verschiebung des Knotenpunktes, c_{ij} Steifigkeitskraft)

Wie aus dieser Gleichung ersichtlich, wird beim Glied c_{33} die Steifigkeit des Turms und des Auslegers berücksichtigt. Mit Verhältnisbeiwerten wird diese Gleichung umgeformt in

$$
\underline{c} = \frac{E\,I_T}{L_T^3}
\left|
\begin{array}{cc|cc}
12 & 0 & 6L_T & 0 \\[2mm]
0 & 12Z & 6L_A Z & 6L_A Z \\[1mm]
\hline
6L_T & 6L_A Z & (4L_A^2 Z + 4L_T^2) & 2L_A^2 Z \\[2mm]
0 & 6L_A Z & 2L_A^2 Z & 4L_A^2 Z
\end{array}
\right| . \tag{24-11}
$$

Diese Matrix stellt eine gemischte Koordinatenmatrix dar, die durch Koordinaten-Kondensations-Methode in eine lauter Translations-Matrix umgeformt wird, um damit eine mit der Massenmatrix kompatible Matrix zu

bekommen. Zu diesem Zweck wird Gl.(24-11) in vier Submatrizen der 2 x 2
Ordnung unterteilt, wie mit unterbrochener Linie angedeutet. Die Gleichung der elastischen Kräfte lautet somit

$$\begin{vmatrix} \underline{c}_{tt} & \underline{c}_{t\theta} \\ \\ \underline{c}_{\theta t} & \underline{c}_{\theta\theta} \end{vmatrix} \cdot \begin{vmatrix} u_t \\ \\ u_\theta \end{vmatrix} = \begin{vmatrix} \underline{F}_{ft} \\ \\ \underline{0} \end{vmatrix} \qquad (24\text{-}12)$$

mit $\underline{F}_{ft}$ translatorische Federkraft. Mit Matrix-Algebra folgt daraus die
translatorische Matrix $\underline{c}_{tt}$. Die inverse Matrix $\underline{c}_{\theta\theta}^{-1}$ folgt nach Einführung
des Längenbeiwerts λ aus

$$\underline{c} = \frac{2Z\,E\,I_T}{L_T^3}\,L_T^2 \begin{vmatrix} 2\left(\lambda^2 + \frac{1}{Z}\right) & \lambda^2 \\ \\ \lambda^2 & 2\,\lambda^2 \end{vmatrix} \qquad (24\text{-}13)$$

mit

$$\underline{c}_{\theta\theta}^{-1} = \frac{1}{2\,E\,I_T\,Z\,D/L_T} \begin{vmatrix} 2\,\lambda^2 & -\,\lambda^2 \\ \\ -\,\lambda^2 & 2\left(\lambda^2 + \frac{1}{Z}\right) \end{vmatrix} \qquad (24\text{-}14)$$

mit der Diskriminante $D = 3\,\lambda^4 + \frac{4}{Z}\,\lambda^2$, $\qquad (24\text{-}15)$

$$\underline{c}_{tt} = \frac{E\,I_T}{L_T^3} \begin{vmatrix} 12 & 0 \\ \\ 0 & 12Z \end{vmatrix} -$$

$$-\,6\,\frac{E\,I_T}{L_T^3}\,L_T Z \begin{vmatrix} \frac{1}{Z} & 0 \\ \\ \lambda & \lambda \end{vmatrix} \frac{3}{L_T D} \begin{vmatrix} 2\,\lambda^2\frac{1}{Z} & \lambda^3 \\ \\ -\frac{\lambda^2}{Z} & \lambda^3 + \frac{2\,\lambda}{Z} \end{vmatrix} \cdot$$

Die neue Steifigkeitsmatrix lautet

$$\underline{c} = \frac{3\,E\,I_T}{L_T^3} \begin{vmatrix} 4 - \dfrac{12\,\lambda^2}{ZD} & -\,6\,\dfrac{\lambda^3}{D} \\ \\ -\,\dfrac{6\,\lambda^3}{D} & 4Z - \dfrac{12Z}{D}\left(\lambda^4 + \dfrac{\lambda^2}{Z}\right) \end{vmatrix} \cdot \qquad (24\text{-}16)$$

Die Konstante vor der Matrix stellt die Steifigkeit des Kranturms (einseitig eingespannter gleichförmiger Träger) dar und wird mit P bezeichnet: $P = 3 \, E \, I_T / L_T^3$.

Die Eigenfrequenzen des Schwingungssystems werden aus der charakteristischen Eigenwertgleichung bestimmt

$$\underline{c} - \omega^2 \, \underline{m} = \tag{24-17}$$

$$= \begin{vmatrix} P \left(4 - \dfrac{12 \, \lambda^2}{ZD}\right) - m_T \, (1 + n_1) \, \omega^2 & - 6 \dfrac{\lambda^3 \, P}{D} \\[2ex] - \dfrac{6 \, \lambda^3 \, P}{D} & P \; 4Z - \dfrac{12Z}{D} \, (\lambda^4 + \dfrac{\lambda^2}{Z}) \; - m_T \, n_1 \, \omega^2 \end{vmatrix} = 0.$$

Daraus folgt die Eigenwertgleichung mit $B = m_T \, \omega_n^2$

$$B^2 \, n_1 \, (1 + n_1) - B \left\{ P_{n1} \left(4 - \dfrac{12 \, \lambda^2}{ZD}\right) + PZ \, (1 + n_1) \left[4 - \dfrac{12}{D} \, (\lambda^4 + \right. \right.$$

$$\left. \left. + \dfrac{\lambda^2}{Z}) \right] \right\} + P^2 Z \left(4 - \dfrac{12 \, \lambda^2}{ZD}\right) \left[4 - \dfrac{12}{D} \, (\lambda^4 + \dfrac{\lambda^2}{Z}) \right] - \left(\dfrac{6 \, \lambda^3 \, P}{D}\right)^2 = 0 \; .$$

$$\tag{24-18}$$

Wenn die Bezeichnungen eingeführt werden

$$\alpha = 4 - \dfrac{12 \, \lambda^2}{ZD} \; , \tag{24-19}$$

$$\beta = 4 - \dfrac{12}{D} \, (\lambda^4 + \dfrac{\lambda^2}{Z}) \; , \tag{24-20}$$

$$\gamma = \dfrac{6 \, \lambda^3 \, P}{D} \; , \tag{24-21}$$

folgt die Eigenfrequenz

$$\omega_{1, \, 2}^2 = \dfrac{P}{m_T} \, W_{1, \, 2} \tag{24-22}$$

mit

$$W_{1, \, 2} = \dfrac{n_1 \, \alpha + Z \, (1 + n_1) \, \beta}{2 \, n_1 \, (1 + n_1)} \pm \left\{ \left(\dfrac{n_1 \, \alpha + Z \, (1 + n_1) \, \beta}{2 \, n_1 \, (1 + n_1)} \right)^2 - \right.$$

$$\left. - \dfrac{Z \, \alpha \, \beta - \gamma^2}{n_1 \, (1 + n_1)} \right\}^{0,5} \; . \tag{24-23}$$

Die Matrix der charakteristischen Schwingungsformzahlen folgt aus Gl.
(24-16) mit der Matrixstruktur

$$\underline{\phi} = \begin{vmatrix} \phi_1 & 1 \\ & \\ 1 & \phi_2 \end{vmatrix} \qquad\qquad (24\text{-}24)$$

mit

$$\phi_1 = \frac{\gamma}{\alpha - (1 + n_1)\ W_1}\ , \qquad\qquad (24\text{-}25)$$

$$\phi_2 = \frac{\alpha - (1 + n_1)\ W_2}{\gamma}\ , \qquad\qquad (24\text{-}26)$$

wenn die Gl.(24-23) für die Grundwelle mit W_1 und für die Oberwelle mit
W_2 bezeichnet wird.

Mit diesen Matrizen können die seismischen Kräfte in allen Richtungen
bestimmt werden. Der Einfluß der Bodenbewegung nach Bild 24.4 ist in
den Ausdrücken für seismische Kräfte nur im Tonerregungsbeiwert $\overline{L}_n$
enthalten

$$\overline{L}_n = \underline{\phi}_n^T\ \underline{m}\ \underline{r} \qquad\qquad (24\text{-}27)$$

mit $\underline{r}$ Einflußvektor der seismischen Richtung. Für die Verhältnisse im
Bild 24.4 lautet dieser Vektor für vertikale Bodenbeschleunigung

$$\underline{r}_v = \begin{vmatrix} 0 \\ \\ 1 \end{vmatrix} \qquad\qquad (24\text{-}28)$$

und für die horizontale

$$\underline{r}_h = \begin{vmatrix} 1 \\ \\ 0 \end{vmatrix}\ . \qquad\qquad (24\text{-}29)$$

Für die praktische Arbeit sei an dieser Stelle besonders vermerkt, daß
beim Multiplizieren der Matrizen ihre Reihenfolge niemals verwechselt
werden darf, denn $\underline{A}\ \underline{B} \neq \underline{B}\ \underline{A}$.

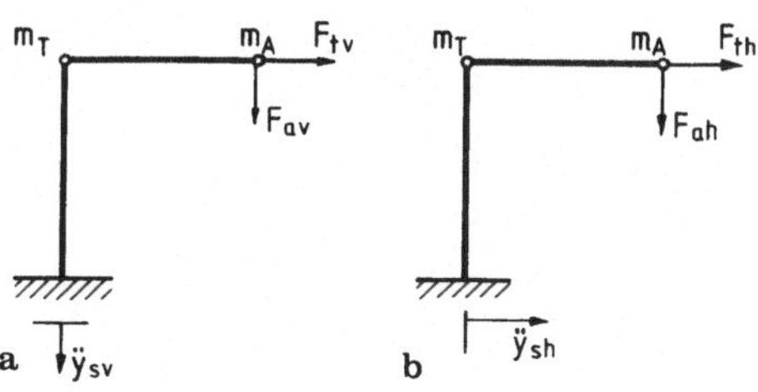

Bild 24.4: Seismische Kräfte am Auslegerkran; Bezeichnungen

Der Tonerregungsbeiwert lautet für die Grundwelle

$$\overline{L}_1 = \left| \phi_1 \quad 1 \right| m_T \left| \begin{matrix} 1 + n_1 & 0 \\ & \\ 0 & n_1 \end{matrix} \right| \underline{r} =$$

$$= m_T \left| \phi_1 (1 + n_1) \quad n_1 \right| \underline{r} \tag{24-30}$$

und für die Oberwelle

$$\overline{L}_2 = \left| 1 \quad \phi_2 \right| m_T \left| \begin{matrix} 1 + n_1 & 0 \\ & \\ 0 & n_1 \end{matrix} \right| \underline{r} =$$

$$= m_T \left| 1 + n_1 \quad \phi_2 n_1 \right| \underline{r} \ . \tag{24-31}$$

Sein Wert ist für die vertikale Bodenbewegung

$$\overline{L}_{1v} = m_T n_1, \ \overline{L}_{2v} = m_T \phi_2 n_1 \tag{24-32}$$

und für die horizontale

$$\overline{L}_{1h} = m_T \phi_1 (1 + n_1), \ \overline{L}_{2h} = m_T (1 + n_1). \tag{24-33}$$

Der Massenbeiwert lautet

$$M_n = \underline{\phi}_n^T \ \underline{m} \ \underline{\phi}_n \ . \tag{24-34}$$

Für die Grundwelle ergibt sich

$$M_1 = \begin{vmatrix} \phi_1 & 1 \end{vmatrix} \, m_T \begin{vmatrix} 1 + n_1 & 0 \\ 0 & n_1 \end{vmatrix} \begin{vmatrix} \phi_1 \\ 1 \end{vmatrix} =$$

$$= m_T \left[\phi_1^2 \, (1 + n_1) + n_1 \right] \qquad (24\text{-}35)$$

und für die Oberwelle

$$M_2 = m_T \, (1 + n_1 + \phi_2^2 \, n_1). \qquad (24\text{-}36)$$

Um die seismischen Kräfte mit dimensionslosen Beiwerten auszudrücken, werden seismische Kraftbeiwerte eingeführt und zwar für den Kranturm

$$k_T = \frac{F_{fT}}{m_T \, g} \qquad (24\text{-}37)$$

und für den Ausleger

$$k_A = \frac{F_{fA}}{m_T \, g} \, . \qquad (24\text{-}38)$$

Die Kräfte folgen damit aus den Beiwerten durch die Multiplikation mit der Turmgewichtsmasse. Die seismischen Kräfte werden aus der Gleichung bestimmt

$$\underline{F}_{fn} = \underline{m} \, \phi_n \, \frac{\overline{L}_n}{M_n} \, \ddot{y}_m \, . \qquad (24\text{-}39)$$

Die Ansprechbeschleunigung wird mit $\ddot{y}_m = 1 \, g$ angenommen. Damit folgt

$$\underline{F}_{f1} = m_T \begin{vmatrix} 1 + n_1 & 0 \\ 0 & n_1 \end{vmatrix} \begin{vmatrix} \phi_1 \\ 1 \end{vmatrix} \frac{\overline{L}_n}{M_n} \, g \qquad (24\text{-}40)$$

und Kraftbeiwerte des Turms und des Auslegers für die Grundschwingung

$$k_{t,\,a1} = \frac{F_{f1}}{m_T \, g} = \begin{vmatrix} \phi_1 \, (1 + n_1) \\ n_1 \end{vmatrix} \frac{\overline{L}_1}{M_1} \qquad (24\text{-}41)$$

und für die Oberschwingung

$$k_{t,\,a2} = \frac{F_{f2}}{m_T\,g} = \left| \begin{array}{c} 1 + n_1 \\[2ex] \phi_2\,n_1 \end{array} \right| \; \frac{\overline{L}_2}{M_2} \; . \tag{24-42}$$

Mit den Ausdrücken für die Tonerregungs- und Massenbeiwerte ergeben sich
seismische Kraftbeiwerte für den Kranturm und -ausleger, wobei der Index v bzw. h die Bodenbewegungsrichtung angibt:

$$k_{tv1} = \frac{\phi_1\,(1 + n_1)\,n_1}{n_1 + \phi_1^2\,(1 + n_1)} \; , \tag{24-43}$$

$$k_{tv2} = \frac{(1 + n_1)\,\phi_2\,n_1}{1 + n_1 + \phi_2^2\,n_1} \; , \tag{24-44}$$

$$k_{th1} = \frac{\phi_1^2\,(1 + n_1)^2}{n_1 + \phi_1^2\,(1 + n_1)} \; , \tag{24-45}$$

$$k_{th2} = \frac{(1 + n_1)^2}{1 + n_1 + \phi_2^2\,n_1} \; , \tag{24-46}$$

$$k_{av1} = \frac{n_1^2}{n_1 + \phi_1^2\,(1 + n_1)} \; , \tag{24-47}$$

$$k_{av2} = \frac{\phi_2^2\,n_1^2}{1 + n_1 + \phi_2^2\,n_1} \; , \tag{24-48}$$

$$k_{ah1} = \frac{n_1\,\phi_1\,(1 + n_1)}{n_1 + \phi_1^2\,(1 + n_1)} \; , \tag{24-49}$$

$$k_{ah2} = \frac{\phi_2\,n_1\,(1 + n_1)}{1 + n_1 + \phi_2^2\,n_1} \; . \tag{24-50}$$

Es kann kaum angenommen werden, daß alle Schwingungsformen in derselben
Phase auftreten, deshalb wird bei der Ermittlung der Gesamtkraft die
Quadratwurzel der Summe der Quadrate angewandt

$$k_{tv} = \sqrt{k_{tv1}^2 + k_{tv2}^2} \; . \tag{24-51}$$

Diese Ausdrücke sind dimensionslos und allgemein anwendbar, denn sie
sind unabhängig von den Massen oder Trägheitsmomenten. Sie lassen sich
deshalb bei den Konstruktionsberechnungen direkt anwenden. Es ist aber

zu betonen, daß die Gl.(24-51) nur bei gleichen Ansprechbeschleunigungen für die Grund- und für die Oberwelle gültig ist, andernfalls muß
jedes Glied vor der Summierung mit der entsprechenden Beschleunigung
multipliziert werden. Diese Voraussetzung trifft nur zu bei breiten
und flachen Ansprechspektren, sowie bei verhältnismäßig dicht aufgestellten Frequenzen. Wenn die Frequenzen sehr abweichen oder die Oberwelle sich außerhalb des Spekters befindet, wird ihr Anteil unter der
Quadratwurzel sehr klein. Es ist aber zu bemerken, daß bei der System-
form des Auslegerkrans die Amplituden der seismischen Kräfte der Grund-
und der Oberwelle nicht viel abweichen oder sogar gleich groß sind, jedoch üben die spektralen Beschleunigungen einen größeren Einfluß auf
sie aus. Die Analyse der Frequenzen zeigt, daß im gewöhnlichen Bereich
der Auslegerkrane (n_1 = 0,12, Z = 0,1, λ = 1 und P/m_T = 40) folgende
Frequenzen auftreten: f_1 = 0,72 Hz und f_2 = 1,17 Hz. Dieses Bild verändert sich bei schwereren Auslegern wenig; bei extrem schwerem Ausleger mit n_1 = 0,50 sind die Frequenzen f_1 = 0,41 Hz und f_2 = 0,96 Hz.
Mit den charakteristischen Ansprechspektren im Bild 5.4 und 5.5 verglichen, wird das Merkmal der meisten Auslegerkrane aufgezeigt, nämlich
daß die Frequenzen in unterem Bereich liegen. Der Einfluß der Grundfrequenz vermindert sich in erstem Fall auf 40 %, in zweitem auf 20 %, in
einigen Fällen aber verschwindet er vollständig. Die zweite Oberschwingung bleibt dennoch im Spektrum. Deshalb wird dieser Amplitude der größte Einfluß gegeben. Wenn mit QWSQ-Mittelwerten gerechnet wird, entsteht deshalb kein Unterschied, denn dabei herrscht die wichtigste Komponente vor.

24.2. Erörterung der Kraftverhältnisse

Für die Untersuchung der Kraftverhältnisse wird die Einheitsansprechbe-
schleunigung $\ddot{y}_m$ angewandt. Für die Bereiche der Untersuchung wurden die
Verhältnisbeiwerte an einer Reihe von Auslegerkranen ausgewertet, um
den minimalen und maximalen Randwert zu bestimmen. Praktisch kommen folgende Bereiche vor: n_1 = 0,1 bis 2, Z = 0,1 bis 1, λ = 0,2 bis 4, P/m_T =
30 bis 60.

In diesen Bereichen wurden die seismischen Kraftbeiwerte ausgewertet
und in Abhängigkeit von verschiedenen Parametern dargestellt. Im Bild
24.5 wird der Kraftbeiwert des Turms bei vertikaler Erregung k_{tv} in Abhängigkeit vom Massenbeiwert n_1 bei verschiedenen Steifigkeitsbeiwerten

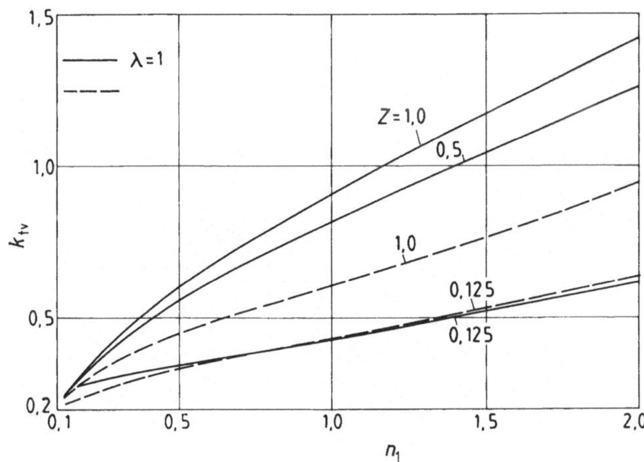

Bild 24.5: Seismischer Kraftbeiwert im Turm k_{tv} bei vertikaler Bodenbewegung in Abhängigkeit vom Massenverhältnis bei verschiedenen Steifigkeits- und Län-
gen-Verhältnissen, $\ddot{y}_m = 1$ g

Z für zwei Längenverhältnisse $\lambda = 1$ und 2 gezeigt. Im Bild 24.6 ist
der Kraftbeiwert des Auslegers k_{av} bei vertikaler Erregung in Abhängigkeit von denselben Einflußgrößen dargestellt. Es ist ersichtlich,
daß bei vertikaler Bodenbewegung (nach Bild 24.4) sich die Kräfte im
Ausleger fast linear mit der Masse des Auslegers ($n_1 = m_A/m_T$) vergrö=
ßern, während das Anwachsen am Turm langsamer ist. Die Steifigkeit des
Auslegers hat auf seine seismische Kraft eine entgegengesetzte Wirkung
als auf die seismische Kraft im Turm. Ein längerer Ausleger hat auf seine Kräfte vergrößernde Wirkung, während im Turm die Kraft vermindert
wird, besonders bei größerem Steifigkeitsbeiwert Z.

Bei Turmkranen kommen am häufigsten Massenverhältnisse n_1 im unteren
Bereich vor, besonders von 0,1 bis 0,3. In diesem Bereich sind die Kräfte im Turm größer als im Ausleger. Während sich im Ausleger ein Kraftbeiwert von 0,1 bis 0,2 ergibt, erreicht er im Turm Werte von 0,23 bis
0,45, d.h. um 100 % größere. Mit Hinsicht auf diesen Verlauf sollte der
Turm möglichst steif sein und der Ausleger elastischer.

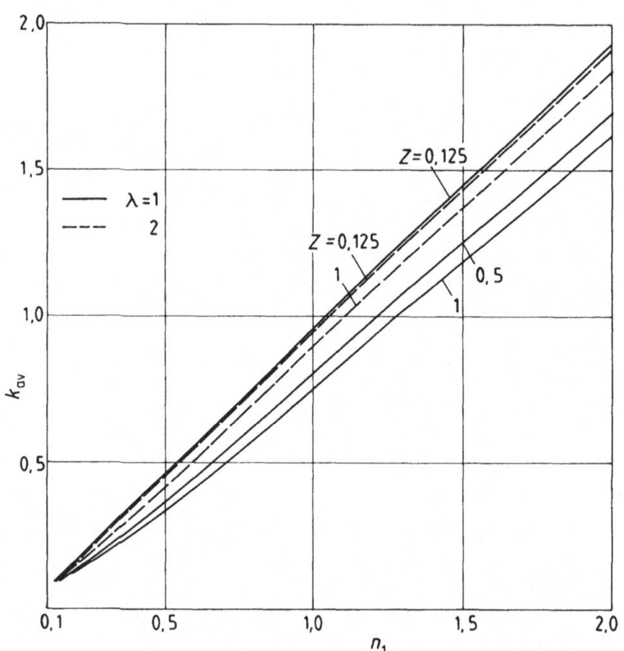

Bild 24.6: Seismischer Kraftbeiwert im Ausleger k_{av} bei vertikaler Bodenbewegung in Abhängigkeit vom Massenverhältnis bei verschiedenen Steifigkeits- und Längenverhältnissen (Bezeichnungen Bild 24.5)

Im Bild 24.7 ist der seismische Kraftbeiwert am Turm k_{th} infolge horizontaler Erregung in Abhängigkeit vom Massenbeiwert bei verschiedenen
Längen- und Steifigkeitsverhältnissen gezeigt. Den Einfluß derselben
Größen auf den seismischen Kraftbeiwert im Ausleger k_{ah} bei horizontaler Bodenbewegung zeigt Bild 24.8. Der Vergleich des Verlaufs der Kraftbeiwerte im Ausleger und im Turm bei vertikaler Erregung zeigt, daß die
Werte bei allen Parametern die gleichen sind. Der Kraftbeiwert k_{th} ist
im ganzen Bereich des Massenbeiwerts n_1 von allen Beiwerten der größte.
Im üblichsten Bereich von n_1 = 0,1 bis 0,3 sind die Werte des Kraftbeiwerts k_{ah} = 0,25 bis 0,45, der Kraftbeiwert im Turm k_{th} erreicht Werte
zwischen 0,85 bis 1,14, d.h. um 240 % bis 253 % mehr als im Ausleger.
Das zeigt, daß für den Turmkran die horizontalen seismischen Beschleu-

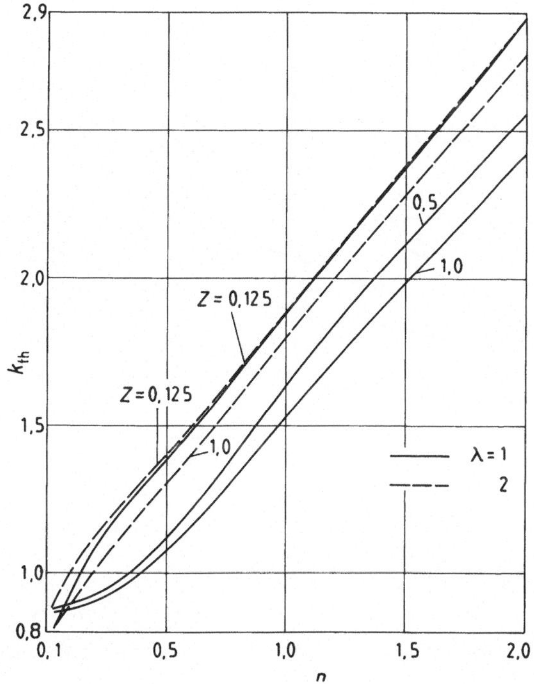

Bild 24.7: Seismischer Kraftbeiwert im Turm k_{th} bei
horizontaler Bodenbewegung in Abhängigkeit
vom Massenverhältnis bei verschiedenen
Steifigkeits- und Längenverhältnissen (Bezeichnungen Bild 24.5)

nigungen am gefährlichsten sind, da sie im Turm die höchsten seismischen
Ansprechkräfte hervorrufen. Dabei muß auf den Unterschied zwischen Ansprechbeschleunigungen in horizontaler und vertikaler Richtung hingewiesen werden, von denen die erst genannten immer größer sind. Das heißt,
daß der Vergleich von seismischen Beiwerten ohne Berücksichtigung der
Beschleunigungsverhältnisse nicht zu einwandfreien Folgerungen führen
kann. Für die Kräfte im Turm in horizontaler und in vertikaler Richtung
(Vergleich von k_{th} und k_{tv}) hat die Steifigkeit des Turms entgegengesetzte Tendenzen: für k_{th} soll die Steifigkeit des Turms möglichst klein,
für k_{tv} jedoch möglichst groß sein. Da die Beiwerte in vertikaler Richtung kleiner sind (und auch Ansprechbeschleunigungen), soll der Ausleger

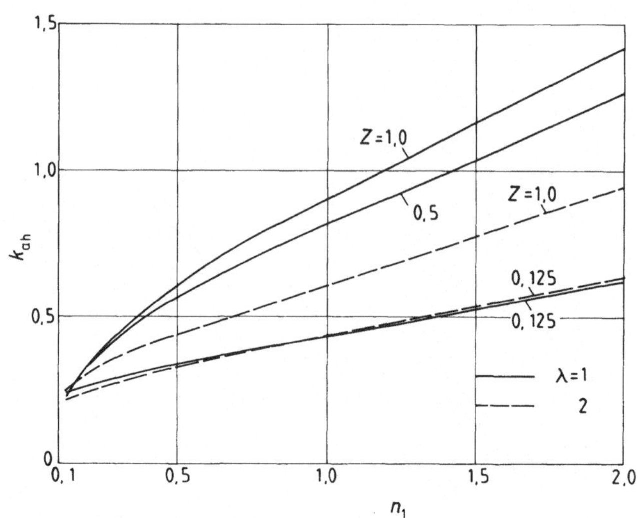

Bild 24.8: Seismischer Kraftbeiwert im Ausleger k_{ah} bei horizon-
           taler Bodenbewegung in Abhängigkeit vom Massenverhält-
           nis bei verschiedenen Steifigkeits- und Längenverhält-
           nissen (Bezeichnungen Bild 24.5)

möglichst steif sein im Vergleich zum Turm (Z groß), um die seismischen
Kräfte im Turm klein zu halten. Die Tendenzen sind jedoch nicht so ausgeprägt, wie aus Bild 24.9 ersichtlich, das den Verlauf der Kraftbeiwerte k_{tv} und k_{av} bei konstantem Massenverhältnis (n_1 = 0,20) in der Abhängigkeit vom Steifigkeitsverhältnis Z bei verschiedenen Längenverhältnissen (λ = 1, 2, 4) zeigt. Die Abhängigkeit vom Steifigkeitsverhältnis
ist nur im unteren Bereich ausgeprägt, danach ist er fast konstant.

Im Bild 24.10 ist der Verlauf der Kraftbeiwerte k_{th} und k_{ah} in Abhängigkeit vom Steifigkeitsverhältnis bei denselben Bedingungen ersichtlich. Auch hier ist die Abhängigkeit nur in unterem Bereich gegeben,
während bei größeren Werten des Steifigkeitsverhältnisses die Steifigkeit keinen Einfluß ausübt.

Die Ausdrücke wurden aus dem ungedämpften Zustand ermittelt; es wird
jedoch die Dämpfung bei der spektralen Ansprechbeschleunigung berücksichtigt, da sie aus dem Ansprechspektrum mit Rücksicht auf das in der

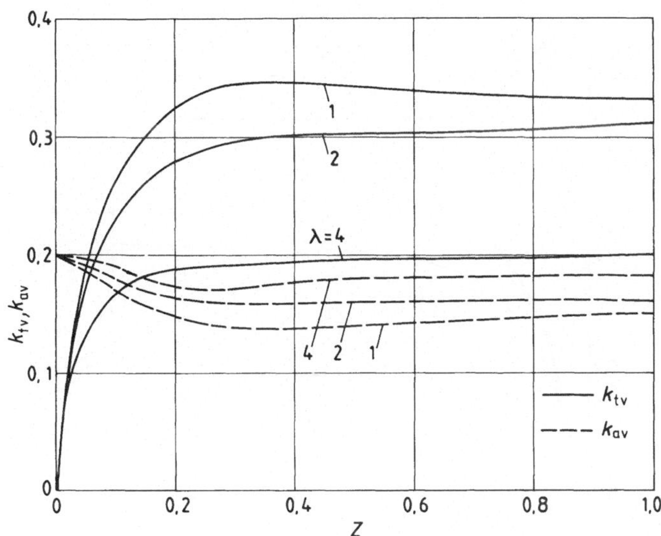

Bild 24.9: Seismische Kraftbeiwerte k_{tv} und k_{av} bei konstantem
          Massenverhältnis n_1 = 0,20 bei vertikaler Bodenbe-
          wegung in Abhängigkeit vom Steifigkeitsverhältnis Z
          bei verschiedenen Längenverhältnissen (Bezeichnungen
          Bild 24.5)

Krankonstruktion vorhandene Dämpfungsmaß ausgewählt wird. Das bedeutet,
daß die auf diese Weise ermittelten seismischen Kräfte keine Reserven
enthalten und daß sie bei der Bestimmung des Spannungs- und des Stand-
sicherheitszustands als zuverlässige und endgültige Werte zu verwenden
sind.

24.3. Bestimmung des Beanspruchungszustands

Ein Blick auf die seismischen Kräfte im Bild 24.4 zeigt, daß ihre Richtungen von der Richtung der Bodenbeschleunigung abhängen. Außerdem kann
die vertikale Bodenbewegung verschieden kombiniert mit der horizontalen
auftreten. Es ist kaum zu erwarten, daß beide Gipfel in derselben Phase
liegen. Infolge der geringen Wahrscheinlichkeit dieses Falles wird für

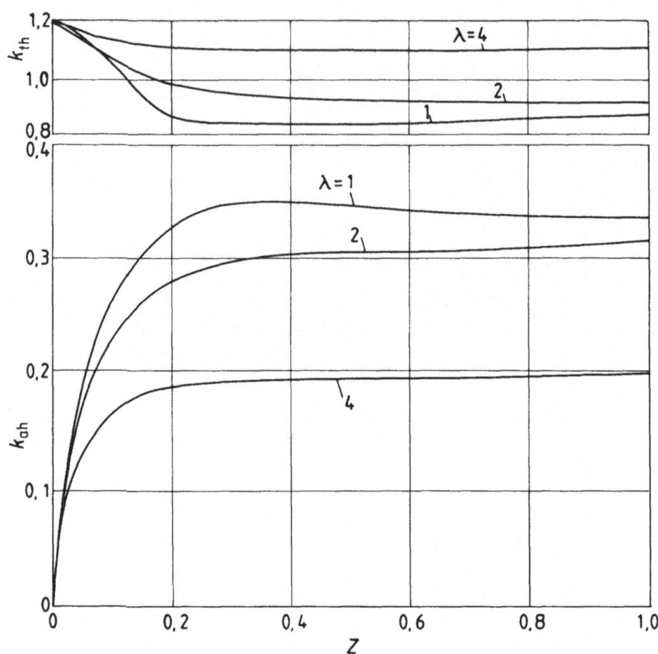

Bild 24.10: Seismische Kraftbeiwerte k_{ah} und k_{th} bei konstantem
Massenverhältnis n_1 = 0,20 bei horizontaler Bodenbewegung in Abhängigkeit vom Steifigkeitsverhältnis Z
bei verschiedenen Längenverhältnissen (Bezeichnungen
Bild 24.5)

die Kombination der Kräfte als Folge vertikaler und horizontaler Bodenbeschleunigungen die Quadratwurzel der Summe ihrer Quadrate angewandt.
Der Vergleich der seismischen Kraftbeiwerte zeigt, daß die größten Werte
bei der horizontalen Bodenbeschleunigung auftreten. Bei der Ermittlung
des Spannungszustands wird die gefährlichste Kombination angenommen. Zu
den Spannungen infolge seismischer Kräfte müssen noch die Spannungen infolge Eigengewichtsmassen addiert werden. Die Kräfte verursachen im Ausleger das größte Moment an der Befestigungsstelle am Turm, das sich dann
in den Turm überträgt, der normalerweise an seinem oberen Ende am
schwächsten ist. Die horizontale seismische Kraft F_t verursacht das größte Biegungsmoment im unteren Turmbereich. Betriebsspannungen läßt man
außer acht, da der Kran außer Betrieb angenommen wird. Es wird deshalb

auch keine Last am Ausleger berücksichtigt. Beim Ausleger wird der kleinste Hebelarm L_A angenommen. Die Analyse im nächsten Abschnitt zeigt nämlich, daß mit dem Ausleger bei größter Ausladung die Standsicherheit der Auslegerkrane bei schweren Erdbeben nicht gewährleistet werden kann. Es werden zuerst die mittleren seismischen Kräfte bestimmt

$$F_t = \sqrt{F_{th}^2 + F_{tv}^2} \; , \tag{24-52}$$

$$F_a = \sqrt{F_{ah}^2 + F_{av}^2} \; . \tag{24-53}$$

Mit den Bezeichnungen aus Bild 24.2 folgen dann die resultierenden Biegungsspannungen im Ausleger

$$\sigma_g = \sigma_S + \sigma_0 = \frac{F_a \, L_A}{W_T} + G_A \, \frac{L_A}{2 \, W_T} \tag{24-54}$$

mit W_t Widerstandsmoment des Auslegers beim Turm.

Dieselben Momente beanspruchen auch den Turm, indem in diese Gleichung das Widerstandsmoment des Turms am oberen Ende eingesetzt wird.

Die größte Biegespannung am unteren Ende des Turmes folgt mit

$$\sigma_g = \sigma_S + \sigma_0 = \frac{F_a \, L_A}{W_{Tu}} + \frac{F_t \, L_T}{W_{Tu}} + \frac{G_A \, L_A}{2 \, W_{Tu}} + \frac{G_A + G_T}{A_{Tu}} \tag{24-55}$$

mit W_{Tu}, A_{Tu} Widerstandsmoment und Querschnittsfläche des unteren Turmbereichs. Mit den Kennwerten lautet diese Gleichung

$$\sigma_g = G_T \, L_T \, (\frac{F_a \, \lambda}{W_{Tu}} + \frac{F_t}{W_{Tu}} + \frac{n_1 \, \lambda}{2 \, W_{Tu}} + \frac{1 + n_1}{A_{Tu}}) \; . \tag{24-56}$$

Wenn diese Gleichung 90 % der Streckgrenze gleichgesetzt wird, ist die seismische Sicherheit gesichert.

24.4. Erörterung der Standsicherheit

Durch die an der Spitze des Kranturms horizontal wirkenden seismischen Kräfte, wird die Standsicherheit des Auslegerkrans gefährdet. Der Kran wird standsicher sein, solange die Summe aller Kippmomente M_K kleiner als die Summe aller Standmomente M_S bleibt

$$k_s = \frac{M_S}{M_K} \geqq 1 \qquad\qquad\qquad (24\text{-}57)$$

mit k_s Standsicherheitsbeiwert.

Es werden drei Fälle unterschieden:

1. Mit gehobenem Ausleger wird der Kran ein Einmassensystem mit der horizontalen Kraft $F_{th} = m_{TA}\, \ddot{y}_{mh}$ und der vertikalen Kraft $F_{tv} = (G_T + G_A)/g \cdot \ddot{y}_{mv}$.

2. Mit dem Ausleger ohne Nutzlast.

3. Mit dem Ausleger und Nutzlast.

Im ersten Fall wird die gemeinsame reduzierte Masse des Turms mit dem Ausleger m_{TA} mit der Ansprechbeschleunigung beschleunigt. Wegen der kleinen Auslegermasse wird $m_{TA} \simeq m_T$ gewählt. Es folgt

$$k_s = \frac{(G_T + G_A)\, L_M/2}{(0{,}24\, G_T + G_A)\, \ddot{y}_{mh}/g \cdot L_T}\ , \qquad\qquad (24\text{-}58)$$

wobei die Größen aus Bild 24.11 zu ersehen sind.

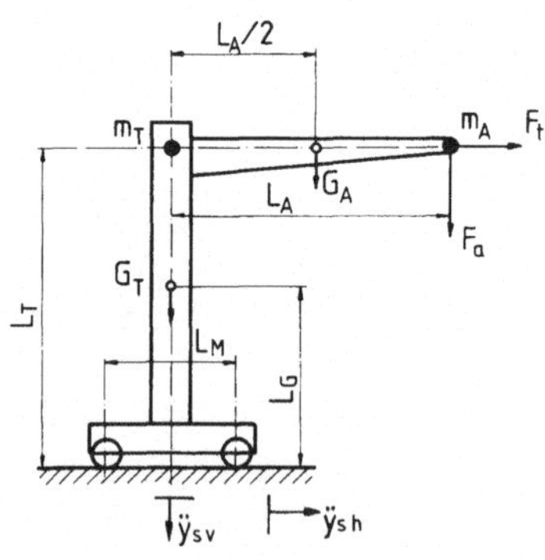

Bild 24.11: Bezeichnungen des Auslegerkrans für die Standsicherheit

Mit den Ausdrücken für $m_T = 0{,}24\, G_T/g + 0{,}76\, G_A/g$ und für $m_A = 0{,}24\, G_A/g$ läßt sich das Verhältnis G_T/G_A bestimmen

$$n_g = \frac{G_A}{G_T} = \frac{n_1}{1 - 3{,}167\, n_1} \cdot \qquad (24\text{-}59)$$

Daraus ist ersichtlich, daß das Verhältnis der Gewichtsmassen nicht mit dem Verhältnis ihrer reduzierten Massen zu verwechseln ist. Z.B. ist bei $n_1 = 0{,}20$ $n_G = 0{,}546$ d.h. um 172 % größer.

Mit $k_M = L_M/L_T$ folgt die größte zulässige horizontale Ansprechbeschleunigung an der Grenze der Standsicherheit bei $k_s = 1$

$$\ddot{y}_{mh} \leqq \frac{0{,}5\,(1 + n_G)\,k_M\,g}{0{,}243 + n_G} \cdot \qquad (24\text{-}60)$$

Z.B. wird bei $k_M = 0{,}5$ und $n_1 = 0{,}12$ $(n_G = 0{,}194)$

$$\ddot{y}_{mh} \leqq 0{,}683\ g \ .$$

Im zweiten Fall ist der Standsicherheitsbeiwert

$$k_s = \frac{G_T\,L_M/2}{F_t\,L_T + F_a\,(L_A - L_M/2) + G_A\,(L_A/2 - L_M/2)} \qquad (24\text{-}61)$$

und daraus die Grenzbeschleunigung (bei $k_s = 1$)

$$\ddot{y}_{mh} \leqq \frac{0{,}5\,\{k_M - n_G\,(\lambda - k_M)\}}{(0{,}243 + 0{,}76\, n_G)\,\{k_t + k_a\,(\lambda - 0{,}5\, k_M)\}} \cdot \qquad (24\text{-}62)$$

Bei $k_M = 0{,}5$, $n_1 = 0{,}12$, $\lambda = 1$ und $Z = 0{,}3$ wird nach Bild 24.8 $k_{ah} = 0{,}25$ und nach Bild 24.7 $k_{th} = 0{,}87$. In diesem Beispiel wird die höchste zulässige Ansprechbeschleunigung

$$\ddot{y}_{mh} \leqq 0{,}55\ g \ .$$

Im dritten Fall benutzt man dieselbe Gl.(24-62) jedoch mit neuen Werten der Masse m_A für n_G, k_t und k_a. Man sieht, daß die zulässige Ansprechbeschleunigung bei gehobenem Ausleger um 24 % größer ist. Es darf aber bei dieser Bewertung nicht die Tatsache außerachtgelassen werden, daß die Ansprechbeschleunigung im Ansprechspektrum von der Frequenz stark abhängig ist. Die Frequenzen des Kranes sind bei gehobenem Ausleger viel größer und befinden sich schon im Bereich, in dem die Ansprechbeschleunigung in die Bodenbeschleunigung übergeht. Der Vergrößerungsbeiwert ψ_a ist da gleich 1.

Im zweiten Fall ist die Bodenbeschleunigung $\ddot{y}_s = 0,551\ g/3 = 0,184\ g$.
Im ersten Fall ist $\ddot{y}_s \simeq 0,68\ g$. Aus dem Bild 5.3 ist ersichtlich, daß
der Auslegerkran im zweiten Fall einem Erdbeben mit der Intensität VII
bis VIII MM standhalten würde, bei gehobenem Ausleger aber auch mit IX
bis X MM.

Es hängt von der Konstruktion des Kranes ab, ob die Standsicherheit des
Auslegerkrans auch im dritten Fall mit der Nutzlast gegeben wäre. Es
ist jedoch anzunehmen, daß in diesem Fall bei den meisten Kranen schon
bei mittleren Erdbebenintensitäten die Standsicherheit nicht mehr erfüllt ist.

Bild 24.12 zeigt die Grenzen der Standsicherheit in Form der maximalen
horizontalen Ansprechbeschleunigung nach Gl.(24-62) für $Z = 0,125$ in
Abhängigkeit vom Massenverhältnis $n_1 = m_A/m_T$ bei verschiedenen Verhältnissen λ und k_M. Es ist ersichtlich, daß die Standsicherheit besser ist
bei kleineren Massenverhältnissen n_1, größeren Radabstandsverhältnissen
k_M und bei kleineren Auslegerverhältnissen λ.

24.5. Destabilisierungskräfte

Beim Auslegerkran spricht man von der Destabilisierung des ganzen Kranes, wenn er von der Kranbahn abgehoben wird, oder von der Destabilisierung von Bauteilen am Kran, z.B. des Oberbaues am Kranportal, der
Katze, die auf dem Ausleger verfahrbar ist, der Ausrüstung, die auf dem
Kran befestigt ist, wenn sie vom Kran abgehoben werden. Zur Destabilisierung kommt es, wenn die vertikale absolute Beschleunigung größer als
die Erdbebenbeschleunigung oder die aufwärts wirkende seismische Kraft
größer als die Gewichtskraft wird.

Aus der Eigenwertgleichung geht hervor, daß die elastischen und Träg-
heits-Kräfte gleichwertig sind

$$\underline{c}\ \Phi = \underline{m}\ \Phi\ \Omega^2 \tag{24-63}$$

mit $\underline{\Omega}^2$ Diagonalmatrix der Tonfrequenzquadrate ω_n^2.

Daraus folgt die absolute Beschleunigung bei den Massen

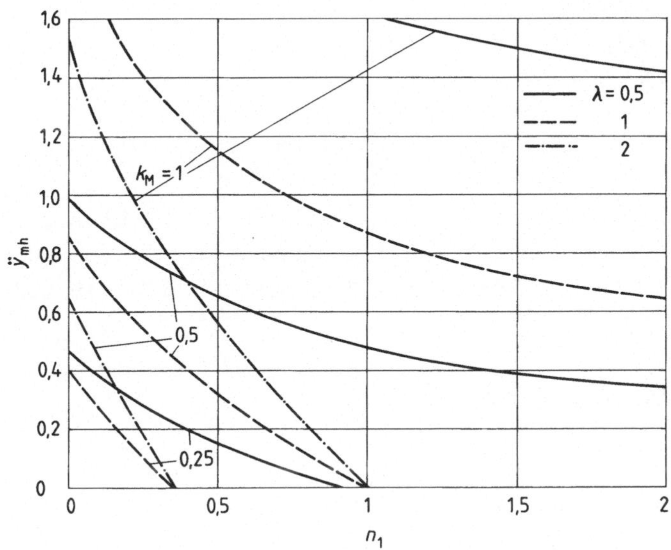

Bild 24.12: Größte zulässige horizontale Ansprechbeschleunigung
$\ddot{y}_{mh}$ in Abhängigkeit vom Massenverhältnis $n_1 = m_A/m_T$,
Auslegerverhältnis $\lambda = L_A/L_T$ und vom Radabstandsver-
hältnis $k_M = L_M/L_T$ bei $Z = 0{,}125$

$$\underline{\ddot{x}} = \underline{\phi}\left\{ \frac{\overline{L}_n}{M_n}\,\ddot{y}_m \right\} \cdot \tag{24-64}$$

Zu demselben Ergebnis führt auch die Division der seismischen Kraft
durch die Masse oder des seismischen Kraftbeiwerts durch $(1 + n_1)$ für
den Turm und durch n_1 für den Ausleger und zwar für beide Schwingungswellen gleich

$$\ddot{x}_T = \frac{k_t}{1 + n_1}\,\ddot{y}_m \tag{24-65}$$

und

$$\ddot{x}_a = \frac{k_a}{n_1}\,\ddot{y}_m \ , \tag{24-66}$$

wobei nur die letzte vertikal aufwärts wirkt.

Die Bilder 24.9 und 24.10 zeigen, daß die vertikale Beschleunigung der Auslegermasse im Falle einer horizontalen Bodenerregung größer ist als bei vertikaler Bodenerregung. Bei $n_1 = 0,2$ ist die Beschleunigung $\ddot{x}_a$ in größerem Bereich des Trägheitsmomentbeiwerts Z bei $\lambda = 1$ gleich $1,75\ \ddot{y}_{mh}$, während sie bei vertikaler Bodenbewegung $\ddot{x}_a = 0,70\ \ddot{y}_{mv}$ ist.

Mit diesen Werten kann die Abhebegefahr des ganzen Auslegerkrans geprüft werden. Auf den Kran wirken nach Bild 24.13 die Trägheitskräfte: F_a an der Auslegerspitze, die in den Turm als F_a übertragen wird und die Kraft der restlichen Masse des Turms m_{tr}, die von der Reduzierung geblieben ist, in der Höhe von $0,76\ G_T/g$, die mit der Bodenbeschleunigung mitschwingt

$$F_{tr} = 0,76\ G_T/g \cdot \ddot{y}_{sv} \ . \tag{24-67}$$

Gegen diese Kräfte wirkt die Gewichtskraft des Kranes $(G_A + G_T)$. Die Gleichgewichtsgleichung lautet

$$G_A + G_T > F_a + 0,76\ G_T/g \cdot \ddot{y}_{sv} \ , \tag{24-68}$$

wobei $F_a = k_{av}\ m_T\ \ddot{y}_{mv} = k_{av}\ (0,243\ G_T/g + 0,76\ G_A/g)\ \ddot{y}_{mv}$.

Die größte Bodenbeschleunigung in vertikaler Richtung an der Grenze des Abhebens beträgt (bei $\ddot{y}_{mv} = 3\ \ddot{y}_{sv}$)

$$\ddot{y}_{sv} \leq \frac{1 + n_G}{3\ k_{av}\ (0,243 + 0,76\ n_G) + 0,76}\ g \ . \tag{24-69}$$

Als Beispiel soll die Analyse für den Kran mit $n_1 = 0,12$, $Z = 0,125$ und $\lambda = 1$ angegeben werden, wobei $k_a = 0,09$ ($n_G = 0,194$)

$$\ddot{y}_{sv} \leq 1,38\ g \ .$$

Das beweist, daß die größte zulässige Beschleunigung ziemlich hoch ist, jedoch muß die Kranbahn auf festem Felsengrund fundiert und selbst nicht elastisch sein, sonst wird dieser Wert schon bei mittleren Erdbeben erreicht.

Bei verfahrbarer Katze auf dem Ausleger wird ihre Abhebebedingung

$$G_K > m_K\ \ddot{x}_a = m_K\ F_{av}/m_A \tag{24-70}$$

mit G_K, m_K Gewichtsmasse und Masse der Katze. Bei obigem Beispiel ist bei vertikaler Bodenerregung $\ddot{x}_a = 0{,}70\,\ddot{y}_{mv}$ (Bild 24.9) die größte Ansprechbeschleunigung

$$\ddot{y}_{mv} \leq \frac{g}{0{,}70} = 1{,}43\ g\ .$$

Bei horizontaler Bodenbewegung jedoch (nach Bild 24.10)

$$\ddot{y}_{mh} \leq \frac{g}{1{,}75} = 0{,}57\ g\ .$$

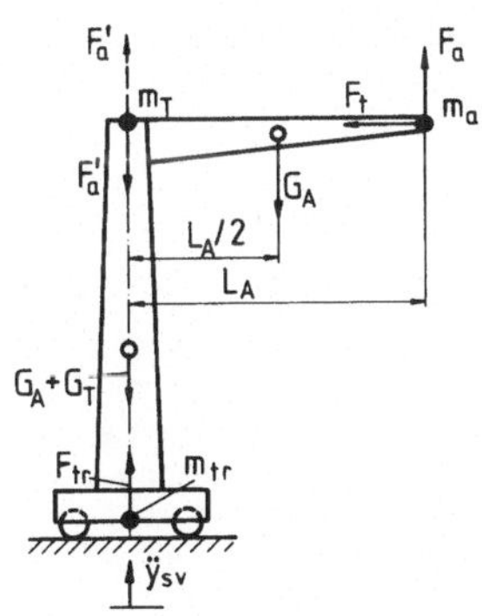

Bild 24.13: Auslegerkran beim Abheben, Bezeichnungen

Danach bedeutet die horizontale Bodenbewegung für das Abheben der Kran-Bauteile eine Gefahr.

Es soll auch die Gefahr des Abhebens des Auslegers geprüft werden, wobei die Gewichtskraft des Auslegers nach Bild 24.13 auf kleinerem Hebelarm wirkt.

Die größte Ansprechbeschleunigung folgt mit

$$\ddot{y}_{mh} \leq \frac{G_A\ L_A/2 \cdot g}{F_{ah}\ L_A} = \frac{G_A\ L_A\ g}{2\ k_{ah}\ m_T\ L_A} = \frac{n_G\ g}{2\ k_{ah}\ (0{,}243 + 0{,}76\ n_G)} \cdot \quad (24\text{-}71)$$

In unserem Beispiel ist die größte Beschleunigung bei $k_{ah} = 0{,}26$

$$\ddot{y}_{mh} \leq 0{,}96\ g\ .$$

Bei vertikaler Erregung mit $k_{av} = 0,09$ würde die Grenzbeschleunigung $\ddot{y}_{mv} \leq 2,761$ g sein, d.h. wesentlich größer als bei der horizontalen Erregung.

24.6. Kombination der Abhebe- und Kippgefahr

Weil die Bodenbewegung immer kombiniert in horizontaler und vertikaler Richtung auftritt, obwohl mit verschiedenem Verhältnis von Amplituden, muß mit der Gefahr des plötzlichen Abhebens und Umkippens gerechnet werden. Deshalb wird der Standsicherheitsnachweis mit dem Abhebenachweis verbunden. Es werden die Gln.(24-62) und (24-69) sinnmäßig kombiniert, indem die Abhebekraft als zusätzliche Kippkraft auftritt. Damit wird die Grenzbeschleunigung vermindert.

Den größten Einfluß auf die Standsicherheit hat der Radmittenabstand L_M. Bei Kranen mit hohen seismischen Forderungen wird die Optimierung mit der Veränderung der Grundparameter ausgeführt, um zur günstigsten Lösung zu kommen.

24.7. Abweichende Arten von Auslegerkranen

Neben den Auslegerkranen mit Biegeträgerelementen gibt es auch Krane, bei denen die Ausleger allein oder auch die Drehsäulen nur die Druckkräfte aufnehmen, während die Zugkräfte durch Ausleger- und Turmhalteseile übertragen werden. Ihre Berechnung ist im Kapitel 25 über die Turmdrehkrane aufgezeigt.

Eine besondere Art der Auslegerkrane stellt der Kragträgerkran dar, wie er auf den Auslegerwandlaufkranen vorkommt. In diesem Fall entfällt die horizontale Koordinate $m_1 = m_T$ und es wird nur der Konsolträger selbst auf die vertikale Bodenbeschleunigung berechnet.

24.8. Anleitungen für den Konstrukteur

Wenn ein Auslegerkran ausgesprochen schweren seismischen Forderungen unterworfen ist, soll der Konstrukteur schon beim Entwurf mit gezielten

Maßnahmen danach trachten, seine Widerstandsfähigkeit maximal zu vergrößern. Das bedeutet mit seinem Ansprechen auf Erdbebenerregung die minimalen seismischen Kraftbeiwerte zu gestalten. Für die seismische Beanspruchung ist die horizontale Bodenbeschleunigung am gefährlichsten. Für die Verminderung des Kraftbeiwerts k_{th} sollen folgende Konstruktionslösungen angestrebt werden:

1. Das Massenverhältnis n_1 soll klein sein, das heißt der Ausleger soll leicht ausgeführt werden. Dazu ist die Leichtbauweise anzuwenden, aber der Turm selbst soll möglichst steif gebaut werden. Dazu haben sich Hohlprofile mit dünnwandiger Verschalung bestens bewährt.

2. Das Trägheitsmomentverhältnis Z des Auslegers und des Turms soll klein sein, jedenfalls kleiner als 0,2, d.h. das Trägheitsmoment des Turms soll groß und das des Auslegers klein sein.

3. Das Längenverhältnis λ zwischen den freien Längen des Auslegers und des Turms soll möglichst klein sein, jedoch kann der Konstrukteur das wenig beeinflußen, denn es hängt von Betriebsverhältnissen ab.

4. Für den Ausleger sind die Forderungen entgegengesetzt, nur die des Massenverhältnisses n_1 ist gemeinsam, es soll klein sein. Das Steifigkeitsverhältnis soll klein sein und das Längenverhältnis groß. Jedenfalls muß der Konstrukteur anhand detaillierter Analyse entscheiden, welche Maßnahme das positivste Endergebnis hat.

5. Es soll schon von vornherein auch die Höhe der Ansprechbeschleunigung beeinflußt werden, indem die Kraneigenfrequenzen aus dem Maximumbereich des Spektrums verschoben werden. Einen Einblick dazu bietet die Gl.(24-22) mit Gl.(24-23). Es soll vorallem durch den Beiwert P, der Steifigkeitskonstante des Turms in horizontaler Richtung, die Frequenz gehoben werden, dazu soll die Gewichtsmasse des Kranes möglichst klein sein. Das letzte Glied unter der Wurzel soll möglichst groß sein, dazu ist der Massenbeiwert n_1 klein zu halten.

Auch für die Standsicherheit haben oben angeführte Maßnahmen gute Nachwirkungen. Beide Kraftbeiwerte k_t und k_a sollen möglichst klein sein ebenso wie das Längenverhältnis λ und auch das Massenverhältnis n_1, dagegen soll das Radmittenabstandsverhältnis möglichst groß sein. Mit diesen Maßnahmen werden dann auch die Verhältnisse bei der Abhebegefahr günstig beeinflußt. Bei der Erdbebengefährdung und allen mit ihr verknüpften Erscheinungen tritt die Rolle der Krangewichtsmasse in den Vordergrund. Es ist besonders wichtig, das Gewicht des Kranes möglichst zu vermindern. Die moderne Leichtbauweise hat dazu schon viel beigetragen: die Anwendung von dünnwandigen Hohlprofilen des Kasten- und des Rohrquerschnitts mit Innensteifen zur Verhütung der Instabilitätserscheinungen hat sich dabei bestens bewährt. Man sollte durchwegs leichte gekapselte Getriebeeinheiten einsetzen und Bauteile aus hochlegierten Stählen, die zwar preislich teurer sind. Dieser Mehrpreis wird jedoch mit der Reduzierung der sekundären Folgen des dynamischen Kranverhaltens mehr als ausgeglichen.

25. Seismische Beanspruchung der Turmdrehkrane

Unter allen Hebezeugen nehmen die Turmdrehkrane auf Grund ihrer super-
leichten Bauart eine exponierte Stellung ein. Als Begründung sind einerseits die erheblichen Baudimensionen, jedoch bei verhältnismäßig niedrigen Nutzlasten, und andererseits die geringe Einsatzhäufigkeit zu
nennen. Turmdrehkrane decken sowohl den Bereich der großen Arbeitshö-
hen, zugleich aber auch der großen Arbeitsflächen ab. Daraus folgt eine
auf die Spitze getriebene Beanspruchungsdichte bei möglichst großen
Werkstoffeinsparungen. Man strebt eine möglichst kleine Eigenmasse an,
indem man die Tragquerschnitte durch volle Ausnutzung der zulässigen
Grenze der Spannungen vermindert. Diese "Leichtbauweise" ist deshalb
mit harten Forderungen nach seismischer Sicherheit nicht in Einklang zu
bringen. Es sollen daher die Möglichkeiten der Erdbebensicherheit vorhandener Konstruktionslösungen untersucht werden, um anhand theoretischer Überlegungen die Folgen einer aseismischen Konstruktionsweise abschätzen zu können.

25.1. Bestimmung der seismischen Beanspruchung

Die heute bekannten Ausführungsformen der Turmdrehkrane lassen sich in
zwei Konstruktionsklassen einreihen:

1. Die Turmdrehkrane können mit einem neigbaren Ausleger (Bild 25.1) die
   Reichweite der Nutzlast verändern. Der Ausleger wird mit dem Seil gehoben und gesenkt. Der Turm ist mit dem Kippmoment der Gewichtsmassen
   bis zum Unterwagen belastet. Auf dem Unterwagen bzw. Oberwagen ist
   das Gegengewicht für den Ausgleich der Momente angebracht.

2. In die zweite Klasse werden Turmdrehkrane mit einem festen Ausleger
   eingereiht (Bild 25.2), deren Reichweite eine auf dem Ausleger verfahrbare Seilzugkatze verändert. Der Ausleger mit dem Gegengewichts-
   ausleger wird von Halteseilen getragen. Der Ausleger selbst ist damit
   lediglich als ein Brückenträger ausgebildet, auf dem die Katze verfährt. Der Turm ist deshalb vorwiegend nur auf Druck beansprucht, da
   der Gewichtsausgleich schon auf der oberen Ebene des Katzträgers erfolgt.

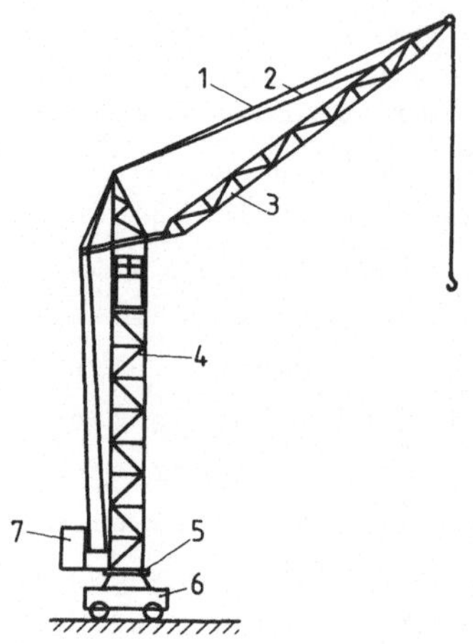

Bild 25.1: Turmdrehkran mit neigba-
          rem Ausleger; 1 Hubseil,
          2 Auslegerhubseil, 3 Aus-
          leger, 4 Drehturm, 5 Dreh-
          ring, 6 Unterwagen, 7 Ge-
          gengewicht

Bild 25.2: Turmdrehkran mit waagerechtem Ausleger und
          Seilzugkatze; 1 Hubseil, 2 Katzfahrseil, 3
          Ausleger-Halteseil, 4 Gegengewicht, 5 Dreh-
          turm, 6 Drehring

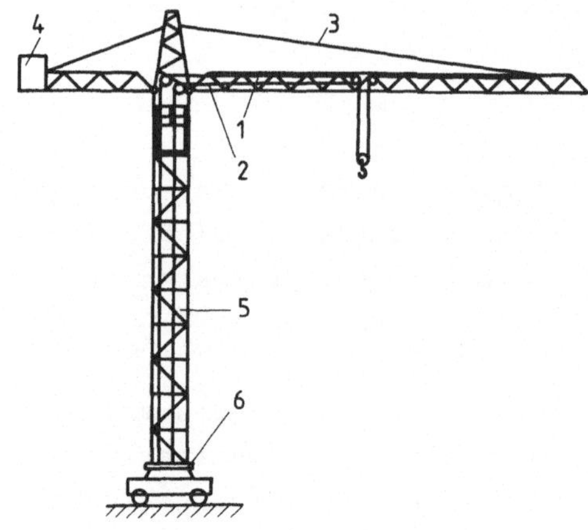

Für unsere Betrachtung ist es belanglos, ob der Drehkranz unter oder
über dem Turm angebracht ist.

Für den Berechnungsansatz müssen die Steifigkeiten verschiedener Massenpunkte bestimmt werden. Bei beiden Ausführungen sind die Ausleger keine
biegesteifen Träger, deren Steifigkeiten sich mit den Trägheitsmomenten
bestimmen lassen. Es sind vielmehr auf Seilen hängende und mit dem Turm
gelenkig verbundene Stäbe. Nur der Turm stellt manchmal einen einseitig
eingespannten vertikalen Säulenträger dar. Es ist deshalb kompliziert,
die Steifigkeiten verschiedener Verschiebungskoordinaten auf die Weise
zu berechnen, die für die seismische Berechnung der Auslegerkrane entwickelt wurde. Deshalb werden die Elastizitätsbeiwerte f_{ij} eingeführt,
die die Durchbiegung der Koordinate i infolge einer Einheitskraft bei
der Koordinate j darstellen.

Die Bewertung der Elastizitätsbeiwerte für ein gegebenes Schwingungssystem ist ein Standardproblem der statischen Strukturanalyse, wobei irgendeine Methode für die Berechnung der Durchbiegungen infolge Einheits-
lasten angewandt werden kann. Alle berechneten Elastizitätsbeiwerte bilden eine Elastizitätsmatrix des Systems $\underline{f}$. Nach der Definition folgt

$$\underline{u} = \underline{f}\ \underline{F}_f \qquad\qquad (25\text{-}1)$$

mit $\underline{F}_f$ elastische Federkräfte, $\underline{u}$ relative Verschiebungen. Aus der Bewegungsdifferentialgleichung ist bekannt, daß die elastische Kraft be-
stimmt wird mit

$$\underline{F}_f = \underline{u}\ \underline{c}. \qquad\qquad (25\text{-}2)$$

Durch den Vergleich beider Gleichungen ist ersichtlich, daß die Elastizitätsmatrix einer Inversion der Steifigkeitsmatrix gleich ist

$$\underline{c}^{-1} = \underline{f}. \qquad\qquad (25\text{-}3)$$

Deshalb ist das günstigste Verfahren der Bestimmung einer Steifigkeitsmatrix, daß man die Elastizitätsbeiwerte berechnet und die Elastizitätsmatrix invertiert.

Das System des Kranes wird vereinfacht angenommen (Bild 25.3) und die
Verformung der Kranbahn und des Unter- und Oberwagens vernachlässigt.
Den Turm betrachtet man als unten im Drehring fest eigespannten Träger.

Die Durchbiegungen werden an beiden Koordinaten u_1 und u_2 berechnet, dazu wird eine Einheitskraft von 1 N an der Auslegerspitze angesetzt. Die Längenänderungen des Auslegers und des Turmes sind zu vernachlässigen.

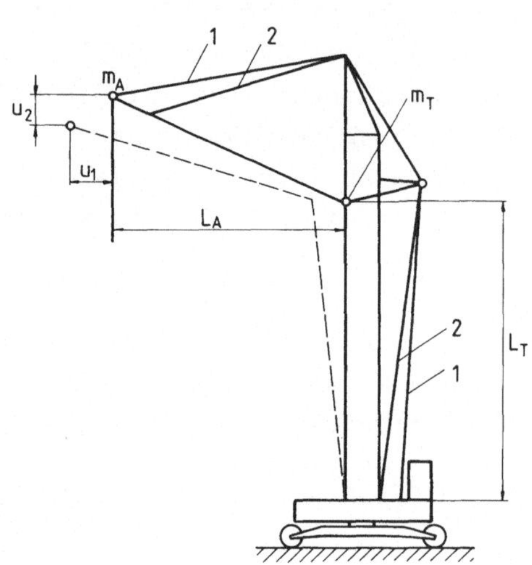

Bild 25.3: Turmdrehkransystem; Bezeichnungen für die Berechnung; 1 Hubseil, 2 Auslegerseil, m_A Auslegermasse, m_T Turmmase

Damit ergeben sich die Durchbiegungen des Auslegers f_{11} in Richtung der Koordinate u_1 als Folge einer Vertikalkraft $F_V = 1$ N. Diese Durchbiegung wird aus der Längenänderung der Seile und der Verformung des Turms unter dem Biegemoment der Einheitskraft zusammengesetzt. Die Verschiebung ergibt sich aus Addition von Seilkraft- und Momenten-Anteil. Die Seilverlängerung folgt aus der Gleichung

$$\Delta l = \frac{F_V}{A} \frac{l}{E_S} \tag{25-4}$$

mit E_S Seilelastizitätsmodul, l Gesamtlänge des Seiles. Damit wird die Elastizitätsmatrix ermittelt

$$\underline{f} = \begin{vmatrix} f_{11} & f_{21} \\ f_{12} & f_{22} \end{vmatrix}, \tag{25-5}$$

wobei $f_{12} = f_{21}$. Daraus läßt sich nach der Matrix-Algebra die Steifigkeitsmatrix mit der Inversion der Elastizitätsmatrix bestimmen

$$\underline{c} = \underline{f}^{-1} = \begin{vmatrix} c_{11} & c_{21} \\ c_{12} & c_{22} \end{vmatrix}. \tag{25-6}$$

Die Massenmatrix ist

$$\underline{m} = \begin{vmatrix} m_T + m_A & 0 \\ 0 & m_A \end{vmatrix}.$$

Der Kran wird für den Fall des Erdbebens ohne Nutzlast vorausgesetzt. Es ist wegen seiner leichten Betriebsklasse gerechtfertigt. Der Kran ist normalerweise nur mit einem kleineren Teil seiner Nennlast belastet und das wiederum auf geringer Auslegernutzlänge.

Die charakteristische Eigenwertgleichung

$$\underline{c} - \omega^2 \underline{m} = \begin{vmatrix} c_{11} & c_{21} \\ c_{12} & c_{22} \end{vmatrix} - \omega^2 m_T \begin{vmatrix} 1 + n_1 & 0 \\ 0 & n_1 \end{vmatrix} =$$

$$= \begin{vmatrix} c_{11} - \omega^2 m_T (1 + n_1) & c_{21} \\ c_{12} & c_{22} - \omega^2 m_A \end{vmatrix} = 0 \tag{25-7}$$

(mit $n_1 = m_A / m_T$) ergibt die Frequenzen

$$\omega^2_{1,\,2} = \frac{c_{11}}{m_T} W_{1,\,2}. \tag{25-8}$$

Es wird der Ausdruck eingeführt

$$W_{1,\,2} = \frac{c_0 (1 + n_1) + n_1}{2 n_1 (1 + n_1)} \pm \left[\left(\frac{c_0 (1 + n_1) + n_1}{2 n_1 (1 + n_1)} \right)^2 - \frac{c_0 - c_1^2}{n_1 (1 + n_1)} \right]^{0,5} \tag{25-9}$$

mit dimensionslosen Beiwerten

$$c_0 = c_{22}/c_{11} \quad \text{und} \quad c_1 = c_{12}/c_{11}.$$

Aus der Eigenwertgl.(25-7) werden die Schwingungsformbeiwerte bestimmt, die die Schwingungsformmatrix bilden

$$\underline{\Phi} = \begin{vmatrix} \phi_1 & 1 \\ 1 & \phi_2 \end{vmatrix} . \tag{25-10}$$

Die Schwingungsformbeiwerte sind

$$\phi_1 = \frac{c_1}{1 + (1 + n_1) \, W_1} \, ,$$

$$\phi_2 = \frac{1 + (1 + n_1) \, W_2}{c_1} \, . \tag{25-11}$$

Mit diesen Ausdrücken lassen sich die seismischen Kräfte am Turm und am Ausleger bestimmen

$$F_{fn} = \underline{m} \, \underline{\Phi} \, \frac{\overline{L}_n}{M_n} \, \ddot{y}_{m \, v,h} \tag{25-12}$$

mit $\ddot{y}_{m \, v,h}$ Ansprechbeschleunigung in vertikaler bzw. horizontaler Richtung aus dem Ansprechspektrum. Der Tonerregungsbeiwert folgt aus dem Ausdruck

$$\overline{L}_n = \underline{\Phi}_n^T \, \underline{m} \, \underline{r} \tag{25-13}$$

mit $\underline{\Phi}_n^T$ transponierte Schwingungsformmatrix, $\underline{r}$ Einflußvektor der seismischen Richtung. Für die vertikale Richtung ist dieser Vektor $\underline{r}_v^T = |0 \quad 1|$ und für die horizontale $\underline{r}_h^T = |1 \quad 0|$. Der Massenbeiwert M_n lautet

$$M_n = \underline{\Phi}_n^T \, \underline{m} \, \underline{\Phi}_n \, . \tag{25-14}$$

Mit den Ausdrücken für die Massen- und Schwingungsformmatrix sind die Werte beider obigen Beiwerte zu bestimmen. Wenn die Ausdrücke für die seismischen Kräfte entwickelt werden und durch Division mit der Turmmasse m_T in eine dimensionslose Form der seismischen Kraftbeiwerte verwandelt werden und gleichzeitig die Ansprechbeschleunigung mit 1 g angenommen wird, folgt

$$k_t = \frac{F_{fT}}{m_T\, g} \text{ für den Turm und} \qquad (25\text{-}15)$$

$$k_a = \frac{F_{fA}}{m_T\, g} \text{ für den Ausleger.} \qquad (25\text{-}16)$$

Die seismische Kraft kann aus den Beiwerten berechnet werden, die man aus dem Diagramm in Abhängigkeit von dimensionslosen geometrischen Verhältnissen c_0, c_1 und n_1 abliest, mit

$$F_{f\ t,a} = k_{t,a}\ m_T\ \ddot{y}_{m\ v,h}\ . \qquad (25\text{-}17)$$

Die seismische Kraft an jeder Masse kann aus der horizontalen oder aus der vertikalen Bodenerregung herrühren, so daß man den Index v oder h ergänzt. Die Ausdrücke für die Kraftbeiwerte unterscheiden sich mit verschiedener Erregungsrichtung nur durch den Einflußvektor $\underline{r}$, der im Tonerregungsbeiwert auftritt. Mit den Ausdrücken für den Tonerregungs- und Massenbeiwert nach Gln. (25-13) und (25-14), die in Gln. (25-12) bzw. (25-15) und (25-16) eingesetzt werden, folgen die Ausdrücke für die seismischen Kraftbeiwerte am Turm und am Ausleger bei verschiedenen Richtungen der seismischen Bodenerregung folgendermaßen

$$k_{tv\ 1} = \frac{\phi_1\ (1 + n_1)\ n_1}{n_1 + \phi_1^2(1 + n_1)}\ , \qquad (25\text{-}18)$$

$$k_{tv\ 2} = \frac{(1 + n_1)\ \phi_2\ n_1}{1 + n_1 + \phi_2^2\ n_1}\ , \qquad (25\text{-}19)$$

$$k_{th\ 1} = \frac{\phi_1^2\ (1 + n_1)^2}{n_1 + \phi_1^2\ (1 + n_1)}\ , \qquad (25\text{-}20)$$

$$k_{th\ 2} = \frac{(1 + n_1)^2}{1 + n_1 + \phi_2^2\ n_1}\ , \qquad (25\text{-}21)$$

$$k_{av\ 1} = \frac{n_1^2}{n_1 + \phi_1^2\ (1 + n_1)}\ , \qquad (25\text{-}22)$$

$$k_{av\ 2} = \frac{\phi_2^2\ n_1^2}{1 + n_1 + \phi_2^2\ n_1}\ , \qquad (25\text{-}23)$$

$$k_{ah\ 1} = \frac{n_1\ \phi_1\ (1 + n_1)}{n_1 + \phi_1^2\ (1 + n_1)}\ , \qquad (25\text{-}24)$$

$$k_{ah\,2} = \frac{\phi_2\, n_1\, (1 + n_1)}{1 + n_1 + \phi_2^2\, n_1}\,. \qquad\qquad (25\text{-}25)$$

Bei den Turmdrehkranen mit Ausleger darf man die zweite Schwingungswelle nicht vernachlässigen, wie es bei den Brücken- oder Portalkranen erlaubt ist. Die Schwingungsform zeigt nämlich, daß der Kraftbeiwert der zweiten Oberwelle fast die gleiche Größe hat wie der von der Grundwelle, lediglich das Vorzeichen hat gewechselt. Deshalb sind beide Größen zu addieren, aber zur Berücksichtigung einer evtl. unterschiedlichen Winkelphase über die Quadratwurzel der Summe der Quadrate. Dabei ist jedoch auf verschiedene Frequenzen zu achten, die veränderte Ansprechbeschleunigungen aus dem Ansprechspektrum zur Folge haben können, besonders für den Fall, daß eine Frequenz im Spektrum, die andere aber infolge einer großen Differenz schon außerhalb liegt. Das ist möglichst nur in Einzelfällen zu berücksichtigen: bei der Untersuchung, die allgemeine Abhängigkeiten des Verlaufs der Kraftbeiwerte ermitteln soll, wird das vernachlässigt, und es werden gleiche Ansprechbeschleunigungen vorausgesetzt.

Die Massen des Turmdrehkrans werden auf die Punkte 1 und 2 reduziert. Die gleichförmig verteilte Masse des Auslegers wird zusammengefaßt als einseitig eingespannter Träger mit

$$m_A = 0,243\ G_A/g \qquad\qquad (25\text{-}26)$$

mit G_A Gewichtsmasse des Auslegers. Dazu sind noch die Gewichte von Einzelmassen und das der Kopfseilführung zu addieren. Die reduzierte Masse des Turms beinhaltet neben seiner reduzierten Masse noch die restliche Masse des Auslegers

$$m_T = 0,243\ G_T/g + (1 - 0,243)\ G_A/g. \qquad\qquad (25\text{-}27)$$

Die restliche Masse des Turms überträgt man in den Punkt seiner Einspannung im Oberwagen, wo sie mit der Bodenbeschleunigung angeregt wird. Sie beeinflußt nur die Standsicherheit des Turmdrehkrans.

Bei der Ausführung nach Bild 25.2 wird die Seilzugkatze in den Auslegerkopf reduziert. Da sie verschiedene Stellungen einnehmen kann, ist die Analyse für zwei Lagen auszuführen, ganz eingezogen und am äußersten Ende beim Auslegerkopf.

Ist das Gegengewicht auf einem Ausleger ähnlich Bild 25.2 angebracht,
läßt es sich mit der Turmmasse vereinigen. Wenn der Ausleger das Schwingungsverhalten merklich beeinflußt (bei langen Auslegern), wird ein
Dreimassensystem berechnet mit Hilfe der Matrizen 3 x 3 Ordnung nach
oben entwickelten Ausdrücken.

Befindet sich die Last auf dem Ausleger, überträgt man sie auf die Auslegerspitze, wobei das Seil als steif angenommen wird. Man kann auch
mit der Last als dritter Masse m_L ein Dreimassensystem ansetzen. Die
Koordinate der Last ist u_3 in vertikaler Richtung, ihre Elastizität
wird durch die Seilverlängerung gegeben. Die Massenmatrix ist eine Diagonalmatrix

$$\underline{m} = \begin{vmatrix} m_T + m_A & 0 & 0 \\ 0 & m_A & 0 \\ 0 & 0 & m_3 \end{vmatrix}. \tag{25-28}$$

Der Einflußvektor für die vertikale Bodenerregung ist

$$\underline{r}_v^T = \begin{vmatrix} 0 & 1 & 1 \end{vmatrix} \tag{25-29}$$

und für die horizontale Erregung

$$\underline{r}_h^T = \begin{vmatrix} 1 & 0 & 0 \end{vmatrix} . \tag{25-30}$$

Es wird angenommen, daß sich die horizontale Erregung (auch bei der Massenmatrix) nicht auf die Last überträgt, da sie als Pendel wirkt, wobei
die horizontale Kraftkomponente infolge des sehr kleinen Ausschlagwin-
kels gegen Null geht.

In diesem Fall muß man die in derselben Koordinate wirkenden Kräfte zu-
sammenzählen, um die resultierende Kraft zu bekommen. So ist die bei der
Masse m_A wirkende vertikale seismische Kraft gleich

$$F_{A\,vr} + F_{A\,v} + F_{m3\,v} = m_T\,\ddot{y}_m\,(k_{tv} + k_{lv}) \tag{25-31}$$

mit k_{lv} seismischer Kraftbeiwert der Last.

25.2. Verlauf der Kraftbeiwerte

Um die Werte und Tendenzen beider Kraftbeiwerte in Abhängigkeit von geometrischen dimensionslosen Parametern zu erhalten, werden zunächst ihre
Bereiche anhand ausgeführter Turmdrehkrane ermittelt, die in typisierten
Baugrößen auf dem Markt sind. Danach wird der kleinste und der größte
Wert von: n_1 = 0,02 bis 0,1, am häufigsten 0,03 bis 0,04; c_0 = 0,5 bis
1,25, am häufigsten 0,8 bis 0,9; c_1 = 0,5 bis 1,0, am häufigsten 0,6
bis 0,7; c_{11}/m_T = 20 bis 80, am häufigsten 30 bis 40.

Aus den Ausdrücken für die Kraftbeiwerte ist ersichtlich daß nirgends
das Verhältnis der Auslegerlänge und Turmhöhe auftritt. Diese geometrische Größen sind in den Elastizitätsbeiwerten enthalten. Es ist deshalb schwer eine äußere Parallele mit bekannten Konstruktionen zu ziehen.

Im Bild 25.4 ist der seismische Kraftbeiwert k_{th} im Turm infolge der horizontalen Bodenbewegung in Abhängigkeit vom Massenverhältnis n_1 bei
verschiedenen Steifigkeitsverhältnissen c_0 und c_1 bei der Ansprechbeschleunigung $\ddot{y}_{mh}$ = 1 g ersichtlich. Bild 25.5 zeigt den Beiwert k_{av} am
Ausleger infolge der vertikalen Bodenerregung mit der Beschleunigung
$\ddot{y}_{mv}$ = 1 g in Abhängigkeit vom Massenverhältnis n_1 bei verschiedenen
Steifigkeitsverhältnissen c_0 und c_1. Man erkennt, daß alle Beiwerte
sich dicht nebenan befinden, nahe an der Linie k_{av} = n_1. Der Beiwert
wird nur wenig von den Steifigkeiten beeinflußt, sondern hauptsächlich
vom Massenverhältnis. Das liegt daran, daß die Auslegermasse m_a direkt
beschleunigt wird und dabei mit keiner anderen Masse diese Wirkung zu
teilen hat. Die seismische Kraft ist deshalb

$$F_{av} = k_{av} \, m_T \, \ddot{y}_m = n_1 \, m_T \, \ddot{y}_m = m_A \, \ddot{y}_m \; . \tag{25-32}$$

Bild 25.6 zeigt den Kraftbeiwert k_{ah}, der gleich dem Beiwert k_{tv} ist,
in Abhängigkeit vom Massenverhältnis n_1 bei verschiedenen Steifigkeitsverhältnissen. Die Werte sind stark von den Steifigkeiten abhängig,
ebenso wie der Beiwert k_{th}.

Der Verlauf der dimensionslosen Beiwerte zeigt, daß im normalen Bereich
des Massenverhältnisses zwischen 0,03 und 0,04 der Beiwert k_{th} die größten Werte erreicht. Das heißt, daß die horizontale Bodenbeschleunigung
die gefährlichste für den Turm ist. Um dessen Wert zu verringern, soll-

ten möglichst kleine Steifigkeitsverhältnisse angestrebt werden. Wegen
der Zusammensetzung dieser Verhältnisse bedeutet das: die Steifigkeit
c_{11}, d.h. die Steifigkeit des Turms in horizontaler Richtung muß möglichst groß und der Ausleger weich sein, d.h. kleine Steifigkeit. Die
Steifigkeiten sind jedoch nicht einfach zu erklären, daher soll immer
eine Variantenoptimierung eingeschlagen werden.

Da im Kraftausdruck die Turmmasse m_T auftritt, ist die Masse klein zu
halten. Mit geeigneten Konstruktionsmaßnahmen strebt man die minimale
Gewichtsmasse bei größter Steifigkeit an. Besonders dem Ausleger soll
beim Entwurf große Aufmerksamkeit gewidmet werden, denn vom Massenverhältnis $n_1 = m_A/m_T$ hängen an erster Stelle alle Kraftbeiwerte ab.

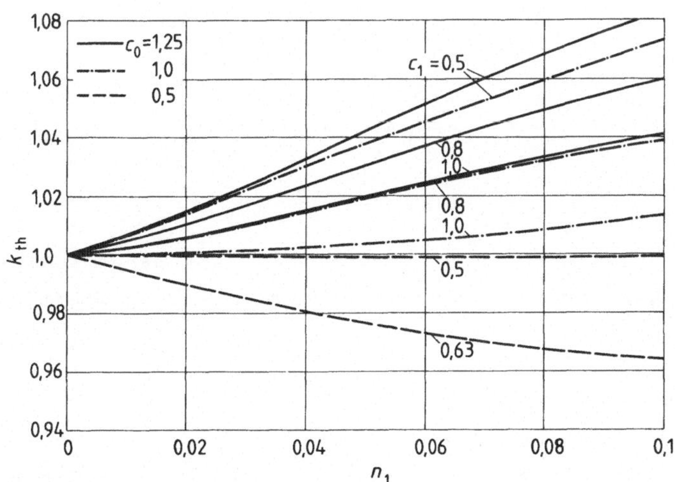

Bild 25.4: Seismischer Kraftbeiwert k_{th} in Abhängigkeit vom
           Massenverhältnis n_1 bei verschiedenen Steifigkeits-
           verhältnissen c_0 und c_1 bei $\ddot{y}_m$ = 1 g

Im Ausdruck für die seismischen Kräfte hat die Ansprechbeschleunigung
eine wichtige Rolle, die aus dem Ansprechspektrum in Abhängigkeit von
der Kraneigenfrequenz ausgewählt wird. Deshalb hat der Konstrukteur die
Möglichkeit, die Größe der Beschleunigung zu beeinflußen, indem er die
Frequenz des Kranes absichtlich von den größten Beschleunigungen in un-

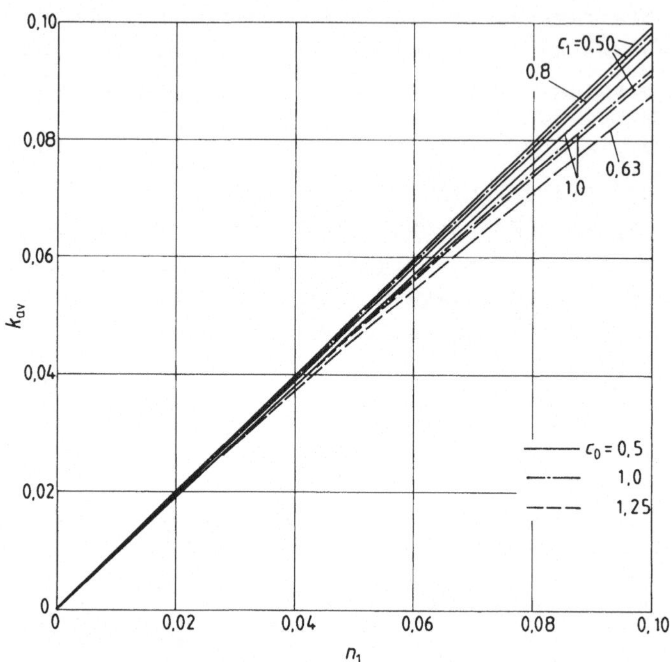

Bild 25.5: Seismischer Kraftbeiwert k_{av} in Abhängigkeit vom
Massenverhältnis n_1 bei verschiedenen Steifigkeitsverhältnissen c_0 und c_1 bei $\ddot{y}_m$ = 1 g

teren oder oberen Spektrumbereich verschiebt. Die Möglichkeiten der
Verringerung der seismischen Beanspruchung sind bei der Ansprechbeschleunigung größer als beim Kraftbeiwert, die Beschleunigung hat zwischen dem Maximum und Minimumbereich ein Verhältnis von 1 : 3, während
es sich bei den Kraftbeiwerten nur um einige Zehn Prozent handelt. Es
herrscht heute bei den Konstrukteuren oft die falsche Meinung, daß die
Frequenzbereiche der Turmdrehkrane bei der Grundschwingung weit unter
der gefährlichen Zone liegen. Die Untersuchung üblichster Turmdrehkrane, die heute auf dem Markt sind, zeigt, daß das Massenverhältnis bei
0,060, die Steifigkeiten ungefähr bei c_1 = 0,63 und c_0 = 0,8 und das
Verhältnis c_{11}/m_T bei 32 liegen. Für diesen Bereich zeigt Bild 25.7 beide Frequenzen ω_1 und ω_2 in Abhängigkeit vom Massenverhältnis und von der
Steifigkeit c_1 bei einer konstanten Steifigkeit c_0 = 0,80. Die Steifigkeit c_0 beeinflußt die Frequenz nur wenig: bei c_0 = 1,0 und c_1 = 0,5 ist

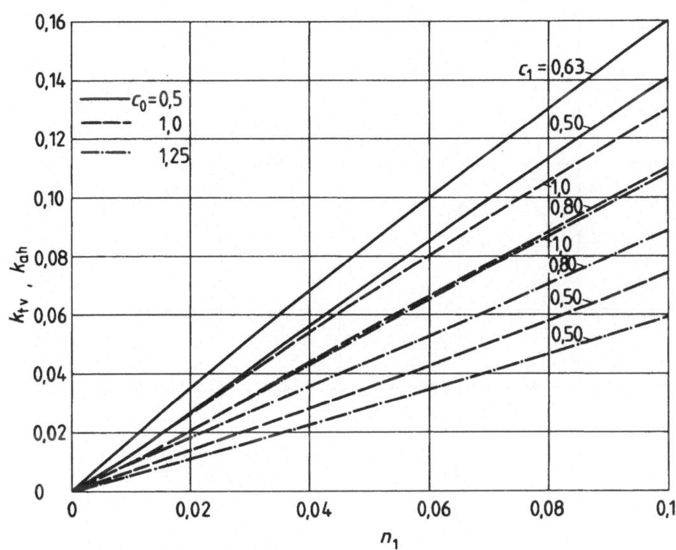

Bild 25.6: Seismische Kraftbeiwerte k_{tv} und k_{ah} in Abhängigkeit
vom Massenverhältnis n_1 bei verschiedenen Steifigkeitsverhältnissen c_0 und c_1 bei $\ddot{y}_m = 1$ g

$\omega_1 = 4{,}836$ und $\omega_2 = 20{,}943$ s^{-1} bei $n_1 = 0{,}08$, was eine Vergrößerung von
5 % bzw. 11 % bei der Oberschwingung ausmacht. Wenn diese Eigenfrequen-
zen mit dem charakteristischen Ansprechspektrum im Bild 5.7 für die horizontale Richtung verglichen werden, ist ersichtlich, daß die Grundwelle mit 0,73 Hz noch im Spektrum liegt, zwar reduziert auf 66 %, und
daß sich die Oberwelle mit 3 Hz im Maximum des Spektrums befindet. Da
bei den Turmdrehkranen infolge der Eigenart der Schwingungsform die Amplituden der ersten und der Oberwelle ziemlich gleich sind, ist die
zweite Welle ebenso gefährlich wie die Grundwelle. Wegen der QWSQ re-
sultierender Kraft ist die erste Welle, obwohl reduziert, belanglos.
Dieselben Verhältnisse gelten auch für das vertikale Ansprechspektrum.

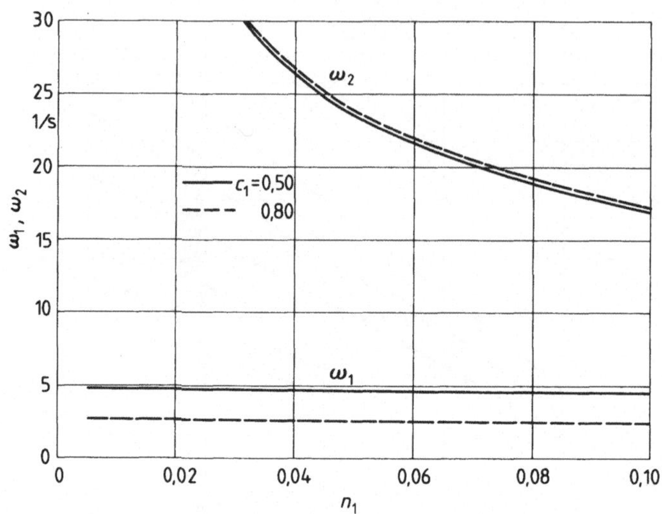

Bild 25.7: Eigenfrequenzen der Turmdrehkrane ω_1 und ω_2 in Ab-
           hängigkeit vom Massenverhältnis n_1 bei verschiede-
           nen Steifigkeitsverhältnissen c_1 bei c_0 = 0,80 für
           c_{11}/m_T = 32,37

<u>25.3. Erörterung des seismischen Beanspruchungszustands</u>

Die seismischen Kraftbeiwerte gewähren uns einen einfachen Einblick in
den Beanspruchungszustand im Turmdrehkran während eines Erdbebens. Wenn
diese Kräfte mit denen die für den Betriebsfall in DIN 15 018 vorgeschrieben sind, verglichen werden, zeigt sich, daß seismische Kräfte,
je nach der horizontalen Ansprechbeschleunigung, ein Vielfaches darstellen. Es ist kaum zu erwarten, daß sich Turmdrehkrane mit höchsten Werten des Ansprechspektrums einigermaßen wirtschaftlich konstruieren lassen.

Wenn die Turmdrehkrane auf hochliegenden Kranbahnen an bestehenden Gebäuden oder Gerüsten laufen, wird ihre Bodenbeschleunigung weit größer
als am Boden und demzufolge auch die Beanspruchung. Bei auf dem Boden
verfahrbaren Kranen wird der seismische Beanspruchungsnachweis mit Hil-

fe errechneter Kraftbeiwerte nach dem Ansprechspektrum erbracht, indem
keine anderen dynamischen Beanspruchungen, noch irgendeine Nutzlast einwirken. Es wird nur eine Bodenbewegungsrichtung berücksichtigt, und zwar
in der Regel die horizontale. Das ist berechtigt, da die Beschleunigungen in beiden Richtungen nicht mit derselben Phase noch Richtung auftreten und außerdem die vertikalen Kräfte kleiner als die horizontalen
sind. Mit den Spannungen geht man bis dicht an die Streckgrenze, und
die Stabilitätssicherheit der Bauteile (Fachwerk) wird ohne Sicherheitsbeiwerte bis an die Beul- bzw. Knickgrenze zugelassen. Bei den Turmdrehkranen mit Seilen als Zugseitenmittel ist die Reservespanne von der Be-
triebs- zur Streckspannung (1 : 4 bis 1 : 5,5) weit größer als bei den
Stahlkonstruktionsteilen der Fachwerkträger, die normalerweise in dieser Kombination die Zugkraftkomponente übernehmen. Bei diesen Elementen
ist von Spannungen im Betriebsbereich (ohne dynamische und Lastanteile
von 11 bis 12 kN/cm^2) bis zur Streckgrenze von üblichen Baustählen nur
eine Spanne von 1 : 3. Daher wird die Stahltragkonstruktion kritisch.
Es ist manchmal nötig, die Tragfähigkeit einzelner Elemente im Fachwerk
zu heben (in erster Linie mit der Abstützung der Stäbe in der Mitte) um
damit die Knicktragkraft zu erhöhen.

Bei den Bauteilen, die die Kraftkomponente auf die Halteseile übertragen, erhebt sich das Problem des Kraftrichtungswechsels. Dabei versagen
die Seile, so daß die Ausleger durch die seismische Kraft abgehoben werden.

25.4. Abhebekräfte infolge seismischer Beschleunigung

Bild 25.8 zeigt auf den Kran wirkenden Kräfte F_{av} und F_{tv} die im Ausleger und im Turm durch die vertikale Bodenbeschleunigung $\ddot{y}_{sh}$ erregt
werden. Wenn sich die Wirkungsrichtung der Beschleunigung verändert,
wirken auf den Kran Kräfte in entgegengesetzter Richtung als Folge der
auf die Massen wirkenden absoluten Beschleunigungen. Sie werden aus der
Gl.(25-32) abgeleitet, die Beschleunigung am Ausleger ist

$$\ddot{x}_A = \ddot{y}_{mv} \tag{25-33}$$

und am Turm

$$\ddot{x}_T = k_{tv}\, \ddot{y}_{mv} \; . \tag{25-34}$$

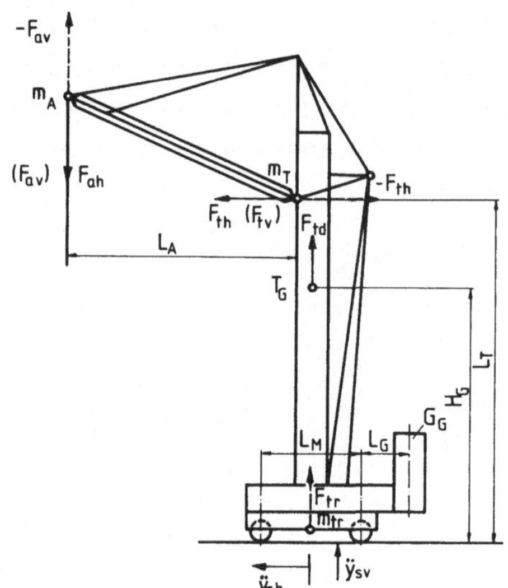

Bild 25.8: Abhebekräfte am Turmdrehkran; F_{av} vertikale Auslegerkraft, F_{th} horizontale Turmkraft, F_{td} Destabilisierungskraft am Kranturm, T_G Gewichtsmittelpunkt, G_g Gegengewicht

Wenn für die Beschleunigung gilt $\ddot{y}_{mv} > g$, wird der Ausleger abgehoben, denn die Halteseile können ihn daran nicht hindern. Die Gleichgewichtsgleichung lautet

$$m_A \, \ddot{y}_{mv} \, L_A > G_A \, L_A/2 \; . \tag{25-35}$$

Da $m_A = 0{,}243 \; G_A/g$, folgt die Bedingung für das Abheben des Auslegers (wenn der Massenmittelpunkt des Auslegers in der Mitte) mit

$$\ddot{y}_{mv} > 2{,}06 \; g \; . \tag{25-36}$$

In diesem Moment hebt sich der Ausleger und schwebt einige Zeit frei in den Seilen, ebenso die Last in der Seilaufhängung. Die Analyse im Kapitel 9 zeigt, daß sich infolgedessen die Kraft im Ausleger bzw. in den Seilen vergrößert und im Turm verringert. Im Moment des Abhebens verschwindet die Kraft im Turm F_{tv}. Er wird vielmehr infolge der Bodenbeschleunigung $\ddot{y}_{sv}$ mit der Kraft gehoben

$$F_{td} = (G_T + G_A/2) \, \frac{\ddot{y}_{sv}}{g} \; . \tag{25-37}$$

Wenn

$$\ddot{y}_{sv} > g \qquad\qquad (25\text{-}38)$$

kommt es zur Destabilisierung des Turmdrehkrans: er wird von den Schienen abgehoben, und fällt anschließend wieder auf die Laufräder zurück.

Wenn die Bedingung nach Gl.(25-36) für das Abheben des Auslegers nicht gegeben ist, wird nur die restliche Schwingmasse des Kranes durch vertikale Bodenbeschleunigung gehoben

$$F_{td} = (1 - 0{,}243)\ G_T\ \frac{\ddot{y}_{sv}}{g}\ . \qquad\qquad (25\text{-}39)$$

In diesem Zustand wird der Kran gehoben, wenn die Bedingung erfült ist

$$(1 - 0{,}243)\ \frac{G_T}{g}\ \ddot{y}_{sv} > G_T + G_A \qquad\qquad (25\text{-}40)$$

bei der Bodenbeschleunigung

$$\ddot{y}_{sv} > 1{,}32\ (1 + \frac{G_A}{G_T})\ g\ . \qquad\qquad (25\text{-}41)$$

Aus drei Bedingungen können folgende Folgerungen gezogen werden:

Der Ausleger wird praktisch niemals angehoben, denn eine Ansprechbeschleunigung von 2,06 g tritt auf bei einer vertikalen Bodenbeschleunigung von 0,69 g, was erst (bei $\ddot{y}_{sv}$ = 0,75 $\ddot{y}_{sh}$) bei einer Erdbebenintensität X MM eintreten würde, es sei denn der Kran steht auf einer hochliegenden oder einer elastischen Kranbahn. Das Abheben des ganzen Kranes nach Gl.(25-41) kann kaum vorkommen, denn eine solche Beschleunigung tritt nur bei einem Erdbeben über X MM auf.

25.5. Standsicherheitsgefährdung der Turmdrehkrane

Für einen Turmdrehkran ist die horizontale Beschleunigung mit der dadurch bedingten horizontalen Kraft F_{th} am Turm weitaus gefährlicher, denn sie trachtet dem Kran das Gleichgewicht zu nehmen. Um die Vorgänge dabei erörtern zu können, setzt man nach Bild 25.8 die horizontale Beschleunigung $\ddot{y}_{sh}$ am Kran an. Die vertikale Bodenbeschleunigung bleibt

zunächst unberücksichtigt, zumal sie auch kleiner ist. Es werden drei
Fälle unterschieden:

Fall 1:

Die seismische Kräfte F_{th} und F_{ah} bewirken zusammen mit der Gewichtsmasse des Auslegers ein Kippmoment

$$M_k = k_{th}\, m_T\, \ddot{y}_{mh}\, L_T + k_{ah}\, m_T\, \ddot{y}_{mh}\, (L_A - \frac{L_M}{2}) + G_A\, (\frac{L_A}{2} - \frac{L_M}{2}),$$

$$(25\text{-}42)$$

dem die Gewichtsmasse des Turms das Gegenmoment bietet

$$M_{St} = (G_T + G_U)\, L_M/2 + G_G\, (L_M + L_G) \qquad\qquad (25\text{-}43)$$

mit G_U Gewichtsmasse des Unterwagens, G_g Gewichtsmasse des Gegengewichtes.

Zusätzlich noch vorhandene Gewichtsmassen des Unterwagens und der Ge-
gengewichte sind mit entsprechenden Hebelarmen zu berücksichtigen. Das
Gleichgewicht wird verloren im Moment als

$$\ddot{y}_{mh} \geqq \frac{0{,}5}{m_T} \cdot \frac{(G_T + G_U)\, k_M + 2\, G_G\, (k_M + k_G) - G_A\, (\lambda - k_M)}{k_{th} + k_{ah}\, (\lambda - 0{,}5\, k_M)}$$

$$(25\text{-}44)$$

mit $\lambda = L_A/L_T$, $k_M = L_M/L_T$, $k_G = L_G/L_T$.

Um diese Bedingung zu bewerten, soll für normale Verhältnisse die Bedingung des Umkippens bestimmt werden mit $k_{th} = 1{,}0$, $k_{ah} = 0{,}056$, $\lambda =$
$0{,}60$, $k_M = 0{,}16$, $G_A = 1\ 050$ kg, $G_T = 4\ 380$ kg, Unterwagen $7\ 050$ kg mit
Balast $6\ 000$ kg, Gegengewicht $13\ 100$ kg, $L_A = 12$ m, $L_T = 20$ m:

$$\ddot{y}_{mh} \geqq 1{,}80\ g$$

mit $m_T = 0{,}243\ G_T/g + (1 - 0{,}243)\ G_A/g = 0{,}243 \cdot 4\ 380 +$
$+ (1 - 0{,}243)\ 1\ 050 = 1\ 862{,}3$ kg,
$M_{St} = 43\ 800 \cdot 1{,}6 + 70\ 500 \cdot 1{,}6 + 60\ 000 \cdot 1{,}6 + 131\ 000 \cdot 3{,}4 =$
$= 724\ 280$ Nm,
$M_K = 1{,}0 \cdot 1\ 862{,}3\ \ddot{y}_{mh}\ 20 + 0{,}06 \cdot 1\ 862{,}3\ \ddot{y}_{mh}\ (12 - 3{,}2/2) +$
$+ 10\ 500\ (12/2 - 3{,}2/2) = (38\ 330{,}60\ \ddot{y}_{mh} + 46\ 200)$ Nm.

Diese Ansprechbeschleunigung bedeutet eine Bodenbeschleunigung von 0,60 g, was einem Erdbeben von VIII bis IX MM entspricht. Bei einer Reichweite L_A = 20 m fällt $\ddot{y}_{mh}$ unwesentlich auf 1,66 g. Bei der Beschleunigung 1,80 g wirkt auf dem Ausleger die vertikale Kraft F_{ah} = 1 841,5 N und am Turm die horizontale Kraft F_{th} = 32 884 N. Zum Vergleich sollen noch die Kräfte angeführt werden, die im Betrieb auf diesen Punkten einwirken: am Ausleger die Last F_a = 12 000 N (mit ϕ) und am Turm F_h = 0,15 · 43 800/2 · 1/2 + 8 110 = 9 752,50 N (8 110 N für den Wind), was einen Standsicherheitsbeiwert von 1,8 ergibt.

Wenn die Wirkungsrichtung der seismischen Kräfte wechselt, können zwei Fälle auftreten.

Fall 2:

Der Ausleger wird nicht angehoben, die Kraft F_{th} wirkt am Turm in entgegengesetzter Richtung ($-F_{th}$ im Bild 25.8). Entgegen wirkt das Standmoment des Turms und des Unterwagens, jedoch wird das Gegengewicht nichts nützen, sondern zum Kippen beitragen, wenn es außerhalb der Bahnspurweite angebracht ist. Die Masse m_T bleibt dabei unverändert, denn der Ausleger schwingt noch. In diesem Fall beträgt die Grenzbeschleunigung

$$\ddot{y}_{mh} \leqq \frac{0,5\ G_A\ (\lambda + k_M) + 0,5\ (G_T + G_U)\ k_M - G_G\ k_G}{m_T\ k_{th} + k_{ah}\ (\lambda + 0,5\ k_M)} . \qquad (25\text{-}45)$$

Das eventuel herausragende Gegengewicht muß berücksichtigt werden. Das Kippmoment dabei ist

$$M_K = k_t\ m_T\ \ddot{y}_{mh}\ L_T \qquad\qquad (25\text{-}46)$$

und das Standmoment

$$M_{St} = G_A\ (\frac{L_A}{2} + \frac{L_M}{2}) - k_{ah}\ m_T\ \ddot{y}_{mh}\ (L_A + \frac{L_M}{2}) + G_T\ \frac{L_M}{2} +$$

$$+ G_U\ \frac{L_M}{2} - G_G\ L_G . \qquad\qquad (25\text{-}47)$$

Fall 3:

Der Ausleger wird abgehoben und schwebt, bis er wieder in die Seile fällt. Inzwischen schwingt der Turm als Einmassensystem. Eine Hälfte der Auslegermasse entfällt dabei auf den Turm. Seine reduzierte Masse ist demnach

$$m_T^{\prime} = 0,243 \; G_T/g + G_A/2 \; g \tag{25-48}$$

und die seismische Kraft

$$F_{th}^{\prime} = m_T^{\prime} \; \ddot{y}_{mh} \; . \tag{25-49}$$

In diesem Moment ist die Grenzbeschleunigung

$$\ddot{y}_{mh} = \frac{0,5 \; k_M \; (0,5 \; G_A + G_T + G_U) - G_G \; k_G}{m_T^{\prime}} \; . \tag{25-50}$$

In unserem Beispiel betragen die Grenzbeschleunigungen im Fall zwei $\ddot{y}_{mh} \geqq 0,85$ g und im Fall drei $\ddot{y}_{mh} \geqq 0,59$ g. Dieser Fall entfällt, denn der Ausleger wird erst bei 2,06 g angehoben.

Wird der oben genannten horizontalen Beschleunigung noch die vertikale überlagert, so verringert sich die Grenzbeschleunigung wesentlich und der Kran kann nicht einmal einem mittleren Erdbeben standhalten.

In diesem Fall wird mit QWSQ-Werten der seismischen Kräfte und Kraftbeiwerte gerechnet, die von k_{th} und k_{ah} wenig abweichen. Es ist jedoch eine zusätzliche Kraft der restlichen Turmmasse m_{tr} in der Einspannung des Turms zu berücksichtigen, wobei

$$m_{tr} = (1 - 0,243) \; G_T/g \tag{25-51}$$

und die vertikale Kraft

$$F_{tr} = m_{tr} \; \ddot{y}_{sv} \; . \tag{25-52}$$

Diese Kraft wirkt in allen Fällen als aktives Glied, indem ihr Anteil bei den Kippmomenten zusammen mit den Anteilen der Massen des Unterwagens und des Gegengewichtes addiert werden. Als Folge vermindern sich die Grenzbeschleunigungen in allen Fällen beträchtlich. Dabei wird für $\ddot{y}_{sv} = 0,75 \; \ddot{y}_{sh}$ angesetzt.

Die Summe dieser Kippmomente im Fall zwei beträgt

$$M_K^{\prime} = (0,76 \; \frac{G_T}{g} + \frac{G_U}{g}) \; 0,75 \; \frac{\ddot{y}_{mh}}{3} \; \frac{L_M}{2} + \frac{G_G}{g} \; L_G \; 0,75 \; \frac{\ddot{y}_{mh}}{3} \; . \tag{25-53}$$

In unserem Beispiel fällt im Fall zwei die Grenzbeschleunigung von 0,85
auf 0,25 g. Das entspricht einem Erdbeben mit VII MM.

Aus allem ist ersichtlich, daß bei einem Erdbeben Turmdrehkrane nicht
standsicher sind, besonders nicht beim Auftreten von negativen Kräften,
die auch für den normalen Betriebsfall nicht vorgesehen werden. Die Ge-
gengewichte wirken sich dann sogar ungünstig aus, da sie das Kippmoment
noch vergrößern.

Es wäre unwirtschaftlich zu fordern, die Turmdrehkrane erdbebensicher
zu konstruieren. Sie sind ja normalerweise ohne Benutzung besonderer
Hilfsmittel auch nicht standsicher bei Einwirkung eines Sturmes. Deshalb kann man auch für die Erdbebengefahr das gleiche voraussetzen: Wenn
der Kran außer Betrieb gesetzt wird, sind die Sturmzangen anzuziehen,
die den Kran fest mit den Schienen verbinden. Bei Turmdrehkranen mit besonderer Gefährdung kann die Verankerung des Turmes auch in halber Turmhöhe durch Stahlseile an angrenzende Gebäude oder an Befestigungspfähle
im Boden gefordert werden. Dadurch bleibt der Kran auch bei schweren
Erdbeben bis IX MM noch standsicher.

Bei Turmdrehkranen kann man das Gleiten der Laufräder als Beschleuni-
gungsbegrenzung nicht ausnutzen, denn die Erdbebenrichtung kann auch
senkrecht zur Kranbahn erfolgen.

Die Betriebsanleitung muß vorschreiben, daß der Kran außer Betrieb immer
mit gehobenem Ausleger abzustellen ist, denn dadurch wird die Kippgefahr
vermindert.

25.6. Berechnungsverfahren

Es werden die Durchbiegungen des Kranes an den Punkten 1 und 2 oder je
nach Bedarf an mehreren bestimmt. Man invertiert die Durchbiegungsma-
trix, um die Steifigkeitsmatrix zu bekommen. Die Massenmatrix der reduzierten Massen nach Gln.(25-26) und (25-27) wird entsprechend aus der
Ansetzung einzelner Punktbeschleunigungen gleich 1 gewonnen. Sie hat die
Form nach Gl.(25-7). Beide Matrizen dienen zur Berechnung der Eigenfrequenzen nach Gl.(25-8). Auf Grund dieser Eigenkreisfrequenzen (man wan-
delt sie zweckmäßigerweise durch Division mit 2 π in die Frequenz-Form
um) werden aus den Ansprechspektren die entsprechenden Ansprechbeschleu-

nigungen in vertikaler und horizontaler Richtung abgelesen (oder mit
Hilfe von Gleichungen am Rechner bestimmt).

Die Schwingungsformbeiwerte ergeben sich nach Gl.(25-11) und daraus die
Kraftbeiwerte an den Koordinaten für alle Schwingungswellen. Die seismischen Kräfte F_a und F_t werden durch QWSQ-Methode aus allen Richtungen
und allen Schwingungswellen gemittelt. Dabei muß auf verschiedene Ansprechbeschleunigungen für jede Schwingungswellenordnung geachtet werden.

Mit Hilfe dieser seismischen Kräfte werden die Gesamtspannungen in den
Bauteilen, in der Tragkonstruktion und in den Seilen bestimmt, nachdem
die durch die Eigenmasse erzeugten Spannungen addiert wurden. Anhand
der Spannungen werden die Stabilitätsgrenzen in den Bauteilen erforscht.
Die Spannungen dürfen 90 % der Streckgrenze erreichen, die Knick- und
Beulspannungen sogar die Beulgrenze selbst.

Für die Analyse der Standsicherheit wird das Erdbeben in zwei Stufen
aufgeteilt: in der ersten Stufe bis VII bzw. VIII MM soll der Turmdrehkran im Betriebszustand jedoch ohne Last und ohne besondere Vorkehrungen standsicher sein. Bei der zweiten Stufe ab VII bzw. VIII MM bis zu
einer für die jeweilige Gegend vorgeschriebenen Erdbebenintensität wird
der Kran nur außer Betrieb in verankertem Zustand standsicher gemacht,
ebenso wie das für Sturm vorgeschrieben ist. Die Standsicherheit wird
unter kombinierter Wirkung der horizontalen und vertikalen Bodenbeschleunigung für den gefährlichsten Fall zwei nach Gln.(25-45), (25-46)
unter Beachtung des Kippmomentes der vertikalen seismischen Kraft nach
Gl.(25-53) nachgewiesen. Es ist kein Standsicherheitsbeiwert vorgeschrieben, da die Ansprechspektren verschiedener Intensität mit vielen
Streuungen behaftet sind und eine Hüllkurve aller vorkommenden Impulse
darstellen. Beim Erdbeben soll man immer den Wahrscheinlichkeitscharak-
ter vor Augen haben, der schon von vornherein jede Genauigkeit und hun-
dertprozentige Sicherheit ausschließt. Auch für die Standsicherheit gilt
die Feststellung, daß eine noch so spannungsgerechte Konstruktion wert-
los ist, wenn der Kran unter der Wirkung äußerer Kräfte das Gleichgewicht verliert und umstürzt.

25.7. Anleitungen für die Konstruktion

Bei der Konstruktion ist durch moderne Bauweise die Eigenmasse klein
zu halten. Das gilt besonders für den Ausleger. Die Steifigkeit des
Turms soll möglichst groß und das Massenverhältnis n_1 möglichst klein
sein. Die Frequenzen sind mit der Veränderung von Beiwerten c_0, c_1,
n_1 und c_{11}/m_T so auszuwählen, daß sie nicht außerhalb des maximalen
Bereiches der Ansprechspektrumamplituden fallen. Dabei muß unterschiedlich bei Brücken- und Portalkranen auch die Oberwelle in gleichem Maße wie die Grundwelle berücksichtigt werden. Mit Rücksicht auf kleine
re Durchbiegung sollte man dickere Seile einsetzen.

Bei der Standsicherheit sind die größten Beiwerte in Gl.(25-45) zu beachten. Da die Massen nicht zu vergrößern sind, sollen vor allem die
Dimensionen günstig ausgewählt werden. Manchmal läßt sich die Standsicherheit mit geringfügiger Verbreitung des Radmittenabstandes L_M erlangen. Besonders beachtenswert ist, daß sich das Gegengewicht innerhalb
der Radaufstandsfläche befindet, wenigstens über den Laufradachsen. Wenn
die Turmdrehkrane in speziellen Fällen unter Berücksichtigung besonderer aseismischer Forderungen konstruiert werden müssen, sollte man ein
zusätzliches Gegengewicht über den lastabgewandten Laufradachsen einsetzen. Der Erfahrung nach begünstigt es die Erdbebenstandsicherheit, was
auch aus der Gl.(25-53) hervorgeht.

26. Seismische Beanspruchungen in Kranbahnen

Krane übertragen beim Erdbeben ihre seismische Kräfte auch auf die zugehörige Kranbahn oder werden gemeinsam mit der elastischen Kranbahn als ein System zu Schwingungen angeregt. Die seismischen Kräfte wachsen proportional mit der Höhe der Kranbahn im Gebäude. Ist sie selbständig aufgestellt, können bei größerer Höhe die Beanspruchungen kritisch werden. Die Kranbahn wird in horizontaler Richtung voll beansprucht, denn sie kann der wirkenden Ansprechbeschleunigung nicht durch Gleiten ausweichen. In horizontaler Richtung sind die seismischen Beanspruchungen größer als in vertikaler, deshalb soll die Beanspruchung von Kranbahnen besonders in der horizontalen untersucht werden (Bild 26.1).

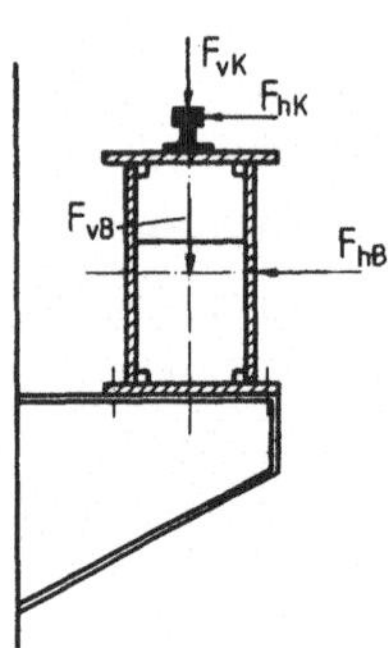

Bild 26.1: Querschnitt durch den Kranbahnträger mit der Unterstützung und den angreifenden seismischen Kräften; F_{vK}, F_{hK} horizontale und vertikale seismische Kraft infolge des Kranes; F_{vB}, F_{hB} seismische Kräfte in der Kranbahn

26.1. Vertikale seismische Beanspruchungen

Die vertikalen Beanspruchungen der Kranbahn setzen sich aus den seismischen Kräften, aus den Gewichtsmassen aufstehender Bauteile, die gemäß den Laufraddrücken auf die Kranbahn entfallen, sowie aus der Eigenmasse der Kranbahn zusammen. Die seismischen Kräfte werden für den mit der Nutzlast beaufschlagten Kran nach den Gleichungen für das Dreimassensystem im Kapitel 16 Gl.(16-16) und für den Fall ohne Nutzlast, aber für das Zweimassensystem im Kapitel 14 berechnet, wobei entsprechend die Massen des Kranes m_0 und der Kranbahn m_1 einzusetzen sind. Wenn die Ausdrücke auf die Kranbahnmasse bezogen werden (mit Index ' bezeichnet), lautet die Gl.(16-6) für den Kranbahnkraftbeiwert

$$p' = \frac{n_1 \, c_3}{c} \cdot \frac{(1 - n_0 \, D_2 - n_1 \, D_1) \, D_1}{c_3 \, D_1^2 + \frac{1}{c} \, (1 + D_2)^2 + (1 + D_1)^2} \, , \qquad (26\text{-}1)$$

wobei charakteristische Formzahlen D_1 und D_2 nach Gln.(16-11) und (16-12) bestimmt werden, $c_3 = c_1/c_0$, $n_1 = m_1/m_0$, $c = c_0/c_2$, $n_0 = m_2/m_0$, m_1, m_0, m_2, c_1, c_0, c_2 Masse und Federkonstante der Kranbahn, des Kranes und der Nutzlast und für das Zweimassensystem nach Gl.(14-20)

$$p' = \frac{c_3}{n_1} \cdot \frac{(n_1 - D)}{c_3 + (1 + D)^2} \qquad (26\text{-}2)$$

mit

$$D = c_3 \, (F - 1) - 1 \qquad (26\text{-}3)$$

und F nach Gl.(14-17) wobei $c \equiv c_3$ und $n_0 \equiv \frac{1}{n_1}$.

Daraus folgt die vertikale seismische Kraft auf die Kranbahn

$$F_{svB} = p' \, m_1 \, \ddot{y}_{mv} \, . \qquad (26\text{-}4)$$

Diese Kraft greift im Gewichtsschwerpunkt der Kranbahn an. Daraus werden die Beanspruchungen errechnet. Zusätzlich dazu wird die Gewichtsmasse der Last und des Kranes über die Laufräder auf die Kranbahn verteilt, sowie die Eigenlast der Kranbahn. Aus Biegemomenten und Querkräften lassen sich die Spannungen in vertikaler Richtung berechnen. Die vertikale Ansprechbeschleunigung wird aus dem Ansprechspektrum in Abhängigkeit von der vertikalen Eigenfrequenz des Systems nach Kapitel 5 bestimmt.

Beim Ansatz von Gleichungen ist auf die Reduzierung von Massen zu achten, denn hierbei ergeben sich oft Fehler. Sollen seismische Kräfte bei verschiedenen Ausführungen oder bei verschiedenen Berechnungsverfahren verglichen werden, müssen vorher die Massen der Krane und der Kranbahn beanspruchungs- und formgerecht reduziert und erst nachher die Massenverhältnisse bestimmt werden, die in die Gleichungen eingehen.

Die Masse des Kranes oder des Kranbahntragwerks ist in die obigen Gleichungen nicht in voller Größe einzuführen, weil sie nicht, wie dort angenommen ist, in einem Punkt konzentriert, sondern mehr oder weniger gleichmäßig verteilt ist. Die punktförmig angenommene reduzierte Masse m_{red} wird so bestimmt, daß sie mit ihrer zugeordneten Feder (Steifigkeit des Tragwerks) die gleichen Schwingungseigenschaften hat wie die gleichmäßig verteilte Masse. Bei den Kranbahnen kommen folgende Tragwerksarten vor: beidseitig gestützter Träger, beidseitig eingespannter Träger und einseitig eingespannter Kragarmträger. Für den beidseitig eingespannten Träger wurde die Gleichung der reduzierten Masse im Kapitel 14 entwickelt (Bild 26.2)

$$m_{red} = 0,493 \ m. \tag{26-5}$$

Es treten jedoch Unterschiede bei der Durchbiegung auf, die durch beide Massen ermittelt und in den Gleichungen manchmal benutzt wird. Die Durchbiegung bei verteilter Masse beträgt

$$f_{G1} = \frac{5}{384} \cdot \frac{m \ g \ L^2}{E \ I} = 0,0130 \ \frac{m \ g \ L^3}{E \ I} \ . \tag{26-6}$$

Die Durchbiegung unter der reduzierten Last $m_{red} \cdot g$ ist

$$f_{G2} = \frac{m_{red} \ gL^3}{48 \ E \ I} = 0,0103 \ \frac{m \ g \ L^3}{E \ I} \ . \tag{26-7}$$

Der Unterschied beträgt 26 %, was praktisch unbedeutend ist, da die Durchbiegungsberechnungen immer mit gewissen Fehlern behaftet sind infolge nicht erfaßbarer Einspannungen.

Für den beidseitig eingespannten Träger (Bild 26.3) beträgt die Frequenz mit reduzierter Masse in der Mitte

$$\omega^2 = \frac{384 \ E \ I}{L^3 \ m_{red}} \tag{26-8}$$

mit gleichmäßig verteilter Masse ist

$$\omega_j^2 = \frac{(j + 0,5)^4 \ \pi^4 \ E \ I}{L^3 \ m} \ , \tag{26-9}$$

hierbei ist j die Ordnungszahl der Schwingung. Für die Grundschwingung wird mit j = 1

$$\omega_1^2 = \frac{493,13 \ E \ I}{L^3 \ m} \ . \tag{26-10}$$

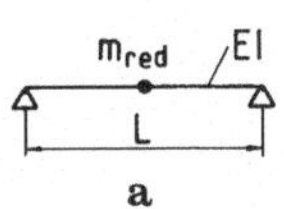 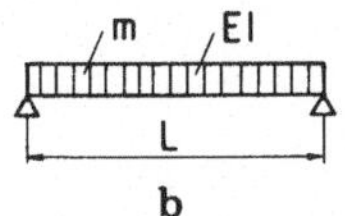

Bild 26.2: Reduzierte Masse bei frei unterstütztem Träger

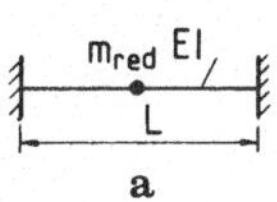 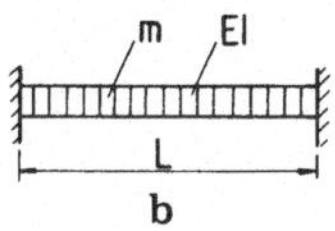

Bild 26.3: Reduzierte Masse bei eingespanntem Träger

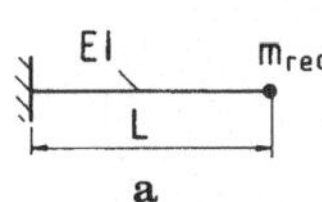 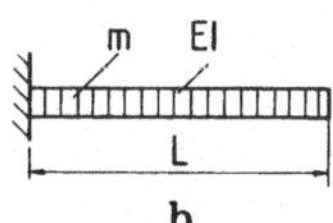

Bild 26.4: Reduzierte Masse beim Kragarmträger

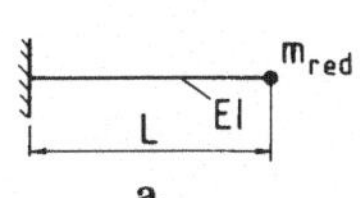 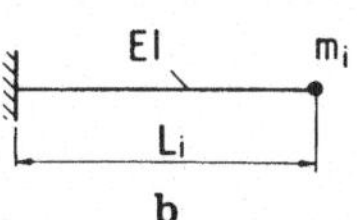

Bild 26.5: Reduzierte Masse bei Einzelmassen

Die höheren Eigenfrequenzen können vernachläßigt werden. Durch Gleichsetzen von Gln.(26-8) und (26-10) erhält man

$$m_{red} = 0{,}779 \; m. \tag{26-11}$$

Die Durchbiegung beträgt unter verteilter Last

$$f_{G1} = \frac{1}{384} \cdot \frac{m \, g \, L^3}{E \, I} = 0{,}0026 \, \frac{m \, g \, L^3}{E \, I} \qquad\qquad (26\text{-}12)$$

und unter der reduzierten Last $m_{red} \, g$

$$f_{G2} = \frac{m_{red} \, g \, L^3}{192 \, E \, I} = 0{,}00405 \, \frac{m \, g \, L^3}{E \, I} \ . \qquad\qquad (26\text{-}13)$$

Der Unterschied beträgt 56 %.

Für den Kragträger mit Masse m_{red} am Ende (Bild 26.4) ist

$$\omega^2 = \frac{3 \, E \, I}{L^3 \, m_{red}} \qquad\qquad (26\text{-}14)$$

mit gleichmäßig verteilter Masse m ist

$$\omega^2 = 1{,}875^4 \, \frac{E \, I}{L^3 \, m} \qquad\qquad (26\text{-}15)$$

für die Grundschwingung (j = 1). Aus beiden Gleichungen folgt

$$m_{red} = \frac{3}{1{,}875^4} \, m = 0{,}243 \, m \ . \qquad\qquad (26\text{-}16)$$

Die Durchbiegung unter $m_{red} \, g$ wird

$$f_{G2} = \frac{0{,}243 \, m \, g \, L^3}{3 \, E \, I} = 0{,}081 \, \frac{m \, g \, L^3}{E \, I} \ , \qquad\qquad (26\text{-}17)$$

die unter der gleichmäßig verteilter Masse m g wird

$$f_{G1} = \frac{m \, g \, L^3}{8 \, E \, I} = 0{,}125 \, \frac{m \, g \, L^3}{E \, I} \ . \qquad\qquad (26\text{-}18)$$

Der Unterschied beträgt 54 %, ist aber auch hier wegen der Unsicherheiten der anzusetzenden Massen, Längen und Trägheitsmomente bei komplizierten Auslegersystemen ohne wesentliche Bedeutung.

Sind bei einem Kragträger mehrere Einzelmassen gegeben, so müssen sie
auf eine Masse in einem bestimmten Abstand reduziert werden (Bild 26.5).
Aus Gl.(26-14) folgt

$$m_{red} \, L^3 = m_i \, L_i^3; \quad m_{red} = m_i \, \left(\frac{L_i}{L}\right)^3 . \qquad\qquad (26\text{-}19)$$

Die Verteilung der Massen ist aus dem Beispiel mit einem Brückenkran
auf der Kranbahn nach Bild 26.6 ersichtlich. Die reduzierte Masse des
Brückenkrans ist

$$m_0 = m_K + 0,493\ m_B \qquad\qquad (26\text{-}20)$$

mit m_K Katzenmasse, m_B gleichförmig verteilte Last der Kranbrücke mit
Laufstegen, Geländern, entlang des Brückenträgers (oder im Träger) aufgestellten Elektroschränken usw. Die auf die Kranbahn einwirkende reduzierte Masse ist

$$m_1 = \frac{1 - 0,493}{2}\ m_B + 0,779\ m_{KB} + m_{KT} \qquad\qquad (26\text{-}21)$$

mit m_{KB} Masse des Kranbahnträgers, m_{KT} Masse eines Krankopfträgers mit
zugehöriger Masse der Antriebe mit Motoren und Laufrädern. Das erste
Glied stellt die restliche Masse des Brückenträgers dar, die in die
Kranschwingung nicht eingegangen ist, sondern auf die Kranbahnträger
entfällt. Die auf den Kran einwirkende seismische Kraft ist

$$F_{svK} = r\ m_0\ \ddot{y}_{mv} \qquad\qquad (26\text{-}22)$$

und auf die Kranbahn

$$F_{svB} = p'\ m_1\ \ddot{y}_{mv}\ . \qquad\qquad (26\text{-}23)$$

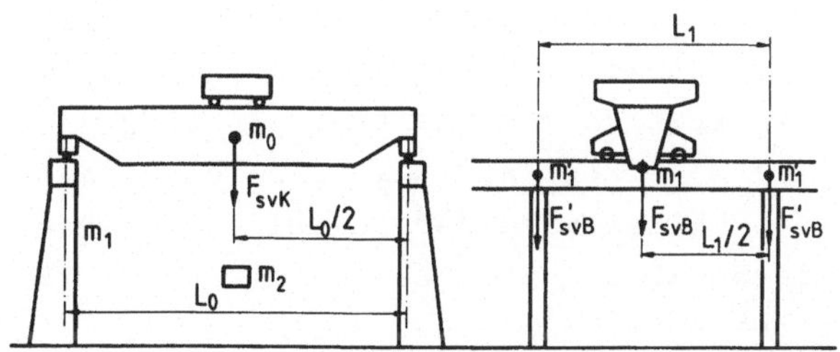

Bild 26.6: Anordnung des Brückenkrans auf der Kranbahn mit
          Massen und seismischen Kräften

Auf die Kranbahnstützen, die als Bodenauflage des Systems angesehen werden, wirkt noch die seismische Kraft der restlichen Kranbahnmasse

$$m_1 = \frac{1 - 0{,}779}{2}\, m_{KB} \qquad (26\text{-}24)$$

in der Größe

$$F'_{svB} = m'_1\, \ddot{y}_{s0} \qquad (26\text{-}25)$$

mit $\ddot{y}_{s0}$ Anfangsbodenbeschleunigung.

Die seismischen Kräfte werden in Richtung des Kraftflusses nach Gesetzen der Statik verteilt und überlagert. Daraus ist zu sehen, daß die Verhältnisse von den Gewichtsmassen einzelner Baugruppen bedeutend abweichen. Der Kran kann auch direkt über den Kranbahnstützen angesetzt werden (siehe Bild 26.8), wobei der Kranbahnträger als System mit einem Freiheitsgrad berechnet wird. Die seismischen Kräfte sind jedoch kleiner als im ersten Fall des weich unterstützten Kranes.

26.2. Horizontale seismische Beanspruchung

In horizontaler Richtung folgt die seismische Kraft mit

$$F_{shB} = c_1\, u_0 = c_1\, \frac{\ddot{y}_{s0}}{\omega^2}\, \psi_a = c_1\, \frac{\ddot{y}_{mh}}{\omega^2} = m_1\, \ddot{y}_{mh} \qquad (26\text{-}26)$$

(mit c_1 Kranbahnsteifigkeit, m_1 Masse, $\ddot{y}_{mh}$ Ansprechbeschleunigung in horizontaler Richtung) wobei das System der Kranbahn mit dem Kran als Einmassensystem betrachtet wird, außer in den Fällen, in denen die Stütze des Kranes durch Laufradschemel und Ausgleichträger eine Nachgiebigkeit darstellt und die Federkonstante als eine endliche Zahl bestimmt werden kann. In diesen Fällen wird der seismische Kraftbeiwert nach Gl. (26-2) ermittelt. Die Nutzlast hat dabei nach Kapitel 12 keinen Einfluß auf die seismischen Beanspruchungen, es sei denn, sie wird durch eine starre Führung getragen. In diesem Fall wird der seismische Kraftbeiwert wie beim Dreimassensystem nach Gl.(26-1) festgelegt. Daraus folgen die Biegemomente und Querkräfte, abhängig von den Einspannverhältnissen der Kranbahnträger an den Stützpunkten.

Die reduzierten Massen weichen von oben ausgerechneten Massen für vertikale Richtung ab. Es werden folgende Fälle unterschieden.

26.2.1. Kranbahn auf fester Unterlage

Wenn die Kranbahnträger auf festen Unterlagen in den Abständen L_1 (Bild 26.7) aufgestellt sind, werden zwei Beanspruchungsfälle berechnet:

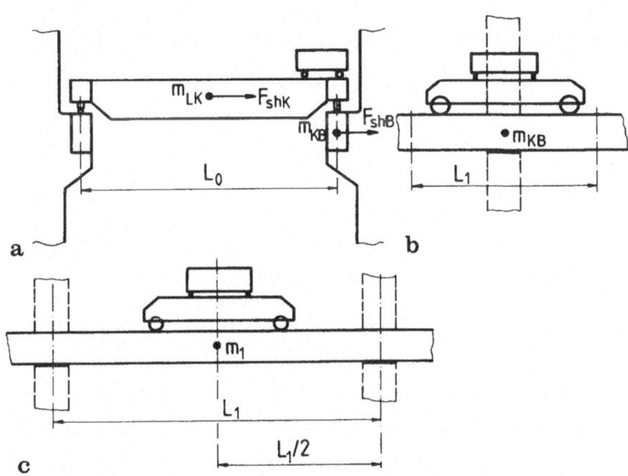

Bild 26.7: Brückenkran auf fest unterstützten Kranbahnträgern;
          a) Anordnung der seismischen Kräfte, b) Brückenkran
          über den Stützpunkten, c) Brückenkran in der Mitte
          der Kranbahnträgerspannweite

1. Der Kran wird über den Stützpunkten aufgestellt (Fall b). Die in
   seinem Massenmittelpunkt wirkende seismische Kraft überlagert sich
   in der Kranbahn mit ihrer seismischer Kraft

$$F_{sh} = F_{shK} + F_{shB} = \left[\frac{m_{LK}}{2} + (1 - 0{,}779)\, m_{KB} \right] \ddot{y}_{s0} + 0{,}779\, m_{KB}\, \ddot{y}_m$$

$$(26\text{-}27)$$

mit m_{LK} Masse des Brückenkrans, m_{KB} Masse der Kranbahn (der Länge L_1), $\ddot{y}_{s0}$ Anfangsbodenbeschleunigung und $\ddot{y}_m$ Ansprechbeschleunigung in horizontaler Richtung. Die Bodenbeschleunigung wird nicht vervielfacht, da eine Nachgiebigkeit fehlt. Sie liegt vielmehr direkt am Bezugsboden. Es wird angenommen, daß sich die seismische Kraft des Brückenkrans auf die beiden Kranbahnseiten je zur Hälfte verteilt.

2. Der Kran wird in der Mitte des Kranbahnträgers bei $L_1/2$ aufgestellt (Fall c, Bild 26.7). Dieses System mit einem Freiheitsgrad ergibt seismische Kraft

$$F_{sh} = (\frac{m_{LK}}{2} + m_1)\, \ddot{y}_m \qquad\qquad (26\text{-}28)$$

mit m_1 reduzierte Masse des eingespannten Kranbahnträgers nach Gl. (26-11). Die restliche Masse des Kranbahnträgers wird direkt in die Stützen übertragen. Sie wirkt dort mit der Bodenbeschleunigung $\ddot{y}_{s0}$ auf die Unterlage.

26.2.2. Kranbahn auf säulenförmigen Stützen

Wenn die Kranbahn selbständig gebaut ist, ruht sie auf den säulenförmigen Stützen (Bild 26.8). Manchmal wird sie in den bestehenden Gebäuden auch auf die Säulen aufgelegt, um die Belastungen direkt in den Boden abzuführen, während die horizontalen Kräfte direkt von den Kranbahnträgern in das Gebäude eingeleitet werden. Der letzte Fall wurde im vorigen Abschnitt behandelt. Bei selbständig stehender Kranbahn werden zwei Fälle untersucht:

1. Der Kran wird, wie im Bild 26.8 gezeigt, über den Stützen aufgestellt. Auf den Befestigungsflansch der Stütze wirken drei Massen: Masse des Brückenkrans m_{LK}, Masse des Kranbahnträgers m_{KB} und Masse der Stütze m_S. Die schwingungsfähigen Massen der Kranbahn und der Stütze werden reduziert mit:

$$m_1 = 0{,}779\ m_{KB}\,, \qquad\qquad (26\text{-}29)$$

$$m_1' = (1 - 0{,}779)\ m_{KB} = 0{,}221\ m_{KB}\,, \qquad\qquad (26\text{-}30)$$

$$m_3 = 0{,}243\ m_S\,. \qquad\qquad (26\text{-}31)$$

Die seismischen Kräfte lassen sich als System mit zwei Freiheitsgraden nach Gl.(26-2) berechnen, oder als Einmassensystem, da die Masse m_1 sehr klein ist im Vergleich zu anderen Massen. In diesem Falle ist die seismische Kraft

$$F_{shb} = (\frac{m_{LK}}{2} + m_{KB} + m_3)\, \ddot{y}_{mh} \ . \tag{26-32}$$

Es wird angenommen, daß sich die seismische Kraft des Brückenkrans auf beide Kranbahnen verteilt. Für den Fall, daß nur eine Seite biegungswiderstandsfähig konstruiert ist, geht die volle Kraft des Brückenkrans nur auf eine Kranbahn.

2. Der Brückenkran ist zwischen den Kranbahnstützen aufgestellt (ähnlich Bild 26.6). Die seismischen Kräfte werden für ein System mit zwei Freiheitsgraden ermittelt. Der Brückenkran mit der Masse m_{LK} und die Masse des Kranbahnträgers m_1

$$m_0 = m_{LK} + m_1 = m_{LK} + 0{,}779\ m_{KB} \ . \tag{26-33}$$

Während die restliche Kranbahnmasse m_1 und die Stützenmasse m_3 als zweite Masse dastehen

$$m_2 = m_1' + m_3 = 0{,}221\ m_{KB} + 0{,}243\ m_S \ . \tag{26-34}$$

Daraus folgen nach den Gleichungen im Kapitel 14 die Kraftbeiwerte r und s und die seismischen Kräfte in der Kranbahn

$$F_{shB} = r\ m_0\ \ddot{y}_m \tag{26-35}$$

und in der Stütze

$$F_{shS} = s\ m_2\ \ddot{y}_m \ . \tag{26-36}$$

Besonders gefährdet sind Kranbahnen auf hohen Unterstützungen ohne horizontale Verbindungen (Bild 26.9). Alle horizontalen Kräfte müssen von den Unterstützungen übertragen werden. In diesem Falle ist es angebracht, in diskreten Punkten die jeweilige Masse aus mehreren Abschnitten zu konzentrieren, ihre gegenseitige Steifigkeit zu bestimmen und daraus die Steifigkeits- und Massenmatrizen zu bilden. Bis sieben Gliedern können die Matrizen noch auf einfachen Rechnern behandelt werden. Das Verfahren ist dann ähnlich wie im Kapitel 14. Es werden Massenbei-

werte und charakteristische Formzahlen bestimmt, die dann mit der Ansprechbeschleunigung für das Einmassensystem die Verschiebung und absolute Beschleunigung an bestimmter Stelle ergeben.

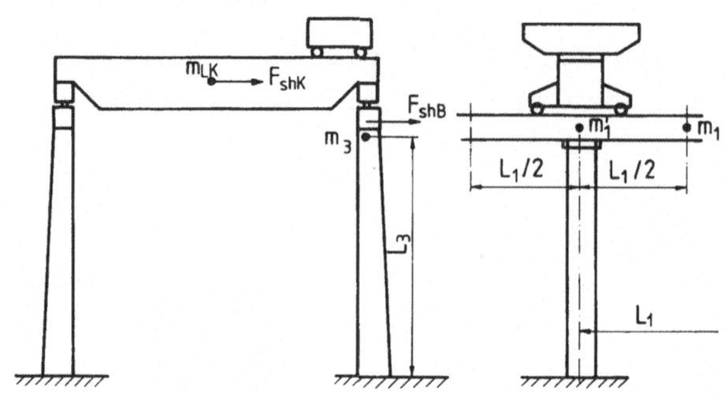

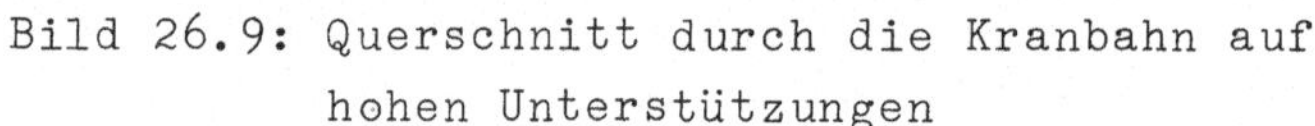

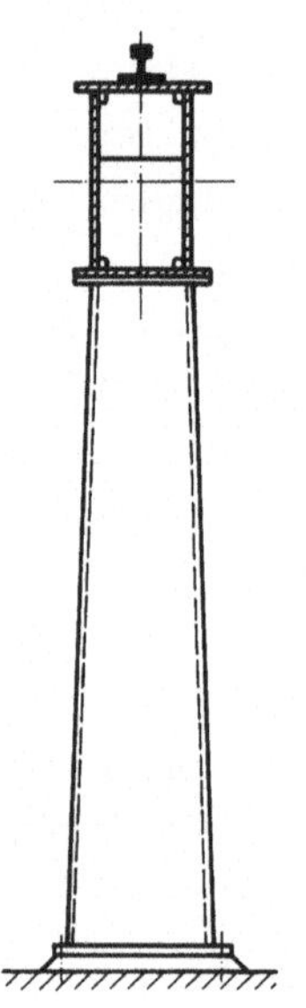

Bild 26.8: Brückenkran auf der Kranbahn mit säu-
          lenartigen Unterstützungen mit wir-
          kenden Massen und seismischen Kräften

Bild 26.9: Querschnitt durch die Kranbahn auf
          hohen Unterstützungen

26.3. Analyse des Beanspruchungszustands

Die Gesamtspannungen an verschiedenen Stellen des Kranbahnquerschnitts
folgen durch Summierung der horizontalen und vertikalen Spannung. Diese Spannung muß möglichst nahe bei der zulässigen Grenze nach Kapitel
27 liegen. Es empfiehlt sich, ein Optimierungsrechenprogramm zu verfassen, in dem aus der Differenz der erhaltenen und der zulässigen Spannung ein neuer statischer Wert des Trägheitsmoments bestimmt wird, um
mit ihm von vorne die Korrekturschleife zu bilden. Wenn die Differenz
kleiner wird als z.B. 0,5 oder 1 % der zulässigen Spannung, wird die
Iteration abgebrochen. Für das Rechenflußdiagramm und für die Einzelheiten des Verfahrens siehe Kapitel 28, besonders das Bild 28.1.

Die gesamte Biegespannung an einer außersten Druckecke des Trägerquerschnitts folgt aus den seismischen Spannungen in beiden Richtungen und

aus den vertikalen Spannungen infolge der Eigenlasten der Kranbahn σ_B, des Kranes mit der Katze σ_K und der Nutzlast σ_L

$$\sigma_{sg} = \sigma_{sh} + \sigma_{sv} + \sigma_B + \sigma_K + \sigma_L \leqq \text{zul } \sigma_d. \qquad (26\text{-}37)$$

Die Eigenlastspannungen werden ohne dynamische Beiwerte eingesetzt. Die Katze steht in der Mitte, es wird aber auch die Seitenlage der Katze geprüft, wobei sich natürlich infolge einer anderen Frequenz und Kranmasse m_0 andere seismische Spannungen ergeben. Die Gesamtspannung muß unter der zulässigen Druckgrenze liegen. Wenn neben Normal- auch Schubspannungen auftreten, ist die Vergleichsspannung zu ermitteln, die kleiner als die zulässige Zugspannung sein muß

$$\sigma_v = \sqrt{\sigma_x^2 + \sigma_y^2 - \sigma_x \sigma_y + 3 \tau^2} \leqq \text{zul } \sigma_z. \qquad (26\text{-}38)$$

In hohen Kranbahnunterstützungen muß auch die Gesamtspannung mit der horizontalen seismischen Spannung in Längsrichtung der Kranbahn geprüft werden. In dieser Richtung wirkt auf den Kran nur jener Teil der Ansprechbeschleunigung, der der Reibungszahl zwischen dem Kranlaufwerk und der Schiene entspricht. Auf die Kranbahn selbst wirkt die volle Ansprechbeschleunigung.

Beim seismischen Spannungsnachweis werden keine dynamischen Zusatzlasten des Kranes berücksichtigt, denn es wird vorausgesetzt, daß der Kran während des Erdbebens still steht, d.h. keine Massenträgheitskräfte aus der Fahrt und keine Führungskräfte aus dem Schräglauf auftreten.

Soll der seismische Beanspruchungszustand mit dem normalen Betriebszustand verglichen werden, so wird er nach DIN 4132 analysiert. Danach wird der Lastfall H (Hauptkräfte) nur mit den vertikalen Radlasten, für die Schwingwirkungen mit dem Schwingbeiwert vervielfacht, und ohne horizontale Kräfte ausgeführt. Deshalb ist in diesem Fall der Lastfall HZ (Haupt- und Zusatzkräfte) zu berücksichtigen. In horizontaler Richtung quer zur Kranbahn werden danach die Massenkräfte aus der Fahrt und aus Schräglauf nach DIN 15018 in Höhe der Schienenoberkante angesetzt, es sei denn, die Führungsrollen rollen nicht auf der Schienenkopfflanke sondern auf besonderer Schiene am Gurt des Kranbahnträgers (Bild 26.10 a und b). Die Schwingbeiwerte sind - im Gegensatz zum Kran - niedrig, sie reichen von 1,1 bis 1,4 für den Kranbahnträger und von 1,0 bis 1,3 für die Unterstützungen, d.h. sie sind 36 % niedriger als am Kran. Auch die Querkräfte sind klein, sie erreichen im äußersten Fall 20 % der Radlast.

Im Gegensatz zum Kran, an dem die Reserven im Schwingbeiwert größer
sind, gibt es deshalb für das Erdbeben keine Reserven. Zudem werden
die horizontalen Beschleunigungen quer zur Fahrbahn in vollem Umfang
eingesetzt. Diese Beschleunigungen ergeben in höheren Etagen viel größere Werte der maximalen Betriebskräfte. Die Ansprechbeschleunigung
ist schon in 10 m Höhe bei Erdbebenintensität VIII MM 4,25 g, d.h.
21,25-mal größer als beim Betriebsnachweis. Die Kranbahn ist deshalb
in horizontaler Richtung viel mehr beansprucht als in der vertikalen.

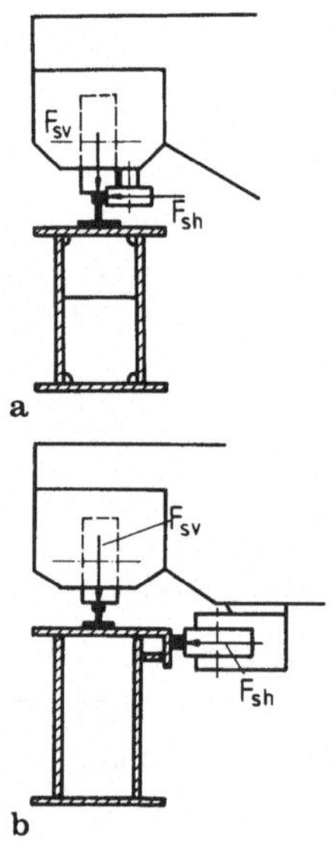

Bild 26.10: Einleitung der seismischen
            Kräfte des Kranes über Füh-
            rungsrollen in die Schiene
            (a) und über Führungsrolle
            in den Gurt (b)

Beim Erdbeben werden die Krane ohne Nutzlast vorausgesetzt. Deshalb entfällt die vertikale Lastspannung. Wenn man gleichzeitig die zulässige
Grenze von 16,0 kN/cm^2 (Betriebsfall HZ für St 37) auf 21,60 kN/cm^2
(90 % der Streckgrenze von 24,0 kN/cm^2) anhebt, wird damit eine Spanne
für die horizontalen seismischen Spannungen erreicht. In dieser Spanne
können die Erdbeben bis zu einer gewissen Intensität, abhängig von der
Etagenhöhe, übertragen werden. Eine genaue Analyse kann anhand der Beiwerte, die für verschiedene Einflußgrößen stehen, wegen der sehr verschiedenen Ausführungen nach dem Vorbild der Krane (siehe Kapitel 28),

bei denen mehr oder weniger normierte Verhältnisse vorliegen, nicht
ausgeführt werden. Der Erdbebensicherheitsnachweis ist von Fall zu Fall
mit allen in Betracht gezogenen Parametern auszuführen. Man hat festgestellt, daß sehr hohe Kranbahnen mit großen Spannweiten zwischen den
Unterstützungen und ohne horizontale Verbände mit schlanken und hohen
Vollwand- oder Kastenträgerquerschnitten äußerst gefährdet sind. Oft
kommt es vor, daß der Kran die erfordliche Erdbebenintensität erträgt,
die Kranbahn in horizontaler Richtung jedoch versagen würde.

26.4. Konstruktive Ausführung der Kranbahn

Infolge starker Beanspruchung der Kranbahn durch horizontale seismische
Kräfte, die sich durch keine Reibungsmaßnahmen vermindern lassen, muß
bei der Formgebung der Kranbahn besonders der horizontalen Steifigkeit
große Aufmerksamkeit gewidmet werden. Als Trägerform kommen daher fast
nur Hohlprofile in Betracht. Die Kastenträger mit größeren Abständen
zwischen den Stegen bringen die größte Widerstandsfähigkeit. Die Lauf-
radkräfte werden in den Trägerquerschnitt über die Schiene eingeleitet,
die in der Mitte des Trägergurtes oder über einem Steg am Kastenrand
angebracht ist. Im ersten Fall sind starke Querriegel für die Übertragung der Kräfte in die Stege erforderlich und im zweiten Fall muß das
Verdrehmoment zwischen der Träger- und der Schienenachse beachtet werden.

Bei den horizontalen seismischen Kräften ist mit verschiedener Höhe ihrer Wirkungslinie zu rechnen, denn die Kräfte wirken in den Massenmit-
telpunkten. Daraus ergeben sich Verdreh- und Kippmomente, die lokale
Beanspruchungen an der Befestigungsstelle der Kranbahnträger und der
Unterstützung verursachen.

In den theoretischen Ansätzen wurde in den vorherigen Abschnitten die
Annahme der eingespannten Kranbahnträger benutzt. Diese Tatsache trifft
gewöhnlich zu, denn die Träger werden in beiden Richtungen biegesteif
zusammengestoßen. Bei einer weichen Verbindung über den Unterstützungen
sind in den Gleichungen entsprechend reduzierte Massen zu verwenden.

Der Konstrukteur sollte von vornherein auch der Fundierung von Kranbahnunterstützungen große Aufmerksamkeit widmen und sie nicht nur den Bau-

leuten überlassen. Es ist immer die Tatsache zu beachten, daß eine Fundierung bis zum Felsengrund die Bodenbeschleunigung vermindert und auch die spektrale Beschleunigung bedeutend reduziert. Als Folge einer solchen Fundierung wird damit die Kranbahn am erfolgreichsten entlastet. Im Gegensatz dazu führt eine Fundierung auf weichen Ablagerungsschichten zu einer Vervielfachung der Bodenbeschleunigung durch Reflektierung. Auch die besten Konstruktionsmaßnahmen können hier nur wenig Abhilfe schaffen.

27. Festigkeitsprobleme aseismischer Hebezeuge

Die Festigkeitsprobleme bei den Dimensionierungsarbeiten der aseismischen Hebezeuge weichen von den Berechnungsvorschriften für normale Betriebsverhältnisse ab. Diese Vorschriften sind in relevanten DIN-Normen enthalten, in denen auf der einen Seite die zusätzlichen dynamischen Lasten und auf der anderen Seite die zulässigen Grenzen vorgeschrieben werden. Für Erdbebenfälle muß der Konstrukteur von dynamischen seismischen Zusatzkräften ausgehen und die vorhandenen Spannungen und Sicherheiten mit den zulässigen Grenzen vergleichen. Diese Grenzen werden jedoch nach anderen Grundsätzen bestimmt als betriebsmäßige Grenzen. In diesem Abschnitt werden diese Grenzen der zulässigen Spannungen und der Sicherheitsfaktoren gegenüber Beul-Instabilitäten näher erörtert.

27.1. Zulässige Spannungen

Bei der Bestimmung zulässiger Spannungen beim aseismischen Konstruieren legt man die Häufigkeit ihres Auftretens zugrunde. Das schwerstmögliche Erdbeben wird in der ganzen Lebensdauer des Hebezeuges nur einmal oder einige wenige Male auftreten. Daher können diese Spannungen mit dem Auftreten von höchsten Belastungen in Kranen /27.1/ verglichen werden, die nach der Gauß'schen Normalverteilung im log-log-Koordinatensystem mit der Häufigkeit auf der Abszisse bestimmt werden.

Diese Spitzenlasten treten über die Gesamtlebensdauer des Kranes nur 10 bis 100 mal auf. Ihre Größe hängt aber von der Betriebsart des Kranes ab und ist bei Verladekranen gering, bei Stripperkranen jedoch wesentlich größer. Die Überlastung des Kranes kann dabei bis 290 % der Nennlast betragen. Die Erdbebenspannungen haben dieselben Merkmale, jedoch treten sie bei der Erdbebenerscheinung in vollem Maße nur bis zu 10 mal auf /27.2/. Bei einer betriebsmäßigen Überlastung kommt es aber betriebsbedingt zu mehrmaligem Anfahren und Bremsen, wobei jedesmal Schwingungen auftreten, die mehrere Gipfel mit Abdämpfungen aufweisen. Beim Erdbeben werden deshalb dem Kran weniger oft Höchstspannungen aufoktroyiert als im normalen Betriebsablauf. Bei derartigen Merkmalen kann man Spannungen im Bauteil bis zur Streckgrenze oder dicht darunter als zulässig betrachten. Dafür sprechen zwei Merkmale: seltenes Auftreten und auf 10 Spiele begrenzter Schwingungsablauf. Es handelt sich um keine Zeitfestigkeit, von der Dauerfestigkeit gar nicht zu reden.

Die Versuche mit dynamischen Schwingungen, die sich beim Kranbetrieb der
Grundspannung überlagern /27.4/, zeigten, daß vom Standpunkt der Ermü-
dungsfestigkeit die überlagerten Schwingungen, die der Eigenfrequenz des
Kranes entsprechen (3 bis 4 Hz), von untergeordneter Bedeutung sind. Ihr
schädigender Anteil ist nur mit etwa 50 % in die Berechnungen einzusetzen, wobei die Verfasser darauf hinweisen, daß dieser Wert voraussicht-
lich noch viel zu hoch gegriffen ist. Ähnliche Überlegungen gelten auch
bezüglich des Erreichens und der Überschreitung der Streckgrenze. Diese
Schwingungen mit der Eigenfrequenz des Kranes entsprechen vollständig
den Schwingungen des Kranes beim Erdbeben.

In Anlehnung an DIN 15 018 Tabelle 8 und 10 werden in Tabelle 27.1 zulässige seismische Spannungen für verschiedene Werkstoffsorten angegeben.

Stahlsorte nach DIN 17100	Streck-grenze σ_s [N/mm^2]	Zulässige Vergleichs-spannung zulσ_v	Zulässige Druck- und Zugspannung zulσ_d [N/mm^2]	Zulässige Schub-spannung zulτ [N/mm^2]
St 37	240	216		124
St 52.3	360	324		187

Tabelle 27.1: Zulässige Spannungen in Bauteilen bei seismischer
              Beanspruchung beim Allgemeinen Spannungsnachweis
              und Stabilitätsnachweis

Die Kerbwirkung in den Schweißnähten muß nicht berücksichtigt werden.
Für zulässige Spannungen für Verbindungen wird Tabelle 11 und 12 in DIN
15 018 benutzt, wobei alle Werte des Lastfalles H mit dem Beiwert 1,35
zu vervielfältigen sind. Bei zusammengesetzten Spannungszuständen werden die Vergleichsspannungen nach DIN 15 018, Absatz 7.2.2 bestimmt.

27.2. Sicherheiten gegen Beulinstabilität

Wegen des sehr hohen Beanspruchungszustandes bis in die Nähe der Streckgrenze in seismisch belasteten Hebezeugen muß sichergestellt werden, daß in Stahltragwerken oder Teilen davon keine instabilen Gleichgewichtszustände auftreten können. Wenn es auch in keinem tragenden Teil zur plastischen Verformung kommt, kann das Hebezeug aber trotzdem zusammenbrechen, weil die örtlichen Spannungen in den Blechfeldern zu groß waren und dadurch das Ausbeulen eingeleitet wurde.

Bei der Erörterung der Beulgefahr geht man von DASt-Ri. 012 (Ausgabe Oktober 1978): "Beulsicherheitsnachweis für Platten" und von DIN 15 018 (Ausgabe April 1974) "Krane - Grundsätze für Stahltragwerke, Berechnung" aus.

Da in /27.5/ die ausführliche Vorgehensweise dargelegt ist, kann an dieser Stelle auf eine Wiederholung verzichtet werden. Es wird vorgeschlagen, die erforderlichen Beulsicherheiten des Lastfalles S nach Tabelle 7 der DASt-Ri. 012 für den Erdbebenfall einzuhalten.

Je nach Kranausführung kann neben der Beulinstabilität auch ggf. Knicken und Kippen eine Gefahr darstellen. Für Überprüfung in dieser Richtung bleibt DIN 4114 nach wie vor gültig, wenn auch mit reduzierten Sicherheitsfaktoren bzw. erhöhten zulässigen Spannungen, wie oben bereits erläutert wurde.

Daraus können folgende Anleitungen für den Konstrukteur gezogen werden: Bei der aseismischen Konstruktion von Hebezeugen verlangt die Dimensionierung der Gesamt- und Teilblechfelder sowohl die Beachtung der Streckgrenze des Werkstoffs als auch der vergleichenden Beulspannung. Aus dieser Beulspannung werden die Verhältnisse zwischen den Blechstärken und Feldbreiten bestimmt. Gleichwohl verfährt man in Bereichen mit vorwiegender Schubspannung. Dieselben Spannungen dienen dann auch zur Bestimmung von Quer- und Längssteifen, wenn dünnere Stege und kleinere Teilfelder angestrebt werden.

27.3. Kriterien für den Beschädigungsgrad

Bei der Analyse erdbebengefährdeter Hebezeuge soll vor allem den unstabilen Stellen Aufmerksamkeit geschenkt werden. Diese Stellen leiten immer den Zusammenbruch der ganzen Trageinheit ein. Wenn eine Strebe versagt, geht ihre Last rückartig auf andere Tragteile über, die aber schon selbst bis an die zulässige Grenze beansprucht sind. Die Sicherheitszahl ist aber nicht groß genug, um solche unvorhergesehenen und auch unvorhersehbaren Überlastungen übertragen zu können. Dasselbe gilt für Träger, wenn ein Teilfeld zuerst versagt - oder umgekehrt. Deshalb kann man bei unstabilen Erscheinungen kaum vom Grad der zulässigen Beschädigung sprechen.

Anders ist es bei den Spannungszuständen. Man weiß aus vielen Versuchsmessungen /27.3/, daß es bei Grenzzuständen immer zu umfangreichen Spannungsredistribution kommt. Wenn die Spannungen an einem örtlich begrenzten Teil die Streckgrenze überschreiten, wird sich dieser Teil verformen (zerquetschen oder ziehen) und der Belastung ausweichen. Seinen Lastanteil übernimmt die Umgebung, die bis dahin noch nicht so hoch beansprucht wurde. Das gilt besonders für Biegespannungszustände.

Infolgedessen kann es bei begrenzten Bereichen auch zu Spannungen oberhalb der Streckgrenze kommen, wenn sie von weniger beanspruchten Bereichen flankiert sind. Erwähnenswert sind hier die Stellen an Kastenträgern, an denen äußere Kräfte in den Träger eingeleitet werden, wie zum Beispiel unter den Laufrädern der Katze oder des Oberbaus an Turmkranen. Sie sind zulässig, wenn ihre Querschnittsfläche 1/12 der druckbeanspruchten Zone nicht überschreitet.

Bei der Analyse der Erdbebensicherheit ist die Hauptsache, daß das Hebezeug auf seiner Stelle verharrt, nicht herunterfällt oder umkippt. Die Hebezeuge in besonders gefährlichen Anlagen, wie in Kernkraftwerken oder in Räumen mit Sprengstoff- oder Großraketenlagerung sind davon jedoch ausgenommen (siehe Kapitel 38). Werden dabei kleinere Bauteile zerstört, wie z.B. Windzangen, Stromzuführungsanlage etc., bedeutet das noch keine Gefahr für das Hebezeug als solches, und wenn dieses integral erhalten bleibt, sind auch keine Menschen in Gefahr.

28. Seismische Widerstandsfähigkeit bestehender Hebezeuge

Es erhebt sich die Frage, in welcher Größenordnung sich seismische Spannungen in Tragteilen der Hebezeuge einstellen, die nach geltenden Normen konstruiert wurden. Um dem Konstrukteur und Betreiber vorhandener Anlagen einige Anhaltspunkte zur eingehender Analyse ihrer seismischen Widerstandsfähigkeit zu bieten, werden in folgendem Kapitel die Einflüsse seismischer Beanspruchungen auf die Spannungen bei verschiedenen Betriebsfällen erörtert. Da der Einblick in die Erdbebeneinflüsse möglichst umfangreich sein muß, werden folgende Betriebsfälle untersucht:

1. Belastung des Hebezeuges mit der Nennlast,
2. Teillastbetrieb,
3. Unbelasteter Kran mit der Katze in Mittelstellung,
4. Die Katze befindet sich ohne Nutzlast auf einer Seite der Spannweite.

Für die Analyse wählen wir die Brücke des Brücken- oder Portalkrans. Sie besteht in der Regel aus zwei Kastenträgern gleicher Größe. Es kann aber auch eine Einträgerbrücke mit Trapezquerschnitt /21.1/ angenommen werden, wobei die zu benutzenden Ausdrücke dementsprechend anzupassen sind. Die Verhältniswerte der Spannungen lassen sich auch auf andere Hebezeugarten anwenden.

28.1. Berechnungsgrundlagen bestehender Krane

Bestehende Krane werden nach DIN 15 018 (Ausgabe April 1978) oder anderen ausländischen Normen, die aber größtenteils untereinander abgestimmt sind, dimensioniert. Nachstehend vier gebräuchliche Normen:

1. FEM-Norm der Fédération Européenne da la Manutention, die als Ausgangsbasis der Mehrzahl europäischer Normen diente,
2. BSS 437,
3. Crane Manufacturers Association of America (CMAA) Specification No. 70 - 1971: "Specifications for Electric Overhead Travelling Cranes" (für mittlere Klasse),
4. AISE USA Standard Specification No. 6: "Specifications for Heavy Duty Electric Overhead Travelling Cranes" (für Eisen- und Stahlindustrie).

Für den Vergleich wird die neueste Ausgabe der DIN 15 018 (Nachfolge-
norm von DIN 120) benutzt. Will man die Größe der seismischen Spannungen vergleichen, müssen die Arbeitsspannungen in allen Krangrößen verschiedener Traglast und Spannweite auf gleichem Niveau liegen, d.h. die
Maße der Krane müssen der zulässigen Spannung angepaßt werden, und zwar
bis auf ± 2 %. Die seismischen Spannungen werden dann überlagert. Bild
28.1 zeigt das Flußschema des Rechnerprogramms für den Berechnungsgang.
Der Querschnitt im Bild 28.2 muß in Relation zur Spannweite stehen, wobei die Stabilitätsgrenzen der Gesamt- und Teilblechfelder bis zur zulässigen Grenze angepaßt werden. Um ohne Längsstreifen auskommen zu können, gibt man folgende Verhältnisse vor:

$$B = 30 \text{ bis } 55 \text{ s} = f_B \text{ s},$$
$$H = 140 \text{ d}. \tag{28-1}$$

Zwischen der Breite des Trägers und der Spannweite gilt die Beziehung

$$f_B = 0{,}83 \left(\frac{L}{100} - 16\right) + 30 \simeq \frac{L}{100} + 14 \tag{28-2}$$

mit L Spannweite in cm.

Das Verhältnis zwischen Gurt- und Stegstärke wird mit $f_Q = s/d$ bestimmt,
wobei f_Q zwischen 1,2 bis 1,6 liegen kann und für die Vergleichsberech-
nung mit 1,25 angenommen wird. Mit dieser Voraussetzung ergeben sich die
Trägheitsmomente:

$$I_x = \frac{1}{2} H^2 B s \left(1 + \frac{d\,H}{3\,s\,B}\right) = 323\,400\,d^4\,f_Q^2\,(1 + 1{,}41/f_Q^2), \tag{28-3}$$

$$I_y = \frac{1}{2} B^2 H d \left(1 + \frac{s\,B}{3\,d\,H}\right) = 76\,230\,f_Q^2\,d^2\,(1 + f_Q^2/12{,}73), \tag{28-4}$$

$$W_x = \frac{I_x}{70\,f_Q\,d} \,, \qquad W_y = \frac{2\,I_y}{f_B\,f_Q\,d} \,. \tag{28-5}$$

Das erforderliche Trägheitsmoment wird als Ausgangswert aus der zulässigen Durchbiegung L/1000 bestimmt

$$I_{x\,erf} = \frac{m_2\,g\,L^2}{50\,400} \tag{28-6}$$

mit m_2 g Nennlast in kg. Daraus folgt die Gewichtsmasse des Trägers

$$G_T = \left[d^2\,(280 + 2\,f_B\,f_Q^2)\,0{,}00785 \cdot 1{,}05 + G_L + G_S\right] L \tag{28-7}$$

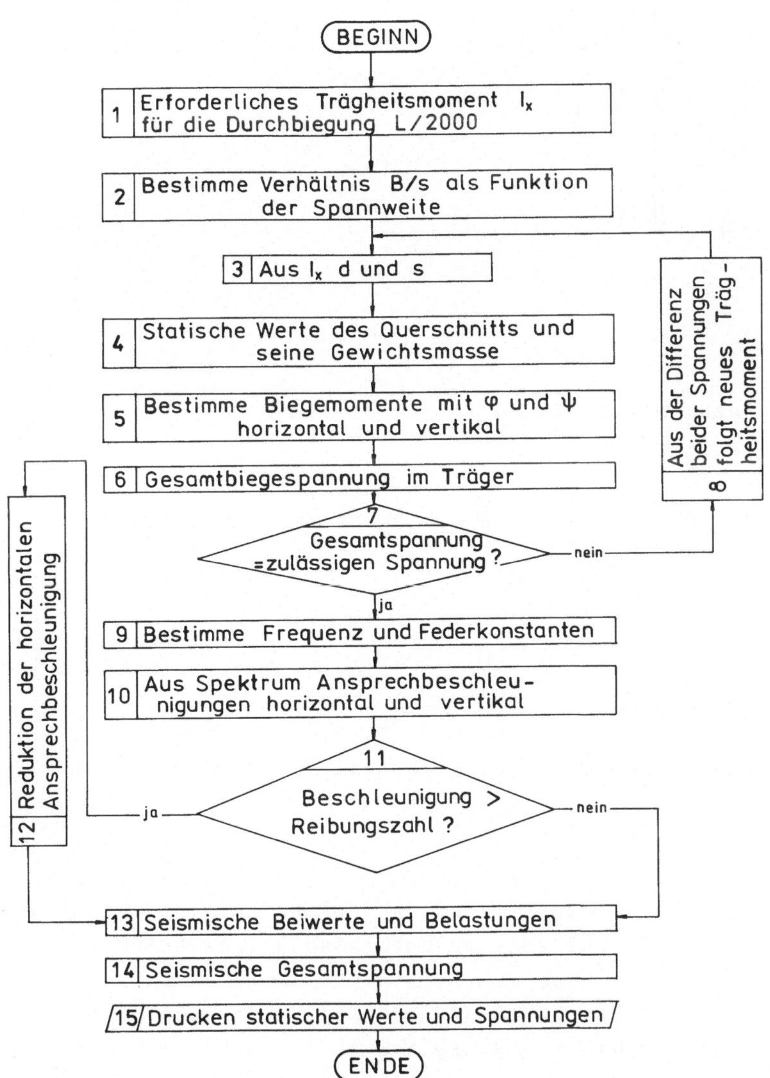

Bild 28.1: Flußschema des Berechnungsgangs für die Dimensionierung der Kranbrücke mit seismischen Beanspruchungen

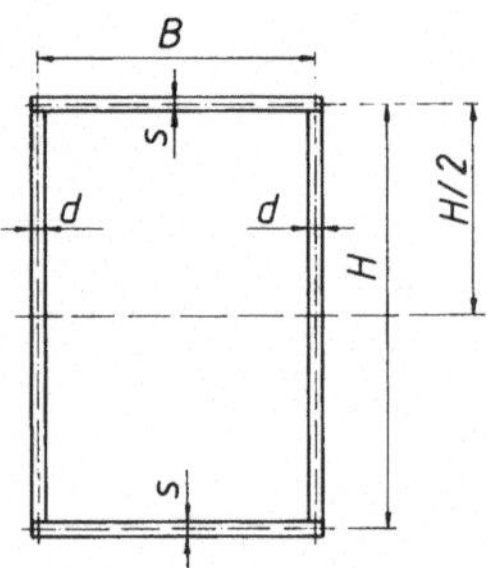

Bild 28.2: Querschnitt des Vergleichs-
kastenträgers

mit G_L Laufsteg mit Geländer (1,4 kg/cm) und G_S Masse der Laufschiene
mit Befestigungsteilen.

Die auf Mitte Kran reduzierte Gewichtsmasse des Trägers und der Katze
folgt aus

$$m_0 = 0,5 \ (m_K + m_T) \tag{28-8}$$

mit m_K Katzmasse, m_T Trägermasse (aus G_T).

Die vertikale Spannung für den Lastfall H (Hauptkräfte) ergibt sich aus

$$\sigma_v = \frac{(\phi \ m_0 \ g + \psi \ m_2 \ g) \ L}{4 \ W_x} \ , \tag{28-9}$$

wobei der Eigenlastbeiwert ϕ und der Hublastbeiwert ψ abhängig von der
Fahrgeschwindigkeit und von der Hubklasse ausgewählt werden.

Für mittlere Geschwindigkeiten ist ϕ = 1,2, ψ von 1,12 bis 2,2. Es werden drei Vergleichsklassen festgelegt:

L: ϕ = 1,1, ψ = 1,12 für Großkrane in Kernkraftwerken,
M: ϕ = 1,2, ψ = 1,6 für mittlere Beanspruchung,
S: ϕ = 1,2, ψ = 2,2 für schwere Betriebsverhältnisse (Magnet- und Grei-
ferkrane).

Für den Lastfall H folgt die horizontale Spannung aus

$$\sigma_h = \frac{0,3 \ z_a/z \cdot m_0 \ g \ L}{4 \ W_y} \tag{28-10}$$

mit z_a/z Verhältnis der Anzahl angetriebener zur Gesamtzahl der Laufräder. Für St 37 wird zul $\sigma_d = 14$ kN/cm^2 angesetzt. Mit der Iteration ist die Gesamtspannung der zulässigen Spannung anzunähern

$$\sigma_g = \sigma_v + \sigma_h = \text{zul } \sigma_d. \tag{28-11}$$

Dabei wird geprüft, ob der Unterschied

$$\left| \frac{\sigma_g - \text{zul } \sigma_d}{\text{zul } \sigma_d} \right| < 0,01. \tag{28-12}$$

Wenn nicht, wird im Verhältnis zu diesem Unterschied ein neues erforderliches Trägheitsmoment in vertikaler Richtung bestimmt

$$I_{xN} = \left(\frac{\sigma_g - \text{zul } \sigma_d}{\text{zul } \sigma_d} \, 0,2 + 1 \right) I_{x0} , \tag{28-13}$$

bzw.

$$I_{xN} = \left(1 - 0,2 \, \frac{\sigma_g - \text{zul } \sigma_d}{\text{zul } \sigma_d} \right) I_{x0} , \tag{28-14}$$

wenn $\sigma_g > \text{zul } \sigma_d$ bzw. $\sigma_g < \text{zul } \sigma_d$ ist.

Durch diese Iterationsschleife wird die zulässige Spannung voll ausgenützt. Es ergeben sich die Maße des Querschnitts und seine Gewichtsmasse. Mit diesen Werten können dann die seismischen Kraftbeiwerte nach den Gleichungen im Kapitel 14 und 21 bestimmt werden. Die Frequenz folgt nach Gleichung (21-5) und mit ihr die Ansprechbeschleunigungen nach Gleichungen im Kapitel 5.

Da das charakteristische Ansprechspektrum für die Etagenhöhe H = 10 m und für die Erdbebenintensität VIII festgelegt ist, werden für andere Verhältnisse die Spektrumbeiwerte als Verhältnis zwischen der maximalen neuen und charakteristischen Ansprech- bzw. Etagenbodenbeschleunigung eingeführt. Die neue Ansprechbeschleunigung folgt dann aus der Multiplikation der charakteristischen Ansprechbeschleunigung mit dem Spektrumbeiwert

$$\ddot{y}_m = \ddot{y}_{mCh} \, f_{SP}. \tag{28-15}$$

Für die Höhe $H_S = 10$ m und VIII MM nachfolgend die Spektrumbeiwerte: in horizontaler und vertikaler Richtung für Ansprechbeschleunigung

$$f_{SPh} = f_{SPv} = 1 \tag{28-16}$$

und für die Etagenbodenbeschleunigung

$$f'_{SPh} = f'_{SPv} = 1. \tag{28-17}$$

Für die Intensität VII MM sind die Beiwerte:

$$\ddot{y}_{mh} = 0,08 \cdot 9 + 10 \cdot 0,09 = 1,62 \text{ g}, \quad f_{SPh} = \frac{1,62}{3,33} = 0,49,$$

$$\ddot{y}_{s0h} = 0,08 \cdot 3 + 10 \cdot 0,014 = 0,38 \text{ g}, \quad f'_{SPh} = \frac{0,38}{0,79} = 0,48,$$

$$\ddot{y}_{mv} = 0,08 \cdot 25 = 2,00 \text{ g}, \quad f_{SPv} = \frac{2,00}{4,25} = 0,47, \tag{28-18}$$

$$\ddot{y}_{s0v} = 0,08 \cdot 5 = 0,40 \text{ g}, \quad f'_{SPv} = \frac{0,40}{0,85} = 0,47$$

und für die Intensität IX MM

$$f_{SPh} = f'_{SPh} = f_{SPv} = f'_{SPv} = 2. \tag{28-19}$$

Bei der Höhe H_S = 20 m sind die Spektrumbeiwerte:

VII MM:

$$f_{SPh} = 0,76, \qquad\qquad f_{SPv} = 0,47,$$
$$f'_{SPh} = 0,66, \qquad\qquad f'_{SPv} = 0,47.$$

VIII MM:

$$f_{SPh} = 1,54, \qquad\qquad f_{SPv} = 1,$$
$$f'_{SPh} = 1,35, \qquad\qquad f'_{SPv} = 1.$$

IX MM:

$$f_{SPh} = 3,08, \qquad\qquad f_{SPv} = 2,$$
$$f'_{SPh} = 2,71, \qquad\qquad f'_{SPv} = 2.$$

Wenn die Gesamtreibungszahl des Kranes zwischen der Laufschiene und dem Kranfahrwerk kleiner ist als die horizontale Etagenbodenbeschleunigung, wird die horizontale absolute Ansprechbeschleunigung im Verhältnis der

Reibungszahl zur Etagenbodenbeschleunigung nach Gl.(21-23) reduziert.
Bei der Gesamtreibungszahl unterscheidet man drei Fälle:

1. Alle Räder sind ungebremst: $\mu_g = 0,01$;
2. Eine Hälfte der Laufräder ist gebremst: $\mu_g = 0,33$;
3. Der Kran ist auf der Kranbahn festgelegt bzw. die Laufräder können
   nicht weggleiten (z.B. auf einer Kreisbahn über dem Reaktorbecken):
   $\mu = \infty$, normalerweise mit $\mu_g = 3,0$ angesetzt.

Die Spannungen lassen sich nun mit Hilfe der auf diese Weise bestimmten
Ansprechbeschleunigung zusammen und mit den Kraftbeiwerten berechnen.
Zu den seismischen Spannungen wird die Spannung infolge der Eigenlast
$m_0\,g$ und der Nutzlast $m_2\,g$, jedoch ohne Berücksichtigung der Beiwerte ϕ
und ψ, addiert. Das Ergebnis ist die Gesamtspannung im Kran im Falle eines Erdbebens mit gegebener Intensität

$$\sigma_{sg} = \sigma_{sv} + \sigma_{sh} + \sigma_{0v}\,(1 + n_0).\qquad(28\text{-}20)$$

Es ist zu erwarten, daß die Spannungsspitzen nicht gleichzeitig in allen
Richtungen auftreten. Deshalb kann man die resultirende Spannung nach
Pithagoras bestimmen

$$\sigma_{sg} = \sqrt{\{\sigma_{Sv} + \sigma_{0v}\,(1 + n_0)\}^2 + \sigma_h^2}\;.\qquad(28\text{-}21)$$

Sicherer ist es jedoch für Hebezeuge, die arithmetische Summe zu verwenden, wie das auch bei den Kernkraftwerken in USA vorgeschrieben ist. Bei
Portal- und Turmdrehkranen ist es aber verständlich, daß bei Spannungen,
die in zwei horizontalen Richtungen auftreten, jeweils nur eine mit der
vertikalen kombiniert wird

$$\sigma_{Sg} = \sigma_{h1} + \sigma_v \text{ oder } \sigma_{h2} + \sigma_v.\qquad(28\text{-}22)$$

28.2. Einflüsse auf die seismische Beanspruchungshöhe

Die seismische Spannung in Hebezeugen wird demnach durch folgende Größen beeinflußt:

1. Erdbebenintensität nach MM,
2. Höhe der Etage, auf der das Hebezeug stationiert ist,
3. Spannweite,

4. Höhe der Nutzlast, die von Null bis zur Nennlast variieren kann,

5. Reibungsgrenze je nach dem Bremszustand des Hebezeuges: 0,01, 0,33 oder 3,0,

6. Betriebsart, durch Beiwerte ϕ und ψ beschrieben,

7. Freie Seillänge l_S, die die Seilaufhängefederkonstante bestimmt,

8. Traglast, die von kleinen bis größten Werten reichen kann (1 t bis 1000 t).

Der Einfluß dieser Größen wird uns durch das Vergleichsbeispiel eines Kranes mit der Nenntraglast m_2 = 63 t und der Katzmasse m_K = 12 t vor Augen geführt. Im Bild 28.3 sind die Gesamtspannungen im Träger bei verschiedenen Nutzlasten in Abhängigkeit von der Erdbebenintensität in MM für die mittlere Klasse M (ϕ = 1,2, ψ = 1,6), Spannweite L = 25 m, Etagenhöhe H_S = 10 m und Seillänge l_S = 10 m gezeigt. Jede Gruppe von Nutzlastkurven hat drei Werte: für μ = 3,0, 0,33 und 0,01. Aus dem Bild lassen sich folgende Abhängigkeiten ablesen.

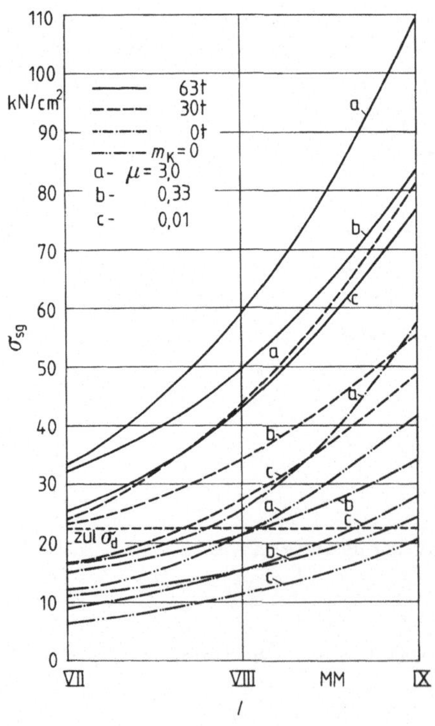

Bild 28.3: Seismische Gesamtspannung bei Klasse M (ϕ = 1,2, ψ = 1,6) in Abhängigkeit von der Erdbebenintensität nach MM bei verschiedenen Nutzlasten (L = 25 m, H_S = 10 m, m_K = 12 t);
a - μ = 3,0
b - μ = 0,33
c - μ = 0,01

Mit der Erdbebenintensität wachsen die Spannungen. Die Reibungszahl der Fahrwerke auf der Schiene hat großen Einfluß; denn die kleinsten Spannungen ergeben sich bei vollständig frei drehenden Laufrädern in nicht gebremstem Zustand. Mit der Nutzlast wächst die Gesamtspannung. Sie wird minimal, wenn die unbelastete Katze auf eine Seite der Spannweite verschoben wird (m_K = 0).

Ein Kran mit den genannten Eigenschaften kann mit der Nennlast ein Erdbeben der Intensität VII MM nicht ertragen, auch ungebremst nicht. Ein Erdbeben mit VIII MM kann nur der unbelastete Kran überstehen. Ein Erdbeben mit IX MM kann sogar der unbelastete Kran mit der Katze in Mittelstellung nicht verkraften. In dieser Stufe kann der Kran nur überleben, wenn sich die Katze unbelastet auf einer Seite befindet und wenn er absolut ungebremst ist (was aber auf einer Kreiskranbahn nicht möglich ist, denn die volle Beschleunigung wird von der Kranbahn auf den Kran übertragen, so daß μ g = ∞ wird).

Im Bild 28.4 wird die Abhängigkeit der Gesamtspannung im Träger von der Höhe der Kranbahn über dem Boden bei verschiedenen Erdbebenintensitäten und unterschiedlichen Laufzuständen des Kranes auf der Unterlage aufgezeigt. Die Spannung vergrößert sich merklich nur beim vollständig blokkierten Kran auf der Kranbahn (dabei wird die ganze horizontale Beschleunigung auf das Krantragwerk übertragen) und sie steigt wohl proportional mit der Höhe der Kranbahn an.

Beim Gleiten der Laufräder wird die Beschleunigung reduziert und darum auf gleichem Niveau gehalten. Die Spannung wird deshalb mit der Höhe der Kranbahn bei gleitendem Fahrwerk nur mäßig vergrößert. Das Bild bezieht sich auf L = 25 m, mittlere Klasse M und Nutzlast 63 t.

Die Nutzlast hat gemäß Bild 28.5 auf die Spannung großen Einfluß. Beim vollbelasteten Kran ist sie 2,66 mal größer als beim unbelasteten Kran. Dem Diagramm ist weiter zu entnehmen, daß ein Erdbeben mit IX MM nur ein gleitender Kran ohne Last ertragen kann, das Erdbeben von VIII MM nur ein ungebremster Kran mit 30 % Nennlast und ein Erdbeben von VII MM nur ein ungebremster Kran mit 80 % Nennlast oder ein gleitender Kran mit 44 % Nennlast.

Abhängig von der Kranspannweite wachsen die Spannungen nach Bild 28.6 erst bei Erdbeben mit größeren Intensitäten an. Dem Diagramm liegt zugrunde: Nutzlast 63 t, Auslegung des Kranes für mittlere Beanspruchung (Klasse M, ϕ = 1,2, ψ = 1,6).

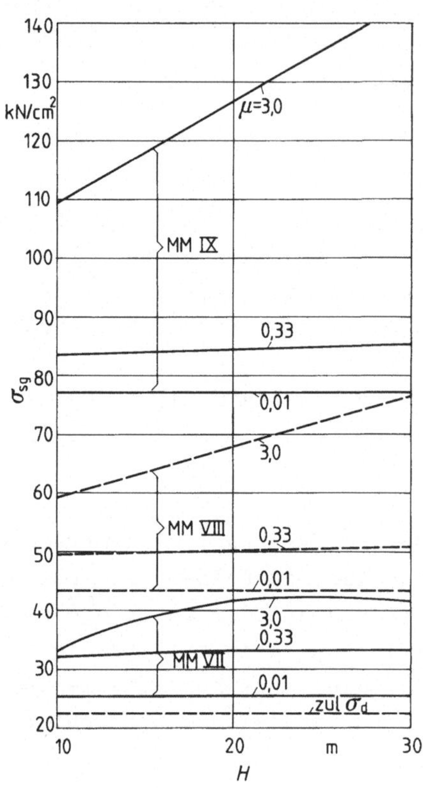

Bild 28.4: Seismische Gesamtspannung beim Kran
Klasse M (ϕ = 1,2,
ψ = 1,6) in Abhängigkeit von der Höhe der
Kranbahnetage über
dem Boden bei ver-
schiedenen Erdbeben-
intensitäten und Rei-
bungszahlen bei 63 t
Nutzlast. Angaben bei
Bild 28.3.

Die Betriebsklasse des Kranes beeinflußt seine Erdbebenwiderstandsfähigkeit natürlich erheblich; denn bei schwererer Klasse ist die Tragkonstruktion für die Übertragung von höheren dynamischen Belastungen dimensioniert. Bei einem Kran für die leichte Betriebsklasse L mit ψ = 1,1
ist die seismische Spannung bei einer Erdbebenintensität von VIII MM um
57 % größer als bei einem Kran für die schwere Betriebsklasse S (mit
ψ = 2,2), wie im Bild 28.7 für 25 m Spannweite und 63 t Nutzlast ersichtlich.

Der Einfluß der freien Länge der Lastseilaufhängung, d.h. der Lastab-
stand von der Seiltrommel ist gering, wie im Bild 28.8 bei 63 t Nutzlast beim Erdbeben mit VIII MM und bei einer Reibungszahl µ = 0,33 gezeigt. Die Spannung steigt bei Verkürzung der Seillänge von 15 m bis 0 m
nur um 17 % an.

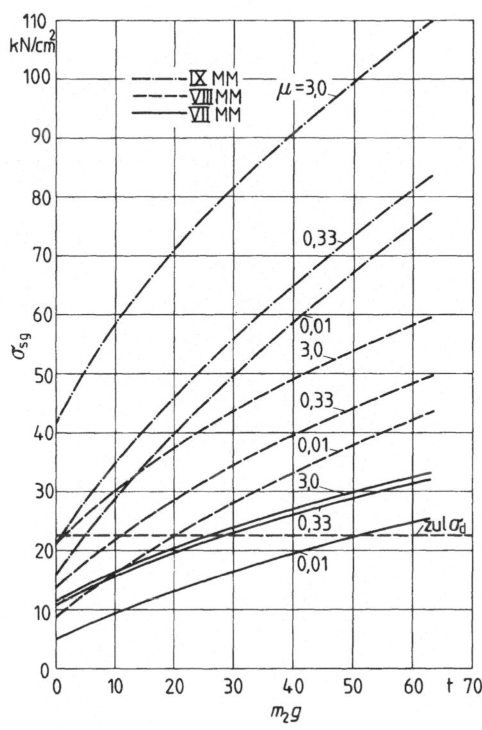

Bild 28.5: Seismische Gesamtspannung beim Kran Klasse M in Abhängigkeit von der Höhe der Nutzlast m_2 g bei verschiedenen Erdbebenintensitäten und Reibungszahlen für 25 m Spannweite. Angaben bei Bild 28.3.

28.3. Bestimmung der Erdbebentragfähigkeit der Hebezeuge

Für die nach DIN 15 018 konstruierten Hebezeuge, lassen sich ihre Erdbebentragfähigkeiten mit Hilfe der oben erörterten Einflußgrößen schätzungsweise bestimmen. Der Ausdruck für die Tragfähigkeit Q_E im Falle eines Erdbebens lautet

$$Q_E = F_N \{(1 + f_L)\, f_S\, f_{LS}\, f_W\, f_\psi\, f_N\, f_H - 1\} \qquad (28\text{-}23)$$

mit

F_N Nenntraglast in t, f_L, f_S, f_{LS}, f_W, f_ψ, f_N, f_H Einflußbeiwerte. Ihre Größen zeigen die Bilder 28.9 bis 28.14. Die Abhängigkeiten sind den Bildunterschriften zu entnehmen. Der Werkstoffbeiwert f_W berücksichtigt den Werkstoff der Stahltragkonstruktion und ist in Tabelle 28.1 aufgezeigt. Aus dem Verlauf der Beiwerte lassen sich dem Erdbeben besonders ausgesetzte Krane bestimmen: Dabei müssen vor allem folgende Krane in Erwägung gezogen werden:

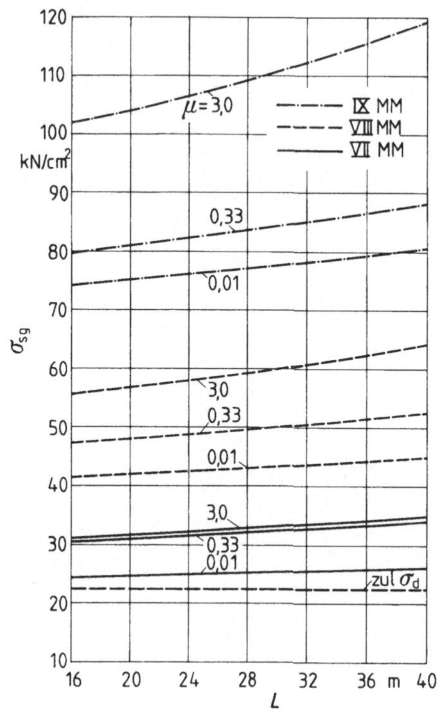

Bild 28.6: Seismische Gesamtspannung beim Kran Klasse M in Abhängigkeit von der Spannweite L bei 63 t Nutzlast bei verschiedenen Erdbebenintensitäten und Reibungszahlen. Angaben bei Bild 28.3.

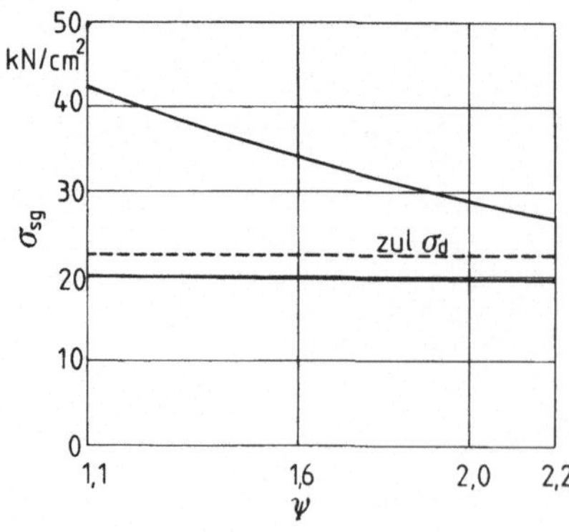

Bild 28.7: Seismische Gesamtspannung im Kranbrückenträger in Abhängigkeit von der Betriebsklasse des Kranes bei 25 m Spannweite, einem Erdbeben mit VIII MM, μ = 0,33 und 30 t Nutzlast. Angaben bei Bild 28.3.

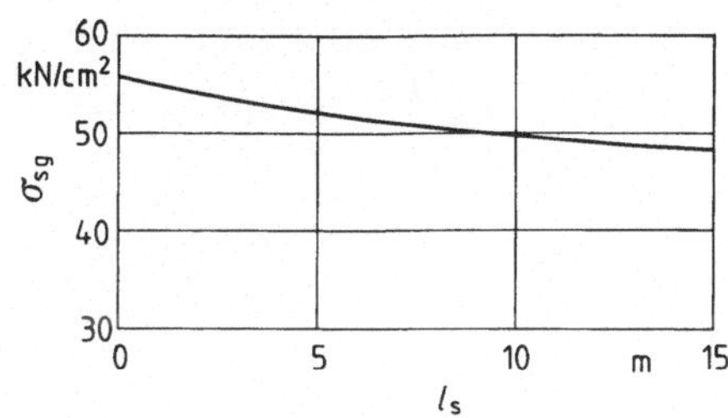

Bild 28.8: Gesamtspannung in Abhängigkeit von der freien Länge der Lastseilaufhängung (Nutzlast 63 t, $\mu = 0,33$, VIII MM). Angaben bei Bild 28.3

Bild 28.9: Lastbeiwert f_L in Abhängigkeit von der Erdbebenintensität nach MM bei verschiedenen Reibungszahlen des Fahrwerks

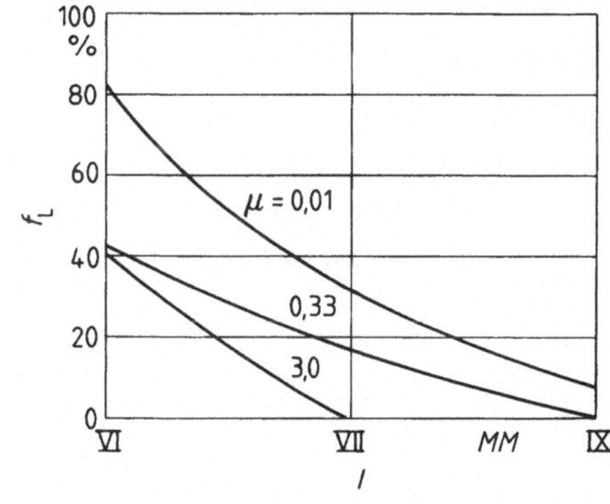

Bild 28.10: Spannweitenbeiwert f_S in Abhängigkeit von der Spannweite L bei verschiedenen Erdbebenintensitäten nach MM

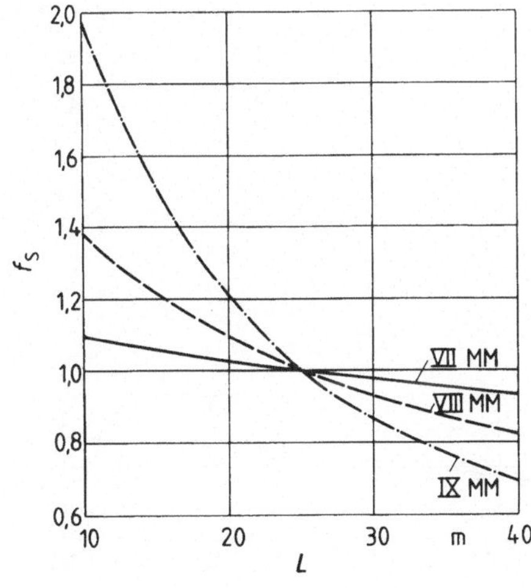

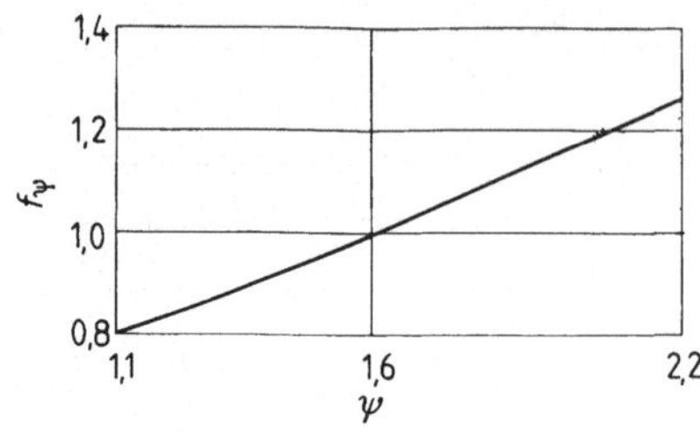

Bild 28.11: Betriebsklassenbeiwert f_ψ in Abhängigkeit vom Hublastbeiwert ψ

Bild 28.12: Etagenhöhenbeiwert f_H in Abhängigkeit von der Etagenhöhe der Kranbahn H über dem Boden

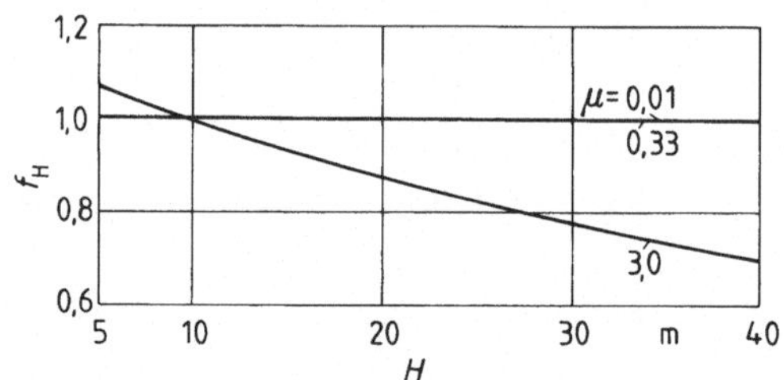

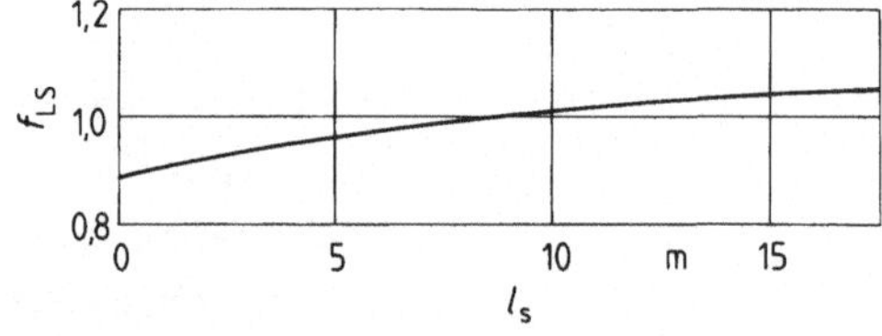

Bild 28.13: Seillängenbeiwert f_{LS} in Abhängigkeit von der freien Seillänge l_S

Bild 28.14: Traglastbeiwert f_N in Abhängigkeit von der Nennlast F_N

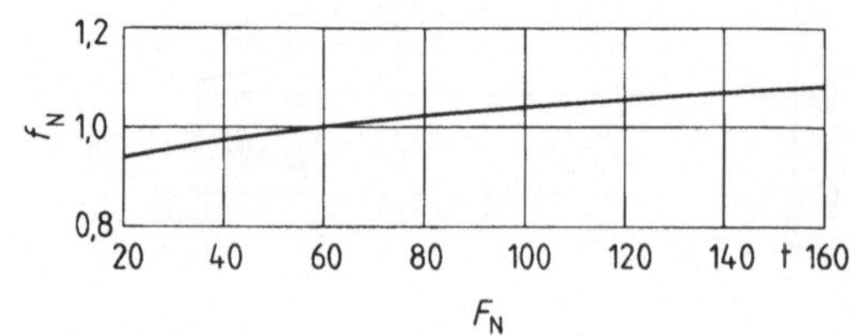

Werkstoff	f_W
St 37	1,0
St 52.3	1,4

Tabelle 28.1: Werkstoffbeiwert f_W für verschiedene Werkstoffe

1. Für leichte Betriebsfälle mit kleinen Hubgeschwindigkeiten und geringer Häufigkeit der Betriebskollektive,
2. mit großen Spannweiten,
3. auf hochliegenden Kranbahnen,
4. mit kleinen Nenntraglasten,
5. mit kleinen freien Seillängen,
6. bei Werkstoffen geringer Güteklasse,
7. bei starken Erdbebenintensitäten.

Als Beispiel sollen für eine Erdbebenintensität VIII MM die Erdbebentragfähigkeiten von drei Brückenkranen bestimmt werden:

1. 125 t-Gießkran aus St 37, für die schwere Hubklasse H4 mit $\psi = 2,2$, mit 40 m Spannweite, auf einer 30 m hohen Kranbahn, bei 25 m freier Seillänge.

2. 80 t-Montagekran im Turbinenraum aus St 37, für die leichte Hubklasse H1 mit $\psi = 1,12$, Spannweite 30 m, Kranbahnhöhe 15 m, freie Seillänge 14 m.

3. 20 t-Greiferkran aus St 52, für die schwere Hubklasse H3, mit $\psi = 1,9$, Spannweite 25 m, Kranbahnhöhe 12 m, freie Seillänge 10 m.

Die ersten zwei Krane werden in der Halle, der dritte im Freien betrieben.

Die Erdbebentragfähigkeiten werden mit Hilfe von Beiwerten der Bilder 28.9 bis 28.14 nachstehend bestimmt:

1. $\mu = 0,33$: $Q_E = 125 \{(1 + 0,17)\ 0,82 \cdot 1,26 \cdot 0,78 \cdot 1,06 \cdot 1,06 \cdot$
$\cdot 1,0 - 1\} = 7,43$ t

   $\mu = 0,01$: $Q_E = 125 \{(1 + 0,32)\ 0,82 \cdot 1,26 \cdot 0,78 \cdot 1,06 \cdot 1,06 \cdot$
$\cdot 1,0 - 1\} = 24,41$ t

2. $\mu = 0,33$: $Q_E = 80 \{(1 + 0,17)\ 0,93 \cdot 0,8 \cdot 0,93 \cdot 1,02 \cdot 1,04 \cdot$
$\qquad \cdot 1,0 - 1\} = -11,30\ t$

$\quad \mu = 0,01$: $Q_E = 80 \{(1 + 0,32)\ 0,93 \cdot 0,8 \cdot 0,93 \cdot 1,02 \cdot 1,04 \cdot$
$\qquad \cdot 1,0 - 1\} = -2,49\ t$

3. St 37: $Q_E = 20 \{(1 + 0)\ 1,0 \cdot 1,13 \cdot 0,97 \cdot 0,94 \cdot 1,01 \cdot 1,0 - 1\} =$
$\qquad = 0,81\ t$

$\quad$ St 52-3: $Q_E = 20 \{(1 + 0)\ 1,0 \cdot 1,13 \cdot 0,97 \cdot 0,94 \cdot 1,01 \cdot$
$\qquad \cdot 1,4 - 1\} = 9,14\ t$

Die ersten beiden innen betriebenen Krane können außer Betrieb ungebremst abgestellt werden. In diesem Fall ist beim Gießkran die Erdbe-
bentragfähigkeit 24,41 t. Sie reicht für die leere Gießpfanne mit der
Traverse.

Der zweite Kran muß unbelastet sein. Er übersteht das Erdbeben, wenn
die Katze seitlich auf dem Kran abgestellt ist. Würden die Räder gebremst, so wird auch der unbelastete Kran beschädigt.

Der dritte Kran kann auf Grund des Bauwerkstoffes St 52-3 an den Seilen
9,14 t aufnehmen, was der Greifermasse entspricht.

Aus diesen Beispielen ist die Methode einer abschätzenden Bestimmung
der Erdbebengefährdung von bestehenden Kranen ersichtlich. Auf Grund einer solchen Schätzung können Vorkehrungen für die Sicherung der vorhandenen Krane getroffen werden: Man kann Bremsen einsetzen, die außer Betrieb gelüftet bleiben, oder man gibt die Anweisung, die Katze beim
Stillsetzen des Kranes seitlich abzustellen bzw. die Lastaufnahmegeräte
(Gießpfannen, Greifer, Pratzentraverse etc.) auf dem Boden abzustellen.

29. Berechnungsbeispiele seismischer Beanspruchung der Hebezeuge

29.1. Berechnungsbeispiel: Seismische Beanspruchung eines Brückenkrans

Gegeben:
Zweiträger-Brückenkran mit achtsträngiger Lastaufhängung, Traglast 63 t, Masse des Hakengeschirrs 2,5 t, Spannweite 20 m, Katzmasse 9,2 t, Kastenträgerquerschnitt: Stege 1400 mm x 10 mm, Flansche 630 mm x 18 mm, Trägermasse 13 245 kg, statische Werte: $I_x = 16 \cdot 10^5$ cm^4, $W_x = 22\ 284$ cm^3, $I_y = 3,44 \cdot 10^5$ cm^4, $W_y = 10\ 932$ cm^3, Höhe der Kranbahn: 16 m, Gebäude auf festem felsigen Grund, Radmittenabstand der Katze 2,9 m; 50 % der Laufräder gebremst. Die vertikalen seismischen Beschleunigungen erreichen 50 % der horizontalen.

Gesucht:
Die Spannungen und Destabilisierungskräfte im Falle eines Erdbebens mit der Stärke VIII MM mit und ohne Nennlast bei Katzstellung in der Mitte der Spannweite.

Lösung:
1. Mit Nennlast

Reduzierte Masse nach Gl.(21-8)

$$m_0 = \xi_B m_B + m_K = 0,49 \cdot 13,25 + 4,6 = 11,09 \text{ t.}$$

Massenreduktionsbeiwert nach Bild 8.3

$$\xi_B = 0,490 \text{ für } n = \frac{m_K}{m_B} = 0,35.$$

Massenverhältnis nach Gl.(21-1)

$$n_0 = \frac{m_2}{m_0} = \frac{65,5}{2 \cdot 11,09} = 2,96.$$

Steifigkeitsverhältnis nach Gl.(21-2)

$$c = \frac{c_0}{c_2} = \frac{2,0 \cdot 10^5}{5,1 \cdot 10^4} = 3,92.$$

Vertikale Federkonstante der Brücke nach Gln. (21-3) und (21-4)

$$c_0 = \frac{48\ E\ I_x}{L^3} = \frac{48 \cdot 2,1 \cdot 10^7 \cdot 16 \cdot 10^5}{2000^3} = 2,0 \cdot 10^5\ \text{N/cm},$$

$$c_2 = \frac{E_S\ A_S\ Z}{l_S} = \frac{7 \cdot 10^6 \cdot 4 \cdot 2,9}{1600} = 5,1 \cdot 10^4\ \text{N/cm}.$$

Eigenfrequenz nach Gl.(21-5)

$$\omega = 10,94\ \text{rad/s}, \quad f = 1,74\ \text{Hz}.$$

Eigenfrequenz bei Radstand a nach Gl.(21-7) und Bild 21.2

$$\omega_{1a} = \frac{\omega_1}{\sqrt{a_2}} = \frac{10,94}{\sqrt{0,825}} = 12,04\ \text{rad/s}, \quad f = 1,92\ \text{Hz}, \quad \frac{a}{L} = \frac{2,9}{20} = 0,15.$$

Horizontale Eigenfrequenz nach Gl.(14-28)

$$\omega_{1h} = \sqrt{c_0'/m_0} = \sqrt{4,3 \cdot 10^4 \cdot 981/110\ 900} = 19,27\ \text{s}^{-1},$$

$$f = 3,07\ \text{Hz}.$$

Etagenspektrum nach Gl.(5-9)

$$\ddot{y}_{mh} = \ddot{y}_{s0}\ \alpha + h\ f_1 = 3\ \ddot{y}_{mg} + h\ f_I = 3 \cdot 0,17 \cdot 3 + 16 \cdot 0,18 =$$
$$= 4,41\ \text{g}.$$

Horizontale absolute Beschleunigung nach Gl.(5-7) für $f_h = 3,07$ Hz und Gl.(5-11)

$$\ddot{y}_h = \frac{3,33}{3,33}\ 4,41 = 4,41\ \text{g}.$$

Relative Etagenbodenbeschleunigung in horizontaler Richtung nach Gl. (5-10)

$$y_{sh} = 3\ \ddot{y}_{s0} + h\ f_{IS} = 3 \cdot 0,17 + 16 \cdot 0,028 = 0,96\ \text{g}.$$

Vertikale absolute Etagenbeschleunigung nach Gl.(5-12)

$$\ddot{y}_{mv} = 0,5 \cdot 25\ \ddot{y}_{s0} = 0,5 \cdot 25 \cdot 0,17 = 2,13\ \text{g}.$$

Relative Etagenbodenbeschleunigung nach Gl.(5-13)

$$\ddot{y}_{sv} = 0,5 \cdot 5 \, \ddot{y}_{s0} = 0,5 \cdot 5 \cdot 0,17 = 0,43 \text{ g}.$$

Vertikale absolute Beschleunigung nach Gl.(5-8) für $f_v = 1,92$ Hz und Gl.(5-11)

$$\ddot{y}_v = 4,65 \, \log \frac{1,92}{0,4} + 1 = 4,17 \text{ g},$$

$$\ddot{y}_{vN} = \frac{4 \cdot 17}{4 \cdot 25} \, 2,13 = 2,09 \text{ g}.$$

Dämpfung $\beta_0 = \beta_2 = 0,02$, deshalb keine Abweichung von den Werten der Diagramme.

Gleiten der Laufräder bei 50 % der Laufräder gebremst: $\mu = 0,33$ nach Bild 21.3 und nach Gl.(21-22)

$$\ddot{y}_{sh} = 0,96 > 0,33.$$

Daher werden die Horizontalmomente abgemindert auf $\frac{0,33}{0,96} \cdot 100 \% = 34,4 \%$. Es wird deshalb mit $\ddot{y}_h = 4,41 \cdot 0,344 = 1,52$ g gerechnet.

Kraftbeiwert im Kran aus Bild 14.3: 3,35

$$r = 3,35 \, \ddot{y}_{mv}/g = 3,35 \cdot 2,09 = 7,00.$$

Kraftbeiwert im Seil aus Bild 14.3: 1,06

$$s = 1,06 \cdot 2,09 = 2,22.$$

Spannungen infolge der Masse m_0

$$\sigma_{0v} = \frac{m_0 \, g \, L}{4 \, W_x} = \frac{11\,090 \cdot 10 \cdot 2000}{4 \cdot 22\,284} = 2488,3 \text{ N/cm}^2.$$

Seismische Spannungen nach Gl.(21-18)

$$\sigma_{sg} = \sigma_{0v} \, (r + h \, q) = 2488,3 \, (7,00 + 1,52 \cdot 2,04) = 25,13 \text{ kN/cm}^2,$$

$$h = \frac{\ddot{y}_{mh}}{g} = 1,52,$$

$$q = \frac{W_x}{W_y} = \frac{22\,284}{10\,932} = 2,04.$$

Gesamtbiegespannung im Kran nach Gl.(21-19)

$$\sigma_g = \sigma_{sg} + \sigma_{0v} \, (1 + n_0) = 25{,}13 + 2{,}49 \, (1 + 2{,}96) = 34{,}99 \text{ kN/cm}^2.$$

Gesamtspannung im Seil nach Gl.(21-21)

$$\sigma_{gs} = (1 + s) \, \sigma_{s2} = (1 + 2{,}22) \, \sigma_{s2} = 3{,}22 \, \sigma_{s2}.$$

Destabilisierungskraft am Kran nach Gl.(21-25) und a aus Bild 14.7

$$F_D' = m_0 \, (a \, \ddot{y}_{mv} - g) = 11{,}09 \, (1{,}94 \cdot 2{,}09 - 1) \, 10 = 338 \, 800 \text{ N}.$$

Destabilisierungskraft an der Katze nach Gl.(21-27)

$$F_D'' = m_K \, (a \, \ddot{y}_{mv} - g) = 4{,}6 \, (1{,}94 \cdot 2{,}09 - 1) \, 10 = 140 \, 300 \text{ N}.$$

Nach der Methode der Integration von Differentialgleichungen im Kapitel
9 ist der Berechnungsgang wie folgt:

Seismische Kraftbeiwerte im Kran nach Gl.(9-22)

$$r = \{f_K - (1 + n_0)\} \, \ddot{y}_{s0} = \{14{,}5 - (1 + 2{,}96)\} \, \frac{2{,}09}{3} = 7{,}34$$

und im Seil nach Gl.(9-23)

$$s = (f_S - 1) \, \ddot{y}_{sv} = (4 - 1) \, \frac{2{,}09}{3} = 2{,}09.$$

Die Werte sind der Berechnung mit seismischen Kraftbeiwerten sehr ähnlich. Die Unterschiede liegen in den Etagenbeschleunigungen. Es müßte
die Bodenbeschleunigung bei entsprechender Frequenz in die Rechnung eingesetzt werden, weil auch die Bodenbeschleunigung nach einer Kurve verteilt ist. Man kann den Vergrößerungsbeiwert mit dem Wert 3 nicht für
alle Spektren konstant annehmen. Der Unterschied bei r ist 4,9 % und bei
s ist er 5,9 %. Die Übereinstimmung ist daher befriedigend.

Schlußfolgerung:

1. Die Gesamtbiegespannung im Kran liegt über der Fließgrenze von
   23 kN/cm^2.
2. Die Gesamtspannung im Seil liegt bei einem minimalen Sicherheitsfaktor von 4,5 noch in zulässigen Grenzen.
3. Die Destabilisierungskräfte sind alle positiv und wirken nach oben.
4. Ohne Gleiten der Laufräder ist die Gesamtspannung $\sigma_g = 39{,}80$ kN/cm^2.

2. Ohne Nennlast

Massenverhältnis

$$n_0 = \frac{m_2}{m_0} = \frac{2,5}{2 \cdot 11,09} = 0,11.$$

Vertikale Eigenfrequenz nach Gl.(21-5): $39,36 \ s^{-1}$.

Vergrößerung der Eigenfrequenz infolge des Radstandes nach Gl.(21-7)

$$\omega_{1a} = \frac{\omega_1}{\sqrt{a_2}} = \frac{39,36}{\sqrt{0,825}} = 43,33 \ s^{-1}, \quad f = 6,90 \ Hz.$$

Horizontale Eigenfrequenz

$$\omega_{1h} = \sqrt{c_0'/m_0} = \sqrt{4,3 \cdot 10^4 \cdot 981/110\ 900} = 19,27 \ s^{-1}, \quad f = 3,07 \ Hz.$$

Absolute Beschleunigung

$$\ddot{y}_h = 4,41 \ g,$$
$$\ddot{y}_v = 2,13 \ g.$$

Wegen des Gleitens der Laufräder werden die Spannungen und Kräfte auf 34,4 % reduziert

$$\ddot{y}_h = 4,41 \cdot 0,344 = 1,52 \ g.$$

Federkonstante der Brücke horizontal nach Gl.(21-3)

$$c_0' = \frac{48 \ E \ I_y}{L^3} = \frac{48 \cdot 2,1 \cdot 10^7 \cdot 3,44 \cdot 10^5}{2000^3} = 4,3 \cdot 10^4 \ N/cm.$$

Kraftbeiwert im Kran aus Bild 14.3: 1,08

$$r = 1,08 \cdot 2,13 = 2,30.$$

Kraftbeiwert im Seil: 1,46

$$s = 1,46 \cdot 2,13 = 3,11.$$

Seismische Spannungen nach Gl.(21-18)

$$\sigma_{sg} = 2488,3 \ (2,30 + 2,04 \cdot 1,52) = 13,44 \ kN/cm^2, \quad h = 1,52.$$

Gesamtbiegespannungen im Kran nach Gl.(21-19)

$$\sigma_g = 13,44 + 2,49 \ (1 + 0,11) = 18,7 \ kN/cm^2.$$

Gesamtspannungen im Seil nach Gl.(21-21)

$$\sigma_{sg} = (1 + 3,11) \ \sigma_{s2} = 4,11 \ \sigma_{s2}.$$

Destabilisierungskraft am Kran nach Gl.(21-25)

$$11 \ 090 \ (1,5 \cdot 2,13 - 1) \cdot 10 = 261 \ 200 \ N.$$

Destabilisierungskraft an der Katze nach Gl.(21-27)

$$F_D = 4600 \cdot 10 \ (1,5 \cdot 2,13 - 1) = 101 \ 200 \ N.$$

Schlußfolgerung:

Die Gesamtspannung liegt unter der zulässigen Grenze. Ohne Gleiten der
Laufräder ist die Spannung σ_g = 28,10 kN/cm^2. Die Destabilisierungskräfte am Kran und an der Katze sind positiv und wirken aufwärts. Eine Stabilisierungsvorrichtung ist erforderlich.

Bei obigem Beispiel wurde für die Länge der Seile die volle Hubhöhe eingesetzt. Wenn die Seilhöhe auf 8 m reduziert wird, erhöht sich die Gesamtbiegespannung auf 39,76 kN/cm^2. Die Gesamtspannungen bei verschiedenen Lasten und Höhen sind aus Bild 29.1 ersichtlich. Die zulässige Span-
nungsgrenze, mit 0,9 $\cdot$ 25 = 22,5 kN/cm^2 angenommen, wird bei kleineren
Seillängen schon bei einem Zehntel der Nennlast erreicht. Die Elastizität der Seilaufhängung wirkt also eindeutig spannungsmildernd.

Durch das Gleiten der Räder werden die seismischen Spannungen stark abgemindert. Wenn der Kran in der Parklage arretiert wird, muß man mit der
vollen horizontalen Beschleunigung rechnen. Die Kurve a zeigt für diesen Fall (für eine Seillänge von 16 m), daß die Spannungen im ganzen Bereich der Lasten über der Fließgrenze liegen. Wenn im Gegensatz dazu
alle Kranlaufräder ungebremst sind, werden die horizontalen seismischen
Spannungen entsprechend der Reibungszahl 0,01 stark reduziert. Die Kurve liegt unter der zulässigen Grenze und zeigt die Gesamtspannung bei

verschiedenen Lasten. Damit leuchtet auch ein, sinnvollerweise innen
laufende Krane (nicht dem Wind ausgesetzt) mit einer Fußbremse auszu-
statten, die im Ruhezustand stets gelüftet ist. Es ist kennzeichnend,
daß der unbelastete Brückenkran starken aufwärtswirkenden Destabilisierungskräften ausgesetzt ist. Das bedeutet, daß alle Krane für die seismische Stufe VIII MM und höhere mit Stabilisierungsvorrichtungen ausgerüstet werden müssen.

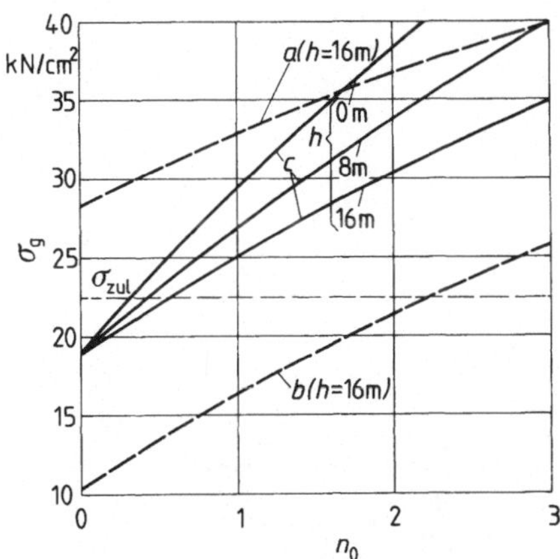

Bild 29.1: Gesamtbiegespannung im Brückenkranträger infolge der
           seismischen Bewegung VIII MM für verschiedene Seil-
           längen in Abhängigkeit von der Größe der Nutzlast im
           gebremsten Zustand für einen 63 t-Brückenkran mit
           20 m Spannweite; σ_g gesamte Biegespannung aus Masse-,
           Last- und seismischer Spannung in senkrechter und
           waagerechter (Längs-)Richtung. n_0 Massenverhältnis
           (m_2/m_0), c Spannungen beim Gleiten der Laufräder für
           verschiedene Seillängen h vom Seilaufhängungspunkt
           zur Last, a Spannungen ohne Gleiten d.h. beim blok-
           kierten Brückenkran, b Spannungen beim vollständig
           ungebremsten Kran (Laufräder frei rollend).

29.2. Berechnungsbeispiel: Seismische Beanspruchungen eines Turmdrehkrans

Gegeben:

Turmdrehkran mit Wippausleger nach Bild 29.2. Traglast 33,20 kN bei
8,5 m Ausladung (280 kNm). Turm verlängbar von 20 auf 28 m. Ausladung
8,5 m bis 17 m. Gewichtsmassen:

Ausleger 1050 kg,

Turm 4380 kg,

Balast am Unterwagen 6000 kg,

Oberwagen und Unterwagen 7050 kg,

Balast am Oberwagen 13 100 kg.

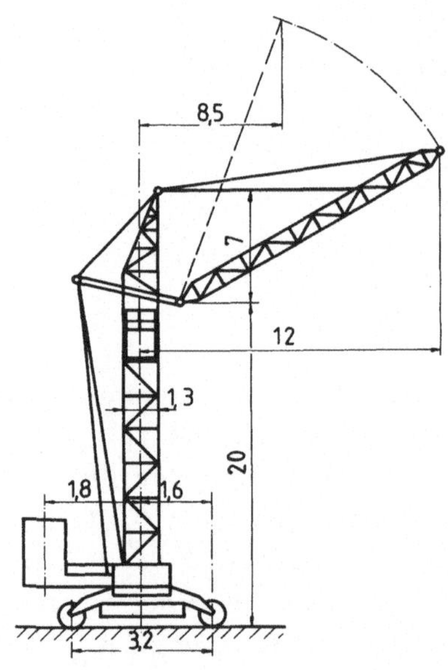

Bild 29.2: Maßskizze des Turmdrehkrans

Das Trägheitsmoment des Turmes beträgt durchgehend $I_x = 47\ 000\ \text{cm}^4$. Alle
Laufräder sind gebremst. Die Kranbahn ist auf angeschüttetem Material
fundiert. Vertikale Bodenbewegung 2/3 der horizontalen.

Gesucht:

Die seismischen Kräfte und Standsicherheitsverhältnisse im Falle eines Erdbebens mit der Intensität VIII und IX MM ohne Nennlast mit dem Ausleger in kleinster und alternativ mit 12 m-Ausladung.

Lösung:

Aus den statischen Berechnungen sind folgende Durchbiegungen an der Auslegerspitze ersichtlich:

$f_{11} = 3,6$ cm/kN,

$f_{22} = 4,2$ cm/kN,

$f_{12} = f_{21} = 2,7$ cm/kN.

Die Elastizitätsmatrix folgt nach Gl.(25-5)

$$\underline{f} = \begin{vmatrix} 3,6 & 2,7 \\ 2,7 & 4,2 \end{vmatrix} \text{ cm/kN.}$$

Durch Inversion folgt die Steifigkeitsmatrix nach Gl.(25-6)

$$\underline{c} = \frac{1}{7,83} \begin{vmatrix} 4,2 & -2,7 \\ -2,7 & 3,6 \end{vmatrix} \text{ kN/cm.}$$

Die Steifigkeitsbeiwerte

$$c_0 = \frac{3,6}{4,2} = 0,86,$$

$$c_1 = \frac{2,7}{4,2} = -0,64$$

und der Massenbeiwert

$$n_1 = \frac{252}{1849,2} = 0,136$$

mit reduzierten Massen nach Gln.(25-26) und (25-27)

$$m_A = 0,25 \cdot 1050 = 252,00 \text{ kg,}$$

$$m_T = 0,76 \cdot 1050 + 0,24 \cdot 4380 = 1849,20 \text{ kg.}$$

Der Frequenzbeiwert nach Gl.(25-9)

$$W_1 = 0,430, \quad W_2 = 6,773.$$

Die Eigenfrequenzen nach Gl.(25-8)

$$\omega_2^2 = \frac{4,2 \cdot 981 \cdot 0,430 \cdot 100}{7,83 \cdot 1849,2} = 12,24 \ \mathrm{s}^{-2}, \quad \omega_2^2 = 192,79 \ \mathrm{s}^{-2},$$

$$\omega_1 = 3,50 \ \mathrm{s}^{-1}, \qquad\qquad f_1 = 0,56 \ \mathrm{Hz},$$

$$\omega_2 = 13,89 \ \mathrm{s}^{-1}, \qquad\qquad f_2 = 2,21 \ \mathrm{Hz}.$$

Bodenbeschleunigung nach Bild 5.3

VIII MM:

$$\ddot{y}_{sh} = 0,4 \ g, \quad \ddot{y}_{sv} = 0,67 \cdot 0,4 \ g = 0,27 \ g.$$

IX MM:

$$\ddot{y}_{sh} = 0,9 \ g, \quad \ddot{y}_{sv} = 0,67 \cdot 0,9 \ g = 0,60 \ g.$$

Ansprechbeschleunigung nach Gl.(5-6)

VIII MM:

$$\ddot{y}_{mh} = 3 \cdot 0,4 \ g = 1,2 \ g, \quad \ddot{y}_{mv} = 0,67 \cdot 1,2 \ g = 0,80 \ g.$$

IX MM:

$$\ddot{y}_{mh} = 2,7 \ g, \quad \ddot{y}_{mv} = 0,67 \cdot 2,7 \ g = 1,81 \ g.$$

Ansprechbeschleunigung bei Eigenfrequenz nach Gl.(5-11)

VIII MM:

$$\ddot{y}_{h1} = 3,333 \ \log \frac{0,56}{0,3} + 1 = 1,90 \ g, \quad \ddot{y}_{hN1} = \frac{1,2}{3,33} \ 1,90 = 0,69 \ g,$$

$$\ddot{y}_{h2} = 3,33 \ g, \quad \ddot{y}_{hN2} = 1,2 \ g, \quad \ddot{y}_{v1} = 4,65 \ \log \frac{0,56}{0,4} + 1 = 1,68 \ g,$$

$$\ddot{y}_{vN1} = \frac{0,80}{4,25} \ 1,68 = 0,32 \ g, \quad \ddot{y}_{v2} = 4,25 \ g, \quad \ddot{y}_{vN2} = 0,80 \ g.$$

IX MM:

$$\ddot{y}_{hN1} = \frac{2,7}{3,33} \ 1,90 = 1,55 \ g, \quad \ddot{y}_{hN2} = 2,7 \ g,$$

$$\ddot{y}_{vN1} = \frac{2,7}{4,25} \ 0,32 = 0,20 \ g, \quad \ddot{y}_{vN2} = 1,81 \ g.$$

Es ist ersichtlich, daß die Ansprechbeschleunigung der Grundwelle infolge der niedrigen Frequenz stark reduziert ist.

Schwingungsformen nach Gl.(25-11)

$$\phi_1 = \frac{-\,0,64}{1 + (1 + 0,136)\ 0,430} = -\,0,43,$$

$$\phi_2 = \frac{1 + (1 + 0,136)\ 6,773}{-\,0,64} = -\,13,58.$$

Seismische Kraftbeiwerte nach Gln.(25-18) bis (25-25)

$$k_{tv1} = 0,19, \qquad\qquad k_{av1} = 0,053,$$
$$k_{tv2} = 0,080, \qquad\qquad k_{av2} = 0,130,$$
$$k_{th1} = 0,690, \qquad\qquad k_{ah1} = 0,192,$$
$$k_{th2} = 0,049, \qquad\qquad k_{ah2} = 0,080.$$

Die seismischen Kräfte am Turm und am Ausleger werden mit den QWSQ-Mittelwerten der einzelnen Komponenten, die mit den entsprechenden Ansprechbeschleunigungen multipliziert werden, bestimmt.

VIII MM:
$$F_t = m_T\ g\ \sqrt{0,19 \cdot 0,32 + 0,08 \cdot 0,80 + 0,69 \cdot 0,69 + 0,049 \cdot 1,2} =$$

$$= m_T\ g\ \sqrt{0,061 + 0,064 + 0,476 + 0,059} =$$

$$= m_T\ g\ 0,812 = 1849 \cdot 9,81 \cdot 0,812 = 14\ 728,6\ \text{N},$$

$$F_a = m_T\ g\ \sqrt{0,053 \cdot 0,32 + 0,13 \cdot 0,80 + 0,192 \cdot 0,69 + 0,08 \cdot 1,2} =$$

$$= m_T\ g\ 0,59 = 1849 \cdot 9,81 \cdot 0,59 = 10\ 722,4\ \text{N}.$$

IX MM:
$$F_t = m_T\ g\ \sqrt{0,19 \cdot 0,20 + 0,08 \cdot 1,81 + 0,69 \cdot 1,55 + 0,049 \cdot 2,7} =$$

$$= m_T\ g\ 1,18 = 1849 \cdot 9,81 \cdot 1,18 = 21\ 403,6\ \text{N},$$

$$F_A = m_T\ g\ \sqrt{0,053 \cdot 0,20 + 0,13 \cdot 1,81 + 0,192 \cdot 1,55 + 0,08 \cdot 2,7} =$$

$$= m_T\ g\ 0,87 = 1849 \cdot 9,81 \cdot 0,87 = 15\ 780,7\ \text{N}.$$

Es läßt sich der Schluß ziehen, daß die Belastung des Auslegers die Nennlast nicht übersteigt. Auf den Turm wirkt im Betrieb eine horizontale Kraft

$$F_{hb} = 0{,}3 \left(\frac{4380}{2} + 1050\right) g = 9535 \text{ N}.$$

Deshalb ist die seismische Kraft am Turm um 14 728,6/9535 = 1,54 mal größer (bei IX MM um 21 403,6/9535 = 2,24). Das bedeutet, daß beim Verhältnis von 1,71 zwischen der Streckgrenze und zulässiger Grenze für den Belastungsfall H das Erdbeben mit VIII MM noch zulässig ist, während es bei der Intensität IX MM zum Bruch führt.

Die Analyse des Kranes mit kleinster Ausladung erübrigt sich, da die Belastungen kleiner sind.

Standsicherheit:
Fall 1:

VIII MM:
Kippmomente nach Gl.(25-42)

$$M_K = 14\ 728{,}6 \cdot 20 + 10\ 722{,}4\left(20 - \frac{3{,}2}{2}\right) + 10\ 500\left(\frac{12}{2} - \frac{3{,}2}{2}\right) =$$
$$= 538\ 064 \text{ Nm}.$$

Standmomente nach Gl.(25-43)

$$M_{St} = (43\ 800 + 60\ 000 + 70\ 500)\ \frac{3{,}2}{2} + 131\ 000\ (1{,}8 + 1{,}6) =$$
$$= 724\ 280 \text{ Nm}.$$

Weil $M_k < M_{St}$, ist die Standsicherheit gewährleistet.

IX MM:
Kippmomente

$$M_k = 21\ 403{,}6 \cdot 20 + 15\ 780{,}7\left(20 - \frac{3{,}2}{2}\right) + 10\ 500\left(\frac{12}{2} - \frac{3{,}2}{2}\right) =$$
$$= 764\ 636{,}88 \text{ Nm}.$$

Weil $M_k > M_{St}$ kommt es zum Umkippen.

Der Turmdrehkran kann ein Erdbeben mit der Intensität IX MM also nur überstehen, wenn er mit Seilen verankert ist.

Der Kran wird nicht angehoben, weil die Bodenbeschleunigung $\ddot{y}_{sv} = 0{,}27$ g kleiner als 2,06 g/3 = 0,69 g ist.

Fall 2:

Beim Wechsel der Wirkungsrichtung der seismischen Kräfte ist das Kipp-moment nach Gl.(25-46) für VIII MM

$$M_k = 14\ 728,6\ .\ 20 = 294\ 572\ \text{Nm}$$

und das Standmoment nach Gl.(25-47)

$$M_{St} = 10\ 500\ \left(\frac{12}{2} + \frac{3,2}{2}\right) - 10\ 722,4\ \left(12 + \frac{3,2}{2}\right) + 43\ 800\ \frac{3,2}{2} +$$

$$+ (70\ 500 + 60\ 000)\ \frac{3,2}{2} - 131\ 000\ (1,8 - 1,6) = 186\ 655,4\ \text{Nm}.$$

In dieser Richtung ist der Kran nicht standsicher, weil $M_k \gg M_{St}$ ist. Deshalb muß der Kran schon bei der Intensität VIII MM verankert werden.

Bei Vergrößerung des Radmittenabstands auf $L_M = 4,0$ m, wird folgende Standsicherheit erreicht

$$M_{St} = 10\ 500\ \left(\frac{12}{2} + \frac{4}{2}\right) - 10\ 722,4\ \left(12 + \frac{4}{2}\right) + 43\ 800\ \frac{4}{2} +$$

$$+ (70\ 500 + 60\ 000)\ \frac{4}{2} - 131\ 000\ \left(1,8 - \frac{4}{2}\right) = 308\ 686,4\ \text{Nm}.$$

Der Kran ist damit beim Erdbeben mit VIII MM in allen Richtungen stand-sicher.

3. Teil

Seismische Beanspruchungen von Anlagen-einrichtungen

30. Aseismische Dimensionierung der Anlagenbaugruppen

Es gibt mehrere Verfahren, die in der Vergangenheit bei einer seismischen Anlagendimensionierung erfolgreich angewandt wurden. Analytische Verfahren sind aus theoretischer seismischer Dynamik bekannt. Der Einsatz von leistungsstarken Rechnern hat die Methoden anwendungsfreundlicher gemacht. Sie wurden jedoch leider nicht für verschiedene charakteristische Bausteine des Anlagenbaues bearbeitet, analysiert und für den Konstrukteur plausibel gemacht. Als markante Bausteine sind zu nennen: Druckgefäße, ohne oder mit inneren Strukturen, leer oder gefüllt, Stahlbauwerke, Behälter mit Flüssigkeit auf dem Boden oder auf höherem Niveau, Rohrleitungssysteme und Krane. Die letzteren sind wegen ihrer großen Masse und oft großen Einbauhöhe die Anlagenbausteine, die am stärksten der Wirkung des Erdbebens ausgesetzt sind. Deshalb wird ihnen in diesem Buch besondere Aufmerksamkeit geschenkt.

Im wesentlichen sind zwei Berechnungsverfahren gebräuchlich. Mit repräsentativen Zeitverlaufaufzeichnungen des Erdbebens wird in der dynamischen Analyse das Bauteil angeregt und sein maximales Ansprechen ausgerechnet. Diese Methode ist sehr aufwendig, bietet aber zuverlässige Ergebnisse. Parallel dazu setzt sich immer stärker die Methode mit Ansprechspektren durch, die von M. A. Biot /30.1, 30.2/ stammt. Sie ist wegen ihrer Klassifizierungs- und Verallgemeinerungsmöglichkeit sehr beliebt. Ihre technische Bedeutung liegt in der Tatsache, daß sich die durch das Erdbeben angeregten Kräfte berechnen lassen, wenn das Ansprechspektrum eines Einmassensystems bekannt ist. Man entdeckte, daß nämlich die Nützlichkeit des Ansprechspektrums auf viel kompliziertere Strukturen als die eines grundlegenden Einmassenschwingers ausgedehnt werden kann.

Durch die immer häufigere Anwendung dieser Berechnungsverfahren beim Anlagenbau (Kernkraftwerke) werden die Methoden verfeinert. Die Auswertungen der Ergebnisse dienen als Konstruktionsrichtlinien. Die Verfahren lassen sich standardisieren durch die Entwicklung und Wiederverwen-

dung dimensionsloser Beiwerte in den Berechnungen. Der Verlauf der Beiwerte in Abhängigkeit von Dimensionen und Gewichtsmassen der Maschinen
hilft bei der Konstruktionsoptimierung am erfolgreichsten. Da die Beiwerte von der Eigenart der Maschine abhängen, werden sie in diesem Buch
in den einzelnen Abschnitten jeweils maschinenzugehörig entwickelt und
für die Anwendung durch den Konstrukteur anschaulich bereitgestellt.

30.1. Dimensionierungskriterien

Die durch ein Erdbeben ausgelöste Bodenbewegung kann zum strukturellen
Versagen einer Anlage führen, unter Umständen mit erheblichen Folge-
schäden und zugleich Gefährdung von Menschenleben. Beim aseismischen
Konstruieren sollte daher dem Schutz von Menschenleben in der Anlage,
aber auch in der näheren oder weiteren Umgebung besondere Beachtung geschenkt werden, wobei natürlich der Charakter der jeweiligen Anlage zu
beachten ist. Eine narrensichere "fail-safe"-Konstruktion wäre wohl
wirtschaftlich nicht vertretbar, besonders wenn man mit einem großen
potentionellen Erdbeben in der Gegend rechnet, das nach der Wahrscheinlichkeitstheorie aber nur in mehreren hundert Jahren eintreten wird.
Dennoch sollten die Konstruktionen so gestaltet sein, daß sie gegeben-
falls schnell repariert werden können und nicht zur Stillegung der Ge-
samtanlage auf unbestimmte Zeit führen.

Diese Ziele sind jedoch subjektiv. Andererseits bestehen für einige Anlagen staatlich erlassene Vorschriften über Sicherheitsgrenzen der zulässigen Auswirkungen von Schädigungen. Obwohl man gegen diese Kriterien
Bedenken erhoben hat, muß man sie als sichere Konstruktionsgrundlage an-
erkennen.

Diese Kriterien sind vom Konstrukteur in zulässige Grenzen der Spannungen und Verformungen umzusetzen. Unter diesem Gesichtspunkt ist aseismisches Konstruieren teuer. Deshalb ist die Anlage zu analysieren und
zu überprüfen, inwieweit und bei welchen Teilen man auf die aseismische
Auslegung verzichten kann oder die Sicherheitsgrenzen niedriger gestellt
werden können. Zu diesem Zweck sollten alle Anlagenteile in zwei Klassen
aufgeteilt werden:

Klasse 1: Einrichtungen, deren Versagen zur Katastrophe führt oder de-
          ren Versagen die Hauptausrüstung beschädigt und damit einen
          Katastrophenfall auslöst.

Klasse 2: Konstruktionen, die durch ihr Versagen keine gefährlichen Um-
         stände herbeiführen.

Die Teile eines Kernkraftwerkes, die zur Klasse 1 gehören, sind Reaktorgebäude, primäres Containmentsystem, primäres Kühlungssystem, Dampfsystem, Reaktordruckgefäß und die Brennelemente, wie auch Rundlaufkran
über dem Reaktor, dessen Zusammenbruch zur Reaktorbeschädigung führen
würde. Alles andere fällt in Klasse 2. Nach denselben Kriterien läßt
sich auch eine Aufteilung der Ausrüstungen in anderen Anlagen vornehmen.

Den oben genannten beiden Klassen werden Spannungsgrenzen zugeordnet.
Bei den besonders gefährdeten Teilen werden die normalen Betriebs- und
die seismischen Belastungen kombiniert und dann nach den Normen in zulässigen Grenzen bemessen. Das bedeutet, daß diese Teile im wesentlichen
elastisch bleiben. Andere Ausrüstungsteile können bis dicht unter die
Fließgrenze beansprucht werden, und bei einigen dürfen sogar plastische
Verformungen entstehen, jedoch darf kein Element den totalen Zusammenbruch erleiden. Diese Annahme ist durch die Tatsache gerechtfertigt,
daß die meisten Strukturelemente ein stabilitätsbedingtes Versagen aufweisen, das durch das Ausmaß der Ausschläge im unelastischen Bereich begrenzt ist.

31. Gebäude und Türme

Im Anlagenbau dienen Gebäude und Türme zur Unterbringung maschineller und elektrischer Ausrüstungen und zugleich auch als Wetter-, Wärme-, Staub-, Lärm-, Gas- oder Sicherheitsschutz. Die Ausrüstungsteile, wie z.B. Kugelmühlen und Rotationsöfen in Zementwerken, Dampfturbinen in Kraftwerken etc. leiten ihre Betriebskräfte über die Auflagerungen in die Gebäude ein. Die Betriebskräfte sind demnach die Grundlage der Festigkeitsberechnung.

Türme und andere Hochbauten mit in ihren obersten Stockwerken installierten Ausrüstungsteilen sind seismisch besonders gefährdet, z.B. Turmfördermaschinen im Schachtgerüst eines Bergwerks oder auch nur die Seilumlenkscheiben mit ihrer Verlagerung bei Verwendung von Flurfördermaschinen.

Zur dynamischen Analyse dieser Bauten wird ein gleichwertiges mathematisches Mehrmassenmodell benutzt, um das System anzunähern. Die Massen sind auf jeder Etage konzentriert. Auch die Stahlfachwerke lassen sich durch ein gleichwertiges Mehrmassensystem darstellen. Jede Masse eines Etagenniveaus entspricht der Masse der Gebäudestruktur und der Ausrüstung auf der Etage, ebenso wie auch die anfallende Masse der Struktur und Ausrüstung zwischen angrenzenden Etagen. Die Ausrüstungen werden mit ihren Massen in ein dynamisches Gebäudemodell eingegliedert, wobei auch die Krane mit den Kranbahnen zu berücksichtigen sind.

Die Steifigkeitsmerkmale zwischen den Massen werden aus den Flächen und Trägheitsmomenten der Gebäudestruktur zwischen den Etagen bestimmt, desgleichen beim Stahlbau die Steifigkeit durch die Berechnung des Kraft-Durchbiegungsverhältnisses.

31.1. Wechselwirkung zwischen Bauten und Erdboden

Die Bauten kann man auf Felsen oder im Erdboden gründen. Von der gewählten Art hängt ihr seismisches Ansprechen entscheidend ab. Deshalb ist ins Bautenmodell die Wirkung des Fundierungsmaterials einzubeziehen. Im Modell wird dies durch äquivalente Federn berücksichtigt. Die Steifigkeit dieser Federn wird aus den Gleichungen bestimmt, die für den

Fall einer steifen Platte im elastischen Halbraum entwickelt wurden.

Eine Überprüfung der Steifigkeit nach der Methode der Finiten Elemente zeigte in allen Fällen ausgezeichnete Übereinstimmung. Wenn diese Methode wegen des großen Rechenaufwandes auch nicht für das ganze Erdboden-Bautensystem angewandt werden kann, so reicht die aufwendig ermittelte Steifigkeit der Federn vollkommen aus.

Um die Gleichungen des elastischen Halbraumes anzuwenden, werden zuerst folgende elastische Eigenschaften der Fundierung bestimmt: E dynamischer Elastizitätsmodul, G dynamischer Schubmodul, μ Poissonsche Zahl basiert auf dynamisch bestimmte Eigenschaften der Schub- und Druckgeschwindigkeiten des Werkstoffs, A_k Bodenfläche der Bautenfundamente, A_{ks} Seitenfläche der Bautenfundamente, k_f Formbeiwert, k_τ vom Formbeiwert und Poissonscher Zahl abhängiger Beiwert.

Es werden folgende Gln. für die Federkonstanten verwendet (Bild 31.1) /31.1, 31.2/:

$$c_s = \frac{E}{k_f \sqrt{A_k (1 - \mu^2)}} \ , \tag{31-1}$$

$$c_g = \frac{k_\tau \ G \sqrt{A_k}}{1 - \mu} \ , \tag{31-2}$$

$$c_{ss} = \frac{E}{k_f \sqrt{A_{ks} (1 - \mu^2)}} \ . \tag{31-3}$$

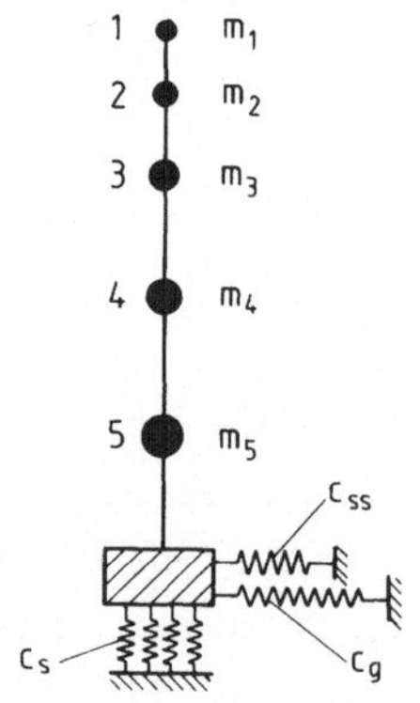

Bild 31.1: Mathematisches Modell mit Punktmassen verschiedener Etagen mit Fundamentssteifigkeiten

31.2. Seismische Kräfte

Nachdem die Merkmale der Bauten und der Fundamente ermittelt sind, werden die Eigenschwingzeiten und die Tonformen des mathematischen Modells mit dem Matrizenausdruck bestimmt (siehe Gl.(1-120) und folgende)

$$\left| \underline{c} - \omega_n^2 \, \underline{m} \right| \underline{\phi}_n = \underline{0} \qquad\qquad (31\text{-}4)$$

mit $\underline{c}$ Steifigkeitsmatrix (Gl.(1-68) und Kapitel 1.2.2), ω_n Eigenkreisfrequenz des n-ten Schwingungstons (für Bestimmung siehe Kapitel 1.2.3), $\underline{m}$ Massenmatrix (Gl.1-67), $\underline{\phi}_n$ Tonformmatrix des n-ten Tons (siehe Kapitel 1.2.4), $\underline{0}$ Nullmatrix.

Über ein Rechenprogramm bekommt man ω_n- und die ϕ_n-Matrix für den n-ten Ton.

Verallgemeinertes Verschiebungsansprechen des Systems folgt danach aus (analog Gl.(1-71))

$$\underline{\ddot{A}}_n(t) + 2\,\beta_n\,\underline{\dot{A}}_n(t) + \omega_n^2\,\underline{A}_n(t) = \underline{M}_n^{-1}\,\underline{R}_n(t)\,\ddot{y}_s(t) \qquad (31\text{-}5)$$

mit $A_n(t)$ verallgemeinerte Koordinatenmatrix

$$A_n(t) = \frac{R_n}{M_n\,\omega_n} \int_0^t \ddot{y}_s(\tau)\cdot e^{-\beta_n(t-\tau)} \cdot \sin\omega_n(t-\tau)\cdot d\tau, \qquad (31\text{-}6)$$

$\underline{R}_n$ Massenbeteiligungsbeiwert n-ten Tones, $\underline{R}_n = \underline{m}\,\underline{\phi}_n$, $\underline{M}_n$ verallgemeinerte Massenmatrix nach Gl.(1-73), $\underline{M}_n^{-1}$ inverse verallgemeinerte Massenmatrix, $\ddot{y}_s(\tau)$ absolute augenblickliche Eingangserdbodenbeschleunigung, β_n Dämpfung für einzelne Töne, $d\tau$ Integrationsintervall bei schrittweiser Lösung des Duhamelschen Integrals.

Aus der verallgemeinerten Koordinatenmatrix wird der Verschiebungszeitverlauf $\underline{u}(t)$ nach Gl.(1-76) berechnet, wobei

$$\underline{\phi} = \left| \phi_1\ \phi_2\ \dots\ \phi_m \right|$$

mit m Anzahl betrachteter Töne und

$$\underline{A}(t) = \begin{vmatrix} A_1(t) \\ A_2(t) \\ \cdots \\ A_m(t) \end{vmatrix}. \tag{31-7}$$

Der Zeitverlauf der Trägheitskräfte $F_f(t)$ folgt anschließend aus Gl. (1-78) für jeden Zeitzuwachs und für jede Masse.

Nachdem die Zeitverläufe der Verschiebungen und der Trägheitskräfte bestimmt sind, können die Zeitverläufe der Schubkräfte, der Momente und der Beschleunigungen berechnet werden. Diese Aufzeichnungen werden dann umhüllt, um die Höchstwerte zu bestimmen, die der Konstrukteur bei den Festigkeitsnachweisen seiner Konstruktionsentwürfe benutzt.

Das daraus abgewickelte Rechnerprogramm löst das dynamische Ansprechen großer Systeme, die einer beliebigen Bodenbewegung ausgesetzt werden. Für jedes Systemglied dienen die Programm-Eingaben in Form von Trägheitsmomenten, Flächen und wirksamen Schubflächen einzelner Glieder. Die Wirkungen der achsialen und Schubverformungen sind in die Berechnung der Steifigkeitsmatrix eingegliedert.

Es wird das Ansprechen jeder Masse für jeden einzelnen Ton bei jedem Zeitabschnitt berechnet. Das Gesamtansprechen für jeden Zeitabschnitt wird durch Addieren des Ansprechens jedes Massenpunktes für jeden Ton in bestimmtem Zeitaugenblick erlangt. Damit erhält man eine genaue Kombination der Tonteilnahmen, ohne daß eine angenäherte Methode, wie z.B. die Quadratwurzel der Summe der Quadrate (QWSQ) angewandt werden muß.

Einzelne Elemente in der Steifigkeitsmatrix sind mit c_{ij} bezeichnet und werden im Rechner gespeichert (i Reihennummer und j Spaltennummer). c_{ij} wird bestimmt, indem am j-ten Punkt eine Einheitsverschiebung vorgenommen wird, während andere Punkte gegen die Verformung zurückgehalten werden und am zweiten Punkt die entsprechende Reaktion gesucht wird. Auf diese Weise lassen sich die Federkonstanten der Fundamente in der Steifigkeitsmatrix einfassen. Dieses Verfahren verbindet die Fundamentfedern und elastische Federn des Struktursystems.

Bild 31.2 zeigt das vereinfachte Blockdiagramm des Rechnerprogramms; die Eingabe- und Ausgabedaten sind aus Tabelle 31.1 und 31.2 ersicht-

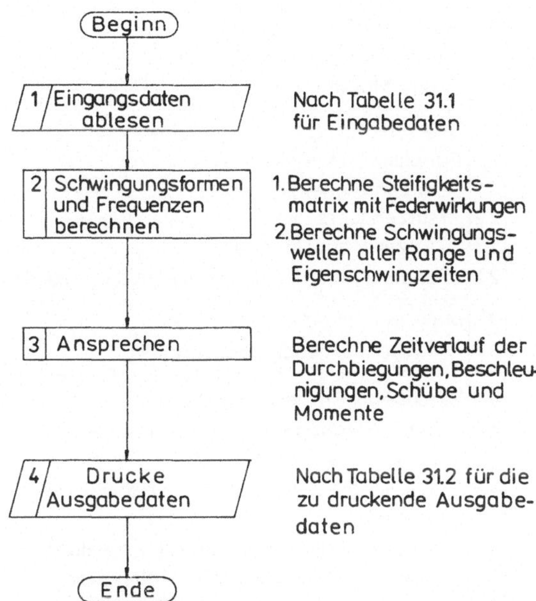

Bild 31.2: Vereinfachtes Blockdiagramm des dynamischen Rechner-
          programms

lich. Üblicherweise berechnet man die ersten drei Eigenschwingzeiten.
Es wird eine Dämpfung von 5 % der kritischen für alle Systemteile gleich
angewandt.

Bild 31.3 zeigt als Beispiel den Verlauf der Beschleunigung $\ddot{y}_m$ infolge
seismischer Kräfte in Abhängigkeit von der Höhe H über dem Erdboden.
Danach wächst die Beschleunigung mit der Höhe rasch an. Bild 31.4 zeigt
die Verschiebungen u infolge seismischer Belastungen in Abhängigkeit
von der Höhe über dem Erdboden. Das Beispiel zeigt, daß sich die Be-
schleunigungszunahme auf den Etagen näherungsweise linear mit der Höhe
über dem Erdboden verändert.

1	Modellgeometrie
1.1	vertikale Geometrie zwischen den Massenpunkten
2	Querschnittseigenschaften und Fundamentsteifigkeiten
2.1	Stützenträgheitsmomente
2.2	Stützenquerschnitte
2.3	Stützenschubflächen
2.4	Fundamentsteifigkeitsmatrix aus c_s, c_g und c_{ss}
3	Massen
3.1	Masse bei jedem Massenpukt
4	Eingabedaten des Erdbebens
4.1	Eingabeerdbeben (Zeit in s und Beschleunigung in übereinstimmenden Einheiten)
4.2	angewandte Zeitdauer der Erdbebenaufzeichnung
4.3	Integrierungsintervall der schrittweisen Lösung des Duhamelschen Integrals
4.4	Dämpfung in % der kritischen für jeden erforderlichen Ton

Tabelle 31.1: Eingabedaten zum Rechnerprogramm

1	Größte Verschiebung bei jedem Massenpunkt
2	Größte absolute Beschleunigung bei jedem Massenpunkt
3	Größte Schübe bei jedem Massenpunkt
4	Größte Kippmomente bei jedem Massenpunkt
5	Eigenkreisfrequenz für jeden berechneten Ton
6	Tonformen für jeden berechneten Ton

Tabelle 31.2: Ausgabedaten des Rechnerprogramms

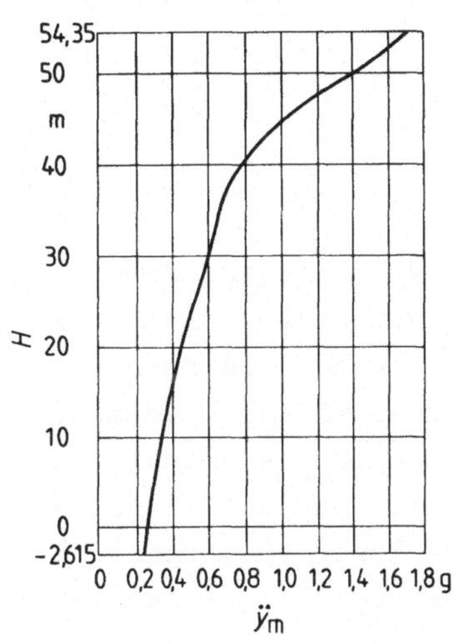

Bild 31.3: Ansprechbeschleunigung
$\ddot{y}_m$ infolge seismischer
Kräfte in Abhängigkeit
von der Höhe H über dem
Erdboden /31.9/

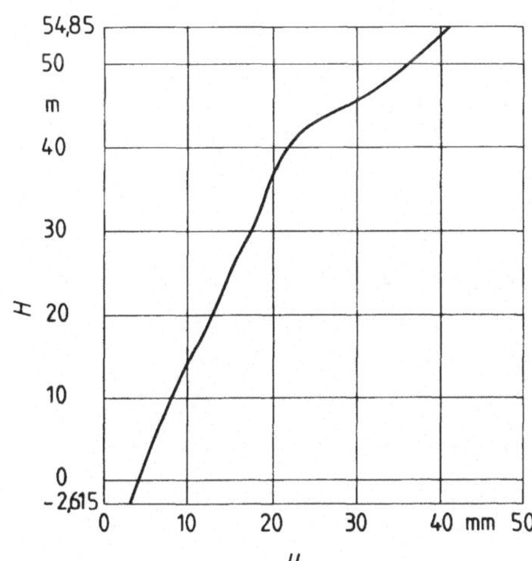

Bild 31.4: Verschiebungen u infolge seismischer Belastungen in Abhängigkeit von der Höhe H über dem
Erdboden /31.9/

31.3. Kombination gekoppelter Gebäude

Nicht immer stehen die zu untersuchenden Gebäude allein, sondern sind
evtl. mit anderen Gebäuden oder Konstruktionen verbunden. Sie können
verschiedener Größe und Masse sein. Sind sie voluminös und massiv, werden große Verdrehbewegungen in das ganze System eingeführt. Normalerweise sind diese gekoppelten Gebäude von dynamischem Standpunkt uner-
wünscht. Ist ihr Ansprechen zu bestimmen, benutzt man das früher gezeigte Verfahren mit Hilfe der Gleichungen. Die Steifigkeiten und Mas-
senwirkungen dieser Konstruktionen werden im mathematischen Modell berücksichtigt. Die Erfahrung hat gelehrt, daß das Ansprechen dieser Systeme große Kräfte in den Anschlußpunkten und in den Etagenquerschotten
verursacht.

31.4. Auswahl der Berechnungsmethode

Das früher vorgestellte analytische Verfahren benutzt die zeitlichen
Beschleunigungsaufzeichnungen als Eingabe in das Modell. Jedenfalls
scheint diese Methode in jenen Bereichen als fraglich, in denen der analytische Aufwand zu umfangreich wird. Dann bietet die sogenannte spektrale Methode mit den Ansprechspektren eine gleichwertige Alternative.
Dieses alternative Verfahren umfaßt die Bestimmung der Schwingzeiten
und Tonformen des Systems und die Anwendung des Einmassen-Ansprechspekt-
rums zur Ermittlung der Trägheitskräfte. Der erforderliche Aufwand für
die Bestimmung der Schwingzeiten und Tonformen ist ohne Rücksicht auf
die angewandte Methode gleich. Die Einsparungen an Zeit und Aufwand sind
bei Anwendung der spektralen Beschleunigung anstelle der tatsächlichen
zeitlichen Erdbodenaufzeichnung jedenfalls ersichtlich, dennoch stößt
man dabei auf verschiedene Probleme. Zuerst zeigt sich die Unsicherheit,
wie die Wirkungen einzelner Schwingungstöne miteinander zu kombinieren
sind. Die konservativste Methode beruht auf der Annahme, daß jeder Ton
seinen Höchstwert in gleichem Zeitaugenblick erreicht. Damit werden absolute Ansprechwerte aller Töne direkt addiert. Die üblichste Methode
der Kombination von Tönen aufgrund der Wahrscheinlichkeit nach dem Fehlerfortpflanzungsgesetz mit pithagoreischer Summe benutzt die Quadratwurzel der Summe der Quadrate (QWSQ) der Ansprechgrößen jedes Schwingungstones.

Es ist unmöglich vorauszusagen, welche Methode bei einem bestimmten System die höchsten Werte ergibt. Dies hängt von der Eigenart des Systems und seinen Eigenfrequenzen, wie auch vom Eingabeerdbeben ab. Als Vergleichsbeispiel dient das System mit mathematischem Modell ähnlich Bild 31.1 /31.9/. Als Eingabeerdbeben wird für den zeitlichen Verlauf die N-W-Komponente des Taft-Erdbebens vom 21. Juli 1952 benutzt, normalisiert auf die höchste Bodenbeschleunigung von 0,12 g. Für die spektrale Analyse dient das Ansprechspektrum in Bild 31.5 bei einer Dämpfung von 5 %, entsprechend der seismischen Eingabebeschleunigung. Es werden drei Schwingungstöne berücksichtigt mit 5 % Dämpfung der kritischen für alle Töne. Den Vergleich der Ergebnisse zeigen die Bilder 31.6 und 31.7. Man erkennt, daß in diesem Fall sowohl die Methode der absoluten Summe, wie auch die QWSQ-Methode zu wesentlich höheren Ergebnissen führen als die genaue Zeitverlauf-Methode. Auf der anderen Seite treten jedoch Fälle mit gänzlich verschiedenen Ergebnissen auf, wobei die genaue Lösung unterhalb der Methode der absoluten Summe, jedoch oberhalb der QWSQ-Methode liegt. Jedenfalls lassen sich keine allgemeinen Schlußfolgerungen hinsichtlich der verschiedenen Methoden fällen. Der Vergleich zeigt, daß der Beitrag einzelner Töne zum ganzen Ansprechen bei irgendeiner der angeführten Methoden nicht immer vorausgesagt werden kann.

Größte Bedenken gegenüber der spektralen Methode bestehen beim Auftreten der Verdrehung. Solche Fälle ergeben sich vor allem bei der Koppelung mehrerer Bauten. Liegen dabei die Verdreh- und Translationsfrequenzen nahe zusammen, ist erfahrungsgemäß die tonale Überlagerung durch die QWSQ-Methode ungenügend. Solche Fälle zeigen sich jedoch nur in großen räumlichen Systemen, was bei der Maschinenausrüstung normalerweise nicht zutrifft. Die spektrale QWSQ-Methode ist dabei völlig ausreichend. Bei großen Systemen ergibt jedoch nur die Zeitverlauf-Analyse eine zufriedenstellende Antwort. Jedenfalls führt sie in der dynamischen Analyse zu den genauesten und komplettesten Ergebnissen. Dies setzt jedoch voraus, daß eine zufriedenstellende zeitlich-geschichtliche Erdbebeneingabe aufgestellt werden kann bzw. zur Verfügung steht, die ein Ansprechspektrum mit einer geglätteten Form ergibt, d.h. mit minimalen Unterschieden zwischen Gipfeln und Tälern.

Man vertritt vielerorts die Meinung, dieser Vorgang sei für die Zukunft die richtige Berechnungsmethode, allerdings mit der Voraussetzung, daß in allen relevanten Gegenden die zeitlichen Erdbebenverläufe zur Benutzung bereitgestellt werden.

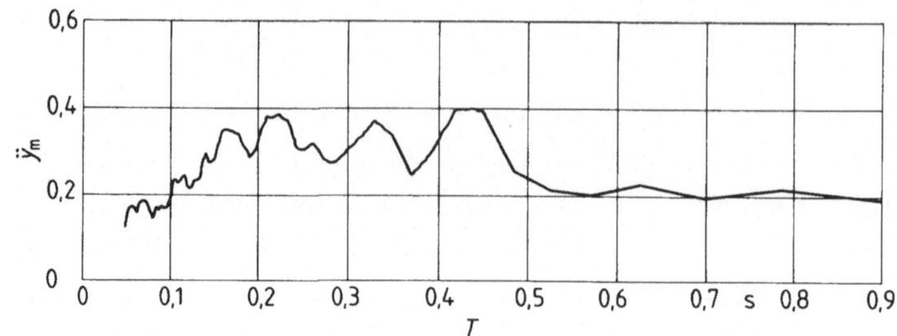

Bild 31.5: Ansprechbeschleunigungsspektrum $\ddot{y}_m$ des Eingabeerdbebens nach dem Taft-Erdbeben (1952) in Abhängigkeit von der Schwingzeit in s auf dem Erdboden

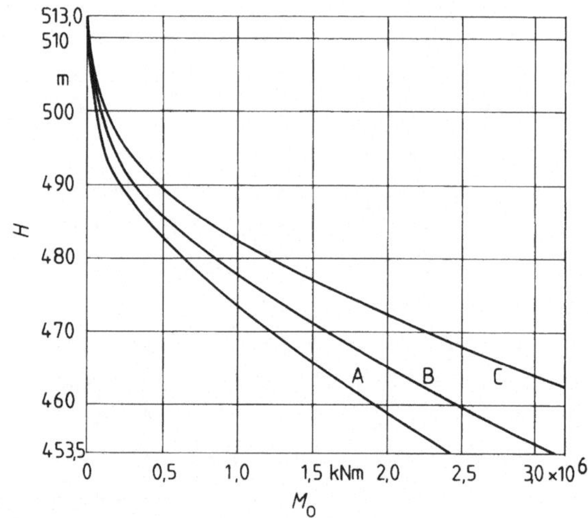

Bild 31.6: Verlauf der Höchstmomente M_0 in Abhängigkeit von der Höhe bei verschiedenen Berechnungsmethoden; A genaue Methode mit dem Zeitverlauf, B spektrale Methode mit QWSQ, C spektrale Methode mir der absoluten Summe der Schwingungsgrößen /31.9/

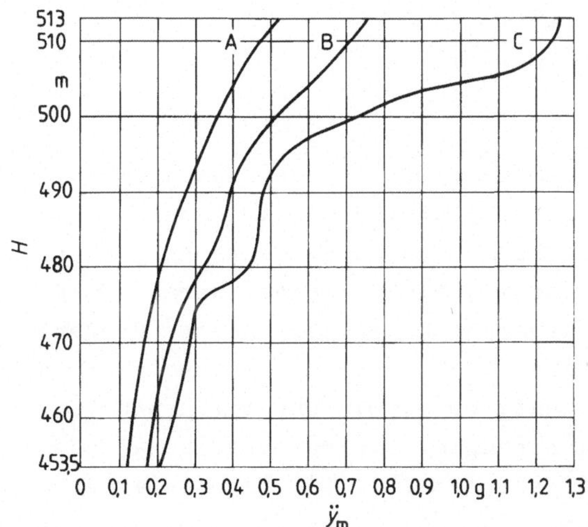

Bild 31.7: Verlauf der Ansprechbeschleunigung $\ddot{y}_m$ in Abhängigkeit von der Höhe bei den verschiedenen Methoden.
Bezeichnungen siehe Bild 31.6.

32. Druckgefäße

Druckgefäße sind größtenteils in den Bauten installiert und mit ihnen
verbunden: durch die Verlagerung, seitliche Abstützung und durch Rohr-
anschlüsse. Gefäße können teils einfache Konstruktionen sein und werden dann als Systeme mit einem Freiheitsgrad behandelt, d.h. ähnlich
wie eine Maschinenausrüstung in der Anlage. Größere und kompliziertere
Gefäße behandelt man als Systeme mit konzentrierten Massen auf elastischen Säulen, bei unterer Verbindung mit dem Gebäudeboden und seitlicher durch Kippsicherungen. Das mathematische Modell wird ähnlich wie
im vorigen Kapitel aufgestellt. Die Eigenschaften der elastischen Säulen werden bestimmt, indem horizontale Querschnitte durch das Gefäß
zwischen jedem Massenpunkt gelegt und Trägheitsmomente und effektive
Schubflächen berechnet werden. Das Modell des Gefäßes, das in bezug auf
das Gebäude denselben Größengrad hat, wird mit dem Gebäudemodell gekoppelt und in der Analyse das ganze damit entstandene System untersucht.

32.1. Analytisches Verfahren

Die bei dieser Analyse verwendeten Gleichungen und Verfahren sind gleich
denen für Mehrmassensysteme bei den Stahlbauten. Es müssen wenigstens
sechs Schwingungstöne angewandt werden, da die ersten drei oder vier
mit dem Gebäudeansprechen verbunden sind und deshalb eine genügende Anzahl der Töne zu berücksichtigen ist, um wenigstens zwei Eigenschwin-
gungen des Gefäßes einzuschließen.

Die Dämpfung ist dabei besonders wichtig, da von ihr ein wirklichkeits-
getreues Ansprechen abhängt. Eine genaue Analyse ergab, daß eine allgemeine Dämpfungskonstante von 2 % der kritischen die reellsten Ergebnisse ergibt, denn das Ansprechen ist von derselben Größe wie bei 5 %
Dämpfung für das Gebäude und 1 % für das Gefäß, das an sich als ge-
schweißte Stahlblechkonstruktion nur über wenig Dämpfung verfügt.

Wenn die Gefäße sowohl leer als auch gefüllt sein können, muß die Berechnung des dynamischen Ansprechens beide Fälle berücksichtigen. Im
allgemeinen beeinflußt der gefüllte Zustand selten die Konstruktion,
da der leere Zustand die maximalen Druck- und damit für die Konstruktion maßgebenden Beulspannungen ergibt, während der gefüllte Zustand
nur hohe, jedoch nicht kritische Zugspannungen verursacht.

Bei sehr großen Gefäßen (Autoklav, Dampfgenerator usw.) wird die Frage
aufgeworfen, inwieweit das Gefäß auch in der Höhe mit dem Gebäude verbunden werden soll. Die Gefäße sind üblicherweise durch ihre starken säu-
len- und hohlkörperartigen Konstruktionen erheblich steifer als das um-
fassende Bauwerk. Außerdem hat es eine geringere Toleranz für die Verschiebungen. So wird beim Erdbebenausschlag das Gefäß vom Bauwerk mit-
gezogen bzw. das Gefäß hält das Bauwerk zurück. Deshalb entstehen bedeutend höhere Spannungen im Fundament des Gefäßes, als wenn das Gefäß nur
im Fundament des Gebäudes eingespannt wäre. Die eine oder andere statische Lage hängt von der Art und der Lage der Verbindungsstutzen des Gefäßes ab, die automatisch eine Koppelung mit dem Bauwerk herbeiführen.

32.2. Berechnungsmethode

Die Zeitverlaufmethode fußt auf einer Beschleunigungszeitverlaufeingabe
der Unterstützungsfedern des Gebäudes. Bei der Anwendung eines spektralen Vorgehens zur Lösung dieses Problems müßte wenigstens das Ansprechen
der sechs Schwingungstöne des gekoppelten Systems überlagert werden.
Dies erfordert bei einer großen Anzahl der Massenpunkte eine komplexe
Berechnung mit einem Aufwand ähnlich dem für die Zeitverlaufmethode.
Nach /32.1/ kann man mit erheblichen Fehlern bei den Ergebnissen rechnen. Um zuverlässige Antworten zu erlangen, soll deshalb die Zeitverlaufmethode für die seismische Ansprechanalyse trotz größeren Aufwands
angewandt werden.

33. Gefäße mit innerer Struktur und Füllung

Verfahrensbedingt seien im Gefäßinnern Konstruktionen mit größeren Massen eingebaut, die sich auf das Grundgefäß abstützen und durch die seismische Erregung auf das dynamische Benehmen des ganzen Systems einwirken. Die Innenkonstruktionen können einfach oder sehr kompliziert sein, mit Sammelbehältern und Rohrbündeln, Abstandsstützen und mehrfachen Auslässen. Als Beispiel wird das Reaktordruckgefäß erwähnt, in dem die Brennelemente mit Leitrohren, Steuerstangen, Dampfabscheidern usw. untergebracht sind. Natürlich müssen alle diesen Teile im mathematischen Modell berücksichtigt werden. Das Modell ist deshalb ein recht kompliziertes Mehrmassensystem, das mit dem Bauwerk bis zu seinen Fundamenten verbunden und verfolgt wird.

33.1. Analytische Vorgehensweise

Die dynamische Analyse aufgrund des Gefäßgesamtsystems kann nach den vorgestellten Grundlagen ausgeführt werden. Dabei stellt die Tatsache, daß die inneren Aufbauten in der Flüssigkeit untergetaucht sind, ein besonderes Problem dar. Infolge dieser Überflutung werden bekannterweise die Schwingungseigenschaften des Gesamtgebildes merklich verändert. Die Schwingzeiten sind länger als in der Luftumgebung. Daraus schließt man, daß ein in einer Flüssigkeitsumgebung schwingendes Struktursystem eine zusätzliche scheinbare Masse hat, die die wirksame Masse des Systems zu vergrößern trachtet, soweit es die Schwingzeit betrifft /33.1 - 33.4/. Trotz Erwartung ist die Wirkung der Dämpfung in solchen überfluteten Systemen vernachläßigbar klein. Diese scheinbare Masse eines überfluteten Systems ist eine Funktion der Flüssigkeitsmasse, der Dimension der wirklichen Masse und der Größe des Ringraumes zwischen der wirklichen Masse der inneren Konstruktion und dem umgrenzenden Gefäß. Die Versuche zeigen, daß die scheinbare Masse gleich oder größer als die wirkliche Masse ist. Diese zusätzliche Masse verkleinert die Frequenz des Systems, jedoch ist sie nicht direkt in die Berechnungen der Trägheitskräfte einbezogen. Die Auswirkung der scheinbaren Masse liegt im weitgehend veränderten Ansprechen des überfluteten Systems der inneren Aufbauten. Die Wirkung des unterstützenden Systems des Gefäßes und des Gebäudes ist praktisch gleich Null.

Wenn die Matrix der scheinbaren Masse ermittelt ist, lassen sich die
Schwingungstonformen und Frequenzen bestimmen, ähnlich wie im Fall des
Gebäudes, wobei jedoch nur die Verschiebungen der inneren Aufbauten re-
lativ zum Gefäß und nicht die Gesamtverschiebungen gesucht werden.

Die Dämpfung wird in diesem Fall mit 2 % in allen Schwingungstönen angenommen. Dies ergibt die gleichen Ergebnisse wie mit mehr detaillierter Dämpfung mit 5 % der kritischen für das Gebäude, 2 % für das Gefäß
und 0,5 % für die inneren Aufbauten.

33.2. Auswahl der Methode

Durch die Hinzuziehung innerer Aufbauten im Gefäß werden die Probleme
bei der Anwendung der spektralen Analyse stark vergrößert. Zunächst
lassen sich die Gesamtverschiebungen mit der spektralen Methode bestimmen, jedoch nicht die größten relativen Verschiebungen zwischen auser-
wählten Massenpunkten. Sie bleiben deshalb als kritische Parameter.
Zweitens ist das gesamte gekoppelte System zu untersuchen, um die Auswirkungen der Wechselwirkung zu erkennen. Die inneren Aufbauten, das
Gefäß und das Gebäude dürfen nicht getrennt behandelt, sondern müssen
in ihrem gekoppelten Zustand untersucht werden. Letztlich darf die
spektrale Methode nicht in Verbindung mit der Eigenschaft der scheinbaren Masse innerer Aufbauten ohne eine wesentliche Revision der üblicherweise gebrauchten spektralen Methode angewandt werden. Damit ist
aber der analytische Aufwand für die spektrale Methode nicht wesentlich
kleiner als bei der genaueren Zeitverlaufmethode.

34. Ausrüstung in Anlagengebäuden

Neben großen mechanischen und elektrischen Einrichtungen gibt es in Anlagengebäuden auch zahlreiche verhältnismäßig kleine Ausrüstungsteile, die für den einwandfreien Betrieb nach einem Erdbeben lebenswichtig sind. Dies bedeutet, daß sie seismisch fest konstruiert werden müssen und deshalb zu den kritischen Ausrüstungen gehören. Das seismische Ansprechen der Gebäude und in ihnen installierten großen Einrichtungen wird als bekannt vorausgesetzt. Das Vorgehen für kleinere Ausrüstungsteile muß einfach, jedoch zuverlässig sein. Die anzuwendende Methode darf nicht zu Überdimensionierungen führen, noch darf sie übermäßig teuer und schwer anwendbar sein. Die hier anzuwendende Methode wurde zuerst in /32.1/ beschrieben. Daraus wurde dann die schon dargestellte Technik mit den Etagen-Ansprechspektren als logische Fortsetzung des Grundgedankens entwickelt.

Die Ausrüstungsteile werden auf verschiedenen Etagen installiert angenommen und deshalb unterschiedlichen seismischen Einwirkungen ausgesetzt. Eine mittlere Gebäudebeschleunigung ist also nicht anwendbar. Die Ausrüstungsteile betrachtet man als Einmassenschwinger mit einem Freiheitsgrad und nimmt sie als leicht an im Verhältnis zu den sie tragenden Bauwerken.

Alle vorgestellten Methoden beziehen sich auf die horizontale Richtung, gleichwie auch die Erdbodenbeschleunigungen auf die Gebäude wirken. Diese Beschleunigungen sind immer größer als in vertikaler Richtung und wachsen außerdem auch noch mit zunehmender Gebäudehöhe an. In dieser Hauptbeanspruchungsrichtung sind die Anlagenteile vor allem beansprucht, da sie als Einmassengebilde betrachtet werden sollen. Auf größere Einrichtungen, die sich in den verschiedenen Richtungen unterschiedlich benehmen, sind die im vorigen Kapitel erörterten Methoden anzuwenden. Die vertikale Beschleunigung ist bei allen Etagen gleich, wodurch ihr Einfluß durch die Höhe der Etagen gegenüber der horizontalen Belastung abnimmt.

34.1. Analytisches Vorgehen

Für das Gebäude wird das Modell ähnlich Bild 34.1 aufgestellt, das ein fünfstöckiges Gebäude auf festem Felsen wiedergibt. Es werden die Eigen-

schwingzeiten für die ersten drei Schwingungstöne ermittelt. In gezeig-
tem Beispiel sind dies 0,18 s, 0,08 s und 0,05 s.

Für die Eingabe wählt man ein für die Gegend maßgebendes Erdbeben. Ist
dies nicht verfügbar, werden bekannte Erdbebenaufzeichnungen zugrunde-
gelegt und auf die maßgebende maximale Erdbodenbeschleunigung normalisiert. Gearbeitet wird mit den ersten sechs Sekunden jeder Erdbebenauf-
zeichnung.

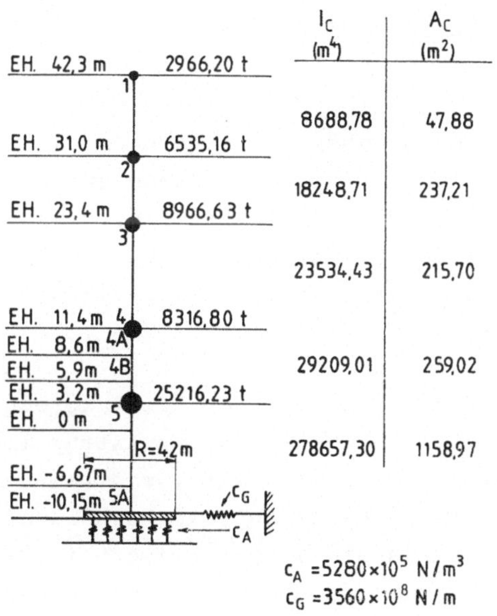

Bild 34.1: Mathematisches Modell eines fünf-
stöckigen Anlagen-
gebäudes mit Eta-
genmassen, Höhen-
niveaus, Trägheits-
momenten, Quer-
schnitten und Fun-
damentssteifigkei-
ten
EH Etagenhöhe
/31.9/

Anschließend folgt man der nachstehenden analytischen Methode: Zuerst
wird das mathematische Modell des Gebäudes der zeitlichen Aufzeichnung
des Beschleunigungsverlaufs unterworfen. Daraus wird der Zeitverlauf
des absoluten Beschleunigungsansprechens für jede Etage ermittelt. Dabei wird die Dämpfung des Gebäudes mit 5 % der kritischen für jeden der
insgesamt benutzten drei Gebäudeschwingungstöne berücksichtigt. Damit
liegt das Vorgehen für die Bestimmung des Etagenansprechbeschleunigungs-
verlaufs in der Berechnung des Ansprechens jeder Etage für jeden Schwingungston und für jeden Zeitverlauf. Es werden die Zeitintervalle von
0,005 bis 0,002 s verwendet, wobei sie kleiner als 1/10 der kleinsten

berücksichtigten Eigenschwingzeit sein sollen. Das Gesamtansprechen ergibt sich als Summe der Ansprechbeiträge jedes Schwingungstones in jedem Zeitaugenblick. Auf diese Weise erhält man eine genaue Kombination
des Tonbeitrags, ohne daß angenäherte Methoden aus den vorigen Kapiteln
angewandt werden müssen.

Wenn die zeitlichen Ansprechbeschleunigungsaufzeichnungen für jede Etage einmal ermittelt sind, werden sie für die Berechnung des Ansprechspektrums für jede Etage benutzt. Dabei wird eine Dämpfung von 1 % der
kritischen angenommen, weil ein großer Teil der Ausrüstung über diese
Dämpfung verfügt. Natürlich kann man ähnliche Spektren für irgendwelche
Dämpfungswerte erstellen.

Die nach obigem Verfahren berechneten Ansprechspektren für ein angenom-
menes Anlagengebäude nach Bild 34.1 mit dem Erdbebenspektrum auf dem
Erdboden nach Bild 34.2 sind im Bild 34.3 für die fünfte Etage und im
Bild 34.4 für die erste Etage ersichtlich. Die Etagen werden von oben
nach unten numeriert; so hat die höchste, erste Etage immer die größten
absoluten Ansprechbeschleunigungen.

Auf diese Weise bekommt der Konstrukteur der Ausrüstung die Ansprechbeschleunigungen zur Verfügung gestellt. Aus dem Ansprechspektrum liest
er für die Etage, auf der eine Ausrüstung betrieben wird, und bei der
Eigenschwingzeit der Ausrüstung die entsprechende Ansprechbeschleunigung ab. Diese Beschleunigung wird dann als statischer Beiwert im Massenmittelpunkt der Ausrüstung angesetzt für den Spannungs- und Standsicherheitsnachweis der Ausrüstung und ihrer Unterstützungen

$$F_s = \ddot{y}_m \, m \tag{34-1}$$

mit m als Masse der Ausrüstung.

Diese seismische Belastung ist nicht ein Merkmal der spezifischen Ausrüstung, sondern ihrer Lage in der Anlage. Bei Aufstellung in einer anderen Etage wird auch ihre seismische Belastung verändert.

34.2. Einfluß des Eingabeerdbebens

Die Höhe der Ansprechbeschleunigung auf den verschiedenen Etagen hängt
in stärkstem Maße vom Erregungserdbeben ab, obwohl das Spektrum des

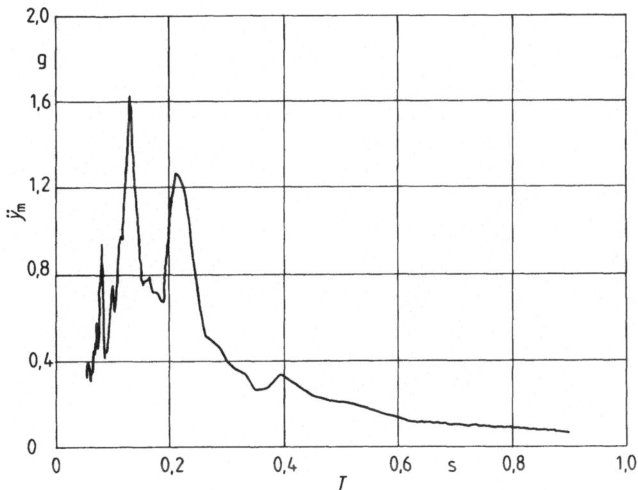

Bild 34.2: Erdbodenansprechspektrum in horizontaler Richtung
            für das angewandte Erdbeben (Golden Gate Park-Erd-
            beben, San Francisco vom 1957, S-80° E Komponente),
            normalisiert zu maximaler Erdbodenbeschleunigung
            von 0,25 g. Dämpfung 1 %.

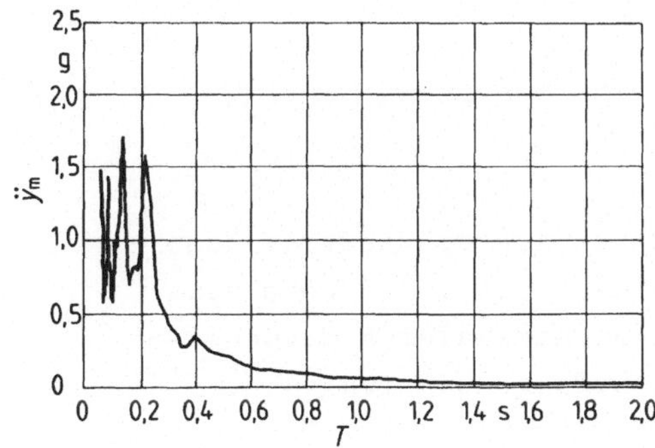

Bild 34.3: Horizontales Be-
           schleunigungs-
           ansprechspektrum
           für die 5. Etage
           in Abhängigkeit
           von der Schwing-
           zeit in s, Dämp-
           fung 1 %. Erre-
           gungserdbeben
           Bild 34.2. /31.9/

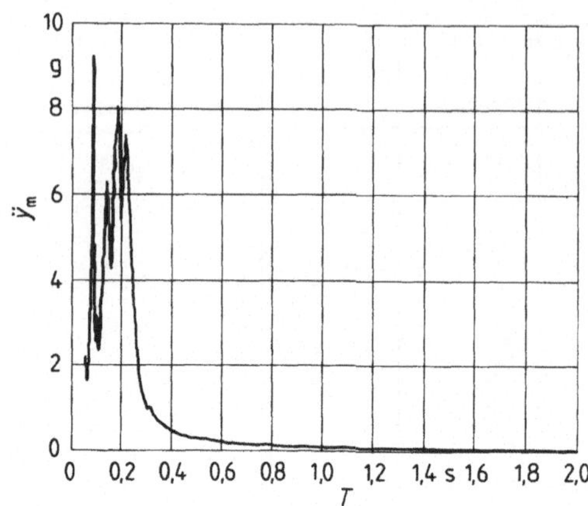

Bild 34.4: Horizontales Be-
schleunigungs-
ansprechspektrum
für die 1. Etage.
Dämpfung 1 %. Er-
regungserdbeben
Bild 34.2 /31.9/

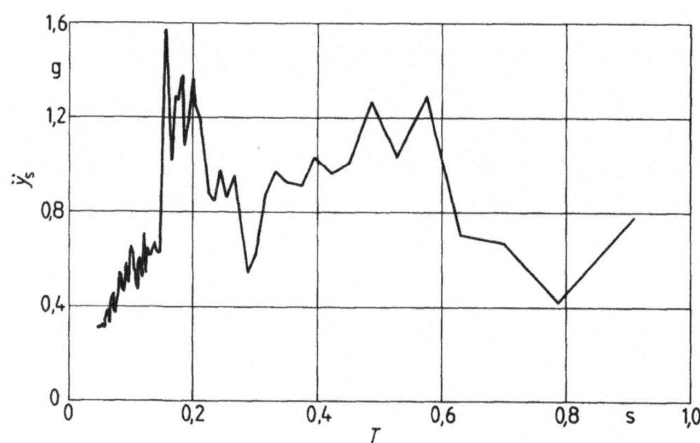

Bild 34.5: Horizontales Erdbodenasprechspektrum des
El Centro-Erdbebens (1940), N-S Komponente, normalisiert zu maximaler Erdbodenbeschleunigung von 0,25 g. Dämpfung 1 %.

Erdbebens auf dieselbe Erdbodenbeschleunigung normalisiert ist. Bild
34.5 zeigt ein anderes Erregungserdbeben des El Centro-Erdbebens 1940
mit seiner N-S Komponente, wobei im Unterschied zum ersten Erdbeben
im Bild 34.2 ein größerer Anteil der Beschleunigungen im oberen Bereich
der Schwingzeiten über 0,3 s (oder im Bereich kleinerer Frequenzen) auf-

tritt. Auch im hochfrequenten Bereich sind die Amplituden anders verteilt, da bei diesem Erdbeben größere Amplituden als beim ersten, vor
allem bei den Eigenschwingzeiten des Gebäudes auftreten: Die Beschleunigung ist bei der Schwingzeit von 0,18 s im ersten Fall 0,91 g und im
zweiten 1,25 g. Dadurch wird das Gebäude auch stärker erregt. Das Etagenansprechspektrum der ersten Etage (Bild 34.6) zeigt bei dieser
Schwingzeit ein Maximum von 20 g, d.h. fast 120 % mehr als bei der Erregung durch das erste Erdbeben.

Der Verlauf der maximalen Etagenansprechbeschleunigung bei beiden Erregungserdbeben auf verschiedenen Etagen zeigt Bild 34.7. Infolge der Re-
sonanzvergrößerung beim zweiten Erdbeben (Kurve b) sind auch die Eta-
genansprechbeschleunigungen viel größer. Es hängt jetzt nur von der Eigenschwingzeit der Ausrüstung ab, welche Amplitude aus den Spektren relevant und wie groß sie jeweils wird.

Diese Ausrüstung zeigt, daß bei der Wahrscheinlichkeit, die bei den
Erdbebenspektren in höchstem Maße waltet, nur geglättete Spektren, d.h.
mit minimalen Unterschieden zwischen Gipfeln und Tälern anzuwenden sind.
Solche Spektren ergeben sich aus einer größeren Anzahl von überlagerten
Erdbebenspektren. Man gelangt dann zu charakteristischen Ansprechspektren, die für die Belange des Konstrukteurs auf Grund der statistischen
Wahrscheinlichkeit entwickelt wurden (siehe Kapitel 5). Dies ist auch
durch die Erwägung gerechtfertigt, daß die Eigenschwingzeiten sowohl
des Gebäudes als auch der Ausrüstung niemals exakt ermittelt werden können und ferner durch die Anordnung der Massen, die bei der Realisierung
manchmal von den theoretischen Werten abweichen können. Es soll deshalb
im kritischen Bereich nur eine einzige Amplitudengröße der Ansprechbeschleunigung angewandt werden. Bekannterweise treten an verschiedenen,
wenig voneinander entfernten geographischen Stellen infolge der geologischen Struktur des Erdbodens unterschiedlich verteilte Beschleuni-
gungsspitzen auf.

Bis auf diese höchst individuellen und einzeln verteilten Amplituden-
spitzen sind sich die Erdbodenspektren und Etagenansprechspektren ähnlich.

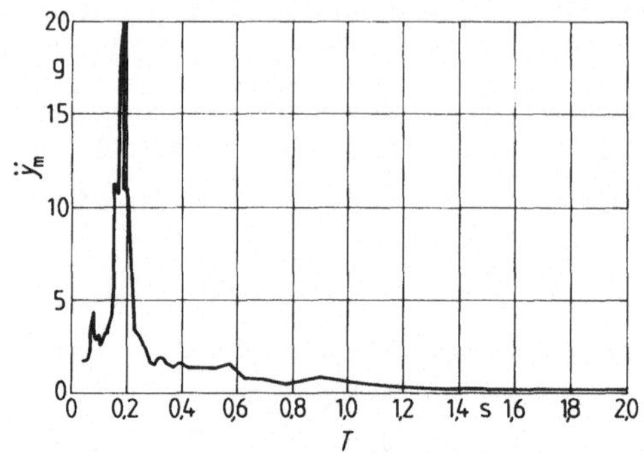

Bild 34.6: Horizontales Beschleunigungsansprechspektrum
für die 1. Etage. Dämpfung 1 %. Erregungserdbeben nach Bild 34.5. /31.9/

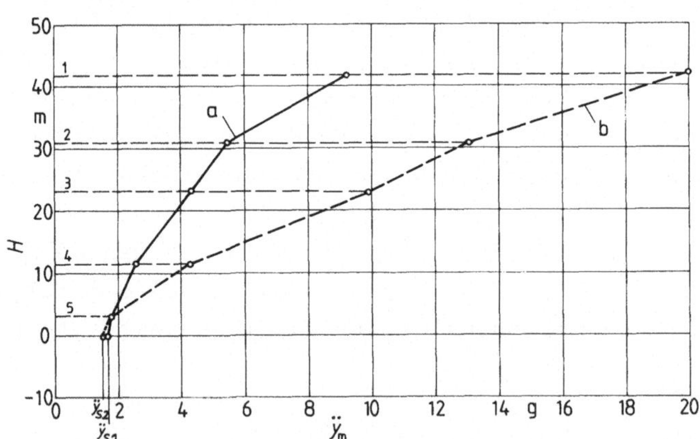

Bild 34.7: Vergleich der maximalen horizontalen Etagenansprech-
beschleunigungen für zwei Erdbebenspektren
a) Erdbebenspektrum Bild 34.2
b) Erdbebenspektrum Bild 34.5

34.3. Erörterung der Methode

Die Ausrüstung in Anlagengebäuden kann man nicht mit der Erdbodenbeschleunigung berechnen, denn durch die Eigenschwingzeiten des Gebäudes werden die Erdbodenbeschleunigungen, wie das Beispiel zeigt, sogar über das 10-fache vergrößert. Bei kleineren Dämpfungswerten, die bei Rohrleitungen tatsächlich auftreten, können diese Vergrößerungen sogar noch größer sein.

Als Eigenart der Spektren sei besonders ihr Verlauf bei größeren Schwingzeiten hervorgehoben. Bei Eigenschwingzeiten der Ausrüstung größer als die doppelte Gebäudeeigenschwingzeit sind die Ansprechspekterwerte etwa gleich groß wie beim Erdbodenspektrum. Deshalb kann für die Eigenschwingzeiten der Ausrüstung größer als die zweifache Gebäudegrundschwingzeit (bzw. bei halben Grundfrequenzen) für das Bestimmen des Ansprechens der Ausrüstung das Erdbodenansprechspektrum anstelle der Etagenansprechspektren verwendet werden. Bei den Ausrüstungseigenschwingzeiten kleiner als die halbe Grundschwingzeit des Anlagengebäudes wird das tatsächliche Ansprechen durch das Erdbodenspektrum unterbewertet. Auf diese Weise müssen für Ausrüstungseigenschwingzeiten größer als 0,05 s (oder für Eigenfrequenzen kleiner als 20 Hz), jedoch kleiner als die halbe Gebäudegrundschwingzeit die Etagenansprechspektren zur Bestimmung der Ansprechbeschleunigung der Ausrüstung benutzt werden. Bei den Schwingzeiten unter 0,05 s (oder über 20 Hz) wird die Ausrüstung als "steif" betrachtet. Jedenfalls zeigen die Beispiele, daß es nicht möglich ist, das Ansprechbenehmen der in einem Anlagengebäude aufgestellten Ausrüstung einfach durch ein einziges Ansprechspektrum vorauszusagen. Als Erdbebenbemessungskriterium müssen dem Konstrukteur entsprechende Etagenansprechspektren zur Verfügung gestellt werden. Sie lassen sich aus dem zeitlichen Verlauf der Beschleunigungsaufzeichnung und der Erdbebeneingabefunktion bestimmen; daraus folgen die zeitlichen Verläufe des Ansprechens in verschiedenen Etagen des Anlagengebäudes. Dies kann man von einem einzigen für die ganze Anlage aufgestellten Ansprechspektrum nicht erwarten. Wie die Erörterungen zeigen, können sich Unterschiede bis zu 1 000 % ergeben.

35. Rohrleitungssysteme

In verfahrenstechnischen sowie energieerzeugenden Anlagen dienen Rohrleitungen als Förderwege für verschiedene Medien zwischen den einzelnen Arbeitsstätten. Im Gegensatz zu diesen Rohrleitungen sind die steifen und kompakten Grundverfahrenseinrichtungen in bezug auf Erdbebengefährdung nämlich verhältnismäßig sicher. Alle gegenseitigen Verschiebungen und Verformungen müssen die Rohrleitungen übernehmen. Bei einer Beschädigung der Rohrleitungen können gefährliche Flüssigkeiten, Gase oder Dämpfe in die Umgebung gelangen, die Luft und die Gewässer verseuchen sowie u. U. die Bevölkerung gefährden. Aus diesem Grunde sollte man den Rohrleitungssystemen bei den Erdbebenstandfestigkeitsnachweisen besondere Aufmerksamkeit schenken. Unzweckmäßig geplante Rohrleitungssysteme sind bei auftretenden Schwingungserscheinungen besonders anfällig für Rißbildung.

Nach der Methode der einfachen dynamischen Analyse mit Ansprechspektren lassen sich die Gebilde berechnen, wobei zwei Voraussetzungen erfüllt sein sollen: Sie müssen verhältnismäßig leicht sein im Verhältnis zum unterstützenden Bauwerk und sich außerdem als System mit einem Freiheitsgrad idealisieren lassen. Leider erfüllen die Rohrleitungen nicht beide Voraussetzungen. Zwar ist die Masse eines Rohrleitungssystems, wie oben gewünscht, im allgemeinen recht klein, jedoch läßt es sich nicht als System mit einem Freiheitsgrad darstellen. In den Anlagenräumen herumgeführte Rohrleitungen sind dreidimensional verlegt und haben normalerweise zwischen 20-140 Bewegungsgrade, abhängig von ihrer Komplexität. Aus diesem Grunde ist die Analyse zur Bestimmung des seismischen Ansprechens von Rohrleitungssystemen in mancher Hinsicht komplizierter als bei anderen einfachen, räumlich konzentrierten und leichten Ausrüstungsteilen.

Die beste Methode zur Vereinfachung der dynamischen Analyse eines Rohrleitungssystems besteht in der Versteifung des Systems, so daß ein einziger statischer Beiwert entsprechend der maximalen absoluten Beschleunigung des unterstützenden Bauwerks angewandt werden könnte. Derartig steife Rohrleitungssysteme gehen aber nicht konform mit der für eine möglichst große Reduzierung der Wärmespannungen erforderlichen Elastizität. Beide Wünsche lassen sich jedoch erfüllen durch Einbau von hydraulischen Schwingungsreduzierer in das System, die einerseits die langsamen Verschiebungen der wärmebedingten Dehnungen erlauben, aber ande-

rerseits den plötzlichen, mit seismischen Störungen auftretenden Bewegungen widerstehen.

Auf dem Weg, ein steifes Rohrleitungssystem zu erlangen, sollte man sich
jedoch nicht zu stark auf hydraulische Reduzierer konzentrieren: Denn
einerseits sind sie verhältnismäßig teuer und andererseits müssen sie
nicht zu unterschätzende Anforderungen der Anlagenbaubesonderheiten erfüllen (Aggressivität, Radioaktivität u. dergl.). Außerdem müssen sie
im Vergleich zu ihrer Baugröße verhältnismäßig großen Belastungen widerstehen. Da häufig der Zugang des Wartungspersonals zu diesen Reduzie-
rern in der Anlage eingeschränkt ist, sollten sie an Behältern hydraulischer Medien angeschlossen werden, die den Zugang für Wartung und
Übersicht erleichtern. Diese Versorgungssysteme hydraulischer Medien
vergrößern zusammen mit den Wartungskosten die Anschaffungskosten der
Reduzierer. Deshalb ist der Einbau hydraulischer Reduzierer bei der Pla-
nung sorgfältig zu durchdenken, um ihre Anzahl so klein wie möglich zu
halten. Diese Erörterung soll nicht dazu dienen, den Einbau möglichst zu
vermeiden, sondern vielmehr zur Aufforderung einer sorgfältigen tech-
nisch-wirtschaftlichen Bewertung, die alle Faktoren in die Analyse ein-
bezieht zur Erhöhung der Sicherheit von Rohrleitungen, deren Versagen
beim Erdbeben eine Gefahr für die Umgebung bedeuten würde.

35.1. Aufstellung des mathematischen Modells

Der erste Schritt einer dynamischen Analyse eines dreidimensionalen Rohrleitungssystems ist das Aufstellen des mathematischen Modells. Das mathematische Modell eines Teiles eines derartigen Systems zeigt __Bild 35.1__.
Die punktweise angenommenen Massen werden mit Zahlen bezeichnet und in
einer Tabelle mit x, y und z-Koordinaten zusammengestellt. Das als Beispiel ausgewählte System ist verhältnismäßig einfach. Es hat keine Ab-
zweigungen, eine Mindererstelle und 26 Freiheitsgrade. Als Grundsystem
läßt es sich jedoch zu umfassenderen dynamischen Analysen benutzen.

Üblicherweise werden die Rohrleitungen zuerst in bezug auf die Wärme-
und/oder Betriebsspannungen dimensioniert und geplant. Es ist wünschenswert, daß die für die dynamische Analyse ausgewählten Massenpunkte mit
denen der Elastizitätsanalyse übereinstimmen. Die Punkte, die in beiden
Analysen benutzt wurden, sind mit Zahlen bezeichnet, während die nur mit
der dynamischen Analyse verbundenen Punkte einen zusätzlichen Buchstaben
erhalten.

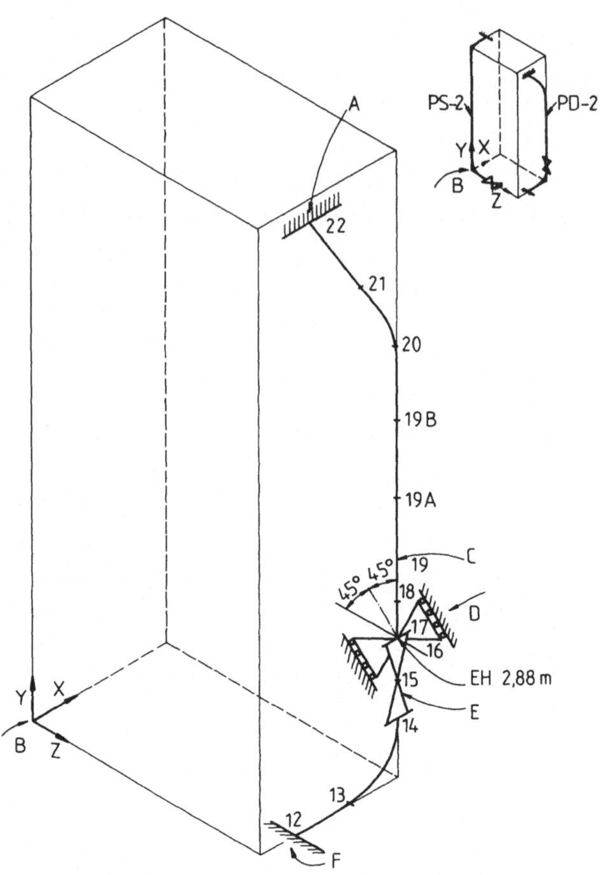

Bild 35.1: Mathematisches Modell eines Rohrleitungssystems;
A Ausgangsstutzenfläche auf der Höhe 10,078 m, B An-
fangspunkt, C Abführungssteigleitung, D Abstützung
des hydraulischen Schwingungsreduzierers, E Sperrven-
til. EH Etagenhöhe, F Pumpenseite auf dem Niveau von
0,671 m /31.9/

Ähnlich früheren Erläuterungen gibt es zwei analytische Wege für die
dynamische Analyse dreidimensionaler Rohrleitungssysteme. Die erste Methode verwendet als Eingabe den zeitlichen Verlauf der Erdbebenbeschleu-
nigungsaufzeichnung des Unterstützungspunktes vom Rohrleitungssystem.

Diese Beschleunigungsaufzeichnungen ergeben sich bei der dynamischen
Analyse des Anlagengebäudes, in dem sich das Rohrleitungssystem befindet. Die zweite Methode besteht in der Anwendung der Ansprechspektren
der Rohrunterstützungspunkte. Sie werden aus den obigen Beschleunigungs-
zeitaufzeichnungen ermittelt. Diese Methode ist nicht so genau wie die
mit dem zeitlichen Verlauf, jedoch erfordert sie weniger Rechnerzeit.

In beiden Fällen der Eingabe verwendet die analytische Methode bei der
Berechnung der dreidimensionalen Steifigkeitsmatrix die Wirkungen der
Biege-, Verdreh-, Schub- und achsialen Verformungen ebenso wie die Ela-
stizitätswirkung der gekrümmten Bogenrohre /35.1 - 35.7/. Diese Wirkung
hängt vom Krümmungsmerkmal h ab

$$h = \frac{t\,R}{r_m^2} \qquad (35-1)$$

mit t Rohrwandstärke, R Krümmungshalbmesser, r_m mittlerer Rohrhalbmes-
ser.

Der Biegungsbeiwert k gibt das Verhältnis der Biegungsvergrößerung infolge der Krümmung zum Wert nach der herkömmlichen Trägertheorie an.
Üblicherweise wird benutzt

$$k = \frac{1,65}{h} . \qquad (35-2)$$

Eigenschwingzeiten und entsprechende Wellenformen folgen aus Gl.(31-4).
Daraus ergeben sich die Werte von ω_n und die $\underline{\phi}_n$-Matrix für n Schwingungstöne.

Für die Zeitverlauf-Eingabe folgt das verallgemeinerte Verschiebungsansprechen der Konstruktion mit den ermittelten Kreisfrequenzen und
Tonformen aus dem Duhamelschen Integral nach Gl.(31-5) mit dort angegebenen Eigenschaftsmatrizen.

Für die Eingabe des Ansprechspekters folgt der Höchstwert der verallgemeinerten Koordinate mit

$$\underline{A}_n(t)_{max} = \frac{\underline{\phi}_n^T\,\underline{m}\,\underline{r}}{\omega_n^2\,\underline{M}_n}\,\ddot{y}_m \qquad (35-3)$$

mit $\ddot{y}_m$ maximale spektrale Ansprechbeschleunigung, $\underline{r}$ Erdbebenvektormat-
rix für die Einführung der Erdbebenrichtung in die Ansprechanalyse (sie-

he Gl.(1-93)). Wenn die maximale verallgemeinerte Koordinate für einen gegebenen Schwingungston angewandt wird, können maximale Verschiebungen für diesen Ton aus dem Ausdruck gefunden werden

$$\underline{u}_n = \underline{\Phi}_n \, \underline{A}_n(t)_{max} \; .$$
(35-4)

Die verschiedenen Wellentonamplituden der Rohrleitung folgen aus der mittleren Quadratwurzel der Summe der Quadrate (pythagoreische Summe) mit

$$u_1 = \sqrt{u_{i1}^2 + u_{i2}^2 + \ldots + u_{in}^2}$$
(35-5)

mit u_i Verschiebung am i-ten Punkt infolge von n Ansprechtönen, u_{in} Verschiebung am i-ten Punkt infolge des n-ten Tons.

Wenn für jeden Massenpunkt die einschlägigen Verschiebungen bestimmt werden, folgen die seismischen Trägheitskräfte für die gegebene Erdbebenrichtung mit

$$\underline{F}_s = \underline{c} \, \underline{u} \; .$$
(35-6)

Aus den ermittelten Trägheitskräften werden innere Momente und Kräfte bestimmt.

Sobald die inneren Kräfte und Momenten ermittelt sind, werden die resultierenden Spannungen mit den bekannten Methoden der Werkstoffmechanik berechnet /35.3/. Für gekrümmte Rohre ergibt sich der Spannungsvergrößerungsbeiwert zu

$$k_R = \frac{0,90}{h^{2/3}} \geqq 1,0$$
(35-7)

mit h Krümmungsmerkmal.

Für beliebige dreidimensionale Rohrleitungssysteme kann man Rechnerprogramme aufstellen, mit denen aus den Dimensionen die Steifigkeitseigenschaften des Systems, die reellen Wellentonformen und Eigenfrequenzen berechnet und das dynamische Ansprechen ermittelt werden, wobei die Ansprechspektrumtechnik im Mittelpunkt steht. Üblicherweise bezieht man die ersten vier Schwingungstöne ein. Bild 35.2 zeigt das Blockschema der grundlegenden Programmlogik dieses Verfahrens mit Hilfe der erläuterten Ausdrücke.

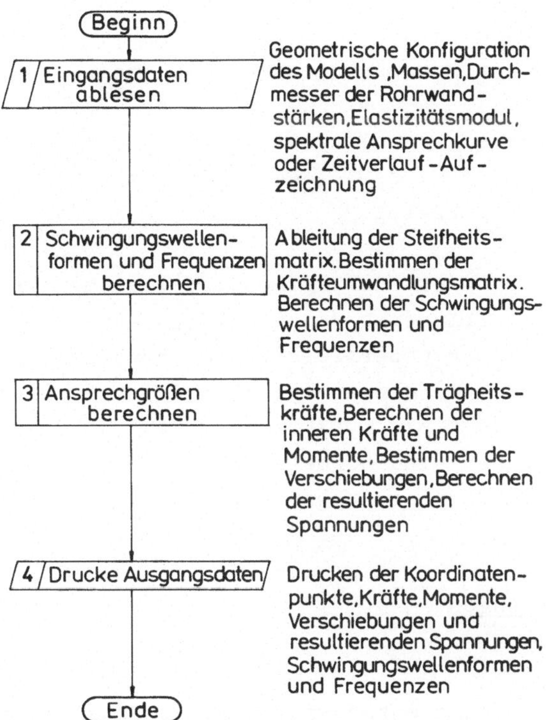

Bild 35.2: Blockschema grundlegender Programmlogik für die dynamische Analyse eines Rohrleitungssystems mit Ansprechspektren

35.2. Erörterung des Berechnungsverfahrens

Durch das Rechnerprogramm erhalten wir für ein typisches Rohrleitungssystem Kräfte, Momente, Verschiebungen und resultierende Spannungen.
Es muß der Rohrleitungsplan bereits vorliegen, um die Dimensionen und
die Koordinaten eingeben zu können. Überschreiten die Spannungen die
zulässige Grenze, sucht man die günstigsten Dimensionen durch Iteration. Das Programm dient damit zur Festigkeitskontrolle und ist kein
Optimierungsprogramm. Die Konstrukteure müssen demnach über ausreichen-
de Erfahrung und Optimierungsbefähigung verfügen, um die besten Lösun-

gen schon von vornherein in den Plan einzubauen. Für die Optimierungs-
kriterien können dem Konstrukteur aus den Krümmungs-, Biegungs- und
Spannungsvergrößerungsbeiwerten folgende Anleitungen gegeben werden:

1. Rohrwandstärke und Krümmungshalbmesser sind möglichst groß zu wählen;
2. Mittlerer Rohrdurchmesser soll klein sein;
3. Biegungsbeiwert soll groß sein, damit die Spannungsvergrößerung an
   den Krümmungen gering bleibt.

Zur Orientierung sollen Werte des Krümmungsbeiwertes von 0,15 bis 0,3
dienen und des Biegungsbeiwertes von 5 bis 8, wobei die Spannung um
den Beiwert 1,8 bis 2,5 vergrößert wird. Die Grundfrequenzen liegen zwischen 15 und 30 Hz und die höheren Frequenzen folgen ziemlich dicht an-
einander im Abstand von 40 bis 60 % (z.B. 0,04, 0,023, 0,018 und 0,013
s). Seismische Spannungen sind normalerweise nicht groß, müssen jedoch
den Betriebsspannungen überlagert werden.

35.3. Zulässige Spannungen

Wie schon in der Einleitung ausgesagt, handelt es sich bei den Rohrleitungssystemen größtenteils um Träger von Flüssigkeiten, Gasen und Dämp-
fen, die für die Umgebung eine potentielle Gefahr bedeuten. Es bestehen
selbstverständlich mit Rücksicht auf die Gefahrenstufe des geförderten
Mediums große Unterschiede zwischen verschiedenen Anlagen. Bei den energieerzeugenden Anlagen sind die Kernkraftwerke die gefährlichsten; denn
bei schweren Erdbeben kann es bei Rohrleitungsversagen zu schweren Fällen von Kontaminierung einer breiteren Gegend kommen, wobei besonders
die Gewässer betroffen sind. Bei Wärmekraftwerken sind es die Heißdampf-
leitungen, die lebensgefährliche Umstände heraufbeschwören können und
bei Wasserkraftwerken die Hochdruckleitungen großen Durchmessers, da die
seismischen Spannungen wie Hammerschläge im Wassersystem wirken. Rohrbrüche bedeuten dann für die unterhalb lebende Bevölkerung eine große
Gefahr.

In verfahrenstechnischen Anlagen können Rohrbrüche zur Verseuchung durch
giftige, lang einwirkende oder sogar lebensgefährliche Stoffe führen,
wobei die nähere oder sogar weitere Umgebung betroffen wird (Seveso in
Italien als ein mahnendes Beispiel).

Diese kurze Beschreibung verschiedener Folgen eines Rohrleitungsversa-
gens zeigt anschaulich, daß sich keine allgemeingültigen Regeln aufstellen lassen. Es muß in jedem Fall individuell entschieden werden,
mit welcher Sicherheit gegenüber Bruch die Rohrleitungen zu planen sind.
Jedenfalls gilt für die Rohrleitungen lebensgefährlicher Fluide die Regel, daß es auch bei 99,5 % Wahrscheinlichkeit der Erdbebenintensität
zu keinem Bruch kommen darf, d.h. daß auch bei der Überlagerung von Be-
triebs- und Erdbebenkräften wenigstens 25 % noch bis zur Streckgrenze
als Sicherheitsabstand übrig bleiben, mit denen dann die schweißtechni-
schen Restspannungen und Dimensionsabweichungen abgedeckt werden. Jedenfalls kann man nicht 90 % der Streckgrenze wie bei den Stahltragwerken ausnutzen, sondern muß man noch mit allen möglichen statistischen
Abweichungen rechnen.

36. Dämpfung in Anlagenbaugruppen

Die Ermittlung des Dämpfungsbeiwerte, der in die dynamische Analyse
eingeführt wird und entscheidend die maximalen Werte der Verschiebungen und Beschleunigungen beeinflußt, ist einer der wohl schwierigsten
und bedeutendsten Schritte in der Analyse. Im Schrifttum gibt es äußerst
wenige Untersuchungsangaben über die genaue Bewertung einer reellen
Dämpfung in verschiedenen Anlageneinrichtungen. Die meisten Messungen
beziehen sich außerdem auf sehr kleine Amplitudenverformungen und so
spiegeln die Ergebnisse erwartungsmäßig nicht die Dämpfung wieder, die
bei den großen, mit schweren Erdbeben verknüpften Amplitudenbewegungen
erwartet werden kann. Aus den dynamischen Berechnungen mit verschiedenen Dämpfungsbeiwerten geht hervor, daß sogar ganz kleine Veränderungen
einer angenommenen Dämpfung das berechnete Ansprechen des Gebildesystems
bedeutend beeinflußen. Die Dämpfung verkleinert die Gipfel der Schwingungswellen und die Frequenz, was jedoch ohne Belang bleibt. Es mußte
ein besonderer Aufwand in den Untersuchungen der Dämpfung getrieben werden, und zwar im Bereich großer Amplituden, um sichere Angaben der Dämpfungsbeiwerte in verschiedenen Anlageneinrichtungen zu erhalten. Jetzi-
ge Abweichungen in der Annahme der Dämpfung sind statistisch so groß,
daß der kleine Sicherheitsabstand bis zur Streckgrenze möglicherweise
schnell ausgenutzt werden könnte. Die heute in der dynamischen Analyse
der Anlagen benutzten Dämpfungswerte sind nur Annäherungen des Verlu-
stes der Gesamtenergie in Schwingungssystemen. Die Mechanismen, durch
die diese Energie verloren geht, sind nicht vollständig ergründet und
werden nur sehr grob mit Bewegungsdifferentialgleichungen modelliert.
Die Dämpfung ist zweifellos eine Kombination der Reibungen in verschiedenen Formen wie viskose, Coulombsche usw. Es wird jedoch die viskose,
von der relativen Geschwindigkeit abhängige Reibung infolge ihrer mathematischen Eignung angewandt.

Die Meßergebnisse deuten an, daß die Dämpfung in komplexen Konstruktionen sowohl von der relativen als auch von der absoluten Geschwindigkeit, Verschiebung und Frequenz abhängig ist. Besonders die Abhängigkeit von der Verschiebung zeigt, daß die Messungen bei Schwingungste-
sten mit kleinem Amplituden bei den Erdbebenberechnungen nicht ohne weiteres anzuwenden sind. Bild 36.1 zeigt nach Nielsen /36.1/ die Extrapolation der Dämpfungswerte einer linearen Annäherung mit einer Korrelationsfunktion von 0,053. Danach sind in einem Gebäude aus Stahlbeton
bei einer Schubspannung von 70 N/cm^2 die Dämpfungswerte bei 95 % Wahr-

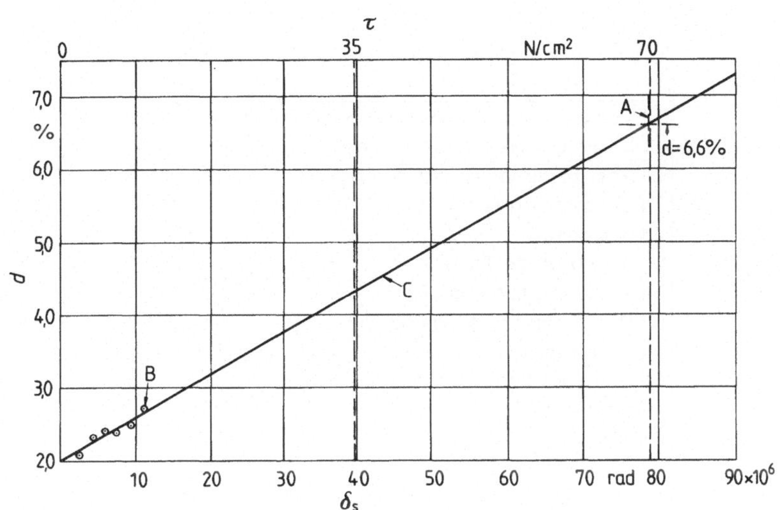

Bild 36.1: Dämpfungswert in Abhängigkeit von der Schubspannung für
Betongebäude mit fünf Etagen; A Reaktorgebäude 70 N/cm^2,
B Grenze gemessener Werte, C Verlängerung der Angaben
mit einer Geraden, Grundangaben mit Anpassung kleinster
Quadrate, d Dämpfung in % der kritischen, δ_s Schubdeh-
nung in rad., τ Nennschubspannung /31.9/

scheinlichkeit von 6,6 % ± 1,4 % zu erwarten. Das heißt, daß die Dämpfung sich zwischen 5 und 8 % bei 95 % Wahrscheinlichkeit verändert. Dies
deckt sich mit den Angaben, daß die Dämpfung in Betongebäude für Anlagen
unter Erdbebenkonstruktionsbedingungen im Bereich zwischen 5 und 10 %
liegt. Über mit Flüssigkeiten gefüllte, mit den Rohrleitungen untereinander verbundene Druckgefässe und andere komplexe Anlageneinrichtungen
gibt es keine Meßangaben. Für Stahlschächte und Wasserbehälter auf Tür-
men werden die Dämpfungswerte im Bereich von 0,25 bis 1 % der kritischen
Dämpfung genannt. Bis genauere Dämpfungswerte vorliegen, sollen die Werte aus Tabelle 36.1 als Richtmaß dienen.

	Bezeichnung	Däm-pfung (%)
1	Reaktorgebäude ohne Erdboden-Zusamenwirkung, alle Töne	5,0
2	Reaktorgebäude mit Erdboden-Zusamenwirkung Grundton	7,0
	Alle andere Töne	5,0
3	Trockengrube mit Reaktorgebäude gekoppelt	2,0
4	Trockengrube allein	1,0
5	Druckgefässe mit dem Gebäude gekoppelt	2,0
6	Druckgefässe allein	2,0
	Innere Strukturen	0,5
7	Maschinenausrüstungsteile	1,0
8	Rohrleitungen	0,5

Tabelle 36.1: Empfohlene Werte viskoser Dämpfung in Prozent
der kritischen für Anlagenteile

37. Seismische Hydrodynamik gefüllter Behälter

Bei der seismischen Konstruktion der Anlagen treten zwei hydrodynamische
Probleme auf:

a) die Wirkung der Flüssigkeit auf das Schwingungsverhalten des Struktursystems, das in sie eingetaucht ist. Sie wurde bei den Druckgefä-
ßen behandelt.

b) Die Wirkung der brandenden Flüssigkeit auf das Ansprechen des die
Flüssigkeit enthaltenden Gefäßes oder Behälters.

37.1. Theoretischer Ansatz

Das allgemeine Benehmen einer schwingenden Flüssigkeit kann auf Grund
analytischer und Versuchsergebnisse /37.1 - 37.4/ ausgedrückt werden.
Die im Gefäß enthaltene Flüssigkeit wird durch die Schwingungsanregung
in zwei Bereiche unterteilt (Bild 37.1a). Der untere Bereich der Flüssigkeit stellt eine unfreie Masse dar, die sich als starrer Körper zusammen mit dem Gefäß bewegen will. Der obere Bereich der Flüssigkeit
stellt eine Masse dar, die sich in einer Brandungsform bewegt. Bei seichten Behältern befindet sich der größte Teil der Flüssigkeit in Brandungsform, bei hohen Behältern bewegt sich der größte Teil der Flüssigkeit zusammen mit dem Behälter. Die mathematisch genaue Methode zur Ermittlung des dynamischen Ansprechens eines mit Flüssigkeit gefüllten Behälters ist sehr komplex. Im Schrifttum wird ein vereinfachtes Vorgehen
beschrieben, das jedoch im Rahmen der zulässigen Abweichungen (Dimensionen und Erdbebenmerkmale) zufriedenstellende Ergebnisse bringt. Es wird
dabei unterschieden zwischen unmittelbar auf dem Erdboden oder auf Gebäudeetagen befestigten Behältern und hochbauenden Behältern.

37.1.1. Behälter unmittelbar auf dem Erdboden oder auf den Gebäudeeta-
gen

Wenn ein die Flüssigkeitsmasse m enthaltender Behälter in horizontaler
Richtung beschleunigt wird, ergeben sich eine Stoßkraft F_1 und eine
Übertragungskraft F_2 auf die Behälterwände. Zugleich wird auch ein dy-

namischer Druck auf den Behälterboden infolge der Flüssigkeitsschwin-
gungen auftreten.

Bild 37.1b und 37.1c zeigen das dynamische Modell des Behälters, wobei
m_1 und m_2 die ungefederte bzw. gefederte Masse der Flüssigkeit bedeuten
und m_t die Masse des Behälters. Die Höhen h_1, h_2, h_3 und h_4 bestimmen
den Angriffspunkt der Kräfte F_{1n} und F_2. Die Höhen h_1 und h_3 beziehen
sich auf dynamische Drücke auf den Boden des Behälters und dienen für
das Ermitteln des Kippmomentes $M_{k\,max}$ auf einer horizontalen Ebene unterhalb des Behälterfundaments, während die Höhen h_2 und h_4 für das Berechnen des Biegemoments $M_{b\,max}$ auf einem horizontalen Querschnitt gerade oberhalb des Fundaments gedacht sind.

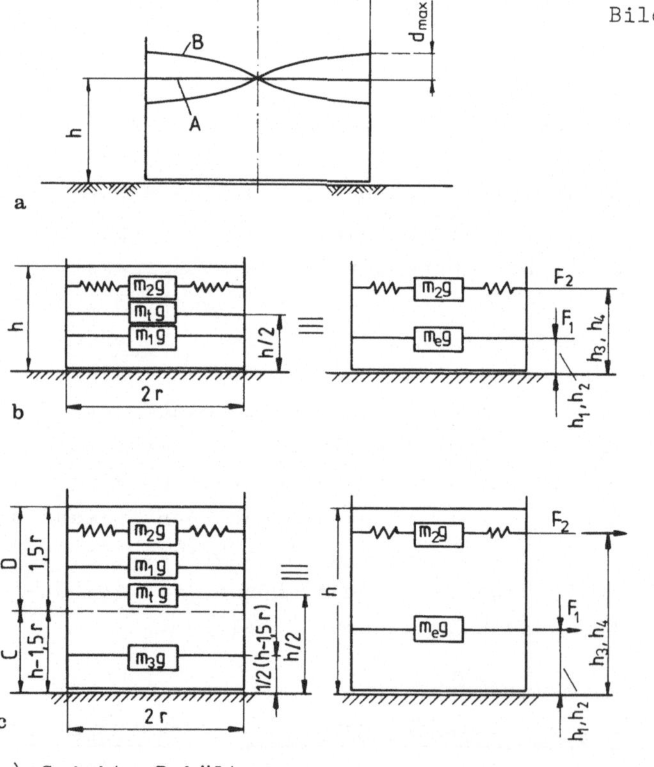

Bild 37.1: Schwingung der in einem Gefäß enthaltenen Flüssigkeit; a) Schwingung der Flüssigkeitsoberfläche, b) seichte Behälter ($h \leq 1,5\ r$) $m_e = m_1 + m_t$, c) hohe Behälter ($h > 1,5\ r$) $m_e = m_1 + m_3 + m_t$; A nicht angeregte Flüssigkeitsoberfläche, B schwingende Oberfläche, C unfreie Flüssigkeit, D bewegte Flüssigkeit

a) Seichte Behälter:

Der Behälter ist als seicht zu betrachten, wenn das Verhältnis $\alpha = h/r$
$\leq 1,5$. In diesem Fall wird die ungefederte Masse m_1 zu m_e geändert, um
auch die Masse des Behälters m_t einzuschließen, die üblicherweise klein
im Verhältnis zur Flüssigkeitsmasse m ist.

b) Hohe Behälter:

Beim Verhältnis $\alpha = h/r > 1,5$, wird ein gedachter Boden auf dem Niveau
1,5 r unter der Flüssigkeitsoberfläche angenommen zur Bewertung der
Stoßkraft F_1. Die Flüssigkeit unter dem gedachten Boden ist während der
Schwingungen als unfrei zu betrachten und wird durch die ungefederte
in ihrem Schwerpunkt geortete Masse m_3 vertreten. Die Masse m_e und ver-
wandte Größen werden entsprechend umgewandelt, um sich auf diese unfreie Flüssigkeitsmasse zu beziehen. Dieses Konzept der Unterteilung
des Behälters in zwei Zonen wird nicht auf die Masse m_2 und die ver-
wandten bei der Berechnung der Übertragungskraft F_2 gebrauchten Größen
angewandt.

Bezeichnung	Seichte Behälter $\alpha \leqq 1,5$	Hohe Behälter $\alpha > 1,5$
Schwingzeit	$T = 2\pi\sqrt{r/gC_1}$	
Oberflächen-amplitude (+ oder-)	$d_{max} = \dfrac{C_2 C_3 \ddot{y}_m r}{0,093 - 0,305\, C_2\, \ddot{y}_m}$	
Ungefederte Flüssigkeitsmasse	$m_1 = C_4 m$	
Gefederte Flüssigkeitsmasse	$m_2 = C_6 m$	
Ungefederte Flüssigkeitsmasse	$m_3 = \dfrac{m}{h}(h - 1,5\,r)$	
	$m_e = m_1 + m_t$	$m_e = m_1 + m_3 + m_t$
Stoßkraft	$F_1 = \ddot{y}_{so} m_e$	
Übertragungskraft	$F_2 = \ddot{y}_m m_2$	
Höhen	$h_1 = 10 C_5 h$ $h_2 = 0,375 h$	$h_1 = \dfrac{1}{m_e}[m_1(15 C_5 r + h - 1,5\,r) + m_3(0,5\,h - 0,75\,r) + m_t(0,5\,h)]$ $h_2 = \dfrac{1}{m_e}[m_1(0,5625\,r + h - 1,5\,r) + m_3(0,5\,h - 0,75\,r) + m_t(0,5\,h)]$
	$h_3 = 10 C_7 h$ $h_4 = C_8 h$	
Kippmoment	$M_{k\,max} = F_1 h_1 + F_2 h_3$	
Biegemoment	$M_{b\,max} = F_1 h_2 + F_2 h_4$	
Querkraft	$Q_{max} = F_1 + F_2$	

Tabelle 37.1: Hydrodynamische Kräfte der Behälter (Dimensionen in m, s, N)

Die Tabelle 37.1 enthält analytische Ausdrücke, die für auf den Boden
stehende seichte und hohe Behälter benutzt werden. Es bedeuten: h Ge-
samthöhe der Flüssigkeit, r halbe Länge des rechteckigen Behälterbodens
bzw. Halbmesser des zylindrischen Behälters, $\alpha = h/r$, T Eigenschwingzeit, $\ddot{y}_m$ spektrale Konstruktionsbeschleunigung bei Schwingzeit T, wobei
entweder Erdbodenansprechspektrum oder das Etagenspektrum des Gebäudes
verwendet wird, je nachdem der Behälter auf dem Erdboden oder im Gebäude
aufgestellt ist, $\ddot{y}_{s0}$ maximale Bodenbeschleunigung der Gebäudeetage, g
Erdbeschleunigung, d_{max} maximale Amplitude der Flüssigkeitsoberfläche
über der ursprünglichen ungestörten Oberfläche, m Gesamtmasse der Flüssigkeit, m_t Behältermasse, $M_{k\,max}$ maximales Kippmoment auf der horizontalen Ebene unterhalb des Fundaments, $M_{b\,max}$ maximales Biegemoment auf
der horizontalen Ebene dicht oberhalb des Fundaments, Q_{max} maximale
Schubkraft am Fundament, C_1, C_2, C_3 Beiwerte nach Bild 37.2, C_4, C_5, C_6
Beiwerte nach Bild 37.3, C_7, C_8 Beiwerte nach Bild 37.4.

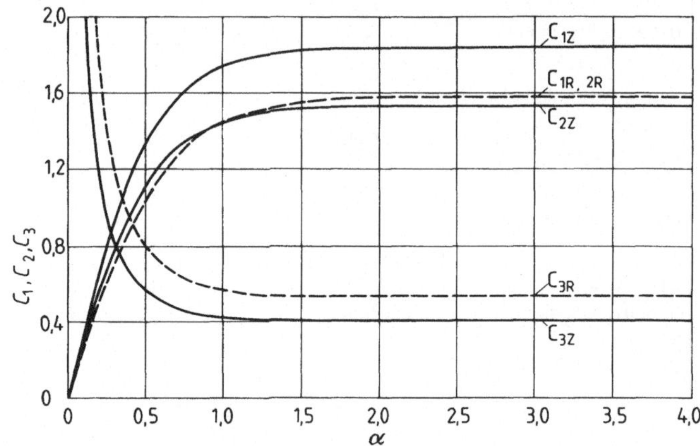

Bild 37.2: Berechnungsbeiwerte für rechteckige und kreisförmi-
           ge Behälter in Abhängigkeit vom Verhältnis $\alpha = h/r$;
           Index Z zylindrische Behälter, R rechteckige Behäl-
           ter

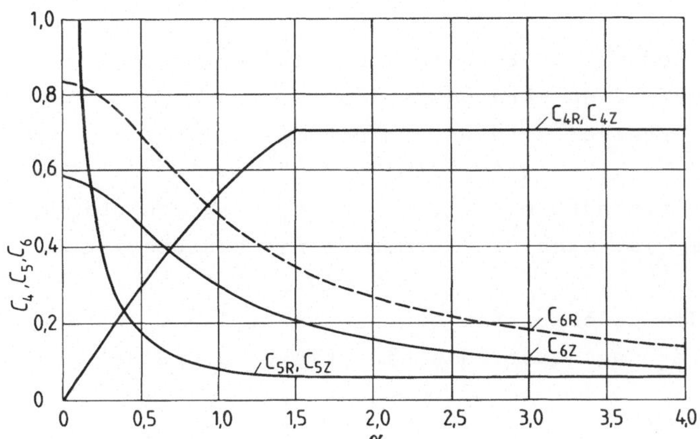

Bild 37.3: Erläuterung siehe Bild 37.2

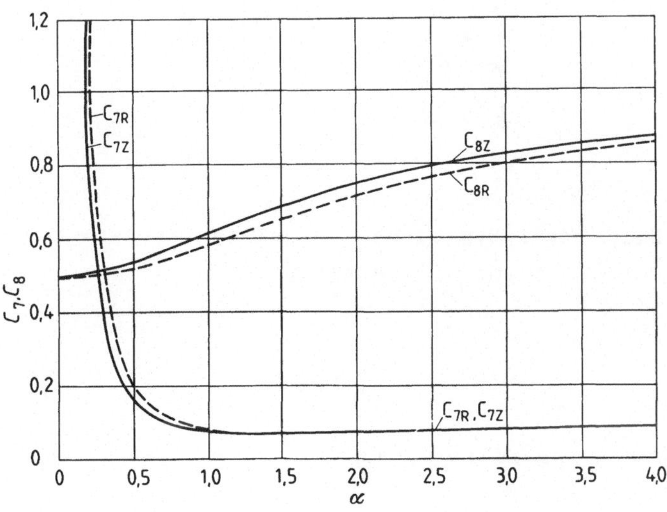

Bild 37.4: Erläuterung siehe Bild 37.2

37.1.2. Aufgeständerte Behälter auf dem Erdboden oder auf den Gebäude-etagen

Das dynamische Modell für Behälter, die auf einer Stützkonstruktion stehen, und zwar auf dem Erdboden oder auf einer Gebäudeetage, ist ein System mit zwei Freiheitsgraden, um die Elastizität der Unterstützungs-konstruktion zu berücksichtigen (Bild 37.5). Beim analytischen Vorgehen werden zuerst berechnet: m_e, m_2, h_1 und h_3 nach den obigen Gleichungen. Bei der Masse m_t ist auch die Turmmasse mit einzubeziehen.

Daraus werden die Federkonstanten berechnet. Für c_1 wird eine horizon-tale Kraft bei m_e angesetzt, die eine Einheitsverschiebung ausführt

$$c_2 = \frac{C_1\, m_2\, g}{r}\ .\qquad\qquad(37\text{-}1)$$

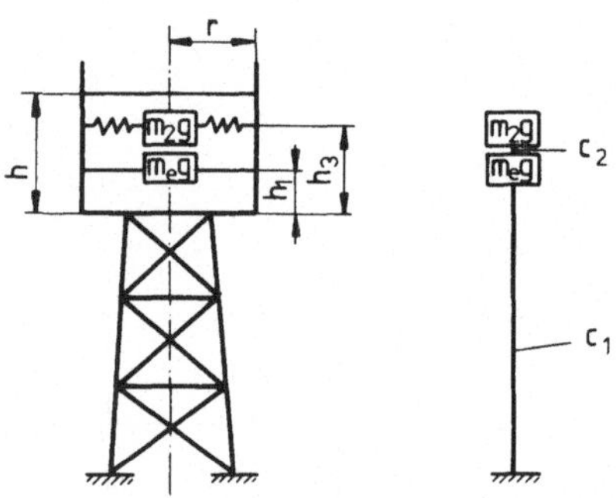

Bild 37.5: Dynamisches Modell aufgestän-
derter Behälter

Wenn die Ausdrücke eingeführt werden

$$a = \frac{c_1 + c_2}{m_e}\ ,\quad b = \frac{c_2}{m_e}\ \text{und}\ e = \frac{c_2}{m_2}\ ,\qquad\qquad(37\text{-}2)$$

lassen sich die Eigenkreisfrequenzen $\omega_{1,\,2}$, Eigenschwingzeiten und Amp-litudenverhältnisse $u_{1,\,2}$ bestimmen:

Für den Grundton:

$$\omega_1^2 = \frac{1}{2}\left[(a + e) - \sqrt{(a - e)^2 + 4\,b\,e}\,\right], \qquad (37\text{-}3)$$

$$T_1 = \frac{2\,\pi}{\omega_1}\,, \qquad (37\text{-}4)$$

$$u_1 = \frac{b}{a - \omega_1^2}\,. \qquad (37\text{-}5)$$

Für den zweiten Ton:

$$\omega_2^2 = \frac{1}{2}\left[(a + e) + \sqrt{(a - e)^2 + 4\,b\,e}\,\right], \qquad (37\text{-}6)$$

$$T_2 = \frac{2\,\pi}{\omega_2}\,, \qquad (37\text{-}7)$$

$$u_2 = \frac{b}{a - \omega_2^2}\,. \qquad (37\text{-}8)$$

Die Anteilsbeiwerte sind:

$$r_1 = \frac{m_1\,u_1 + m_2}{m_1\,u_1^2 + m_2}\,, \qquad (37\text{-}9)$$

$$r_2 = \frac{m_1\,u_2 + m_2}{m_1\,u_2^2 + m_2}\,. \qquad (37\text{-}10)$$

Sie Seitenkräfte F_{11}, F_{21}, F_{12} und F_{22} werden nach Bild 37.6 berechnet:

Für den Grundton:

$$F_{11} = \ddot{y}_{m1}\,r_1\,m_e\,u_1\,, \qquad (37\text{-}11)$$

$$F_{21} = \ddot{y}_{m1}\,r_1\,m_2. \qquad (37\text{-}12)$$

Für den zweiten Ton:

$$F_{12} = \ddot{y}_{m2}\,r_2\,m_e\,u_2\,, \qquad (37\text{-}13)$$

$$F_{22} = \ddot{y}_{m2}\,r_2\,m_2\,, \qquad (37\text{-}14)$$

mit $\ddot{y}_{m1}$ und $\ddot{y}_{m2}$ spektrale Ansprechbeschleunigungen entsprechend T_1 bzw.

T_2, die entweder aus dem Erdbodenansprechspektrum entnommen werden (für Behälter auf dem Erdboden), oder aus dem Etagenansprechspektrum (für Behälter auf der Gebäudeetage).

Die maximale vertikale Amplitude der Flüssigkeitsoberfläche wird für beide Wellentöne berechnet:

$$d_{1\ max} = \frac{C_3\ r}{\frac{1}{p} - 1}\ ,\quad \text{mit}\ p = \ddot{y}_{m1}\ r_1\ (1 - u_1)\ C_2\ , \tag{37-15}$$

$$d_{2\ max} = \frac{1}{\omega_2^2}\ \ddot{y}_{m2}\ r_2\ (1 - u_2)\ C_2\ . \tag{37-16}$$

Für die Kombination beider Töne wird die pythagoreische Summe verwendet, um die Konstruktionswerte zu erlangen:

$$F_1 = \sqrt{F_{11}^2 + F_{12}^2}\ , \tag{37-17}$$

$$F_2 = \sqrt{F_{21}^2 + F_{22}^2}\ , \tag{37-18}$$

$$d_{max} = \sqrt{d_{1\ max}^2 + d_{2\ max}^2}\ . \tag{37-19}$$

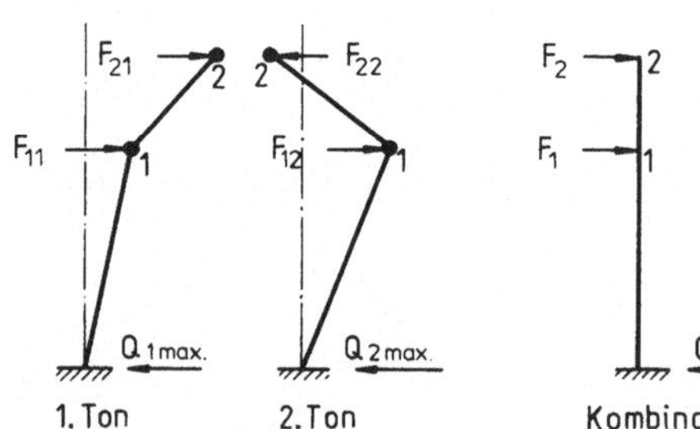

Bild 37.6: Kombination der Wellentöne bei aufgeständerten Behältern

Bild 37.7: Angenähertes Schwingungsmodell aufgeständerter Behälter mit einem Freiheitsgrad

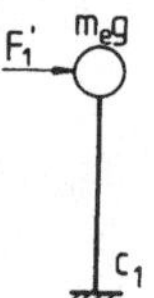

37.2. Erörterung der Ergebnisse

Obgleich das dynamische Modell ein System mit zwei Freiheitsgraden darstellt, ist der zweite Ton vor allem mit der Schwingung der Unterstützungskonstruktion verbunden und trägt üblicherweise wenig zum Branden der Flüssigkeit bei, d.h. $d_{2\,max} \simeq 0$ und $F_{22} \ll F_{12}$. Deshalb kann die Schwingzeit des zweiten Tons durch die Annäherung eines Einmassensystems mit der Masse $m_1 = G_0/g$ auf dem Turm mit der Steifigkeit c_1 (Bild 37.7) ermittelt werden. Ausserdem kann man die Konstruktionsseitenkraft F_1, die durch die Masse m_e entsteht, durch eine entsprechende Kraft F_1 annähern

$$F_1' \simeq \ddot{y}_{m2}\, m_e \, . \qquad\qquad\qquad (37\text{-}20)$$

Der erste Ton beinhaltet fast ganz die brandende Wirkung der Flüssigkeit.

Der Konstrukteur kann die dynamische Analyse der Behälter mit den oben angeführten Gleichungen zufriedenstellend ausführen. Es ist ersichtlich, daß die Wirkung der brandenden Flüssigkeit eine beträchtliche Verschiebung bei der Wallung der Flüssigkeit verursacht. Wenn ein ausreichend freier Raum bis zum Behälterdeckel fehlt, kann der Deckel beschädigt werden. Die Erfahrung lehrt, daß die Ergebnisse der dynamischen Analyse aufgrund der Hydrodynamik etwas kleiner sind als für den Fall, bei dem die ganze enthaltene Flüssigkeit als eine Masse behandelt wird. Jedoch können die Auswirkungen der Brandung nicht in die konventionelle Analyse einbezogen werden.

Der Konstrukteur soll diese Wirkung prüfen und nicht einfach annehmen, daß die Dimensionierung nicht durch die Hydrodynamik beeinflußt wird.

4. Teil

Bemessungskriterien und Vorschriften

38. Kriterien für seismische Beanspruchung der Hebezeuge in Kernkraftwerken

Die durch Erdbeben verursachten Bodenbewegungen können Bauteile im Kernkraftwerk beschädigen oder sogar außer Funktion setzen. Die dabei evtl.
entweichende übermäßige Menge an Radioaktivität stellt eine Gefahr für
die Umgebung und vor allem für die Bevölkerung dar. Der Hauptzweck des
seismischen Konstruierens liegt daher in der sicheren Ausführung aller
Bauteile, die sich auch im Ernstfall schnell reparieren lassen müssen,
um so eine Stillegung des Kernkraftwerkes für längere Zeit zu verhindern und die Wirtschaftlichkeit nicht zu gefährden.

Wenn diese Ziele zunächst sehr subjektiv erscheinen, so haben aber auch
verantwortliche Prüfungs- und Aufsichtsbehörden verschiedener Länder
gewisse Anleitungen gegeben und minimale Forderungen festgesetzt hinsichtlich der radioaktiven Sperren zwischen dem Reaktorbrennstoff und
der Außenwelt. Wenn sie auch noch manche Frage offen lassen, so stellen
sie aber doch eine konsequente und sichere Konstruktionsgrundlage dar.

An die in Kernkraftwerken eingesetzten Hebezeuge werden im allgemeinen
nicht die gleich hohen Forderungen wie an die Reaktorbauteile gestellt.
Der zulässige Beschädigungsgrad hängt von ihrer Aufgabe unmittelbar nach
einem Erdbeben ab. Es folgt daher eine kurze Beschreibung mit Einsatz-
zweck der Hebezeuge:

<u>1. Rundlaufkran</u>

Dieser Brückenkran wird im Containmentgebäude unter der Kuppel auf einer Kreisbahn verfahren. Seine Traglast F_Q hängt von der Leistung des
Reaktors nach folgender empirischer Gleichung ab

$$F_Q = 0,5 \ P_R \ /t/ \qquad\qquad\qquad (38-1)$$

mit P_R Leistung des Reaktors in MW - und seine Spannweite

$$L = \frac{P_R}{2t} \, m. \tag{38-2}$$

Im Bild 38.1 ist die Gewichtsmasse in t des Rundlaufkrans in Abhängigkeit von der Leistung des Reaktors in MW angegeben. Der Kran ist in Zweiträgerbauart mit Kastenträgern und das Haupthubwerk als Zweitrommelwindwerk auf der Katze konstruiert.

Die Aufgabe dises Kranes besteht neben Montagearbeiten in der Erneuerung der Brennstoffladung. Der Kran wird außerdem nach Fällen eines Versagens beim Stillegen des Reaktors für die Aufbringung des Schließdeckels benutzt. Das Versagen des Reaktors wird in verschiedene Stufen eingeteilt, die sich von Staat zu Staat - auch abhängig von der Bauart des Reaktors - unterscheiden. Dieser Kran darf daher bei keinem der Katastrophenfälle versagen.

Der Kran wird bei einigen Bauarten des Reaktors vom Boden aus, bei anderen von außen bedient. Er ist dann mit Positionsanzeige in drei orthogonalen Koordinaten ausgerüstet. In diesem Falle hat der Kran ein vollständig fernbedientes Lastaufnahmemittel mit Drehwerk und Bolzenschließwerk, mit dem verschiedene Reaktorteile, wie z.B. der Verschlußdeckel, an den Ösen aufgenommen bzw. abgesetzt werden können. Damit werden die Funktionen des Kranes im Falle der Kontaminierung des Containment-Inneren nicht lahmgelegt.

2. Brennstoffbeschickungsmaschine

Die Brennstoffbeschickungsmaschine befindet sich unmittelbar über dem Reaktor. Sie ist eigentlich ein Hebezeug, mit Kranbrücke und Katze, auf der die Säule mit dem Greifmechanismus zum Einsetzen der Brennstoffstäbe in die Kammern des Reaktors installiert ist. Vom seismischen Gesichtspunkt ist die Maschine nicht anspruchsvoll. Sie hat Vergleich zum Rundlaufkran, der 20 bis 30 m über ihr verfährt, ein kleines Ansprechspektrum und gleichzeitig eine kleine Gewichtsmasse.

3. Kran über den Brennstoffablagerungsbecken

Dieser Kran wird für die halbautomatische Behandlung der ausgebrannten Brennstoffelemente in den Ablagerungswasserbecken benutzt. Er transportiert Brennstoffelemente unter Wasser durch die Sperren von einem zum anderen Wasserbecken. Die Traglast des Kranes ist von der Reaktorleistung unabhängig, sie hängt von der Art der Brennstoffelementenpaketierung ab. Normalerweise liegt seine Traglast zwischen 90 t und 140 t, die Spannweite beträgt 10 m bis 25 m.

4. Sonstige Krane

Es gibt noch weitere Krane, die zur Vor- oder Nachbehandlung der Brennstoffelemente dienen, z.B. für das Eintrommeln der ausgebrannten Elemente usw.. Ihre Traglast reicht von 5 t bis 20 t.

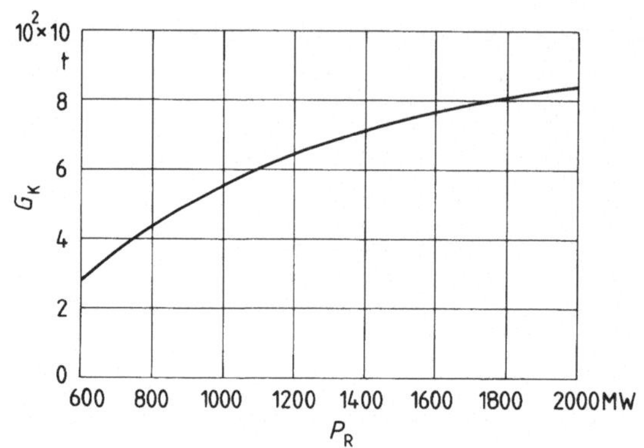

Bild 38.1: Gewichtsmasse des Kernkraftwerk-Rundlaufkrans in t
in Abhängigkeit von der Leistung des Reaktors in
MW. (Kran mit zwei Kastenträgern und Zweitrommel-
antrieb.)

38.1. Seismische Eigenschaften der Gegend

Um die Magnitude von früheren und möglichen zukünftigen Erdbeben am
Ort des Kernkraftwerkes entsprechend zu bewerten, muß die lokale und
regionale Geologie genau bestimmt werden. Alle möglichen Informationen und Angaben aus geologischen und anderen diesbezüglichen Veröffent-
lichungen, zusammen mit entsprechenden Karten der Gegend und ihrer Geschichte sind zu sammeln. Diese Unterlagen sind für ein gründliches Er-
fassen der Physiographie und der geologischen Struktur der Gegend wie
auch speziell des Baustellenortes zu bewerten. Untersuchungen am Ort
sind notwendig für die Entwicklung zuverlässiger geologischer Karten
und für die Bestätigung anderweitig erhaltener geologischer Angaben.
Hieraus läßt sich das mögliche Alter von Verwerfung schätzen, um die
Gewißheit zu erlangen, wann und wie oft es zum Gleiten gekommen ist und
welche Möglichkeiten für ein neues Gleiten bestehen /38.1/. Luftaufnah-

men zur Entdeckung von primären, Hilfs- und abgezweigten Verwerfungen dienen für die gründliche Untersuchung von Oberflächenberechnungen und ihre Verknüpfung mit der Erdbebentätigkeit.

Am Baustellenort ausgeführte Untersuchungen über Seismologie und Seismizität geben eine geschichtliche Übersicht über Erdbeben, die an dieser Stelle oder in der näheren Umgebung stattgefunden haben, so daß von dort Sekundärfolgen innerhalb der Baustelle verursacht werden könnten. Weiter läßt sich daraus die Magnitude eines Erdbebens bestimmen, das sich erwartungsgemäß in dieser Gegend zu Lebzeiten des Kernkraftwerks ereignen wird.

Natürlich sind die geschichtlichen Angaben genau zu überprüfen, um Fehldiagnosen zu vermeiden. Liegen keine Schadensangaben vor, so bedeutet das notwendigerweise noch nicht, daß das betreffende Gebiet erdbebenfrei war. Vielleicht gab es früher noch keine Bauten, die beschädigt werden konnten oder aber die Beschädigungen wurden von niemandem beschrieben. Es könnte auch sein, daß die Art der Bauten nicht auf die Erdbeben angesprochen hat oder aber die Epizentren in den letzten Jahrzehnten der Baustelle nicht nahe genug lagen. Dennoch kann es in der Nähe Verwerfungen geben, die sogar noch aktiv sind. Die Seismologen müssen daher über die betreffende Gegend eingehende Studien betreiben und Karten mit bekannten Epizentren, Erdbebenmagnituden sowie tatsächlichen und möglichen Verwerfungen erarbeiten.

Die Verteilung der Erdbebenanzahl in Abhängigkeit ihrer Magnitude dient auch dazu, die seismische Tätigkeit durchschaubar zu machen. Starke Beben sind dabei besonders herauszustellen, denn die Extrapolation aus kleinen Beben für die Voraussage solcher mit großer Magnitude ist nicht zuverlässig. Auch muß der untersuchte Zeitabschnitt lang genug sein, will man eine erfolgreiche Voraussage über zukünftige Erdbebenereignisse und ihre Größe geben.

Um auf diesem Wege den angeführten Problemen auszuweichen, analysiert man Verwerfungen aus früheren starken seismischen Tätigkeiten in der näheren Umgebung und nimmt an, daß sich ähnlich starke Erdbeben wiederholen werden.

Bei der Betrachtung einer solchen Verwerfung wendet man zwei Methoden zur Bestimmung der maximalen Erdbebenmagnitude, die sich ereignen könnte, an /38.2/: Erstens folgert man aus dem Benehmen anderer Verwerfun-

gen mit ähnlichen Maßen, zweitens sind maßgebend die Beobachtungen der
maximalen Nachschläge, die an einer kleineren Verwerfung infolge eines
großen Erdbebens an einer benachbarten großen Verwerfung induziert werden könnten. Das größte wahrscheinliche Erdbeben läßt sich ausdrücken
in Form von: totaler Energie, maximaler Beschleunigung, Frequenzspektrum, Gleiten und Länge der Verwerfung, Gebiet des starken Bebens, Dauer
des Bebens, Abfall der Spannung oder Befreiung der Dehnungen. Dabei ist
besonders den seichten Erdbeben Aufmerksamkeit zu schenken, denn sie
sind augenscheinlich durch Verwerfungen verursacht, die sich während
starker Erdbeben oft bis zur Oberfläche erweitern, so daß plötzlich die
Bodenoberfläche für mehrere Meter verschoben wird. Sogar ganz kleine
Erdbeben sind gelegentlich von Oberflächenverwerfungen begleitet, wenn
der Fokus ungewöhnlich seicht liegt.

38.2. Seismische Konstruktionsgrundlagen

Um aseismisches Konstruieren zu ermöglichen, werden die Sicherheitskri-
terien der Aufsichtsbehörden in Bereiche zulässiger Spannungen und
Durchbiegungen übersetzt. Dabei unterteilt man die Komponenten der Anlage in zwei Klassen:

Type I: Konstruktionen, deren Bruch einen nuklearen Unfall zur Folge
haben kann oder deren Zerstörung lebenswichtige Komponenten beschädigen und damit einen nuklearen Unfall auslösen könnte. Hierzu zählen:
Reaktorgebäude, primäres Containment-System, primäres Kühlungssystem,
Dampfsystem, Reaktordruckbehälter und die Brennstoffelemente.

Type II: Komponenten, deren Zerstörung keinen nuklearen Unfall verursachen, z.B. Turbinengebäude, Dienstgebäude und verschiedene Rohrleitungen und Ausrüstung in diesen Gebäuden.

Auf Grund dieser Klassifizierung werden zulässige Spannungen vorgegeben.
Die Ausrüstung der Klasse I ist so zu konstruieren, daß sie der kombinierten Wirkung von Betriebs- und seismischer Beanspruchung standhält
und sich dabei Spannungen ergeben, die den angewandten Normen ohne der
üblichen Zunahme der kurzzeitigen Belastung entsprechen.

Danach bleiben alle Komponenten der Anlage im wesentlichen elastisch.
Diese Voraussetzung ist gerechtfertigt, weil die Mehrzahl der Konstruktionselemente entweder durch eine Schub- oder Beulungsart gefährdet

wird, womit die Größe der Ausschläge im nichtelastischen Bereich begrenzt ist.

Zweitens wird die Erdbebenmagnitude für zwei verschieden graduierte
Ereignisse bestimmt, bei denen man unterschiedliche Sicherheiten in
den Komponenten fordert. Diese Erdbeben unterscheiden sich um eine Intensitätsstufe und werden gemäß den Beanspruchungsannahmen wie folgt
unterschieden:

1. Das dem Betrieb zugrundegelegte Erdbeben (BBE = Betriebsbasis Erdbeben) stellt das größte Ereignis dar, das an dieser Stelle oder in
der Umgebung in der Geschichte registriert worden ist und das sich wahrscheinlich während der Lebenszeit der Anlage wiederholen wird.

Nach erfolgtem Erdbeben kann die Anlage ohne besondere Erlaubnis weiter
im Betrieb bleiben. Es kommt nämlich bei diesem Erdbeben auf Grund der
Beweise in keinem Bauteil zu Spannungsüberschreitungen. Die Funktionstüchtigkeit wird nicht im geringsten vermindert. Das bedeutet ein völlig elastisches Konstruktionsprinzip.

2. Tritt während der Lebenszeit des Werkes ein größeres Beben als BBE
oder eine größere Bodenbeschleunigung als 5 % der Erdbeschleunigung auf,
falls kein Erdbeben für die Betriebsbasis bestimmt wurde, so wird die
Anlage stillgelegt. Man bezeichnet ein derartiges Beben als SSE = Sichere - Stillegung - Erdbeben. Bevor der Betrieb nach dem Ereignis wieder aufgenommen wird, ist zu beweisen, daß keine Beschädigung von für
den Betrieb notwendigen Komponenten stattgefunden hat.

An der Grenze des Bereiches von BBE zum SSE wird als Berechnungsgrundlage der elastoplastische Spannungszustand gewählt. Jedoch müssen die
lebenswichtigen Komponenten für ein sicheres und ordnungsgemäßes Schlie-
ßen des Reaktors erhalten bleiben.

Das Erdbeben SSE ist daher als die Grenze der Sicherheit anzusehen. Sie
ist von der staatlichen Aufsichtsbehörde genehmigungspflichtig. Dieses
Erdbeben wird als das größtmögliche Erdbeben betrachtet, das aber
höchstwahrscheinlich in der Geschichte an dieser Stelle oder in der
Nähe niemals stattgefunden hat. Das SSE wird auf Grund einer eingehen-
den Bewertung der geologischen Umstände, der tektonischen Struktur und
Seismizität an diesem Ort und in der Umgebung mit einem Halbmesser von
wenigstens 350 km bestimmt. Für dieses Erdbeben müssen alle die Siche-

rung der Gesundheit und Sicherheit der Bevölkerung gewährleistenden Komponenten so konstruiert werden, daß sie bis nach dem Erdbeben funktionstüchtig bleiben. Für diesen Fall darf der Spannungszustand in den plastischen Bereich übergehen. Wenn die Komponenten teilweise oder starke Beschädigungen erleiden, muß die Konstruktion dennoch, beginnend mit dem Erdbebenereignis, eine sichere und korrekte Stillegung ermöglichen.

Zusätzlich sind alle sicherheitsbedingten Teile so zu konstruieren, daß die Folgen der Schwingungsbewegung in der Größe von wenigstens 50 % des SSE, und zwar mit entsprechenden Belastungen in der Nähe der Fließgrenze überstanden werden.

Als potentielles Erdbeben bezeichnet man jenes, das sich wahrscheinlich in der Zukunft früher oder später ereignen wird. Die Schwingungsbewegung des Bodens kann umfangreiche Beschädigungen am Gebäude und an den Bauteilen verursachen, besonders an jenen, die auf weichem Boden mit auf Erdbeben ansprechenden Eigenschaften gebaut sind. Da die Bewegung mehrere Teile der Anlage anspricht, kann es zu komplexerer vielfältiger Beschädigung kommen. Deshalb muß man das Schwingungsverhalten des Erdbodens ebenso bewerten wie das Potential für die Bodenbewegung an der betroffenen Stelle. Dabei sind nicht nur die direkten Einflüsse auf die Anlage zu berücksichtigen, sondern auch die indirekten Folgen auf die Stabilität der Bodenstoffe unter der Anlage. Am Erdboden können die Schwingungen zum Gleiten, Brechen, Abheben, Nachsetzen oder zur Verflüssigung (Liquefaction) führen. Besonders die letzte Erscheinung /38.3/ ist gefährlich, wenn der Boden einer zyklisch veränderlichen Bewegung bei bestimmten Kombinationen örtlicher Umstände und Schwingungsdeformationen ausgesetzt ist und seine Konsistenz verliert. Dafür muß ein Laborversuch unter Eigenlast des Reaktors bei einem Druck von ungefähr 3,2 bis 4,5 N/cm^2 ausgeführt werden. Weil die Anzahl der Zyklen bei einem seismischen Ereignis klein ist, betrachtet man das Fundamentmaterial als zufriedenstellend, wenn bis zum Versagen 20 oder mehr Zyklen erreicht wurden.

Bei der Abschätzung des maximalen Erdbebens, das sich theoretisch bei gegebener tektonischer Zusammensetzung und Bodengeschichte ereignen könnte, müssen besonders tektonische Strukturen /38.4/ durch den Untergrund des Kernkraftwerks oder in der Umgebung sowie die Erdbeben auf dieser Struktur berücksichtigt werden, weil die Regel gilt, daß das gleiche Erdbeben auf irgendeiner Stelle der tektonischen Struktur einschließlich der Stelle, die der Baustelle am nächsten liegt, stattfinden kann.

Es ist besonders danach zu trachten, auf Unterboden mit hohem Bodenim-
pedanzwert ($\rho\, V_S$ = spezifische Felsendichte mal Schubgeschwindigkeit
im Felsen) zu bauen. Boden mit niedrigerem Wert der Impedanz neigt zum
Vergrößern der Bodenbeschleunigung. Damit werden die Eingangsparameter
des Erdbebens schon vor dem Übergang in das Reaktorgebäude verschlech-
tert.

<u>38.3. Anforderungen an die Hebezeuge</u>

Die Hebezeuge im Kernkraftwerk werden folgenden vier Notfällen ausgesetzt:

Notfall 1:

Es ist zum Entweichen des radioaktiven Stoffes gekommen. Die Dekontami-
nierungsdüsen werden aktiviert und die Krane mit Borsäure abgewaschen.
Die Bordämpfe dürfen nicht zu den Elektrogeräten gelangen. In den sonst
luftdichten Elektroschränken werden besondere Dampfsperren eingebaut.
Die Temperatur ist auf 60° C angestiegen.

Notfall 2:

Das Erdbeben BBE ist eingetreten. Der Kran ist dabei ohne Nutzlast angenommen. Die Spannungen bleiben unter den normal zulässigen Grenzen
nach DIN 15 018 (April 1974), Tabelle 10, jedoch ohne Berücksichtigung
vom Eigenlastbeiwert ϕ.

Notfall 3:

Es ist zum Entweichen radioaktiver Stoffe in großem Ausmaß gekommen.
Die Temperatur ist auf 135° C und der Druck auf $5 \cdot 10^4$ Pa angestiegen.
Die elektronischen Geräte auf dem Kran werden zerstört, wenn sie nicht
vollständig hermetisch abgeschlossen sind.

Notfall 4:

Eintreten des Erdbebens SSE. Die Krane werden ohne Nutzlast angenommen.
Die Spannungen dürfen 90 % der Fließgrenze erreichen, wobei der Eigenlastbeiwert ϕ nicht berücksichtigt wird. In diesem Fall werden auch die
thermischen und Druckbelastungen vom Notfall 3 wirksam. Der Kran muß

jedoch trotz der beschädigten elektronischen Bauteile zur Kontrolle des
Betriebes für die Stillegung des Reaktors fähig sein.

Diese hohen Forderungen gelten nur für den Rundlaufkran als Komponente
der Klasse I, während für die anderen Krane nur das Erdbeben BBE, d.h.
eine niedrigere Stufe angesetzt wird. Die Spannungen dürfen dabei 90 %
der Fließgrenze erreichen. Die Nutzlast bleibt unberücksichtigt.

Zur Erläuterung dieses Unterschiedes sei bemerkt, daß die horizontale
Etagenbodenbeschleunigung, die auf das Ansprechspektrum des Kranes
wirkt, linear mit der Einbauhöhe ansteigt. Daher wird der Rundlaufkran
fast 100 % mehr beansprucht als die anderen Krane, die auf viel niedrigeren Kranbahnen laufen. Die seismischen Forderungen an die übrigen Krane sind daher leichter zu erfüllen.

38.4. Seismische Berechnung des Rundlaufkrans

Aus den Fallstudien geht hervor, daß in den Tragteilen des Rundlaufkrans
beim Erdbeben unter Nennlast und bei ungünstigster Katzstellung so große
Spannungen auftreten, daß eine wirtschaftliche Konstruktion ohne Überschreitung der plastischen Grenze nicht ausgeführt werden kann. Deshalb
sind einige verständliche Einschränkungen zu treffen. Bei der Auswahl
dieser Begrenzungen wird die Betriebsart des Kranes wie auch der stochastische Charakter des Erdbebens berücksichtigt.

Beim Erdbeben BBE mit der niedrigeren Intensität, das aus der örtlichen
Geschichte hervorgeht und deshalb in naher Zukunft und zu jeder Zeit
auftreten kann, wird vorausgesetzt, daß sich der Kran an irgendeiner
Stelle befinden kann. Er wird aber höchstwahrscheinlich unbelastet sein,
da die Periode der Brennstofferneuerung nur zweimal im Jahr, d.h. sehr
selten auftritt. Die Wahrscheinlichkeit dieses Ereignisses ist so klein,
daß es unberücksichtigt bleiben kann.

Für den Fall eines SSE-Erdbebens setzen wir voraus, daß der Kran an einer vorherbestimmten Stelle geparkt ist. Diese Annahme wird für den Fall
eines katastrophalen Erdbebens sehr wahrscheinlich zutreffen, da der
Kran nur für die Brennstofferneuerung betrieben wird, und das ist sehr
selten. In der Parkposition ist der Kran an der Kranbahn befestigt und
so gegen Abheben gesichert. Die Katze steht in der günstigen Seitenstel-

lung, da hierdurch die Eigenfrequenz des Kranes positiv beeinflußt wird
und damit seine Ansprechkraft gemäß der Beschleunigungsamplitude im Ansprechspektrum. Natürlich ist auch die Katze in dieser Außerbetriebstel-
lung mit dem Kran fest verbunden, was zugleich aussagt, daß keinerlei
Nutzlast anhängt.

Das Verhältnis der Ansprechspektren der absoluten Beschleunigung in horizontaler und vertikaler Richtung beträgt für die beiden Fälle 1, 2:

$$\ddot{y}_{m\ BBE} = 0,5\ \ddot{y}_{m\ SSE}. \tag{38-3}$$

In demselben Verhältnis würden auch die Spannungen liegen, jedoch muß
sich die Katze im Fall BBE in der ungünstigsten Lage befinden, während
sie im Falle SSE ganz seitlich stationiert wird, in der sich die günstigste Frequenz des Kranes in bezug auf das Ansprechspektrum ergibt.

Im Bild 38.2 ist die Lage der unbelasteten Katze auf dem Kran in beiden
Erdbebenfällen in Frontalansicht und im Bild 38.3 in der Draufsicht als
Belastungsannahme zur seismischen Berechnung gezeigt.

Grundsätzlich können bei einem Beben so große dynamische Kräfte erregt
werden, daß ein Abheben der Katze vom Kran bzw. des Kranes von seiner
Fahrbahn zu erwarten ist. Beim leichteren Erdbeben BBE reichen die normalen, an jeder Stelle wirksamen, aber auch zu jeder Zeit ansprechenden
Stabilisierungseinrichtungen aus, während für das Beben SSE besonders
stabile Haltevorrichtungen jedoch nur in der Parkposition vorhanden sind.
Diese können von Hand, aber auch fernbedient betätigt werden. Es hat
sich bewährt, die Parkposition dem Kranführer über Meldeleuchten im
Steuerpult anzuzeigen. Schaltet er in dieser Stellung den Kran ab, fallen die Stabilisierungseinrichtungen automatisch ein. Eine Verriegelung
verhindert die Wiedereinschaltung des Kranes, solange er arretiert ist.

Die Stabilisierungseinrichtungen müssen aber noch weitere Forderungen
erfüllen. So ist bekannt, daß bei einem Reaktorunfall ein Wärmeanstieg
verzeichnet wird, der zu einem Unterschied der Spannweite des Contain-
ment-Gebäudes und des Kranes führt. Das Spiel zwischen der seismischen
Auffangkonsole des Kranes und dem Flansch der Kranbahn muß demzufolge
eine gewisse thermische Ausdehnung zulassen, ohne aber eine zu große Bewegung unter seismischer Belastung zu erlauben.

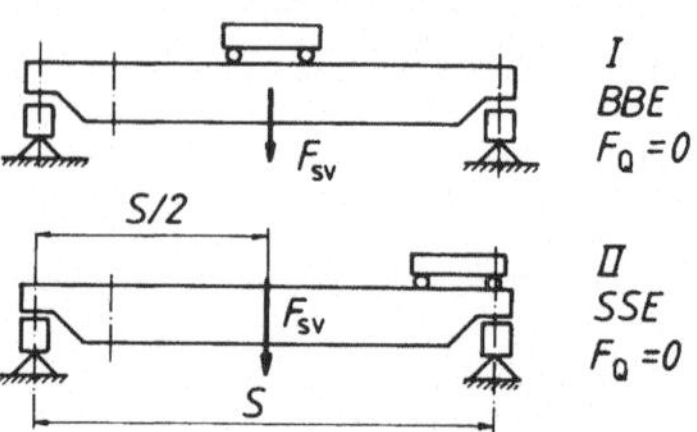

Bild 38.2: Schema des Rundlaufkrans und der Katze als Belastungsannahme zur seismischen Berechnung in vertikaler Richtung im Fall der Erdbeben BBE und SSE; BBE Erdbeben
für die Betriebsbasis, SSE Erdbeben für die sichere
Stillegung, F_Q Nutzlast, M_K Katzmasse, M_B Brückenmasse

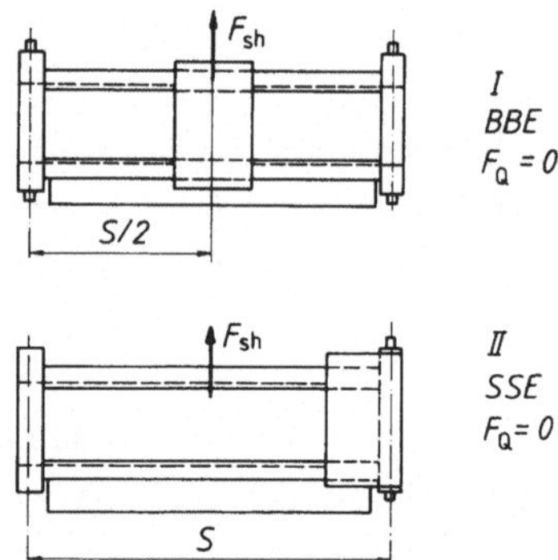

Bild 38.3: Schema des Rundlaufkrans
und der Katze als Bela-
stungsannahme zur seis-
mischen Berechnung in ho-
rizontaler Richtung; Be-
zeichnungen im Bild 38.2.

Für den Extremfall wird die maximale Temperatur auf dem Kran mit 135° C
angenommen. Da sich die Kranbahn aber auch um ca. 30° C erwärmen wird,
ergibt sich eine Temperaturdifferenz von 105° C. Sie führt zu einer Vergrößerung der Kranspannweite (auf beiden Seiten der Kranbahn gleichmäßig
verteilt)

$$\Delta l = \Delta T \, 1{,}2 \cdot 10^{-5} \cdot \frac{L}{2} = 6{,}3 \cdot 10^{-4} \, L \tag{38-4}$$

mit L Kranspannweite in cm. Daraus folgen die thermischen Dehnungen in
Tabelle 38.1.

L [m]	20	30	40	50
Δℓ [cm]	1,26	1,89	2,52	3,15

Tabelle 38.1: Thermische Dehnungen des Rundlaufkrans an jeder Kranbahnseite beim Temperaturunterschied $\Delta T = 105°$ C

Diese Dehnung muß an jeder Seite der Spannweite im Spurkranzspiel bzw. zwischen der Führungsrolle und der Schiene so wie auch an der Stabilisierungsvorrichtung vorgesehen werden.

Während des Erdbebens bzw. bei Unfällen, die als Grundlage der Konstruktionsforderungen dienen, kommt es zum Überdruck im Reaktorraum unter der Schutzhülle und damit zu ihrer Vergrößerung. Auch hierfür müssen die Auffangkonsolen und Bolzen auf dem Kran Verschiebungen infolge einer Vergrößerung der Kranbahn erlauben.

Üblicherweise kommt es zu einem Überdruck von $3 \cdot 10^4$ bis $5 \cdot 10^4$ Pa. Die sich daraus ergebenden Dehnungen der Schutzhülle sind ungefähr gleich groß wie die aus thermischem Einfluß. Insofern der Überdruck und der thermische Stoß gleichzeitig auftreten, können sich die Dehnungen ausgleichen. Bei getrenntem Auftreten muß jedoch ein entsprechendes Spiel zwischen dem Kran und der Kranbahn eingeplant werden.

Im Bild 38.4 ist ein Ausführungsbeispiel einer halbautomatisch arbeitenden Stabilisierungsvorrichtung an einem 400 t Rundlaufkran mit 40 m Spannweite gezeigt, die auch Verriegelungen der Stromkreise im Kran ermöglicht. Sie ist an jeder der vier Kranecken angebracht. Die vertikale Abhebekraft wird über den auf einer Exzenterachse ruhenden Befestigungsarm 1 aufgefangen. Der Antrieb der exzentrischen Achse mit SKF-selbstschmierenden Lagern erfolgt durch ein Schneckengetriebe 2 mit angeflanschtem Motor 3. Damit hebt bzw. senkt sich der Arm um den Betrag h. Der Arm, die exzentrische Achse und ihre Lagerstützen auf der Brücke sind für die vertikale seismische Kraft zu dimensionieren. Die Spannungen müssen um 5 bis 10 % unter der Fließgrenze bleiben. Die vertikale Kraft folgt aus

$$F_D = m_n \, (1{,}5 \, \ddot{y}_m - g) \tag{38-5}$$

mit m_2 die Masse der auf eine Vorrichtung entfallenden Kranbauteile, $\ddot{y}_m$ die Ansprechbeschleunigung aus dem Ansprechspektrum abhängig von der

Kraneigenfrequenz. Der Ausdruck in Klammern kann 1 bis 2 g erreichen.
Bei dem gezeigten Kran mit einer Gesamtgewichtsmasse von 525 t ergab
sich an einer Ecke (bei außermittiger Katze) die Abhebekraft von 328 t.
Die Querschnitte des Arms, der Achse und der Lager sind deshalb trotz
der hohen zulässigen Spannungen beachtlich groß.

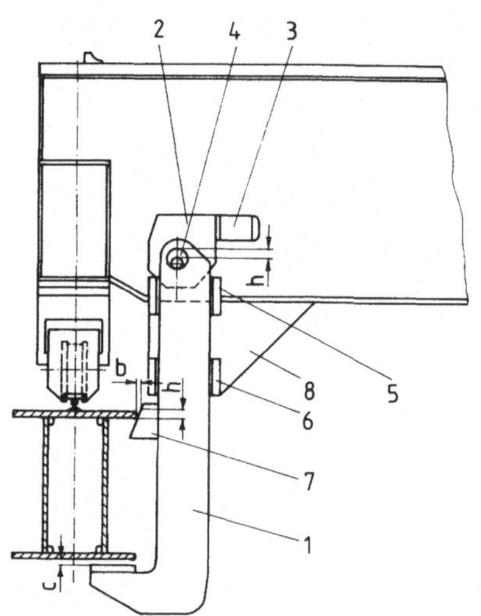

Bild 30.4: Stabilisierungsvorrichtung mit Fernbetätigung
gegen Abheben am Rund-
laufkran; 1 Greifarm,
2 Schneckengetriebe,
3 Antriebsmotor mit End-
schaltern, 4 Exzenter-
achse, 5, 6 Führungen,
7 Prallansatz, 8 Führungs-
konsolen

Die horizontale Kraft ist kleiner als die vertikale, da für sie die Etagenbodenbeschleunigung der Kranbahn gilt, die kleiner ist als die Ansprechbeschleunigung. Den Laufradschemeln und ihrer Befestigung im Kopfträger kann man wegen der großen Bauhöhe und dem damit verbundenen großen Kippmoment die Übertragung einer solchen Kraft nicht zutrauen.

Ein Prallklotz am Befestigungsarm 1 bewerkstelligt daher einen Formschluß
zwischen dem Kran und der Kranbahn, indem er über seine schräge Gleitflä-
che beim Anheben des Armes 1 um den Betrag h das Spiel b ausschaltet. Natürlich sind die Dimensionen des Armes 1, der Führungen 5 und 6 sowie der
Stützkonsolen 8 zur Ableitung der Kräfte in dem Brückenträger ausreichend
zu wählen. Das Spiel c bei angehobenem Arm soll nur die Ungenauigkeiten
der Kranbahn zulassen.

Bei der Berechnung der auftretenden seismischen Kräfte im Rundlaufkran
und in seiner Kranbahn muß das Ansprechspektrum des Gebäudes auf der
Etage des Kranes in drei orthogonalen Richtungen berücksichtigt werden.
Bei nicht symmetrischen Gebäuden sind deshalb mehrere Spektren, und
zwar in verschiedenen Kombinationen anzuwenden. Liegt volle Symmetrie
vor, muß man das Etagenansprechspektrum in Längs- und Querachse des
Kranes und zusätzlich noch in vertikaler Richtung an den Stützen als
Ausgangswerte für das Ansprechspektrum des Kranes benutzen.

Bei der Bestimmung des Ansprechspektrums des Gebäudes ist auch die Masse des Rundlaufkrans mit zu berücksichtigen. Nur auf diese Weise wird
die Rückwirkung des Kranes auf die dynamische Charakteristik des Reak-
torgebäudes sichergestellt.

Es sind exakte Betriebsanleitungen zu erarbeiten, die ein generelles
Schema für die Kranbedienung und die Aufgabenstellung im Zusammenhang
mit dem Reaktorbetrieb beinhalten. So sollte darin auch festgelegt sein,
daß der Reaktor erst in Betrieb gehen darf, wenn der Rundlaufkran in
Parkposition steht und alle Stabilisierungseinrichtungen aktiviert sind.
Nur durch Beachtung dieser Vorschriften läßt sich ein Unfall, der je-
derzeit eintreten kann, verhüten.

Der Rundlaufkran hat eine Masse, die beinahe mit der des Reaktorbehäl-
ters verglichen werden kann. Da sie aber in so großer Höhe über dem Reaktor installiert ist, würden die Folgen eines Absturzes für den Reaktor und die Umgebung katastrophal sein. Außerdem ist zu bedenken, daß
mit dem beschädigten Rundlaufkran der Reaktor nicht mehr stillgelegt
werden kann. Mit Rücksicht darauf wird er in die anspruchsvolle Stufe
eingereiht, obwohl er nicht zur Ausrüstung zählt, die für die Sicherheit maßgebend ist.

39. Überlegungen zu den Bemessungsregeln der aseismischen Hebezeuge

Die Analyse der Erdbebenwiderstandsfähigkeit normal dimensionierter
Krane, die nach geltenden Normen und Bemessungsregeln der Betriebsklasse entsprechenden Beanspruchungen völlig äquivalent sind, zeigt, daß
die Krane nicht einmal die Erdbebenintensität VII MM mit in der Mitte
der Spannweite hängender Nennlast aushalten können, von stärkeren Erdbeben ganz zu schweigen. Ein aseismisch konstruierter Kran wird aber
so schwer, daß sich sein Preis erheblich vergrößert. Anstelle eines
normalen Kranes für z.B. 20 t Traglast würde erst ein Kran mit der Nenntraglast von 50 t ausreichen, d.h. ein Anstieg von vier Normtraglast-
stufen.

Deshalb muß die Forderung nach erdbebensicherer Konstruktion bei einer
bestimmten Nutzlast, die, gleich der Nennlast, kleiner oder gleich Null
sein kann, rationell erörtert werden. Es sind folgende Parameter für
die Entscheidung hinzuziehen:

1. Allgemeine Sicherheitsansprüche,
2. Häufigkeit der vollen oder einer kleineren Last,
3. Relative Arbeitszeit am Tag.

Bei sicherheitstechnisch gefährlichen Lasten (flüssige Metalle, Spreng-
körper usw.) werden die seismischen Grundforderungen anders gestaltet
als bei normalen Lasten.

Wird der Kran nur sehr selten mit der vollen Last beaufschlagt, z.B.
jährlich zwei- bis dreimal, erübrigt sich die Forderung nach Nennlast-
sicherheit beim Erdbeben.

Die relative Arbeitszeit am Tag teilt die Hebezeuge in eine Gruppe, die
sich ständig im Einsatz befinden und in eine andere, die nur gelegentlich betrieben werden. Die ersteren müssen das Erdbeben natürlich an jeder Stelle ertragen können, während sich die anderen für den Erdbebenfall in einer vorherbestimmten Parkposition befinden und das in der Berechnung berücksichtigt werden kann.

39.1. Teilung der Erdbebenintensität in zwei Stufen

Die Frage nach dem zulässigen Umfang einer Beschädigung an Kranen beim
Erdbeben hängt von ihrem Verwendungszweck ab. Der Erhalt der vollen Ar-
beitsfähigkeit wird nur von Kranen gefordert, die nach dem Erdbeben für
die Sicherheit der Umwelt notwendige Operationen ausüben müssen, wie
z.B. für die Stillegung bestimmter Betriebe oder Anlagenteile. Natürlich
hängen die Beschädigungen auch von der Intensität des Erdbebens ab. Deshalb unterscheidet man in der Praxis zwei Stufen: Bei der ersten muß
alles unbeschädigt bleiben, bei der zweiten, die höchstwahrscheinlich
niemals auftreten wird, werden auch örtliche plastische Verformungen
zugelassen. Hierdurch kann man jedenfalls wesentlich wirtschaftlicher
bauen.

Das Erdbeben der Stufe E1 wird höchstwahrscheinlich während der Lebensdauer der Anlage stattfinden. Die Bestimmung erfolgt auf Grund ge-
schichtlicher Angaben oder nach Verwerfungen am Ort bzw. in seiner näheren Umgebung.

Für Erdbeben der Stufe E2 liegen objektive Grundlagen in der geologischen Struktur und in der seismologischen Theorie vor, obwohl keine anderen geschichtlichen Beweise bekannt sind. Das ist das Limit der Erdbebenintensität bei einer Wiederkehrzeitperiode von mehr als tausend
Jahren.

Analog zu den beiden Erdbebenstufen werden auch die Forderungen bezüglich der Dimensionierung der Hebezeuge gestellt.

Stufe E1: Mit größerer Wahrscheinlichkeit sind größere Lasten in ungün-
stigen Lagen bei nicht abgesicherten Bauteilen, bei gefährli-
cheren Kombinationen und ggf. bei niedrigen zulässigen Spannungen zu berücksichtigen.

Stufe E2: Hier gelten mildere Forderungen für bestimmte Stellungen mit
betätigten Stabilisierungsvorrichtungen oder bei Schlupfmög-
lichkeit in horizontaler Richtung.

Diese Einstufung der Erdbebenintensität muß der Konstrukteur oder Betreiber vom Bauherrn erlangen. Hier bestehen zur Zeit noch große Schwierigkeiten, denn bei kleineren Investitionsvorhaben sind keine seismolo-

gischen Untersuchungen eingeleitet worden. Auf der anderen Seite sind
aber seismische Karten, in denen verschiedenen Gegenden Erdbebenintensitätsstufen zugeschrieben werden, erfaßt, und zwar auf Grund von geschichtlichen Erfahrungen sowie geologischen und seismologischen Anzei-
chen längs von Verwerfungen. Man kann deshalb annehmen, daß in diesen
Karten die Erdbeben der Stufe E2 eingetragen sind. Für die Bemessungen
der Hebezeuge werden deshalb die Erdbebenintensitäten aus den seismischen Karten für die Stufe E2 angenommen, für die Stufe E1 aber eine
Stufe niedriger. Der Konstrukteur kann sich dann die Bodenbeschleunigung in Abhängigkeit von der Bodenstruktur, auf der die Anlage gebaut
wird, aus dem Bild 5.3 im Kapitel 5 sowie die Ansprechspektren selbst
bestimmen.

39.2. Belastungsannahmen

Die Krane dürfen die Menschen in ihrer Umgebung nicht gefährden. Die
Destabilisierungskräfte müssen daher sicher abgefangen werden. Der Kran
darf sich zwar deformieren, aber auf keinen Fall zusammenbrechen oder
umkippen.

Man muß entscheiden, mit welchem Anteil der Nutzlast die Berechnung
durchgeführt wird. Die Analysen zeigen, daß es kaum möglich ist, einen
Kran zu konstruieren, der mit der vollen Nutzlast ein schwerstes Erdbeben unbeschädigt überstehen könnte. Deshalb ist mit einer Last zu rechnen, die sich wahrscheinlich während des Bebens am Kran befinden wird.

Kraftwerkskrane werden höchstwahrscheinlich unbelastet sein, da sie sich
normalerweise nicht im Einsatz befinden. Mit der Nennlast sind sie nur
während der Wartungs- und Reparaturarbeiten oder beim Stillegen belastet. Deshalb wird die seismische Berechnung ohne Last durchgeführt.
Ein anderes Bild bieten Krane in produktions- und verfahrenstechnischen
Anlagen sowie ausgesprochene Verladekrane.

Bei diesen Kranen wird es im Erdbebenfall bestimmt auch eine Gruppe geben, die mit großer Wahrscheinlichkeit unbelastet ist auf Grund ihres
seltenen Einsatzes. Eine andere Gruppe ist mit Teillast anzunehmen entsprechend der durchschnittlichen Last an den Seilen. So ist bei Greiferkranen auf jeden Fall die Eigenmasse des Greifers zu berücksichtigen.

Die Größe der Berechnungslast hängt auch vom Verhältnis der Gesamtmasse
zur Lastmasse ab. Bei vielen Kranen für relativ kleine Lasten spielt
diese im Verhältnis zur Krangesamtmasse kaum eine Rolle.

Auf Grund der Wahrscheinlichkeit, aber auch des Verhaltens des Kranfüh-
rers wird während des Erdbebens der Kran nicht in Bewegung sein. Dynamische Kräfte in waagerechter oder senkrechter Richtung können daher unberücksichtigt bleiben.

In bezug auf die Lage der einzelnen Kranteile während eines Bebens gelten die gleichen Überlegungen wie bei der Last. Bei selten betriebenen
Kranen, wie z.B. in Atomkraftwerken, wo ja auch die höchsten Nutzlasten
bis 800 t auftreten, kann die aus seismischer Sicht günstigste Parklage
vorausgesetzt werden, in der außerdem auch die Stabilisierungseinrichtungen wirksam sind. Diese Lage wird der seismischen Berechnung zugrun-
degelegt.

Kann man für den Erdbebenfall eine bestimmte Lage nicht erwarten, muß
die ungünstigste Stellung der Katze oder des Auslegers berücksichtigt
werden.

Die Höhe der Last über Flur beeinflußt die Federkonstante der Seilaufhängung; sie steigt mit größerem Abstand vom Boden. Sie soll anhand der
Höhe eingesetzt werden, in der sich die Last während der Kranarbeit am
häufigsten befindet. Bei Hafenkranen ist dies die Höhe, in der die Last
über Schiffsaufbauten befördert wird, während bei Greiferkranen meist
die Silohöhe ausschlaggebend ist.

Lokale Instabilitäten (Ausbeulung, Knickung usw.) können bis zur kritischen Grenze zugelassen werden. Damit erzielt man dünnere Felder in Kastenträgern, die bei gleicher Masse größere Abmessungen ergeben und damit ein günstigeres Verhältnis zwischen dem waagerechten und senkrechten Widerstandsmoment.

Als Fazit dieser Erörterungen können die zu treffenden Berechnungsannahmen folgende Empfehlungen gegeben werden:

1. Beim Kran werden keine zusätzlichen Spannungen auf Grund der Fahrbe-
   wegung berücksichtigt.

2. Bei Montage- und Wartungskranen können Kran und Katze in einer vorher bestimmten Parkposition und ohne Last vorausgesetzt werden. Für

Lfd. Nr	Kranart	Betriebs-art	Stufe E1	Stufe E2
1	Handkrane		O, P, U, K_S	K_S, O, P, U
2	Montagekrane		O, K_M, U	K_S, O, P, U
3	Maschinenhauskrane		O, K_M, U	K_S, O, P, U
4	Lagerkrane	U B	O, U	O, U
5	Lagerkrane, Traversenkrane	D B	$F_t 50$	L, U
6	Werkstattkrane		$F_t 50, K_M$	K_S, O, U
7	Brückenkrane, Fallwerks-krane	G M B	$F_t 25, K_M, U$	K_S, L, U
8	Gießkrane		$F_t 67, U, K_M$	K_M, L, U
9	Tiefofenkrane		$F_t 67, U, K_M$	K_M, L, U
10	Stripperkrane, Chargierkrane		F_N, U, K_M	K_M, L, U
11	Schmiedekrane		F_N, U, K_M	K_M, L, U
12	Verladebrücken, Portalkrane	H B	$F_t 50, K_M$	L, K_S
13	Verladebrücken, Portalkrane	G M B	F_N, K_M	L, K_M
14	Fahrbare Bandbrücken mit Bändern		F_N	L
15	Dockkrane, Hellingkrane	H B	O	O
16	Hafenkrane, Drehkrane, Schwimmkrane	H B	O	O
17	Hafenkrane, Drehkrane, Schwimmkrane	G M B	O	O
18	Schwerlast-Schwimmkrane		O	O
19	Bordkrane	H B	$-$	$-$
20	Bordkrane	G M B	$-$	$-$
21	Turmdrehkrane für den Baubetrieb		O	O
22	Montagekrane, Derrickkrane	H B	O	O
23	Schienendrehkrane	H B	O	O
24	Schienendrehkrane	G M B	O	O
25	Eisenbahnkrane		O	O
26	Autokrane, Mobilkrane	H B	$-$	$-$
27	Autokrane, Mobilkrane	G M B	$-$	$-$
28	Mobil-Schwerlastkrane		$-$	$-$
29	Rundlaufkrane im Kernkraftwerk		L, K_M	L, K_S, P

Tabelle 39.1: Beispiele für seismische Belastungsannahmen von Kranarten; O ohne Last, $F_t 50$ 50 % Teillast, L Lastaufnahmemittel, F_N Nennlast, U ungebremst, P Parkposition, K_M Katze in der Mitte, K_S Katze auf der Seite.

die Katze ist dies auf jeden Fall die absolute Seitenstellung am
Prellbock.

3. Bei Kranen mit häufigerem Betrieb, jedoch mit niedriger Durchschnitts-
   last, wird die Katze mit halber Nennlast in Brückenmitte vorausgesetzt.

4. Bei Kranen im Technologieprozeß mit häufigerem oder ununterbrochenem
   Betrieb müssen 67 % der Nennlast in der Mitte oder 100 % an der Seite angenommen werden. Bei Greiferkranen wird der Greifer als die Masse des Lastaufnahmemittels gerechnet.

5. Bei Kranen mit gefährlichen Lasten (wie z.B. Gießkane) wird die Katze in Brückenmitte mit 100 % Nennlast angenommen.

6. Die Lasten werden in der Höhe über dem Boden angesetzt, in der sie
   vorwiegend gehandhabt werden.

In Anlehnung an DIN 15 018 "Bemessungsregeln der Stahltragwerke von Kra-
nen", Tabelle 23, werden für verschiedene Kranarten in Tabelle 39.1 die
Belastungsannahmen für die seismischen Stufen E1 und E2 vorgeschlagen.
Auch die Stellung der Katze, die Art der Bremsung und die Stellung des
Kranes, abhängig von der seismischen Stufe, sind angegeben. Wenn diese
Tabelle mit der in DIN 15 018 verglichen wird, ist eine Korrelation zwi-
schen der Beanspruchungsgruppe und der Höhe der Last bei Stufe E1 er-
sichtlich. Diese Abhängigkeit zeigt die Tabelle 39.2.

Beanspruchungs- Gruppe	Höhe der Last in Stufe E1 [%]
B 1	0
B 2	0 ÷ 25
B 3	25
B 4	50
B 5	67
B 6	$100 = F_N$

Tabelle 39.2: Abhängigkeit der Lasthöhe bei Stufe E1 von der
              Beanspruchungsgruppe

40. Aseismisches Konstruieren von Maschineneinrichtungen

Es gibt kein allgemeingültiges Rezept für ein seismisch-gerechtes Konstruieren der Maschineneinrichtungen, stattdessen sind die goldenen Regeln eines form- und spannungsgerechten Konstruierens richtig anzuwenden. Beim seismischen Konstruieren sind jedoch andere Ziele zu verfolgen als beim Konstruieren für betriebsmäßige Beanspruchungen. Die seismische Beanspruchung wird während der Lebensdauer der Hebezeuganlage
nämlich nur ein- oder höchstens zweimal auftreten. Dabei wird die Anlage bis an die Streckgrenze beansprucht, - vielleicht auch darüber.
Das Erdbeben ist schwer vorauszusagen, da es einen ausgesprochenen Zufallscharakter hat. Daher wird die Anlage möglicherweise auch beschädigt, in einigen Teilen wird es zur plastischen Verformung kommen. Bei
der Konstruktion muß deshalb besonders die Möglichkeit einer schnellen
Instandsetzung im Vordergrund stehen.

40.1. Einfluß auf die Konstruktionsgestaltung

Beim aseismischen Konstruieren werden zwei Arbeitsphasen unterschieden:
in der ersten wird beim Entwerfen mit globalen Parametern die günstigste Gestalt der Anlage ausgesucht, um die minimalen, das heißt optimalen, seismischen Kräfte zu erreichen. Dazu sind Querschnitte und ihre
Steifigkeitsbeiwerte auszuwählen und die Massen der Glieder optimal anzupassen. Die Standsicherheit beim Erdbeben wird auch schon beim Entwurf vorbestimmt. Dazu ist die Aufstandsfläche zwischen den Stützpunkten und die Höhe der Gewichtsmittelpunkte über den Kippkanten optimal
zu ermitteln.

Der Konstrukteur soll sich mit mehreren Lösungsformen zuerst einen Überblick über die Tendenzen der einzelnen Maßnahmen und deren Kombinationen verschaffen. Dazu können die Diagramme mit den seismischen Kraftbeiwerten in Abhängigkeit von einzelnen Konstruktionsparametern bestens
verwendet werden. Dann kann der Konstrukteur die Festigkeits- und Massen-
kennwerte endgültig festlegen. Das gleiche trifft für die Standsicherheit zu, die besonders bei den Turmdrehkranen bei der Kombinatione von
Bodenbewegungsrichtungen ein wahrhaftig komplexes Problem darstellt.

Beim Entwurf muß die ganze Schleife mehrmals durchlaufen werden, denn
jede Veränderung von Dimensionen bedeutet auch die Veränderung von Massen, womit sich auch die Standsicherheit und die Abhebegefahr in einem
anderen Bereich der Kennwerte verlagern.

Sind die seismischen Kräfte festgelegt, beginnt die zweite Konstruk-
tionsphase. Die Kräfte mit den Momenten sind auf die Querschnitte so
zu verteilen, daß sich die geringsten Spannungen ergeben. Nachher müssen die Querschnitte der Tragelemente versteift werden, um Instabilitäten mit Sicherheit zu vermeiden.

40.2. Maschinentragelemente

Im Traggerüst der Maschineneinrichtungen soll der Hohlquerschnittsträ-
ger als hauptsächlichstes Konstruktionselement angewandt werden. Seine
Vorteile:

1. Beste Ausnützung des Werkstoffes, der sowohl für Biege- als auch für
   Verdrehspannungen am äußersten Rand verteilt ist.
2. Seine Eigenschaft bei örtlichen Überbeanspruchungen, sei es durch
   Quetschen oder Beulen, die Spannungen auf andere nicht so hoch beanspruchte Bereiche zu verteilen (Redistribution).

Diese Eigenschaft ist besonders wichtig bei Erdbebenbeanspruchungen, die
Spannungen bis zur Streckgrenze verursachen. Die Hohlquerschnitte können
die Form von Rechteck, Kasten, Rohr, Ellipse oder Vieleck haben, abhängig von der Aufgabe und der hauptsächlichen Beanspruchungsart. Die Biegeträger werden als Rechteck, Kasten oder Trapez, die Portalstützen in
allen anderen Formen ausgeführt.

Die Querschnittsformen sollen möglichst geräumig sein, um bei Reparaturarbeiten einen Einstieg zu ermöglichen. Die Beschädigungen der Träger,
die meist in Form von Rissen oder lokalen Ausbeulungen auftreten, lassen sich nämlich durch Schweißen bzw. durch Wärmen und Klopfen verhältnismäßig leicht ausbessern. Bekannt sind die Schwierigkeiten bei Ausbesserungsarbeiten zerquetschter Kastenträger, die zu eng sind, um einen Einstieg zu ermöglichen. Deshalb soll man stets dünnwandig konstruieren bei großen Querschnitten. Bei gleichem Gewicht steigen die Widerstandsmomente um ein Vielfaches. Dabei soll jedoch der Konstrukteur die
Beulgefahr dünner Felder voll beachten.

40.3. Stabilitätsversteifungen

Der Konstrukteur soll reichlich Stabilitätssteifen einbauen, um die
Beulsicherheit großer und dünner Gesamtfelder zu heben. Erfahrungs-
gemäß erweisen sich diese Steifen als das beste Mittel, um bei großen
Überbeanspruchungen nicht nur die Felder zu versteifen, sondern durch
die Übernahme eines Teiles der Last die allgemeine Tragfähigkeit des
Tragelements zu erhöhen.

Es ist für die Ausbesserungsarbeiten von Vorteil, wenn die Steifen an
der Außenseite des Kastens angebracht sind. Die Steifen sind dann leicht
zugänglich und können geglättet oder abgetrennt und durch neue ersetzt
werden. Die äußere Erscheinung wird darunter natürlich leiden. Deshalb
soll die richtige Anbringung in Abhängigkeit vom Aussehen und von der
inneren Zugänglichkeit der Träger gelöst werden.

Der Konstrukteur soll bei Schweißnähten ihre Kerbanfälligkeit laut ihren
Merkmalen nach DIN 15 018 peinlich beachten. Bei Grenzbeanspruchungen,
die häufig auch schlagartig auftreten, ist ein weicher und widerstands-
loser Spannungsfluß an den Querschnittsübergängen für den Abbau von
Spannungsspitzen äußerst bedeutungsvoll.

41. Einfluß des seismisch sicheren Konstruierens auf die Gewichtsmassen und den Preis der Hebezeuge

Aus den bisherigen Darstellungen geht hervor, daß die Hebezeuge seismisch nur sicher sein können, wenn die seismische Sicherheit einkonstruiert wird, weil dem Konstrukteur schon bei der Bestellung die seismische Gefahrstufe als Konstruktionsparameter gegeben werden muß. Das Hebezeug wird deshalb für die normale Betriebsweise überdimensioniert. Um in jedem Bauteil das erforderliche minimale Sicherheitsspiel gegenüber der Streckgrenze zu erlangen, sind alle Konstruktionsmaßnahmen wohl durchdacht hinzuzuziehen. Auf normale Konstruktion mit verhältnismäßig großen Sicherheitsbeiwerten kann manches überbrücken, während in der Nähe der Gefahrgrenze jede Eigenschaft des Hebezeuges seine seismische Widerstandsfähigkeit zu vergrößern, sehr wertvoll ist. Bei der Analyse der Einflüsse des aseismischen (seismisch sicheren) Konstruierens werden die über die normalen Verhältnisse hinaus erforderlichen zusätzlichen Gewichtsmassen als Maßstab benutzt. Diese zusätzlichen Gewichtsmassen werden durch den Gewichtsbeiwert ausgedrückt

$$f_G = G_S/G_N \qquad\qquad (41-1)$$

mit G_S Gewichtsmasse des seismisch sicheren Hebezeuges und G_N die des normalen nach DIN 15 018 konstruierten Hebezeuges.

41.1. Berechnungsgang des aseismischen Kranes

Das Hebezeug wird aseismisch, wenn die seismischen Gesamtspannungen eines vorgegebenen Erdbebens mit der Intensität I unter der Streckgrenze bleiben und die Stabilität der Blechfelder im stabilen Bereich liegt. Es wurde im Kapitel 27 die seismisch sichere Grenze mit 90 % der Streckgrenze festgelegt. Weist das Hebezeug zu große Spannungen aus, muß die Tragkonstruktion in dem Maße verstärkt werden, daß die Spannungen auf die zulässigen Grenzen zurückgehen. Für den Konstrukteur und für den Betreiber ist deshalb wichtig zu wissen, mit welchen Gewichtsvergrößerungen bei verschiedenen Kranen in Abhängigkeit von der vorgegebenen Erdbebenintensität zu rechnen ist.

Für den Vergleich wird der Brücken- bzw. der Portalkran mit zwei Kastenträgern gewählt.

Die Analyse wird mit Kranen vorgenommen, bei denen die Spannungen genau an der zulässigen Grenze liegen, wie im Kapitel 28 beschrieben. Danach wird der Kranträger verstärkt, bis sich die Gesamtspannungen unter die zulässige seismische Grenze zurückgezogen haben. Das Berechnungsverfahren wird im Flußschema im Bild 41.1 gezeigt. Es wird aus dem Berechnungsgang des Kastenträgers im Bild 28.1 fortgesetzt, indem aus dem gegebenen Querschnitt die Frequenz bestimmt wird und dann nach den Gleichungen im Kapitel 5 die vertikalen und horizontalen Ansprechbeschleunigungen. Wenn die horizontale Beschleunigung größer ist als die Reibungszahl des Kranfahrwerks auf den Schienen, wird die Beschleunigung im Verhältnis der relativen Bodenbeschleunigung zur Reibungszahl reduziert. Danach wird die seismische Gesamtspannung nach Gl.(28-20) berechnet. Ergibt sich eine Spannung größer als 90 % der Streckgrenze σ_S, wird aus dem Verhältnis beider Spannungen ein entsprechend größeres Trägheitsmoment bestimmt und mit diesem neuem Wert der Berechnungsgang wieder von vorne begonnen. Am Ende muß die Bedingung erfüllt werden

$$\left| \frac{0,9 \; \sigma_S - \sigma_{sg}}{0,9 \; \sigma_S} \right| < 0,02. \tag{41-2}$$

Die Iteration wird mit kleineren Sprüngen des Unterschieds beider Spannungen im Bruch obiger Gl.(41-2) analog den Gln.(28-13) und (28-14) zur Bestimmung eines neuen Trägheitsmoments ausgeführt. Sind beide Spannungen gleich, werden die Gewichtsmassen des Trägers berechnet und daraus der Gewichtsbeiwert geformt. Daraus lassen sich die gewerteten Einflüsse verschiedener Einflußgrößen auf die seismische Konstruktionsweise gewichten. Aus den Gewichtsbeiwerten kann je nach der Größe des Arbeitsaufwands mehr oder weniger bearbeiteten Teile auch der Mehrpreis aufgezeigt werden, der als Folge der Forderung des aseismischen Konstruierens entsteht.

41.2. Übersicht der Gewichtsmassen aseismischer Hebezeuge

Für die Ausführung der Analyse diente die Ausgangstraglast 63 t bei 25 m Spannweite und die Betriebsklasse M d.h. mit ϕ = 1,2 und ψ = 1,6. Der Brückenkran hat zwei gleiche Kastenträger mit konsolartig angebauten Laufstegen. Es wurden die Gewichtsmassen aller möglichen Varianten mit

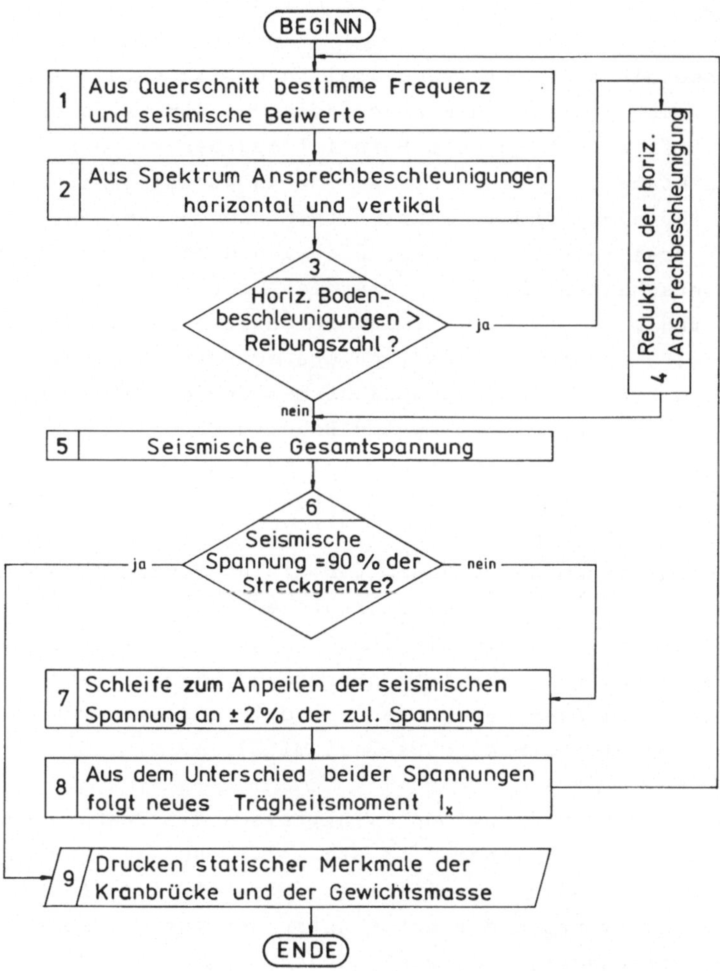

Bild 41.1: Flußschema des Berechnungsgangs für die Optimierung
der Kranbrücke bei seismischer Beanspruchung in zulässigen Grenzen

Hilfe des oben dargelegten Berechnungsgangs ermittelt, um den Einfluß
folgender Größen auf seismisch konstruierte Krane zu bestimmen:
1. Teillasten,
2. Spannweiten,
3. Erdbebenintensitäten,
4. Höhe der Kranbahnetage über dem Boden,

5. Nenntraglasten,
6. Betriebsklasse und
7. Befestigungsart des Kranes auf der Kranbahn.

Für die Erdbebenintensität wurden drei Intensitätsstufen VII, VIII und IX nach MM berücksichtigt. Die Etagenhöhen wurden zwischen 10 und 30 m analysiert. Bild 41.2 zeigt ein Beispiel aus der umfangreichen Analyse mit den Gewichtsmassen der Kranträger G_T in Abhängigkeit von der Nenntraglast F_N für eine normale Konstruktion ohne seismische Belastungen und zwar für drei Betriebsklassen, die sich durch verschiedene Hublastbeiwerte unterscheiden. Kurve 1 entspricht der mittleren Betriebsklasse mit ϕ = 1,2 und ψ = 1,6, Kurve 2 der leichteren Betriebsklasse mit ϕ = 1,2 und ψ = 1,12 und Kurve 3 der schwereren Betriebsklasse mit ϕ = 1,2 und ψ = 2,2. Kurve 6 zeigt die Gewichtsmassen der Katzen für 10 m Hubhöhe, Kurve 4 die Gewichtsmassen der Brückenträger für die Übertragung eines Erdbebens mit der Intensität VIII nach MM bei der Belastung mit der Nennlast in der Mitte der Spannweite und bei vollständig blockiertem Kranfahrwerk, d.h. μ = 3,0. Kurve 5 gibt Aufschluß über die erforderliche Gewichtsmasse des Trägers für die Übertragung eines Erdbebens mit IX MM ohne Last und mit seitlich stehender Katze. Diese Kurve verläuft daher waagerecht, bis sie in die Kennlinie der Eigengewichtsmassen des Trägers übergeht. Es ist interessant, daß das Verhältnis zwischen den Gewichtsmassen der Kurven 4 und 1 konstant 1,76 ist. Deshalb nimmt man den Beiwert der Nenntraglast mit 1 an.

Bei der Analyse wurden dieselben Verhältnisse des Trägerquerschnitts wie im Kapitel 28 angenommen: f_Q = s/d = 1,25 und das Verhältnis der Trägerspannweite zu seiner Breite mit 30 bis 55. Auf dieser Grundlage können die Gewichtsmassen der Krane unter den verschiedensten Bedingungen, wie Betriebsart, Konstruktion der Fahrwerke und Erdbebenintensität bestimmt werden.

<u>41.3. Bewertung der Gewichtsmassenerhöhung der Krane infolge Erdbebenbeanspruchung</u>

Für die Bauentwürfe verschiedener Industrie- oder Kraftwerke sind die Gewichtsmassen der Krane auf hochliegenden Bahnen außerordentlich wichtig. Für erdbebenbeanspruchte Krane sind in der Literatur keine Angaben zu finden. Nur über Angebote von Herstellern kann man zu den vorläufi-

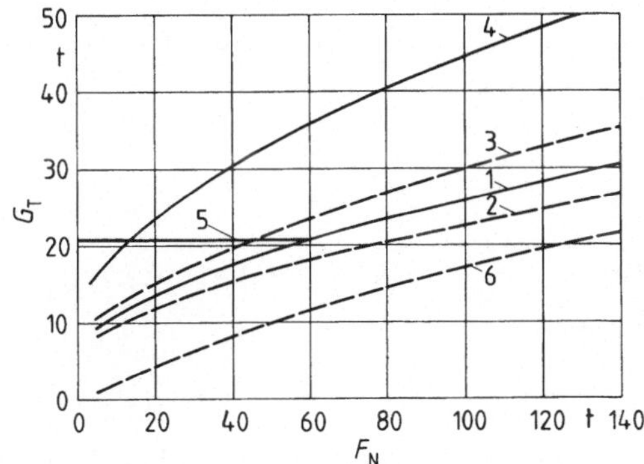

Bild 41.2: Gewichtsmassen des Kranträgers G_T in Abhängigkeit von
der Nenntraglast F_N bei 25 m Spannweite und Nennbelastung

Kurve 1: Ohne seismische Beanspruchung, mittlere Betriebsklasse M, $\phi = 1,2$, $\psi = 1,6$

Kurve 2: Ohne seismische Beanspruchung, leichte Betriebsklasse L, $\phi = 1,2$, $\psi = 1,12$

Kurve 3: Ohne seismische Beanspruchung, schwere Betriebsklasse S, $\phi = 1,2$, $\psi = 2,2$

Kurve 4: Für das Erdbeben VIII MM bei $\mu_g = 3,0$

Kurve 5: Gewichtsmassen des Trägers für das Erdbeben
IX MM mit der unbelasteten, ganz seitlich ab-
gestellten Katze

Kurve 6: Gewichtsmassen der Katzen

gen Angaben kommen. Aus diesem Grunde wurden Grundlagen für die Abschätzung der Gewichtsmassen seismisch beanspruchter Krane ausgearbeitet. Aus obigen Reihen der Zweiträgerkrane unter verschiedenen
Einflußbedingungen wurden die Gewichtsbeiwerte f_G nach Gl.(41-1) für
den Vergleichskran mit Einheitsangaben ausgewertet, die Einflüsse der
veränderlichen Parameter aber in Form von Beiwerten ausgedrückt. Alle
Beiwerte beziehen sich auf einen normal konstruierten Kran ohne seismische Beanspruchungen, d.h. bei ihm ist der Gewichtsbeiwert $f_G = 1$.
Für andere Bedingungen mit verschiedenen seismischen Randwerten wird
die Gewichtsmasse nach der Gleichung bestimmt

$$G_S = G_N \, f_G \, , \tag{41-3}$$

wobei G_N das Gewicht des Kranträgers irgendeiner Betriebsklasse nach
DIN 15 018 bedeutet und f_G den Gewichtsbeiwert, der aus verschiedenen
Einflußfaktoren gebildet wird

$$f_G = g_S \, g_H \, g_\psi \, g_m \tag{41-4}$$

mit g_S Spannweitenbeiwert, g_H Etagenhöhenbeiwert, g_ψ Betriebsklassenbeiwert, g_m Nutzlastbeiwert.

Bild 41.3 zeigt den Spannweitenbeiwert g_S in Abhängigkeit von der Spannweite S des Kranes bei Erdbebenintensitäten VII, VIII und IX MM und bei
verschiedenen Reibungszahlen des Kranfahrwerks auf der Kranbahn: von
0,01 bei völlig ungebremstem Kran, 0,33 bei 50 % der Laufräder gebremst
und 3,0 bei völlig blockiertem und auf der Kranbahn verankertem Kran.

Im Bild 41.4 ist der Nutzlastbeiwert g_m in Abhängigkeit von der prozen-
tualen Teillast am Kran bei verschiedenen Erdbebenintensitäten und bei
verschiedenen Reibungsgrenzen angegeben. Dieser Beiwert stellt eigentlich die tatsächliche Belastung des Kranes in Prozent der Nennlast dar.

Bild 41.5 zeigt den Betriebsklassenbeiwert in Abhängigkeit vom Hublastbeiwert ψ, mit dem die dynamische Belastung des Kranes bei normalem Betrieb ausgedrückt ist.

Im Bild 41.6 ist der Etagenhöhenbeiwert g_H in Abhängigkeit von der Höhe
der Kranbahn über dem Bezugsboden gezeigt. Mit der Höhe der Etage wachsen nämlich die seismischen Beschleunigungen.

Der Einfluß der freien Länge der Seilaufhängung auf die Gewichtsmassen
ist so gering, daß er vernachlässigt wurde.

Die Anwendung dieser Abschätzungsmethode soll an einigen Beispielen erläutert werden.

1. 125 t-Gießkran mit 40 m Spannweite auf einer Kranbahn in 30 m Höhe
für die schwere Hubklasse H4 mit $\psi = 2,2$. Der Kran soll volle Nennlast
aufnehmen bei einer Erdbebenintensität IX MM und bei ungebremsten Laufrädern.

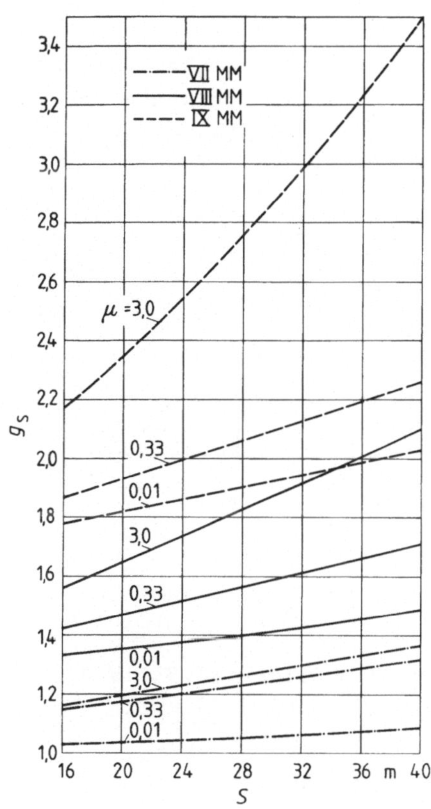

Bild 41.3: Spannweitenbeiwert g_S in Abhängigkeit von der Spannweite S bei verschiedenen Erdbebenintensitätsstufen und Reibungszahlen zwischen Fahrwerk und Schiene

Bild 41.4: Teillastbeiwert g_m in Abhängigkeit von der tatsächlichen Nutzlast $m_2\,g$ in Prozent von der Nennlast bei verschiedenen Erdbebenintensitätsstufen und Reibungszahlen

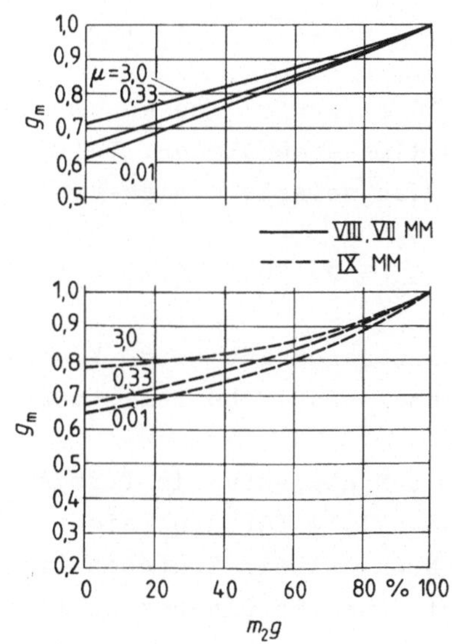

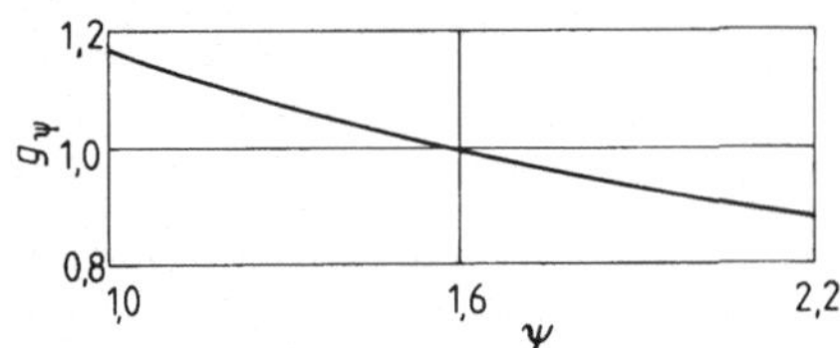

Bild 41.5: Betriebsklassenbeiwert g_ψ in Abhängigkeit vom Hublastbeiwert ψ

Bild 41.6: Etagenhöhenbeiwert g_H in Abhängigkeit von der Höhe der Kranbahnetage H über dem Grundboden

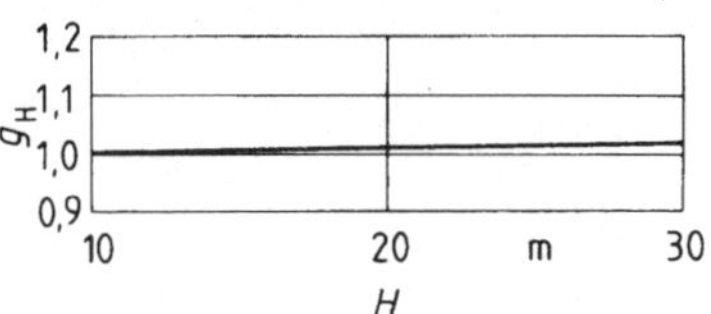

Die Einflußfaktoren liefern die Diagramme der Bilder 41.3 bis 41.6, wobei $\mu = 0{,}01$ zu beachten ist:

$$g_S = 2{,}03; \quad g_m = 1; \quad g_\psi = 0{,}88; \quad g_H = 1{,}02.$$

Danach ist

$$f_G = 2{,}03 \cdot 1 \cdot 0{,}88 \cdot 1{,}02 = 1{,}82.$$

Im Bild 41.2 sind aus Kurve 1 die Gewichtsmassen des Trägers der mittleren Klasse abzulesen: bei $F_N = 125$ t ist $G_N = 28\,694$ kg. Die Gewichtsmasse des seismisch sicheren Brückenkranträgers ist demnach

$$G_S = 28\,694 \cdot 1{,}82 = 52\,284 \text{ kg.}$$

Der Kranträger ist um 60 % schwerer als bei normalen Betriebsbedingungen ohne seismische Belastungen ($1{,}82 \cdot 0{,}88 = 1{,}60$).

2. 80 t-Montagekran im Turbinenraum mit 30 m Spannweite auf der Kranbahnhöhe 15 m für die leichte Hubklasse H1 mit $\psi = 1{,}12$. Der Kran soll ohne Nennlast ein Erdbeben mit VIII MM überstehen. Der Kran ist ungebremst. Aus den Diagrammen folgen die Beiwerte: $g_S = 1{,}41$, $g_M = 0{,}61$,

$g_\psi = 1,12$, $g_H = 1,05$. Damit ergibt sich

$$f_G = 1,41 \cdot 0,61 \cdot 1,12 \cdot 1,05 = 1,01.$$

Der Kran kann ohne Verstärkung die Erdbebenbeanspruchung ertragen. Wenn derselbe Kran für die mittlere Klasse gedacht wäre ($\psi = 1,6$) würde der Beiwert f_G kleiner als 1,0 sein

$$f_G = 1,41 \cdot 0,61 \cdot 1 \cdot 1,05 = 0,90.$$

Daraus läßt sich der Nutzlastbeiwert für $f_G = 1$ berechnen

$$g_m = \frac{1,0}{1,41 \cdot 1,05} = 0,68.$$

Im Bild 41.4 kann bei der Kurve $\mu = 0,01$ für die Erdbebenintensität VIII MM bei $g_m = 0,68$ der Wert $0,18 \cdot m_2$ g abgelesen werden. Der Kran kann demnach ohne Verstärkung 18 % der Nennlast d.h. 14,4 t im Falle eines Erdbebens ertragen.

3. Ein 20 t-Greiferkran mit 25 m Spannweite auf der Kranbahnhöhe 12 m für die schwere Hubklasse H3 mit $\psi = 1,9$ soll für ein Erdbeben mit IX MM dimensioniert werden. Der Kran arbeitet im Freien und wird gebremst, der Greifer mit der Masse von 10 t soll stets an den Seilen hängen.

Die Beiwerte sind: $g_S = 2,59$, $g_m = 0,84$, $g_\psi = 0,91$, $g_H = 1,01$. Damit folgt

$$f_G = 2,59 \cdot 0,84 \cdot 0,91 \cdot 1,01 = 2,00.$$

Nach Bild 41.2 beträgt die Gewichtsmasse des Trägers 13 492 kg, so daß der aseismische Träger die doppelte Gewichtsmasse aufweist: 13 492 · 2 = = 26 984 kg.

4. Es soll die Trägermasse eines 320 t-Rundlaufkrans im 630 MW Kernkraftwerk mit 30 m Spannweite auf 43 m Höhe für ein Erdbeben VIII MM bestimmt werden. Der Rundlaufkran kann auf der kreisrunden Kranbahn nicht gleiten, demnach ist $\mu_g = 3,0$. Die Betriebsklasse ist leicht $\psi = 1,4$.

Die Beiwerte sind: $g_S = 1,87$, $g_m = 0,71$, $g_\psi = 1,04$, $g_H = 1,02$. Damit folgt

$$f_G = 1{,}87 \cdot 0{,}71 \cdot 1{,}04 \cdot 1{,}02 = 1{,}41.$$

Die Rechnung mit obigem Rechnerprogramm ergab eine normale Kranträgermasse von 57 585 kg, wobei eine seismische Biegespannung von 35,32 kN/cm^2 auftritt. Bei Reduzierung dieser Spannung auf 22,9 kN/cm^2, wird um die gegebene Erdbebenintensität zu ertragen, die Gewichtsmasse auf 81 886 kg vergrößert, was einem Gewichtsbeiwert von 1,42 entspricht.

Die erläuterte Schätzungsmethode liefert demnach für die Praxis ausreichend genaue Werte.

41.4. Einfluß seismischer Beanspruchung auf die Gesamtgewichtsmasse der Hebezeuge

Die dargelegte Methode hilft zunächst nur bei der Bestimmung der Gewichtsmasse des Hauptkranträgers. Will man die Gesamtgewichtsmasse des Kranes bestimmen, muß der Einfluß dieser Vergrößerung der Hauptträger auf die anderen Kranbauteile durch die vertikale Gesamtbelastung abgeschätzt werden.

Die vertikale Gesamtbelastung setzt sich aus dem Anteil der Eigenmassen der Nutzlast m_2, der Katze m_K und der Brücke m_B sowie dem Anteil der seismischen Kräfte F_{SV} zusammen

$$F_V = \frac{m_K\,g + m_2\,g + m_B\,g}{2} + r\,m_0\,\ddot{y}_{mv} \qquad (41\text{-}5)$$

Diese Belastung wirkt auf die Kopfträger und auf die Fahrwerke (Radschwingen und Laufräder). Die Laufräder sollen nicht bis zur Streckgrenze, sondern 20 % niedriger belastet werden. Dazu ist eine genaue Analyse auszuführen. Eine Erfahrungsgleichung für den Lastvergrößerungsbeiwert der Laufräder bei Portal- und Brückenkranen unter Nennlast für ein Erdbeben mit VIII MM lautet

$$f_R = f_G^n \qquad (41\text{-}6)$$

mit n = 2,55 bei S = 40 m bzw. n = 3,0 bei S = 16 m, f_G Beiwert der Vergrößerung der Trägergewichtsmasse. Der Beiwert f_R stellt die Vergrößerung der maximalen Radlast bei normalen Betriebsverhältnissen ohne dynamische Zusatzlasten dar, wobei sich die Katze mit der Nennlast auf ei-

ner Seite der Spannweite befindet. Diese Werte reichen von 2,1 bis 2,8.
Daraus ist zu sehen, daß bei den üblichen Stählen St 50 oder St 60 für
die Laufradachsen die Streckgrenze nicht erreicht wird.

Infolge der größeren Kraneigenmasse werden die Antriebe proportional höher belastet. Bei größeren Geschwindigkeiten steigt die Beschleunigungs-
leistung auch an, jedoch leider nicht proportional, sondern schneller.
Wir folgern, daß die höheren Gewichtsmassen tragende Teile und Antriebe
stark beeinflussen.

41.5. Einfluß seismischer Belastung auf Hub-, Fahr- und Drehwerke

Bei seismischer Beanspruchung der Hebezeuge werden auch die Antriebe in
Hub-, Fahr- und Drehwerken zusätzlich belastet. Dabei kann man die zulässige Grenze aber nicht nach denselben Gesichtspunkten wie bei den
tragenden Konstruktionsteilen ermitteln. Wenn bei tragenden Teilen sogar eine plastische Verformung für die Funktionstüchtigkeit ohne Belang
ist, wird bei einer Verformung einer Ritzelwelle das Getriebe unbrauchbar. Eine große Kugeldrehverbindung kann aber auch an den Laufrinnen
plastisch verformt sein, ohne daß ihre Funktionsfähigkeit beeinträchtigt wäre. Nach einigen Monaten wird es aber zu einem schnellen Ver-
schleiß mit Abblätterungen kommen, die einen Austausch erforderlich
macht. Jedoch wird der Kran in den Tagen nach dem Erdbeben funktionsfähig bleiben, und das ist gerade der Sinn einer richtigen aseismischen
Dimensionierung.

Die Hubwerke sind seismischen Belastungen nicht ausgesetzt, da der Kran
im Falle eines Erdbebens wahrscheinlich unbelastet ist. Die Fahr- und
Drehwerke müssen jedoch die volle seismische Last übertragen. Sie wächst
proportional mit der Masse der Bauteile, die von Fahr- bzw. Drehwerken
angetrieben werden. Hier schneiden die Fahrwerke am schlechtesten ab,
da auf ihnen die Masse des ganzen Hebezeuges ruht. Wenn die Widerstandsfähigkeit der Träger, Türme bzw. Säulen und Ausleger für die seismische
Sicherheit vergrößert wird, bedeutet diese Maßnahme für die Fahr- und
Drehwerke auch bei normalem Betrieb eine größere Belastung. Deshalb sind
die Fahr- und Drehwerke an aseismisch konstruierten Hebezeugen schwerer,
mit größeren Laufraddurchmessern, aufwendigeren Getrieben und besonders
mit leistungsstärkeren Elektromotoren. Die aseismische Ausführung ist
zwangsläufig teurer. Es ist nicht möglich, irgendwelche Richtlinien für

die Vergrößerungen in Form von Beiwerten zu geben, denn es sind zu viele Einflußgrößen und zu komplizierte Verhältnisse, daß sie mit einem Rechnerprogramm beherrscht werden könnten, wie das bei der Tragkonstruktion möglich war. Die Antriebsteile müssen demnach von Fall zu Fall dimensioniert werden.

Bei der aseismischen Dimensionierung sind zwei Berechnungen durchzuführen: Die erste für normale Betriebsbedingungen und die zweite für seismische Belastungen. Bei der zweiten Berechnung sollte man die Sicherheitsbeiwerte sehr klein halten, um Streuungen der Ergebnisse von der Streckgrenze fernzuhalten. Als Besonderheit ist zu vermerken, daß bei den Zahrädern eine Nachrechnung auf Grübchenbildung entfallen kann und bei den Laufrädern muß der Punkt der maximalen Schubspannung noch innerhalb der Härteschicht liegen.

41.6. Schätzung der Preiserhöhung der aseismischen Krane

Mit der größeren seismischen Widerstandsfähigkeit des Kranes steigt auch der Preis, und zwar proportional der Gewichtsmasse. Ist nur die Eigenlast zu ertragen, bleibt die Preiserhöhung gegenüber der normalen Ausführung ohne Erdbebengefährdung kleiner als bei der Forderung, daß zusätzlich auch noch 50 % der Nennlast an der Katze hängen. Aus Bild 41.2 ist ersichtlich, daß die Gewichtsmassen der Krane der gleichen Spannweite in der Normreihe der Traglasten mit dem Faktor $\phi_G = 1,12$ wachsen, wenn der Sprung der Traglasten in der R 10 Reihe $\phi_T = 1,259$ ist. Dieser Sprung entspricht dem Verhältnis

$$\phi_G = \sqrt{1,259} = 1,12. \tag{41-7}$$

Aus diesem Verhältnis lassen sich die Preiserhöhungen schätzungsweise ableiten. Wenn die Gewichtserhöhung den Gewichtsbeiwert f_G ergibt, liefert die Gleichung

$$n_R = \frac{\log f_G}{\log 1,12} \tag{41-8}$$

die Anzahl der Stufen bis zu einer äquivalenten Krantraglast. Ist zum Beispiel die Gewichtserhöhung $f_G = 1,41$, so wird die Anzahl der Stufen

$$n_R = \frac{\log 1,41}{\log 1,12} = 3,03.$$

Betrachtet man nun einen 32 t-Kran, so wird der Preis eines 63 t Kranes ungefähr dem Mehraufwand eines aseismisch konstruierten Kranes entsprechen.

42. Schrifttum

1.1. Korn, G.A.; Korn, T.M.: Mathematical Handbook for Scientists and Engineers. Mc Graw-Hill Book Co., New York, 1968.

1.2. Newmark, N.M.; Rosenblueth, E.: Fundamentals of Earthquake Engineering. Prentice-Hall, Inc., Englewood Cliffs, N.J., 1971.

1.3. Biggs, I.M.: Introduction to Structural Dynamics. Mc Graw-Hill Book Co., New York, 1964.

1.4. Klotter, K.: Technische Schwingungslehre. Band I: Einfache Schwinger. Springer-Verlag, Berlin, 1978.

1.5. Ayres, F.: Theory and Problems of Matrices. Mc Graw-Hill Book Co., New York, 1962.

1.6. Clough, R.W.; Penzien, I.: Dynamics of Structures. Mc Graw-Hill Book Co., New York, 1975.

2.1. Richer, C.F.: Elementary Seismology. Freeman and Co., San Francisco, 1958.

2.2. Wood, H.O.; Neumann, F.: Modified Mercalli Intensity Scale of 1931. Seismal Soc. Amer. Bull., V. 21, No. 4, S. 277-283.

2.3. Muto, K.: Aseismic Design Analysis of Building. Maruzen Co., Tokyo, 1974.

2.4. Newmark, N.M.: Problems in Wave Propagation in Soil and Rock. Symp. Wave Prop. and Dynamic Properties of Earth Materials, Univ. of New Mexico, Albuquerque, S. 7-26, 1968.

2.5. Gutenberg, B.; Richter, C.F.: Earthquake Magnitude, Intensity, Energy and Acceleration. Bull. Seism. Soc. Am. 1956, 46, S. 105-145.

2.6. Blume, J.A.; Newmark, N.M.; Corning, L.H.: Design of Multistory Reinforced Concrete Buildings for Earthquake Motions. Port. Cem. Assoc., Chicago, 1961.

2.7. Rosenblueth, E.: Bustamante, J.I.: Distribution of Structural Response to Earthquake. Proc. ASCE, 88 (Em3), 1962, S. 75-106.

2.8. Esteva, L.J.: Elorduy, J.; Sandoval, J.: Analisis de la Confiabilidad de la Presa Tepuxtepec ante la Accion de Temblores. Inst. Ing., Mexico, 1969, S.194.

2.9. Housner, G.W.: Intensity of earthquake ground shaking near the causative fault. Proc. 3rd WCCE, New Zealand, 1965, 3, S.94-115.

2.10. Ambraseyis, N.N.: Maximum Intensity of Ground Movements Caused by Faulting. Proc. 4th WCEE, Chile, 1969, I, A-2, S.154-171.

2.11. Esteva, L.; Rosenblueth, E.: Espectros de temblores a distancias moderadas y grandes. Bol. Soc. Mex. Ing. Sism., (1964), 2 (1), S. 1-18.

3.1. Newmark, N.M.; Rosenblueth, E.: Fundamentals of Earthquake Engineering. Prentice-Hall, Inc., Englewood Cliffs, 1971.

3.2. Gutenberg, B.; Richter, C.F.: Seismisity of the Earth. Princeton, N.J., 1954.

3.3. Esteva, L.; Nieto, J.A.: El Temblor de Lima, Perú, Octubre 17, 1966. Ingenieria, 37 (1), S. 45-62, 1967.

3.4. Gzovsky, M.G.: Tectonophysics and Earthquake Forecasting. Bull. Seism. Soc. Am., 52 (3), 1962, S. 485-505.

3.5. Richter, C.F.: Elamentary Seismology. San Francisco. Freeman & Co., 1958.

4.1. Tanabashi, R.: Studies on the non-linear Vibrations of Structures - Subjected to Destructive Earthquake. Proc., World Conf. Earthquake Engrg., Berkeley, Calif., 1956, S. 6-1-6-16.

4.2. Biot, M.A.: Analytical and Experimental Method in Engineering Seismology. Trans., ASCE, Vol. 108, (1943), S. 365-408.

4.3. Biot, M.A.: Mechanical Analyser for the Prediction of Earthquake Stresses. Bull., Seis. Soc. Amer., Vol. 31, No. 2, (1941). S. 151-171.

4.4. Housner, G. W.: Limit Design of Structures to Resist Earthquakes. Proc., World. Conf. Earthquake Engrg., Berkeley, Calif., (1956), S. 5-1-5-13.

4.5. Housner, G.W.: Behaviour of Structures during Earthquakes. Proc., ASCE, EM. 4, Oct. 1959, S. 109-129.

4.6. Yamadá, M.; Kawamura, H.: Resonance Capacity Criterion for Evaluation of the Aseismic Capacity of Reinforced Concrete Structures. Reinforced Concrete Structures in Seismic Zones, ACI-SP No. 53, (1977), S. 81-108.

4.7. Yamadá, M.; Kawamura, H.: Resonance - Fatigue - Characteristics for Evaluation of the Ultimate Aseismic Capacity of Structures. 6th WCEE, Vol. II, New Delhi, India, (1977), S.1835-1840.

4.8. Yamadá, M.: Erdbebensicherheit von Hochbauten. Der Stahlbau 49 (1980) Nr. 8, S. 225-231; Nr. 9, S. 276-281; Nr. 10, S. 302-311.

5.1. Kos, M.: Dynamische Stabilität der Krane. Fördern und Heben 30 (1980) Nr. 11, S. 997-1000.

5.2. Coulter, H.W.; Waldron, H.H.; Devine, J.F.: Seismic and geologic siting considerations for nuclear facilities. Proc. 5th World Conf. on Earthquake Engineering, Rome 1974, S. 2410-2421.

5.3.   Biggs, J.M.: Introduction to structural dynamics. Mc Graw-Hill
        Book Company, New York 1964.
5.4.   Kos, M.: Seismiche Etagen-Ansprechspektren von Fördergeräten in
        Gebäude. Der Stahlbau 50 (1981) Nr. 2, S. 44-48.

6.1.   Housner, G.W.: Limit design of structures to resist earthquakes.
        Proc. 1st WCEE, Berkeley, California, 5, S. 1-5, 13 (1956).
6.2.   Yamadá, M.; Kawamura, H.: Ultimate Aseismic Safety of Reinforced
        Concrete Structures. 7th WCEE, Istanbul, (1980), II, S. 351-358.
6.3.   Yamadá, M.: Erdbebensicherheit von Hochbauten. Der Stahlbau 49
        (1980) Nr. 8, S. 225-231; Nr. 9, S. 276-281; Nr. 10, S. 302-311.
6.4.   Tsuboi, C.: Erdbeben. Iwanami - Shinsho, Tokyo, 1967.
6.5.   Veletsos, A.S.; Newmark, N.M.: Effect of Inelastic Behavior on
        the Response of Simple Systems to Earthquake Motions. Proc 2nd
        WCEE, Tokyo - Kyoto, Japan, 1960, Vol. II, S. 895-912.
6.6.   Yamadá, M.; Kawamura, H.: Resonance Capacity Method for Earthqu-
        ake Response Analysis of Hysteretic Structures. Earthquake Engi-
        neering & Structural Dynamics, Vol. 8, S. 299-313 (1980).

8.1.   Kos, M.: Bemerkungen zur dynamischen Stabilität von Kranen. För-
        dern und Heben 30 (1980) Nr. 11, S. 997-999.
8.2.   Kos, M.: Eigenfrequenzen der Krane aus der Sicht des Konstruk-
        teurs. Deutsche Hebe- und Fördertechnik 26 (1980) Nr. 9, S. 30-35.

9.1.   Kos, M.: Seismische Beanspruchungen der Krane. Konstruktion 32
        (1980) Nr. 3, S. 105-109.
9.2.   Yamadá, M.; Kawamura, H.: Resonance Capacity Criterion for Eva-
        luation of the Aseismic Capacity of Reinforced Concrete Structu-
        res. ACI-SP No. 53 (1977) S. 81-108.
9.3.   Biggs, J.M.: Introduction to Structural Dynamics. Mc Graw-Hill
        Book Co., New York, 1964.
9.4.   Yamadá, M.: Erdbebensicherheit von Hochbauten. Teil 1: Grundide-
        en. Der Stahlbau 49 (1980) Nr. 8, S. 225-231.

10.1.   Biggs, I.M.: Introduction to Structural Dynamics. Mc Graw-Hill
        Book Co., New York, 1964.
10.2.   Bishop, R.E.D.; Johnson, D.C.: The mechanics of vibration. At the
        University Press, Cambridge, 1960.
10.3.   Zurmühl, R.: Praktische Mathematik für Ingenieure und Physiker.
        Springer-Verlag, Berlin, 1953.
10.4.   Kos, M.: Bemerkungen zur dynamischen Stabilität von Kranen. För-
        dern und Heben 30 (1980) Nr. 11, S. 997-999 und 1020-1021.

10.5. Spicina, D.N.: Dynamik der Schmiedekrane. VNIIPT MAS, Nr. 18,
       Masgiz, 1957.
10.6. Zemmrich, G.: Dynamische Beanspruchungen von Brückenkranen beim
       Anheben von Lasten. Stahl und Eisen 89 (1969) Nr. 12, S. 654-666.
10.7. Volling, K.: Schwingungsverhalten von Brückenkranen. Fördern und
       Heben 23 (1973) Nr. 7, S. 369-378.

11.1. Caughey, T.K.; Dienes, J.K.: Analysis of a Nonlinear First-Order
       System With a White Input. Journal of Appl. Physics, Vol. 32
       (1961) S. 2476-2479.
11.2. Caughey, T.K.: Equivalent Linearization Techniques. Journal of
       the Acoustical Society of America, Vol. 85 (1963) S. 1706-1711.
11.3. Crandall, S.H.; Lee, S.S.; Williams, J.H.: Accumulated Slip of
       a Friction-Controlled Mass Excited by Earthquake-Motions. Tran-
       sactions of the ASME, Journal of Applied Mchanics, Dec. 1974,
       S. 1094-1098.
11.4. Bycroft, G.N.: White Noise Representation of Earthquakes. Jour-
       nal of Engineering Mechanics Division, ASCE, Vol. 86, No. EM2
       (1960) S. 1-16.
11.5. Dubbel I, Springer-Verlag, Berlin, 1974.
11.6. Frederich, F.: Beitrag zur Untersuchung der Kraftschlußbeanspru-
       chungen an schrägrollenden Schienenfahrzeugrädern. Dissertation.
       TH Braunschweig (1969).
11.7. Scheffler, M.: Grundlagen der Fördertechnik. Verlag Technik, Ber-
       lin, 1971.

14.1. Kos, M.: Seismische Beanspruchungen der Krane. Konstruktion 32
       (1980) Nr. 3, S. 105-109.

18.1. Zurmühl, R.: Praktische Mathematik für Ingenieure und Physiker.
       Springer-Verlag, Berlin, 1953.
18.2. Szabó, I.: Einführung in die Technische Mechanik. Springer-Ver-
       lag, Berlin, 1963.

19.1. Kos, M.: Bemerkungen über dynamische Stabilität von Kranen. För-
       dern und Heben (1980) Nr. 11, S. 997-1000.
19.2. Kos, M.: Stabilisierungseinrichtungen für Krane in Erdbebenge-
       bieten. Fördern und Heben 31 (1981) Nr. 10, S. 786-790.
19.3. Kos, M.: Bewertung neuerer Katzenbauarten der Einträgerbrücken-
       und Portalkrane. VDI-Z 124 (1982) Nr. 4, S. 135-140.

20.1.   o.V.: Preliminary Analysis of Strong Motion Records Obtained at
        Ulcinj, Bar and Petrovac from the April, 15. 1979 Monte Negro -
        Yugoslavia Earthquake. University Skopje, Institute of Earthqu-
        ake Engineering and Engineering Seismology, April 1979.
20.2.   Kos, M.: Auswirkungen von Erdbeben auf Krane. Der Stahlbau 50
        (1981) Nr. 4, S. 105-110.

21.1.   Kos, M.: Über die Tragkonstruktion der Einträgerkrane. Der Stahl-
        abu 49 (1980) Nr. 9, S. 281-286.
21.2.   Kos, M.: Seismische Berechnung von Laufkranen für erdbebengefähr-
        dete Gebiete. Fördern und Heben 30 (1980) Nr. 5, S. 458-462; Nr.
        6, S. 520-521.

22.1.   Kos, M.: Seismische Gefährdung der Hängekrane. Deutsche Hebe-
        und Fördertechnik 27 (1981) Nr. 3, S. 24-31.

23.1.   Kogan, J.: Crane Design. John Wiley & Sons, New York, 1975.
23.2.   Szabo, I.: Einführung in die technische Mechanik. Springer-Ver-
        lag, Berlin, 1963.

24.1.   Kogan, L.J.: Turmdrehkrane. VEB Fachbuchverlag, Leipzig, 1960.
24.2.   Dietrich, M.: Probleme dynamischer Belastungen von Turmdrehkra-
        nen. Hebezeuge und Fördermittel 2 (1962) Nr. 9, S. 278-282.

27.1.   Schweer, W.: Beanspruchungskollektive als Bemessungs-Grundlage
        für Hüttenwerkslaufkrane. Stahl und Eisen 84 (1964) Nr. 3, S.
        138-153.
27.2.   Newmark, N.M.; Rosenblueth, E.: Fundamentals of Earthquake En-
        gineering. Prentice-Hall, 1971.
27.3.   Madsen, I.: Report of Crane Girder Tests. Assoc. of Iron and
        Steel Eng. Proc. 1941, S. 531-577.
27.4.   Gaßner, E.; Svenson, O.: Einfluß von Störschwingungen auf die
        Ermüdungsfestigkeit. Stahl und Eisen 82 (1962) Nr. 5, S. 276-282.
27.5.   Scheer, J.; Nölke, H.; Gentz, E.: Beulsicherheitsnachweise für
        Platten. DASt-Ri-012. Grundlagen, Erläuterungen, Beispiele. Köln:
        Stahlbau-Verlag, 1979.

30.1.   Biot, M.A.: Transient Oscillations in Elastic Systems. Disserta-
        tion. Calif. Inst. of Tech., 1932.
30.2.   Biot, M.A.: Analytical and Experimental Methods in Eingineering
        Seismology. Trans. ASCE, Vol. 108, Paper 2183 (1943) S. 365-408.

31.1.   Timoshenko, Goodier: Theory of Elasticity. Mc Graw-Hill Co.,
        1951.
31.2.   Barkan, D.D.: Dynamics of Bases and Foundations. Mc Graw-Hill
        Co., 1962.
31.3.   Clough, R.W.: Earthquake Analysis by Response Spectrum Super-
        position. Bull. Seis. Soc. Am., Vol. 52, No. 3, Juli 1962.
31.4.   Clough, R.W.: Use of Modern Computers in Structural Analysis.
        Jour. of the Struct. Div. of the Amer. Soc. of Civ. Engineers,
        ST 3, May 1958.
31.5.   Clough, R.W.; Wilson, E.L.: Structural Analysis of Multistory
        Buildings. Jour. of the Struct. Div. of the Amer. Soc. of Civ.
        Engineers, ST 3, Juni 1964.
31.6.   Clough, R.W.: Dynamic Effects of Earthquakes. Transactions of
        the Amer. Soc. of Civ. Engineers, Paper No. 3252.
31.7.   Clough, R.W.; Wilson, E.L.; King, I.P.: Large Capacity Multi-
        story Frame Analysis Programs. Jour. of the Amer. Soc. of Civ.
        Engineers, ST 4, August 1963.
31.8.   Clough, R.W.; Penzien, I.: Dynamics of Structures. New York,
        Mc Graw-Hill Book Comp., 1975.
31.9.   Blume, J.A.: Summary of Current Seismic Design Practice for Nuc-
        lear Reactor Facilities. United States Atomic Energy Commission,
        1967.

32.1.   Penzien, I.; Chopra, A.K.: Earthquake Response of Appendage of
        a Multi-Story Building. Proceedings, 3rd World Earthquake Conf.,
        1965.

33.1.   Milne-Thompson, L.M.: Theoretical Hydrodynamics. The Macmillan
        Co., New York, 1938.
33.2.   Riabouchinsky, D.: Sur La Resistance Des Fluides. Comptus Ren-
        dus, Congres International des Mathematiciens, Strasbourg, 1920.
33.3.   Birkhoff, G.: Hydrodynamics. Princeton Univ. Press for Univ. of
        Cincinnati, 1950.
33.4.   Sarpkaya, Turgut: Added Mass of Lenses and Parallel Plates. ASCE,
        Journ. of the Eng. Mech. Div., Proceedings Paper 2511, Juni 1960.

35.1.   Hovgaard, W.: Stresses in Three-dimensional Pipe Bend. Trans.
        Amer. Soc. of Mech. Engineers, Vol. 57, FSP-57-12 (1935).
35.2.   Hovgaard, W.: Further Studies of Three-dimensional Pipe Bends.
        Trans. Amer. Soc. of Mech. Engineers, Vol. 59, No. 8 (1937).
35.3.   Klapp, E.: Apparate- und Anlagentechnik. Springer-Verlag, Ber-
        li., 1981.

35.4.   Clough, R.W.: Dynamic Effects of Earthquakes. Proc. of Amer. Soc. of Civil Engineers, Paper No. 2437 (April 1960).

35.5.   Clough, R.W.: Earthquake Analysis by Response Spectrum Superposition. Bull. Seis. Soc. Am., Vol. 52, No. 3 (Juli 1962).

35.6.   Clough, R.W.: Use of Modern Computers in Structural Analysis. Journ. of the Struct. Div. of Amer. Soc. of Civ. Engineers, ST 3 (May 1958).

35.7.   M.W. Kellog Comp.: Design of Piping Systems, Juli 1961.

37.1.   Jacobsen, L.S.; Ayre, R.S.: Hydrodynamic Experiments with Rigid Cylindrical Tanks Subjected to Transient Motions. Bulletin of the Seismological Society of America, Vol. 41, 1951.

37.2.   Hoskins, L.M.; Jacobsen, L.S.: Water Pressure in a Tank by Simulated Earthquake. Bull. of the Seismological Society of Amer., Vol. 24, 1934.

37.3.   Jacobsen, L.S.: Impulsive Hydrodynamics of Fluid Inside a Cylindrical Tank and of a Fluid Surrounding a Cylindrical Pier. Bull. of the Seismological Soc. of America, Vol. 39, 1949.

37.4.   Housner, G.W.: Dynamic Pressure on Accelerated Fluid Containers. Bull. of the Seismological Soc. of Amer., Vol. 47, Januar 1957.

38.1.   Allen, C.R.: Earthquake, Faulting and Nuclear Reactors. IAEM, Tokyo, Japan, 1967.

38.2.   Goguel, J.: Tectonics. Freeman and Co., San Francisco, 1962.

38.3.   Seed, H.B.; Lee, K.L.: Liquefaction of Saturated Sands During Cyclic Loading. Proc. ASCE, Soil Mechanics and Foundation Division Journal 1972, SMG (November 1966).

38.4.   Blume, J.A.: Earthquake Ground Motion and Engineering Procedures for Important Installations Near Active Faults. Vol. III, Proc. Third WCEE, New Zealand, 1965.

38.5.   Coulter, H.W.; Waldron, H.H.; Devine, J.F.: Seismic and geologic siting considerations for nuclear facilities. Proc. 5th WCEE, Rome, 1974, S. 2410-2421.

38.6.   Matthiesen, B.; Howard, G.; Smith, C.B.: Seismic considerations in nuclear power plant siting and design. Proc. 5th WCEE, Rome, 1974, S. 2427-2429.

38.7.   Mehta, D.S.; Kuo, P.T.; Vizzi, A.A.: Survey of seismic design data for nuclear power plants. Proc. 5th WCEE, Rome, 1974, S. 2434-2443.

Sachverzeichnis